U0200162

断陷湖盆碳酸盐岩与油气成藏

——以黄骅断陷古近系碳酸盐岩油气藏为例

郑聪斌　武　玺　等著

石油工业出版社

内 容 提 要

　　本书以渤海湾盆地黄骅断陷湖盆碳酸盐岩油气藏为例，通过对断陷湖盆成因背景、断裂构造、沉积环境、岩石学特征、层序地层、地球化学及油气成藏动力学等多学科的综合研究，揭示了断陷湖盆碳酸盐岩在不同沉积凹陷的成烃机制及主控因素，探讨了未熟—低成熟油气、成熟—高成熟油气的成藏地质特征、油气藏分布规律。并以黄骅断陷湖盆古近系碳酸盐岩油气藏为典型实例，总结出具有启发性的勘探经验和认识，对今后断陷湖盆碳酸盐岩油气藏勘探领域具有重要的借鉴和参考意义。

　　本书可供从事油气勘探工作的科研人员、管理人员，以及高等院校相关专业的师生阅读。

图书在版编目（CIP）数据

　　断陷湖盆碳酸盐岩与油气成藏：以黄骅断陷古近系碳酸盐岩油气藏为例 / 郑聪斌等著 . ——北京：石油工业出版社，2021.2

　　ISBN 978-7-5183-4505-2

　　Ⅰ . ①断… Ⅱ . ①郑… Ⅲ . ①断陷盆地 – 碳酸盐岩油气藏 – 油气藏形成 – 研究 – 黄骅 Ⅳ . ① P618.130.2

　　中国版本图书馆 CIP 数据核字（2021）第 017927 号

出版发行：石油工业出版社
　　　　　　（北京安定门外安华里 2 区 1 号　100011）
　　　　　　网　　址：www.petropub.com
　　　　　　编辑部：（010）64253543　　图书营销中心：（010）64523633
经　　销：全国新华书店
印　　刷：北京中石油彩色印刷有限责任公司

2021 年 2 月第 1 版　2021 年 2 月第 1 次印刷
787×1092 毫米　开本：1/16　印张：26
字数：600 千字

定价：220.00 元

序 / PREFACE

　　当今社会对石油、天然气等化石能源的需求不断增加，且这种情况可能会持续至22世纪初。全球油气资源中，碳酸盐岩油气资源量约占70%，占比巨大。中国碳酸盐岩油气资源也很丰富，据2015年全国油气资源动态评价结果，石油地质资源量为$340 \times 10^8 t$，天然气地质资源量为$24.3 \times 10^{12} m^3$，分别占油气资源总量的27.0%和26.9%，是中国油气勘探的重要领域，其中断陷湖盆碳酸盐岩油气藏是主要类型之一。本书将为湖相碳酸盐岩油气勘探开发和研究提供实践指导和理论支持。

　　断陷湖盆碳酸盐岩的分布范围和规模与海相碳酸盐岩相比甚少，但远多于坳陷湖盆碳酸盐岩，并且具有丰富的油气资源。因此，有必要深入系统地研究断陷湖盆碳酸盐岩与油气成藏规律。本书作者通过多年的研究和实践，系统总结了断陷湖盆碳酸盐岩和油气成藏的主要研究成果，在深入分析断陷湖盆形成条件及断陷湖盆碳酸盐岩分布规律的基础上，从油气"生、储、盖、圈、运、保"入手，综合研究了断陷湖盆碳酸盐岩成烃机制及主控因素，并以典型实例深入剖析了断陷湖盆油气藏控藏因素和成藏特征。该书资料翔实、内容丰富、结构严谨、层次分明，是对中国油气地质勘探理论的丰富、完善和发展，对其他类似盆地的油气勘探具有重要的借鉴和参考意义。

　　本书是一部关于湖相碳酸盐岩油气成藏的探索性论著，以郑聪斌为主的研究团队以油田第一手生产资料为基础，坚持试验研究与地质解剖相结合，在断陷湖盆碳酸盐岩与油气成藏领域取得了许多创新成果，能使读者获得断陷湖盆碳酸盐岩与油气成藏的新的启示和认识。该专著出版充实了陆相生油理论，值得读者一阅。

戴金星

2020.12

前言 /FOREWORD

  断陷湖盆碳酸盐岩作为碳酸盐岩油气勘探领域的一个重要分支，在世界多个含油气盆地已发现储量丰富的油气资源。但在中国，断陷湖盆碳酸盐岩油气资源所占总的油气资源比例较低，相对于海相碳酸盐岩而言，无论是油气勘探还是理论研究方面，都存在较大的差距。随着近些年研究工作的不断深入，湖相地质学与相关油气勘探开发已跨入新的发展阶段。特别是《云南断陷湖环境与沉积》《中国东部第三纪海侵和沉积环境》《松辽盆地白垩纪陆相沉积特征》《黄骅坳陷第三系沉积相和沉积环境》《中国湖相碳酸盐岩》《湖盆沉积地质与油气勘探》等专著的陆续出版，比较全面和深入地总结了中国含油气湖盆发育区的基本地质特征及构造、沉积、成岩和油气成藏的演化历史。但对断陷湖盆碳酸盐岩与油气成藏的系统研究，仍较为薄弱。尽管近年来有关断陷湖盆碳酸盐岩在层序地层、岩石学特征、沉积环境、沉积相模式、烃源岩、储集层及其与油气成藏的关系方面发表了不少论文，但对断陷湖盆碳酸盐岩与油气成藏的特征缺乏综合性系统研究。

  鉴于国内系统介绍断陷湖盆碳酸盐岩油气藏的论著较少，为了进一步促进断陷湖盆碳酸盐岩油气藏的勘探开发进程，笔者认为有必要对黄骅断陷湖盆碳酸盐岩与油气藏的关系所取得的研究成果进行归纳总结，并在此基础上，对断陷湖盆碳酸盐岩油气藏形成机制及分布规律的研究形成了一套较为系统的技术思路和方法，供从事油气勘探开发的科研和技术人员参考。

  笔者通过多年来对黄骅断陷湖盆碳酸盐岩的综合研究，并结合其他断陷湖盆碳酸盐岩的实际资料及不同学者的相关报道和论述，从断陷湖盆形成的构造背景入手，系统论证了断陷湖盆成因及碳酸盐岩发育基础、层序地层、矿物岩石学、微量元素及同位素地球化学、微古生物及沉积环境、微相类型及沉积模式、成岩作用、孔隙结构及储集层特征，并引入"成熟度""液态窗"概念，讨论了断陷湖盆碳酸盐岩在不同沉积凹陷的成烃机制及主控因素，指出了未熟—低成熟油气、成熟—高成熟油气的成藏特征、油气藏分布规律及黄骅断陷湖盆沙一下亚段碳酸盐岩油气藏的典型实例。

　　本书大部分地质资料取自笔者多年在黄骅断陷的研究成果及大港油田研究资料，并广泛参考了其他相关报道和文献。全书共分九章，由郑聪斌进行整体结构设计、大纲编写及全书书稿的修改、统编、审定；武玺对部分章节进行了协助修改。参与执笔的作者有：武玺、郑聪斌编写第一章；郑聪斌、郑琳编写第二章、第三章；郑聪斌、王连敏编写第四章；郑聪斌、陈子香编写第五章；郑聪斌、武玺编写第六章；郑聪斌、李泽敏编写第七章、第八章；武玺、刘显贺编写第九章；李泽敏、金文华、弓莉等对各章节的图件进行了清绘。在本书的成稿过程中，大港油田分公司、西安地研石油科技开发有限公司的相关专家和科研技术人员提出了建议、指导和帮助，戴金星院士亲自作序。在此，致以衷心感谢！

　　由于近年来，断陷湖盆碳酸盐岩油气勘探开发的快速发展，相关研究成果及论文不断涌现，难以及时收集，加之笔者实践地区不够全面，编写水平有限，书中不妥之处在所难免，敬请广大读者批评指正。

目录 /CONTENTS

第一章　断陷湖盆构造特征

近年来，国内外湖相碳酸盐岩的勘探与研究实践表明，油气资源丰富的湖相碳酸盐岩，大都发育在构造湖盆。而构造湖盆碳酸盐岩的形成与分布，在中国始于三叠纪，发展于侏罗纪、白垩纪，全盛于古近纪，衰退于新近纪，表现出明显的地史限定性。但在构造湖盆类型上，大都集中在断陷湖盆发育期，而在坳陷湖盆中分布数量相对较少。因此断陷湖盆的成因与油气地质研究，受到了石油地质工作者的高度重视。以往的研究表明，断陷湖盆的形成与碳酸盐岩的发育，往往受裂谷盆地与山间盆地的构造断裂作用控制（陈景达，1980）。由于裂谷盆地与山间盆地中强烈的构造断裂与多凸多凹的复杂地质结构，奠定了断陷湖盆发育的背景。中国东部自印支、燕山运动以来，区域地质构造体制和沉积格局都发生了深刻变化。持续4亿多年的古生代南北分异格局，整体由北东—北北东向的区域断裂运动所代替。并伴随强烈的岩浆活动，在中国东部产生了规模巨大的裂谷带。这一大陆裂谷带以走向为北北东向的郯庐断裂带为主干，由北向南依次形成松辽裂谷盆地、渤海湾裂谷盆地、苏北裂谷盆地、江汉裂谷盆地等（陈景达，1980；赵重远，刘池洋，1990）。并在各个裂谷盆地内发育了众多彼此分隔的张性断陷湖盆（张国栋等，1987；吴奇之等，1997），从而为断陷湖盆碳酸盐岩沉积发育奠定了基础。

第一节　断陷湖盆基底结构及区域地层

黄骅断陷湖盆位于渤海湾裂谷盆地的腹部，是渤海湾裂谷盆地内最大的含油气断陷湖盆之一。呈 NE40° 展布，南西窄，向北东逐渐变宽并与渤中断陷湖盆相连；北西以沧东断裂与沧县隆起带相分隔，南东与埕宁隆起相接；北西与燕山褶皱带为邻，南西与临清断陷湖盆相连，南东与济阳断陷湖盆相接，面积 17000km^2（图 1-1）。基本由 1 个主凹和 4 个次凹组成，具有北断南超、半地堑式箕状结构，其主沉降与沉积中心位于歧口主凹陷。自始新世中期以来，黄骅断陷湖盆新生界最大沉积厚度可达 11000m。与渤海湾裂谷盆地其他断陷湖盆相比，黄骅断陷湖盆结构复杂，斜坡区负向构造单元分布广泛，从而对断陷内湖相碳酸盐岩油气聚集成藏与分布起着重要的控制作用。

一、湖盆基底结构特征

黄骅断陷湖盆在中—新生代之前，属于最古老的中朝准地台范畴。其基底结构，主要由太古宙早期和晚期、新元古代早期和晚期 4 套基岩组成。其形成时间分别为：古太古代（Ar$_1$）31 亿年以前，新太古代（Ar$_2$）31 亿—25 亿年；古元古代下部（Pt$_1^1$）25 亿—20 亿年；古元古代上部（Pt$_1^2$）20 亿—17 亿年。这四套基底岩系经历了三期区域变质作用与岩浆活动，最后经吕梁运动褶皱固结，形成结晶基底。根据前人对华北地区的相

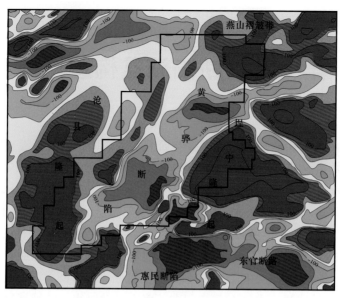

图 1-1 黄骅断陷航磁化极磁异常图

关研究成果，黄骅断陷湖盆的结晶基底构造是由鲁西、太行和燕山三个山系的基岩组成（李德生，1979；陈景达，1980；刘池洋，1988；漆家福等，2006）。在航磁图上，三大基岩在区内构成"T"字形拼接带。其中鲁西基岩位于断陷的东南侧，由新太古界泰山群组成，缺失古元古界。这套岩系由黑云母斜长片麻岩、云闪岩斜长片麻岩、黑云母变粒岩等组成，花岗岩化混合岩化程度高，绝对年龄在 24.5 亿～25 亿年之间。鲁西基岩整体上表现为走向北东的矩形地质块体，东侧受郯庐断裂带的控制，西侧一直延伸到黄骅断陷中。太行山基岩位于断陷的西部，由太古宇阜平群、古元古界五台群和滹沱群组成。阜平群由各种片麻岩、浅粒岩、斜长角闪岩及大理岩组成，绝对年龄为 28 亿～29 亿年；五台群以斜长片麻岩、斜长角闪岩、黑云母变粒岩、石英岩和绿片岩等组成，绝对年龄为 25 亿年；滹沱群由石英岩、板岩、千枚岩、白云岩组成，绝对年龄在 18.5 亿～24 亿年。太行山基岩向东经冀中断陷、沧县隆起，并延伸到黄骅断陷中部，与北东走向的鲁西基岩拼接。岩性主要以变粒岩、浅粒岩为主，绝对年龄为 28 亿～29 亿年；而中—古元古界与太行山基岩关系密切，所以断陷西部主要受太行山基岩控制。燕山基岩由中—古太古界迁西群、新太古界单塔子群和古元古界下部双山子群及上部朱杖子群组成。下部迁西群以各种麻粒岩、片麻岩、斜长角闪岩、磁铁石英岩为主，向上分布有基性—中基性火山岩及碎屑岩，绝对年龄值为 35 亿年左右，在冀东黄柏岭铬云母石英岩锆石的绝对年龄为 38 亿年（刘敦，1991）。中部单塔子群以斜长角闪岩、角闪斜长片麻岩、黑云母变粒岩为主，绝对年龄值为 25 亿～26 亿年（沈其韩等，1988）。古元古界下部双山子群与五台群相当，绝对年龄值约为 20 亿年；上部朱杖子群发育局限，以变粒岩、片麻岩和变质岩为主，绝对年龄值为 18 亿年。燕山地区受上述基岩近东西走向控制，航磁异常亦为近东西向。按航磁异常的展布分析，其南界大致通过北塘—石臼砣一线。根据航磁资料研究，太行基岩向东经冀中断陷、沧县隆起，并延伸到黄骅断陷中部，与北东走向的鲁西基岩拼接。黄骅断陷基底结构与周缘山区出露的基岩密切相关，鲁西基岩由古太古代的泰山群组成，呈单层结构，上覆层被中—新元古界的土门组披盖，缺失古元古界；太行山基岩由中—新太古界的阜平群、新元古界下部的五台群和上部的滹沱群组成，呈三层结构；燕山基岩由中—古太古界的迁西群，新太古界的单塔子群，古元古界下部的双山子群和古元古界上部的朱杖子群组成，呈四层结构，后者起始发育时间最早，活动与固结时间最长，是中国最古老的原始陆核。黄骅地区大体处于上述三类基岩的过渡部位。在区域布格重力异常图上（图1-2），黄骅断陷表现为北北东—北东走向的负重力异常带，沧县隆起、埕宁隆起为正重力场带，两侧差异显著。黄骅断陷北部的燕山地区为北东向、北东东向正布格重力异常为主，叠加局部负的重力异常；东部的渤海中部地区为近东西走向正、负布格重力异常相间出现，从宏观上勾绘出了黄骅坳陷的构造轮廓。由此可见，基底结构的上述特征奠定了后期盖层构造的发育基础。太行山基岩与

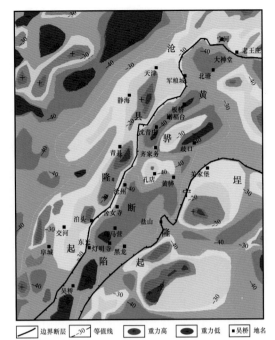

图 1-2 黄骅坳陷及邻区布格重力图

燕山基岩分别以北东—北北东与北东东—近东西向展布，决定了后期沉积盖层的展布方向。鲁西基岩呈北东—近东西—北西向的弧形展布，不仅控制了中—新元古界的分布，也制约了中—新生代断陷的发育结构，对古近纪断陷湖盆的形成与发展具有深远的影响。

二、区域地层

（一）古生界

黄骅断陷分布区古生界自下而上分为寒武系、奥陶系、石炭系、二叠系。其中寒武系以泥晶灰岩为主，上部为白云质泥晶灰岩间夹鲕粒灰岩，下部为泥灰岩；奥陶系以灰色白云岩、石灰岩和泥灰岩为主，局部夹鲕粒灰岩；石炭系为灰色泥岩与粉砂岩间夹煤层；二叠系以紫红色泥岩和灰紫色砂岩为主，局部夹碳质泥岩（表1-1）。

（二）中生界

中生界自下而上分为三叠系、侏罗系、白垩系。其中三叠系发育一套暗紫色泥岩与灰白色、棕红色粉砂岩互层沉积岩，未发现任何化石，属泛滥平原相沉积。侏罗系、白垩系在本区均为陆相沉积，含火山岩，其从岩性上可分为三段：下部为一套深色砂泥岩沉积，由深灰色、灰色、灰绿色、暗紫色泥岩、砂质泥岩夹浅灰色砂岩、砂砾岩、含砾粗砂岩组成，属辫状河沉积，上部块状砂层发育，厚度可达40～60m；中部为一套火山岩建造，中南区覆盖于深色砂泥岩建造之上，中北区覆盖于古生界之上，岩性为黑灰色、深灰色、灰色、灰绿色、紫色玄武岩、安山岩、凝灰岩夹深灰色、灰色、灰绿色、紫红色、褐

色泥岩、砂岩；上部为一套泥岩夹层砂岩沉积，下部为深灰色、灰色、灰绿色，上部为紫红色、棕红色泥岩（表1–1）。

表 1–1 黄骅断陷湖盆分布区地层简表

地质年代				年龄（Ma）	地层				岩性特征	厚度（m）
宙	代	纪	世		统		大港地层			
显生宙	新生代 Kz	第四纪 Q	全新世 Q$_4$	0.0118	全新统	Q		平原组	未固结黄土，岩性为灰、灰黄色砂层与棕黄色黏土互层	200~400
			更新世 Q$_{1-3}$	1.8	更新统					
		新近纪 N	上新世 N$_2$	5.3	上新统	Nm	明化镇组	明上段	浅棕黄色泥岩与砂岩互层	1000~2000
			中新世 N$_1$	12	中新统			明下段	棕红、暗红紫色泥岩，绿灰色砂岩	
				24.6		Ng		馆陶组	灰白色砂岩，夹紫红灰绿色泥岩；底为砾岩层，与古近系为不整合接触	300~400
		古近纪 E	渐新世 E$_1$	32.6	渐新统	Ed	东营组	东一段	灰白色砂岩与灰绿色泥岩组成的反旋回层序	300~1200
								东二段	灰绿、绿灰色泥岩间夹砂岩	
				36.5	始新统			东三段	南区介形虫砂岩，北区灰色砂泥岩互层	
			始新世 E$_2$			Es$_1$	沙河街组	沙一段	沙一上亚段	深灰色泥岩夹砂岩，灰色灰质泥岩	100~1000
								沙一中亚段	深灰色泥岩夹粉砂岩，薄层泥岩云岩、泥岩与油页岩	
				38				沙一下亚段	灰色生物（云）岩、鲕粒（云）灰岩、灰质白云岩与泥微晶白云岩	
				42		Es$_2$		沙二段	灰绿、灰色泥岩与浅灰色砂岩组成互层	0~400
				45		Es$_3$		沙三段	沙三^1	大段暗色泥岩夹成组的砂砾岩	320~1000
									沙三^2		
									沙三^3		
				56					沙三^4	深灰色泥岩与灰色泥质粉砂岩互层，上部夹薄层褐色砂岩	0~500
									沙三^5		
						Ek	孔店组	孔一段	上部为暗色膏泥岩、泥膏岩韵律层，下部为紫红色泥岩与砂岩、砂砾岩互层	400~1600
				65.5				孔二段	深灰色泥岩为主间夹薄层钙质砂岩、白云岩	
			古新世 E$_1$					孔三段	紫红色、棕红色砂质泥岩，含砾泥岩夹杂色砂岩	
	中生代 Mz	白垩纪 K	晚白垩世 K$_2$	99.6			中生界	下白垩统	棕红色砂质泥岩夹杂绿色杂砂岩，下部为大段紫红色砂质泥岩	>300
			早白垩世 K$_2$	145.5						
		侏罗纪 J	晚侏罗世 J$_3$	161.2	上统	J$_3$m		上侏罗统	棕色、紫灰色泥岩及凝灰质砂岩中基性喷出岩、侵入岩	
			中侏罗世 J$_2$	175.6	中统	J$_2$s		中—下侏罗统	灰紫、紫灰、灰色泥岩与灰白色砂砾岩互层，夹碳质泥岩及煤层	
			早侏罗世 J$_1$	199.6	下统	J$_{1+2}$f				
		三叠纪 T	晚三叠世 T$_3$	288						
			中三叠世 T$_2$	245	中—下统	T$_{1+2}$			紫色、棕红色泥岩及粉砂岩	0~1000
			早三叠世 T$_1$	251						
	晚古生代 Pz$_2$	二叠纪 P	二叠世 P$_2$	299	上统	P$_2$s	二叠系	石千峰组	暗紫红色泥岩、夹浅灰色砂岩，局部夹薄层基性侵入喷出岩	0~700
						P$_2$sh		上石盒子组	紫红、紫灰色泥岩与灰绿、灰紫色砂岩，含砾砂岩互层	0~320
			早二叠世 P$_1$		下统	P$_1$xs		下石盒子组	灰紫、紫灰色泥岩与灰白色砂砾岩互层，局部夹碳质泥岩	0~270
						P$_1$s		山西组	灰色泥岩、碳质泥岩夹灰白色砂岩及煤层	0~180
		石炭纪 C	晚石炭世 C$_3$	259.2	上统	C$_3$t	石炭系	太原组	深灰色泥岩与粉砂岩为主，夹煤层、碳质泥岩及石灰岩	0~70
			中石炭世 C$_2$		中统	C$_2$b		本溪组	深灰色泥岩与粉砂岩为主，夹煤层、碳质泥岩及石灰岩	0~210
			早石炭世 C$_1$							
		泥盆纪 D	晚泥盆世 D$_3$	385.3						
			中泥盆世 D$_2$	397.5						
			早泥盆世 D$_1$	416						
	古生代 Pz	志留纪 S	晚志留世 S$_3$	443.7						
			中志留世 S$_2$							
			早志留世 S$_1$							
		奥陶纪 O	晚奥陶世 O$_3$	460.9	上统					
			中奥陶世 O$_2$	471.8	中统	O$_2$f	奥陶系	峰峰组	灰色石灰岩和泥灰岩、石膏层	0~210
	早古生代 Pz$_1$					O$_2$sm		上马家沟组	上部灰褐色石灰岩夹泥灰岩，底部为白云岩夹泥灰岩	120~287
						O$_2$xm		下马家沟组	上部白云岩为主，中部泥白云岩夹泥灰岩	150~210
			早奥陶世 O$_1$	488.3	下统	O$_1$l		亮甲山组	上部白云岩，下部石灰岩夹泥质灰岩	100~170
						O$_1$y		冶里组	灰色石灰岩为主，下部白云质灰岩含泥质	30~70
		寒武纪 €	晚寒武世 €$_3$		上统	€$_3$c	寒武系	长山组	上部石灰岩白云岩、泥灰岩，下部泥岩、竹叶状灰岩	140~250
						€$_3$g		崮山组		
			中寒武世 €$_2$	542	中统	€$_2$z		张夏组	上部石灰岩，下部鲕粒灰岩	110~200
						€$_2$x		徐王组	泥灰岩、页岩为主，夹鲕粒灰岩	40~150
			早寒武世 €$_1$		下统	€$_1$mz		毛庄组	石灰岩夹页岩	10~50
						€$_1$m		馒头组	顶部石灰岩，其下泥灰岩、页岩	20~80
						€$_1$f		府君山组		0~80

（三）新生界

在古近纪断陷发育期，盆地多期沉降，盆缘持续隆升，发育了多种类型的断陷湖盆沉积体系。新近纪为坳陷期，湖盆消失，以陆相河流沉积为主要特征（表1-1）。

1. 孔店组

孔店组为黄骅断陷古近纪初期的沉积单元，主要分布在断陷南部。自上而下分为三段，其中孔三段至孔二段为类磨拉石、基性火山岩和湖相泥岩建造；孔一段为洪积扇、基性火山岩和膏盐湖沉积。在孔店凸起带，是重要的含油气层系之一。底部与中生界不整合接触，顶部与渐新统为不整合接触，厚约2500m（表1-1）。

2. 沙河街组

该组在断陷内分布广泛，逐层超覆在下伏不同时代地层之上。自沙三段沉积期开始，各凹陷沉积水域逐渐连通。其沉积厚度受边界同生断裂及内部同生断裂的控制，总体上反映出在断陷北西侧陡、深、沉积厚，南东侧缓、浅、沉积薄的不对称结构。自下而上可分为沙河街组四段、沙河街组三段、沙河街组二段及沙河街组一段，其中沙河街组四段在研究区未普遍发育，根据《中国石油志（卷4）·大港油田》，沙四段与孔店组的孔一段一同划分为孔店组岩性旋回的顶部旋回层。沙河街组三段与沙河街组一段在区里发育普遍，各段岩性特征如下：

（1）沙三段，该段为黄骅断陷古近纪早期的沉积单元，也是黄骅断陷内最主要的生、储油层系之一，除在北塘地区沙三段分为五个亚段外，其他地区均分为三个亚段。其中沙三$^{4+5}$亚段：一般厚度为94～450m，最厚约500m，沉积中心位于北塘、板桥、歧口主凹交会处，地层呈北东向展布。在歧北、板桥及歧口主凹是否有这套地层分布尚待证实。岩性为深灰色泥岩与灰色泥质粉砂岩互层，上部夹薄层褐色砂岩，与下伏中生界呈不整合接触。从化石分布特征看，该期水生生物相对繁盛，包括属种较多的介形类、腹足类、轮藻及大量的藻类及孢粉化石。而且水生生物化石在一定范围分布稳定，反映淡水环境的褶皱藻属、盘星藻属仅呈薄层状分布。沙三^{3}亚段：分布厚度变化大，钻井揭示该套地层最厚为1633m，在板桥次凹及以南的广大凹陷区较为发育，分布范围广，除北大港凸起外均有分布，地层具有东厚西薄、北厚南薄的特征。岩性主要为深灰色泥岩与灰白色砂岩、含砾砂岩，下部为深灰色泥岩夹泥质白云岩、泥灰岩和薄层油页岩，古生物为脊刺华北介组合。沙三^{2}亚段：分布于北塘次凹、歧北次凹区，在港西凸起未接受沉积。底部岩性为灰色砂砾岩，中上部为大套泥岩，顶部为稳定泥岩段，是最大湖侵期产物，古生物为惠东华北介组合。沙三^{1}亚段：由于后期抬升剥蚀，其分布仅局限于板桥到新港东地区。岩性为深灰色泥岩，底部有时夹有砂岩。

（2）沙二段，该段处于沙三段大规模水进之后的水退期沉积。在歧口凹陷西部的孔店—羊三木地区、羊二庄断阶带及港西凸起带缺失，其分布范围相对较小，沉积厚度较薄，一般厚度为300～600m。沙二段泥岩在凹陷区为灰色或者深灰色，低隆起区为灰绿色、灰色，局部可见紫灰色。砂岩以岩屑长石砂岩为主，发育于板桥、歧北、埕北等地区，是主要的含油层系之一。

（3）沙一段，该段在黄骅断陷分布范围最广，也是主要的生、储油层系之一，其一般厚度为300～400m，最大厚度超过2000m。该段沉积时为黄陷断陷湖盆第二次大规模湖侵期，自上而下分为 Es_{1s}、Es_{1z}、Es_{1x} 三个亚段。其中 Es_{1z}、Es_{1x} 亚段沉积时为最大湖泛期，沉积物越过羊二庄断裂带超覆到埕宁隆起之上。沙一段沉积中心基本与沙三段沉积时一致，主要沿各主要二级断裂下降盘分布，但具有向东南方向迁移的特征，地层分布的延展趋势也由北东向部分转为近东西向；沙一段上部（Es_{1s}）为大段连续沉积的暗色泥岩，厚80～200m，中部（Es_{1z}）为多旋回砂泥互层，并夹有油页岩及泥灰岩，一般厚度为50～100m；下部（Es_{1x}）主要为碳酸盐岩夹油页岩及钙质泥岩及少量砂岩，一般厚度为70～150m，碳酸盐岩主要分布在歧南凹陷及其以南各次凹中，向歧口主凹陷则逐渐变为三角洲砂岩及重力流沉积。沙一下亚段（Es_{1x}）自上而下可划为 Es_{1x}^1（板2）、Es_{1x}^2（板3）、Es_{1x}^3（板4）、Es_{1x}^4（滨1）四个小层（油组），其中 Es_{1x}^3（板4）、Es_{1x}^4（滨1）是区内主要的油气储集层（图1-3）。

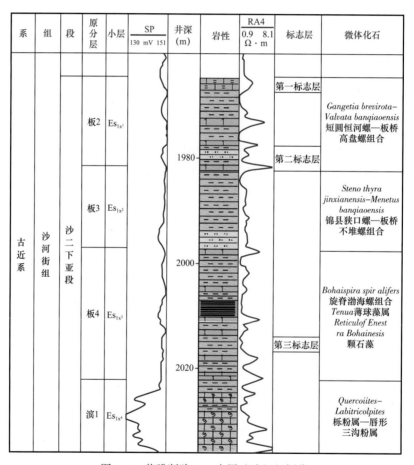

图1-3　黄骅断陷 Es_{1x} 小层（油组）划分

3. 东营组

东营组沉积时期是黄骅断陷湖盆由断陷向坳陷转换的过渡期，与沙河街组一段组成一个完整的湖盆沉积体系。东二、三段在南部地区主要岩性为灰绿、绿灰、浅灰、褐灰、深灰色泥岩夹中—薄层砂岩。北部地区以砂、泥岩互层沉积为主，总厚度800m以上；东一段主要岩性为灰色、绿灰色泥岩与灰白色砂岩、含砾砂岩互层，为反旋回沉积，厚度500m以上。自上而下形成多旋回沉积。该组总体表现为湖盆收缩期特征。

4. 馆陶组

馆陶组分布范围广，全区厚度分布稳定在 400～500m。主要岩性为灰白色砂岩、含砾砂岩、砾岩夹灰绿色、紫红色泥岩，具有粗—细—粗三段的特点，与下伏东营组不整合接触，表现为陆相辫状河沉积。

5. 明化镇组

与馆陶组相比，明化镇组分布范围更广、厚度更大（厚度 1000～2000m），可分为上、下两段。下段岩性主要为紫红色、灰绿色、棕红色泥岩为主，夹灰白色砂岩；上段为厚层状灰绿色、浅灰色砂岩与浅棕色、黄绿色及杂色泥岩互层，为曲流河沉积。

二、前古近纪盖层构造及其演化

黄骅断陷前古近纪盖层构造，自下而上由中—古元古代的台缘断陷、早古生代的稳定地台、晚古生代的滨海平原及中生代内陆盆地与拱升裂陷四个构造旋回组成。这四套构造旋回的沉积演化及多期断裂改造，在断陷区均不同程度的分布在众多凸起与凹陷中，组成了断陷湖盆的基本格架。

（一）中—古元古代台缘断陷

华北地台在中条运动之后，虽已形成，但固结程度较低，整个地台仍处于从活动地块向稳定地块转化的过渡阶段。此阶段，由于地台基底边缘洋壳与地台基底断块体间的相互作用，沿着地台边缘先后形成三个裂陷海槽；即北部的燕辽海槽、南部的豫西海槽和东南部的胶东徐淮海槽。这三个海槽的存在及发育，使整个中—新元古代在演化过程中形成了长城系、南口系、蓟县系、青白口系四套构造旋回层系。根据钻井资料，位于燕山海槽东南侧与泰山古陆西北翼过渡部位的黄骅断陷。早期因处于古构造较高部位，缺失长城系、南口系、蓟县系，青白口系直接披覆于结晶基底之上。中期南口—蓟县纪，由于裂陷海槽扩大，水域自西北向东南侵漫，黄骅断陷区的北塘、孔店一带沉积了较厚的大红峪—雾迷山组，向东延伸至歧口、马棚口、唐家河地区，但钻井显示未见洪水庄组、下马岭组，反映了鲁西地块在该期已抬升，导致全区普遍遭受剥蚀。下马岭组沉积末期海水再度自西北向东南侵漫，黄骅地区内除孔店东南部有受泰山古陆影响遭受剥蚀外，其余广大地区普遍发育了龙山—景儿峪组，厚度约 50～200m。景儿峪组沉积晚期，由于受蓟县运动的影响，全区海退，导致燕辽裂陷海槽关闭。直至震旦纪末期的晋宁运动，使华北地区整体抬升，形成统一的中国陆块，奠定了古生代构造演化的基础。

（二）早古生代稳定地台

华北地区在稳定陆块的基础上，发育了三套海相构造旋回组合：其中第一套构造旋回组合以早寒武世府君山（辛集）组沉积期滨海相含磷碎屑岩为沉积标志，反映了华北地区经过约 1Ma 的沉积间断后又一次大规模海侵的开始，海水由西南与东南向陆块侵漫，并在陆块西南缘发育了一套滨海相含磷碎屑岩。第二套构造旋回组合从馒头组沉积早期开始，受昌平运动影响，造成局部略有抬升外，整个华北地区才普遍被陆表海覆盖，岩性以碳酸盐岩为主夹少量碎屑岩。晚寒武世至奥陶纪亮甲山组沉积期，因怀远运动的发生，导致奥陶系下马家沟组底部的贾汪页岩超覆于上寒武统凤山组、长山组不同层位上，形成地区性不整合；但由于黄骅断陷处于华北地台中北部，昌平、怀远运动尚未波及，因此该区寒武系府君山组与上覆馒头组及奥陶系亮甲山组与下马沟组之间均为连续沉积。第三套构造旋回组合由上、下马家沟组与峰峰组浅海碳酸盐岩组成（吴奇之，王同和，1997）。峰峰组沉积末期，加里东运动的发生，导致华北地台整体抬升，沉积间断长达1.3亿年，不仅缺失了志留系和下石炭统，在区内形成分布广泛的风化壳，而且使上、下马家沟组与峰峰组浅海碳酸盐岩受到了强烈的风化剥蚀和淋滤改造。根据钻井资料，黄骅地区上、下马家沟组与峰峰组残留厚度变化在430～900m。

（三）晚古生代滨海平原

晚古生代，黄骅地区随同华北地台统一发展，在前期剥蚀夷平的准平原化背景上，从中石炭世本溪组沉积期开始整体沉降，海水由东北方向侵入，全区进入滨海平原构造旋回阶段。此阶段，从中石炭世本溪组沉积期—二叠纪太原组沉积期，由于古地势起伏平缓，全区除老王庄、南堡和红房子一带缺失外，广泛发育了海陆交互相含煤岩系沉积。厚度由东北向西南逐渐减薄，石灰岩夹层减少。辽宁本溪一带厚度达200～300m，含海相石灰岩4～6层，煤层厚度也较大。黄骅、冀中地区沉积厚度减至100m左右，含海相石灰岩2～4层，煤层也相应变薄。

二叠纪早期，由于受海西运动影响，华北及黄骅地区以薄而稳定的陆相碎屑岩含煤组合为特征。北部逐渐抬升和南部不断沉降，海水由北向南退出，陆相沉积不断向南迁移。全区构造演化进入重要的转折时期。山西组沉积期之后的上、下石盒子组至石千峰组沉积期，已全属陆相河流沉积，其中山西组沉积晚期为灰—深灰色泥岩、碳质泥岩、黄褐色砂砾岩互层沉积，上、下石盒子组沉积期为灰绿色、紫红色砂质泥岩及黄褐色砂砾岩互层沉积，而石千峰组沉积期，因气候干燥则为红层沉积。总之，上述各期沉积在区内呈现出北薄南厚的变化趋势，反映了盆地自北向南抬升收缩的特点。构造格局则在前期准平原化背景上，开始向坳隆相间的构造格局转化。

（四）中生代内陆盆地与拱升裂陷

如果说，印支运动奠定了中生代构造格局，那么，后来的燕山运动只不过是继承和发展了它的构造特征（吴奇之，王同和，1997）。因此依据中生代的区域构造与建造发育特征，可把中生代分为早中生代内陆盆地与晚中生代陆内拱升裂陷两个发育阶段。

1. 早中生代的陆内坳陷

早—中三叠世，由于区域构造展布受前期构造控制，总体表现为近东西向；而晚三叠世则为内陆盆地发育的萎缩期，构造走向开始转向北东东向。这一阶段正处于台坳共存向断块转化的重要时期。中三叠世之前泛滥平原沉积的网状河流相红色碎屑岩建造，与下伏上三叠统连续过渡，厚度小于700m，但分布较广。在构造上继承了晚二叠世末的沉积格局，除北京—大同一线以北，西安—淮南一线以南，平京—银川一线以西为剥蚀区外，华北整体反映为南陡北缓的大型内陆坳陷盆地。早—中三叠世末期，由于受西太平洋毕乌夫带的挤压，导致华北一带差异升降，构造面貌呈现东隆西坳的格局（吴奇之，王同和，

1997）：西部鄂尔多斯地区下沉，中—下三叠统沉积大面积分布，东部太行山以东地区因抬升剥蚀，中—下三叠统沉积分布零散（图1-4）。位于中—下三叠统大型内陆坳陷盆地东北部的黄骅地区，由于受前期近东西向隆坳相间格局控制，中—下三叠统沉积主要分布在北塘—涧河一带与舍女寺—王官屯—羊二庄东南一带，岩性以紫红色泥岩、砂岩、粉细砂岩互层为主。

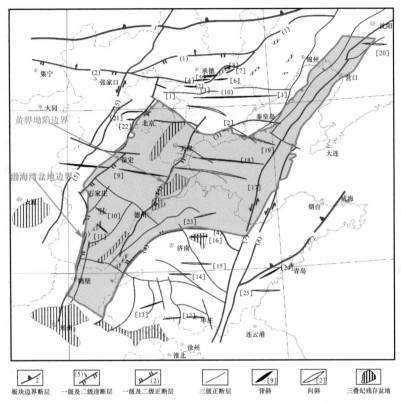

图1-4　华北三叠系构造纲要图

晚三叠世，因受北缘褶皱带挤压及东侧太平洋板块挤压俯冲的双重影响，大型内陆坳陷盆地自东北向西南收缩明显，沉积中心移至华池—郑州一带，最大厚度达1000～1600m。盆地北界大致在宁武—沧州一线以南，因而包括黄骅在内的整个渤海湾盆地均处于上升剥蚀范围，反映出早中生代大型内陆坳陷盆地进入萎缩阶段。

2. 晚中生代的陆内拱升裂陷

印支运动晚期，东西分异的新格局代替了南海北陆的古地理面貌，中国东部初步显现出以北东向、北北东向的构造趋势。此阶段，除受来自南北纬向构造带应力场影响外，由于太平洋板块北西向的挤压作用，导致地幔层的差异隆升，使华北陆块内产生折离、滑脱、褶皱及逆掩，奠定了晚中生代的基本构造格局；同时由于拆沉后热的地幔更接近下地壳，从而诱发了大规模基性—中基性—酸性的火山喷发与侵入。在区内表现出北强南弱的活动特点。

1）早—中侏罗世的断、坳结构

早—中侏罗世的构造活动北强南弱，并沿北侧张家口—北票断裂以南发育一系列断陷或坳陷含煤盆地，即人们所称的雁列式盆地，其单体走向为北东—北北东向，总体走向为北北东向（赵重远，1979）。内部沉积有数千米厚的中—下侏罗统含煤碎屑岩和中基性火山喷发岩；盆地南部的济源地区为一套含煤碎屑岩，火山岩不发育，多属稳定的湖沼沉积，盆地中部则继续以隆起为主，构造环境相对稳定（图1-5）。

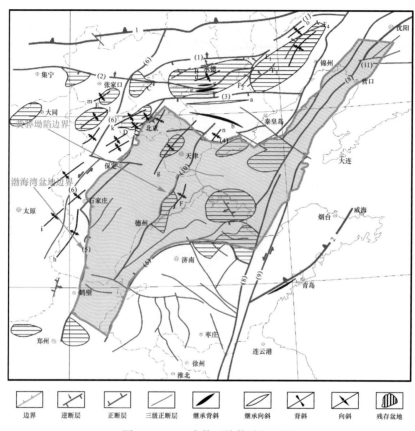

图 1-5 上—中侏罗统构造纲要图

　　黄骅断陷早—中侏罗世沉积主要分布南北两区，中部缺失，断陷走向为北东东—近东西向。南区分布于赵东、王官屯南、东光北地区。该区东西两侧被沧东、徐黑断裂夹持，面积约 200km²，岩性为一套分选好的块状石英—长石砂岩，间夹灰—灰绿色泥岩及薄煤层。在地震剖面上，是一套中—强振幅和中—长连续的密集反射带，与下伏中—下三叠统的弱反射形成鲜明的对比，易于识别，厚度 600～800m。这套地层受印支期形成的向斜控制，发育在凹陷部位。由于受后期的剥蚀影响，向周缘相应变薄，呈现出明显的坳陷型沉积特征。

　　北区的早—中侏罗世沉积主要分布于涧河、柏各庄和南堡凹陷的高尚堡地区。其南侧因埋藏深，界限不清；北侧紧邻燕山褶皱带，后期剥蚀强烈。该区早—中侏罗世沉积总体为一套以碎屑岩为主，间夹煤系的沉积构造，最厚约 500m，与下伏古生界和上覆新生界均为不整合接触。而位于两区之间的广大地区缺失上—中侏罗统，上侏罗统与下白垩统直接披覆于古生界不同层系之上，这种沉积格局的形成与长期处于古隆起的构造背景相联系（图1-6）。

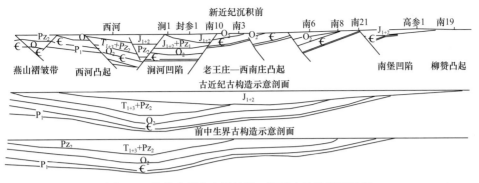

图 1-6　黄骅北部燕山褶皱带—柳赞古构造剖面示意

2）晚侏罗世—早白垩世的扩张裂陷

此阶段，中国东部随着库拉板块的消亡，太平洋板块开始向北北西向运动，欧亚大陆板块顺时针旋转形成的左旋剪切挤压应力达到了峰值，地壳被强烈扭断抬升而拱曲张裂，岩浆的喷发侵入，在黄骅断陷形成了一套以上侏罗统喷发岩为主与下白垩统碎屑岩为主的沉积建造，其绝对年龄在 75～65Ma。由于黄骅断陷受左旋压扭应力制约，改变了前期北东东—近东西向一隆两坳的构造格局，北东—北北东走向的古沧县隆起和北东—北东东走向的古埕宁隆起扭断抬升，控制了断陷的基本轮廓，并在盆缘及断陷内产生了一系列与压扭作用有关的逆冲断层和花状构造断裂，为古近—新近纪断陷湖盆的形成奠定了基础。同期沉积呈北东—北北东向分布，厚度西薄（500m）东厚（1200m），在断陷中区（王官屯—塘沽）则披盖在古生界不同层系上，而断陷南部的中—下侏罗统分布区，披盖沉积较薄并有大面积缺失，形成古近—新近系与中—下侏罗统不整合接触（图 1-7）。

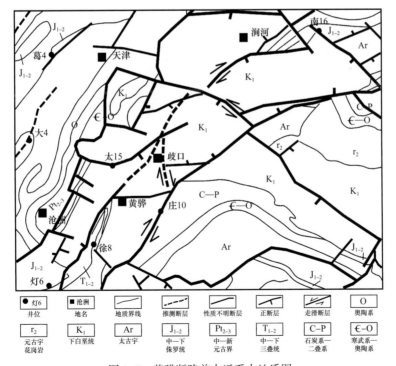

图 1-7　黄骅断陷前古近系古地质图

黄骅断陷在上述构造应力场作用下，形成挤压、引张与扭动三组大致配套的断裂构造线。其中一组为北东—北北东向，与主压应力场方向大体垂直的多为挤压构造，另一组为北西—北西西向的张性断裂构造，而第三组为两组共轭的扭断裂构造，其中右旋一组走滑断裂为北东—北东东向，在地震剖面上表现为正花状构造，如孔西、北大港、南大港、乌马营构造等（图1-8）；左旋的一组未见花状构造，但对古近—新近纪盖层构造的控制是清楚的，其走向为北北西向。上述三组断裂构造，与沧东主干断裂之间为"人"字形构造组合样式，因而可以判断沧东断裂在此期为左旋扭动，整个断陷均在左旋扭动应力场控制之下（图1-9）。

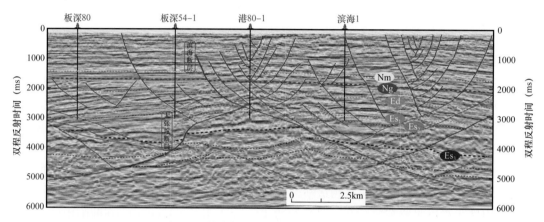

图1-8 黄骅断陷北大港东段断裂沟造样式

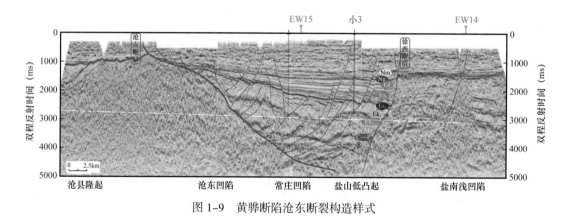

图1-9 黄骅断陷沧东断裂构造样式

3）晚白垩世—古新世的挤压隆升

燕山早中期的强烈断裂构造活动之后，与晚白垩世—古新世，古近—新近纪，构造活动趋于稳定，火山喷发活动也明显衰退，整个华北地台在挤压背景上以大面积隆起为特点。黄骅断陷位于中生代以来隆起区的轴部，据钻井揭示缺失下白垩统和古新统。沉积中心移至郯庐断裂带以东的胶莱县、莒县、沂县及苏北盆地，上白垩统王氏组是一套红色河湖相碎屑岩沉积，局部夹安山岩、玄武岩，厚度约1000～3000m。华北地区经早白垩世末至古新世的长期剥蚀夷平，古地貌已准平原化，而此期正处于太平洋板块、印度板块对欧亚板块作用方向的改变，由前期左旋挤压应力场转变为右旋拉张应力场的过渡时期，经过此次转变使中国东部包括渤海湾在内的华北诸地区进入了扩张裂陷发育阶段。

三、古近纪构造格局

古近纪区域引张应力场作用，在中国东部地区不同于历次构造运动。由于引张应力场作用是一个地区断裂活动、凹陷形成、沉积充填等地质作用的综合反映，能够较全面地衡量该地区构造运动的特征。

黄骅断陷介于太行山与郯庐断裂之间，经过晚白垩世至古新世隆起剥蚀、夷平之后，多利用燕山期逆冲就位后的老断裂反向倾斜、拆离，构成雁行断块、雁行断层及"入"字或分叉形断层、褶曲和一系列地堑、半地堑组成的断陷（图1-10）。这些断陷的断裂方位与中生代无多大改变，但其力学性质发生了根本变化，往往多期活动具有明显的张性，属于正断层和低角度的拆离、滑脱构造，并被不少研究者指出过（赵重远，1984；王同和，1986）。如黄骅断陷由走向北东的北大港断层、南大港断层、孔店断层、王官屯断层及徐黑断层与其走向北北东向的沧东断裂带组成的"入"字形断层，均在中生代时的左旋剪切作用下生成的。这些构造的主要边界多利用了原来逆断层的上盘陡断面反向滑动，形成于古近纪同沉积过程中，与沉积后的逆断层明显不同。从断陷的充填厚度所反映的古近纪水平拉张、垂直陷落的幅度在黄骅断陷为4200m，冀中断陷为5800m，渤中断陷为5500m，济阳断陷为4400m，辽河断陷为3900m，东濮断陷为4000m。这些垂直陷落的幅度说明，古近纪构造运动是在强烈水平拉张作用下，以正断层分割的块体垂直差异升降为特征。这些升降特征在地震剖面上十分清楚，其幅度之大是十分罕见的。各断陷充填速率平均为0.42～0.64mm/a，水平拉张率在15%～40%（图1-11）。此外，伴随断块破裂与陷落有大体同步强烈的火山活动，导致玄武岩沿北东向、北北东向裂隙式喷发，表现出大陆裂谷特有的性质（漆家福，1994；王同和，1986）。在区域上，秦岭—大别山以南及郯庐断裂带南段以东的江汉、苏北及黄海等断陷与渤海湾各断陷则有所不同。这些断陷在继承晚白垩世断陷的基础上，进一步经历了古近纪断裂的作用，直至中始新世后的太平洋板块俯冲方向的改变，使该地区断陷沉降和沉积速率变小，导致了长达16Ma沉积间断。由此可见，不同地区不同断陷的沉降与隆起、充填与剥蚀都是伸展构造作用的表现。而水平伸展在断陷内的分配也是不均匀的，其中65%～72%伸展量在沉积断陷的主边界断层上。换言之，主边界断层上盘断块与下盘断块之间的水平伸展运动占主导地位，而断陷内部次级断块间或盖层断块间的水平伸展运动是次要的。并且在古近纪的拉张兼剪切作用下，一侧沿断裂下滑呈翘倾状态，倾伏侧变为凹陷，翘升侧上升为隆起。如黄骅断陷的西侧为凹陷，东侧为埕宁隆起。断陷中的次级雁行断块多组成背斜、半背斜或构成凸起与复式断垒带，而断块之间则为雁行凹陷，由西侧向北向南主要有北塘、板桥、沧东、南皮等凹陷；由西侧向东主要有南堡、歧口和盐山等凹陷。古近纪的水平伸展运动过程不是均变的，具有"幕式"渐进伸展的特点，可以划分出四个"伸展幕"或伸展事件（漆家福等，1988）。断块之间水平伸展的同时，重力均衡作用势必造成断块之间的差异升降运动，断陷的沉降量大致能反映块体间差异运动的总体特征。因此，古近纪断陷的沉降主要与伸展作用有关。其构造样式，不仅反映了黄骅断陷的构造格局，同时也代表了渤海湾裂谷构造的基本特征。

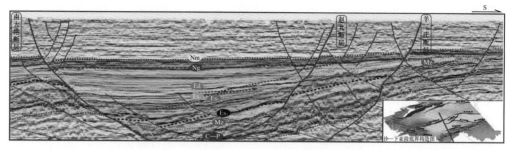

图1-10　黄骅断陷南大港箕状半地堑结构剖面

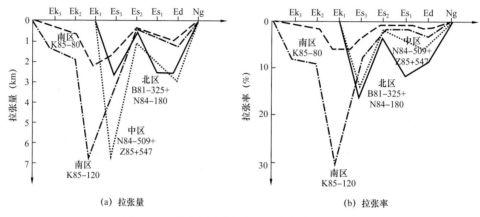

图1-11　黄骅断陷分期拉张量与拉张率曲线图

第二节　断陷湖盆的形成及演化

一、断陷湖盆成因分析

　　黄骅断陷湖盆是渤海湾裂谷盆地的一部分，其形成与渤海湾裂谷盆地密切相关。国内外对渤海湾裂谷盆地的形成机制研究，可追溯到20世纪70年代。如金胜春（1984）、唐连江（1986）指出，引张作用可导致岩石圈破裂，形成延伸长、切割深、分布规模巨大的张裂带。其成因是由于深部热源上拱至岩石圈底部后，分向两侧流动，造成其上岩石圈破裂，中间便形成裂谷盆地（李春昱，1986）。按其所处板块构造位置及演化阶段可分为陆内裂谷（如渤海湾裂谷）、陆间裂谷（如红海）和大洋裂谷（如大西洋），分别代表裂谷盆地的不同演化阶段（薛叔浩等，2002）。又如Klimetz（1983）认为渤海湾裂谷盆地是发育在郯庐走滑断裂和太行山走滑断裂之间的、巨大而又简单的拉分盆地，或者如Nabelek（1987）等所说的是一个由一系列不同规模的拉分盆地右旋排列嵌套在一起的复式拉分盆地；但刘国栋（1987）认为是一个简单的、由北西西向拉伸作用形成的裂陷盆地；Allen根据渤海湾裂谷盆地构造发育特征，强调右旋转换伸展作用在渤海湾裂谷盆地古近纪发育过程中的重要性。认为渤海湾裂谷盆地整体上类似于一个拉分盆地，但与经典的拉分盆地模式是有差别的。控制盆地变形的构造不是简单的走滑断层，而是走滑伸展断裂带。刘池洋（1990）则根据国内外众多学者认识，将张性断陷盆地的形成机制，概括为地幔隆起主动成因说与区域拉张被动成因说两种。并在此基础上，通过比较不同成因机制中古地壳厚度计算值和理想值关系，讨论了渤海湾裂谷的形成机制和地壳伸展变动的原因，提出了渤海湾裂谷盆地形成的主动扩张模式（图1-12）。可见不同学者提出的裂谷盆地成因模式，为进一步深化断陷湖盆的研究拓宽了思路。

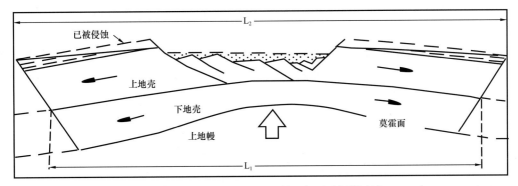

图1-12　地幔隆起主动扩张成因机制示意图（据刘池洋，1990）

中国东部古近纪裂谷盆地的发育，一是由于太平洋板块向北西的俯冲作用，二是欧亚板块的仰冲和其东缘的向东蠕散作用。这两种作用在中国东部始于中生代末期，完成于古近纪（陈景达，1980）。如渤海湾裂谷盆地在中生代大型地幔隆起背景上，由于受华北大型拆离断层的控制，沿着裂谷盆地内鲁西与太行、鲁西与燕山基底过渡部位自南而北依次被拉开而逐步形成发展的。正如李四光在讨论新华夏构造体系的成因时，指出中生代以来的亚洲东部，存在着由亚洲大陆向南太平洋相对向北运动而产生的左旋剪切作用，这一作用与查明的联合古陆在晚三叠世开始解体时出现的欧亚板块顺时针旋转与太平洋板块左旋剪切构造的主要应力。但是在45Ma前，随着太平洋板块由北北西向改变北西西向后，中国东部进入另一种构造运动体制。这种体制一方面是印度板块与欧亚板块碰撞之后的继续向北运动，与中国东部陆块之间产生了右旋剪切作用；另一方面是在欧亚板块与太平洋板块之间，由原来的左旋剪切变为相对板块向北北西方向运动，二者之间所产生的剪切应力相一致。它是形成中国东部中冲和俯冲运动所产生的扩张作用。这两期作用使渤海湾裂谷盆地在形成机制方面同世界上一些典型裂谷盆地相比有所不同。主要是渤海湾裂谷盆地是在曾发生左旋剪切挤压破裂的前期复背斜隆起上，当拉张和右旋剪切作用时，便沿原先破裂面滑离拉开，生成众多形态相互分隔的不对称箕状断陷（图1-13）；而典型的裂谷盆地的生成则是在地壳被拉伸变薄产生的拗曲基础上，进一步引张裂陷而成。其形态一般不分割，并多数是对称的。赵重远（1984）指出，渤海湾裂谷盆地的形成没有经由典型裂谷盆地那样先起源于地幔或地幔垫的隆起，最后导致地壳拱张破裂生成裂谷盆地。目前在裂谷下面的地幔隆起现象很可能是后生的。其原因一是中生代的左旋剪切挤压作用下形成的隆起支撑减小了地壳对地幔的压力，导致地幔局部向上拱升；二是中生代基底断裂大都切穿了岩石圈，使岩石圈断块有较自由的边界条件和充分的均衡调整而达到均衡支配下的全面下沉；三是莫霍面形态和裂谷盆地内的构造格局具有极相似的镜像关系和典型裂谷盆地不同的正布格重力异常。如黄骅断陷处于上地幔隆起区，为地壳减薄带，地壳厚度由南向北减薄。岩石圈厚度约60km，莫霍面埋深28～32km，而西邻沧县隆起对应的岩石圈厚度超过 80km，莫霍面埋深达 36km。软流圈呈现上拱，深部地幔隆起与浅表层断陷沉降呈镜像关系（图 1-14）；四是大地热流场温度值高达 2.53HFV，最高热流点位于歧口，异常形态同断陷相似（图 1-15）。根据刘池洋等（2001）在板桥次凹用热成熟度和钻井温度数据的建模显示，板桥次凹的现今大地热流值为 59.8～61.7mW/m²，而古热流从 65～50.4Ma 期间递增，至 50.4Ma 时达到热流最高值 75mW/m²。出现这一热异常的原因，显然与裂谷盆地所经历的地幔底辟、岩浆侵入、地壳减薄和拉张裂陷过程有关。具体可分为三个阶段，即中生代晚期—古近纪古新世为地幔拱升和地壳的引张破裂阶段；古近纪始新世—渐新世早期为裂陷与断块差异活动阶段；渐新世中晚期为裂谷收敛缝合阶段。这三个阶段的演化过程，从区域上控制了断陷湖盆的构造环境。

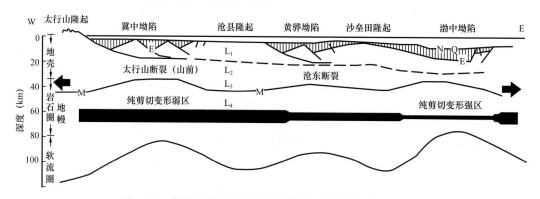

图 1-13　渤海湾盆地的拉张伸展模式（据漆家福等，1992）

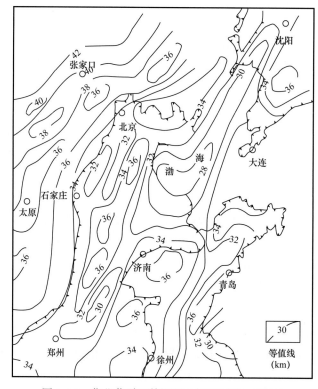

图 1-14　华北莫霍面等深图（据刘国栋，1985）

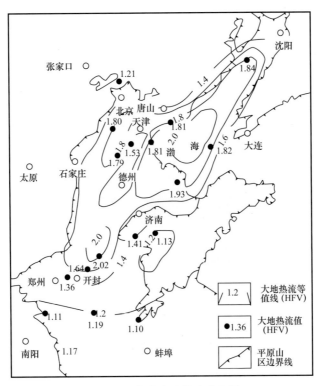

图 1-15　华北大地热流分布图

二、断陷湖盆构造演化特征

中国东部，由于沧县、埕宁、海中及内黄等四大隆起的长期发育，将渤海湾裂谷盆地分割成临清、辽河、渤中、黄骅、济阳等六个断陷湖盆；这些断陷湖盆伴随裂谷盆地的构造演化，先后经历了前古近纪晚期的裂陷拱曲期、古近纪早期的初始裂陷期、古近纪中期的裂陷兴盛期、古近纪晚期的裂陷萎缩期和新近纪坳陷期等发展过程。它们不仅表现出一致的成因机制，而且具有相似的构造发育规律。以黄骅断陷湖盆为例，可将断陷湖盆的形成发育归纳为如下四个阶段（图 1-16）。

（一）萌芽发育阶段

黄骅断陷在古新世侵蚀面上，沿着中生代的左旋剪切平移断裂带初始拉开，并经均衡调整及区域应力场转换为右旋拉张作用下，产生华北大型折离断裂（图 1-17）。作为该断裂分支的沧东断层首先活动，控制了黄骅南部的断陷发展趋势，并伴随断裂下切活动的发展产生徐黑对偶断层；同时地幔上涌活动也同步增强，并诱发了碱性玄武岩喷发，形成地堑式断陷湖盆及中央凸起带。按扩张的阶段性分为早、晚两期：

早期为断陷湖盆萌芽期，黄骅断陷仅局限在孔南地区。这一时期（孔三段沉积期），沧东、徐黑断裂初始活动，其扩张量与扩张率在黄骅断陷湖盆南部中区分别为 1400m 与 7.5%；在南部南区分别为 200m 和 0.7%。由于古地貌差异较小，沉积特征以洪漫冲积为主，形成一套红色碎屑岩构造，厚度约 300m。与此同时深部侵入岩体也开始同步活动，并在王官屯—灯明寺一带见有 16.5～37.5m 玄武岩夹层。随着沧东、徐黑断裂活动加剧，地堑式断陷湖盆至孔二段沉积期时初见雏形。枣园、王官屯一带不仅见有大量的玄武岩喷发，而且夹有较多碱性辉绿岩侵入。

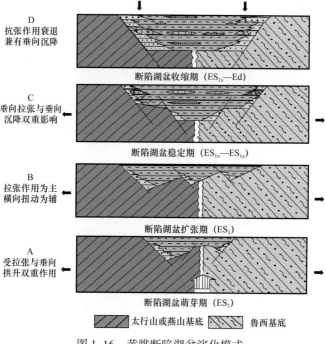

图 1-16　黄骅断陷湖盆演化模式

晚期为断陷湖盆发育期，裂陷扩张开始增强，其最大扩张量与扩张率分别为 6800m 和 31.4%。沧东、徐黑断裂向北分别延至齐家务、羊三木地区，向南分别延至东光和黑龙村西南，形成狭长的地堑型湖盆。随着断裂活动的加剧，在下降盘沧东凹陷孔一段沉积厚度达 1000～2600m；在徐西凹陷厚度达 800～2400m，为一套陆源冲积扇—湖泊膏泥岩沉积，含玄武岩夹层。中央凸起区沉积厚度约 600～1000m（图 1-17）。孔一段沉积末期，裂陷扩张减弱，湖盆回返。但在局部低洼地带仅见膏泥岩夹少量碎屑岩沉积。

（二）扩张兴盛阶段

始新世中期，太平洋板块对欧亚大陆的俯冲由之前的近北西向转为东西—北西西向，而中国东部郯庐断裂带的走向为北北东向，俯冲方向的改变造成郯庐断裂和兰聊断裂等大型断裂右旋走滑活动的加强。黄骅断陷湖盆正处于这一北西—南东向右旋转换拉伸应力场控制下，歧口一带全面进入了伸展断陷阶段。燕山期形成的诸多北东向逆冲推覆断层在伸展应力场的控制下发生负反转，形成基底卷入型正断层，控制了沙三段沉积期的沉积。裂陷扩张中心自南部转向扣村—羊三木一线以北的中北部，此期南部虽有扩张，但强度明显减弱，其扩张量与扩张率分别由前期的 6800m 和 31.4% 减小为 3200m 和 8.6%。由于拆离断层的持续发展，在沧东、徐黑断裂继续活动的同时，盆地东南侧埕西（羊二庄）断层也开始活动，致使断陷湖盆南部在原"一隆两凹"的基础上发展成"两隆三凹"的构造格局，自西向东依次为沧东凹陷带、孔店—王官屯凸起带、南皮—常庄凹陷带、徐杨桥—黑龙村凸起带和盐山凹陷带，走向基本为北北东向。各凹陷带沙三段沉积期地层以浅湖沉积为主。根据地震及钻井资料，沧东凹陷深度约为 500～800m，南皮—常庄凹陷深度约为 300～800m，盐山凹陷深度约为 300m。

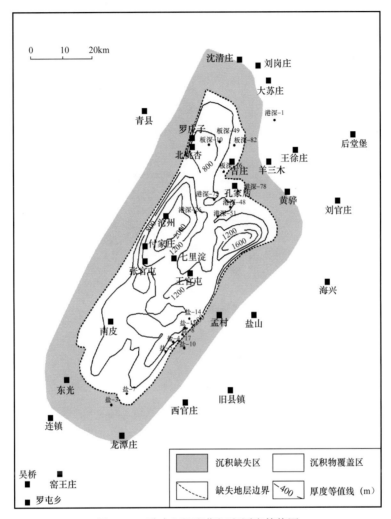

图 1-17　孔店组沉积期沉积厚度等值图

　　断陷湖盆的中北部地区，扩张量与扩张率均强于南部地区；其中北部地区的扩张量与扩张率分别为 2850m 和 17%，中部地区的扩张量与扩张率分别为 6800m 和 15.5%。除局部凸起高部位和沙三段沉积期发育的大断层上升盘高部位出露水面接受剥蚀外，全区普遍接受了沉积（图 1-18）。由于湖盆边缘拆离断裂持续下切，致使湖盆内中生代形成的北东走向的北大港、南大港、涧南等断裂及北西走向的扣村—羊三木、海河—新港、汉沽—西南庄等两组不同方向的断裂带相继发育。其中北东向的断裂与拉张方向大体垂直形成了北段南超或西段东超的张性正断层，导致了湖盆的东西分带及乐亭、南堡、北塘、板桥、歧口等主要沉积凹陷的形成；北西向的断裂与拉张方向接近斜交，并兼有压扭性质，而成为湖盆南北分区的凸起带、凹陷带或断裂构造带。湖盆北缘的宁河—昌黎，西缘的沧东，东南缘的埕西断裂相继活动，使湖盆与周缘隆起区分开，从而奠定了湖盆的基本面貌。值得注意的是，断陷湖盆在上述断裂带的分割下，形成两类构造组合样式：其中以板桥半地堑、北大港半地垒、歧北半地堑、南大港半地垒、歧南半地堑和埕宁半地垒为代表的箕状半地堑、半地垒组合的盆岭结构；另一类以歧口、南堡为典型的两个复式地堑区。此类地堑两侧均被正向或反向正断层切割，形成自两侧凸起向地堑中部不断下降的断阶带，如白水头及新港等断阶带等。

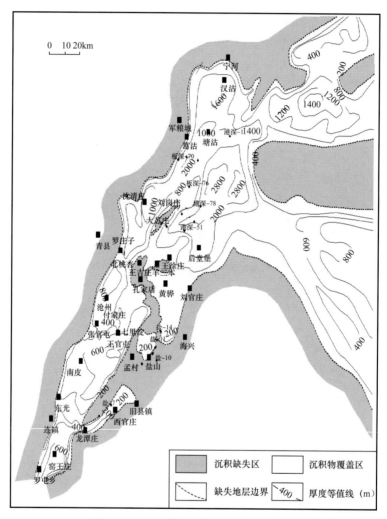

图1-18 沙三段沉积期沉积厚度等值图

由此可见，沙三段沉积期湖盆的局部构造受半地垒、半地堑结构控制，以背斜、半背斜和断鼻型构造为特征。背斜如孔店、羊三木、扣村等，半背斜如港西、南大港、西南庄、马头营等，断鼻构造如翟庄子、港中东的滨北、南大港的中东段等，而逆牵引背斜不发育。湖盆充填物为一套暗色泥岩为主的碎屑岩，其分布具有南厚北薄的特点。其中南堡凹陷沉积厚度约为2700~3500m，歧口凹陷沉积厚度约为1000~3100m，板桥凹陷沉积厚度约为800~2350m，北塘凹陷沉积厚度约为800~1000m（图1-18）。此期的沉积作用受湖盆北侧的陡峭地貌控制，物源主要来自燕山基岩区。在湖岸河流入口处发育一系列水下冲积扇，湖盆内则以水下重力流水道沉积为特征。

需要指出的是，沙三段沉积期受地幔拱升影响，湖盆南部火山活动较强，并向北波及扣村、羊三木及海河一带，侵入体主要为碱性喷发玄武岩，也有辉绿岩，出熔深度约为69km（图1-19）。沙三段沉积末期湖盆扩张作用减弱，出现大面积抬升，发生水退，沧东断层以北、赵北断层以南全为暴露区，形成地区性不整合。沙二段沉积期以歧口主凹为中心局部接受沉积，湖盆水体较浅，沉积物厚度不超过700m。在凹陷内以灰色泥质岩为主，在凹陷边缘的低隆起区以紫红色碎屑岩为主。形成一个独立的浅湖沉积。

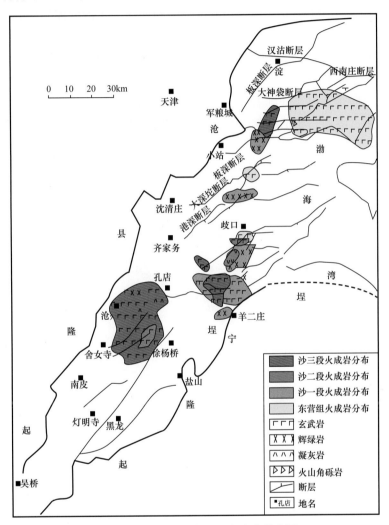

图1-19 黄骅断陷古近系火成岩分布图

（三）稳定发展阶段

渐新世早期，在经历了沙二段沉积期短暂的隆升之后，湖盆又一次全面进入扩张阶段，但同前期相比明显减弱，中北部扩张量与扩张率分别为6000～5500m和12.7%～24.1%；南部扩张量与扩张率分别为2100～2500m和4.2%～5.9%。整个湖盆扩张在继承前期格局的基础上，随着扩张量的逐渐减小，湖盆的沉降特征受构造活动的影响相对较弱，整体上以平静沉降为主，并逐渐进入稳定发展阶段。

湖盆南部以"两凸三凹"为基础，形成西陡东缓的缓坡型面貌。由于构造活动较为稳定，古气候相对湿润，湖盆水体清澈，有利于化学岩类发育。因此，在区内沉积了厚约100～300m的碳酸盐岩［包括碎屑（云）灰岩、泥晶（云）灰岩、藻屑（云）灰岩、生物（云）泥灰岩、云质灰岩、白云岩、页状泥晶灰岩］与油页岩、钙质泥岩、粉砂岩及云质膏岩组合；而湖盆中东部由于受前期盆岭相间的凸凹结构控制，构造相对活跃，从而致使各凹陷通过沟谷、凹槽相连形成既分割又统一的大型凹陷。其沉降幅度在凹陷中心可达1000～1500m，沉积了一套以水下重力流和浊流为主的砂泥岩组合；而凸起部位沉积较薄，仅数百米或缺失。这一阶段歧口凹陷的陆上北东向断层继承性发育，但活动性明显减弱，相比较而言，歧口海域近东西向的断裂活动性整体增强。因此，该时期歧口凹陷构造运动的主要特征就是陆上构造活动减弱，而海域发生了强烈的南北向伸展活动，导致断陷活动中心向东迁移，伴随着这一过程的是沉积和沉降中心向海域的迁移，使沙一段沉积，除孔店、港西、塘沽凸起外，全湖区普遍较为发育，为油气的生储奠定了基础（图1-20）。

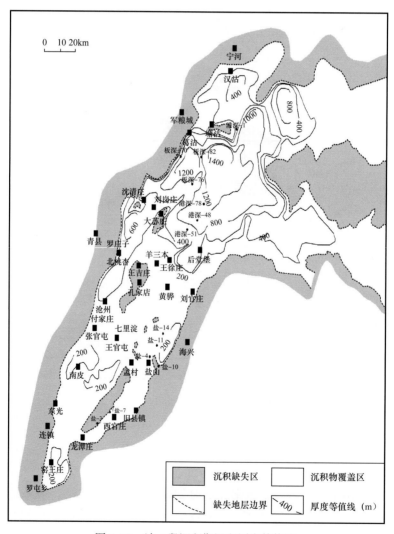

图1-20 沙一段沉积期沉积厚度等值图

（四）收敛、萎缩阶段

渐新世时，由于渤海湾裂谷系大规模扩张的普遍衰退，从而使断陷湖盆的发育呈现出北强南弱和盆内强而盆缘弱的特点。湖盆沉积中心由南向北、由盆缘向盆内明显收缩，并形成以歧口凹陷、南堡凹陷为中心的沉积格局。因此在这两个凹陷的沉降幅度相对较大，东营组沉积期的沉积厚度可达1000~1500m。而湖盆其他部位，由于构造活动弱，湖盆浅，沉降幅度小，沉积厚度一般在200m以内，沧东凹陷沉积厚度最大也不过400m（图1-21）。此阶段，湖盆在继承前期凸凹格架的基础上，沉积厚度由凹陷中心向周缘凸起区普遍减薄。而控制湖盆周缘的沧东、昌黎、滦南、乐亭、西南庄、柏各庄、埕西断裂及近盆缘的盆内断裂活动的减弱，使东营组沉积期沉积向湖盆内明显增厚达2000m，沉积物源主要来自燕山一带的河流三角洲体系。同时伴随湖盆的不断萎缩，深部的岩浆活动也呈现减弱趋势。玄武岩喷发与侵入，仅在黄骅以北的沿海及歧口凹陷以北的新港地区相对活跃，玄武岩厚度可达460m，出熔深度约48~69km，属于碱性玄武岩（图1-19）。渐新世中晚期，区域性构造活动逐渐平静，断裂对沉积的控制作用也相对减弱，这一时期是湖盆由断陷向坳陷转化的过渡阶段。

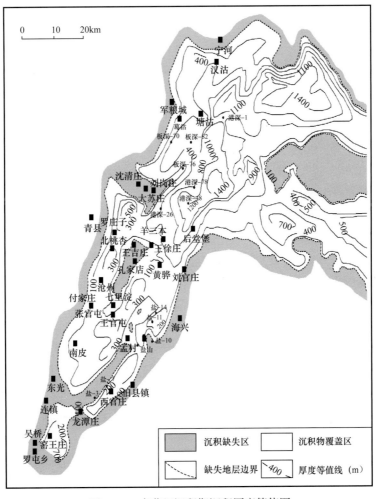

图1-21 东营组沉积期沉积厚度等值图

上述四个阶段系统概括了断陷湖盆的演化过程。相应地反映出裂陷活动由弱到强再到弱，拉伸速度由低到高再到低，沉陷由分割到统一，水域由小到大再到小的发育过程。而这一过程则严格受裂谷盆地的演化阶段所控制。并且在区域上，随着拉张应力向重力、热力的转化，导致断陷湖盆在均衡作用支配下的全面下沉，使凹凸相间的分割局面被新沉积物填平补齐，并向坳陷阶段的河湖沉积发展，从而为区域性油气运聚成藏，创造了条件。

第三节　断陷湖盆断裂构造特征

上述区域构造特征的分析表明，处于鲁西、太行、燕辽三大基岩拼接部位的渤海湾地区。中、新生代以来，由于经历了印支、燕山和喜马拉雅等多次构造运动的变动，是古近纪断裂构造的发育，贯穿于断陷湖盆地形成和演化的全过程。并且以走向为北北东向的郯庐断裂带为主干，从北向南依次形成多方向、多类型、多期次断裂体系。这些断裂体系将断陷湖盆切割成复杂的断裂块体，并与断陷湖盆的发育过程相对应，形成不同的构造单元。以黄骅断陷湖盆为例，其断裂与构造单元具有如下特征。

一、断裂构造发育特征

（一）断裂构造组合样式

对于黄骅断陷湖盆的断裂组合样式，不少学者都利用地震资料进行了研究，归纳起来主要有：多米诺式、铲式扇、"Y"字形、共轭式、花状构造等断裂组合样式（漆家福等，1988；廖前进等，2012），在黄骅断陷湖盆均有分布（图1-22）。其中断阶式表现为多条倾向相同的平面或铲式断层顺倾向节节下落形成台阶状，如埕北断阶带。羊二庄、赵北、张东、歧东和歧中等几条断裂北倾并节节下落，也都形成南高北低台阶状样式；而铲式扇样式，主要表现为多条同倾向正断层顺倾向下落，并在深部归并为一条断裂。这一类样式，主要是由主干铲式断裂活动产生的次级调节断裂的组合而成，如滨海断裂的西段；"Y"字形构造是指次级断层和主断层倾向相反，次级断层斜交在主断层上组合而成，在断陷湖盆内的各凹陷均可见这类构造样式。特别是箕状凹陷的缓坡主干断裂附近，往往更为发育。如刘岗庄断裂带、滨海断裂的东部等；X共轭断裂，主要表现为两条倾向相反的断裂相互穿切特征，是张性环境的一种特殊构造样式。断陷湖盆内较为典型的X共轭断裂，主要分布在歧东断裂一带；花状构造是走滑断裂的典型样式，其中，"Y"字形组合在断陷湖盆内较为常见，所有二级断裂带几乎在浅层或次级断裂带都能呈现这种组合方式，包括向型Y形和反Y形、背型Y形和反Y形、凸起—Y形和人形—Y形复合断裂组合。这类断裂组合常常是断陷湖盆油气富集的主要构造带。断陷湖盆内的断裂平面组合，可具体归纳为平行状、雁列状、帚状、梳状四种形式（图1-23）。其中雁列状组合，主要表现为一组产状及性质相同的断裂沿走向平行错列或斜列；在新近纪很多主断裂，往往可见典型的派生雁列式组合。帚状断裂组合，主要表现为向一端收敛，而向另一端散开的形如扫帚的弧形构造；在北大港构造带东倾末端的滨海断裂带，表现最为典型。梳状或牙刷状构造组合表现为一系列次级断裂与主断裂之间以大角度相交，组成形似梳子或牙刷的构造组合样式。这类组合样式，在埕海地区张北断裂南端发育明显。

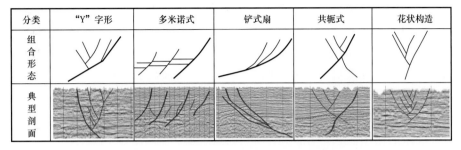

图 1-22　主干断层与次级断层的剖面组合形态（据廖前进等，2012）

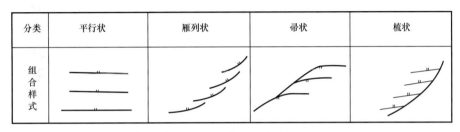

图 1-23　黄骅断陷湖盆断裂组合样式（据廖前进等，2012）

（二）断裂构造形态

黄骅断陷内的断裂形态，在单断层剖面上可识别出平面状、铲状、坡坪状和复杂坡坪状四种基本形态，并以铲状形态为主（图 1-24）。断陷湖盆内几条二级断裂带，基本上都具有上陡下缓的铲状形态，如滨海断裂、港东断裂等。而坡坪状或复杂坡坪状形态在断陷湖盆内长期活动的主干断裂的局部也有一定表现，但整体形态不明显；平面状断层倾角变化很小，剖面上形态平直，为伸展断裂发育的初始阶段，断陷湖盆晚期活动的次级断裂主要具有该形态。

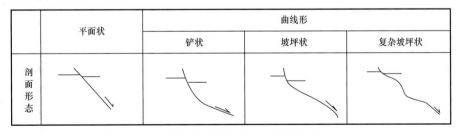

图 1-24　单断层的剖面形态（据廖前进等，2012）

（三）断裂展布特征

黄骅断陷内发育东西向、近南西向、北北东向与北西向四组优势走向的断层。其中，一、二级断层以北东走向为主，如沧东断层、滨海断层、大神堂断层、南大港断层等，平面上呈平行或雁行式展布（图 1-25）。北东走向断层具有发育早、持续活动时间长、深切基底，平面延伸远、垂向断距大的特点，是黄骅断陷内的重要控凹、控坡及控沉积断层。而近东西向断层在黄骅断陷内也广为发育，数量相对较多。主要分布于歧口凹陷南缘、海河断裂系附近，以赵北断层、张东断层、歧东断层、扣村断层及海河断层等为代表。除海河断裂系、歧东断裂系外，多数近东西向断层具有发育较晚、规模较小的特点。与东西向断层相比，北北东向断层数量较少，主要见于沿海岸线附近，平面上呈雁行式展布；以张北断层、港8井断层为代表，发育较早，右旋张扭活动明显，对现今海陆分界及歧口凹陷内环坡折构造控制显。北西向断层数量较少，主要发育在大型控凹断层下降盘一侧；以涧西、刘岗庄北断层为代表，具有倾角大，发育时间短的特点，仅起调节伸展量的作用。

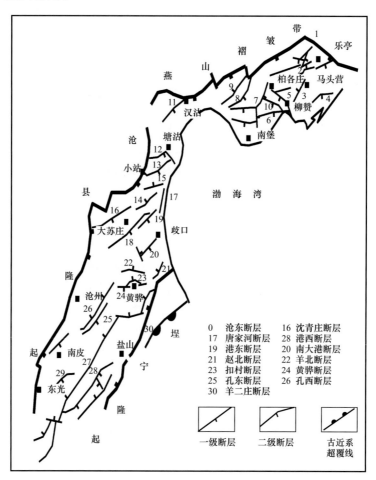

图 1-25　黄骅断陷古近系断裂纲要图

由于黄骅断陷内的断裂构造分区明显，以海河断裂带为界，分为三个不同的断裂展布区。断陷次凹区主要发育一、二级断裂为骨架的滑脱正断层系，断层剖面呈南倾铲式结构，走向为北东向，下切断陷基底，活动具有张扭特征，在深部并入沧东大型铲式断裂带，控制着断陷次凹区和斜坡构造的发育。

在歧口主凹区，主要发育近东西向展布的北倾滑脱断裂。在断层剖面上呈铲式结构，切割较浅，分布密集；如羊二庄断层、赵北断层等。这些断裂是在埕宁隆起隆升与歧口主凹沉降的背景上，经水平伸展和重力滑脱共同作用下形成的。在现今海陆伸展断裂之间，发育近南向沿海岸线调节断裂，呈北东向雁列展布，单条规模相对较小。在北塘次凹区，海河断层截切沧东断裂系，以茶淀断裂为主控边界，发育铲式滑脱断层系。并沿歧口现今海岸带两侧，其构造走向方位发生了明显改变，西侧陆上断层走向为北东东向、北东向，东侧海域断层的走向变为北西向和近东西向。除了走向上改变，在断裂的倾向上还发生了根本性的变化，如歧中断裂、歧东断裂、张北断裂、张东断裂等均向北倾，而滨海断裂、港东断裂、南大港断裂等断裂却向南倾。

二、断裂构造分类

从断裂对湖盆的形成和演化控制作用及断裂发育规模的角度分析，可将黄骅断陷湖盆内的断裂构造分为如下四类：

Ⅰ类断裂：控制断陷湖盆内古近系的边界断层，或称分割凸起与凹陷的边界断层。控制着湖盆的构造演化和沉积格局，其规模大、延伸长，可达数百千米，下切深，通常穿过地壳。就黄骅断陷湖盆而言，主要指沧东、埕西、汉沽等边界深大断裂，具有断距大、发育早、结束晚等特点（图1-26）。

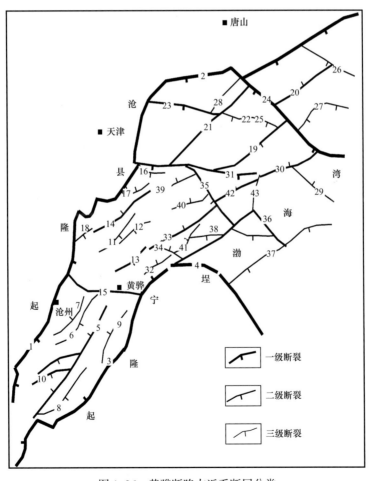

图1-26 黄骅断陷古近系断层分类

Ⅱ类断裂：指断陷湖盆内次一级凹陷与凸起之间的边界断裂，通常为基底断裂。是划分构造单元和沉积分区的重要界线，并且往往控制着箕状凹陷的形成与演化，是决定二级构造带和相邻凹陷形成发育的主干断裂。黄骅断陷湖盆内的二级断裂主要有大神堂、涧南、海河、大张坨、滨海、南大港、歧东、赵北、张东断裂等，延伸可达 10km，垂直落差可达千米。

Ⅲ类断裂：为湖盆内断裂带的主断层，以古近—新近系盖层的同生断裂为主，平面延伸数千米，垂直落差由几百米到几千米，对新生界沉积厚度有一定的控制作用，是划分断块区边界及Ⅰ、Ⅱ类断裂的反向调节断层。如港东主断层的反向调节断层——马棚口断层等。

Ⅳ类断裂：通常为湖盆内Ⅱ、Ⅲ类断层的派生断层，发育在新生界沉积盖层中，规模小，基本不控制新生界沉积，仅使构造复杂化，这类断层在新近系盖层中数量最多，黄骅断陷湖盆内多达万余条。

黄骅断陷湖盆边缘发育沧东断裂带、汉沽断裂带及埕西断裂带等三组Ⅰ类控盆断裂；而湖盆内发育滨海、赵北、海河等 16 条Ⅱ类断裂以及数千条Ⅲ、Ⅳ类断层（图 1-27）。不同类别、不同走向的断裂在凹陷区有序分布，其中Ⅰ、Ⅱ类断裂活动对次凹、斜坡以及沉积、成藏的控制作用明显。

三、断裂构造单元划分

在以往的研究中，根据区域构造特征，将黄骅断陷湖盆分布区划分为三个北东东走向的一级构造单元，即沧县隆起带、黄骅断陷带和埕宁隆起带。其中沧县隆起带与黄骅断陷带之间以沧东断裂分隔，黄骅断陷带与埕宁隆起带之间以雁列状排列的埕西断裂带为界。由于雁列状排列的断层在一些地段以突变的断裂相分割，而在另一些地段以斜坡相过渡，每一个一级构造单元又被北西—北西西走向的断层和凸起分割成不同的断块体。其中黄骅断陷带为断陷湖盆的主体，翘倾断块为其基本构造单元，按其组合形式的不同划分为 5 个断块体，即孔店—南皮断块体、北大港—黄骅断块体、歧口断块体、北塘—南堡断块体、西河—乐亭断块体等；埕宁隆起带为北东向基岩凸起区，南起黑龙村，北至昌黎，从中—新元古界结晶基底性质和下古生界到震旦纪地层向隆起层超覆的类比关系来看，它可能与山海关古隆起连成一体。该隆起带按其结构和发育特点可划分为 3 个断块体，即埕子口断块体、埕北断块体，沙垒田—马头营断块体等；沧县隆起带，南起东光，北到天津。主要由大城—文安、青县—双窑两个凸起带与里坦凹陷组成。按其构造特征分为 4 个断块体：泊头断块体、青县—双窑断块体、小韩庄断块体、潘庄断块体等（图 1-27）。随着三维地震的开展和物探资料品质的提高，不少研究者对构造单元的精细划分都进行了研究（漆家福，2006；刘池洋，2011；廖前进等，2012）。因此，在一级构造单元的基础上，黄骅断陷湖盆自北向南依次细分为"9 负 21 正"共 30 个次级构造单元。其中 9 个负向构造单元分别是北塘次凹、板桥次凹、歧口主凹、歧北次凹、歧南次凹、沧东次凹、南皮次凹、盐山次凹和吴桥次凹；21 个正向构造单元中，潜山构造带 10 个，即河西潜山构造带、涧南潜山构造带、河新港潜山构造带、北大港潜山构造带、南大港潜山构造带、沈青庄潜山构造带、羊三木潜山构造带、孔店潜山构造带、徐黑潜山构造带和东光潜山构造带；断裂构造带 11 个，即于家岭断裂构造带、茶淀新河断裂构造带、白东断裂构造带、增福台断裂构造带、板桥断裂构造带、歧中断裂构造带、歧东—滨海Ⅰ号断裂构造带、张巨河断裂构造带、沧州断裂构造带、小集断裂构造带和灯明寺裂构造带等。近年来，廖前进等人（2012）根据黄骅断陷湖盆构造背景、变形特点及沉积充填结构，又在各正负构造单元之间识别出 4 类斜坡单元和 5 个斜坡分布区：其中 4 类斜坡单元分别为阶状断裂斜坡、多阶挠曲斜坡、简单斜坡、旋转掀斜坡等（图 1-28）；5 个斜坡分布区由北往南依次为北塘斜坡区、板桥斜坡区、歧北斜坡区、歧南斜坡区和埕北斜坡区等。这些斜坡区显现出黄骅断陷湖盆内的构造单元与周边构造单元的结构关系，大体可归纳为 3 种构造样式。第一种为大型控盆断层分割一级隆起与凹陷，二者呈突变过渡关系，为陡坡优势型结构，主要出现在黄骅断陷西、北部地区。第二类为斜坡渐变过渡，为缓坡过渡型结构。歧口凹陷与埕宁隆起之间的结构关系即表现出这种特点，古近纪沉积向埕宁隆起逐层超覆，控盆断裂作用不明显。第三类为大型褶皱或低凸起分割，基本为近平衡型结构。如黄骅断陷西南缘和东北缘分割凹陷的凸起构造走向多为北西向或北北西向，其形成发育与黄骅断陷湖盆内伸展调节构造有直接关系。

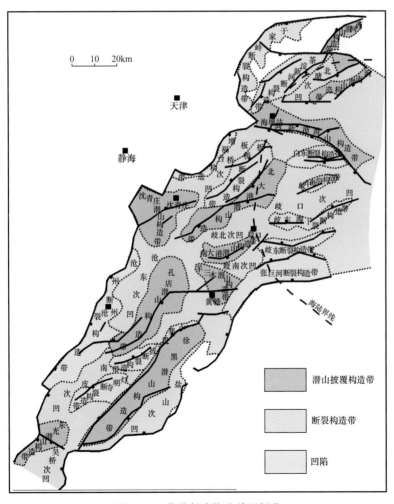

图 1-27 黄骅断陷构造单元划分

序号	斜坡类型	斜坡成因	斜坡剖面结构	斜坡构造模式	斜坡主要特点	典型分布
1	多阶挠曲斜坡	隆(凸)起向凹陷过渡区基底不均匀差异沉降,多个沉降突变带控制斜坡坡折变化	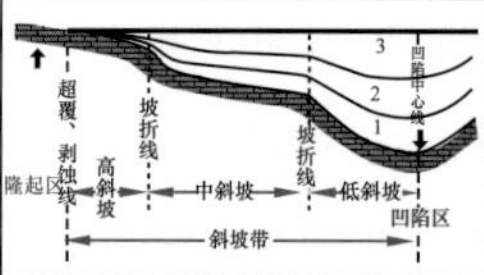	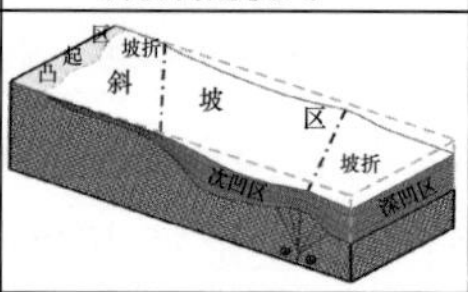	沉降突变带控制的挠曲坡折明显,斜坡倾角陡缓有序变化,呈阶梯状产生;挠曲斜坡的坡折线与斜坡走向平行或小角度斜交;发育高、中、低斜坡	歧北斜坡
2	阶状断裂斜坡	隆(凸)起向凹陷过渡区基底不均匀差异沉降,顺向基底断裂活动控制坡折	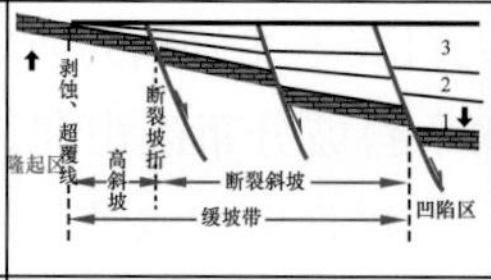	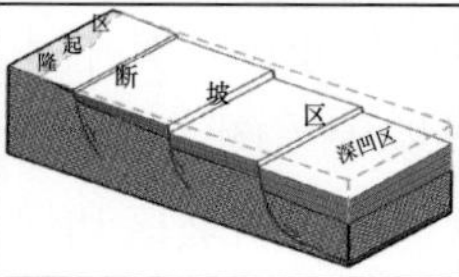	斜坡受顺向基底断层切割,具阶状特点,自隆起向凹陷中心阶阶下掉;顺向基底断裂平行斜坡走向,断层落差决定坡折结构;发育简单高斜坡和复杂断裂斜坡	埕北断坡
3	简单斜坡	隆(凸)起与凹陷过渡区基底均匀沉降,控制斜坡构造	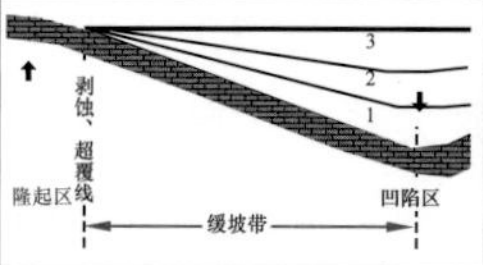	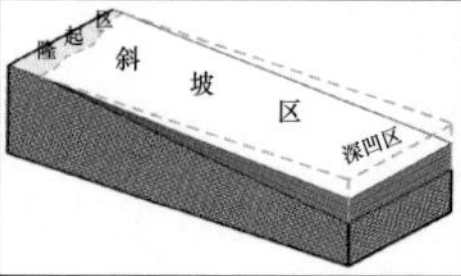	斜坡结构简单,坡度变化微弱,坡折构造发育无明显;断裂改造强度小,沉降速率均匀	歧南斜坡
4	旋转掀斜斜坡	基底断裂活动造成上盘断块翘倾活动,控制斜坡构造发育	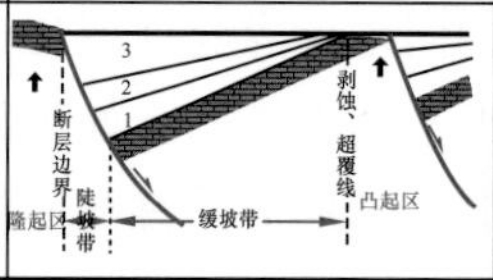	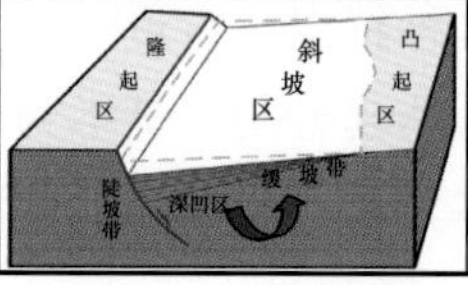	发育断控陡坡和翘倾缓坡;斜坡受翘倾断块影响,结构较简单,坡折不发育;斜坡继承性发育,产状持续变陡	板桥斜坡

图 1-28 黄骅断陷斜坡类型及特征(据廖前进等,2012)

第二章　断陷湖盆类型及碳酸盐岩分布

以往的研究表明，由区域引张应力及构造断裂作用形成的断陷湖盆，主要发育在陆内裂谷盆地、被动陆缘裂谷盆地、活动陆缘裂谷盆地或碰撞造山带内盆地。而这些盆地的古构造环境、古地理环境、古气候环境对断陷湖盆沉积发育具有重要的控制作用。

第一节　断陷湖盆沉积影响因素分析

一、古构造环境对断陷湖盆发育的影响

中国古近纪断陷湖盆，在沉积和发展过程中，无论在构造样式还是沉积格局上都有显著的差异。然而在成因机制与演化规律方面却有很多相似之处，如广泛发育的张性断裂直接控制着湖盆的形成和发展。在不同级别不同期次不同规模的断裂活动影响下，使断陷湖盆的发育始终离不开区域引张动力学背景、周缘板块的重组和深部热物质的活动及其产生的构造断裂作用。在长期的断裂沉降为主导的构造环境，断裂沉降与抬升作用的幕式发育，导致湖盆相应形成多旋回沉积层序，而重要构造界面的识别则是研究断陷湖盆幕式发育的基础。如黄骅断陷湖盆的沉积充填，在地震剖面上，界面上下存在明显的上超、下超、顶超及反射终端类型，代表了湖盆构造变革事件的开始或者结束，反映了界面上、下发育的不同结构样式（图2-1）。在地层剖面上，构造界面位置往往是测井曲线的突变点，其界面上下的岩性、沉积物结构、颗粒大小及测井曲线形态常常会发生突变，形成不同的旋回层序。如齐家务断块旺38井古近系沙一下亚段沉积厚度80m，在底部不整合基准面之上，岩性与电性超短期旋回层序特征明显，每个旋回厚度约5～15m，并且由下而上岩性变细，旋回厚度逐渐增大。齐家务地区沙一段厚度354m，年龄值约1.9Ma，沉降速率约为0.186mm/a，以此分析齐家务断块旺38井沙一下亚段每5～15m超短期旋回持续时间约0.027～0.082Ma，反映了沉降速率与沉积物充填的微周期变化特征（图2-2）。

黄骅断陷湖盆在古近纪始新世始，大体经历了4期次一级扩张与收缩的幕式发育过程。其中扩张Ⅰ幕为孔三—孔二段沉积期的沉降至孔一段沉积期末，相应的构造抬升，代表了孔店组沉积期的构造升降运动（廖前进等，2012）。由于湖盆发育初期的沉降速率较小，可供沉积物充填的空间有限，相应形成氧化环境下的洪泛沉积组合。扩张Ⅱ幕为沙三段沉积中期的扩张沉降，代表了湖盆最大扩张沉降期。随着沉降速率的增强，可供沉积物充填的空间增大，湖盆水域面积迅速扩大，水体加深，相应形成重力流或扇三角洲碎屑岩旋回组合。沙二段沉积末期的抬升剥蚀，在区内形成地区不整合接触。扩张Ⅲ幕从沙二段—沙一下亚段时断裂沉降相对较弱，沉降速率较小，湖盆处于相对稳定期，外源物质供给不足，相应形成了一套浅水碳酸盐岩与暗色泥页岩旋回组合。到沙一段沉积中末期因济

阳运动加快了断块翘倾活动，后期构造强烈隆升，地层遭受剥蚀。第Ⅳ幕为沙一上亚段—东二段沉积期断裂沉降，形成以泥岩为主的碎屑岩旋回组合。东一段沉积期，随着沉降速率的明显减弱，湖盆水域面积的缩小，随之而来的东营运动，使断块翘倾活动加剧，成为新生代以来最强烈的一次构造抬升活动。黄骅断陷湖盆整体抬升遭受强烈剥蚀，形成馆陶组底面区域角度不整合，从而结束了断陷湖盆的发育（表2-1）。

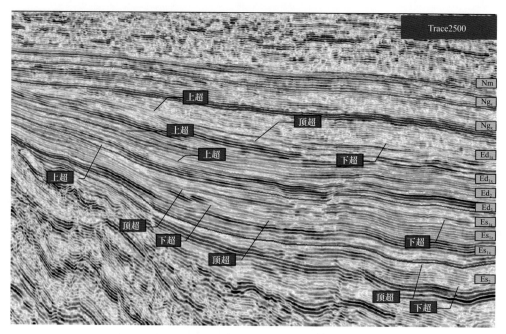

图 2-1　歧北凹陷 Trac2500 地震解释剖面

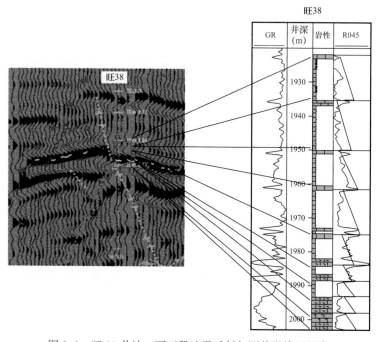

图 2-2　旺 38 井沙一下亚段地震反射与测井微旋回层序

表 2-1 黄骅断陷湖盆新生代构造旋回划分表

地质年代			年龄（Ma）	地层划分		构造演化	
代	纪	世	歧口	歧口地层		构造运动	演化阶段
新生代 Kz	第四纪 Q	全新世 Q_h	0.0118	平原组		热沉降（坳陷）阶段	加速沉降幕
		更新世 Q_p	1.8	明化镇组	明上段		
	新近纪 N	上新世 N_2	5.2		明下段		稳定沉降幕
		中新世 N_1	12	馆陶组			
			24.6				
	古近纪 E	渐新世 E_3	32.6	东营组	东一段	东营运动	坳海湾升降
					东二段	济阳运动	裂陷 I 幕
					东三段		
				沙一段	沙一上		
			36.5		沙一中	裂陷阶段	
					沙一下		
			38	沙二段			
		始新世 E_2	42	沙三段	沙三^1		裂陷 II 幕
					沙三^2		
					沙三^3		
			45		沙三^4		
					沙三^5		
			56	孔店组	孔一段	孔店运动	孔店升降
					孔二段		
					孔三段		
		古新世 E_1	65			华北运动	华北升降

二、古地理环境对断陷湖盆发育的影响

区域古地理研究表明，发育在不同地理区带的断陷湖盆，受周边物源与入湖水系性质的影响，沉积特征及生物组合具有较大的差别。如大陆内部裂谷盆地与山间盆地中形成的断陷湖盆，其沉积层中常含有丰富的陆生植物与生物；而分布在陆缘近海的断陷湖盆，其沉积层中因不定期海侵或海泛，在沉积层中常出现海相夹层或淡水与半咸水—咸水交替沉积的互层，并常见陆生生物与海生生物相互伴生，形成海、陆过渡型生物组合。中国古近纪是断陷湖盆发育的全盛期，无论在大陆内部还是陆块边缘近海地区，均有断陷湖盆发育及分布。但因所处区域古地理区带不同，湖盆的发育特征则具有明显的差异。如陆块内部发育在裂谷盆地与山间盆地的断陷湖盆，其沉积特征及生物组合截然不同；发育在陆内与陆块边缘的断陷湖盆，其沉积特征及生物组合也同样差异较大。

湖区古地理环境直接影响着湖盆的沉积面貌和发育特征。如黄骅断陷湖盆发育期，周缘及湖区复杂的古地形、古地理环境，构成了湖盆沉积的重要背景（图2-3）。薛叔浩等（2002）将湖盆周边物源区至湖盆内部深湖区的地形划分为五级：第一级为湖盆周边山系与高地，是湖盆外围的物源区；第二级为湖盆边缘山前斜坡及湖盆内部高地—隆起区，当湖盆整体沉降时是沉积区，抬升期时是湖盆内部剥蚀区；第三级为湖盆内部凸起，在湖盆发育早期和水退期是湖盆中的岛屿，在湖侵期是水下隆起；第四级为湖滨平原及滨浅湖区；第五级为深湖区。这五级对坳陷湖盆与结构较为单一的断陷湖盆而言，是完全适应的。但对复杂的黄骅断陷湖盆，由于多凸起、多凹陷、多沉积中心与复杂的断裂结构，导致湖盆周边物源至深湖区的古地形复杂多变，使上述五级地形分布特征在湖盆不同区带仍然存在着一定差异。因多级次断裂活动影响，不仅地形变化剧烈，坡降大，而且沟槽纵横交错复杂。在其陡坡一侧，迅速沉降的情况下，湖岸边缘提供了大量沉积物，以发育冲积扇或近岸湖底扇及重力流为主，沉积充填厚度大；在其缓坡带，常常与山系高地相连是湖盆的主要物源，往往发育不同类型的三角洲或湖坪沉积；在封闭洼地，因水体交替不畅，物源供给不足而形成蒸发盐类沉积；在湖盆内部凸起或隆起区，常形成水下隆起或非三角洲分布的浅水区多以砂砾岩或颗粒—生物碳酸盐岩滩坝沉积；而相对凹陷的深水区，多为富有机质的泥、页岩及藻泥沉积等。总之，由于受古地形影响，沉积厚度在不同区带变化大、相带窄、分异不明显。湖盆结构多呈单断或双断式箕状，陡坡、斜坡、缓坡等分布明显，坡度往往不对称（图2-3）。受凸起或隆起分隔，一个凹陷就是一个沉积中心。受地形、物源分布特征、水系性质影响，相同古地理背景，既有相似的充填样式，也有不同的

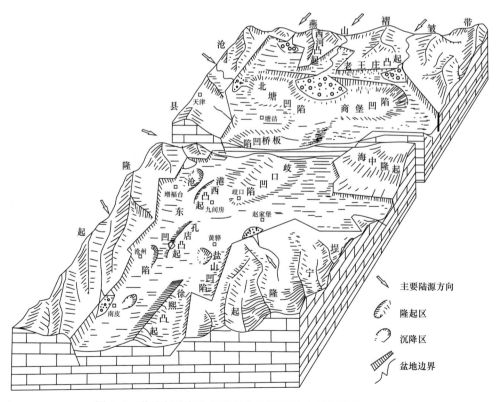

图2-3 黄骅断陷湖盆发育期古地理背景（据张服民，1981）

充填样式。如歧南次凹在相同的古地理环境，沙三段普遍为碎屑岩沉积充填，而沙一下亚段在北部以水下扇碎屑岩充填为主，南部则为碳酸盐岩与泥、页岩沉积等。

三、古气候环境对断陷湖盆发育的影响

古气候环境对断陷湖盆沉积的影响，不仅在于湖盆所处的古气候区带，而且还与古气候的变迁密切相关。因此，正确分析中—新生代以来的古气候分带特征与古气候环境的演变，对掌握湖盆沉积分布规律，无疑是至关重要的。

由于不同气候带的降水量、水系发育程度、植被类型、土壤类型和湖盆水介质类型，都有不同程度的差异；相应处于不同古气候带的断陷湖盆沉积，其沉积物的类型、性质、有机质丰度也同样有不同程度的变化。而水、热指标通常是决定这些气候条件的基本因素。在现代气候带划分的方案中，Koppen 的分类虽然并不是完全成功的，但在恢复古气候时，温度和湿度仍是需注意的首要目标。这是由于温度和水是地面发生一切地质过程和生物过程的必备条件，而且它们又可较好地造成气候遗迹而被保存在地层、岩石和化石记录中。因此，陆相地层中的孢粉组合、特殊岩石类型和泥、页岩的原生颜色等是恢复古气候的重要标志。国内不少地学工作者利用植被、孢粉资料获得的古温度、古湿度信息及 R—Q 型因子分析，对中国古近系古气候环境进行了卓有成效的恢复研究及综合分类（表 2-2）。并在此基础上，赵秀兰等（1992）通过恢复的植被面貌与沉积物性质的标定，自北而南将古近系古气候划分为四个气候带：即潮湿暖温带—温带、半潮湿—半干旱亚热带、干旱亚热带、潮湿亚热带—热带等（表 2-3）。其中潮湿暖温带—温带，分布于中国东北部和内蒙古自治区东北部。植被面貌为针叶—落叶、阔叶混交林，气候潮湿，植被繁茂，发育暗色泥岩及含煤沉积。如三江、抚顺一带古近纪湖盆；半潮湿、半干旱亚热带，分布于北纬 35°～45° 的渤海湾盆地—准噶尔盆地一线，植被面貌为含较多亚热带植物的常绿针叶—落叶、阔叶混交林为特征。因处于干旱亚热带和潮湿暖温带之间的过渡带，具有干湿交替的气候环境，形成暗色、灰绿色为主的沉积物，含煤线或杂色沉积。如渤海湾裂谷盆地新近纪诸湖盆沉积等。干旱亚热带，分布于华中—南疆各盆地，因处于亚热带高压和信风的控制下，高温少雨，属于疏林草原植被面貌，发育大量红色沉积和盐类沉积，在盆地演化中期的较深水区也发育暗色沉积。如江汉新近纪湖盆沉积与柴达木盆地新近纪湖盆沉积；潮湿亚热带—热带，是指西藏—华南一带的沿海陆架地区，气候潮湿，高温多雨，植被面貌属常绿—落叶阔叶混交林。发育暗色泥岩、油页岩及含煤沉积。如广西百色盆地新近纪湖盆沉积与珠江口盆地新近纪湖盆沉积等。

表 2-2　古近系古气候综合类型

湿度类型	温度类型		
	炎热型	温暖型	寒冷型
潮湿型	炎热—潮湿型	温暖—潮湿型	寒冷—潮湿型
湿润型	炎热—湿润型	温暖—湿润型	寒冷—湿润型
干旱型	炎热—干旱型	温暖—干旱型	寒冷—干旱型

表 2-3　孢子花粉干湿度类型划分模式（据赵秀兰，1993）

干湿度类型 ＼ 植被成分	旱生植物分布（%）	中生植物分布（%）	湿生植物分布（%）
			湿生、沼生、水生
干旱	＞50	0～40	0～10
半干旱	30～40	＞30	20～30
半湿润	20～30	＞30	30～40
湿润	0～10	0～40	＞50

古气候周期性变化，对湖盆沉积具有重要影响。其原因是气候周期性变化源于天文旋回的驱动力，这一规律最早由南斯拉夫学者米兰科维奇发现。他于 1992 年提出了古气候变化的天文假说，即地球上日照量的改变具有周期性变化的旋回现象。这一现象主要考虑了地区轨道的偏心率（e）、地轴倾斜率（ε）及地轴倾斜方位（即岁差，p 的周期性变化。这些变化不仅导致地球气候的周期性，而且在湖盆沉积物中表现出来，并被绝大多数地学工作者普遍承认和接受。偏心率的变化以 $10 \times 10^4 a$ 为周期，地轴倾斜角的变化以 $4 \times 10^4 a$ 为周期，地轴倾斜方向的变化以（1.9～2.3）$\times 10^4 a$ 为周期（图 2-4）。对于湖盆沉积中米兰科维奇旋回的分析，通常是以测井资料的量值转换成频率，分析每个频率峰值的波长及其相互间的比率关系，寻找波长比率和气候变化旋回的相关性，以便判断出米兰科维奇旋回在湖盆沉积的具体特征和表现，进而分析沉积特征和沉积速率等。吴长林（1993）曾对黄骅地区的南堡凹陷古近系进行了米兰科维奇旋回分析，他用高参 1 井沙三段各项测井曲

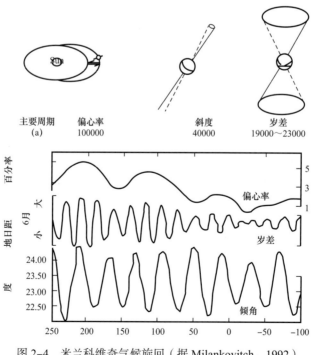

图 2-4　米兰科维奇气候旋回（据 Milankovitch，1992）

线（自然伽马、电阻率、密度、中子、声波），以不同的间距（0.4m、0.5m、1.0m）进行数字化处理。其中对自然伽马测井曲线用0.4m间距进行数字化后，共取得1350个数据，反映在能谱曲线上可看出4个峰（图2-5）。最大频率峰是每米0.084个旋回，即每个旋回11.9m，其他几个频率峰分别为每米0.143、0.192和0.270个旋回，即每个旋回7.0m、5.0m和3.7m。然后对其他4种测井曲线也用同样的方法进行了计算，并通过对比分析，归纳出6个大的峰值，每个峰值旋回的厚度平均值分别为22.2m、16.7m、12.0m、7.1m、5.7m和3.7m（表2-4）。南堡

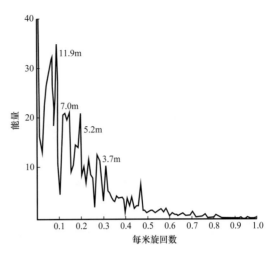

图2-5　高参1井伽马测井能谱曲线

凹陷沙三段厚度以1467m、绝对年龄按5Ma计，求出平均沉积速率为每年0.2934mm，用这个沉积速率计算出主要厚度旋回的时间周期，并与米兰科维奇周期进行对比，从中可以看出，厚度为12m、7.1m、5.7m的旋回，其年龄值分别为4.1a、2.4a和1.9×10⁴a，落入米兰科维奇旋回中与地轴倾斜角变化和地轴倾斜方向变化有关的周期内（表2-5）。

对连续取心收获率高的井段作详细的岩心描述，其旋回厚度普遍为8～9m，这种旋回现象被认为与米兰科维奇旋回是相关的（Nummedal，1993）。由此表明，气候周期性变化基本控制了湖盆沉积的垂向层序发育。

表2-4　根据高参1井五种测井曲线计算的旋回厚度　　　　　　　　　　单位：m

声波	视电阻率	自然伽马	密度	中子	平均值
22.2	22.2				22.2
15.5		16.6		18.2	16.7
10.6	11.9	12.0	13.4	12.0	12.0
6.5	6.5	7.0	7.0	8.1	7.1
5.8	5.7	5.2	5.8	5.8	5.7
3.8	3.7	3.4	3.4	3.7	3.7

表2-5　现代轨道周期与南堡地区主要周期（10³a）的比较

轨道周期	岁差		斜度	偏心率		
现代	19.0	23.7	41.0	95.0	123.0	413.0
南堡地区	19.0	24.0	41.0			

断陷湖盆发育过程中，气候对层序发育的控制是通过对降雨量与蒸发量的影响，进而引起湖平面和可容纳空间的变化来完成的。气候的变化是周期性的，全球冰期和间冰期内

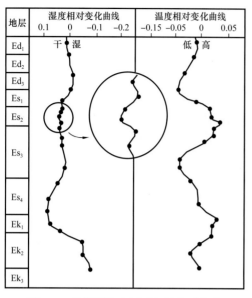

图 2-6 济阳凹陷古近系气候变迁状况
（据张世奇等，1997）

部温度、湿度以更小的周期变化，可称为气候变化二级周期。而古近纪沉积时，黄骅断陷与济阳断陷同处于北纬42°以南的亚热带—暖温带，二者受气候周期变化的影响具有一致性。根据张世奇等（2005）应用济阳凹陷古近纪孢粉资料，进行R—Q型因子分析发现，在干燥气候背景下，沙二段包含了两个次一级的干—湿—干的气候旋回。进一步对其中的孢子花粉进行对应分析结果，还有更小周期的潮湿与干旱的波动，可称为气候三级周期（图2-6）。在理想条件下，气候二级周期内的三级周期变化基本符合正弦曲线（图2-7）。在A→C阶段，气候由干旱逐渐变为潮湿，大气降水量逐渐增加，其中C点是大气降水量最大点；B点是气候变潮湿速率最大点；在C→F阶段，气候由潮湿逐渐变干旱，大气降水量减小，其中F点是大气降水量的最小点；E点是气候变干速率的最大点。气候的周期性变化影响到湖盆汇水量的周期性变化，进而影响层序的发育。

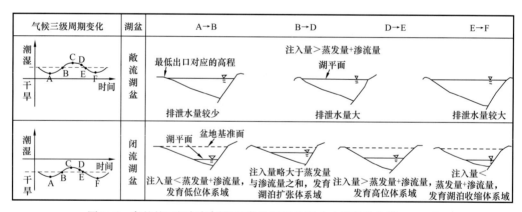

图 2-7　完整的三级气候周期对湖盆沉积的影响（据张世奇等，1997）

由此可见，气候影响湖盆的蒸发量，同时通过大气降水量来影响湖盆的注入量。根据湖盆水体的注入量与蒸发量之间的平衡关系，在水文地质上可将湖盆分成闭流湖盆和敞流湖盆两种类型。在干旱气候条件下，注入湖盆的水量小于蒸发量与地下渗流量之和，湖平面的位置常低于最低溢出点的高程，易形成闭流湖盆；在潮湿气候条件下，注入湖盆的水量大于蒸发量与地下渗流量之和，湖面位置维持在与最低溢出口相同的高程上，多余的水通过泄水通道流出湖盆，易形成敞流湖盆。但气候的波动，会影响到敞流湖盆最低溢出口点的排泄水量的变化，而不会引起湖平面的上下升降。对于闭流湖盆而言，因湖平面低于最低溢出口高程，气候的波动不仅能引起湖平面的变动，而且也会使沉积物分布范围产生变化。因此，气候对闭流湖盆沉积层序具有重要的控制作用，而对敞流湖盆只是对沉积物充填量的控制。在气候控制湖盆沉积层序的过程中，对应于三级气候变化的 A → C 段，气候一般较干旱，大气降水量少，湖盆水下可容纳空间较小，水位很低，盐度较高，发育低位体系域，沉积物以洪泛沉积或膏泥为主，厚度不大；随着气候由干旱向湖湿转化，大气降水量增大，注入湖盆的水量大于蒸发量和渗流量之和，湖平面上升，水下可容纳空间增大速率大于沉积物供给速率，导致湖盆面积逐渐扩大，沉积呈退积式向湖盆边缘上超，发育湖盆扩张体系域，对应于三级气候变化的 B → D 段，以退积式准层序组为主；潮湿期，湖平面达到最高位，形成最大湖泛面，对应于三级气候变化的 D → E 段，发育高位体系域。此时，随着气候向干旱过渡，湖盆水体注入量与渗流量基本相当，湖盆分布范围也不再扩大，水下可容纳空间的产生速率与沉积物供给速率基本相当，湖平面基本保持不变，并以加积式准层序组沉积为主。后期气候干旱，对应于三级气候变化的 E → F 段，湖盆蒸发量增大并超过注入量，可容纳空间产生速率小于沉积物供给速率，湖盆收缩，并以进积式准层序组沉积为主。随着湖盆面积的不断缩小，湖盆边缘沉积物发生剥蚀并形成不整合面。由此可见，气候的周期性变化，不仅决定着湖平面的升降与波动，而且控制了低位体系域、湖盆扩张体系域、湖盆收缩和高位体系域的气候层序的发育。济阳凹陷的这种气候层序控制因素，也同样在黄骅断陷古近系具有相似的特征。但与海相气候层序控制体系域组成和平面变化规律比较，其分布范围和层序厚度却远比海相层序小得多。

第二节　断陷湖盆沉积类型及特征

断陷湖盆不同于坳陷湖盆的重要特征是，由断裂分割的断块相对运动，形成了凸凹相间的湖盆格架。而复杂的构造运动和各级生长断层的持续发育，不仅控制了湖盆的沉积类型，而且对湖平面的变化、物源供给、沉降速度、沉积厚度及相带展布均具有重要影响。

一、湖盆分类概述

根据湖盆发育的一般规律，最早由 TwenhOffel 总结为一个理想的同心环带状模式。实际上，湖盆成因与沉积十分复杂，受控因素众多，很难用一个简单的模式来概括。由于不同的湖盆，其发育背景、地理位置，气候条件及水文环境的差异，不仅导致湖盆沉积变化较大。而且使湖盆的成因及沉积类型也多种多样。

在湖沼学中，过去常采用豪奇逊（Hutchinson，1957）的分类：将湖盆分为 11 类 76 亚类。然而，这种分类主要基于地理学范畴，划分过细，难以适应古环境分析的需要。因此，随着湖盆沉积学研究的发展，对于湖盆类型的划分，不同学者因研究目的不同，提出的分类标准也较多。如按自然地理位置，将湖盆分为内陆湖盆、近海湖盆；按湖水盐度，将湖盆分为淡水湖盆（盐度<0.1%）、半咸水湖盆（0.1%<盐度<1.5%）、咸水湖盆（1.5%<盐度<3.5%）和干盐湖盆（盐度>3.5%）；按沉积岩性，将湖盆分为碎屑岩湖盆、碳酸盐湖盆和硫酸盐（膏盐）湖盆；按湖盆成因，将湖盆分为构造湖盆、河成湖盆、火山湖盆、溶蚀湖盆、冰川湖盆；按水体的深浅，将湖盆分为深水湖盆和浅水湖盆；按气候条件，将湖盆分为潮湿带湖盆、过渡带湖盆和干旱带湖盆等。

湖盆的类型不同，其沉积特征也明显有别。早在 20 世纪 70 年代，国外的库卡尔（Kukal，1971）依据湖盆的沉积特征，提出了 4 种不同的湖盆沉积类型，塞利（1976）则根据气候条件、地理环境、沉积物供给的充分程度补充为 6 种湖盆沉积类型：

Ⅰ类为陆源沉积的永久性湖盆。多见于山区，具有丰富的沉积物供给量，在湖盆边缘常发育三角洲，湖盆中心沉积灰泥，如鄂尔多斯盆地侏罗纪安定期湖盆。

Ⅱ类为内源沉积的永久性湖盆，发育于温热潮湿气候带的低洼区，河流可带入少量细碎屑，碳酸盐沉积发育在远离河口的湖岸周围及斜坡区，并向深湖区渐变为灰泥。岸区常由风暴堆积的介壳碎屑沉积，如四川中部侏罗纪湖盆。

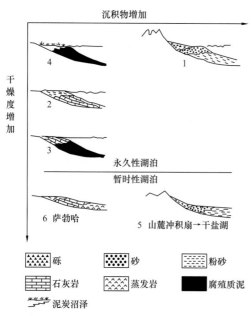

图 2-8　湖盆沉积分类模式（据刘宝珺，1980）

Ⅲ类为内源永久性湖盆，这类湖盆边缘多为三角洲和泥炭沼泽沉积或为藻屑及软体动物成因的滨岸碳酸盐沉积，并向湖盆中心渐变为腐泥沉积。水退与水进周期交替，碳酸盐灰泥常与介壳砂及藻鲕粒互层出现，如美国洛杉矶古近—新近纪湖盆。

Ⅳ类为永久性湖盆的边缘，由沼泽组成，逐渐向湖心扩展，盖在有机质腐泥上，如鄂尔多斯盆地晚古生代山西组沉积期近海湖盆，由砂泥沉积向上过渡为煤系沼泽沉积。

Ⅴ类为干盐湖，这类湖盆常与冲积扇沉积共生，如中国吐鲁番盆地白垩纪湖盆。

Ⅵ类为内陆萨勃哈，如北美的苏打坪，中国内蒙古吉兰泰的萨勃哈盐湖等（图 2-8）。

二、断陷湖盆沉积类型

在上述湖盆分类中，无论是现代还是古代，面积大、水体深、发育历史悠久的湖盆大都属于构造湖盆（田启芳，1981；梅志超，1994）。这类湖盆在中国中—新生代大型沉积盆地中分布广、数量多，并且具有丰富的油气资源。多年来，构造湖盆的成因与油气地质研究，受到了石油地质工作者的高度重视。吴崇筠等（1992）将构造湖盆的成因类型划分为断陷型湖盆、坳陷型湖盆和断—坳过渡型湖盆等三种类型，并进一步根据湖盆分布的水体盐度进行了细分。需要指出的是，断陷湖盆在陆内裂谷盆地或大陆边缘裂谷盆地或沿走向滑动的造山带中的山间盆地的演化过程中，只是这些沉积盆地的早期湖盆类型，而晚期随着上述盆地引张应力及构造断裂活动的逐渐减弱与地壳不均衡升降运动的增强，往往由伸展型断陷湖盆向挤压型坳陷湖盆转化。但这种转化并非直接过渡，而是经历了力学机制的改变和沉积作用的间断，二者之间存在着明显的区域性不整合。如渤海湾盆地古近纪的断陷湖盆与新近纪坳陷湖盆，松辽盆地早白垩世断陷湖盆与晚白垩世的坳陷湖盆等。由此可见，断陷湖盆与坳陷湖盆是构造湖盆的基本成因类型，其发育和分布与大型的沉积盆地相联系。无论在陆上还是近海，除气候因素外，坳陷湖盆大都发育在克拉通盆地或前陆盆地，控制湖盆发育的主要动力是地壳的不均衡升降运动；如国外的乍得湖盆和埃尔湖盆，国内的鄂尔多斯盆地三叠纪湖盆和松辽盆地的晚白垩世湖盆。而断陷湖盆，大都发育在陆内裂谷盆地或大陆边缘裂谷盆地或沿走向滑动的造山带中的山间盆地的早期阶段，控制湖盆发育的主要动力是区域引张应力与强烈的构造断裂活动。如国外的东非裂谷盆地的基伍湖盆和约旦峡谷—死海地堑的新近纪湖盆、贝加尔裂谷盆地中的贝加尔湖盆、中国东部古近纪陆内裂谷盆地及陆缘裂谷盆地中的诸多湖盆、柴达木盆地西部山间盆地的侏罗纪及古近纪湖盆等。多年来，中国在湖盆沉积研究方面积累了丰富的资料，特别是吴崇均（1992）在其所著《中国含油气盆地沉积学》中较系统地总结了湖盆沉积的特征。其中湖盆沉积的共同特点是深陷扩张期，深湖区面积大，滨、浅湖区相对较窄，沉积厚度变化大，生油岩类发育；收敛萎缩期，深湖区面积小，滨；浅湖区分布广，储集岩类发育。但对不同构造成因的湖盆而言，其差异是：坳陷湖盆，地形相对平缓，沉积中心较单一，水体变化较均匀；滨、浅湖区环绕深湖区外围呈环形分布，断裂构造发育较微弱，湖盆短轴斜坡与长轴斜坡均较平缓，物源多来自外部，内部物源较少，三角洲与近岸扇分布面积均较大，浊积岩分布相对局限。而断陷湖盆则不同，地形凹凸变化频繁，多物源多沉积中心，陡坡一侧水体深，构造滑塌体、近岸碎屑重力流与浊积岩的发育较为广泛，缓坡一侧水体相对较浅，沉积相对稳定，三角洲与近岸扇沉积相对发育；但分布面积相对较小，特别在湖盆相对稳定期，外源物质供给不足，水体清澈，有利于碳酸盐岩沉积发育（图2-9）。

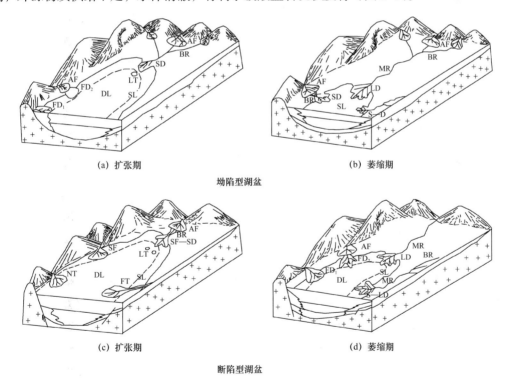

(a) 扩张期   (b) 萎缩期

坳陷型湖盆

(c) 扩张期   (d) 萎缩期

断陷型湖盆

图 2-9　坳陷型与断陷型湖盆对比

SL—浅湖区；DL—深湖区；AF—冲积扇；BR—辫状河；SD—短河流三角洲；FD₁—扇三角洲（靠山型）；FD₂—扇三角洲（靠扇型）；LT—浊积透镜体；MR—曲流河；LD—长河流三角洲；S—LD—短—长河流三角洲；SF—水下冲积扇；NT—近岸浊积扇；FT—远岸浊积扇

上述湖盆类型对比表明，断陷湖盆与坳陷湖盆，无论是构造背景还是湖盆结构、沉积特征均有较大差异。薛叔浩等（2002）通过对湖盆成因及沉积类型研究，认为构造湖盆的成因类型仍可分为断陷型与坳陷型，并指出古构造环境决定着湖盆的发生、发展、沉积格局和沉积层序；古气候环境决定着植被面貌、湖盆水介质性质、沉积物性质、水生生物的丰度和高频沉积旋回的发育；区域古地理决定着湖盆水介质并进而影响相关生物种类的发育及其生物组合特征，特别是和生油母质密切相关的各种藻类的繁荣程度；湖区古地形和古水系决定着沉积物的沉积充填样式、沉积体系及其内部结构和分布状况。在此基础上，从古气候环境出发，进一步将断陷湖盆划分为潮湿带沉积型、干旱气候带沉积型、半干旱—半潮湿的过渡带沉积型；从古地理环境出发，进一步将断陷湖盆划分为内陆沉积型与近海沉积型。综合上述划分原则，将中国中—新生代断陷湖盆沉积类型系统归纳为 3 级 6 种类型（表 2-6）。这 6 种沉积类型，简明扼要、实用性强，能够客观地反映不同断陷湖盆沉积类型之间的差异，对促进断陷湖盆油气地质综合研究，具有重要的促进作用。

表 2-6　中国中—新生代断陷湖盆沉积类型（据薛叔浩等，2002，修改）

古气候类型			沉积类型	实例
Ⅰ	潮湿气候型	1	近海断陷湖盆	珠江口盆地古近纪湖盆
		2	内陆断陷湖盆	百色盆地古近纪湖盆
Ⅱ	过渡气候型	1	近海断陷湖盆	东海盆地古近纪湖盆
		2	内陆断陷湖盆	临河盆地古近纪湖盆
Ⅲ	干旱气候型	1	近海断陷湖盆	
		2	内陆断陷湖盆	汉江盆地古近纪湖盆

三、断陷湖盆沉积的基本特征

（一）断块差异沉降，控制湖盆沉积格局

前已述及，断陷湖盆的形成是不同构造背景下的断块差异沉降的产物。断块沉降作用，奠定了岛湖间列和多级地形错落的湖盆格架，如黄骅断陷面积为 17000km²，包括 2 个隆起、3 个凸起、5 个凹陷；而渤海湾盆地面积为 20×10^4km²，包括 3 个隆起、54 个凹陷和 44 个凸起。从而为沉积充填，造就了多种可容纳空间。而抬升作用控制了湖盆的持续发育，使湖盆趋向萎缩或消亡。在长期的沉积演化过程中，断块沉降与抬升作用，导致断陷湖盆的多期次幕式发育，相应形成多旋回沉积层序（薛叔浩等，2002）。不同成因类型的断陷湖盆，其沉积特征虽有一定差异，但因多期次断裂构造的影响，使其在几何形态、内部结构、物源方向、沉积速率、相带展布及沉积单元等方面均具有特征性发育规律（表 2-7）。

（二）湖盆古地形凹凸相间，形成多沉积中心

断陷湖盆因受长期发展的断块差异升降控制，使湖盆的几何形态不规则，沉积面貌复杂。一个凹陷，既是一个沉积中心也是一个沉积单元；各单元的内部结构呈现出多凸多凹

相间，高低错落频繁，既有单断式箕状结构，也有双断地堑式结构。相应在箕状凹陷内，古地形分带特征明显，即陡坡带、缓坡带和中部深陷带；沉降中心位于陡坡带坡底，沉积中心位于中部偏陡坡一侧。凹陷内部常有主干断裂控制次级沉积中心和水下低隆起的分布。陡坡带往往有多条生长断层发育，并形成多级断阶带。缓坡带也不是单一的斜坡，往往在斜坡背景上发育断隆构造和派生多种次级断层（图2-10）。无论是裂谷盆地中的断陷湖盆（图2-11a）还是山间盆中的断陷湖盆（图2-11b），由于地形坡降普遍较大，导致不同沉积单元内相带突变频繁。滨湖亚相和浅湖亚相界线不易区别，尤其是陡坡带的扇三角洲平原亚相与三角洲前缘亚相常常难以划分，水下分流河道以扇三角洲前缘为主体。缓坡带的河流—三角洲沉积则少有曲流河段。水下隆起和凸起周缘，在外源丰富时常形成碎屑岩滩坝，在物源贫乏时则发育碳酸盐岩沉积（图2-11）。

表2-7　不同类型断陷湖盆沉积特征综述表（据薛叔浩等，2002，修改）

序号	盆地构造类型 沉积特征	陆内裂谷湖盆	碰撞造山带内湖盆	大陆边缘湖盆
1	湖盆几何形态	受深大断裂控制，沉积凹陷多呈狭长形	湖盆平行两褶皱带，呈狭长形	早期陆相断陷湖盆的沉积凹陷呈狭长形
2	湖盆内部结构	内部结构复杂，呈多隆多坳多凸多凹相间列，高低错落	湖盆沉积横剖面呈箕状形态，包括冲断带、沉降带和斜坡带	早期陆相断陷湖盆内部结构类似
3	周边地质演化与主要物源方向	横向物源为主，纵向物源为次	横向物源为主，物源供给方向受两侧褶皱山系发育期所控制	来自大陆方向及盆内隆起区
4	主要沉积体系类型及相带展布	近源短程扇三角洲、辫状河三角洲和水下扇，相带分异不够完整，相带狭长。沉降中心紧邻陡坡生长断层一侧，沉积中心向湖方向偏移，深陷期深水区可占1/2	辫状河三角洲和扇三角洲。沉降中心位于活动造山带一侧。沉积中心位于斜坡带下方	河流—三角洲和扇三角洲。沉降、沉积中心与陆内裂谷湖盆相同
5	沉积速率（mm/a）	1.25		
6	沉积横剖面形态			
7	实例	渤海湾盆地（E）	吐哈盆地（J）	珠江口盆地（E）

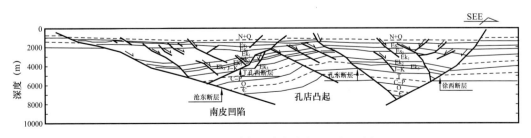

图2-10　黄骅断陷湖盆南东东向地震解释剖面

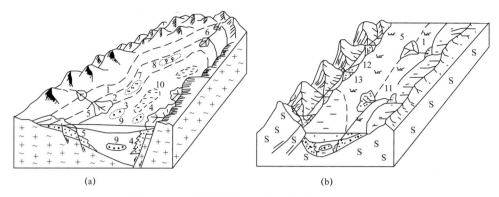

图 2-11　不同断陷湖盆的沉积单元及相带变化

1—冲积扇平原；2—滨浅湖；3—半深湖、深湖；4—扇三角洲或水下扇；5—辫状河三角洲；6—轴向三角洲；7—浅水碎屑滩坝；8—生物碎屑滩；9—浊流沉积；10—生油中心；11—河流、沼泽；12—扇三角洲；13—湖泊、沼泽

（三）近临物源，具有多源供给条件

一般而言，坳陷湖盆的物源供给以纵向物源为主，而断陷湖盆的物源供给以横向物源为主，纵向物源次之。因此，近临物源、多源供给、多沉积中心，是断陷湖盆沉积的基本特征之一。由于不同时代不同岩性的地层，因多期次断裂切割，不仅构成了湖盆的构造格架，同时也为近距离沉积提供了物源。其中持续活动的盆缘断裂控制了湖盆沉积的外部物源，而相间于各凹陷之间的凸起与隆起，则是湖盆沉积的内部物源（图 2-12）；这些物源，岩性组成复杂、近距离多向供给，从而使不同凹陷的沉积面貌多种多样。其中湖盆沉积早期，凹陷浅而小，气候干旱，以发育膏盐岩与洪泛沉积为特征；湖盆沉积中期，凹陷深而大，以发育扇三角洲、湖底扇为代表的陆源碎屑岩沉积和以碳酸盐岩为特征的内源沉积，发育浅滩、湖坪、近岸湖底扇；缓坡带发育具有供给水道的远岸湖底扇，在轴向可发育沟道重力流，在深水区常有细粒浊流沉积。而湖盆的稳定发展，更有利于碳酸盐岩沉积发育，并多形成于湖盆浅水区或水下隆起区及缓坡带。湖盆沉积晚期，以发育钙质砂泥岩为主。

（四）沉积周期短、沉降速率与沉积厚度大

引张断裂导致的幕式差异升降和古气候变化，共同控制了断陷湖盆的沉积作用。不同构造演化阶段，断块沉降速率不同，湖盆沉积厚度也有差异。即使同一断陷湖盆，不同沉积单元，因影响因素不同，沉降速率与沉积厚度也有变化。现代断陷湖盆沉积作用的研究表明，黑海盆地在中—新代中期以前，一直是古地中海的一部分，中—新代中期随地中海的变迁和解体才变成了一个巨大湖泊。第四纪早期冰期的陆源沉积速率为 22mm/a；最近一次冰期陆源沉积的速率已高达 90mm/a，而现在每年带入湖中的碎屑物总量为 150×10^6 t，其沉积的总面积为 420000km^2，平均沉积速率为 15mm/a。与早期冰期相比，二者之间陆源物供给量相差达 6 倍之多。位于东非西部裂谷带的基伍和坦噶尼喀断陷湖盆集水面积分别为 7140km^2 和 231000km^2，平均深度为 240m 和 570m。深湖区沉积速率为 30～50mm/a，而浅湖区沉积速率为 3～5mm/a（王英华等，1993）。

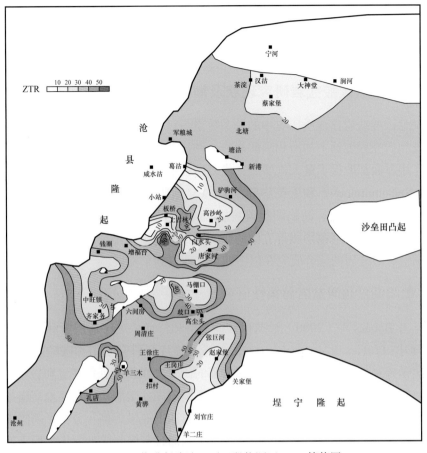

图 2-12　黄骅断陷沙一下亚段物源区 ZTR 等值图

中国东部古近纪断陷湖盆最大沉积厚度约7000m，最大沉降速率可达1250m/Ma。而东营与黄骅断陷湖盆的沉积厚度一般为3500～5000m，沉降速率为120～700m/Ma。其中湖盆发育初期，沉降速率较小，可供沉积物充填的空间也较小，湖盆分布范围局限，进入湖盆的水系带入的碎屑物一般较粗，形成河流冲积或浅湖沉积，厚度也相对较薄。如孔店组沉积厚度为200～400m，沉降速率为120～170m/Ma；进入湖盆扩张兴盛期，沉降速率迅速增加，可供沉积充填的空间与湖盆面积扩大，湖平面上升，沉积物多以重力流入湖，在陡坡近岸带，缓坡远岸带常常形成水下扇，而远离湖岸的深水区则以暗色泥页岩沉积为主，形成富含有机质的烃源岩。如沙河街组三段沉积厚度为2000～3500m，沉降速率为250～700m/Ma；随着湖盆扩张的减缓与沉降速率的逐渐变慢，进入湖盆沉积物充足时，可形成进积三角洲沉积；进入湖盆沉积物贫乏时，常常形成碳酸盐岩沉积。如沙河街组一段沉积厚度为300～400m，沉降速率为140～220m/Ma；反映在剖面上，碳酸盐岩的旋回性突出，进积、退积、加积序列发育，周期变化明显。当沉降速率较小时，湖盆便进入收敛萎缩期，位于基准面以下的沉积区范围缩小，进入湖盆的沉积物逐渐变粗，以浅湖与河流、冲积扇沉积为主。如东营组沉积厚度约为200～400m，沉降速率为200m/Ma；而在坳陷发育阶段的馆陶组，沉积厚度为400～500m，沉降速率为50～80m/Ma。由此显现出沉积周期短、沉降速率与沉积厚度大是断陷湖盆有别于坳陷湖盆沉积的又一特征。

第三节　断陷湖盆碳酸盐岩及分布规律

一、断陷湖盆碳酸盐岩研究现状及勘探前景

断陷湖盆碳酸盐岩在地质历史中的分布数量与规模，虽高于坳陷湖盆碳酸盐岩，但人们对其重视和研究程度远不如海相碳酸盐岩。经过多年研究，在岩石学、储集层学、相模式及生烃作用方面都取得了重大进展。其代表性成果如 Tucher 与 Wright 在 1990 年出版的《Carbonate Sediemntoloqy》和王英华等在 1993 年出版的《中国湖相碳酸盐岩》等。但与海相碳酸盐岩的研究相比，断陷湖盆碳酸盐岩的综合研究还十分薄弱。特别在层序地层、油气生成、运聚成藏及资源预测等方面的研究更少。近十多年来，随着油气勘探的不断深入，断陷湖盆碳酸盐岩的综合研究在以下四个方面得到了发展。

（一）断陷湖盆碳酸盐岩储集性研究

国外学者 Bohacs 等（2000）对湖相盆地类型和特征从层序地层学和地球化学方面进行了综合阐述；Freytet 和 Verrecchia（2002）详细描述和研究了湖相碳酸盐岩的岩石学特征。而中国学者对断陷湖盆碳酸盐岩沉积特征的研究，在以往沉积环境和岩相古地理研究的基础上，居春荣等（2005）建立了苏北古近系断陷湖盆碳酸盐岩层序地层格架；张金亮等（2007）以东营凹陷金家地区古近系沙河街组第四上亚段为例，分析了断陷湖盆碳酸盐岩与陆相碎屑岩的混合沉积。董艳蕾等（2011）则通过黄骅断陷沙河街一段下亚段碳酸盐岩混合沉积类型的研究，建立了相应的模式；伊海生等（2008）对西藏高原沱沱河盆地渐新世—中新世断陷湖盆碳酸盐稀土元素地球化学特征与正铕异常进行了成因探讨；陈世悦等（2012）详细阐述了歧口凹陷沙一下亚段湖相白云岩的形成环境等。

（二）断陷湖盆碳酸盐岩储集特征研究

这一方面的研究主要集中在孔隙类型、大小，形成因素和影响因素等方面。自从杜韫华将湖相碳酸盐岩储集空间划分为 14 种类型之后；王成等（1998）对松辽盆地中碳酸盐岩储集空间的研究认为次生孔隙是主要储集空间，多形成中孔低渗储集层；吴因业等（2003）对柴达木盆地古近系湖相碳酸盐岩的研究得出，储集空间主要为溶蚀孔隙、晶间孔隙、裂缝、微裂缝，属缝洞—孔隙型，并主要形成裂缝性油气藏；王洪宝等（2004）对东营凹陷的研究表明湖相碳酸盐岩中的生物灰岩和鲕粒灰岩通常具有较好的孔渗性，储集孔隙以溶蚀孔隙、生物体腔孔及骨架孔隙为主；武刚等（2004）研究认为济阳坳陷湖相碳酸盐岩储集空间主要为次生孔隙，包括粒内溶孔、粒间溶孔、铸模孔及生物体腔孔，同时裂缝较发育；黄开创等（2004）研究百色盆地湖相生物礁储集层时得出，生物礁储集层的孔隙类型包括原生孔隙、次生溶蚀孔洞和裂缝，储集层的发育和分布主要受沉积相和成岩作用控制；潘中华等（2009）应用储集层构成单元理论，提出了断陷湖盆碳酸盐滩坝储集层精细划分对比的新方法；贾丽等（2007）利用钻井取心资料和交会图法进行储集层岩性

的有效识别。利用录井＋气测法、录井＋气测＋成像测井法、MDT测试技术法以及油藏综合评价技术有效地识别了油气层。王濮等（2008）利用在时间域上追踪同相轴进行波阻抗反演，沿层提取地震属性，以岩相序列模式分析法解释反演结果，进行储集层预测，预测出该地区沙一下亚段厚度为3～9m的生物碎屑灰岩薄储集层的平面分布。刘玉梅等（2010）根据埕54x1井分析了白云岩储集层的岩电特征，确定了白云岩储集层识别参数。

（三）断陷湖盆碳酸盐岩烃源岩研究

自从黄第藩（1987）对柴达木西部古近—新近系断陷湖盆碳酸盐岩生油岩特征做了专门讨论后，李任伟（1991）等把东濮凹陷的湖相碳酸盐岩单独列为一类生油岩，并首次提出了湖相碳酸盐岩型生油岩的概念。1993年，黄杏珍等全面系统地讨论了柴达木盆地西部古近—新近系湖相碳酸盐岩型生油岩的生油岩特征、地球化学特征及热演化特征；邵宏舜等（2002）分析了泌阳凹陷湖相碳酸盐岩未成熟石油的形成条件；吴亚东等（2005）对黄骅断陷齐家务沙一下亚段碳酸盐岩的油源进行了对比研究；王广利等（2007）对济阳断陷渤南湖相碳酸盐岩成烃特征进行了系统阐述。

（四）断陷湖盆碳酸盐岩油气成藏研究

早在1964年，在黄骅凹陷的孔3井沙一段中就发现了含油显示的生物灰岩，但是被误认为了砂质白垩土和白垩土。到1965年时，终于确定为生物灰岩。直至1966年歧5井喷油，才打开了湖相碳酸盐岩勘探的新局面，发现了王徐庄陆相生物灰岩油藏；然后，陈善勇、金之钧等（2004）对黄骅断陷古近—新近系油气成藏体系进行了定量评价；高先志等（2005）则对黄骅断陷大中旺地碳酸盐油藏的油源及成藏影响因素进行了分析等。这些研究对深化断陷湖盆碳酸盐岩油气勘探开发，无疑具有重要的理论与实践意义。然而正如初广震等（2010）在《湖相碳酸盐岩油气资源分析与勘探前景》一文中指出的：以断陷湖盆碳酸盐岩油气资源与其所进行的研究相比，明显处于一种不均衡的状态。目前，断陷湖盆碳酸盐岩正在重新得到认识和开发。作为诸多断陷内发育的一类特殊储集层类型，已显示出很大的勘探空间和潜力。据不完全统计，中国已在413个断陷湖盆碳酸盐岩油气藏中探明了石油地质储量$34843.76 \times 10^4 t$，技术可采储量$5811.08 \times 10^4 t$；天然气地质储量$624.74 \times 10^8 m^3$，技术可采储量$284.75 \times 10^8 m^3$。主要分布在渤海湾盆地古近系沙河街组、东营组等36个油气田；柴达木盆地西部古近系南翼山、咸水泉和古近系尕斯库勒、跃进二号等7个油气田；苏北盆地古近系阜宁组的闵桥、沙埝、赤岸、安乐等9个油气田；四川盆地侏罗系的桂花、公山庙、中台山、柏垭等7个油气田以及北部湾盆地古近系涠洲油田、百色盆地古近系那坤油田、酒西盆地白垩系青西油田、塔里木盆地古近系柯克亚和克拉2油气田等；松辽盆地下白垩统的介形虫灰岩、济阳断陷古近系纯化镇组的石灰（白云）岩、黄骅坳陷古近系沙一下亚段的石灰（白云）岩、江汉盆地古近系潜江组的石灰（白云）岩、南襄盆地泌阳凹陷古近系核桃园组的白云岩等薄互层碳酸盐岩油气藏。这些油气田及油气藏都以碳酸盐岩为良好的储油气层，甚至是高产油气层。可见断陷湖盆碳酸盐岩具有较大的勘探前景。

二、断陷湖盆碳酸盐岩的沉积特征

断陷湖盆碳酸盐岩的形成和发育，不仅具有上述断陷湖盆沉积的基本特征，而且受区域地质构造、古地理及古气候环境影响，在物源供给、介质能量、水体盐度、生物作用等方面都具有其特征性发育规律。

断陷湖盆碳酸盐岩的物质来源，除来自无机沉淀与生物作用的碳酸盐外，物源区有无碳酸盐岩地层，输入湖盆的陆源碎屑岩多少，对湖盆碳酸盐岩沉积的影响显著。在物源区碳酸盐岩发育的情况下，注入湖盆的地表水和地下水中碳酸钙浓度高，有利于碳酸盐岩沉积。如果输入湖盆的陆源碎屑物质多，淡水的补给也相应增多，导致湖盆水体碳酸盐稀释而不利于碳酸盐岩沉积发育。黄骅断陷湖盆是华北地台块断解体的产物，组成湖盆格架的岩层众多，特别是寒武—奥陶纪碳酸盐岩为主的地层组合，在湖盆周缘的广泛分布，盆内凸起与隆起的屡被裸露，并经长期淋滤溶解，提供了丰富的碳酸钙补给（图2-13）。因而在湖盆构造环境相对稳定期，气候湿热、水体清浅、盐度适宜、无大规模陆源碎屑进入或较弱时，碳酸盐即可随之沉积，并在湖盆岸缘浅水区与水下隆起区及缓坡带广泛发育。诸如济阳、冀中、辽河、临清及渤中等古近纪断陷湖盆沙四、沙一段碳酸盐岩沉积均具有上述特点。

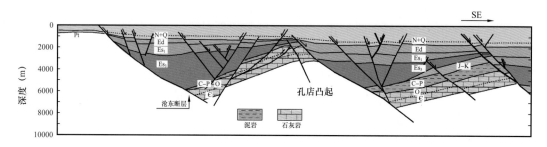

图2-13　黄骅断陷南东向地震解释剖面中寒武世—奥陶纪石灰岩出露特征

断陷湖盆具有近物源、多源供给的特点，容易导致碳酸盐岩沉积与陆源碎屑的混合，形成混积岩。这类混合沉积很早就引起了人们的注意，1984年Mount首次明确地提出混合沉积物（mixed sed-iments）这一概念，1990年杨朝青和沙庆安等首次提出了混积岩（hunjirock）一词。所谓混积岩，是指陆源碎屑与碳酸盐颗粒及灰泥混生在一起的一类沉积岩，它属于碳酸盐岩和陆源碎屑岩之间的过渡类型。混合沉积无论是在现代还是在古代的沉积中都是较为常见的，从陆地到海洋、从浅水到深水都有广泛的分布。它是一种沉积机理特殊而又有重要意义的沉积现象，在空间上表现出岩相突变或间夹于碎屑岩与泥质岩之中。并使碳酸盐中陆源碎屑的混杂普遍、成分的纯度变差。在古近纪断陷湖盆碳酸盐岩中常含有不同数量的石英砂、长石碎屑、泥岩岩屑、陆源泥等。当其含量达到一定程度时，即组成混积岩类。如泥质灰岩或钙质砂岩、钙质泥岩等。混积岩类的大量出现常与碳酸盐岩伴生，是断陷湖盆碳酸盐岩的又一重要特点。陆源物质中以石英砂和泥质最为常见，它们可作为主要结构组分出现。其中，石英等陆源碎屑可与碳酸盐颗粒伴生，形成颗粒支架；陆源泥则与灰泥同时沉积，构成碳酸盐岩基质。由于近临物源，在碳酸盐岩中，常可见到各类长石碎屑，如钙钠斜长石、微斜长石、钾长石等；各类杂基岩屑也较常见，如凝灰岩屑、碳酸盐岩屑、泥岩岩屑及基岩岩屑等。由于陆源碎屑岩与碳酸盐岩沉积在空间上的相互消长关系，使断陷湖盆碳酸盐岩在同一凹陷中，总是在缺少陆源物干扰的水下隆起区或浅水台地多以颗粒碳酸盐岩沉积为主，其边缘则过渡为含砂质碳酸盐岩或灰质碎屑岩等混积岩类的沉积。由此显现出近物源、多源供给的断陷湖盆沉积不仅控制了碳酸盐岩的发育，而且也直接影响着碳酸盐岩成分和组构特征。在断陷湖盆沉积演化中，风暴作用虽较普遍，但因湖盆面积较小，风暴作用的持续时间短暂，使湖浪的强度远不如海浪那么强烈。因此在湖盆碳酸盐岩沉积中主要以原地风暴岩为主，近源风暴岩与远源风暴岩虽可见及，但沉积厚度及发育规模远小于海相风暴岩。在水体能量低、持续时间短的制约下，断陷湖盆碳酸盐岩沉积的颗粒岩成熟度普遍较低，颗粒类型及结构也较为单一。海相碳酸盐岩中常见的砾、砂屑、鲕粒、核形石、生物碎屑、球粒等颗粒在湖盆碳酸盐岩中也较发育，但其磨圆度、分选、成分、类型或内部结构的复杂性，远不如海相沉积。湖盆水下隆起区或滩坝沉积的以石英砂为核的鲕粒常与石英等陆源砂伴生，也可见到同心圆和放射结构，但包壳层普遍较薄和圈层少。以生物或生物碎屑为核、包壳层数1～2圈的生物鲕粒和以石英或生物碎屑为核的偏心鲕粒是湖相碳酸盐岩中特有的鲕粒。这类鲕粒以生物成因为主，其鲕核生物体壳完整、包壳层少而薄、鲕核受重力作用影响而偏居鲕粒底部等特征，显示了湖盆水体搅动能量的不足。相对于海相而言，在水下滩坝和近岸高能带中，如果水体能量过高或环境过于恶化，可失去维持底栖动植物繁衍所需要的营养，其沉积物则以鲕粒、砂砾屑为主；但湖盆水下滩坝或近岸高能带中水体能量常常难以达到生物无法繁殖的程度（图2-14）。因此在鲕粒和砂屑共生的颗粒中，或多或少地总是含有一定数量的生物或生物碎屑甚至有时以生屑为主，鲕粒和砂屑则与之伴生（王英华等，1993）。大量薄片资料表明，在断陷湖盆碳酸盐岩中，分选良好的亮晶颗粒碳酸盐岩虽可见，但所含比例较低，而常见的多为泥亮晶颗粒碳酸盐岩和泥晶颗粒碳酸盐岩。这些颗粒碳酸盐岩因水体能量通常难以使成核物质达到鲕粒化，因此颗粒碳酸盐岩主要以介壳（云）灰岩或砂屑（云）灰岩为主，鲕粒（云）灰岩所占比例相应较低。受断裂构造的幕式发育及季节性气候的影响，导致湖盆水体常呈现间歇性运动，从而在沉积层中形成韵律性旋回。当动荡水和静水转换频率过快时，条带状构造或薄层（云）灰岩随之发育，形成以含颗石藻的灰泥或陆源泥为主的条带和含少量生物的泥晶（云）灰岩组成的进积、退积或加积韵律结构，当气候相对干热，蒸发作用较强时，常形成云质洼地沉积的泥质岩与白云岩组成的韵律性旋回或膏岩与泥质云岩组成的韵律性旋回（图2-15）。

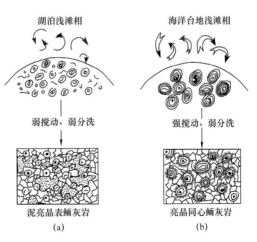

图2-14　湖滩与海滩相颗粒岩的基本特征
（据王英华等，1993）

（a）湖泊浅滩相颗粒岩中颗粒粒径小，表鲕与陆源石英、生屑等共生，多分洗不全而具泥亮晶颗粒结构；
（b）海洋台地浅滩相颗粒量大，颗粒类型单一，粒径大，包壳层多，分洗完全，多形成亮晶颗粒结构

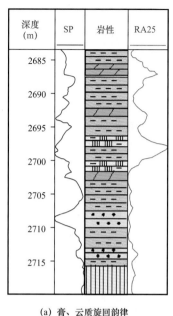
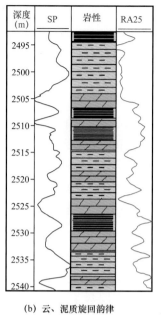
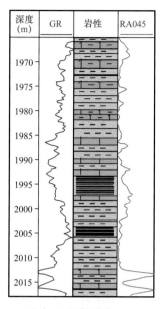

(a) 膏、云质旋回韵律　　　　(b) 云、泥质旋回韵律　　　　(c) 灰、泥质旋回韵律

图 2-15　同湖盆环境沉积的碳酸盐岩旋回韵律

　　断陷湖盆碳酸盐岩中的生物沉积作用显著，生物组合简单、变化快；断陷湖盆分布面积局限，沉降幅度大、水动力条件相对较弱、富于养料的地表径流活跃，生物繁衍与生物沉积作用显著。从各断陷湖盆碳酸盐岩所含生物或由生物化石组成岩类的研究表明，古近纪断陷湖盆碳酸盐岩的形成在一定程度上是依赖于生物沉积作用的。在断陷湖盆碳酸盐岩沉积发育的环境中，一些软体动物及介形类在湖盆内快速、大量地繁殖，与之伴生的生物组合也相应单一。但由于湖盆面积有限而导致湖盆中的水体温度、盐度、水深等的快速变化，必然引起生物组合面貌的改变。如渤海湾盆地诸断陷湖盆碳酸盐岩沉积期，古生物化石在纵向上，常可见到由单一生物组分的螺壳灰岩往往迅速变为介形虫灰岩，化石数量也可由 5%～10% 快速上升到 50% 以上；在平面，不同区带的生物属种和数量也有差异，常可见到由介形虫灰岩迅速变为有孔虫灰岩（图 2-16）。生物组分和生物数量在断陷湖盆碳酸盐岩中的这一变化规律，反映了断陷湖盆沉积不同于海洋沉积的基本特点。断陷湖盆碳酸盐岩中常见的生物化石有介形类、腹足类、瓣腮类和叶肢介等，与海水有关的生物化石，杜韫华（1990）将其概括为 6 类：（1）沟鞭藻和疑源类，以德弗兰藻属为代表，但其优势成分是具腔式囊孢，未见收缩囊孢，而且属种单调，复杂程度有限，与正常的海相组合不同；（2）广海相钙质超微化石—颗石藻，属种单调，分异度低；（3）藻类化石，以广海绿藻门中国枝管藻等最繁盛；（4）海相多毛类龙介虫；（5）有孔虫，有卷转虫、三块虫、五块虫及曲房虫等，个体微小，属种单调，种类变异强烈，畸形个体多；（6）鱼类化石，有鲱形目的胜利双棱鲱，渤海艾代鱼和鲈形目等，近年来还见到海百合茎。软体动物门中的化石多为淡水属种，海生属种极为少见；介形类大部分为淡水或半咸水常见属种，并以壳体薄、个体小和壳面光滑无饰区别于海生介形虫。由于生态环境和水动力条件的差异，导致了断陷湖盆沉积中由介壳灰（云）岩组成的介壳滩较为多见，而在海相沉积中鲕粒滩则多于介壳滩沉积。王英华等

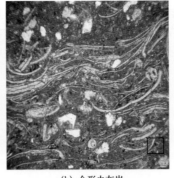
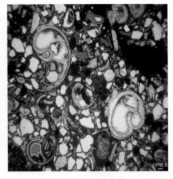

(a) 螺壳灰岩　　　　　　　　(b) 介形虫灰岩　　　　　　　　(c) 有孔虫灰岩

图 2-16　断陷湖盆碳酸盐岩中古生物化石显微特征

（1993）曾对湖相碳酸盐岩的生物沉积作用进行详细研究后指出：湖盆碳酸盐岩沉积中，生物沉积作用是极为重要的。藻屑碳酸盐岩是湖盆碳酸盐岩中最为常见的岩石类型。它们既可形成不同形态的叠层石灰（云）岩、藻包壳灰岩和藻泥晶灰（云）岩，也可由这些藻屑碳酸盐岩碎屑组成藻屑灰（云）岩。世界上最古老的湖相藻叠层石见于加拿大的前寒武系，英国泥盆系和德国二叠系等地层中也有分布。有关现代湖盆藻屑碳酸盐岩的报导也很多，其中以阿尔卑斯山北部的一些湖泊（Kann et al.，1941；Sehneider et al.，1977）、美国纽约州的格瑞恩湖（Testen et al.，1976）、弗罗里达州和巴哈马群岛等的淡水沼泽（Handie et al.，1976），以及德国的康斯坦茨湖（Aness et al.，1984）的研究最为详细。在这些湖盆中，不同属种的藻类竞相繁殖，先期藻类一经死亡，立即固结成岩，沉积速度极快。随季节或陆源物质丰度的变化，其属种也随之更迭。中国中—新生代断陷湖盆沉积中各类藻屑碳酸盐岩广为发育，常见造礁生物为中国枝管藻、线纹藻、多毛纲的栖管化石（如簇管虫类、角管虫类和蛰龙介类）等；礁体一般规模较小、分布零星，易过渡为生物滩或藻屑滩沉积，有时组成礁滩沉积旋回。如冀中古近纪断陷湖盆边缘阶地浅水隆起区、济阳断陷湖盆的浅湖区均有礁、滩沉积发育。黄骅断陷湖盆的王徐庄、周清庄、纯化镇、齐家务和扣村一带中仅由螺和介壳碎屑组成的亮泥晶生物（云）灰岩厚度达 2~15m。生物碎屑的含量可达 50% 以上。由此可见，生物和生物沉积作用，不仅在断陷湖盆碳酸盐岩沉积过程中具有重要作用，而且决定了断陷湖盆碳酸盐岩的岩石特征、岩类组合、化石组合等均不同于海相碳酸盐岩（表 2-8）。特别是古气候、古水动力和古水介质条件的变化，对断陷湖盆碳酸盐岩沉积的影响远比海洋显著得多。黄骅断陷湖盆碳酸盐岩沉积期的古气候，基本上为温暖潮湿性气候。但在碳酸盐岩沉积早期，气候相对干热，局部闭流洼地发育了膏岩与泥质白云岩组合；且有洪水入侵时，陆源碎屑入湖，水体混浊，不利于生物生长，使生物碳酸盐岩不发育，可沉积砂岩、泥岩及少量泥云岩类。而在畅流湖区陆源碎屑相对较少，水体清澈，适宜生物繁衍，导致生物碳酸盐岩相对发育。由于气候的干湿变化频繁，形成了多层次的碳酸盐岩旋回沉积。特别在浅水区的滩、坝、堤、岛等地形较高部位，或岛屿周围的断阶带、斜坡带、水下隆起带，以及由浅水向深水过渡的陡坡上缘。这些正向古地形部位，水体清浅、阳光充足、能量偏高、营养丰富、生物繁茂，有利于生物灰岩发育。

表 2-8 　湖相与海相碳酸盐岩基本特征对比表（据王英华等，1993，修改）

项目	湖相碳酸盐岩	海相碳酸盐岩
化学成分	复杂	简单
陆源物	量大、常见	量小、少见
颜色	中、深色为主	浅色多于深色
颗粒类型	较单一、缺少钙质砾屑	较复杂，钙质砾屑常见
颗粒量	变化大、介壳含量可达 70%～90%	变化小，含量不大于 70%
颗粒内部结构	较单一	较复杂
颗粒组合	单一	复杂
生物组合	以陆生淡水或半咸水生物为主	较复杂，皆为海洋生物
胶结物	量少，少世代，组分较复杂，钙质胶结常见	量大，多世代，钙质胶结为主
岩石组合	与碎屑岩、黏土岩共生，碳酸盐岩多呈薄夹层分布，罕见硅质岩	碎屑岩、黏土岩多以夹层分布，与硅质岩共生
总厚度及单层厚度	小	大
生物礁	少见，规模小，点礁为主	常见，规模大，可有点礁
造礁生物	藻类为主	藻及海洋造礁生物为主

三、断陷湖盆碳酸盐岩分布规律

断陷湖盆碳酸盐岩的分布，与海相碳酸盐岩相比其少。但在湖盆沉积中，其分布数量和规模远高于坳陷湖盆碳酸盐岩，并且具有丰富的油气资源。近年来的勘探与研究表明，断陷湖盆碳酸盐岩的分布与产出具有如下特征。

断陷湖盆碳酸盐岩是一类发育在陆内裂谷盆地、被动大陆边缘裂谷盆地、活动大陆边缘裂谷盆地和碰撞造山带内山间盆地的陆相碳酸盐岩。在地质历史中，无论在时代上还是空间上的分布均较广泛。从古生代至现代，从大陆内部到大陆边缘，从寒带、温带到热带或从高纬度区到低纬度区均可见到断陷湖盆碳酸盐岩分布实例。

从国外来看，其典型实例如下古生代断陷湖盆碳酸盐岩见于澳大利亚南部的寒武纪湖盆，古生代断陷湖盆碳酸盐岩见于美国宾尼法尼亚洲和弗吉尼亚州西部二叠纪湖盆；中生代断陷湖盆碳酸盐岩见于美国康涅狄格峡谷的三叠纪湖盆、葡萄牙西部侏罗纪湖盆、法国南部白垩纪湖盆等；古近纪断陷湖盆碳酸盐岩见于美国加利福尼亚裂谷系湖盆、德国莱因裂谷系湖盆、东非裂谷系湖盆、地中海东岸的利凡得裂谷系湖盆、贝加尔裂谷系湖盆等；现代断陷湖盆碳酸盐岩见于红海和死海裂谷的现代沉积物中周期性产出的文石（Neev，1963），美国加利福尼亚南部索尔顿湖中的碳酸盐沉积（Chilingar，1967）等。

国内的典型实例在时代上主要集中在中—新生代，特别是古近纪尤为广泛；而在空间上主要分布在各类大型陆相沉积盆地中。如松辽盆地早白垩世湖盆、渤海湾盆地古近纪诸湖盆、苏北盆地古近纪湖盆、江汉盆地古近纪湖盆、白色盆地古近纪湖盆、珠江口盆地第三纪湖盆、三水盆地古近纪湖盆、河套盆地白垩纪—新近纪湖盆、柴达木盆地的侏罗纪与古近纪湖盆等；现代断陷湖盆碳酸盐岩的分布也不乏其例，如青海湖、大/小柴旦盐湖的白云岩等。

断陷湖盆碳酸盐岩的沉积发育因受古构造背景、古地理环境、古气候变迁等种多因素控制，其产出部位和产状常常表现出不同的分布特点。

断陷湖盆大都具有幕式发育过程，从湖盆形成、扩张发育、稳定发展到萎缩收敛，先后要经过多次构造沉降与抬升作用，使湖盆水体由浅而深再到浅的频繁变化，直接影响着湖盆碳酸盐岩的发育和分布。从黄骅断陷湖盆沙一下亚段碳酸盐岩的分布特点来看，最发育的层段主要集中在湖盆扩张过程中相对稳定的发展阶段。该阶段由于构造活动相对较弱，进入湖盆的陆源碎屑相对较少，湖盆水域相对开阔、平静，加之适宜的气候环境，最有利于藻类等生物的大量生长和繁殖及生物沉积作用的进行，从而导致碳酸盐沉淀，形成各种类型的生物灰（云）岩、颗粒灰（云）岩和藻礁灰（云）岩，构成主要储集岩；在半深湖、深湖区细粒灰泥沉积的泥晶灰岩、泥灰岩及富颗石藻的页状泥灰岩与页岩、油页岩互层产出，构成良好的生油岩（图 2-17）。

在纵向上，碳酸盐岩的分布部位，因相带不同而有差异；滨浅湖区的滩相和礁相颗粒与生物碳酸盐岩多呈透镜状，常发育于反向小旋回的上部；在三角洲前缘沉积部位，则发育于复合小旋回之间；在有湖流活动的区带，碳酸盐岩分布的水深可大一些；而在近源与内源区，砂岩与碳酸盐岩互层或混积频繁，其混积类型既有母源混合沉积、相缘混合沉积，又有原地混合沉积和重力流混合沉积等。这些混积特征既可分布于滨浅湖区生物滩和生物礁的地方，又可发育在半深湖—深湖区的泥页岩之中，形成不同的进积退积和加积序列（图 2-18）。在较深湖区或湖湾静水区的细粒碳酸盐岩，由于气候和沉积条件的周期性频繁变化，碳酸盐岩层可具有层数多、单层薄、韵律性变化频繁等特点；特别是页状薄层灰岩，富含超微化石（颗石藻），常与页岩、油页岩互层产出，构成了深湖相碳酸盐岩的典型特色（图 2-17）。

在平面上，不同相带上的碳酸盐岩常呈连续或不连续的片状分布。在滨浅湖区相对隆起的正地形顶部或斜坡地带，是滩相和礁相发育的良好场所。其中环湖岸或凸起边缘分布的颗粒与生物碳酸盐岩常呈不规则、不连续的条带状或透镜状，近岸则常过渡为混积岩或碎屑岩，而向湖盆中心方向则迅速减薄或尖灭。浅水隆起区的颗粒与生物碳酸盐岩，常沿隆起形态分布，形状不规则，在高点部位厚度较大，向隆起周缘则迅速减薄尖灭。缓坡与湖坪区的细粒碳酸盐岩，质较纯、成岩性好、常连片稳定分布。半深湖—深湖区的含泥碳酸盐岩，富含超微化石，常呈页状薄层与泥岩、页岩、油页岩互层产出，分布特征受湖底古地形控制。在河流入口及轴向区的三角洲和河道砂岩发育区或近岸扇分布区，碳酸盐岩一般不发育，并与碎屑岩具有相互消长的特点（图 2-19）。

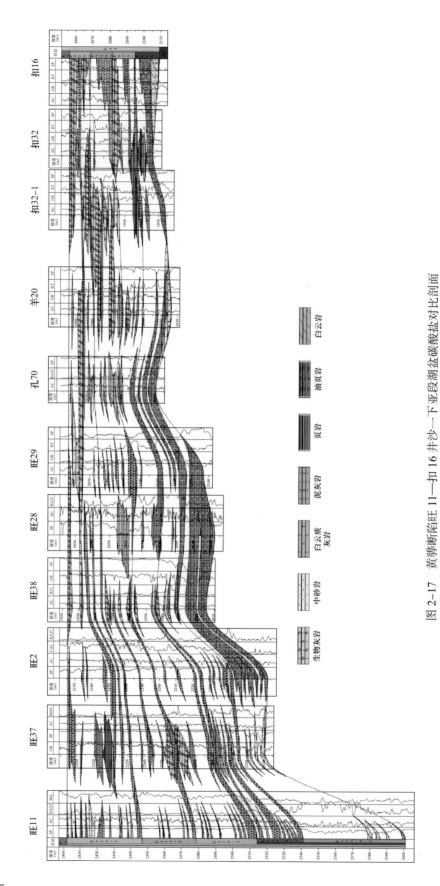

图 2-17　黄骅断陷旺 11—扣 16 井沙一下亚段湖盆碳酸盐对比剖面

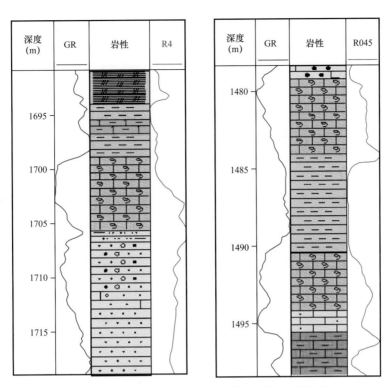

图 2-18　近源滩相退积（左）与进积（右）沉积序列

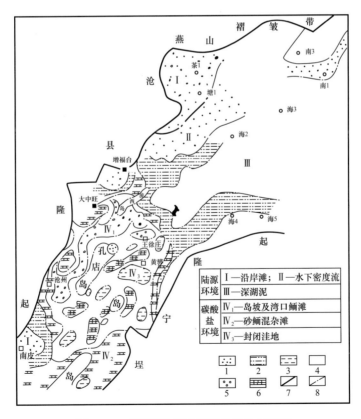

图 2-19　黄骅断陷湖盆碳酸盐岩分布特征

总之，断陷湖盆碳酸盐岩的沉积发育，虽然是一个完整的动力系统，但其分布的局限性，严格受古构造、古地理、古气候环境的控制，对其沉积特征和形成环境，很难从某一角度或单一的标准来概括。尽管断陷湖盆碳酸盐岩与海相碳酸盐岩在成分、结构、构造等方面有诸多相似之处，但由于海陆变迁，气候带的展布与变化，湖平面的升降、湖区古地形的差异、介质能量、生物的进化及其对湖盆环境的适应性、物源供给、成岩演化及影响因素，均与海洋沉积显著不同。因此本书将对断陷湖盆碳酸盐岩的沉积层序、岩石特征、元素地球化学、沉积环境、相模式、成岩作用、生储组合及其与油气成藏关系等方面进行讨论。

第三章　断陷湖盆碳酸盐岩层序地层

层序地层学是20世纪70年代晚期从被动大陆边缘海相地层研究中发展起来的，是介于沉积学与地层学之间的一门新的地学理论。这门理论的原理被大多数地学工作者所接受的时间并不长，但从理论与实践上却得到了迅速发展。特别是高分辨率层序地层学的崛起，在油气勘探开发中发挥了显著的作用。

随着油气勘探与地质研究工作的不断深入，地震地层学的许多概念和认识，经过地质资料的实际检验结果，对于形成时间较短的地层层序，如10～20Ma时间区间的层序在常规地震资料上是难以识别的。因此，结合各项录井、测井、地表露头剖面及古生物资料进行综合分析就显得尤为重要。以科罗拉多矿业大学教授Cross（1983）成因地层研究组为代表的高分辨率层序地层学应运而生，并在地质界得到了高度重视。其应用效果十分显著，从而使层序地层学受到了广泛的关注和应用。

以Vail（1977）为代表的经典层序地层学，将"沉积层序"定义为"一套相对整合的、彼此有成因联系的地层组成的，顶底以不整合面或其对应的整合面所限定的地层单元"。认为每一个沉积层序都是由三个体系域，即高位体系域、水进体系域、低位体系域或陆棚边缘体系域组成（Posqamentievr et al.，1988）。每个体系域都可解释为与全球海平面变化曲线的某一特定阶段相对应。层序内部可细分为准层序组、准层序、层组、层、纹层组和纹层等不同层次。将地表不整合面或其对应的整合面作为划分层序的边界，以最大海泛面为中心。强调全球海平面变化是层序发育的主控因素。

以Galloway（1989）为代表的成因层序地层学，继承和发展了Frazier（1974）"沉积幕"的概念。以Cross（1993）为代表的高分辨率层序地层学，认为地层的旋回性是基准面相对于地表位置的变化所产生的。从而创造性地引用并发展了Wheeler提出的基准面概念，有力地推动了层序地层学的发展。

20世纪80年代中期，层序地层学理论和方法引入中国后，在指导陆相盆地油气勘探和开发中，不少研究者发现从被动大陆边缘海相地层研究中发展起来的层序地层学理论和方法，并不完全适用于中国陆相沉积盆地。因此广大地质工作者紧密结合中国不同类型的陆相盆地沉积和层序地层发育特征，建立了陆相盆地层序地层格架和模式，探讨和总结了各类陆相沉积盆地层序地层研究方法和技术，有效地指导了油气勘探与开发（薛良清，1990；徐怀大，1991；顾家裕，1995；吴因业，1997；贾承造等，2002）。目前，层序地层学的基本理论和方法已经在认识与实践的反复验证中不断完善，并进入了通过正、反演模型的建立对不同构造背景、不同沉积环境的层序地层进行定量预测的阶段。

第一节　断陷湖盆碳酸盐岩层序主控因素和识别标志

在层序地层学发展中，自从 Posamentier 等（1988）建立了第一个非海相层序地层模式后，层序地层学研究和应用范围迅速拓展。并在此基础上发展起来的陆相断陷湖盆层序地层学，对油气勘探与开发提供了新的思路和方法。已有的研究成果表明，湖相碳酸盐岩是断陷湖盆沉积的重要组成部分。但在断陷湖盆层序地层研究中，目前已发表的论文涉及碳酸盐岩层序地层分析的较少，研究程度相对薄弱。因此，运用层序地层学基本原理，结合断陷湖盆碳酸盐岩沉积特征，分析层序地层发育的主控因素和识别标志、确定层序划分原则是建立断陷湖盆碳酸盐岩层序地层格架及模式的重要基础。

一、断陷湖盆碳酸盐岩层序形成的主控因素

尽管层序地层学理论已注意到全球海平面波动、盆地构造沉降、物源供给变化和古气候变迁是断陷湖盆碳酸盐岩层序形成的基本控制因素。但在这四个基本因素中何为主导因素的问题上，目前还存在着重大分歧。

Van Wagoner 和 Vail 等人强调全球海平面变化是控制层序形成的主要因素，从而把层序旋回与全球海平面变化联系起来。中国学者（徐怀大，1991）也曾将江汉、苏北、渤海湾盆地等断陷湖盆的湖平面与全球海平面变化对比研究后认为，全球海平面变化在湖平面升降节奏上是大致符合的，但最大水侵幅度点出现的年代，由南襄→江汉→苏北→渤海湾而逐渐变新，这表明外海的影响有向内陆地区逐渐减弱的趋势，且表明了中国中部新生代古海水有向北、向东逐渐退出的规律。通过湖（海）平面变化对比可以推断，尽管现今残存的古近系小湖盆大多数是彼此隔离的，但它们之间当时曾彼此有过沟通，其中，区域性郯庐大断裂带在这些盆地的沟通上可能起着重要作用（图 3-1）。顾家裕等（2005）则认为，构造通过湖平面变化发生作用，体系域的划分以湖平面变化为依据。无论是断陷湖盆还是坳陷湖盆，控制湖盆层序格架和层序发育及体系域结构变化的主控因素是湖平面的变化。湖平面变化是构造沉降、气候变化、沉积物供给等因素的综合反映。湖平面可以被看作近似基准面，湖平面或基准面的缓慢变化，将引起湖盆周边物源供给能量的改变，特别在碳酸盐岩沉积期，陆源物质进入湖盆的多少，直接决定着碳酸盐岩沉积层序的发育特征。

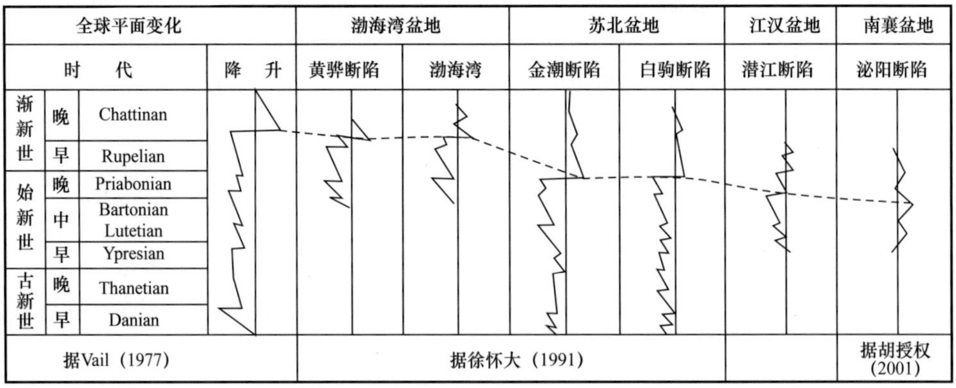

图 3-1　断陷湖盆的湖平面变化与全球海平面升降变化对比

盆地构造沉降对层序形成的作用，往往是幕式或间歇性的。这种构造运动的动力学机制源于地球本身。断陷湖盆中盆地级的层序发育与大规模的构造活动和边界断裂有关，而小规模层序的发育与盆地内的次级断裂构造相联系。反映在造山带一般通过相应的构造形迹来显示，而在拉张背景下的裂谷带则是通过沉积充填来表现，即形成幕式构造沉降与幕式充填层序。不同序次的构造沉降控制不同序次的层序充填地层的旋回性与层序界面形态的形成。同时，幕式构造沉降对断陷湖盆碳酸盐岩层序地层的构成，因沉降速率、延续时间及其导致的沉积速率与可容纳空间变化之间的关系不同，对碳酸盐岩的类型、形态、空间分布及沉积相的迁移规律的影响程度也有所差异。Ravnas 和 Steel（1998）在详细研究了北海盆地之后，认为对于构造上活动的断陷湖盆而言，由全球海平面引起的可容纳空间的变化远远小于构造产生的可容纳空间，因此陆相断陷湖盆的断裂活动引起的可容纳空间变化颇受人们的关注。构造活动贯穿于湖盆演化的全过程，不仅在形成时期受构造活动的控制，而且在发展演化过程中，仍然受构造活动的控制，陆相断陷湖盆碳酸盐岩沉积、演化与构造的发育、发展和消亡的过程密不可分。

更多的学者认为构造沉降与隆升、湖平面变化和沉积物供给等因素相互作用，共同决定了陆相断陷湖盆碳酸盐岩沉积的层序类型、体系域样式、层序叠置样式和边界特征（Ravnas et al.，1998；Jervey，1988；Gawthorpe et al.，1994）。胡受权等（2001）讨论了构造沉降、湖平面变化、物源供给和古气候变迁等控制断陷湖盆层序地层发育的四大因素之间的相互关系之后指出：基底构造沉降、物源供给、古气候波动及湖平面变化是控制断陷湖盆层序发育的主要因素。盆地充填序列与构造层序的形成受区域构造运动所控制；层序组及层序则受湖盆边界断裂的脉动性所控制；高频层序受控于湖平面高频振荡性波动，而湖平面的这种变化又起因于米兰柯维奇轨道旋回所驱动的古气候变迁。广义上的湖平面变化受控于基底构造沉降、古气候及物源三个因素，而物源又是基底构造沉降、湖平面变化的函数。物源供给速率与可容纳空间变化速率的比值，决定着断陷湖盆层序单元堆叠形式。而古气候影响断陷湖盆层序发育的作用机理是通过影响物源供给及湖平面变化而产生效应，古气候周期性变迁决定着断陷湖盆层序中高频单元的发育程度（表 3-1）。由此可见，控制断陷湖盆碳酸盐岩层序发育的各大要素之间存在着特定的辩证关系。因此，充分认识上述要素的因果关系，将有助于断陷湖盆碳酸盐岩层序地层界面的识别和层序地层单元的正确划分。

表 3-1　断陷湖盆层序主控因素之间的相互关系（据胡受权等，2001）

盆地构造沉降	物源	古气候
↓	↓	↓
构造型湖平面变化 （视升降）	沉积型湖平面变化 （视升降）	气候型湖平面变化 （真升降） （狭义湖平面变化）
相对湖平面变化（广义湖平面变化） ↓ 可容纳空间变化 ↓ 陆相层序几何学特征		

二、断陷湖盆碳酸盐岩层序界面的识别标志

层序界面的识别是进行层序地层单元划分的关键。根据以往的研究，在断陷湖盆层序地层研究中，虽然层序的级别不同，但其顶底界面均为不整合面和与之相对应的整合面，在各断陷湖盆碳酸盐岩层序中，大都具有类似的识别标志。但最为可靠的识别标志主要有地震反射面标志、岩性、岩相标志、测井相标志；另外还有古生物、微量元素、碳、氧、锶同位素等可作为辅助识别标志。

（一）岩性和岩相识别标志

不同级别的层序界面具有不同的成因特征和宏观识别标志。在不具备野外露头剖面的情况下，识别和划分层序界面最直接和最客观的手段，就是通过钻井获得的岩心中某些特殊的岩性和沉积构造，如构造不整合面、大型侵蚀冲刷面、底砾岩、岩性突变面等具有特殊成因意义的界面，并结合剖面结构和相序变化确定层序界面的发育位置、成因类型和级别等。其中在断陷湖盆碳酸盐岩沉积期，碳酸盐岩结核、团块和石英砾屑的分布是识别层序界面的重要标志（图3-2）；粒屑碳酸盐岩的沉积迁移是识别体系域的标志；稳定分布的细粒碳酸盐岩与泥页岩的互层产出是识别最大湖泛面和凝缩层的标志。需要指出的是，在上述标志中，以不整合界面的识别最为重要。

图3-2 黄骅断陷沙一下亚段底部不整合面砂砾岩

（二）测井识别标志

岩性标定后的测井资料是层序界面分析的基础。在各类电测曲线中，较为可靠的是自然伽马曲线，其次是受井径影响相对较小的视电阻率曲线和自然电位曲线。其中，自然伽马和自然电位测井曲线的测井响应值，主要受沉积物泥质含量、分选性和粒度变化的影响。因此，由测井幅度值和曲线形态的变化，可提供沉积环境的水动力状况、物源供给条件、沉积作用方式（进积、加积、退积）、剖面结构和沉积相演化序列等诸多方面的信息。在应用测井曲线进行层序界面识别及划分层序时，主要利用测井相分析中的形态、圆滑程度、接触关系、组合特征、叠加样式等几个结构要素标志特征加以判别，所标定的各级别

层序界面位置大多数位于突变的钟形、箱形或侧积式曲线的底界（图3-3）。由测井相特征反映的层序界面和层序演化特征，通常与岩心上的层序界面标志可相互验证，与地表露头的层序界面也具有很好的对应关系。

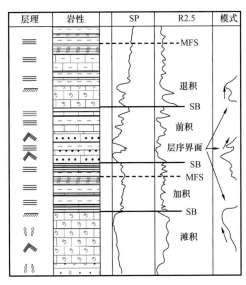

图3-3　测井曲线层序界面识别标志

（三）地震反射面标志

在盆地范围内，地震反射同相轴是一个等时地层界面。在地震资料上，层序界面的识别一般是通过地震剖面上的不整合面或与之可对比的反射同相轴的终止方式来确定。根据地质事件在地震剖面上的响应特征，地震反射终止现象区分为协调关系和不协调关系两种类型。协调关系相当于地质上的整合接触关系，不协调关系相当于地质上的不整合接触关系。Vail根据层序边界在地震剖面上的反射终止现象建立了地层层序的基本识别标志，划分为上超、下超、顶超和削蚀等四种接触关系（图3-4）。层序底面常见上超、下超、双超反射特征；层序顶界面常见削截、顶超反射现象。地震反射的终止方式主要有上超、下超、削截、顶超等四种类型。其中，削截和顶超是层序界面识别的重要判断标志。削截意味着地层沉积期后，经受了强烈的构造隆升或海平面下降而出露地表、遭受长期侵蚀作用；顶超代表无沉积作用面，表现为以很小的角度逐步向层序顶面收敛。两者都反映了上下两套层序之间存在沉积间断。而在钻井剖面上，层序界面上下的岩性、电性都有明显的变化。地震波的关系可分为协调与不协调关系，对应于地质剖面上的不整合与整合接触关系。这些层序界面的地震识别标志在中国东部各断陷湖盆，特别是黄骅断陷湖盆碳酸盐岩发育段都是十分明显的。黄骅断陷湖盆古近纪底面在地震剖面上具有明显削截现象，是一级层序界面的标志；二级层序与构造幕相对应，在二级层序界面岩性与电性特征明显，地震剖面上同样具有削截标志。三级层序在地震剖面上，因湖盆地貌位置不同其标志也有差异。其中在斜坡区，地震反射终止标志主要为削截、下切和上超；在湖盆中心则显示下超或整合特征；在坡折带，地震剖面上的上超、下超与削截现象更为明显（图3-5）。

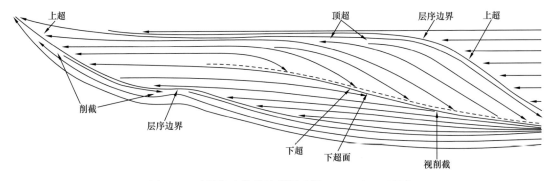

图3-4　反射终止类型示意图（据Vail et al.，1989）

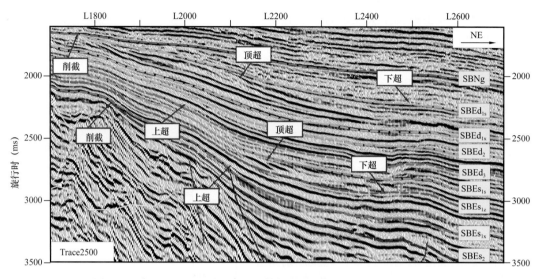

图3-5 沙一下亚段地震层序界面特征及识别标志（据王华等，2010）

三、断陷湖盆碳酸盐岩短期旋回层序的识别和类型

根根经典层序地层学理论，短期旋回层序是以海（湖）泛面或与其相应的界面为边界的一组有内在联系的相对整合的岩层或岩性组合序列，其跨度为 0.08～0.4Ma。短期旋回层序代表的是一次单一的进积、退积和加积的沉积旋回，受控于局部因素。因此，一般在地震剖面上，只能识别出中期以上旋回层序（三级层序），而对短期旋回层序的识别主要依据岩性和电性特征。在地质剖面上，一个短期旋回层序的发育以湖泛面开始，到湖平面下降而结束，即岩性由细变粗的沉积变化过程。在断陷湖盆稳定发育期，碳酸盐岩沉积依次为灰（云）泥、页岩→泥灰（云）岩→泥晶碳酸盐岩→壳屑碳酸盐岩→粒屑碳酸盐岩→粒屑砂岩等，呈现出由细变粗的递变序列。在这一递变序列中，湖盆水体深度和盐度的较大规模的突变面就是一个短期旋回层序的边界。正如赵俊青等（2005）指出的，一个盐度韵律相当于一个短期旋回层序。由此类推断陷湖盆碳酸盐岩的沉积序列变化对识别短期旋回层序及类型具有重要作用，不同短期旋回层序及类型在发育特征上存在着明显差异。

（一）短期旋回层序界面岩性组合

通常认为短期旋回层序界面是一个小的湖泛面及其可对比的界面。这个界面的特点是可以从界面之下的浅水沉积物与之上的深水沉积物显示出小的沉积间断面，也可是欠补偿或无沉积作用的间断面。但更多的是侵蚀冲刷面（湖盆边缘）和与之可对比的相关整合面（湖盆内）。其成因地质单元为湖盆边缘沙坝、边滩、水下颗粒与生物滩、（云）灰质洼地、构造塌积及重力流和深水细粒沉积等，其厚度一般几米或十几米。黄骅断陷湖盆碳酸盐岩发育区可识别出以下七种短期旋回层序界面的岩性组合。

1. 白云岩与膏盐岩组合

这类短期旋回层序的岩性组合，形成于低位体系域时期的局限封闭洼地环境。由于洼地内水循环不畅，在蒸发作用下，水体盐度增大，饱和的钙离子以文石、高镁方解石及石膏、石盐等形式沉积下来，钙的消耗使镁离子不断富集，继而取代沉积物中的钙离子使之白云岩化，随着蒸发速度的增高，膏盐的不断析出代替了白云岩化的进行，从而形成了白云岩与膏盐岩的沉积组合。这类短期旋回层序等时对比的主要界面以膏盐岩底面与白云岩的顶面为标志，主要发育于沧东凹陷大中旺地区沙一下亚段的下部（图 3-6a）。

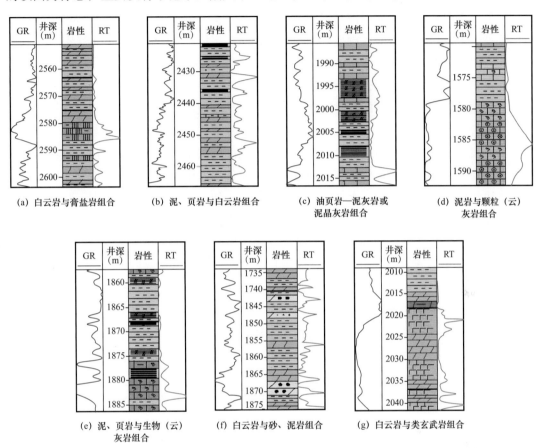

(a) 白云岩与膏盐岩组合   (b) 泥、页岩与白云岩组合   (c) 油页岩—泥灰岩或泥晶灰岩组合   (d) 泥岩与颗粒（云）灰岩组合

(e) 泥、页岩与生物（云）灰岩组合   (f) 白云岩与砂、泥岩组合   (g) 白云岩与类玄武岩组合

图 3-6　短期旋回层序界面岩性组合

2. 泥、页岩—白云岩组合

这类短期旋回层序界面的岩性组合，主要形成于高位体系域时期的湖盆洼地环境中，以进积特征为主，在湖侵体系域时期也可见到。湖盆凹陷沉积区的次一级洼地，水流不畅，随着湖盆水体盐度的不断增高，不仅有利于白云岩形成，而且因湖平面的周期上升造成部分生物死亡，在短期旋回层序下部亦发育暗色灰质页岩、油页岩和泥岩。但随着湖平面的周期下降，碳酸盐生产转入正常，在光合作用下消耗水体中 CO_2、HCO_3^- 并直接影响到 Ca—Mg—Na—PO_4^{3-} 等离子平衡系统，使水中的 pH 值升高，形成了由灰褐、暗褐的具微细水平层理、季节纹理层的泥质白云岩及纹层状白云岩。这类短期旋回层序等时对比的主要界面以泥、页岩底面与白云岩的顶面为标志。黄骅断陷湖盆歧北斜坡区房 30 井沙一下亚段云质洼地环境发育的油页岩—白云岩组合就属于这类（图 3-6b）。

3. 油页岩—泥灰岩或泥晶灰岩组合

这类短期旋回层序界面的岩性组合，主要由钙质泥岩、油页岩等构成下部单元，其上部单元为含碳酸盐岩组分较多的薄层泥灰岩或泥晶灰岩组成，以进积或加积为特征。这类短期旋回层序主要分布于半深湖—深湖环境。具有典型的气候旋回韵律，反映了沉积时古气候的变化。当气候相对潮湿时，降雨量充沛、有机质富集、油页岩沉积发育；当气候逐渐干热时，则形成盐类沉积物。此外，湖泛作用时，水深突增，使界面之上沉积物为低能量细碎屑。等时对比的界面以油页岩底面与泥（晶）灰岩的顶面为标志。黄骅断陷湖盆歧南凹陷沙一下亚段的上部最大湖侵期的短期旋回层序多以油页岩的底面和泥（晶）灰岩的顶面为对比的界面（图3-6c）。

4. 泥岩与颗粒（云）灰岩组合

这类短期旋回层序界面的岩性组合，主要形成于缓坡高能斜坡边缘，下部岩石单元为浅湖相的含介壳类泥岩，上部单元为岸线进积和波浪簸选产生的各类亮晶或泥晶（云）灰岩，其中表鲕、生物鲕及与之伴生的少量陆源砂均能反映水下高能沉积环境。这些高能结构的岩石易于遭受白云化，故常有准同生白云岩化作用发生，甚至可形成准同生颗粒白云岩，具块状层理、交错层理、水平层理。其等时对比的界面标志主要位于泥、页岩的底面和各类亮晶或泥晶颗粒碳酸盐岩的顶面。黄骅断陷湖盆沙一下亚段的下部湖侵体系域初期的短期旋回层序多以泥岩的底面和颗粒碳酸盐岩的顶面为标志（图3-6d）。

5. 泥、页岩与生物（云）灰岩组合

这类短期旋回层序的岩性组合，主要发育在滨浅湖湾环境，由于湖平面的快速上升，导致短期旋回层序的下部为湖湾静水的泥、页岩或油页岩沉积，上部为生物灰岩。在高频湖平面下降过程中，碳酸盐岩生产和堆积速率从低到高，最后由于湖平面的短期下降，沉积物裸露或湖水突然加深导致碳酸盐岩停止生长，从而形成向上变粗、变厚的短期旋回层序（赵俊青等，2005）。其等时对比的界面主要位于黑色泥岩、油页岩的底面和生物灰岩的顶面。黄骅断陷湖盆沙一下亚段的中上部湖侵体系域中的部分短期旋回层序多以油页岩的底面与生物灰岩的顶面为标志（图3-6e）。

6. 白云岩与砂、泥岩组合

这类短期旋回层序的岩性组合，以砂质云岩为特征，多形成于缓坡高能边缘陆源碎屑与碳酸盐岩沉积交会部位。一般多靠近凸起与隆起物源区，在碳酸盐岩形成过程中，由于陆源碎屑的混染形成白云岩或云质灰岩与碎屑岩的过渡岩类，剖面中可见薄层碎屑岩与砂质云岩或云质灰岩组合（图3-6f）。

7. 白云岩与类玄武岩组合

这类短期旋回层序界面的岩性组合，主要由喷发的类玄武岩或凝灰岩与热液流体交代的白云岩组成，多发育在火山活动带。由于温度高、蒸发作用强，Mg、Ca离子富集，交代早期灰泥而形成与火成岩共生的白云岩组合，同时在火山活动间歇期，生物活动加强，喷发的类玄武岩或凝灰岩之上见有较完整的螺化石。表明火山碎屑物质的快速沉积窒息了大量底栖生物，形成了堆积在火山锥之上或周缘的生物滩。生物滩具有下细上粗的逆粒序，其等时对比的界面以生物云岩的顶面为标志，黄骅断陷扣34井和扣31-1井沙一下亚段可见及（图3-6g）。

（二）短期旋回层序类型及特征

根据断陷湖盆碳酸盐岩准层序成因机制及其分布部位，将短期旋回层序类型划分为砂质堤坝型、生物滩坝型、构造塌积型、洼地蒸发型和深水沉积型等五种类型。其中砂质堤坝型、生物滩坝型多发育在断陷湖的缓坡带，蒸发洼地型、构造塌积型多发育在断陷湖的陡坡带，而深水沉积型则发育在半深湖—深湖分布区（赵俊青等，2005）。

1. 砂质堤坝型短期旋回层序

这类短期旋回层序类型，主要形成于高能缓坡边缘部位，受湖岸线的控制明显。该类短期旋回层序下部为不整合风化面滨湖沉积的砂泥岩，上部为由岸线进积和波浪与簸选产生的钙质含砾砂岩夹鲕粒云（灰）岩，受波浪作用影响强烈，局部因有风暴作用形成生屑富集条带；岩性主要以浅灰色的含砾砂岩、砂质含鲕粒云（灰）岩，含核形石砂屑白云岩等，块状层理、交错层理及包卷层理较发育（图3-7）。

2. 生物滩坝型短期旋回层序

生物滩坝型短期旋回层序下部的高频湖侵单元主要发育薄层的灰质粉砂岩及泥灰岩，其上部的高频湖侵单元为发育交错层理的块状鲕粒—生物灰岩，属于高能均衡堆积单元。据不同学者研究，这类单元的下部为原生亮晶—泥晶鲕粒灰岩，上部单元为单晶鲕、多晶鲕等铸模鲕粒—生物灰岩。伴随着短暂的暴露使鲕粒—生物灰岩的上部受到淡水淋滤作用的改造，形成淡水成岩作用带，其顶部偶见生物钻孔及风化黏土。在高频率湖平面升降变化过程中，碳酸盐生产和堆积速率从低到高，从而形成滞后沉积单元（A）及均衡堆积单元（B和C），最后由于短期暴露则碳酸盐又停止生长，使鲕粒—生物灰岩单元受到淡水渗流改造，最后形成向上变浅、变粗、变厚的短期旋回层序（图3-8）。随着湖平面的快速上升，这类短期旋回层序的界面既是暴露间断面，又是加深饥饿间断面的综合反映。其横向变化表现出从浅到深使滞后沉积单元变厚而均衡堆积单元变薄的规律。它虽然是异地成因机制控制下的自旋回沉积过程的产物，但也不排除自旋回机制在均衡沉积单元形成过程中的波浪、风暴产生的进积作用及本身的垂向加积作用（梅冥相等，1994；赵俊青等，2005）。

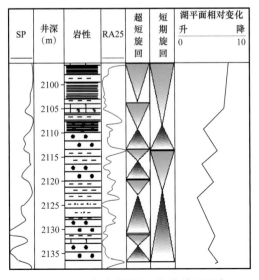

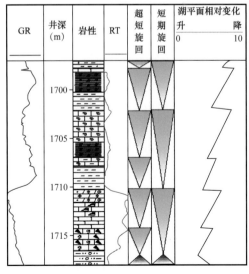

图3-7　近岸砂质堤坝型短期旋回层序　　　　图3-8　生物滩坝型短期旋回层序

3. 构造塌积型短期旋回层序

这类构造塌积型短期旋回层序，一般由构造活动与地震作用诱发，多形成于高能陡坡阶地部位。构成短期旋回层序的超短期旋回层序下部由构造活动相对平静、沉积相对稳定的泥质云岩或灰质泥岩构成。超短期旋回层序上部则是由构造活动相对强烈时或地震作用时导致陡坡阶地滑动崩塌形成非分选性液化角砾白云岩、崩塌角砾白云岩或各类碎屑流。据袁静（2005）对惠民凹陷震积岩的垂向

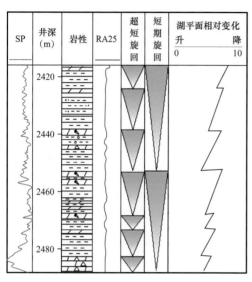

图3-9　构造塌积型短期旋回层序

序列研究，自下而上 A 段为未震岩（微层序下部）；B 段为同沉积断裂层；C 段为微褶皱变形层；D 段为破碎角砾层；E 段为液化均一层；F 段为上覆未震层；由 B—E 段组成一个构造塌积型短期旋回层序，并由 2～3 个超短期旋回层序构成，其岩性既有白云岩，又有颗粒岩和生物灰岩。这类构造塌积型短期旋回层序，在黄骅断陷湖盆沧东断层下降盘一侧的旺 22 井沙一下亚段发育塌积白云岩、旺 16 井沙一下亚段发育塌积鲕粒灰岩；而港西凸起前缘斜坡带旺 28 井与 29 井沙一下亚段发育塌积生物灰岩等，它们分别组成一个短期旋回层序或超短期旋回层序（图 3-9）。

4. 蒸发洼地型短期旋回层序

这类蒸发洼地型短期旋回层序，在断陷湖盆中，多形成于陡坡阶地的湖底洼地。这类洼地虽处于半深湖—深湖区，但由于古气候干热，蒸发作用常常使湖盆水体液面所处的盐度不断增高，表层较重的浓盐水下沉后，其密度高到能形成密度驱动流时，重盐水就会沿湖底向湖底洼地汇集，形成一个平行方向的向洼地倾斜的密度层。该密度层上覆为补给淡水，下部为回流的重盐水。由于重盐水中镁离子分异集中，可以控制白云岩化作用的饱和状态。因此回流重盐水向下渗入多孔灰泥沉积层，导致下伏一定深度内的灰泥被交代白云岩化或石膏化。正如强子同（1997）指出，大量的白云岩化流体能够有效地回流并穿过附近多孔的碳酸盐层使之发生白云岩化。这种蒸发洼地型白云岩化或石膏化，在纵向上与泥岩或泥质粉砂岩交替出现，厚度变化频繁；平面上受洼地控制，多呈透镜状或串珠状。一个短期旋回层序由 2～3 个超短期旋回层序组成（图 3-10）。这类短期旋回层序在黄骅断陷湖盆中南部房 30 井与旺 22 井区沙一下亚段最为典型。

5. 深水沉积型短期旋回层序

这类型短期旋回层序由形成于较深水的深湖及半深湖环境中的泥晶灰岩及泥灰岩或钙质泥岩或页岩组成，赵俊青等（2005）称为 L—M 型。这类短期旋回层序的下部沉积单元，主要由含泥质物较多的灰质泥岩、粉砂质含灰泥岩、页岩及泥灰岩等构成，其上部单元为含碳酸盐岩组分较多的薄层泥晶灰岩组成（图 3-11）。根据其沉积组合，可分为暗色页岩—泥灰岩"米级"韵律层序、钙质泥岩—泥灰岩"米级"韵律层序、粉砂质含灰泥岩—泥灰岩"米级"韵律层序、泥灰岩—泥晶灰岩"米级"韵律层序。这 4 类"米级"韵

律层序构成的深水型短期旋回层序，主要形成于浪基面以下的深湖及半深湖环境中，与米兰科维奇旋回具有某种潜在的成因联系，但更重要的是与沉积物来源的周期变化有关。

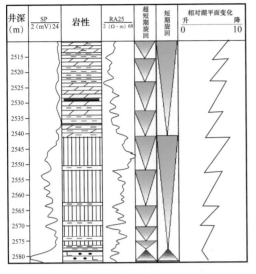

图3-10 蒸发洼地型短期旋回层序

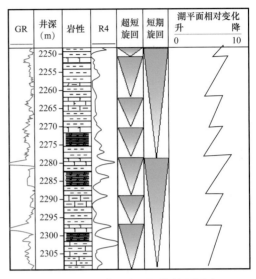

图3-11 深水沉积型短期旋回层序

第二节 断陷湖盆碳酸盐岩层序地层格架及模式

一、断陷湖盆碳酸盐岩层序地层单元划分

在层序地层学研究中，层序级别的划分原则与方案较多，其中 Vail（1977）的层序划分原则，重点强调了主控因素的旋回性和周期性；Van Wagoner（1988）从层序的垂向、侧向叠置方式来确定层序的级别（图3-12），而 Embry（1995）则根据不整合面来定义层序的级别。对于中国东部古近纪断陷湖盆而言，由于缺乏野外露头剖面的条件下，湖盆碳酸盐岩层序地层单元的划分，只能建立在构造、地震、测井和年代地层分析的基础上，综合运用高精度地震资料与单井各项录井资料相结合是断陷湖盆碳酸盐岩层序地层单元划分的关键。由于碳酸盐岩沉积形成于湖盆扩张的稳定发展期，构造活动相对微弱，湖平面波动缓慢，并且以上升为主，从而使碳酸盐岩沉积普遍具有多旋回发育的特征。这种多旋回特征表明，其沉积过程受周期性旋回因素的控制。引起这种周期性变化的基本原因是：一是天文因素所引起的气候变化；二是地幔隆升导致的地壳减薄、伸展及其伴生的幕式构造沉降；三是板块碰撞的远距离效应形成的冲断造山所引起的沉积物源与

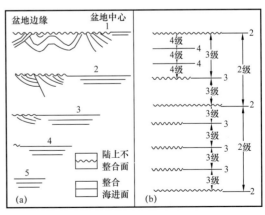

图3-12 层序边界示意与分级原则

（据 Embry，1995）

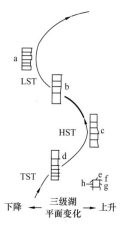

图 3-13 三级湖平面控制下的层序发育模式

（据 Tucker，1990；赵俊青，2005，修改）

a—A/S 最小时形成的短期旋回层序；b—A/S 减小时形成的向上变薄的短期旋回层序；c—A/S 最大时形成的短期旋回层序；d—A/S 增大时形成的由下至上薄变厚叠加的短期旋回层序；e—暴露间断面；f—水上相岩石；g—浅水相岩石；h—由上变浅、变薄的"过渡型短期旋回层序"

可容纳空间组合的改变。由此引发的湖盆沉降、湖平面升降、物源与可容纳空间的变化等，对湖盆碳酸盐岩沉积旋回在横向上和纵向上的展布和排列形式都有重要的影响，在断陷湖盆层序地层分析中具有重要作用和意义。根据不同学者研究，在长周期湖平面变化的控制下，叠加于其上的短周期湖平面变化将产生一个有序叠加的旋回层序。如在一个长周期旋回层序内部，高频湖平面变化的稳定旋回层序（短期旋回层序及超短期旋回层序），具有一个有序的垂直叠加模式（图3-13）。这些都是由于不同周期的湖平面变化旋回产生不同空间幅度及时间进程的湖平面上升与湖平面下降效应的综合反映（赵俊青，2005）。虽然湖盆碳酸盐岩和海相碳酸岩盐在成分、结构、构造等方面有诸多相似之处，但由于湖盆的沉积条件，无论水体能量、生物作用和物源供给均与海洋差异较大，特别是湖盆碳酸盐岩沉积周期短、速率大的特点，决定了湖盆碳酸盐岩旋回层序分级不同于海相碳酸盐岩，但基本规律还是在经典分级的基础上，结合中国中—新生界断陷湖盆碳酸盐岩的沉积特征，制定出相应的旋回层序的分级标准。

（一）断陷湖盆碳酸盐岩旋回层序的分级标准

中国东部中—新生界断陷湖盆，在古近纪沙河街—东营组沉积期，普遍经历了幕式构造演化，形成了一个顶底均由区域不整合面所界定的超级旋回层序。由于幕式构造沉降的不均衡性，使断陷湖盆的形成发育先后经历了快速沉降、稳定沉降和缓慢沉降等三个阶段，不同阶段存在着一定时间间隔和停歇期。因而在区域不整合面所界定的超级层序内，按照沉降幕与沉积物充填之间的关系及其经历的时间域，可进一步将沙河街—东营组沉积期划分出三个长期旋回层序，即（沙三—沙二段沉积期）快速沉降期旋回层序、（沙一段沉积期）稳定沉降期旋回层序和（东营组沉积期）缓慢沉降期旋回层序（胡宗全等，1998）。其中碳酸盐岩沉积，主要发育在稳定沉降阶段。该阶段由于下伏的沙二段在大部分地区缺失，沙一段底面为角度不整合面，应属Ⅱ型界面。而碳酸盐岩旋回层序，在Ⅱ型界面之上由一个长周期旋回层序组成，对应于 Vail 划分的Ⅲ级层序。根据中国学者对断陷湖盆碳酸盐岩旋回层序分级的标准（王鸿桢，2000；赵俊青，2005；苗顺德等，2008），在长周期旋回层序内可进一步划分出四个级次：二级为长周期旋回层序，以不整合面为边界，受构造湖平面变化控制；三级为中周期旋回层序，与偏心率周期气候波动引起的湖平面升降有关；四级为短周期旋回层序，与斜率周期气候波动引起的湖平面升降有关；五级为超短周期旋回层序，与岁差周期气候波动引起的湖平面升降有关。各级划分原则及其与Vail 的海相碳酸盐岩层序分级的Ⅲ—Ⅵ级相对应（表 3-2）。

表3-2　断陷湖盆碳酸盐岩层序级次划分标准（据赵俊青，2005，修改）

层序级别	相应层序地层学术语	形成时限	层序定义	主控因素	基准面旋回级次	与Vail相当的层序地层单元
二级	层序	1～10Ma	由不整合面或不整合面相对应的整合面作为边界的、一个相对整合的、内在联系的地层序列	构造幕式变化	长周期旋回	相当Ⅲ级层序
三级	准层序组	0.08～0.5Ma	一套水深变化幅度不大，彼此成因上有内在联系的同期沉积序列的组合、一系列具有明显叠加模式的、有内在联系的中期旋回序列	偏心率长周期	中周期旋回	相当Ⅳ级
四级	准层序	0.01～0.08Ma	由一个湖泛面或于之相对应的界面为边界的、相对整合的、有内在联系的岩层或岩层序列所组成	偏心率短周期	短周期旋回	Ⅴ级层序
五级	微层序	20ka或40ka	一套代表最小成因单元的单一岩性或相关岩性的叠加样式	岁差周期	超短周期旋回	Ⅵ级层序

（二）断陷湖盆碳酸盐岩旋回层序划分方案

层序地层划分方案，是建立层序地层格架的基础。根据上述断陷湖盆碳酸盐岩层序分级标准，以黄骅断陷湖盆沙一段碳酸盐岩层序地层为例，从构造发育特征入手，结合古生物及断陷湖盆碳酸盐岩各项地质录井及地球物理资料，并通过地震层序界面及钻井层序界面的识别，确定碳酸盐岩层序地层的旋回性及地震剖面的反射特征。并以合成地震记录为基础，井震结合，由点到线，由线到面，将黄骅断陷湖盆沙一段碳酸盐岩层序地层划分为：一个长周期旋回层序（相当于Vail的Ⅲ级层序）；三个中周期旋回层序（相当于Vail的Ⅳ级层序），分别对应于沙一下亚段（Es_{1x}）、沙一中亚段（Es_{1z}）、沙一上亚段（Es_{1s}）；每个中周期旋回层序内可进一步分为3～4个短周期旋回层序和若干超短周期旋回层序（当于Vail的Ⅴ、Ⅵ级层序）。这些短周期旋回层序和超短周期旋回层序由同期相互连接的一系列沉积体系共同组成，在每个中周期旋回层序内自下而上构成低位体系域（LST）、湖侵体系域（TST）和高位体系域（HST）。初始湖泛面和最大湖泛面是各体系域的界面（图3-14）。从图3-14中可以看出，黄骅断陷湖盆古近系沙一段各中期旋回层序的体系域齐全，岩性组合、电性特征、古生物化石、古气候、古盐度及湖平面变化的特征明显。根据苗顺德（2008）、王华（2010）、曾威（2012）等研究，在地震剖面上三个中期旋回层序Es_{1x}、Es_{1z}、Es_{1s}分别对应SB1、SB2、SB3、SB4等4个地震层序界面（图3-15）。其中SB1对应于Es_{1x}底面，表现为强反射、高连续的地震反射特征，SB1之上见地层的上超显示，之下地层削截明显，为沙一下亚段与沙二段之间的区域不整合面；而SB4为东三段（Ed_3）底界面，在地震剖面上表现为中强反射、中等连续的地震反射特征，SB4之下见有地层削截特征，而在其上见有明显的地层上超现象，与Es_{1s}顶面之间为不整合面。

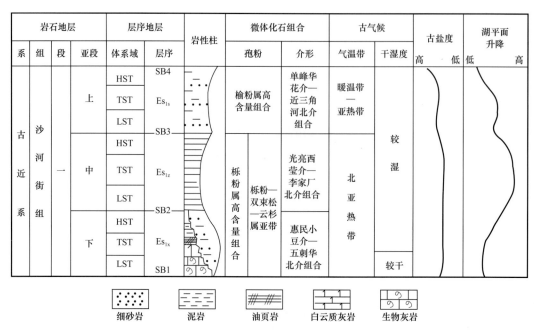

岩石地层				层序地层		岩性柱	微体化石组合		古气候		古盐度	湖平面升降
系	组	段	亚段	体系域	层序		孢粉	介形	气温带	干湿度	高　　　低	低　　　高
古近系	沙河街组	一	上	HST	SB4		榆粉属高含量组合	单峰华花介—近三角河北介组合	暖温带—亚热带	较湿		
				TST	Es1s							
				LST	SB3							
			中	HST			栎粉属高含量组合	光亮西莹介—李家厂北介组合	北亚热带			
				TST	Es1z							
				LST	SB2			栎粉—双束松—云杉属亚带				
			下	HST				惠民小豆介—五刺华北介组合				
				TST	Es1x					较干		
				LST	SB1							

图 3-14　黄骅断陷湖盆沙一下亚段碳酸盐岩层序划分方案（据董艳蕾，2011，修改）

细砂岩　　泥岩　　油页岩　　白云质灰岩　　生物灰岩

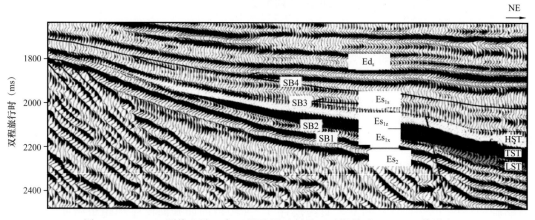

图 3-15　L1732 测线上沙一各亚段地震反射界面（据曾威，2012，修改）

二、断陷湖盆碳酸盐岩层序地层格架

（一）层序地层格架的基本概念及意义

沉积盆地的层序地层格架（stratigraphic framework）是指盆地中地层和岩性单元的几何形态及其配置关系（Conybeare，1979），是一种三维概念。层序地层学应用中很重要的一项内容就是建立盆地的等时地层格架，将同时代形成的岩层有序地纳入相关年代的时间—地层格架中来研究。对于断陷湖盆碳酸盐岩而言，建立层序地层格架的重要意义在于确立断陷湖盆碳酸盐岩层序地层格架中各沉积层序或各体系域中沉积物充填序列及空间展布。由于在时间—地层格架中所标定的岩层必须是同时代形成的，被具有等时对比意义的层序边界限定在一定的地质年代间隔内，或者说层序地层格架中的层序地层单位是被具有年代意义的物理界面所限定的、具有同步沉积演化序列的等时岩石组合体。因此，建立层序地层格架可有效地提高区域地层对比精度，从而为古地理再造、湖盆沉积分析和油气地质演化历史做出更为合理的解释，对有利相带或区块预测及评价等精细地质研究及开发流动单元划分提供更为可靠的地质模型。

根据层序地层的旋回等时对比法则（Cross，1994），即每一个不同级别的基准面升降运动中的转换面，均记录了相应级别的基准面旋回过程中可容纳空间从增大（基准面上升）到最高值（湖泛面），或减小（基准面下降）到最低值（层序界面）的单向移动极限位置，都是对时间地层单元进行等时对比的优选位置。并以单井沉积相和层序地层的精细分析作为划分各级基准面旋回层序的依据，选择中短期基准面旋回层序的二分时间单元分界线（即层序界面和湖泛面）为等时地层对比的优选位置，以中短期基准面旋回层序为等时地层对比单元，对断陷湖盆碳酸盐岩进行等时层序地层对比和建立层序地层格架，将单井一维地层和岩相信息转化为三维地层和岩相信息。

（二）建立层序地层格架的基本方法

通常是在地震资料基础上，结合测井层序分析、生物地层分析、岩相和沉积环境解释等资料来进行井—震对比，综合构建等时地层格架，同时利用生物地层学和其他年代地层学的方法来确定基准面变化所处的地质年代。层序地层学的地层单位是等时的物理界面。这种等时物理界面表现在以不整合面为标志的层序边界、以湖泛面为标志的中期旋回层序边界和沉积体系域边界。黄骅断陷湖盆碳酸盐岩层序，在一个长周期旋回内划分为三个中期旋回层序。各中期旋回层序，在湖盆缓坡带、陡坡带识别标志清楚，界面稳定，易于在录井和测井剖面上进行识别对比，并可与地震层序进行追踪延展。由此说明，以中短期旋回层序作为建立地层格架的基本单元。在具体构建过程中应注意如下问题：

（1）确定建立层序地层格架的对比剖面方向和位置，由于平行和垂直湖盆沉积作用方向的剖面，能更好地反映断陷湖盆碳酸盐岩各个方向的沉积分布特征和相变规律。

（2）在典型井沉积微相研究和层序地层划分的基础上，充分利用各种测井信息，对各个方向骨架剖面图上的井，逐一进行长、中、短期基准面旋回层序划分对比，分析各级别旋回层序的发育特征及其在时间—地层格架中的等时对比关系。

（3）依据纵横方向上各个骨架剖面的沉积相分析和层序地层划分对比结果，确定断陷湖盆碳酸盐岩的长、中、短期基准面旋回层序叠加样式，选择中期旋回层序界面和湖泛面为年代地层格架，以短期旋回层序的上升和下降半旋回为等时地层对比单元进行等时地层跟踪对比，即可完成断陷湖盆碳酸盐岩层序地层格架在时间与空间上的展布规律。以黄骅断陷齐家务沙一下亚段（Es_{1x}）碳酸盐岩台地型水下隆起区旺 1104 井—旺 1101 井剖面为例，从中不难看出，沙一下亚段（Es_{1x}）底面以不整合基准面为层序下边界，以相对整合的高位域顶面为上边界，以湖泛面为层序转换面的各短期旋回层序在各井间均具有等时对比和连续稳定展布的特征（图 3-16）。

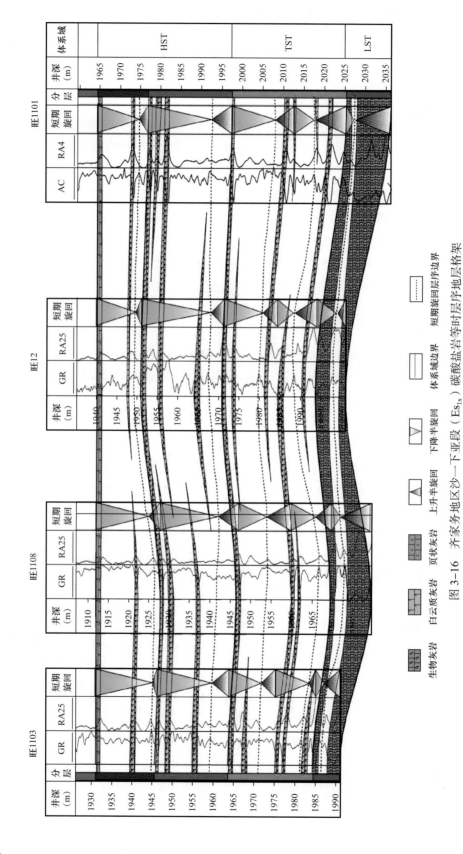

图 3-16 齐家务地区沙一下亚段（Es1x）碳酸盐岩等时层序地层格架

（三）层序地层格架中的碳酸盐岩层序对比及展布特点

1. 缓坡带碳酸盐岩短期旋回层序划分对比

缓坡带一般分布在断块的上升盘。以黄骅断陷湖盆的齐家务断块为例，其上升盘的缓坡带，沙一段 3 个中期旋回层序（Es_{1x}、Es_{1z}、Es_{1s}）发育不全，并且具有从湖盆中心向凸起方向，呈现出层层减薄超覆尖灭的特征。而向湖盆中心方向，各个中期旋回层序的体系域发育齐全，沉积厚度也逐渐增大。碳酸盐岩沉积主要分布在沙一下亚段（Es_{1x}）的中期旋回层序内，而沙一中亚段（Es_{1z}）与沙一上亚段（Es_{1s}）中期旋回层序内碳酸盐岩沉积较少，主要以浅湖—半深湖相砂泥岩沉积为主。沙一下亚段（Es_{1x}）中期旋回层序，可划分五个短期旋回层序。颗粒碳酸盐岩沉积主要分布在低位体系域，单层厚度较大，储集性能良好，多呈透镜状分布。而在湖侵体系域，随着湖平面的快速上升，颗粒（云）灰岩、生物（云）灰岩储集岩相应向湖盆边缘退积，白云质灰岩与白云岩则为浅湖—半深湖区主要储集岩，常呈薄层、带状分布；高位体系域中各类碳酸盐岩储集岩不甚发育，储集性能也相对较差。由短期旋回层序控制的碳酸盐岩储集层的发育及分布则具有如下特征（图 3–17）。

1）Es_{1x}^4（滨 1）短期旋回层序

在沙一下亚段（Es_{1x}）中期旋回层序的低位体系域沉积期，湖盆处于初始扩张阶段，主体为一套滨—浅湖碳酸盐岩沉积。在齐家务断块上升盘的缓坡带不整合基准面之上，Es_{1x}^4（滨 1）期，可划分为 1 个短期旋回层序。短期旋回层序底部发育低可容纳空间上升半旋回与顶部低可容纳空间下降半旋回为主的近对称型短期旋回层序；在短期旋回层序内储集能力较好的颗粒（云）灰岩与生物（云）灰岩储集岩主要为滨浅湖相滩坝沉积，纵向上集中分布于缓坡带的短期旋回层序的下部或顶部。储集层厚度一般为 2～5m，最厚可达 8～10m，多呈透镜状或带状；短期旋回的中部以发育泥质沉积物为主，储集能力较差。横向上，向港西凸起方向逐层超覆，向湖盆中心方向迅速在坡折带减薄尖灭；而在坡折带之下的水体较深的湖盆中心区可容纳空间也可划分为 1 个上升半旋回和 1 个下降半旋回组成的短期旋回层序，因受构造滑塌影响，可见碎屑流分布在短期旋回层序的底部和顶部，其间夹少量泥质沉积物（图 3–17）。

2）Es_{1x}^3（板 4）短期旋回层序

Es_{1x}^3（板 4）短期旋回层序沉积期，处于湖侵体系域；随着湖盆扩张的逐渐增强，湖盆主体由滨浅湖演变为浅湖—半深湖沉积。齐家务断块上升盘的缓坡带，在坡折带之上的可容纳空间可划分为 1 个可对比的下降半旋回与上升半旋回组成的不对称型短期旋回层序，但向凸起区方向缺失下部短期旋回层序；颗粒岩与生物灰岩滩坝在层序内明显向岸缘方向退积。而坡折带之下的可容纳空间则划分 2 个可对比的下降半旋回和上升半旋回组成的不对称型短期旋回层序，白云质灰岩为主要储集岩，多分布于下降半旋回的上部和上升半旋回的底部；而在层序转换面上下以油页岩和暗色泥质岩沉积为主，是区内良好的生油岩（图 3–17）。

3）Es_{1x}^2 与 Es_{1x}^1（板 3+2）短期旋回层序

在齐家务断块的上升盘，Es_{1x}^2 与 Es_{1x}^1（板 3+2）沉积期，因处于高位体系域，随着湖盆扩张的逐渐减弱，湖盆主体仍以浅湖—半深湖沉积为主。齐家务断块上升盘的缓坡带，

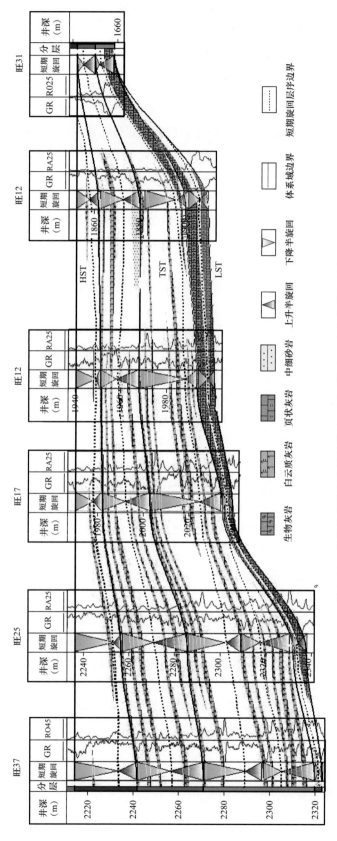

图 3-17 齐家务鼻隆西南缓坡带沙一下亚段（Es_{1x}）短期旋回层序对比

在坡折带之上的可容纳空间可划分两个不对称型短期旋回层序，碳酸盐岩沉积以白云质灰岩及白云质含泥灰岩为主，夹少量粉砂岩，多呈薄层分布；各短期旋回层序转换面附近暗色泥岩及颗石藻页状灰岩发育，并具有良好的生油潜力。在近临凸起的旺 13 井区因湖平面下降而使 Es_{1x}^1（板 2）短期旋回层序缺失；坡折带之下的可容纳空间也划分为两个短期旋回层序，碳酸盐岩沉积以白云质灰岩为主，多分布于 Es_{1x}^2（板 2）下降半旋回层序的上部。而在 Es_{1x}^1（板 2）短期旋回层序内，因气候的变化，淡水及陆源物质的介入，抑制了碳酸盐岩的生产，沉积物主要以泥质岩为主，局部夹少量粉砂岩，而碳酸盐岩沉积相对较少（图 3-17）。

2. 陡坡带碳酸盐岩短期旋回层序划分对比

港西断层末端的下降盘为局部封闭的高盐度洼槽。在沙一下亚段（Es_{1x}）不整合基准面之上，由于古气候炎热，蒸发作用强烈，因而在洼槽内发育了一套低位体系域（LST）沉积的膏盐与颗粒碎屑流沉积组合；中—晚期由于受构造沉降影响，湖侵体系域（TST）与高位体系域（HST）发育齐全，沉积厚度也较大。洼槽一侧的陡坡带不整合基准面之上，湖侵体系域各短期旋回层序发育齐全，而低位体系域（LST）下部缺失下降半旋回层序，高位体系域则缺失上部下降半旋回层序。从旺 3 井—旺 1104 井沙一下亚段（Es_{1x}）各短期旋回层序等时对比可看出如下特点（图 3-18）。

1）Es_{1x}^4（滨 1）短期旋回层序

港西断层末端的下降盘的封闭洼槽内，在不整合基准面之上，低位体系域的可容纳空间由两个可对比的下降半旋回层序组成。膏盐岩与湖底碎屑流砂岩分布于下降半旋回的上部；而碳酸盐岩沉积较少，仅见少量白云岩，纵向上夹于砂泥岩与膏盐岩之间，横向上与湖底碎屑流砂岩具有相互消长的特点。由于封闭蒸发洼槽分布局限，膏盐岩与湖底碎屑流砂岩向缓坡带与陡坡带方向迅速尖灭；而在陡坡带一侧的不整合基准面之上，旺 18 井与旺 1104 井缺失下部短期下降半旋回层序；由低位体系域沉积的滩相生物灰岩，分布于短期下降半旋回的上部，发育厚度普遍较薄，其下则迅速过渡为泥质灰岩沉积（图 3-18）。

2）Es_{1x}^3（板 4）短期旋回层序

该期处于湖侵体系域，自上而下可分为四个可对比的下降半旋回层序。由于古气候由干热转为温湿，水体开阔，在坡折带之下的深水区，暗色泥、页岩及油页岩发育；而碳酸盐岩沉积，主要分布于每个下降半旋回层序的顶部，沉积厚度也相对较薄；而在坡折带之上，白云质灰岩相对发育，多分布于下降半旋回层序的上部，并具有一定的储集性能，是区内主要含油气层之一。由于该期湖侵频繁，白云质灰岩之上，常常迅速相变为薄层油页岩，生储条件配置密切，是未成熟—低成熟油富集的主要层段（图 3-18）。

3）Es_{1x}^2 与 Es_{1x}^1（板 3+2）短期旋回层序

该期处于高位体系域，在坡折带之下的深水区，自上而下也可划分为四个可对比的下降半旋回层序；而坡折带之上的水下隆起区的旺 1104 井一带，则缺失上部两个下降半旋回层序。由于构造活动略有增强，陆源物质注入增多，以浅湖—半深湖含粉砂泥、页岩沉积较前期发育，是区内良好的生油层和盖层，而碳酸盐岩沉积相对较少，储集性能普遍较差（图 3-18）。

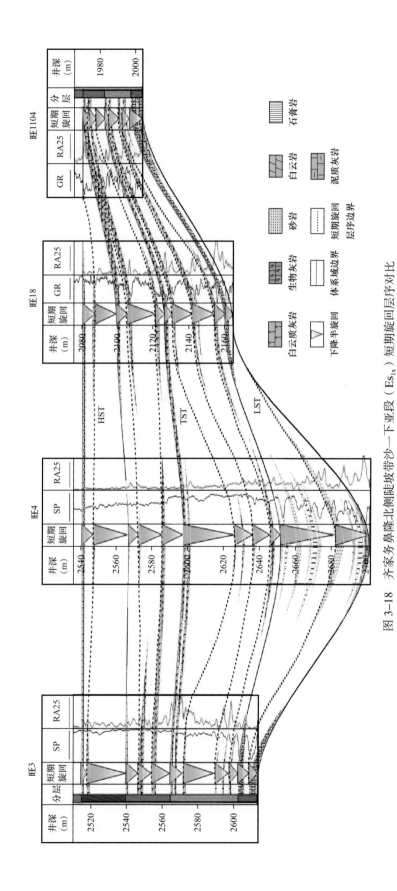

图 3-18 齐家务鼻隆北侧陡坡带沙一下亚段（Es$_{1x}$）短期旋回层序对比

第三节　断陷湖盆碳酸盐岩层序地层模式

断陷湖盆层序地层研究在中国已取得较大进展，不少学者根据断陷湖盆的结构及层序地层发育特征，建立了相应的层序发育模式（张世奇等，1996；薛叔浩等，2002；顾家裕，2005；苗顺德等，2008）。但对断陷湖盆碳酸盐岩而言，由于在断陷湖盆沉积中所占比例远低于其他岩类，因而以断陷湖盆碳酸盐岩沉积为主建立的层序地层发育模式较少。近年来，随着断陷湖盆碳酸盐岩油气勘探开发的深入发展，赵俊青等（2005）通过对埕东凹陷湖盆碳酸盐岩高精度层序地层学分析，从断陷湖盆的地质结构出发，分别建立了断陷湖盆缓坡带与陡坡带碳酸盐岩层序地层发育模式。董艳蕾等（2011）在黄骅断陷湖盆沙一下亚段碳酸盐岩混合沉积研究中，也建立了层序地层格架控制下的碳酸盐岩混合沉积成因层序地层模式。这些模式及成果，对黄骅断陷湖盆碳酸盐岩层序地层的深入研究拓宽了思路。在黄骅断陷湖盆碳酸盐岩层序地层格架的基础上，结合其他学者研究成果，建立了黄骅断陷湖盆沙一下亚段（Es_{1x}）碳酸盐岩层序地层发育模式。该模式以黄骅地区羊三木凸起至刘官庄断裂的近北西—南东向沉积剖面为依据，在剖面南东部的刘官庄断裂，因近临埕宁隆起，外源物质供给相对丰富，发育扇三角洲沉积；在剖面近北西部的羊三木凸起区，物源少，发育碳酸盐岩沉积为主，局部见近岸水下扇沉积。而在深水区则以细粒薄层页状碳酸盐岩与暗色富有机质的页岩、油页岩及泥岩沉积为特色。由此建立的低位体系域、湖侵体系域和高位体系域碳酸盐岩模式，基本反映了断陷湖盆碳酸盐岩层序地层在低位、湖侵和高位域发育的不同特征。

（一）断陷湖盆碳酸盐岩 LST 沉积期层序模式

断陷湖盆碳酸盐岩 LST 沉积期，以颗粒（云）灰岩、生物（云）灰岩等滩坝沉积为重要标志。黄骅断陷湖盆碳酸盐岩在 LST 沉积期，由于湖平面较低，湖盆水动力较强，在羊三木凸起附近的缓坡带，因地形较缓，发育碳酸盐沙坝、颗粒滩坝和生物浅滩沉积的短期旋回层序。而向湖盆中心方向，随看水体加深，水动力变弱，白云质灰岩与泥质岩互层叠加，形成深水型短期旋回层序。在陡坡带一侧，由于刘官庄断层的持续活动造成可容纳空间的增长速率大于碳酸盐岩沉积速率，加之外部物源较丰富，以发育扇三角洲沉积为主，生物灰岩仅在三角洲前缘带混合沉积，并伴有较多的构造滑塌体及风暴和洪水作用形成的陆源砂进入湖底，为异地成因的自旋回沉积作用过程的产物。无论是缓坡带还是陡坡带，虽沉积岩相组合存在差异，但均表现出低位域沉积期的短期旋回层序的结构特征（图3-19a）。

（二）断陷湖盆碳酸盐岩 TST 沉积期层序模式

断陷湖盆碳酸盐岩 TST 沉积期，缓坡带一侧，由于地形较缓，随着湖侵的扩大，造成相对湖平面的快速上升，当相对湖平面上升的速度略大于碳酸盐沉积速度时，在岸缘沉积的砂体就会发生向岸方向的逐步退缩，导致层状砂体向湖岸的超覆，构成了具超覆关系的退积式短期旋回层序，早期形成的颗粒碳酸盐逐渐被淹没于较深的浅湖环境之中。在此环境中沉积的颗粒滩坝也具有类似的短期旋回层序结构特征，而发育在水下隆起部位的生物浅滩，则发育加积—弱退积式短期旋回层序。这两类沉积层序，在发育期形成的沉积物横向迁移叠加，且距离较近，故在平面上形成了具双向下超的丘状—透镜体形态。在半深湖—深湖相，由于湖平面的上升速率与碳酸盐沉积速率基本持平或大于碳酸盐沉积速率，湖盆处于欠补偿状态；以发育云灰坪、灰云坪及（云）灰质洼地沉积的云质泥晶灰岩和灰质白云岩为主，在垂向上大都呈薄层状分布，横向上常呈带状平行伸展，并与油页岩、泥岩互层构成加积式短期旋回层序，代表了最大洪泛期凝缩体的发育特征。陡坡带一侧，由于湖平面的快速上升，使陆缘物质的供给作用受到抑制，并随着水体深度的增加，使陆源注入物不断减少，三角洲沉积表现出明显的退积式短期旋回层序（图 3-19b）。

（三）断陷湖盆碳酸盐岩 HST 沉积期层序模式

黄骅断陷湖盆在沙一下亚段 HST 沉积期，随着湖平面的下降，陆源砂泥注入增加，并不断向湖盆中心方向推进，特别在陡坡带一侧表现更为明显，缓坡带一侧，碳酸盐岩沉积虽有分布，但不十分发育，主要以含泥云质灰岩、泥灰岩及薄层页状灰岩为主，多呈薄层带状分布，纵向上间夹于含粉砂泥岩，灰质粉砂岩及灰质页岩不等厚互层中，共同构成 HST 沉积期短期旋回层序（图 3-19c）。

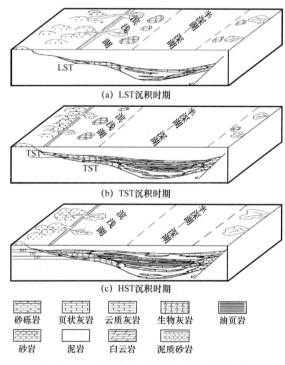

图 3-19　断陷湖盆碳酸盐层序地层模式

第四章　断陷湖盆碳酸盐岩类型及特征

断陷湖盆，由于受沉积环境、古气候和物源的影响，碳酸盐岩的沉积和分布均较局限，不仅常与碎屑岩、黏土岩和蒸发岩类共生，而且往往以混积岩类产出。其岩类组合与成分、结构复杂，不同岩类的矿物、化学成分也差异较大。因此，根据断陷湖盆碳酸盐岩的沉积特征及岩石组合，系统分析不同岩类的矿物、化学成分与结构类型，有助于阐明断陷湖盆碳酸盐岩的物质来源、岩石成因和沉积环境。

第一节　断陷湖盆碳酸盐岩成分及结构

一、断陷湖盆碳酸盐岩的矿物成分

断陷湖盆碳酸盐岩的矿物成分与海相碳酸盐岩矿物成分基本一致，主要由方解石、白云石、菱铁矿、菱镁矿等碳酸盐矿物组成。也常含一些铁白云石等碳酸盐自生矿物和少量石膏、硬石膏、天青石、重晶石、萤石、石盐、杂卤石、钙芒硝，自生石英、黄铁矿、赤铁矿、海绿石、胶磷矿、自生黏土矿物等非碳酸盐自生矿物。陆源碎屑矿物在湖盆碳酸盐岩中的含量远高于海相碳酸盐岩，其成分主要为陆源石英、长石和岩屑等。碳酸盐岩中陆源矿物超过25%时，碳酸盐岩就过渡为混积岩；当陆源矿物超过50%时，碳酸盐岩就转变为碎屑岩或黏土岩。

就结晶习性而言，断陷湖盆碳酸盐岩矿物与海相碳酸盐矿物一样，也由三方晶系和斜方晶系两种主要类型组成。三方晶系具有6次配位，斜方晶系具有9次配位。其中较小的阳离子（Mg^{2+}、Fe^{2+}、Zn^{2+}、Mn^{2+}、Cd^{2+}），在能量上有利于6次配位，而较大的阳离子（Sr^{2+}，Pb^{2+}，Ba^{2+}）有利于斜方晶系配位，阳离子半径中的 Ca^{2+} 介于大小阳离子之间，它既可形成三方晶系，也可形成斜方晶系（表4-1）。两者为同质异象。结晶型相同的阳离子易发生类质同象取代，结晶型不同的阳离子不易发生类质同象取代，即离子半径小于 Ca^{2+} 的阳离子易取代方解石中的 Ca^{2+} 而不易取代文石中的 Ca^{2+}。因此，方解石中的 Mg^{2+}、Fe^{2+} 含量可以很高，而 Sr^{2+} 含量低；文石则相反，常含较高的 Sr，较低的 Mg^{2+}、Fe^{2+} 等。一般发生类质同象取代的离子半径差值越小，取代范围越大。当 Mg^{2+} 取代方解石中的 Ca^{2+} 时，则形成镁方解石或白云石，关键在于 Mg^{2+}/Ca^{2+} 值和结构的有序性。正由于 Ca^{2+} 在碳酸盐岩阳离子中的双重性，导致了碳酸盐岩矿物在沉积—成岩过程中的差别及其对成岩作用的敏感性，甚至影响了成岩过程中的选择性溶解及次生孔隙的形成（黄思静，2010）。

自然界中由离子半径小于 Ca^{2+} 的阳离子与 CO_3^{2-} 结合形成的三方晶系的碳酸盐矿物，以方解石为代表，还有菱镁矿（$MgCO_3$）、菱铁矿（$FeCO_3$）、菱锰矿（$MnCO_3$）等，也称为方解石型结构的碳酸盐矿物；离子半径大于 Ca^{2+} 的斜方晶系碳酸盐矿物，以文石为代表，还有菱锶矿（$SrCO_3$）、毒重石（$BaCO_3$）和白铅矿（$PbCO_3$）等，也可称为文石型结构的碳酸盐矿物。此外，三方晶系的碳酸盐矿物，除方解石型外，还有白云石型。由于白云石成分和结构的特殊性，通常在三方晶系中另分一类。

表4-1　主要碳酸盐矿物的结晶类型与其阳离子半径的关系（据黄思静，2010）

阳离子	Mg	Zn	Fe	Mn	Cd	Ca		Sr	Pb	Ba
离子半径（nm）	0.065～0.087	0.069～0.074	0.076～0.090	0.080～0.093	0.097～0.114	0.099～0.118		0.113～0.132	0.117～0.121	0.135～0.149
配位数	6	6	6	6	6	6	9	9	9	9
矿物	菱镁矿	菱锌矿	菱铁矿	菱锰矿	菱镉矿	方解石	文石	菱锶矿	白铅矿	毒重石
晶格类型	三方晶系方解石型晶格						斜方晶系文石型晶格			

碳酸盐矿物的上述结晶习性与类型，反映其形成不仅取决于元素地球化学性质，同时也受外部条件的影响。如阳离子浓度在25℃的淡水中，碳酸钙溶解度较大；但当盐水中存在其他离子时，碳酸钙的溶解度则降低，过饱和沉淀时，由于方解石溶解，因而首先沉淀生成方解石，而不是文石或镁方解石。但随钙离子的消耗，溶液中 Mg^{2+}/Ca^{2+} 值增大，有利于文石的形成。

文石是碳酸盐高温高压下的同质异象矿物，其稳定温度和压力具正相关性，在常温（25℃）下的平衡压力则高达400MPa以上。由于文石的稳定性差，在近地表条件下都很快转化为方解石。古近纪断陷湖盆碳酸盐岩中，偶尔在钙质生物壳体的早期胶结物中可见，但也是极其稀少的。文石的单个晶体常呈柱形，以（110）为双晶面的接触双晶较为常见，集合体常为柱状、针状、纤维状或钟乳状、鲕状和豆状等（图4-1）。现代海洋沉积物中，文石是 $CaCO_3$ 的同质异象产物，这与 Mg^{2+} 对方解石沉淀的阻碍作用有关。由于 Mg^{2+} 属于小半径阳离子，容易取代方解石中的 Ca^{2+} 而难以取代文石中的 Ca^{2+}，所以在富 Mg^{2+} 的环境，Mg^{2+} 易被吸附在方解石表面而阻碍其生长，从而导致文石在热力学上是优先沉淀的碳酸盐矿物，相对密度为2.94。薄片中的文石无色，具有与方解石相似的高级干涉色及闪突起，平行于晶体延长方向的不完全解理。据黄思静（1990）对现代海洋沉积物中双壳内壳的X射线衍射分析，文石在X射线衍射曲线上，具有与其他碳酸盐矿物不同的反射特征，（104）面网的 d 值在0.34nm左右（图4-2）。

方解石与文石不同，当其 $MgCO_3$ 的摩尔分数小于5％时，通常将其定义为低镁方解石或方解石；而 $MgCO_3$ 的摩尔分数大于5％，并不同程度含有 $MgCO_3$ 固态时则定义为镁方解石或高镁方解石。它是方解石的一个变种，其晶系、晶形和光学性质与方解石完全一致。由于其稳定性差，在古近纪以前的碳酸盐岩中几乎没有镁方解石。在碳酸盐的同质异象矿物中，镁方解石溶解度最大，在淡水与埋藏成岩环境，最易析出镁离子而转化为低镁方解石；而在 Mg^{2+}/Ca^{2+} 值较高的环境中则易转化为白云石。自然界中，大多数方解石的 $MgCO_3$ 的摩尔分数都在2％～3％。与白云石相比，方解石较少有菱面体的形态，而以复三方偏三角面体多见。但在淡水与半咸水环境中沉淀的方解石则表现出较好的自形菱面体。如黄骅断陷沙一下亚段旺1104井生物灰岩晶洞中的方解石晶体（图4-3）。显微镜下的方解石一般无色透明，表现为明显的闪凸起，完整的菱形解理，高白干涉色及平行长对角线的聚片双晶等。这些光学特性与三方晶系的白云石是完全相同的，通常只能借助染色才能予以区别。据黄思静（1990）测定，方解石的 X 射线衍射曲线上的面网间距值，d_{104} 大致在 0.303～0.304 左右，镁或其他替代离子的参与，则会程度不同地改变方解石的面网间距值（图 4-4）。

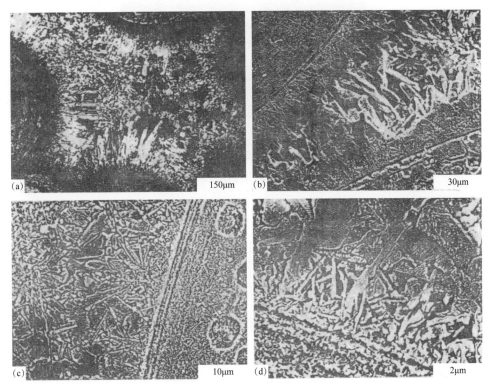

图 4-1　巴哈马伊柳塞拉滩鲕粒硬底中的文石胶结物（据 Dravis，1979）

（a）注意鲕粒表面之上的暗色微晶胶结物和远处大的文石针，针的长度不均，且略有倾斜，薄片，单偏光；（b）两个鲕粒间的文石胶结物环边的详图，可见鲕粒表面之上暗色的微晶胶结物（文石针），和比较明亮的粗大的针状—叶片状文石；（c）鲕粒表面之上发育很杂乱的胶结物（文石），鲕粒具有充填文石的石内孔，SEM 照片；（d）鲕粒与胶结物接触处的特征，鲕粒表面之上的胶结物非常杂乱，一些晶体的直径向外急剧增大，而且晶体交错生长

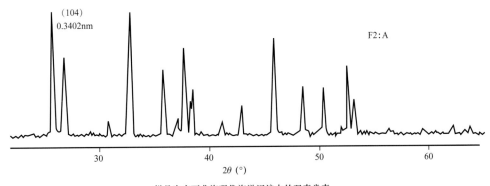

样品为广西北海现代海洋沉淀中的双壳类壳

图 4-2　文石的 X 射线衍射曲线（据黄思静，1990）

图 4-3　黄骅断陷旺 1104 井生物灰岩晶洞中方解石晶体

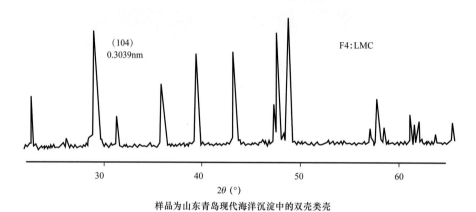

样品为山东青岛现代海洋沉淀中的双壳类壳

图 4-4　方解石的 X 射线衍射曲线（据黄思静，1990）

　　白云石在碳酸盐矿物中，其数量略低于方解石。白云石的晶形趋于菱面体的自形晶形态，是人们凭经验区别白云石与方解石的方法之一。理想的白云石是 Mg^{2+}/Ca^{2+} 比值等于 1：1 的有序结构碳酸盐。其中阳离子层与阴离子层下（CO_4^{2-}）相间排列，而阳离子层由纯 Ca^{2+} 或 Mg^{2+} 交替而成，使白云石具有较高的有序结构（图 4-5）。白云石的化学计量表达式是 $CaMg(CO_3)_2$，在 X 射线衍射曲线中，$CaCO_3$ 和 $MgCO_3$ 层有规则的排列所造成的反射就是有序反射或超有序反射。所以有序性是鉴定白云石的主要依据，决定 Ca^{2+}、Mg^{2+} 碳酸盐矿物是不是白云石，这不仅取决于 Mg^{2+} 的含量，而且还得具备有序结构。而影响白云石有序结构和 $CaCO_3$ 百分含量的主要因素是白云石的结晶速率和溶液中 Ca^{2+}/Mg^{2+} 值及含量（Morrow，1989）。因为在快速生长的晶体表面，附着在不规则晶格位置上的离子比晶体生长缓慢时更易固定在晶格位置上，而晶体较缓慢生长时，附着在不规则晶格位置上的有较长时间的暴露和调整，从而增加了一个类型适当的离子取代这个晶格位置。快速结晶时由于溶液中 Ca^{2+} 远多于 Mg^{2+} 并可能占据 Mg^{2+} 的晶格，使低的有序度和较高 Ca^{2+}/Mg^{2+} 值的碳酸盐岩形成。由于 Ca^{2+} 比 Mg^{2+} 难于被水化，易进入正在生长的碳酸盐岩矿物中占据层中的晶格位置，使溶液中 Mg^{2+} 来不及置换 Ca^{2+}，从而导致有序度的降低（Morrow，1984）。有序度高的白云石，（015）、（110）反射峰相对较强；当在（001）方向上，$CaCO_3$ 层和 $MgCO_3$ 层排列时，（015）反射峰的强度与（110）反峰的强度相同；但在（001）方向上，$CaCO_3$ 层和 $MgCO_3$ 层完全无规则排列时，结构趋于某种平衡，超结构反射消失，（015）反射峰的强度为 0。因此使用 X 射线衍射的方法，测定这两个反射面的反射强度，进而可以计算出白云石的有序度。Fuchtbauer 和 Goldshmidt（1965）就是利用 Cuka 辐射波长测得（015）晶面反射（Cuka 2θ：35.3°）和（110）晶面反射（Cuka 2θ：37.3°）反射强度比值，即 $\delta = I$（015）$/I$（110），来计算白云石有序度的。根据陈世悦等（2012）对黄骅断陷湖盆白云岩中粉晶白云石 X 射线衍射分析，白云石 d_{104} 大致为 0.2887～0.2893nm（图 4-6）；$CaCO_3$ 摩尔含量为 50.28～55.75g/mol，平均为 53.44g/mol。可见低的有序度和较高的 $CaCO_3$ 摩尔含量，反映了白云石形成于结晶速度较快的成岩环境。实际上，自然界中大多数白云石都形成于强烈蒸发的高盐度、高 Mg^{2+}/Ca^{2+} 值（Folk et al.，1975）、较高的 pH 值（弱碱性—碱性）（Mcaehl et al.，1988）、较低的 SO_4^{2-} 浓度（Baker et al.，1981）及较高温度（28～35℃）（夏文杰，1986）等条件下（图 4-7）。原白云石，最初是 Graf 和 Glodsmith（1956）在人工合成白云石过程中得到的过渡产物，其成分和晶体结构类似于白云石，但比较富钙且有序度较低，将实验温度升至 200℃时完全转化成真正有序的理想白云石。因而从这种意义上来说，原白云石是一种原始白云石或先驱白云石。现代沉积环境中的白云石基本上仍处于原白云石阶段（黄思静，2010）。

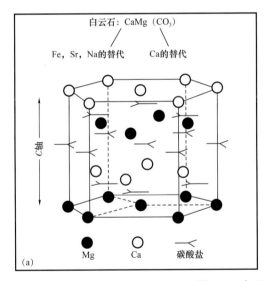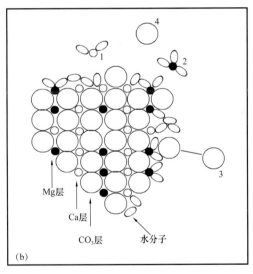

图 4-5　白云石的晶体结构

（a）交替 Ca 层、Mg 层以及被 Ca 层分隔的 CO_3 层共同构成化学计量白云石的理想结构（据 Land，1985；Warren，1989）；（b）示意性的非理想晶体结构，显示了水分子在生长的晶体表面怎样优先结合阳离子，由于 Ca 离子的水合性弱弱于 Mg 离子，因此 Ca 离子常进入到 Mg 层中，这就形成了典型的富钙白云石，CO_3 层是不亲水的，但却具有充足的能量来取代靠近阳离子层的水分子（据 Lippmann，1973）

海水对白云石可以是长时间的过饱和，但白云石并不能从海水中沉淀出来。Lippmann（1973，1982）认为这一现象反映了镁离子对水的静电结合力相对较强（有时比 Ca^{2+} 会高出 20%，比 CO_3^{2-} 则会高出更多）。因此，CO_3^{2-} 不能克服水护层而与 Mg^{2+} 结合

（图 4-5b）。由于镁离子无法进行进一步的反应，因而现代海水中沉淀的主要是文石。虽然超咸水环境中较高的 Mg^{2+} 含量意味着水合作用屏障更容易被克服，但仍然很难将 Ca 和 Mg 隔离成可以沉淀理想的或化学计量的白云石所必需的单分子层（黄思静，2010）。Lippmann（1973）认为，这就是在全新世超咸水环境中形成高度无序富钙白云石的主要原因。天然产出的白云石都不是完全有序的，成分上也不是理想的 $Ca_{50}Mg_{50}$ 白云石。不同时代的天然白云石的组成大致变化在 $Ca_{60}Mg_{40}\sim Ca_{50}Mg_{50}$ 之间，有序度大致变化在 0.3～1 之间。同时白云石的有序度和 $MgCO_3$（或 $CaCO_3$）摩尔分数之间具有一定的相关性，即 $CaCO_3$ 的摩尔分数越接近 50%，白云石有序度越接近 1，即在成分和结构上越接近理想组成（图 4-8）。而人工合成白云石，最早是由 Spangenberg 在 1913 年实验完成的，Van 在 1916 年也进行了同样的研究。Braithwaite 等（2004）将 Van 的研究称为白云石研究的里程碑。20 世纪 50 年代，Graf 和 Goldsmith（1956）在 200℃ 左右的温度条件下从热液中合成了白云石。以后的工作还包括 Baron（1958）和 Medlin（1959）的实验，他们都在 150～200℃ 的温度条件下合成了有序的白云石。然而，这些实验的温度都显著高于自然界大多数天然白云石的形成条件，很多天然产出的白云石都没有经历过 100℃ 以上的温度，但具有超结构反射。2004 年，Wright 和 Wacey 在地表条件（常温常压）下模拟含有白云石的库隆湖水，通过 154 天的实验（加上细菌培养），从中沉淀出了有序反射的真正白云石（图 4-9）。该实验表明，与细菌硫酸盐还原作用有关的微生物地球化学条件是沉淀出白云石的基本要素。由此可见，文石、镁方解石、白云石和方解石是最常见的碳酸盐矿物。但在断陷湖盆碳酸盐沉积物中，由方解石组成的生物，如介形虫、有孔虫、各种藻类等较为丰富，钙质骨骼成分主要为文石质或方解石质。其中方解石和白云石是最稳定的碳酸盐矿物，而文石和镁方解石均为次稳定矿物，随成岩作用进行，都要向方解石转化。所以在古近纪断陷湖盆碳酸盐岩中，镁方解石罕见，文石较少，构成断陷湖盆碳酸盐岩的矿物主要是方解石和白云石。需要指出的是白云石的形成环境多样，对其在断陷湖盆中的成因机制，本书将在第六章中更进一步深入讨论。实际上，湖盆碳酸盐岩的矿物特征与张瑞赐（1981）、常丽华（2006）归纳的海相碳酸盐岩的主要矿物特征基本一致（表 4-2）。

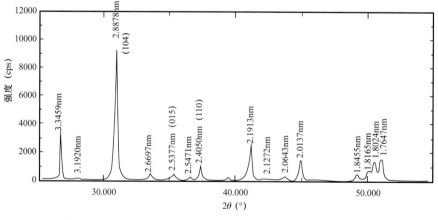

图 4-6　黄骅断陷旺 22 井沙一下亚段白云石 X 射线衍射曲线

图 4-7　黄骅断陷孔新 32 井白云石晶体电镜扫描照片

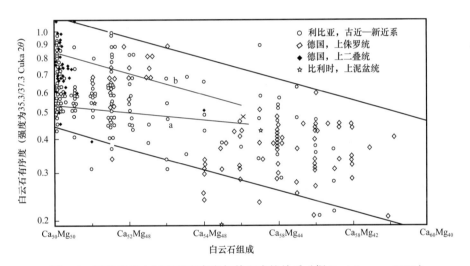

图 4-8　天然产出白云石的有序度与其组成的关系（据 Fuchtbauer，1965）

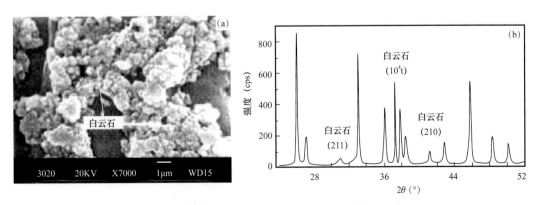

图 4-9　扫描电镜照片为实验中获得的白云石和 X 射线衍射曲线（据 Wright，2004）

（a）高倍镜下见到的沉淀白云石与远端湖相沉积的白云石大小和形态一致；（b）X 射线衍射曲线中存在文石反射

表 4-2 方解石、文石和白云石的矿物学特征

矿物类型	方解石（$CaCO_3$）	文石（$CaCO_3$）	白云石［$CaMg(CO_3)_2$］
晶系	三方晶系	斜方晶系	三方晶系
	一轴晶负光性	二轴晶负光性	一轴晶负光性
其他阳离子	Mg、Fe、Mn、Zn、Cu	Sr、Ba、Pb	Fe、Mn、Zn、Cu
解理	（$11\bar{1}0$）		（$10\bar{1}0$）
显著的双晶	滑动（$01\bar{1}2$）	（110）	滑动（$02\bar{2}1$）
		（010）	
颜色	无色	无色	无色
相对密度	2.72	2.94	2.86
折射率	N_o=1.658	N_p=1.530	N_o=1.679
	N_e=1.486	N_m=1.681	N_e=1.502
		N_g=1.685	
双折射率	0.172	0.155	0.177
摩氏硬度	3	3.5～4	3.5～4

二、断陷湖盆碳酸盐岩的化学成分

在断陷湖盆碳酸盐岩中，最常见的是石灰岩与白云岩或二者组成的过渡岩类。而纯石灰岩的理论化学成分为 CaO（56%）、CO_2（44%），白云岩的理论化学成分为 Mg（21.7%）、CaO（30.4%）、CO_2（47.9%）。但是自然界中的石灰岩与白云岩都不是绝对纯净的，或多或少含有其他化学成分。这不仅取决于碳酸盐岩矿物中的元素构成，而且与沉积—成岩过程中的各种变量有关。如介质流体中的元素变化、温度、压力、系统的开放与封闭性、生物化学作用、热力学及动力学因素等。对于断陷湖盆而言，由于湖盆面积较小、物源构成复杂，使湖盆的水化学环境，强烈影响着碳酸盐岩沉积—成岩的整个过程。流体中溶解物质的构成，因流体性质不同而差异较大。如海水具有很高的 Ca^{2+}、SO_4^{2-}、Cl^-、Na^+、Mg^{2+}、K^+、Sr^{2+}、Br^- 的含量，并且大多数离子的含量都高于一般河水的两个数量级以上；而河水中的 Fe^{2+}、Fe^{3+} 和 Mn^{2+} 含量却普遍高于海水（表 4-3）。因此，对于海水起源的湖盆而言，由于周期性海侵的影响，使湖水所含主要离子与海水接近，但湖水的盐度因蒸发和补给受气候因素控制较大，并且使湖水化学成分在干旱与降雨期则有所不同。而对于淡水起源的湖盆，湖水所含主要离子直接受陆源可溶组分与气候的制约，有利于碳酸盐岩沉积的湖水，通常是高盐度的碱性水体。因此断陷湖盆碳酸盐岩的化学成分，可通过常量元素组分反映出来。以往认为，断陷湖盆碳酸盐岩的常量元素组成与海相碳酸盐岩相同（王英华等，1993）。但当碳酸盐岩中有较高的陆源碎屑含量时，其氧化物中 SiO_2 和 Al_2O_3 的含量

就会增加；当石膏、硬石膏、天青石、重晶石、萤石等自生非碳酸盐矿物掺到碳酸盐岩中时，与之有关的元素也会相应增加。湖盆碳酸盐岩，因沉积类型、物源、流体性质不同，其主要岩石化学组分则具有较大差异。

表 4-3 河水和海水中溶解物质丰度的对比（据 Livingstone，1963；Mason，1966；Blatt et al.，1972）

| 溶解物质 | 摩尔浓度 /M | | 变化的主要原因 |
	河水	海水	
HCO_3^-，CO_3^{2-}	9.6×10^{-4}	2.3×10^{-3}	与大气圈接触，保持平衡活动
Ca^{2+}	3.7×10^{-4}	1×10^{-2}	由于形成钙质贝壳而保持平衡活动
H_4SiO_4	1.4×10^{-4}	1×10^{-5}	被硅质海洋生物用作其固体部分
SO_4^{2-}	1.2×10^{-4}	2.8×10^{-2}	在海水中不沉淀天青石，只少量用作生物组织
Cl^-	2.2×10^{-4}	5.4×10^{-1}	只少量用于海洋生物或矿物自生作用
Na^+	2.7×10^{-4}	4.6×10^{-1}	只少量用于海洋生物或矿物自生作用
Mg^{2+}	1.7×10^{-4}	5.2×10^{-2}	海水中不形成白云石和绿泥石，只少量在方解石中呈痕迹元素出现
K^+	6×10^{-5}	1×10^{-2}	只限于在海底的伊利石退化或自生作用
NO_3^-	2×10^{-5}	8.1×10^{-6}	用于海洋生物的组织
Fe^{2+}，Fe^{3+}	1×10^{-5}	2×10^{-7}	海绿石的自生作用和锰结核的自生作用
Mn^{2+}	3.6×10^{-6}	7.3×10^{-9}	锰结核的自生作用
F^-	5×10^{-6}	6.8×10^{-5}	海水中没有明显的磷灰石沉淀
Sr^{2+}	1×10^{-6}	9.1×10^{-5}	仅在文石结构中作为痕迹元素的出现
Hg_3BO_3	5×10^{-7}	4.2×10^{-4}	海底火山活动
Br^-	2.5×10^{-7}	8.1×10^{-4}	仅少量用于海洋生物或矿物自生作用
$Al(OH)_4^-$	2.5×10^{-6}	1×10^{-7}	吸附作用和自生作用

从黄骅断陷湖盆碳酸盐岩的化学成分来看，位于歧北和歧南凹陷部分探井白云岩的主要化学组分测定结果，CaO 含量为 21.02%～27.73%，MgO 含量为 8.73%～18.06%，CaO/MgO 值为 1.43～2.20（表 4-4）。

表 4-4 歧北与歧南凹陷沙一下亚段白云岩主量元素化学组分（据李聪，2010）

井号	井深（m）	层位	岩性	w（MgO）	w（CaO）	CaO/MgO	w（MgO）×4.6
埕 54×1	3221.4	Es_{1x}^4（滨 1）	白云岩	14.28	26.86	1.88	65.688
扣 42	2293.1	Es_{1x}^4（滨 1）	白云岩	17.14	26.76	1.56	78.844
扣 42	2293.44	Es_{1x}^4（滨 1）	白云岩	14.93	26.03	1.74	68.678
庄 64	2610.6	Es_{1x}^4（滨 1）	白云岩	15.34	21.96	1.43	70.564

井号	井深（m）	层位	岩性	w（MgO）	w（CaO）	CaO/MgO	w（MgO）×4.6
滨22	2586.8	Es_{1x}^3（板4）	白云岩	18.06	27.73	1.54	83.076
滨22	2599.4	Es_{1x}^3（板4）	白云岩	11.04	24.38	2.21	50.784
埕54×1	3180	Es_{1x}^3（板4）	白云岩	15.78	27.71	1.76	72.588
房10	2797.38	Es_{1x}^3（板4）	灰质白云岩	8.73	21.02	2.41	40.158
埕54×1	3165	Es_{1x}^2（板3）	白云岩	12.02	25.08	2.09	55.292

注：w为组分含量，单位%。

齐家务与孔店地区的主要岩石化学组分的含量变化见表4-5。从表中可以看出，鲕粒（云）灰岩与砂屑（云）灰岩的化学组分以MgO、CaO和SiO_2为主，三者的平均含量分别为11.15%、32.65%与9.37%，其他化学组分均低于2.5%，CaO/MgO值平均为2.99；泥晶灰质白云岩的化学组分中MgO平均含量为15.41%，CaO平均含量为19.13%，SiO_2平均含量为34.87%，CaO/MgO值平均为1.04；砂质生物泥晶灰岩的化学组分中CaO平均含量为24.32%，MgO平均含量为4.70%，SiO_2平均含量为31.31%；Al_2O_3与Fe_2O_3的平均含量分别为6.6%和2.36%，CaO/MgO值平均为13.25；泥晶生物含云灰岩的化学组分中CaO平均含量为31.12%、MgO平均含量为10.83%，SiO_2平均含量为11.12%，Al_2O_3与Fe_2O_3的平均含量分别为2.94%和1.78%，CaO/MgO值平均为2.92；泥灰岩的化学组分中CaO平均含量为19.97%，MgO平均含量为5.84%，SiO_2平均含量为6.4%，Al_2O_3与Fe_2O_3的平均含量分别为7.84%和3.38%，CaO/MgO值平均为6.40；而灰质砂岩的化学组分中CaO含量最高为22.41%，平均含量为15.64%，MgO平均含量为2.31%，SiO_2平均含量为46.81%，Al_2O_3与Fe_2O_3的平均含量分别为9.92%和2.55%，CaO/MgO值平均为11.54；含生屑泥质岩的化学组分中CaO平均含量为14.13%，MgO平均含量为4.24%，SiO_2平均含量为37.56%，Al_2O_3与Fe_2O_3的平均含量分别为9.78%和3.70%，CaO/MgO值平均为5.87；其中灰质油页岩夹有页状薄层颗石藻灰岩，其化学组分中CaO平均含量为25.97%，MgO平均含量为1.94%，SiO_2平均含量为26.97%，CaO/MgO值平均为13.39。由此显示出黄骅断陷湖盆碳酸盐岩中的CaO与MgO的综合含量均未超过50%，CaO/MgO值为1.04~6.40，反映了白云化作用较为广泛；而陆源化学组分SiO_2与Al_2O_3、Fe_2O_3等，在不同岩类的含量普遍偏高。通过SiO_2与CaO、MgO及K_2O+Na_2O分别进行相关分析发现：SiO_2与K_2O+Na_2O具有正相关性，而与CaO与MgO则呈负相关（图4-10~图4-12）。反映出SiO_2与Al_2O_3、Fe_2O_3等陆源氧化物的富集及含量的变化与进入湖中的陆源物质或可溶组分密切相关。在物源供给相对较贫的水下隆起区与缓坡带岩性较纯，CaO含量相对较高，而陆源物质含量较低；但在近源区与陡坡带陆源物质或可溶组分普遍较高，碳酸盐纯度降低，大都以混积岩产出，反映了断陷湖盆碳酸盐岩CaO、MgO和K_2O+Na_2O含量的变化不仅受物源与古地形影响，而且受古气候及湖盆水体盐度的控制。黄骅断陷湖盆碳酸盐岩中陆源SiO_2、Al_2O_3含量偏高的原因与物源区的母岩类型无关，而是陆源物质混入程度的量度，并且以陆源铝硅酸盐的形式构成不溶残余物。不同

岩类 Al_2O_3 与 TiO_2 含量的相关分析结果具有紧密的线性关系（图 4-13），而非陆源（如生物、火山、热液等）来源所构成的铝硅酸盐化学组分则呈离散关系。

表 4-5　黄骅断陷孔店—齐家务地区碳酸盐化学组分表

井号	井深（m）	原样编号	岩性	检测结果（%）							CaO/MgO
				SiO_2	Al_2O_3	Fe_2O_3	CaO	MgO	TiO_2	K_2O+Na_2O	
旺 35 井	1790.18	4（8/19）	生物鲕粒云质灰岩	5.84	1.23	1.21	32.81	14.28	0.05	0.31	2.30
旺 36 井	1587.97	3（15/22）B	泥—亮晶砂屑云质灰岩	3.26	0.78	0.70	35.68	13.47	0.05	0.23	2.65
旺 38 井	1996.45	7（14/30）	亮晶鲕粒灰岩	19.52	4.23	3.19	27.49	8.63	0.20	0.91	3.19
旺 1104 井	2002.9	5（10/12）	细晶鲕粒灰岩	8.86	2.30	2.62	34.60	9.03	0.07	0.56	3.83
平均值				9.37	2.14	1.93	32.65	11.35	0.09	0.50	2.99
旺 22 井	2544	1（56/61）	角砾状泥晶质白云岩	35.42	2.13	2.87	19.41	12.74	0.10	0.45	1.52
旺 22 井	2544.27	1（58/61）	泥晶灰质白云岩	34.31	4.20	2.75	18.85	18.07	0.20	0.99	1.04
平均值				34.87	3.17	2.81	19.13	15.41	0.15	0.72	1.28
旺 30 井	2192.93	6（4/9）	介屑泥晶砂质灰岩	33.07	9.01	5.43	22.22	2.36	0.36	1.50	9.42
旺 35 井	1784.45	3（20/34）	砂质泥晶灰岩	30.73	8.24	3.10	19.64	7.18	0.33	2.03	2.74
孔新 32	1489.6	17（9/20）	砂质有孔虫灰岩	35.66	7.58	1.63	26.53	0.81	0.33	2.13	32.75
孔新 32	1493.5	18（7/39）	砂质含云灰岩	21.20	3.76	1.40	23.59	10.38	0.17	1.29	2.27
孔新 32	1494.2	18（14/39）	砂质含云灰岩	28.00	2.97	1.23	21.49	12.25	0.11	1.11	1.75
孔新 32	1495.5	18（19/39）	含生物砂质灰岩	32.47	4.87	0.97	30.25	1.67	0.15	1.81	18.11
孔新 32	1496.01	18（21/39）	砂质介屑灰岩	32.07	9.07	3.20	25.56	1.98	0.34	1.84	12.91
孔新 32	1505.84	19（29/39）	砂质灰岩	37.25	7.71	1.95	25.29	0.97	0.34	2.18	26.07
平均值				31.31	6.65	2.36	24.32	4.70	0.27	1.74	13.25
旺 36 井	1589.4	3（21/22）	泥微晶生物含云灰岩	10.06	2.54	1.34	31.04	11.98	0.15	0.63	2.59
旺 38 井	1987.14	6（9/35）	泥微晶介屑含云灰岩	7.75	2.13	1.92	32.88	11.77	0.10	0.48	2.79
旺 1105 井	2036.71	7（21/26）	泥晶含云灰岩	15.54	4.16	2.08	29.44	8.74	0.18	0.97	3.37

井号	井深（m）	原样编号	岩性	检测结果（%）							CaO/MgO
				SiO$_2$	Al$_2$O$_3$	Fe$_2$O$_3$	CaO	MgO	TiO$_2$	K$_2$O+Na$_2$O	
平均值				11.12	2.94	1.78	31.12	10.83	0.14	0.69	2.92
旺35井	1797.76	5（14/19）	泥灰岩	36.13	10.22	3.76	16.61	2.98	0.47	2.45	5.57
旺1104井	2001.81	5（5/12）	泥灰岩	32.16	8.71	2.68	17.57	7.78	0.43	2.17	2.26
旺1105井	2011.97	3（16/28）	云质泥灰岩	17.11	3.78	4.06	23.83	11.21	0.28	0.92	2.13
旺1105井	2020.16	5（2/56）	泥质灰岩	33.21	8.64	3.03	21.88	1.40	0.40	2.22	15.63
平均值				29.65	7.84	3.38	19.97	5.84	0.40	1.94	6.40
孔60井	1502.8	8（33/44）	含介形虫灰质砂岩	41.43	11.75	3.40	10.84	5.27	0.42	2.28	2.06
孔新32井	1496.8	18（24/39）	含生屑岩屑砂岩	54.08	11.52	2.60	11.78	1.78	0.53	3.25	6.62
孔新32井	1504.12	19（20/39）	灰质岩屑砂岩	48.55	8.82	2.62	17.54	1.22	0.37	2.63	14.38
孔新32井	1504.82	19（24/39）	灰质岩屑砂岩	43.19	7.59	1.59	22.41	0.97	0.31	2.47	23.10
平均值				46.81	9.92	2.55	15.64	2.31	0.41	2.66	11.54
旺36井	1583.64	3（4/22）	含介形虫泥岩	26.57	7.62	4.37	9.39	8.39	0.32	2.15	1.12
旺38井	1962	3（7/15）	灰质油页岩	26.97	7.53	3.35	25.97	1.94	0.36	1.48	13.39
旺38井	1999.17	7（28/30）	含生物灰质泥岩	42.10	11.97	1.98	12.57	5.32	0.60	1.81	2.36
孔新32	1490.14	17（12/20）	含介屑泥岩	54.58	11.98	5.10	8.58	1.30	0.60	3.11	6.60
平均值				37.56	9.78	3.70	14.13	4.24	0.47	2.14	5.87

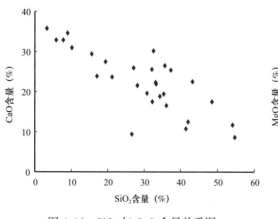

图 4-10　SiO$_2$ 与 CaO 含量关系图

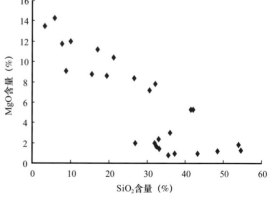

图 4-11　SiO$_2$ 与 MgO 含量关系图

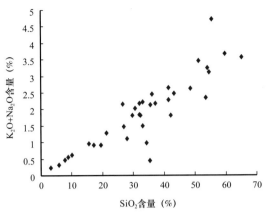

图 4-12　SiO_2 与 K_2O+Na_2O 含量关系图

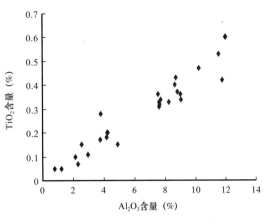

图 4-13　Al_2O_3 与 TiO_2 含量关系图

黄骅断陷与辽河断陷、济阳断陷、平邑断陷、冀中断陷处于同一裂谷盆地，产于古近纪湖盆碳酸盐岩的岩石组合较为类似，化学组分也较接近。根据顾澄皋（1985）对山东平邑断陷官二段湖盆碳酸盐岩的分析资料，在 200 个样品的不同岩类化学组分中 CaO 最高含量为 55.74%、最低含量为 40.42%；MgO 含量较低，平均值仅为 0.33%，变化范围在 0.1%~0.75% 之间。官二段底部下亚段沉积时湖面稳定，MgO/CaO 值低、变化幅度小；中亚段沉积以紫红色、棕色及灰白色砂、泥岩并夹薄层、中厚层泥灰岩、微晶灰岩、轮藻灰岩，局部见石膏，MgO/CaO 值高、变化幅度大、韵律性强，显示这一时期气候干旱、补给与蒸发的间歇性交替；上亚段 MgO/CaO 值虽然较高，但变化幅度较小、变化频率较快。MgO/CaO 值的这一纵向规律，揭示了古气候对断陷湖盆碳酸盐岩化学组分的控制作用（图 4-14）。但在平面上，湖盆类型与分布区带不同，湖盆碳酸盐岩化学组分的含量变化，既表现出地区性特征，又受不同沉积相带的控制。王英华等（1993）通过对湖盆碳酸盐岩化学组分含量在不同沉积相带的变化规律研究后指出，湖盆碳酸盐岩化学组分含量变化，与不同沉积相控制下的岩石类型直接相关，其变化之急骤和幅度之大，除构成了湖相碳酸盐岩重要特征外，也足以作为分析物源、判断古气候和海侵影响以及识别和区分沉积环境的标志（图 4-15）。滨湖相岩类复杂多变、成分亦欠纯正；浅湖相岩类一般成分较纯，在物源充分的条件下，可有大量较成熟的石英砂和碳酸盐颗粒同时沉积；深湖相沉积多含陆源泥，湖岸坡度较大而补给条件较好时，泥质含量增高。

不同类型的湖盆碳酸盐岩，因构造背景、沉积物源、流体性质及古气候条件的不同，其化学组分的含量也有差异。表 4-6 归纳了部分断陷型湖盆与坳陷型湖盆碳酸盐岩的化学组分。从中可以看出，不同断陷型湖盆中碳酸盐岩产出层位虽不尽相同，而岩石类型均较接近。但化学组分

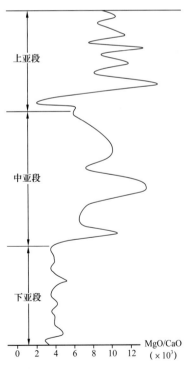

图 4-14　山东平邑坳陷官庄组二段碳酸盐岩 MgO/CaO 值变化图（据顾澄皋，1985）

的含量在不同断陷型湖盆碳酸盐岩中变化较大。其中山东平邑、苏北金湖、广东三水断陷湖盆碳酸盐岩中 CaO 含量普遍在 45%～54% 之间，MgO 含量则为 0.56%～1.34%，CaO/MgO 值为 34.9～94.41；陆源化学组分中 SiO_2 与 Al_2O_3、Fe_2O_3 含量普遍在 0.81%～5.3%。黄骅与内蒙古临河断陷湖盆碳酸盐岩中的 CaO 含量为 14.25%～35.68%，只有 1 个数据达到 58.07%；MgO 含量为 3.65%～13.47%，CaO/MgO 值为 1.2～3.83；陆源化学组分中 SiO_2 与 Al_2O_3、Fe_2O_3 含量则略高于前者。但与坳陷型湖盆碳酸盐岩相比，断陷湖盆碳酸盐岩中 CaO 含量大都高于坳陷型湖盆碳酸盐岩；但陆源化学组分因岩性不同而变化频繁，如黄骅断陷湖盆碳酸盐岩中亮晶灰岩与生物微晶灰岩的 SiO_2 与 Al_2O_3、Fe_2O_3 含量分别低于 8%、3.5% 和 2.5%，属于纯 $CaCO_3$ 型的近清水沉积。泥晶灰岩、含泥泥晶灰岩与泥粉晶白云岩及部分颗粒岩中的 SiO_2 与 Al_2O_3、Fe_2O_3 含量相应较高。但在坳陷型湖盆碳酸盐岩中，无论是亮晶灰岩还是泥微晶灰岩与白云岩，SiO_2 与 Al_2O_3、Fe_2O_3 等陆源化学组分含量普遍较高，且在不同碳酸盐岩中的含量也较为接近。由此表明断陷型湖盆与坳陷型湖盆相比，二者不仅在碳酸盐岩化学组分上差异明显，而且在碳酸盐岩沉积和发育的区带上也不尽相同。断陷型湖盆因多凸多凹多中心的沉积格局，导致物源供给不均一，使碳酸盐岩在物源相对较贫的次凹区的水下隆起、水下阶地及缓坡带相对发育，而坳陷型湖盆古地形平缓，沉积中心单一，环绕盆缘的陆源物质丰富，从而使碳酸盐岩在物源相对较贫的湖盆中心与细粒沉积物混积，导致碳酸盐的纯度降低，并以薄层含泥灰岩及泥灰岩产出较多，成分较纯的碳酸盐岩（亮晶颗粒云灰岩与亮晶云灰岩）的沉积相对较少，如鄂尔多斯三叠系延长组与侏罗系安定组湖盆碳酸盐岩等。显现出断陷型湖盆相对于坳陷型湖盆而言，更有利于湖相碳酸盐岩的沉积发育。

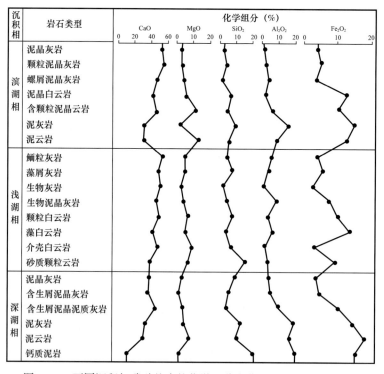

图 4-15　不同沉积相碳酸盐岩的化学组分变化（据王英华，1993）

表 4-6 湖盆碳酸盐岩化学成分对比表　　　　　　　　　　　　单位：%

	岩石类型	产地	层位	CaO	MgO	SiO₂	Al₂O₃	Fe₂O₃	K₂O+ Na₂O	CaO/ MgO
断陷湖盆	泥晶泥质灰岩 *	松辽源 4 井	K₁q			15.62	3.44	0.90	0.92	
	含螺微晶灰岩 *	山东平邑	Ep	53.21	0.69	2.67	1.01	0.92	0.88	77.12
	亮晶砂屑灰岩 *	苏北钻井	Ef	46.77	1.34	5.30	3.27	1.84	1.03	34.90
	亮晶鲕粒灰岩 *	苏北金湖	Ef	54.02	0.62	2.13	1.47	0.81	0.62	87.13
	含藻屑微晶灰岩 *	广东三水	Eb	52.87	0.56					94.41
	微晶灰岩 *	广东三水	Eb	50.09	0.84	8.15	1.26	1.07	0.31	59.63
	泥—亮晶砂屑云质灰岩	黄骅断陷	S₁x	35.68	13.47	3.26	0.78	0.70	0.23	2.65
	细晶鲕粒灰岩	黄骅断陷	S₁x	34.60	9.03	8.86	2.30	2.62	0.56	3.83
	粉晶白云岩 *	内蒙古临河	K	14.25	11.87	22.54	11.16	2.66	1.95	1.20
	生物微晶灰岩	内蒙古临河		58.07	3.65		3.04	1.78		15.91
坳陷湖盆	亮晶颗粒砂云岩	内蒙古临河	E	16.18	12.41		13.94	5.05		1.30
	微晶泥云岩	内蒙古临河		14.39	5.17		12.89	5.77		2.78
	亮晶鲕粒砂云岩	内蒙古临河	N₁	9.14	3.91		16.87	7.18		2.34
	亮晶砂屑砂云岩	内蒙古临河		8.05	4.21		17.30	7.32		1.91
	泥晶生物泥云岩	内蒙古临河		8.55	3.82		17.03	7.23		2.24
	亮晶鲕粒泥云岩	内蒙古临河		7.86	3.85		17.22	7.72		2.04
	含泥灰岩	陕西杏河		30.00	5.88	25.62	3.82	1.92		5.10
	含泥灰岩	陕西杏河		29.77	3.43	29.39	4.94	2.06		8.68
	含泥灰岩	陕西杏河	J₂a	28.19	8.08	22.97	4.39	2.18		3.49
	泥灰岩	陕西杏河		24.52	7.52	26.37	6.16	3.11		3.26
	泥灰岩	陕西杏河		17.33	5.00	38.30	9.30	4.22		3.47

* 数据引自原 781 地质队、河北建材地质公司及唐天福等文献资料。

　　断陷型湖盆碳酸盐岩的化学组分与海相碳酸盐岩化学组分相比，其常量元素相同（王英华等，1993）。但由于湖盆面积小，物源供给及水化学性质复杂多变，导致各类化学氧化物的含量及变化幅度均有别于海相碳酸盐岩（表 4-7）。从表 4-7 可以看出，海相碳酸盐岩中 CaO、MgO 含量变化较为稳定，各类石灰岩中的 CaO 含量大都变化在 40%～55% 之间，MgO 含量多在 4% 以下；白云岩中的 CaO 含量一般变化在 14%～35% 之间，而 MgO 含量多在 10% 以上。无论是石灰岩还是白云岩，其陆源化学组分中 SiO₂ 与 Al₂O₃、

Fe_2O_3 的含量普遍较低，并在不同岩类的分布相对稳定。而断陷湖盆碳酸盐岩则不同，其化学组分中 CaO、MgO 含量，因岩类及分布区带不同而变化频繁。一般分布在水下隆起、阶地及缓坡带的亮晶生物（云）灰岩，亮晶鲕粒（云）灰岩、亮晶砂屑（云）灰岩及白云质灰岩和灰质白云岩，其 CaO、MgO 含量与海相碳酸盐岩中的相应岩类接近或一致；而分布在湖盆边缘、湖坪及陡坡区的含泥泥晶灰岩、含砂质灰岩及泥灰岩，其 CaO、MgO 含量普遍低于海相同种岩类。而陆源化学组分中 SiO_2 与 Al_2O_3、Fe_2O_3 的含量普遍高于海相同种岩类（表 4-7）。这种明显的差异，显然与断陷湖盆复杂的物源及沉积环境密切相关。

表 4-7　断陷湖盆和海相碳酸盐岩化学成分对比表　　　　单位：%

	岩石类型	产地	层位	CaO	MgO	SiO_2	Al_2O_3	Fe_2O_3	K_2O+ Na_2O	CaO/ MgO
断陷湖盆	泥晶灰岩	黄骅断陷	S_1x	29.44	8.74	15.54	4.16	2.08	0.97	3.37
	微晶灰岩 *	广东三水	Eb	50.09	0.84	8.15	1.26	1.07	0.31	59.63
	亮晶鲕粒灰岩 *	苏北金湖	Ef	54.02	0.62	2.13	1.47	0.81	0.62	87.13
	细晶鲕粒灰岩	黄骅断陷	S_1x	34.60	9.03	8.86	2.30	2.62	0.56	3.83
	鲕状灰岩	松辽杜 410 井	K			2.94	1.44	0.63	0.51	
	鲕粒云质灰岩	黄骅断陷	S_1x	32.81	14.28	5.84	1.23	1.21	0.31	2.30
	亮晶砂屑灰岩 *	苏北钻井	Ef	46.77	1.34	5.30	3.27	1.84	1.03	34.90
	泥—亮晶砂屑云质灰岩	黄骅断陷	S_1x	35.68	13.47	3.26	0.78	0.70	0.23	2.65
	生物微晶灰岩	内蒙古临河	K	58.07	3.65		3.04	1.78		15.91
	泥微晶生物含云灰岩	黄骅断陷	S_1x	31.04	11.98	10.06	2.54	1.34	0.63	2.59
	泥晶泥质灰岩 *	松辽源 4 井	K_1q			15.62	3.44	0.90	0.92	
	粉晶白云岩 *	内蒙古临河	K	14.25	11.87	22.54	11.16	2.66	1.95	1.20
	泥晶灰质白云岩	黄骅断陷	S_1x	18.85	18.07	34.31	4.20	2.75	0.99	1.04
	微晶泥云岩	内蒙古临河	E	14.39	5.17		12.89	5.77		2.78
海相	泥晶灰岩 *	河北抚宁	O_1y	50.62	0.72	6.18	0.99	0.56	0.39	70.31
	泥晶灰岩	兴县	O_1m1	43.01	3.79	5.11	2.79	0.58	0.67	11.35
	微晶灰岩	柳林	Of	51.01	1.54	1.43	0.55	0.32	0.18	33.12
	亮晶鲕粒灰岩 *	北京昌平	ϵ_2z	52.55	1.31	2.18	0.43	0.76	0.17	40.11
	鲕粒灰质云岩	离石	O_1m_2	33.83	15.97	4.61	0.85	2.16	0.26	2.12
	亮晶砂屑灰岩 *	河北唐县	O_1y	52.96	0.63	1.04	1.62	0.82	0.41	84.06

岩石类型		产地	层位	CaO	MgO	SiO$_2$	Al$_2$O$_3$	Fe$_2$O$_3$	K$_2$O+Na$_2$O	CaO/MgO
海相	生物泥晶灰岩*	河北平泉	$\in_2$x	53.10	0.71	2.97	0.36	0.10		74.79
	泥晶生物灰岩	山西成家庄	P$_1$t	46.54	0.77	64.22	14.24	3.83	1.58	60.44
	泥晶泥质灰岩*	湖南湘潭	D$_2$q	45.06	2.95	2.53	4.91	2.82	1.25	15.27
	云斑灰岩*	云南昆明	P$_2$m	51.04	6.73	1.73	2.03	0.46	0.74	7.58
	泥粉晶白云岩*	山东莱芜	$\in_3$f	31.13	13.28	2.02	1.66	1.04	0.52	2.34
	泥晶云岩	陕西靖边	O$_1$m$_1$	29.33	17.06	4.52	0.87	0.18	1.72	1.72
	泥晶泥质白云岩*	广西桂林	D$_2$d	22.89	11.77	3.15	2.42	1.93	1.15	1.94
	泥灰岩	唐山	O$_1$			21.68	1.87	0.17	0.54	

*数据引自原781地质队、河北建材地质公司及唐天福等文献资料。

三、断陷湖盆碳酸盐岩的结构类型

断陷湖盆碳酸盐岩与海相碳酸盐岩一样，其结构与岩石成因关系密切，既是岩石分类命名的主要依据，又是沉积环境分析的重要标志。在油气地质研究中，对确定油气储集性能具有直接关系。断陷湖盆碳酸盐岩的结构组分，通常包括颗粒、胶结物、晶粒及生物骨架等。这些组分是不同沉积作用的产物，它们相互组合，构成了断陷湖盆碳酸盐岩的不同结构类型。

（一）颗粒结构

断陷湖盆碳酸盐岩的颗粒，根据来源可分为外源颗粒和内源颗粒两部分：外源颗粒是指进入湖盆的陆源碎屑，由各种营力搬运到湖中的粒屑，通常不包括在碳酸盐岩颗粒组分内；内源颗粒是指湖盆内生成的碳酸盐岩矿物集合体，主要包括内碎屑、生物碎屑、包粒、球粒、藻团块等，其中内碎屑包括砂屑、粉屑、角砾屑和砾屑等，包粒主要由鲕粒、核形石组成。

1. 内碎屑

内碎屑主要指湖盆中半固结碳酸盐沉积层受波浪、潮汐水流、风暴等作用后，破碎、搬运、磨蚀、再沉积形成的碳酸盐颗粒，常见的是由无内部组构的泥晶碳酸盐集合体组成的碎屑，有时还含生物化石或生物碎屑。根据粒径大小及形态进一步细分为砾屑或角砾屑、砂屑、粉屑等，粒级划分与碎屑岩的粒级标准一致（图4-16）。

2. 包粒

包粒主要指湖盆高能环境由水动力或生物作用形成的鲕粒和核形石等。

（1）鲕粒：具有核心和同心层结构的似球状颗粒，因形似鱼子而得名。大小一般为0.1~2mm。核心可为内碎屑、陆屑、化石或化石碎屑，同心层由泥晶碳酸盐矿物组成，有的鲕粒还具有放射状结构。鲕粒的同心层数的密集程度、同心层在核心上的不对称包裹特征，是水体能量高低的反映。同心层多而密集则代表其沉积环境的能量较高，同心层稀疏者则是低能鲕的特征，偏心鲕反映的是相对较安静或非水动力条件的环境（图4-16）。

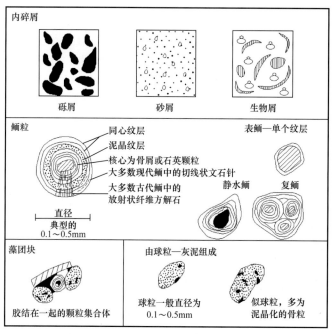

图4-16　石灰岩中的内碎屑、鲕粒及球粒示意图（据Tucker，1991，修改）

（2）核形石：又称藻灰结核，是蓝绿藻类分泌黏液边黏结细粒碳酸盐沉积物边围绕某种核心沉淀边固结形成的非固着生长的纹层状结核体，由核心和纹层两个基本单元组成。核心是核形石形成的基础，决定其纹层类型及外部形态，核心以蓝绿菌碎片、菌类黏结体、灰岩屑、生物碎屑等为主；纹层围绕核心呈层状分布，形态为近同心多层环状、单层环状和不规则状，纹层分为泥晶纹层、富菌纹层及含生物纹层。

3. 球粒与粪球粒

球粒多形成于安静环境，不具特殊内部结构的、分选好的泥晶形成的椭球形颗粒称球粒。其成因以往争论颇多，目前趋向于内碎屑成因的认识，也有学者认为是化学凝聚成因（方少仙等，1998）。而粪球粒是蠕虫、腹足、甲壳类、多毛类等动物的排泄物，为近等大的卵形或椭圆形的灰泥组成，有机质丰富。微体生物及细小生屑由于泥晶化作用形成的颗粒称为似球粒（pelletoids），往往可以保存残余的生物骨壳内部构造；色暗，富含有机质，多小于0.2mm，常与藻粘结颗粒共生，多形成于湖盆水体安静环境，如湖湾及深水洼地等（图4-16）。

4. 生物碎屑

生物碎屑由无脊椎动物分泌的碳酸盐骨骼组成，还有少部分生物骨壳由磷酸盐和硅质组成。其碎屑也称为骨壳屑。生物骨壳是碳酸盐岩重要的造岩部分，又是判断水深、水温、盐度、底质及水流动态等沉积环境的重要标志。根据生物门类，骨壳的大小、分选、圆度，以便提供更多的环境标志。例如完整的骨壳可能是底栖生物死后原地埋藏形成，或浮游生物死后沉降于湖盆底部形成。而生物碎屑则是经过水动力搬运异地沉积形成（图4-16）。

5. 藻团块

藻团块是几个碳酸盐颗粒被灰泥或藻类黏结而成的一种复合颗粒。现代巴哈马滩上的葡萄石（巴哈马石）是最典型的代表。据陈广义（2010）资料，中国柴达木盆地西部古近—新近三系上柴干沟组湖盆碳酸盐岩中见有较丰富的藻黏结团块灰岩（图4-17），中国东部各断陷湖盆中也较常见。

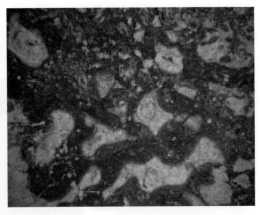

图4-17　柴达木西部古近—新近系上干柴沟组藻黏结团块泥晶灰岩的岩石与显微照片（10×2）

（据陈广义，2010）

（二）灰泥结构

灰泥是碳酸盐沉积物的常见组分，灰泥一般为1～3μm，或更小，重结晶后转变为泥晶，通常为4μm或更大。灰泥大量出现在潮坪、洼地、湖湾、缓坡或较深湖区等低能环境。灰泥的成因较为复杂，通常有高盐度湖水由于蒸发作用发生的化学沉淀或碳酸盐颗粒的进一步机械破碎、磨蚀或钙质藻类的分解或藻类光合作用造成生物化学沉淀等（图4-18）。

图4-18　巴哈马潟湖中灰泥成因示意图

（据Neuman et al.，1975）

（三）晶粒结构及残余结构

全部由晶粒组成，不存在其他结构组分。晶粒通常分为巨晶、粗晶、中晶、细晶、微晶和泥晶。微晶、泥晶结构多是化学沉淀或机械沉积产物。细晶及大于细晶的晶粒结构，多由其他结构经重结晶或交代（白云石化）作用，导致原始结构破坏后形成的。但当保留部分原始结构或存在原始结构幻影时，则称为残余结构。

四、断陷湖盆碳酸盐岩的沉积构造

大多数碎屑岩中发育的构造，在断陷湖盆碳酸盐岩中均能出现。诸如流动成因的水平层理、平行层理、波状层理、小型交错层理、块状层理、粒序层理、波痕和生物扰动构造等。但在断陷湖盆碳酸盐岩中还有一些特有的构造，如生物骨架构造、藻叠层石构造和鸟眼构造等，这些沉积构造是碎屑岩中没有或少见的。因此，详细识别断陷湖盆碳酸盐岩中的沉积构造，是分析和确定碳酸盐岩沉积环境和划分相带的重要依据。

（一）流动成因的沉积构造

1. 水平层理

水平层理主要发育在浅湖或半深湖—深湖环境。常见于油页岩、页岩、泥岩，粉砂质泥岩中，单层厚度小，纹层相互平行并平行于层面，常形成于浪基面之下或低能环境的流态中。在物质供应不足的情况下，主要由悬浮物质缓慢垂向加积而成（图 4-19a）。

图 4-19　断陷湖盆碳酸盐岩层理构造

（a）水平层理；（b）平行层理；（c）波状层理；（d）小型交错层理；（e）块状层理；（f）粒序层理

2. 平行层理

平行层理的岩性以灰（云）质砂岩，砂屑灰岩为主，层理厚度一般为 0.5～1.0cm，由相互平行且与层面平行的平直连续或断续纹理组成，并伴有微冲刷，层面较水平层理略粗；纹理可由岩屑或暗色矿物及颜色差异而显示，常形成于水体较浅、波动较大的水动力条件下。该区主要见于较强水动力形成的砂砾质浅滩、生物浅滩或滨岸砂泥沉积层中（图 4-19b）。

3. 波状层理

波状层理层系似透镜状，细层不清晰，常与平行层理共生（图 4-19c）。

4. 小型交错层理

小型交错层理的岩性由颗粒灰岩及云质灰岩组成，主要特征为层系之间具有小的夹角，层系厚度为 10～15cm，细层厚度为 1.0cm 左右，纹理呈连续、断续两种，各层系的底面下凹呈弧形，具有小型槽状侵蚀底界，底部见冲刷（图 4-19d）。

5.块状层理

块状层理也称均质层理，区内广有所见，是一种外貌均匀、内部不具有任何纹层构造的层理，其特点是内部物质均匀，无论是组分还是结构都没有分异现象，因而不显层理。这类层理可见于细粒和粗粒沉积中，通常代表一种快速而无分异或强烈扰动的沉积条件或交代作用的成岩环境，如风暴及生物强烈扰动等都可以使原生沉积构造遭到破坏，并形成块状层理（图4-19e）。

6.粒序层理

粒序层理多发育于风暴滩环境，由生物屑或砾屑沉积等较粗的滞留沉积物（粗生屑及细砾）组成，由下向上粒度逐渐变细，有时见介壳层及生物骨屑（图4-19f）。

（二）层面构造

1.冲刷构造

冲刷构造是高流态下产生的一种层面构造，大多出现在滨浅湖或深湖浊流环境中，其上常形成较粗的沉积物（图4-20）。

2.生物扰动构造

生物扰动构造是指生物活动时的形迹，特别是一些底栖生物在沉积物中觅食、栖居所形成的构造（图4-21）。生物扰动构造一般在不受波浪影响的水体较为平静的环境中发育，如浪基面之下。黄骅断陷沙一下亚段湖盆碳酸盐岩中常见的虫孔构造多沿层面平行分布，其形迹具有规则与不规则的条带状、斑点状、均匀状等，反映生物活动时的水体相对较深；而岸缘碎屑岩中的生物扰动构造多垂直分布，表明生物活动时的水体相对较浅（图4-22）。

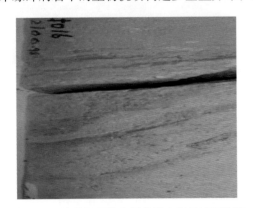 

图4-20　砂岩与下伏生屑灰岩之间的冲刷构造　　图4-21　钙质泥岩层面的虫孔构造

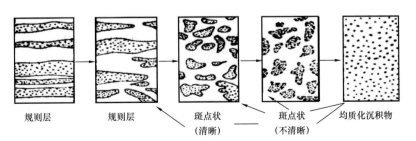

图4-22　断陷湖盆沉积中的生物扰动构造

（三）特殊沉积构造

1. 生物骨架构造

在断陷湖盆中，礁生物原地生长过程中由生物骨骼构成的骨架构造，具有很强的抗浪性。骨架孔隙中由灰泥、造礁生物骨壳及碎屑，有时还有部分胶结物、内碎屑充填，骨架孔隙中也可以为纤维状、放射轴状或其他胶结物充填，主要发育于生物礁灰岩中，称为骨架岩。通常它是指由造架生物组成的结构，骨架间充填颗粒、灰泥或亮晶胶结物。断陷湖盆碳酸盐岩中，已鉴定出的造架生物属种较多，仅就各种藻类就有 10 属 14 种，如中国枝管藻、山东枝管藻及龙介虫的栖管化石等，这些原地固着生长的生物群体（钙生物骨骼），它们彼此黏连在一起，所形成的碳酸盐岩建造具有较强的抗风浪作用。现代和古代造礁生物研究发现，生物骨架由两种生态习性生物组成。一种是具支撑作用的造礁生物，另一种是黏连和包覆支撑生物的造礁生物，前者形成原生骨架，后者形成次生骨架（图 4-23、图 4-24）。奇林格等（1967）曾报道了德国莱茵河谷中—新世湖盆及美国犹他州湖盆绿河组有绿藻类组成的骨架岩。黄骅断陷湖盆碳酸盐岩中的骨架岩，所见甚少，而济阳断陷藻礁岩体中骨架岩甚为发育。

图 4-23　中国枝管藻的纵切面　　　　　图 4-24　山东龙介虫栖管岩心

2. 藻叠层石构造

藻叠层构造是蓝菌藻参与造岩的生物沉积构造。蓝菌藻分泌黏液捕集和黏结灰泥及碳酸盐颗粒形成特殊的不规则的纹层状构造。每个纹层基本平行，但不同区带发育的厚度，因受湖盆地形和水体波浪作用的影响不同，则有一定变化。纹层常呈丘状、锥状、柱状和波状。近于水平的纹层状构造称为藻纹层构造。藻纹层分两类基本层：一类为富藻纹层，又称暗层，藻类富集，有机质含量高，为泥晶结构；另一类为富屑纹层，又称亮层，色浅，藻类及有机质少，可由灰泥及细的碳酸盐颗粒组成。两类基本层交互即形成叠层石构造。这类构造在断陷湖盆中主要形成于浅水环境，多处于浅湖区波浪作用带（图 4-25）。

3. 鸟眼构造

鸟眼构造主要见于泥晶碳酸盐岩中。在灰泥岩及云泥岩、球粒、粉屑灰泥岩与云泥岩中，常常发育一些小孔，大小约为 1～3mm，经常被亮晶方解石、白云石或石膏充填，形似鸟眼。未被充填的孔隙称为鸟眼孔隙或窗格孔隙。有些窗孔平行纹理发育，称为层状窗孔。其成因多样，主要是由于干化收缩形成的孔隙及藻腐烂生成的气泡逸出沉积物时留下的通道或孔隙，多形成于浅湖环境（图4-26）。

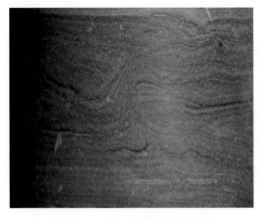
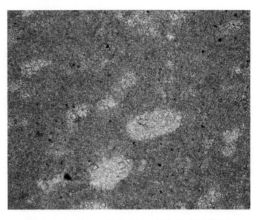

图4-25　庄41井藻叠层石构造　　　　图4-26　滨22井泥晶云岩中的鸟眼构造

第二节　断陷湖盆碳酸盐岩分类

在以往的研究中，不少学者针对断陷湖盆碳酸盐岩的岩石学类型进行了划分，并提出了不同的分类方案（唐天福等，1980；周书欣等，1982；张国栋等，1987；王德发，1987；杜韫华，1992；王英华等，1993；薛叔浩等，2002）。他们的分类，因地区与研究目的不同，其分类的侧重点也不尽相同。但对湖盆碳酸盐岩的深入研究与油气勘探开发，则发挥了积极的促进作用。由于中国对湖盆碳酸盐岩的研究时间相对较短，研究程度也相应较低，加之分类学又是综合性很强的学科，对于成因类型复杂的断陷湖盆碳酸盐岩而言，其分类不可能一次完成，随着研究的不断发展还需不断修改完善。现有的分类方案，大体可归纳为四类。

一、唐天福等（1980）、周书欣等（1983）的岩石成因分类

在中国断陷湖盆碳酸盐岩的研究中，较早进行分类研究的是唐天福等（1980）的分类，他们以广东三水断陷湖盆碳酸盐岩的成因类型及沉积构造为主要标准，提出了Ⅵ级分类方案（表4-8）。这Ⅵ级分类，侧重于石灰岩的岩石成因及沉积构造，能够较全面地覆盖广东三水断陷湖盆碳酸盐岩的岩石学特征及其成因。但从渤海湾裂谷盆地中诸多断陷湖盆碳酸盐岩来看，该分类中涉及白云岩的岩石成因及沉积构造甚少，对复杂多变的湖盆碳酸盐岩尚未全面概括。正如王英华（1993）所指出的，该Ⅵ级分类，实属Ⅲ级结构组合分类的典型岩石名称，且岩石命名过长，亮晶石灰岩等的命名也不符中国的惯例。周书欣等（1983）根据松辽盆地不同时代湖盆碳酸盐岩的岩石学类型，也进行了类似的岩石成因分类。特别在分析钙藻灰岩的类型中，结合沉积构造进行了更加细致的形态划分，从而为分析该区此类碳酸盐岩的沉积环境奠定了基础。然而在20世纪80年代，他们的分类虽然不够全面，涉及白云岩与碳酸盐型混积岩类都甚少，但对起步较晚的中国湖盆碳酸盐岩的研究却起到了有力的推动作用。

表 4-8　广东三水断陷湖盆碳酸盐岩成因分类（据唐天福等，1980）

碳酸盐岩类型						主要分布地区及层段
I	II	III			IV	
石灰岩	生物灰岩	礁灰岩			藻叠层石礁灰岩*	坯心，二组
					微晶白云石充填的藻—虫管礁灰岩	驿岗—坯心—西南镇，二组
		原地堆积生物骨骼灰岩			层状藻叠层石灰岩*	太平，一组
					虫管泥晶灰岩	坯心—驿岗，二组
	粒屑灰岩	生物碎屑灰岩	骨屑		含有孔虫含介屑泥晶灰岩	太平，三组
				藻屑（叠层石型）	含虫管屑藻屑微晶灰岩	小涡尾—驿岗—西南镇—石涌，二组
		内碎屑灰岩	砾屑		亮晶 藻屑微晶灰岩 泥晶	除虾北外，普遍分布，一至三组
			砂屑		砂屑亮晶灰岩	
					含有孔虫砂屑（及藻团粒）亮晶灰岩	
					藻层纹/砂屑条带状灰岩	马头岭，西南镇—石涌，二组
			粉屑		含有孔虫粉屑泥晶灰岩	太平，一组
					含藻屑粉屑泥晶灰岩	盐步，小涡尾
		包粒灰岩	鲕粒		含藻鲕藻屑泥晶灰岩	盐步
			核形石		含藻灰结核藻团泥晶灰岩	
	泥晶灰岩	含生物			似豹皮状含有孔虫泥晶灰岩	太平，一组
		含内碎屑			含（藻）屑泥晶灰岩	太平，三组
		含陆源碎屑物			含粉砂质或粉砂质条纹状灰岩	马头岭，二组；太平，一组及三组
					含粉砂质泥晶灰岩	小涡尾，盐步
		纯泥晶方解石质			泥（微）晶灰岩	太平，三组
白云岩					泥晶（微晶）白云岩	虾北，二及三组；河口，二组
混合类型碳酸盐岩	泥质混合类型	泥灰岩			虫管泥灰岩	河口—驿岗—西南镇，二组
					具虫穴的含粉砂质砂屑泥灰岩	小涡尾，一组
		泥云岩			含粉砂质泥云岩	盐步，一组
	砂质混合类型	砂灰岩				

*活动与沉积作用形成非生物骨骼堆积，但生物起了主导的控制作用

二、胜利油田（1982）与王德发等（1987）的岩石结构分类

在断陷湖盆碳酸盐岩的分类研究中，侧重于岩石结构的分类，最先由胜利油田（1982）对其探区的湖盆白云岩进行了结构类型划分（表4-9）；而后王德发等（1987）对黄骅断陷湖盆碳酸盐岩中的石灰岩提出了结构分类方案（表4-10）。这些方案以岩石结构为重点，其分类命名与 Folk（1959，1962）和国内的曾允孚（1982）对海相碳酸盐岩的结构分类基本类似。但在分类中对黄骅断陷湖盆碳酸盐岩的颗粒结构数值，从湖盆沉积的特点出发，将砾屑、砂屑、团粒等颗粒的粒径分别确定为大于1mm、0.1~1mm 和小于 0.1mm；明显有别于 Sander（1967）对海相碳酸盐岩粒径界定的标准（砾屑为 2~64mm、砂屑为 0.0625~2mm、团粒小于 0.2mm）。这一差别，也正好反映了断陷湖盆碳酸盐岩沉积水体能量远小于海相沉积的特征，所以在分类中相应降低粒径划分的标准也是适宜的。

表4-9　湖相白云岩的结构分类（据胜利油田，1982）

颗粒含量（%）	生物化石	内碎屑	团粒	鲕粒	原地骨架
>50	生物白云岩	内碎屑白云岩	团粒白云岩	鲕粒白云岩	藻白云岩
25~50	生物×晶白云岩	内碎屑×晶白云岩	团粒×晶白云岩	鲕粒×晶白云岩	
10~25	含生物×晶白云岩	含内碎屑×晶白云岩	含团粒×晶白云岩	含鲕粒×晶白云岩	
<10	隐晶白云岩				

表4-10　湖相石灰岩的结构分类表（据王德发等，1987）

颗粒含量（%）	基质或胶结物	鲕粒	内碎屑 砾屑 >1mm	内碎屑 砂屑 0.1~1mm	内碎屑 粉屑 0.1~0.01mm	生物化石（碎屑）团粒<0.1mm	螺	介形虫	藻屑
>50	亮晶	亮晶鲕粒灰岩	亮晶内碎屑灰岩						
>50	泥晶	泥晶鲕粒灰岩	泥晶内碎屑灰岩			团粒泥晶灰岩	泥晶生物碎屑灰岩		
25~50	亮晶	鲕粒亮晶灰岩	内碎屑亮晶灰岩			团粒亮晶灰岩	生物碎屑亮晶灰岩		
25~50	泥晶	鲕粒泥晶灰岩	内碎屑泥晶灰岩			团粒泥晶灰岩	生物泥晶灰岩		
10~25	泥晶	含鲕粒泥晶灰岩	含内碎屑泥晶灰岩			含团粒泥晶灰岩	含生物泥晶灰岩		
<10		泥晶灰岩							

三、张国栋等（1987）的岩石成分分类

在苏北古近系断陷湖盆碳酸盐岩的研究中，张国栋等（1987）根据该盆地阜宁群二、四段碳酸盐岩的沉积特点，从岩石矿物成分与陆源碎屑的混合程度入手，将湖盆碳酸盐岩进行了岩石成分分类（表4-11）。该分类所划分的纯碳酸盐岩、过渡类型和混合类型，较全面地概括了苏北断陷湖盆碳酸盐岩的沉积类型。同时将过渡型岩类与混积型岩类归入断陷湖盆碳酸盐岩范畴，进行统一分类，既突显出断陷湖盆碳酸盐岩沉积的复杂性，又反映了中国大多数断陷湖盆中各类碳酸盐岩与碎屑岩互层伴生，砂、泥质（云）灰岩与（云）灰质砂、泥相互混积的特定规律。实际上，混积型岩类，无论在湖相碳酸盐岩还是海相碳酸盐岩中都普遍存在。早在1956年，苏联学者维什尼亚科夫与奇斯嘉科夫就根据不溶残积物含量，对海相碳酸盐岩中混入的碎屑物质（砂和粉砂物质）、黏土物质和偶尔混入的细砾和卵石进行了深入研究，并按碳酸盐岩中矿物与不溶残积物含量提出了分类（表4-12）。断陷湖盆碳酸盐岩中的混积特征，也和海相碳酸盐岩中的混积特征类似，无论在古代还是现代都是颇为常见的。Mout在1984年进一步阐明了碳酸盐岩中"混合沉积物"。而中国学者张国栋（1987）在苏北断陷湖盆的研究中，系统分析了陆源碎屑岩在湖盆碳酸盐岩中的混入特征，并具体对混积岩的过渡类型及混合类型进行了分类（表4-13）。该分类，对恢复中国断陷湖盆碳酸盐岩的沉积环境和古地理再造具有重要意义。

四、王英华等（1993）的结构组分分类

上述断陷湖盆碳酸盐岩的不同分类，既有许多共同点，也有各自的原则和侧重点。王英华等（1993）在总结上述分类的基础上，针对中国各类湖盆碳酸盐岩的不同成因和环境形成的常见结构组分，提出了较全面较系统的湖盆碳酸盐岩结构组分分类（表4-14）。该分类重点突出了结构组分的分类原则与命名的实用性，其特点主要体现在以下4个方面：

（1）湖盆碳酸盐岩因水介质能量普遍较小，常见颗粒的粒径变化较大。因此在分类中突出了颗粒的形态与成因相结合的命名原则，但未标注粒径的界限值，这与Folk（1959，1962）将碎屑岩结构概念引进到颗粒碳酸盐岩分类中，进行形态与碎屑岩粒径命名的方法一样。如将内碎屑简要地分为砾屑和砂屑两类，并将藻屑归入内碎屑，强调了分类中的灵活性与不必要的繁锁。在对包壳粒的命名中，随包壳粒类型而具体化，如亮晶同心鲕灰岩、亮晶核形石白云岩、泥晶藻鲕灰岩等；生物颗粒是湖盆碳酸盐岩中最为常见的颗粒，且以介形虫、螺、蚌类最为常见。分类中视化石保存的完整性，则命名为亮晶螺灰岩、泥晶介形虫灰岩等；如化石破碎，则称为亮晶螺屑灰岩、泥晶介屑灰岩等。

（2）颗粒支撑的湖盆碳酸盐岩填隙物，也有亮晶与泥晶之分，如亮晶颗粒灰（云）岩、泥晶颗粒灰（云）岩和部分淘洗作用不彻底而形成的泥—亮晶颗粒灰（云）岩等。然而在填隙物中有时还含一定数量的陆源砂、泥，这类填隙物的存在，指示了水动力条件和陆源供给的丰度，具有重要的环境意义。对其在岩石命名中难以反映的问题，分类中采用大处着眼而不拘于枝节，强调通过岩石描述，以阐明其环境意义，从而增强了分类的实用性。

表4-11 湖盆碳酸盐成分类及主要类型（据章国栋，1987）

组分	岩石名称	灰岩（方解石>50%）泥晶方解石基质（泥晶>亮晶）	灰岩 亮晶方解石胶结物（亮晶>泥晶）	白云岩（白云石>50%）泥晶基质	白云岩 亮晶胶结	过渡类型 方解石、白云石均为25%~50%	混合类型 方解石和白云石均为25%~50%	混合类型 方解石25%~50%、白云石<25%	混合类型 白云石25%~50%、方解石<50%	混合类型 方解石+白云石50%~75%
粒屑组分（>10%） 内碎屑 砾屑										
粒屑组分（>10%） 内碎屑 砂屑		泥晶砂屑灰岩	亮晶砂屑灰岩	砂屑白云岩						
球粒		泥晶球粒灰岩	亮晶球粒灰岩	球粒白云岩						
鲕粒（包括藻鲕）		泥晶鲕粒灰岩泥晶藻鲕灰岩	亮晶鲕粒灰岩	鲕粒白云岩						
核形石		泥晶核形石灰岩	亮晶核形石灰岩	核形石白云岩						
生物组分（>10%） 单体分散		泥晶虫管灰岩泥晶虫管-藻灰岩泥晶介形虫灰岩	亮晶虫管灰岩亮晶虫管-藻灰岩亮晶介形虫灰岩			含灰云岩含云灰岩	砂质虫管灰云岩			虫管灰岩含虫管-藻团虫管-藻灰岩泥灰岩
群集造礁		虫管礁灰岩		藻叠层白云岩						
正化学组分 亮晶		结晶灰岩		结晶白云岩			砂质灰云岩	砂灰岩	砂云岩	页状泥灰岩
正化学组分 泥晶		泥晶灰岩		泥晶白云岩			砂 25%~50%	砂 25%~50%	砂 25%~50%	泥 25%~50%
陆源组分（<50%）		砂或泥10%~25% "含砂" 或 "含泥"；砂25%~50% "砂质"		白云石10%~25% "含白云质"		砂或泥<25% "含砂" 或 "含泥"				
其他		亮晶变鲕灰岩（重结晶或压溶）亮晶重结晶砂屑灰岩虫管粉晶灰岩		方解不10%~15% "含灰质" 或 "灰质"；白云石10%~15% "含白云质" 或 "白云质"						

表 4–12　混合型碳酸盐岩分类（据 П·А·奇斯嘉科夫，1956）

岩石名称		含量（%）		
		不溶残积物	方解石	白云石
石灰岩系列	石灰岩	0～5	90～100	0～5
	含砂岩的、含粉砂岩的、含泥岩的石灰岩	5～30	70～95	0～5
	含白云岩的、含砂岩的、含粉砂岩的、含泥岩的石灰岩	5～25	70～90	5～15
	含砂岩的、含粉砂岩的、含泥岩的、含白云岩的石灰岩	5～15	70～90	5～25
	含白云岩的石灰岩	0～5	70～95	5～30
	砂岩质、粉砂岩质、泥岩质石灰岩	22～50	50～70	0～5
	含白云岩的砂岩质、粉砂岩质、泥岩质石灰岩	15～45	50～70	5～25
	含砂岩的、含粉砂岩的、含泥岩的、白云岩质石灰岩	5～25	50～70	15～45
	白云质石灰岩	0～5	50～70	25～50
白云岩系列	白云岩	0～5	0～5	90～100
	含砂岩的、含粉砂岩的、含泥岩的白云岩	5～30	0～5	70～95
	含石灰岩的、含砂岩的、含粉砂岩的、含泥岩的白云岩	5～25	5～15	70～90
	含砂岩的、含粉砂岩的、含泥岩的、含石灰岩的白云岩	5～15	5～25	70～90
	含石灰岩的白云岩	0～5	5～30	70～95
	砂岩质、粉砂岩质、泥岩质白云岩	25～50	0～5	50～70
	含石灰岩的砂岩质、粉砂岩质、泥岩质白云岩	15～45	5～25	50～70
	含砂岩的、含粉砂岩的、含泥岩的、石灰岩质白云岩	5～25	15～45	50～70
	石灰岩质白云岩	0～5	25～50	50～70

表 4–13　湖盆碳酸盐的过渡类型及混合类型（据张国栋，1987）

过渡类型	方解石 白云石	25%～50%，砂<25%	云灰岩、含砂云灰岩
			灰云岩、含砂灰云岩
	方解石 白云石	25%～50%，泥<25%	云灰岩、含泥云灰岩
			灰云岩、含泥灰云岩
混合类型	方解石 白云石	砂均为 25%～50%	砂质云灰岩
			砂质灰云岩
	方解石、砂均为 25%～50%，白云石<25%		砂灰岩、含白云质砂灰岩
	白云石、砂均为 25%～50%，方解石<26%		砂云岩、含灰质砂云岩
	方解石 白云石	50%～75%，泥 25%～50%	泥灰岩
			泥云岩

表 4-14　湖盆碳酸盐结构组分分类（据王英华等，1993）

岩石类型	填隙物或基质	颗粒含量	内碎屑		包壳粒（正常鲕、藻鲕、核形石）	球粒	藻团	生物颗粒	
			砾屑	砂屑				介形虫、螺、蚌等单体生物	造架生物
石灰岩	亮晶	>50%	亮晶砾屑灰岩	亮晶砂屑灰岩	亮晶包壳粒灰岩	亮晶球粒灰岩	亮晶藻团灰岩	亮晶生物（完整）或生屑（破碎）灰岩	藻、虫管、根管等礁
	泥晶	50%~25%	泥晶砾屑灰岩	泥晶砂屑灰岩	泥晶包壳粒灰岩	泥晶球粒灰岩	泥晶藻团灰岩	泥晶生物或生屑灰岩	
		25%~10%	砾屑泥晶灰岩	砂屑泥晶灰岩	包壳粒泥晶灰岩	球粒泥晶灰岩	藻团泥晶灰岩	生物或生屑泥晶灰岩	
		<10%	含砾屑泥晶灰岩	含砂屑泥晶灰岩	含包壳粒泥晶灰岩	含球粒泥晶灰岩	含藻团泥晶灰岩	含生物或生屑泥晶灰岩	
					泥晶灰岩				
白云岩	粉晶	>50%	粉晶砾屑白云岩	粉晶砂屑白云岩	粉晶包壳粒白云岩	粉晶球粒白云岩	粉晶藻团白云岩	粉晶生物或生屑白云岩	藻、虫管、虫管等礁
	泥晶	<50%	泥晶砾屑白云岩	泥晶砂屑白云岩	泥晶包壳粒白云岩	泥晶球粒白云岩	泥晶藻团白云岩	泥晶生物或生屑白云岩	
	泥或粉晶	<50%	残余砾屑白云岩	残余砂屑白云岩	残余包壳粒白云岩	残余球粒白云岩	残余藻团白云岩	残余生物或生屑白云岩	
	泥—细晶	<10%	晶粒白云岩						
混积岩	陆源砂泥及灰云质泥	<50%	砾屑泥砂质灰（云）岩	砂屑泥砂质灰（云）岩	包壳粒泥砂质灰（云）岩	球粒泥质砂质灰（云）岩		生屑泥、砂质灰（云）岩	
		<10%	砂质灰岩、砂质云岩、泥灰岩、泥灰（白云）岩、石灰（白云）岩、含云石灰岩、膏云岩等						

（3）各类白云岩在中国断陷湖盆碳酸盐岩中所占比例普遍较高，但由于在其形成过程中的白云石化作用或导致原岩结构的频繁变化，使岩石中的颗粒与填隙物常失去原始沉积面貌，往往导致其岩石类型难以像石灰岩那样，依据颗粒含量和填隙物性质进行较细致的分类。因此在补充前人分类不足的同时，根据较常见的砂屑白云岩、鲕粒白云岩、球粒白云岩、泥—粉晶白云岩和藻礁白云岩等颗粒与晶粒白云岩在不同断陷湖盆中发育的普遍性和残余颗粒结构及填隙物因白云化而表现出的不确定性，将各类白云岩在分类中系统归纳为颗粒白云岩、残余颗粒白云岩和晶粒白云岩等基本类型。这不仅符合中国湖盆白云岩的沉积发育特征，而且使分类更加趋于完善和成熟。

（4）对于混积型碳酸盐岩的分类，王英华等（1993）在充分肯定张国栋等（1987）提出的成分分类的同时，认为盐度正常的湖盆沉积可形成以方解石、白云石和陆源砂、泥为端元组分的各类岩石；干旱及咸化湖盆或盐湖的沉积，可以石膏或盐类矿物为端元组分对岩石进行成分分类。在这种情况下，陆源砂、泥质可合并为一个端元，并在表4-14基础上补充为四元分类，从而更加完善了混积碳酸盐岩的分类方案（图4-27）。中国在断陷湖盆沉积中混积型碳酸盐岩分布较为广泛，并且常常与油气关系密切。在沉积发育过程中，经常与石灰岩或白云岩互层过渡，相伴而生；陆源砂、泥是其最常见的混入组分，如砂质云岩、泥质云岩、含泥膏质云岩、泥灰岩和含泥云质灰岩等。近年来，中国已有不少学者对断陷湖盆沉积中的混积岩开展了广泛研究（沙庆安，2001；董桂玉，2001；马艳萍等，2003；张金亮等，2007；董艳蕾等，2011）。他们的成果，对拓展混积岩类的研究与油气勘探开发具有重要意义。

总之，在湖盆碳酸盐岩及混积岩的上述分类中，尤以王英华等（1993）的结构组分分类相对全面成熟，经多年的工作实践，得到了国内外学者的重视和应用，并且一些学者也对其进行了新的拓展。但与海相碳酸盐岩的分类相比，还需在理论和实践中不断修改与完善，只有这样，才能促进湖盆碳酸盐岩的研究更加深入地发展。

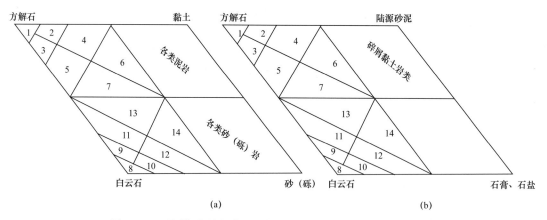

图4-27　不同湖盆混积碳酸盐岩成分分类（据王英华等，1993）

（a）以方解石、白云石、陆源砂、泥为端元组分的岩石成分分类；1—石灰岩；2—含泥质石灰岩；3—含云质石灰岩；4—泥质石灰岩；5—云质石灰岩；6—含云泥质石灰岩；7—含泥云质石灰岩；8—白云岩；9—含灰质白云岩；10—含砂质白云岩；11—云质石灰岩；12—砂质白云岩；13—含砂质白云岩；14—含灰质砂质白云岩；（b）以方解石、白云石、陆源砂、泥和膏盐为端元组分的岩石成分分类

第三节　断陷湖盆碳酸盐岩主要岩石学特征

从上述的分类不难看出，断陷湖盆因环境多变、物源复杂，碳酸盐岩沉积以内源和近源为主。岩石的基本类型主要有石灰岩类、白云岩类、过渡岩类、混积岩类等。此外，在近年来的研究中还提出了一些特殊成因的岩类，如震积岩、风暴岩等。这些特殊岩类，与油气运聚的关系密切，本书也将予以简要讨论。

一、石灰岩类

在断陷湖盆碳酸盐岩中，石灰岩的沉积和分布，随湖盆沉积环境的变化而异。常见的石灰岩主要有颗粒石灰岩、泥晶石灰岩、藻类石灰岩等。

（一）颗粒石灰岩

颗粒石灰岩，通常是指岩石中的内碎屑和其他颗粒含量大于50%的石灰岩。颗粒包括内碎屑（砾屑、砂屑）、生物化石（螺、介形虫、有孔虫和藻类）或生物屑、包壳粒、球粒、藻团块等。在断陷湖盆中，由内碎屑组成的颗粒碳酸盐岩多形成于缓坡环境，而由生物化石（螺、介形虫、有孔虫和藻类）或生物屑、包壳粒、球粒、藻团块等组成的颗粒碳酸盐岩（单颗粒石灰岩或复颗粒石灰岩）多发育在水下隆起或断阶地形成的浅水滩坝环境。

1. 内碎屑石灰岩

在断陷湖盆沉积中，内碎屑石灰岩主要由砾屑石灰岩和砂屑石灰岩组成。其中砂屑石灰岩分布广泛，而砾屑石灰岩的分布较为局限。

（1）砂屑灰岩：多具泥晶与藻泥结构，在水下隆起或阶地形成的浅水滩坝环境，砂屑的磨圆度与分选较好，填隙物以亮晶多见，也有泥晶或亮—泥晶，鲕粒、生物碎屑常与之伴生（图4-28a、b）。

（2）砾屑灰岩：多由重力滑塌、地震或风暴作用成因，常分布在坡度较陡的斜坡带中下部或凸起边缘。成分多由泥晶石灰岩、鲕粒石灰岩和生屑石灰岩组成，常见的砾屑一般为0.3~0.5cm，磨圆度与分选均较差，填隙物多为灰泥，有时夹有少量陆源碎屑（图4-28c、d）。

2. 生物（生屑）石灰岩

这类石灰岩是断陷湖盆碳酸盐岩的常见岩石类型，在各类断陷湖盆中广为分布。组成生物（生屑）石灰岩的生物颗粒主要有螺、介形虫、有孔虫、钙藻类生物等。常见的生物（生屑）石灰岩有亮晶生物（生屑）石灰岩、泥晶生物（生屑）石灰岩、亮—泥晶生物（生屑）石灰岩等。

（1）亮晶生物（生屑）灰岩：主要为螺灰岩和介形虫灰岩，灰色、灰白色、中—厚层状，生物（生屑）多为厚壳的腹足类，也有部分瓣鳃类，壳厚一般在0.05~0.15mm间，介形虫大小为0.2~0.3mm。普遍见藻类钻孔，保存较完好。颗粒密集堆积，粒状亮晶方解石胶结，包括栉壳状，其三世代结构。此种生物石灰岩孔隙中常见部分沉积渗滤灰泥，斑状分布，连通性差，为较高能生物滩的产物。在断陷湖盆中，多发育在浅水滩坝环境（图4-29a、b）。

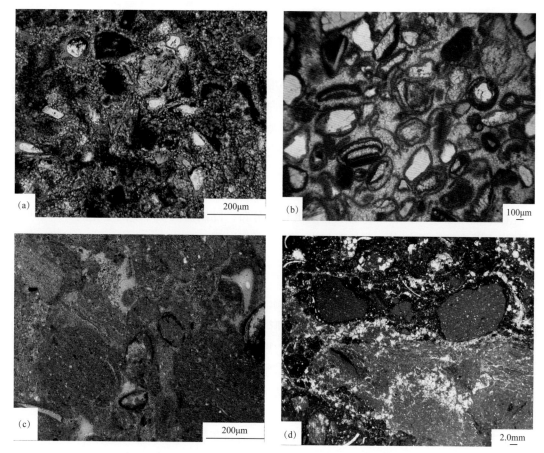

图 4-28　黄骅断陷单偏光下的砂屑与砾屑灰岩微观照片

（a）旺 38 井，1987.6m，砂屑生物灰岩；（b）孔新 32 井，1489.55m，亮晶砂屑灰岩，含生物颗粒；（c）旺 1102 井，1968.0m，砂砾屑泥晶灰岩，砂砾屑之间见生屑溶孔；（d）旺 1102 井，1968.5m，砂砾屑灰岩，基质富含泥质，砂砾屑多层刚性破裂，属于早期固结成岩再破碎产物

（2）亮—泥晶生物（生屑）灰岩：灰色薄—中层状，生物化石含量丰富。主要生物有保存较完整的腹足类、大小 2mm 左右，其次是瓣鳃类、介形虫等，多呈壳瓣状，大部分属于钙质，壳瓣部分属于胶磷质骨片；另外有少量鲕粒、砂屑及球粒，粒径多为 0.15～0.4mm，形态不规则，多呈姜状，胶结物为灰泥与亮晶方解石二者不均匀胶结，边缘普遍见栉壳状白云石胶结物，具三世代结构。亮、泥晶生物石灰岩反映的沉积环境的水体能量应是介于高能滩与较深水的低能滩之间的地带。由于湖水能量不够高，所以才没能将粒间的灰泥等细粒沉积物淘洗干净（图 4-29c、d）。

（3）泥晶生物（生屑）灰岩：灰色薄—中层状，生物化石含量丰富。镜下观察，多见两种生物组合，一是以腹足类为主，其次为介形虫及其碎片，大小为 0.5～1.5mm，保存完整，体腔内充填细—中晶形方解石，另一类生物以有孔虫为主，约占 15%～45%，种属有 *ProtelPhidium* sp.，*Treloculina*，*Discorbis* sp.，*Nonionidae* 等，此外还有薄壳的瓣鳃类、介形虫等。有孔虫个体较小，数量较多，与腹足类、瓣鳃类、介形虫共生，瓣鳃类以单瓣保存，局部有未被淘洗干净的灰泥填隙物，说明其沉积时的水体能量不是十分高，少量生物壳因压实作用而造成的变形明显。介形虫多破碎，含少量石英、岩屑及长石粉砂，粒间为灰泥充填。因溶蚀作用，部分粒间灰泥充填物被溶蚀形成溶蚀孔。这类生物（生屑）灰岩，主要发育于湖水相对较深的浅滩边缘或水体相对平静的湖湾附近的浅滩环境（图4-29e、f）。在岩心及扫描电镜下，常可见完整的螺化石（图4-30）。

3. 包壳粒石灰岩

包壳粒石灰岩，在断陷湖盆的滩相环境中分布较为普遍，但因湖盆水动力有限，其成因多与生物作用有关。常见的包壳粒主要有藻鲕、核形石和具泥晶套的正常鲕、表鲕、变形鲕及复鲕等。

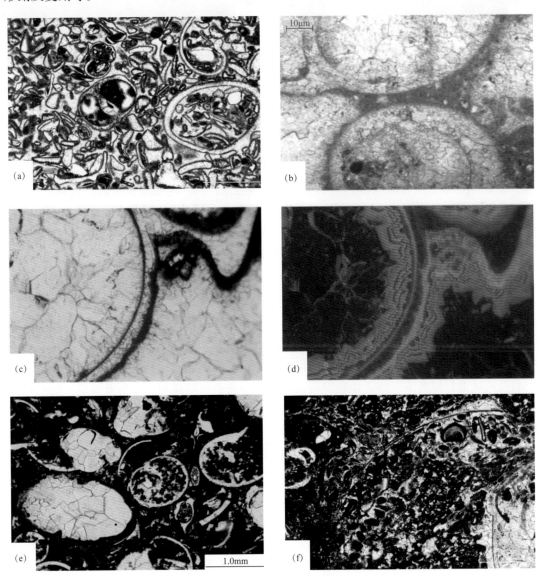

图 4-29　黄骅断陷单偏光下亮晶、泥晶与亮—泥晶生物灰岩微观照片

（a）旺 36 井，1588.67m，亮晶生物灰岩，软体生物为主，部分有孔虫，亮晶胶结；（b）歧北 11 井，2618.66m，亮晶生屑灰岩中局部有未被淘洗干净的灰泥填隙物，说明其沉积时的水体能量不是十分高；（c）扣 16 井，2103.19m，亮泥晶生物灰岩，腹足壳和体腔充填物、粒状亮晶方解石胶结物不发光，早期胶结物发红光；（d）为（c）阴极发光；（e）旺 35 井，1786.11m，泥晶生物灰岩，含介形虫、腹足类；（f）旺 36 井，1584.71m，泥晶介屑灰岩，介形虫为主的颗粒结构，少量腹足类

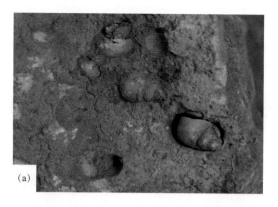

图 4-30　黄骅断陷生物泥晶灰岩中的螺化石

（a）歧 126 井，2408.3m，生物泥晶灰岩中的螺化石；（b）旺 35 井，1786.11m，螺化石扫描电镜照片（500μm）

（1）鲕粒石灰岩：在断陷湖盆中常见的有亮晶鲕粒灰岩与泥晶鲕粒灰岩。亮晶鲕粒灰岩：常为灰色、灰白色、浅黄白色，中—厚层状，鲕粒含量为 50% 左右，大小为 0.5~7mm，普遍含少量生屑等。鲕核多为生屑碎片组成，常呈冬瓜状、圆状—椭圆状、少量具放射状。因此这类亮晶鲕粒石灰岩形成于水体能量相对安静的近临湖湾的浅滩环境。镜下常见部分鲕粒被泥晶白云石交代（图 4-31a、b）。泥晶鲕粒灰岩：色调以灰色、深灰色为主，鲕核主要为生屑，其次是陆源砂或粉砂。鲕粒一般多以表鲕为主，圈层一般为 2~3 圈，形态多呈椭圆形、弧形等，大小 0.1~0.5mm 不等，粒间以泥晶方解石或栉壳状方解石胶结。常含石英砂、砾，发育粒间和粒内溶孔（图 4-31c—f）。

（2）细晶鲕粒灰岩：鲕粒结构以圆形为主，部分因鲕核为生物碎屑而呈冬瓜状，少量具放射纹和 3~4 层同心纹，粒径多为 0.2~0.8mm；含泥晶砂、砾屑，大小 1~2mm。可见部分完整的介形虫，少量软体碎屑。粒间为细晶方解石胶结，残余少量灰泥或渗滤灰泥（图 4-32）。特别是作为鲕核的生屑（晶粒结构的单晶生屑和多晶生屑）是亮晶鲕粒灰岩中鲕粒的重要特征，它们对于储集层的形成具有重要的影响。这些生屑多为腹足类、瓣鳃类的壳经风浪打碎磨圆所致。生物碎屑大多是经分选磨圆的螺屑、介屑及藻屑。胶结物以亮晶方解石为主，分选中等—较好。鲕粒的皮壳泥晶物质极致密，镜下可见有藻丝结构。电子能谱图分析结果：皮壳元素的原子百分比中 C 为 1.01、O 为 67.95、Mg 为 10.95、Ca 为 20.09，而胶结中 O 为 32.59、Ca 为 87.49（图 4-33）。

4. 球粒石灰岩

球粒是断陷湖盆碳酸盐岩中常见的结构组分，一般粒径小于 0.2mm，多在 0.1~0.5mm 之间，大小近似，粒内多为泥晶或微晶结构，色暗而富含有机质，常密集产出。生物成因的球粒，常与生屑伴生或产于藻架孔隙中；由化学凝聚成因的球粒，则含有一定程度的泥质。常见的球粒石灰岩，是指岩石中的颗粒组分至少有两种以上，而且其中没有一种的含量特别突出而达到以它作为岩石命名。断陷湖盆中，球粒石灰岩中常见的颗粒有生屑、鲕粒、球粒、粪粒及少量陆源砂等。虽然鲕粒和生屑相对多一些，但也没有多到可以单独用它来作为岩石的主要名称，更多的是两种颗粒组分的含量相差不大。根据颗粒组分的这一特点并结合填隙物类型可将断陷湖盆中的球粒石灰岩分为泥晶球粒—生物石灰岩和泥晶生屑—球粒石灰岩两种。由于这两类石灰岩在断陷湖盆内的分布相对较少，其中泥晶球粒—

生物石灰岩中，球粒大部分为泥、微晶与细粉晶灰泥结构，所含生物以介形虫、颗石藻为主，腹足类保存也较完整，大小在0.5～1mm之间。泥晶生屑—球粒石灰岩，浅灰色—灰色，薄—中层状，颗粒种类以生屑、鲕粒为主，少量砂屑和陆源砂或粉砂。生屑主要为厚壳腹足类，破碎为主，少数较完整，体腔充填灰泥。鲕粒大小为0.03～0.1mm不等，圆形、椭圆形、弧形等（依鲕核形态而定），鲕核多为生屑或三个世代亮晶方解石胶结或连晶方解石胶结或灰泥基质充填等。根据该岩类的组分和结构特征判断，其沉积环境的水体能量与亮晶生物灰岩或亮晶鲕粒石灰岩相比要略低一些，但仍然是浅滩环境的产物。其横向分布与正常的亮晶生物石灰岩等基本一致，纵向则与亮晶生物石灰岩等交替发育（图4-34）。

图4-31 黄骅断陷亮晶和泥晶鲕粒灰岩微观照片

（a）旺38井，1996.45m，亮晶鲕粒灰岩，粒间胶结物及生物屑被溶后形成溶孔；（b）旺1104井，亮晶鲕粒灰岩，鲕粒为正常鲕、表皮鲕，少量空心鲕，混有生屑，亮晶方解石胶结；（c）扣17井，1406m，泥晶介壳鲕粒灰岩，体腔中见完整的腹足类；（d）旺38井，1993.38m，泥晶鲕粒灰岩，含生物碎屑；（e）、（f）：阴极发光下的泥晶鲕粒灰岩，×50

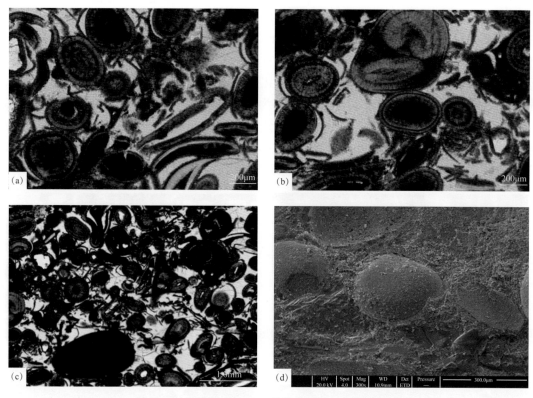

图 4-32　黄骅断陷旺 1104 井细晶鲕粒灰岩微观照片

（a）旺 1104 井，2002.85m，细晶鲕粒灰岩，含部分生屑；（b）旺 1104 井，2002.93m，细晶鲕粒灰岩，含部分生屑，
鲕粒为正常鲕、部分复鲕，同心纹层发育，放射纹属于文石结晶所致；（c）旺 1104 井，2002.88m，细晶鲕粒灰岩，含
部分生屑，胶结物为片状连晶；（d）细晶鲕粒灰岩电镜扫描照片（300μm）

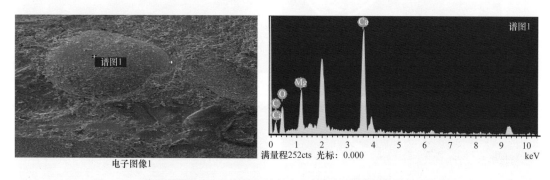

图 4-33　黄骅断陷旺 35 井细晶鲕粒灰岩电镜扫描照片及鲕粒电子能谱图

（二）泥晶石灰岩

　　泥晶石灰岩，通常是指颗粒含量小于 10％ 的泥晶结构的石灰岩。这类石灰岩，在断陷湖盆中沉积广泛，并常与泥、页岩互层产出，多分布于湖坪、洼地、缓坡、湖湾及滩缘过渡区。岩石中所含颗粒以生物碎屑为主，有时可见完整生物，藻类沉积作用较为明显，但高能颗粒少见，有机质与陆源细粒组分含量普遍较高。在干旱或蒸发较强的环境，也常与膏、盐共生。常见的泥晶石灰岩，主要有纹层状泥晶灰岩、含泥质泥晶灰岩等。

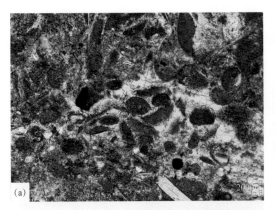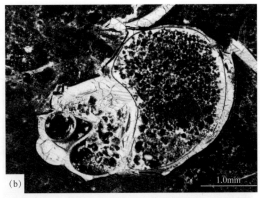

图 4-34　黄骅断陷单偏光下的球粒石灰岩微观照片

（a）旺 36 井，1585.01m，泥晶球粒生物石灰岩，含较多介形虫；（b）：旺 36 井，1585.06m，泥晶球粒生物石灰岩大量腹足类

1. 纹层状泥晶灰岩

这类石灰岩主要由泥晶方解石组成，多呈薄层状，灰色或灰褐色，常和泥岩组成薄互层，泥晶石灰岩厚度为 1～5cm；中层状泥晶灰岩在垂向上常发育裂缝，平面上裂缝呈近等间隔平行排列。镜下以泥晶结构为主，有时可见他形及少量半自形结构，常含少量介形虫碎屑、藻屑及较多颗石藻（*Reticulofenestra bohaiensis* sp.；*Coccolithus* sp.）。由泥质、有机质组成的水平层理普遍发育。垂向上常与暗色泥岩、油页岩、钙质页岩不等厚互层分布（图 4-35）。

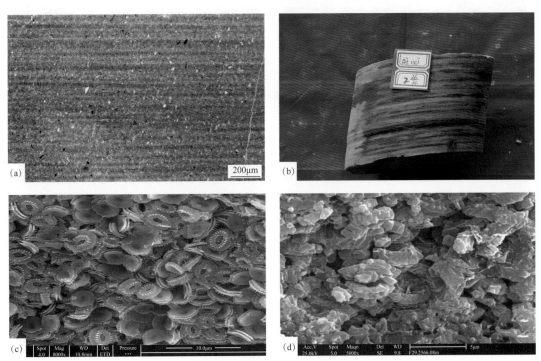

图 4-35　黄骅断陷纹层状泥晶灰岩与颗石藻微观照片

（a）旺 37 井，1674.00m，纹层状泥晶灰岩，可见少量生物碎屑；（b）旺 1105 井，1996.87m，纹层状泥质泥晶灰岩，纹层灰岩由颗石藻组成；（c）孔新 32 井，1477.40m，颗石藻（*Reticulofenestrabohaiensis* sp. nov），形似葵花，其含量可达 35％左右；（d）旺 1105 井，1996.80m，颗石藻（*Coccolithus* sp. nov），形似葵花，其含量可达 15％左右

2. 含泥质泥晶灰岩

这类石灰岩，一般不纯，常含少量砂泥质，依据颜色或是否易于沿纹层裂开可分为两种（图4-36）：

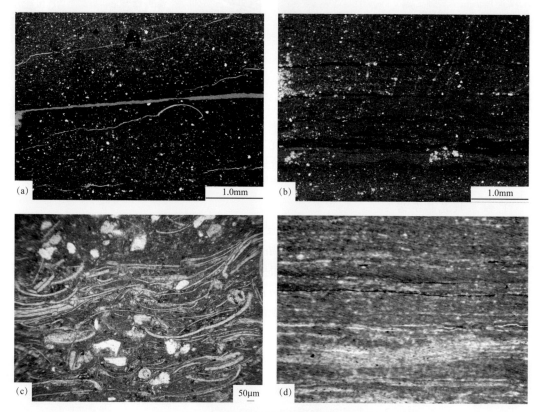

图4-36　单偏光下含泥质泥晶灰岩微观照片

（a）旺30井，2696.39m，含泥砂质泥晶灰岩，少量介形虫碎片，构造微裂隙；（b）旺35井，1784.45m，含泥砂质泥晶灰岩，少量介形虫碎片，大量泥砂质抑制了生物的发育；（c）孔新32井，1496.01m，含泥、含砂泥晶介形虫灰岩，见较多介壳富集成带；（d）孔74井，1692.5m，纹层状含泥质泥晶灰岩

（1）灰—褐灰色纹层状含泥质泥晶灰岩，常呈页状薄层与页岩、油页岩及泥岩互层产出，颜色常见浅灰与灰黑色交替形成水平或微波状纹层，受力后较易沿纹层理裂开。镜下观察灰质纹层约占40%～90%，单个纹层厚0.01～0.2mm不等；泥质纹层厚0.01～0.05mm不等，层面上常见介形虫及其他生物化石，发育水平纹层理。扫描电镜观察，灰质纹层大都由颗石藻构成，属种有 *Reticulofenesta* sp.、*Hilicopontophaera* sp.、Coronocgclus sp. 等。这类纹层状含泥质泥晶灰岩，实际上是颗石藻石灰岩与泥、页岩互层，常含油气。考虑到颗石藻类化石和非颗石藻类灰质超微化石均产于不同颜色灰质页岩组成的季节性韵律层中，同时又缺乏共生的底栖生物，颗石藻分异度又较低，具属种少，成分单调等特点，说明其形成于较为平静的水动力较弱的湖湾或半深湖—深湖环境。

（2）灰—深灰色含泥质泥晶灰岩，与前述不同之处在于颜色较深，岩石受力后沿纹层理裂开的程度不如前类强；发育水平层理，单层厚度一般为0.5～1m，分布较为广泛。

（三）藻类石灰岩

藻类石灰岩，在断陷湖盆碳酸盐岩中也是常见的典型岩类之一，由生物沉积作用成因，并保存有明暗相间的藻丝体。藻球粒与周围藻基质多以藻丝体相连接为特征。由藻类形成的石灰岩，主要有藻团块灰岩、藻叠层石灰岩和藻架（礁）灰岩等。

1. 藻团块灰岩

藻团块灰岩，是指碳酸盐岩中由钙藻遗体或藻丝体捕集、黏结聚凝作用成因。其藻团块粒径，一般介于正常鲕与核形石之间，大小为 0.05～0.1mm，内部结构松散，多呈泥晶或亮晶结构；保存较好的藻团块，内部可见明显的藻丝体，镜下多具分支管状与云雾状。常与核形石伴生。这类石灰岩多形成于低能的浅湖环境，水体清澈，沉积环境稳定则有利于其发育（图 4-37a—c）。

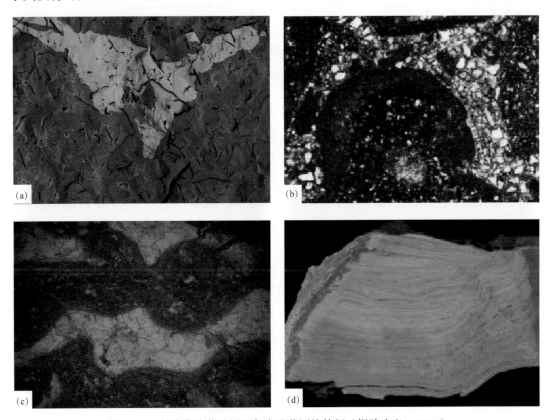

图 4-37　断陷湖盆藻叠层石灰岩及藻团块特征（据陈广义，2010）

（a）黄骅断陷旺 37 井，2302.5m，藻团块灰岩中的藻丝体；（b）柴达木西部古近—新近系上干柴沟组砂质藻团块灰岩；（c）柴达木西部古近—新近系上干柴沟组藻团块灰岩；（d）柴达木西部古近—新近系上干柴沟组藻叠层石灰岩

2. 藻叠层石灰岩

藻叠层石灰岩，主要由藻泥及孔层类沉积成因。断陷湖盆中，随着水动力的变化，可形成各种藻纹构造（图 4-37d）。这类石灰岩，在黄骅断陷湖盆碳酸盐岩中分布相对较少，而在济阳、苏北、三水及柴达木西部古近系断陷湖盆碳酸盐岩中均较常见。从叠层石纵切面可见清晰的明暗相间的生长韵律纹层，而且韵律纹层常呈上凸的波状和柱状产出形态能够指示叠层石生长的向光性。单个韵律纹层的形态显示向上凸起圆弧状，而在侧向合并。

观察叠层石波状和柱状纹层带的空间关系，可见波状和柱状纹层带在纵向上呈现出旋回性交替出现。一般来讲波状纹层带会出现在叠层石生长层系的下部，而柱状纹层带则出现在波状纹层带之上，从而形成一个生长层系。在显微镜下观察，可见明显的叠层构造，亮暗层相间，亮层为碎屑纹层，暗层多为富藻的生物纹层。当纹层上凸呈锥状形态时，明暗带清晰可见；当纹层呈波状伸延时，有时几个亮层或暗层逐步合并变宽，使亮层和暗层之间的界限模糊不清（陈广义，2010）。据其形态主要有弱水流中形成的叠层石、水流能量逐渐增强而形成的侧向连接半球状叠层石、垂直堆砌半球状叠层石和球状叠层石即核结石或藻灰结核等。不同藻叠层石构造，反映了不同的成因环境。正如王英华等（1993）在研究了济阳和平邑断陷藻类碳酸盐岩后指出：由 *Phormidium*（亮层）和 *Schizothrix*（暗层）组成的层纹石和水平波状层纹石反映了湖盆水位的周期性变化和形成于周期性暴露的滨湖环境。球状叠层石（即核形石）的粒度、层圈数、内部结构清晰度、磨损与破碎程度和伴生颗粒组合性质，反映了其形成时水体的深浅、能量的高低及其形成环境的稳定性。半球状叠层石多形成于浪底附近或下潮间带，为间歇能量带产物；粗粒、球形、多包壳层结构清晰的核形石，形成于浅湖高能环境；外形不规则、包壳层连续性差而少者，形成于水体较深（能量也随之减弱）环境。

3. 藻架（礁）灰岩

藻架（礁）灰岩，通常是指由原地生长的生物格架及充填于其间的灰泥胶结物组成的石灰岩（图4-38a）。断陷湖盆中常见的造架生物主要有中国枝管藻（*Clabosiphiasinensosqen*）、山东枝管藻（*Cladosiphonie shndonqensis*）及多毛纲山东龙介虫（*Serpule shandoqensis*）的栖管等（图4-38b）。此外，与主要造架（礁）生物共生的还有中国软管藻、中国古刚藻、弯管虫等。朱浩然早在1979年就在东营断陷沙四段发现了14种钙藻类（其中包括7种绿藻、4种蓝藻、3种红藻）造架生物。杜韫华（1990）通过对东营断陷西部平方王礁相碳酸盐体研究后指出，中国枝管藻原植体具有互生的管状分枝，辐射状生长，主轴直径35～55μm，分枝直径30～45μm，分枝和主轴为锐角，也有近平行的分枝，互不缠绕。山东枝管藻的藻体分枝扭曲，常与中国枝管藻混生，数量虽少，但都是原地固着生长的藻类，所形成的碳酸盐建造抗风浪作用较强。另一种造礁生物为环节动物的多毛纲山东龙介虫的栖管，是彼此平行的圆柱形管，横切面为圆形或椭圆形，内径4～6mm，栖管壁厚达1mm。这类山东龙介虫生活在水体搅动强度较大、藻类繁盛、营养丰富的浅湖区，与中国枝管藻、山东枝管藻共同构成藻架（礁）灰岩。这类藻架（礁）灰岩在东营断陷湖盆的沙四段上部和沙一段的浅湖环境广泛发育，苏北及广东三水断陷湖盆的浅湖环境中也较常见。但在黄骅断陷湖盆沙一下亚段的浅湖环境中所见较少，并且以隐藻的形式出现。

二、白云岩类

白云岩，在中国断陷湖盆中的分布略高于石灰岩，这是由于大多数断陷湖盆属于半咸水—咸水湖盆，加之湖盆面积较小，蒸发作用较强，导致沉积作用或成岩过程中白云石化作用普遍。所形成的白云岩，既有准同生成因，又有交代成因。常见的白云岩类型主要有残余颗粒白云岩和晶粒白云岩等。

图 4-38　藻架（礁）灰岩岩心（据杜韫华，1990）

（a）黄骅断陷枣 80 井，1917m，生物骨架灰岩；（b）济阳断陷 B 西 3-12 井，1563m，中国枝管藻群体

（一）残余颗粒白云岩

残余颗粒白云岩是指不同程度的含有内碎屑和其他颗粒或他们的残余及幻影的一类白云岩。因这类白云岩多数是由颗粒石灰岩经白云化而来，并因白云化的强度等因素的不同而影响颗粒的残余量和残余程度。因此对这类白云岩的颗粒含量不做过细的讨论，仅就颗粒类型等较宏观的现象分别予以介绍。

1. 鲕粒白云岩

鲕粒白云岩，其原岩为鲕粒石灰岩，经白云化后多见残余或幻影结构，鲕径大小在 0.1～0.5mm 不等，一般 1～2 个圈层，形态呈圆形、椭圆形、弧形等，被泥晶白云石呈组构交代，圈层结构已不清楚，有时能见圈层幻影及有未发生白云石化的鲕核；生物碎屑主要为介壳、腹足类，其次为瓣鳃类。腹足类壳较薄，厚 0.025～0.1mm 不等，大部分生物碎屑因白云石化而显泥晶结构。部分体腔为云泥充填，粒间云泥充填或泥粉晶白云石胶结（图 4-39）。

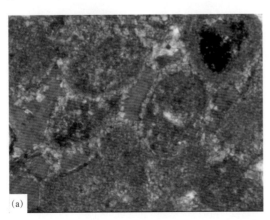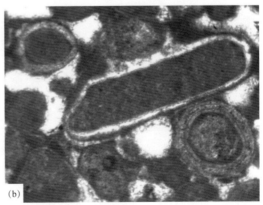

图 4-39　鲕粒白云岩微观照片（据张跃，2008）

（a）扣 42 井，2280.81m，亮晶鲕粒云岩，鲕粒白云石化后圈层结构已不清楚，但见环边胶结物为自形细粉晶白云石（白云石化的组构交代），粒间孔及粒内溶蚀孔为粒状亮晶方解石充填；（b）L101 井，3605.2m，亮晶薄皮鲕粒云岩，单偏光，×100

2. 砂屑白云岩

这类白云岩从残余的颗粒或颗粒幻影特征可以认定的颗粒有砂屑、藻屑、生屑等，含量为50%～60%，砂屑大小一般为0.1～0.8mm，既有亮晶结构，也有泥晶结构，分选中等，次圆状—次棱角状。内部结构多较均一，颜色较暗；由藻屑打碎的碎屑，内部结构均一，颜色较暗，富有有机质（图4-40）。

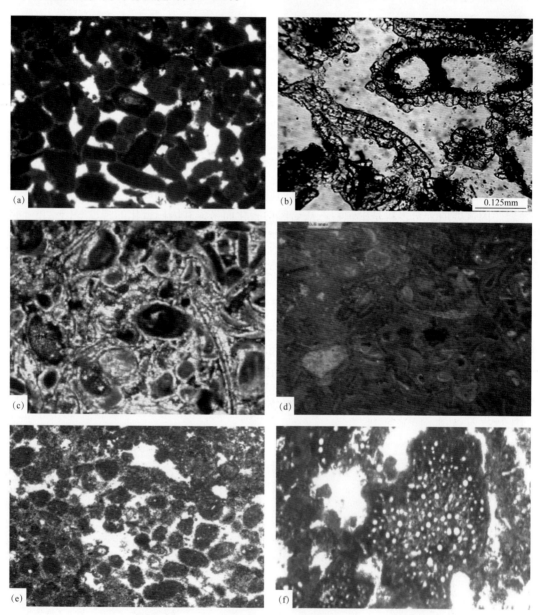

图4-40 砂屑白云岩微观照片

（a）L70-161井，3615m，亮晶砂屑白云岩，砂屑磨圆、分选较好，单偏光，×40（据张跃，2008）；（b）旺31井，1658～1659m，亮晶砂屑白云岩，白云石胶结物呈栉壳状环边，发育溶蚀孔隙。单偏光；（c）旺38井，1987.4m，生屑白云岩，染色薄片，5×10（+）；（d）旺38井，1987.4m，生屑白云岩，阴极发光，10×10；（e）L70-104井，3615.7m，藻屑白云岩，单偏光，×40（据张跃，2008）；（f）L70-134井，3602.5m，藻团类白云岩，藻屑形态清晰，局部黏结成团，单偏光，×40

3. 球粒白云岩

白云岩中的球粒，一般粒径为 0.2～0.05mm，呈浑圆或椭圆状，大小近似，群集产出。其内部为亮晶或泥晶结构，色暗者富含有机质，周围常见栉壳状的白云石胶结物。球粒与砂屑的区别是其形态呈圆形或椭圆形，而砂屑则略棱角。黄骅断陷湖盆碳酸盐岩中的砂屑—鲕粒白云岩，主要分布在齐家务、六间房、王徐庄、赵家堡等云质洼地和云坪环境（图 4-41）。

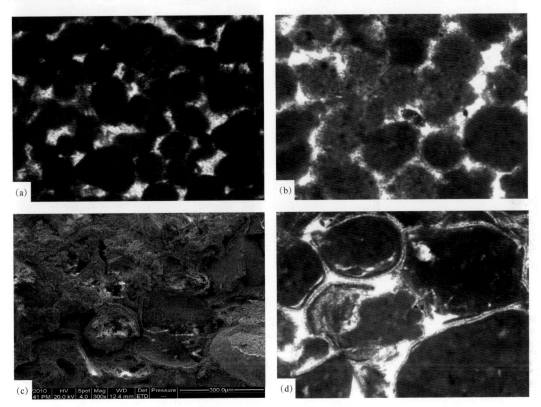

图 4-41 球粒白云岩微观照片特征

（a）L70-136 井，3608.5m，亮晶粪球粒白云岩，颜色暗富含藻屑及有机质，单偏光，×100；（b）L70-124 井，3613.4m，亮晶球粒白云岩，见栉壳状的白云石胶结物，单偏光，×100；（c）旺 36 井，1584.25m，球粒白云岩电镜扫描（300μm）；（d）L70-136 井，3607.9m，球粒白云岩中的栉壳状的白云石胶结物，单偏光，×100

（二）晶粒白云岩

晶粒白云岩，通常是指泥晶—粗晶白云岩。但在断陷湖盆碳酸盐中，中—粗晶白云岩少见，一般多为泥、粉晶白云岩，由准同生白云化作用或埋藏交代白云化作用成因。有时在裂缝及溶洞中见有富铁的细晶白云石组成的结晶白云岩，但这类白云岩分布较为局限。

（1）泥晶白云岩：主要由泥晶及少量粉晶白云石组成，呈纹层状—中层状，灰色或灰褐色，薄层状泥晶白云岩常和泥岩组成薄互层，单层厚度一般多在 1～5cm 之间；中层状泥晶白云岩厚度多在 0.5～1m 之间，其上微裂缝发育，沿裂缝常见亮晶方解石与白云石充填。镜下泥晶白云石以他形为主，少量半自形晶，大小多在 0.03mm 左右，含介形虫化石骨屑，局部富集，偶见胶磷质及鱼骨化石。泥晶白云岩常与泥质纹层组成微—细水平层理或微波状层理。垂向上常与暗色泥岩、油页岩、钙质页岩和泥灰岩互层产出，多发育在蒸发洼地及缓坡带蒸发云坪环境（图4-42）。

图4-42　泥晶白云岩岩心及显微照片

（a）旺22井，2570m，泥晶白云岩，×20；（b）旺30井，2192.93m，介屑泥晶白云岩，见较多介形虫骨屑，少量胶磷质；（c）扣42井，2288.98m，浅灰褐色中层状泥晶白云岩；（d）庄64井，2610.03m，扫描电镜下的泥晶白云岩，晶体分布均匀、致密，含泥质（20μm）

（2）纹层状含泥泥晶白云岩：纹层厚0.03~0.5mm不等，少数可达1mm；泥质纹层厚度不等，小于0.1mm到大于1mm都有。常见不连续纹层状或分散状分布的黄铁矿微晶，阴极发光下显示水平纹层发育；局部纹层塑性变形强。岩石整体发光较亮，白云石发褐色光为主，星点状发棕黄色光，暗色纹层相对发光较暗。这类白云岩多发育在云质洼地与蒸发云坪环境（图4-43）。

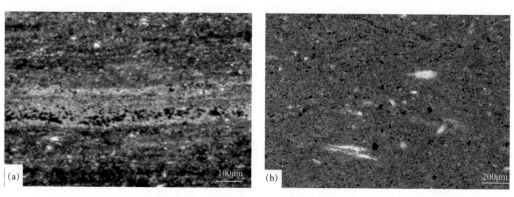

图4-43　纹层状含泥泥晶白云岩显微照片

（a）张海501井，2723m，纹层状含泥泥晶白云岩，高干涉色的纹层是泥晶白云石纹层，一级灰干涉色微粒是泥质组分；（b）旺1105井，2036.71m，纹层状含泥泥晶白云岩，泥质与云质高度混杂，偶见生物碎片

（3）粉晶白云岩：以粉晶为主，常含少量细晶或泥晶，偏光显微镜下可见晶粒大小约2～5μm。形状呈他形—半自形，且以他形为主。晶粒呈分散状或紧密堆积状。晶粒间主要以铁白云石和方解石胶结。在断陷湖盆中，粉晶白云岩常发育在蒸发云坪环境及侵入岩体周围（图4-44）。

图4-44　粉晶白云岩岩心及显微照片

（a）滨22井，2601.9m，粉晶白云岩，染色薄片，63×10（-）；（b）埕54×1井，3196.45m，粉晶白云岩，岩心照片；
（c）扣42井，2293.1m，自形粉晶白云岩（100μm）；（d）旺1102井，1968m，自形粉晶白云岩（10μm）

三、过渡岩类

过渡岩类，是指介于石灰岩与白云岩之间的过渡性岩类。由于断陷湖盆受气候影响强烈，水体盐度变化频繁，导致白云化作用不彻底或因含镁成岩流体选择性白云石化作用，常形成石灰岩与白云岩之间的过渡岩类沉积。因而在断陷湖盆中常见的过渡性岩类，主要有云质泥晶灰岩与灰质泥晶白云岩，二者常呈薄层或条带状互层分布。

（一）白云质石灰岩

白云质石灰岩中，方解石含量一般大于50%，白云石与泥质总含量在25%左右，其中白云石含量大于泥质含量。岩石呈灰色—褐灰色、薄层状—纹层状，常与泥质岩成薄互层或与砂质岩及其他碳酸盐岩互层。白云质石灰岩的结构组分有基质、颗粒等两类。其中颗粒可有灰质颗粒或白云质颗粒（包括鱼骨屑及其他生屑、鲕粒、球粒、砂屑）及陆源砂等；基质可有灰泥基质和云泥基质。白云质石灰岩的形成，多为准同生阶段白云化作用不彻底的结果。在黄骅断陷湖盆中有灰泥基质和云泥基质。白云质灰岩在各断陷湖盆的浅湖—半深湖相带均有分布，常见的白云质石灰岩，主要有白云质泥晶石灰岩、白云质颗粒石灰岩及白云质藻类石灰岩等，这些岩类的结构及组分与原岩基本一致。但由于白云化作用的性质是多种多样的，其中白云质泥晶石灰岩中，常可见被白云化不彻底的原岩结构及部分白云石化的斑点；白云质颗粒石灰岩及白云质藻类石灰岩的部分颗粒或生物残体，常常被白云石交代而形成晶面良好的菱面体或不均匀的粒状集合体（图4-45）。在这种集合体中常可见灰泥的残余及向心状的结构。而粉晶与颗粒（藻类）白云岩则是白云质石灰岩在白云化过程中的最后产物。

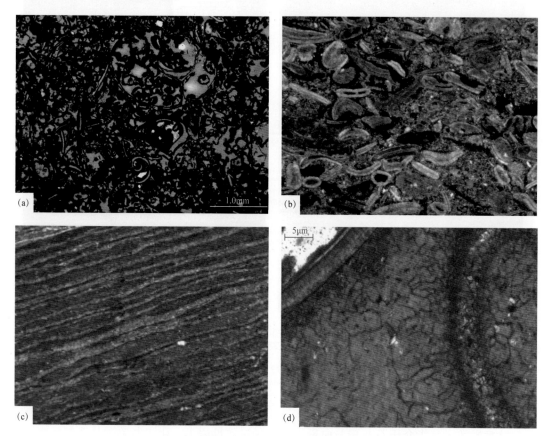

图 4-45　白云质石灰岩显微特征

（a）旺36井，1584.25m，大量有孔虫形成颗粒主体，并发生溶蚀，形成50％左右的溶蚀孔隙；（b）歧北11井，2617.07m，白云质亮晶鲕粒灰岩，鲕核多为生屑，呈椭圆形、弧形等，被泥晶白云石成组构交代，但多数生屑鲕核未发生白云石化；（c）白云质灰岩，房29井，染色薄片，5×10（−）；（d）歧北11井，2618.66m，含白云质亮晶生物灰岩，三个世代亮晶方解石胶结，第一世代为微晶方解石，第二世代为叶片状或刃状方解石，第三世代为细粒状方解石，茜素红染色，单偏光

（二）灰质白云岩

　　灰质白云岩包括灰质泥晶白云岩、灰质颗粒白云岩和灰质藻类白云岩（藻团块白云岩和藻架白云岩）。颗粒按白云石化的程度可分为灰质或云质两类，包括生物碎屑、鲕粒及陆源碎屑等；基质可有灰泥基质和云泥基质。

　　灰质泥晶白云岩为灰色—褐灰色，薄层状—纹层状，泥晶结构。常与泥质岩成薄互层或与其他碳酸盐岩互层，含少量细粉砂（图4-46a、b）。

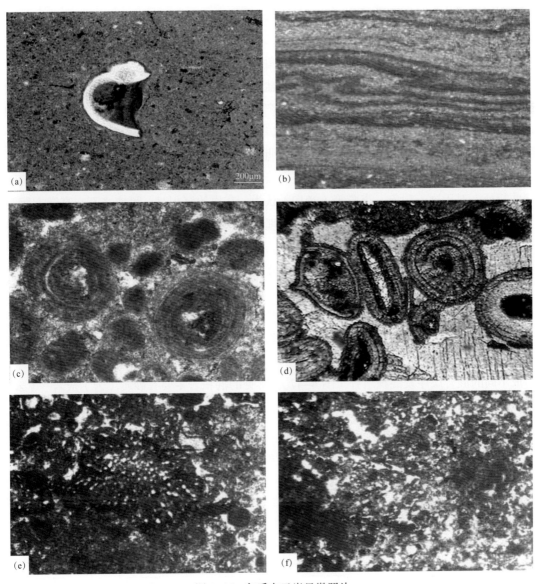

图 4-46　灰质白云岩显微照片

（a）旺 1105 井，灰质泥晶白云岩，偶见生物碎片；（b）张参 1-4 井，灰质泥晶白云岩，染色薄片，5×10（–）；
（c）L70-39 井，3614m，亮晶灰质颗粒白云岩，颗粒为鲕粒及较多球粒，单偏光，×100；（d）旺 1102 井，1975.6m，
灰质鲕粒白云岩，鲕粒发生白云石化，为组构交代，粒间部分被溶蚀后再充填连晶方解石，部分鲕粒间仍有残余云泥
和亮晶白云石"胶结物"；（e）L101 井，3603.6m，藻团灰质白云岩，鲕粒及砂屑被藻屑粘结成块，单偏光，×40（据
张跃，2008）；（f）L70-39 井，3612m，藻格架灰质白云岩，单偏光，×40

　　灰质颗粒白云岩包括灰质鲕粒白云岩和灰质生物（生屑）白云岩。其中灰质鲕粒白云岩中，鲕粒大小不均，放射状为主，圈层厚度 0.025～0.05mm，其余特征与前述亮晶鲕粒白云岩中鲕粒特征基本相同。鲕粒部分白云石化，粒间大部分为方解石胶结，少量为云泥质胶结。灰质生物（生屑）白云岩，生物（生屑）主要为腹足类、瓣鳃类和介形虫等，特征与前述生物（生屑）白云岩基本相同，且多以泥晶基质的形式出现，可能是准同生期白云化的产物（图 4-46c、d）。

灰质藻类白云岩主要包括灰质藻团块白云岩和灰质藻架白云岩。这些岩类中，由于交代作用不彻底或去白云化作用，常在藻类白云岩中见泥—粉晶方解石胶结及部分或少量残余灰泥，并在孔隙中常见次生方解石充填（图4-46e、f）。

总之，各类灰质白云岩在断陷湖盆碳酸盐岩中的分布较为常见，如黄骅断陷湖盆碳酸盐岩中，灰质白云岩大都呈纹层状—薄层状产出，颜色与白云质石灰岩类似，常与泥岩和白云质石灰岩组成纹层状薄互层。镜下观察，灰质白云岩中的白云石与泥晶方解石界线分明，白云石晶粒较泥晶方解石明显粗大，具明显的重结晶现象，而与之共生的泥晶方解石未见有明显的重结晶现象；宏观上，灰质白云岩与白云质石灰岩之间呈同沉积形成的挤压挠曲特征。对于这一现象，李聪等（2010）认为，在原始沉积时，可能文石与高镁方解石呈互层沉淀，从而构成纹层状构造。而在浅埋藏—中埋藏条件下，文石逐渐向稳定的方解石发生转变，由于含镁离子的成岩流体加入，则会优先交代高镁方解石中的钙离子，从而形成灰质白云岩与白云质石灰岩呈现出互层分布的特征（图4-46b、c）。

四、混积岩类

从上述的分类不难看出，混积岩类在断陷湖盆沉积中占有较大比例，它们多与碳酸盐岩伴生或互层产出。这类混积岩以成分不纯、相变迅速为特征。在断陷湖盆碳酸盐岩中，形成不同的混合层序及混积组合（图4-47）。常见的混积岩主要有砂质（云）灰岩—（云）灰质砂岩，泥质（云）灰岩—（云）灰质泥、页岩，泥灰岩，云泥质石膏岩—膏泥质白云岩等。

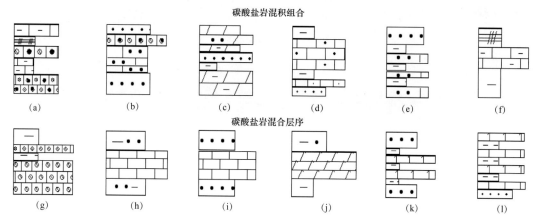

图4-47 黄骅坳陷沙一段下亚段碳酸盐岩混合沉积组合及序列（据董艳蕾等，2011，修改）

a—砂质鲕粒灰岩与泥灰岩、油页岩；b—钙质砂岩、砂岩夹砂质鲕粒灰岩；c—白云质砂岩与泥质白云岩；d—砂质灰岩与泥岩；e—钙质砂岩与泥岩；f—泥岩、油页岩夹泥质灰岩；g—鲕粒灰岩与泥岩互层；h—泥质砂岩夹砂岩；i—砂岩夹石灰岩；j—泥岩、砂质泥岩夹灰质云岩；k—白云质灰岩与泥岩互层；l—白云质灰岩、灰岩与泥岩互层

（一）砂质（云）灰岩与（云）灰质砂岩

砂质（云）灰岩，色调为灰白色—浅褐灰色，薄—中层状，颗粒以陆源碎屑为主，常含一定数量的鲕粒、生屑碎片、灰岩团块等。这些鲕粒、生屑碎片、灰岩团块主要是被

风浪破碎的产物，粒间为灰泥质或云泥质胶结，多发育溶蚀孔隙。随着陆源碎屑含量的增高砂质（云）灰岩过渡为（云）灰质砂岩，二者有时呈互层分布（图4-48）。这类混积岩在黄骅断陷湖盆碳酸盐岩中，主要分布在凸起附近及相缘渐变带；代表的是湖盆边缘近岸扇及混合滩或水下重力流沉积。X射线衍射分析结果，砂质灰岩中方解石含量42%～61%，石英含量15%～21%，长石含量3%～10%，岩屑含量5%～15%；砂质白云岩中白云石约占70%～81%，石英占11%～20%，长石为8%；灰质砂岩中方解石以胶结物为主，占25%，石英含量25%，长石含量30%（表4-15）。由此可见长石含

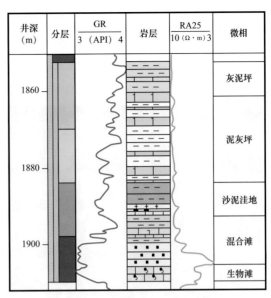

图 4-48　旺 13 井混合沉积层序

量在混积沉积中含量较高，陆源碎屑的成熟度较低，近源混入的特征明显。需要指出的是根据岩石的灰质颗粒破碎磨蚀程度与大量陆源物相伴生的特点，可判定其是否属于碳酸盐岩湖岸剥蚀后的异地再沉积作用的产物。但混积岩中常见的多为灰质单颗粒（如鲕粒、生物碎屑、鱼骨、藻团粒等），它们虽因与大量长石、石英、岩屑等陆源碎屑相伴生而可能在沉积早期难以保留外，很难排除其湖盆内机械、化学或生物化学等成因（王英华等，1993）。事实上，在黄骅断陷沙一下亚段底部不整合面的陆源砂砾屑之上，常由砂砾质鲕粒灰岩及生物灰岩与泥晶灰岩组成的正旋回序列或底部为泥晶灰岩、鲕粒灰岩或粒屑灰岩、向上灰质颗粒逐渐减少、陆源碎屑增多而过渡为（云）灰质长石岩屑砂岩沉积（图4-49）。

表 4-15　砂质（云）灰岩及（云）灰质砂岩 X 射线衍射分析

井号	井深（m）	岩性	石英含量（%）	长石含量（%）	方解石含量（%）	白云石含量（%）	岩屑含量（%）
孔新 32 井	1496.8	粉砂质泥晶灰岩	17	3	55	0	15
孔新 32 井	1494.2	砂质泥晶生物灰岩	21	10	42	0	5
扣 6—9 井	1711.58	含砂质及较多的灰岩碎屑	15	5	61	0	15
埕 54×1 井	3165.4	砂质泥晶白云岩	11	0	2	81	0
埕 54×1 井	3227.3	砂质颗粒白云岩	20	8	2	70	0
孔新 32 井	1506.62	灰质砂岩	25	30	25	0	5

（二）泥质（云）灰岩与（云）灰质泥、页岩

这类混积岩以浅灰、褐灰色—深灰色为主，生物化石以介形虫碎片，软体生物为主，局部见颗石藻富集，常呈纹层状或中厚层与泥晶灰岩、泥晶白云岩、油页岩等呈不

等厚互层。经 X 射线衍射全岩分析结果为伊利石含量为 29.27%～48.08%，高岭石含量为 37%～65.86%，伊/蒙混层矿物含量为 4.87%～17.97%，伊/蒙混层比为 25～61（表 4-16）。这类混积岩多分布在湖湾及浅湖—半深湖区，富含有机质，是重要的湖相烃源岩之一（图 4-50）。

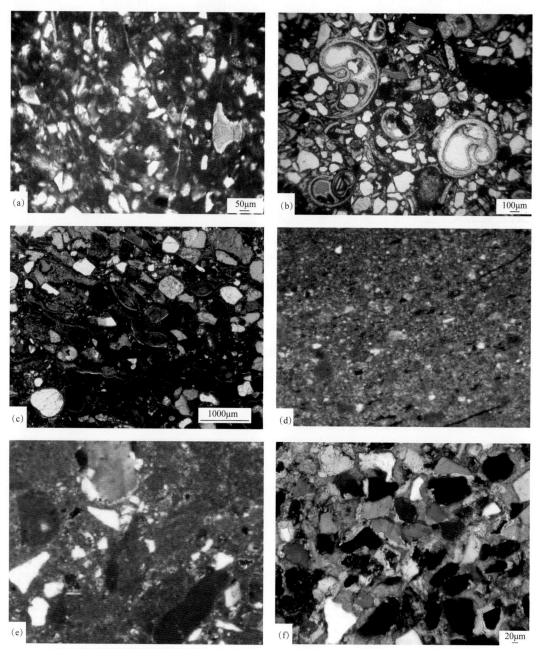

图 4-49　砂质（云）灰岩及（云）灰质砂岩显微照片

（a）孔新 32 井，1496.8m，粉砂质泥晶灰岩，含胶磷质；（b）孔新 32 井，1494.2m，砂质泥晶生物灰岩，含腹足类及介形虫碎片；（c）扣 6-9 井，1711.58m，含砂质及较多的灰岩碎屑；（d）埕 54×1 井，3165.4m，砂质泥晶白云岩，染色薄片，5×10（−）；（e）埕 54×1 井，3227.3m，砂质颗粒白云岩，染色薄片，5×10（＋）；（f）孔新 32 井，1506.62m，灰质砂岩，以长石、石英为主，灰质胶结

表 4-16　泥质（云）灰岩与（云）灰质泥、页岩 X 射线衍射分析

井号	井深（m）	岩性	矿物相对含量（%）			伊/蒙混层比
			伊利石	伊/蒙混层	高岭石	
旺 38 井	1999.17	泥质白云岩	29.27	4.87	65.86	25
旺 37 井		泥质灰岩	48.08	14.71	37.21	61
旺 35 井	1797.76	灰质泥岩	45.03	17.97	37	61
旺 38 井	1952.19	纹层状云质泥岩	39.05	10.01	50.94	25

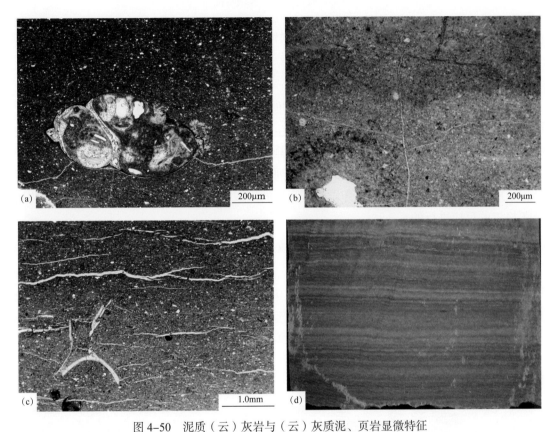

图 4-50　泥质（云）灰岩与（云）灰质泥、页岩显微特征

（a）旺 38 井，1999.17m，泥质云岩，完整的腹足类；（b）旺 37 井 1-51-53，泥质灰岩，微裂隙；（c）旺 35 井，1797.76m，灰质泥岩，大量微裂隙，含少量生物碎屑；（d）旺 38 井，1952.19m，纹层状云质泥岩，页状薄层云岩与泥岩互层分布

（三）泥灰岩

泥灰岩，是指由泥岩状等轴方解石与少量微粒白云石组成的一类碳酸盐岩。由于非碳酸盐物质在其中均匀分布，并以高岭石、伊利石和胶岭石等黏土微粒为主，粒径相互接近或一致，大小普遍在 0.03～0.05mm 之间。因此，将这类泥岩状碳酸盐岩常称为泥灰岩。在断陷湖盆中，泥灰岩是常见的混积岩类，并含有球菌类与颗石藻等超微化石及微小生物碎屑，富含有机质，常呈薄层与泥、页岩互层产出，多分布于浅湖—半深湖区（图 4-51）。

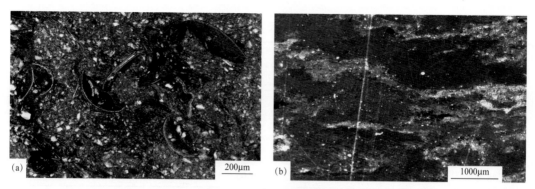

图 4-51　泥灰岩显微特征

（a）旺 1104 井，2001.81m，泥晶生屑泥灰岩，含介屑，介屑部分被溶；（b）扣 17 井，1698.74m，泥晶泥灰岩，泥质
与灰质混杂形成的云霞构造，含少量生物碎屑

（四）含膏白云岩与白云质膏岩

这类混积岩，是强蒸发环境的产物。在准同生白云化过程中，随着封闭洼地蒸发速度的增强，白云岩与膏岩或硬石膏岩常互层共生，并在白云岩孔隙流体中因硫酸盐溶液的浓缩析出，导致白云岩中含有程度不同的膏、盐类矿物，从而形成膏质白云岩与白云质石膏岩等混积岩类。正如克罗托夫（1925）与阿列克桑德罗娃（1938）所指出的，在成岩作用期发生的白云岩化作用是与硬石膏岩或石膏岩的形成同时进行的，并认为这一作用是按加依丁格尔的反应进行的：

$$2CaCO_3+MgSO_4 \Longrightarrow CaCO_3MgCO_3+CaSO_4$$

此时，主要是形成混合类型的含膏白云岩，并且在含膏白云岩中，产生硬石膏的晶屑、结核、透镜体等包裹体。黄骅断陷沧东蒸发洼地含膏白云岩与白云质石膏岩的形成，正是准同生白云化与膏化的结果。二者常呈互层产出，并在含膏白云岩中见有较多石膏、石盐、钙芒硝等蒸发盐类矿物及胶结物（图 4-52）；而白云质石膏岩中也往往夹有白云岩条带及透镜体等，这些沉积组合反映了混合沉积岩类在准同生白云化与膏化阶段的发育环境及特征。

图 4-52　含膏白云岩 X 衍射显微照片（据李聪，2010）

（a）歧 106 井，含膏白云岩孔隙中充填石膏。SEM，×5000；（b）军 8 井，含膏白云岩孔隙中充填针状钙芒硝，
SEM，×5000

五、震积岩类

地震作用过程中，由地壳颤动引起的各种作用力对先成沉积物进行改造，形成具地震灾变事件记录的岩层通称为震积岩（seismites）。国际上，早在20世纪50年代，Heezen等（1952）就对加拿大格兰德班克地震造成的海底沉积物位移、变形和引发的浊积岩进行了研究。1969年，Seilacher根据地震作用改造未固结的水下沉积物形成再沉积岩层的认识，提出了震积岩的概念之后，震积岩的研究引起了各国沉积学家的关注。但研究工作大都集中在古生代，而对断陷湖盆震积岩的研究较少。实际上，断陷湖盆在形成过程中，伴随着控盆边界断裂强烈的幕式构造运动而出现地震活动也是一种普遍的现象；表现在沉积层中以震裂缝、地裂缝（ground fissure）、断裂递变层、微同沉积断裂、层内褶皱、假结核、液化砂（泥）岩脉、火焰构造及振动液化卷曲变形等为标志。碳酸盐岩振动液化地震序列是20世纪90年代初期由乔秀夫等（1994）在华北地台东部震旦系中建立的，包括了原地系统与异地系统。原地系统为一个垂向的液化系统，自下而上有3个单元；A单元为液化泥晶脉；B单元为液化变形形成的各种震皱岩、震裂岩与震塌岩；C单元为液化作用即将结束和已停止后形成的韵律断层或阶梯状断层（fault-graded）与地裂缝。异地系统包括由海啸引起的波浪丘状层与碳酸盐质浊积岩。这个序列产生于浅水环境未固结的碳酸盐岩中。振动液化地震序列的提出引起了国内外地质学家们的关注，成为识别震积岩的重要标志。

杨萍等（2006）按照地震过程，自下而上建立了黄骅断陷碎屑震积岩的垂向组合序列（图4-53）：即振动液化单元（A），主要包括液化砂泥岩脉和液化均一层，伴有负荷、火焰、枕状等构造；半固结变形单元（B），主要包括半固结变形的微褶皱和微断层，部分发育肠状构造，角砾状构造，不协调岩块；阶梯状断层、微断裂单元（C）。这一震积岩的垂向组合序列，也同样适用该区碳酸盐震积岩的发育特征。根据不少学者的研究（Spalletta et al.，1984；陈世悦等，2003；杨剑萍等，2004；袁静，2004，2006；杨萍等，2006）。在断陷湖盆碳酸盐岩中常见的震积岩，主要有震裂岩、震塌岩、震皱岩和震积液化浊积岩等。

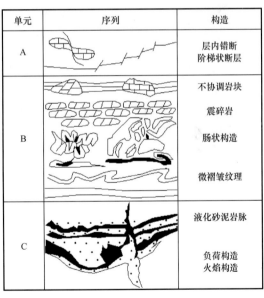

单元	序列	构造
A		层内错断 阶梯状断层
B		不协调岩块 震碎岩 肠状构造 微褶皱纹理
C		液化砂泥岩脉 负荷构造 火焰构造

图4-53　黄骅坳陷震积岩序列
（据杨萍，2006，修改）

（一）震裂岩

震裂岩是指横向上出现脆性破碎断裂现象的碳酸盐岩。黄骅断陷湖盆碳酸盐岩中的震裂岩以微断裂形成的层内阶梯状断层常见，断距和位移均较小，多产于浅湖—半深湖沉积的薄层碳酸盐岩泥—页岩互层中（图4-54a、b）。

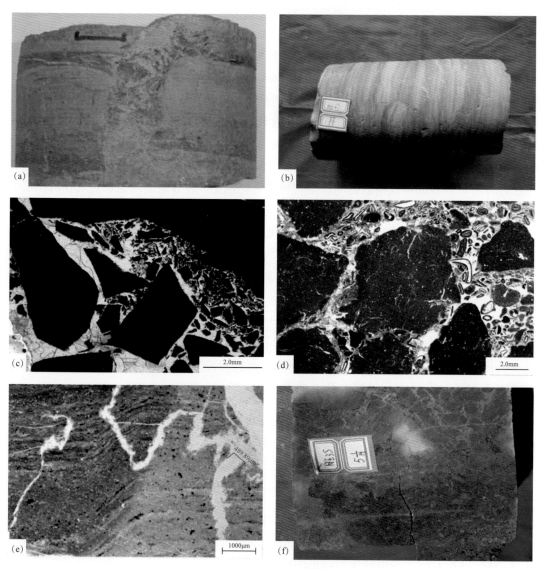

图 4-54　震积碳酸盐岩特征

（a）扣 42 井，2293.30m，震裂岩，原岩为薄层泥晶白云岩，微断裂后被灰质泥岩充填；（b）旺 37 井 1-37/53，震裂岩，原岩为泥晶灰岩，产生微断层错动，位移较下；（c）旺 22 井，2544.0m，震塌岩，原岩为泥晶白云岩，破碎成角砾结构，角砾棱角明显，粒间充填粗—中晶方解石胶结物；（d）旺 35 井，1794.47m，震塌岩，震塌角砾为泥灰质白云岩，角砾间充填大量生物碎屑；（e）张海 7 井，2511m，震皱岩，原岩为纹层状泥晶白云岩，发育微褶皱，见后期形成的张裂缝，并有扩溶现象；（f）旺 35 井，1794.47m，震浊积角砾岩，原岩为泥晶灰岩，震裂后形成液化浊积角砾岩，具有一定磨圆度，底部镶入泥岩中，形成负荷及火焰构造

（二）震塌岩

震塌岩是指具有不协调岩块的角砾碳酸盐岩。如同 Spalletta 等（1984）提出的自碎角砾岩和内碎屑副角砾岩。自碎角砾岩是在地震颤动作用下破坏原始沉积层形成的初始断裂角砾岩，属于原地固结及半固结的岩层被震碎而成角砾岩，角砾棱角分明，顺层分布，直径一般为 0.5～5cm，最大可达 7～10cm，相邻角砾位移不大，有时可以完全拼接到一起，清楚地反映出沉积物的原始状态（图 4-54c、d）。

如黄骅断陷湖盆中的角砾白云岩，原岩多为泥晶白云岩，经构造事件后破裂滑塌形成震塌岩。含隐藻、硅质和少量粉砂级石英，偶见生物碎屑。棱角明显，砾径一般为2～30mm不等，分选差，砾屑杂乱排列，砾间多由云泥质或砂泥质填隙，有时见中—粗晶方解石充填，方解石具压力双晶，局部具糜棱构造。这类角砾屑白云岩多分布在凹陷的陡坡带一侧，缓坡带相对少见。

（三）震皱岩

震皱岩是指受震积作用后发生褶曲的碳酸盐岩。一般揉皱变形发育，有软沉积揉皱和微断层，形成一系列形态各异的小型紧闭型褶曲，卷曲构造相互连接，也有人称其为肠状构造，而上下岩层中的纹理保持不变，这是由于地震时液化作用引起的层内卷曲变形所致（图4-54e）。

（四）震积液化浊积岩

震积液化浊积岩是指地震作用引发的岩石破裂（碎）发生位移形成高密度流的岩石类型，包括液化碎屑流和浊积流。震积液化浊积岩的主要沉积组构特征是具有鲍马层序特征，其与非地震浊积岩具有类似的鲍马层序结构，但震积液化浊积岩鲍马层序A、B段以含震裂构造砾石为特征，砾石发育震裂缝构造或塑性变形构造，夹有暗色泥晶质及灰质条带，也可见到负荷构造，而非震积液化浊积岩鲍马层序无类似的砾石类型（图4-54f）。

六、风暴岩类

风暴岩一词是由 lling 和 Rmullin（1973）提出，用以描述受风暴扰动后再沉积的浅海浊积岩，Aigner 将其含义扩充为风暴沉积之后，风暴岩一度成为国内外沉积学界的研究热点。不少学者对风暴沉积类型和风暴岩的沉积环境进行了深入研究，极大地丰富了风暴岩的理论。但都认为风暴沉积在海相环境中发育，而在陆相沉积中少见。近年来的研究发现，风暴岩在断陷湖盆中也广泛发育，一些学者也进行了研究（杨剑萍等，2004；袁静，2004；杨萍等，2006；郭峰等，2011）。黄骅断陷湖盆碳酸盐岩中生物—鲕粒（云）灰岩，大都经历了由风暴浪引起的再沉积作用，主要发生在近滨或浅滩分布区，其岩石学特征如下。

（一）原地风暴岩

原地风暴岩是指风暴高潮期间的定向水流或涡流，将正常浪基面以下的沉积物及湖底弱固结的沉积物掀起、撕裂、打碎后就地沉积形成。由于风暴作用时间短、频率低，所形成的沉积岩中多夹有先成岩类的岩块及砾屑。如黄骅断陷旺1104井沙一下亚段砾屑生物灰岩中的砾屑就是先成岩石被风暴掀起打碎后原地再沉积的产物。砾屑以鲕粒灰岩为主，夹杂生物壳和少量石英砾石，大小悬殊，形状不规则，多呈半棱角状一次圆状，粒径一般为几毫米至几十毫米不等，最大的鲕粒灰岩砾石可达2cm×4cm，反映了当时的风暴强度，这种灾变作用对指示沉积环境具有重要意义（图4-55a、b）。

图 4-55　岩心中的风暴岩类形迹

（a）扣 17 井，1405.4m，原地风暴岩，薄层鲕粒灰岩被掀起破碎原地再沉积；（b）扣 6-9 井，1715.22m，风暴岩底部的虫孔构造被生物碎屑充填；（c）旺 31 井，1651m，底部为近源角砾状风暴岩，上部叠加远源风暴岩，生物碎屑富集带；（d）旺 36 井，1585.01m，风暴岩中的生物碎屑粒序层理；（e）旺 1105 井，2026.22m，远源风暴岩，泥晶云岩中的碎屑薄层；（f）旺 36 井 1-5/9，远源风暴岩，泥晶灰岩中所加的碎屑颗粒薄层

（二）异地风暴岩

异地风暴岩是指风暴回流携带的大量从物源区冲刷、侵蚀下来的碎屑物质，经过一定距离的搬运再沉积形成的产物。因湖盆分布范围较小，风暴强度较低，作用时间较短，沉积物被风暴搬运的距离远小于海相异地风暴岩。根据其分布特点，可将异地风暴岩进一步分为近源和远源两类。

1. 近源风暴岩

近源风暴岩是指沉积厚度较大，并以生物壳及各种大小不等的砾屑围绕物源区近距离混杂堆积为特征的风暴岩（Haycs，1967；Curray，1969）。这类风暴岩，底面常可见风暴流及触发重力流对湖底沉积物冲刷、侵蚀而留下的各种侵蚀充填构造，纵向上发育粒序层理、丘状层理、洼状交错层理，并在含泥泥晶灰岩层面常常形成波痕，记录了风暴回流和风暴浪越过滩坝发生侵蚀和再沉积的作用，代表了风暴流作用—风暴浪作用—风暴过后的快速悬浮沉积和缓慢悬浮沉积过程。平面上，随着风暴作用向较深的滨外底部逐渐减弱，杂乱堆积的生物屑及砾屑也迅速变小，厚度减薄（图4-55c、d）。

2. 远源风暴岩

远源风暴岩是指在风暴流由强烈至衰退过程中长距离搬运的碎屑物质在半深湖—深湖沉积形成的产物。沉积物的粒度较细、分选、磨圆度较好，此时风暴浪作用对湖底影响较小，其底界面冲刷作用不明显。因风暴作用常夹薄层细粒生物屑及细砾沉积物，与近源风暴岩常呈渐变关系，一个较厚的近源层，可渐变为许多较薄的远源层（图4-55e、f）。延伸到灰质泥岩或泥灰岩中，形成细粒生物屑富集带，顺层分布，厚度多在2～6mm之间，上下与泥质岩突变接触，厚度较大时可发育沙纹层理；反映风暴回流在靠近风暴浪基面附近能量衰减，不会对原地沉积物产生强烈侵蚀，风暴流向风暴浊流—牵引流转化。从滨浅湖区携带来的碎屑与细粒悬浮沉积物一起构成远源风暴沉积。

无论是近源还是远源风暴岩，其分布多受水体深度和古地形所控制。断陷湖盆中的风暴沉积，其规模主要决定于风暴潮强度、被风暴潮冲蚀的沉积物性质和固结程度、风暴沉积距岸远近、接受冲蚀的古地形及湖盆大小等。如有两层以上风暴岩叠加层序，因每次风暴潮强度不一致，在同一地点各层风暴岩发育程度不同，近源风暴岩层之上常常可叠加远源风暴岩层。因此，正确识别风暴沉积的各项标志，对于恢复沉积环境具有重要意义。

第五章　断陷湖盆碳酸盐岩元素地球化学

通常认为，在自然界中绝对纯的自然体是不存在的，任何自然体都含有不少化学元素，这些元素并不是自然体的构成者，但不可避免地存在于这些自然体中，含量一般低于 10^{-2}，并被称为微量元素（强子同，1998）。Gast（1968）认为，研究体系中浓度低到可以近似地服从稀溶液定律（亨利定律）的元素为微量元素。这从热力学角度给出了微量元素的概念。但在实际工作中很难以此来判定。近年来的研究表明，处于分散状态的元素具有不同的形态，但它们却有一个共同的特征，即浓度极低，含量相对较少，并且不受那些决定主要物质组分的高含量元素行为规律支配。不同自然环境下这些分散状态的化学元素，其自身的表现是不同的。在一些条件下它的活动性差，而在另一些条件下具有很高的活动性。这些元素的行为取决于他形成的环境以及该环境下的物理化学条件。可见微量元素的研究，要通过化学和物理方法确定它们的成分和含量。但是，研究方式不同使用单位也不同，一般用 mg/L、μg/g 或 10^{-6}，在液体中用 μg/L，气体中则使用 $μg/m^3$ 表示。通过这些定性定量的研究是重要的，然而，就其成因来说，研究它们的赋存条件和赋存方式更为重要。在地壳中，微量元素的存在方式主要分为显微矿物的形式或非矿物的形式。两种形式对于断陷湖盆而言，都可以在碳酸盐沉积矿物中出现。但更多的是以类质同象方式存在于碳酸盐岩与混积岩矿物的晶格内或以吸附的方式存在于碳酸盐所含黏土矿物及有机组分中。

第一节　微量元素

一、微量元素的分析方法

断陷湖盆碳酸盐岩微量元素的分析方法与其他沉积岩微量元素的分析方法基本一致。目前最常用的是采用原子发射光谱分析、原子吸收光谱分析、电子子吸收光谱分析，这两种方法多用于沉积环境、地层对比、成岩作用的研究。当涉及碳酸盐岩的结构组分特征以及成岩变化时，全岩混合样品分析是无法解决的。其原因是确定碳酸盐岩孔隙演化（原生孔隙的改造、次生孔隙的形成以及有效孔隙的分布）及其演化过程中流体的性质变化是储集层研究的重要内容。对这种细泥粒级的碳酸盐岩结构组分、胶结物世代和交代物进行分别的微量元素测定，需要具有高的空间分辨率的电子探针对微区进行分析或挑选单矿物进行精度更高的 X 射线射线荧光光谱分析、原子荧光光谱分析及中子活化分析。近年来，利用地球物理测井资料来标定计算不同岩类微量元素相对值已得到广泛应用，从而更加拓宽了微量元素的研究方法。在实际工作中，微量元素的选择应根据具体目的和任务来确定，通常是筛选具有特征意义的元素。对物源复杂的断陷湖盆碳酸盐岩而言，常选用的微量元素有 P、Sc、Ti、V、Mn、Cu、Zn、Ga、Sr、Zr、B、Ba、Pb、Li、Be、Cr、Co、Ni、Rb、Cs、Th、U、Mg、Ca、Fe、Na、K 等。这些元素在断陷湖盆碳酸盐岩中的变化，对反映碳酸盐岩的沉积环境、物源方向、水介质性质、古气候影响、成岩作用及湖底热流体来源和孔隙的形成演化等具有重要意义。

二、微量元素含量及分配特征

在断陷湖盆碳酸盐岩研究中，如果说岩相是判识沉积环境和古气候记录的重要载体，那么赋存于岩石中的各种微量元素的分配及比值变化，则指示了古气候环境的演变历程。这是由于岩石中元素的分配不仅取决于元素本身物化性质，而且受古气候环境的影响极大。而对于一个面积不大的湖盆而言，这种影响尤为明显。因此，在不同地区、不同层位的湖相碳酸盐岩中，各类微量元素的含量与分配具有较大的差异，并且在时空上往往反映出特定的分布特征和变化规律。因此常常用以分析沉积环境及沉积物源，并进行地层的微观对比。断陷湖盆碳酸盐岩中微量元素的组合面貌及特征元素与海相碳酸盐岩相比，因湖水与海水的明显差异而具有很大不同（王英华等，1993）。由于湖盆地表水补给的不同和古气候的控制，水体盐度的变化及陆源物质的不断介入等因素，使碳酸盐岩中的微量元素组合及含量常具有较大变化，而断陷湖盆碳酸盐又多为高盐度、高 pH 值介质沉积的产物，在物源丰富的条件下，沉积物中常含有大量陆源泥、砂，故反映在碳酸盐岩微量元素的含量及组合上远较海相碳酸盐岩复杂。因此断陷湖盆碳酸盐地球化学不稳定性所导致的各种标型性元素的大幅度变化，为分析沉积环境、判识物源及古气候条件提供了重要标志（张服民等，1980；Kuleshov，2002；Osichkina，2006；徐立恒等，2009；胡作维等，2010）。尽管这些标志在鉴别沉积环境时还存在多解性和局限性，但其特殊的地球化学性质及其对沉积环境反应的敏感性，仍然具有重要的指向意义。

（一）微量元素的含量及组合特征

根据黄骅断陷湖盆碳酸盐岩的主要岩石类型，采用日产 3080E3 X 射线荧光光谱仪与荷兰帕纳科 Axios X 射线光谱仪重点进行了标志性元素的检测，其灵敏度为 1ppm（10^{-6} 或 μg/g）；并通过样品的相互检测与内外复测，其误差基本在允许范围内（表 5-1~表 5-3）。黄骅地区不同区带检测的微量元素的数量虽有不同，但对具有特征意义的元素都进行了检测。其中歧南地区重点检测了 V、Ni、Sr、Ba、Th、U 等 6 个元素，齐家务地区重点检测了 Mn、Pb、Zn、Cu、Cr、Ni、Ga、Sr、Ba、B 等 10 个元素，孔店—羊三木地区重点检测了 P、Sc、Ti、V、Mn、Cu、Zn、Ga、Sr、Zr、B、Ba、Pb、Li、Be、Cr、Co、Ni、Rb、Cs、Th、U 等 22 个元素。其检测层位和区带，基本覆盖了碳酸盐岩分布区。但不同区带不同层段不同岩类之间的微量元素含量则具有较大的差异这些差异，这些差异是由于各种元素本身的地球化学性质与形成环境所导致的必然结果（刘本立，1994）。各种微量元素的含量及组合特征，明显反映了黄骅断陷湖盆碳酸盐岩在沉积成岩过程中的水体深度、物质来源、盐度指数、古气候及氧化—还原条件的变化。

表 5-1 孔店—羊三木地区沙一下亚段微量元素分析结果表

井号	岩性	层位	检测结果（×10⁻⁶）													
			P	Sc	Ti	V	Mn	Cu	Zn	Sr	Zr	Ba	Pb	Li	Be	Cr
孔60	含介形虫灰质砂岩	Es_{1x}^{1}（板2）	845	12.4	2870	108	542	34.7	101	605	150	602	24.6	39.2	1.76	42.1
孔新32	伊利石泥岩	Es_{1x}^{2}（板3）	891	13.8	3049	84.3	240	26.6	80.9	1661	169	778	22.2	47.7	1.97	86.2
孔新32	砂质有孔虫灰岩		1126	8.8	2053	33.3	329	16.1	46.2	404	146	361	16.1	16.8	0.96	68.4
孔新32	含介屑泥岩		645	11.4	3720	62.1	880	23.4	68.2	322	227	538	30.7	27.9	1.83	48.4
孔新32	砂质含云灰岩		461	7.1	1291	27.9	615	3.6	21.6	845	96	756	11.4	11.5	0.58	55.5
孔新32	含介屑云灰岩	Es_{1x}^{3}（板4）	495	6	946	28.3	741	2	14.7	921	88	744	9.2	10.9	0.4	40.2
孔新32	含生物砂质灰岩		793	5.6	1115	15.7	437	7.9	17.2	463	183	409	13.6	8.44	0.48	14.8
孔新32	砂质介屑灰岩		1920	12.3	2214	51.5	484	18.2	43.5	606	131	457	19.6	21.5	1.29	35.2
孔新32	含生屑岩屑砂岩		1014	11.3	3495	58.1	249	16.3	39.2	496	232	635	18.7	19.7	1.06	67.5
孔新32	灰质岩屑砂岩	Es_{1x}^{4}（滨1）	2347	11.3	2470	33.4	1168	13.1	27.9	417	206	543	15.7	17.5	0.94	33.9
孔新32	灰质岩屑砂岩		2002	9.3	2130	33.9	926	10.3	26.2	424	201	502	14.1	13.3	1.01	27.9

检测结果（×10⁻⁶）

井号	岩性	层位	P	Sc	Ti	V	Mn	Cu	Zn	Sr	Zr	Ba	Pb	Li	Be	Cr
孔新32	砂质灰岩		1106	8.8	2471	45.2	1340	13.9	26.5	457	140	502	13.9	15.6	1.01	57.2
孔新32	岩屑砂岩		845	5.2	2527	36.3	424	14.8	33.7	348	343	772	17.8	16.2	0.98	38.5
孔新32	灰质岩屑砂岩	Es$_{1x}^{4}$（滨1）	1114	7.1	1795	27.7	969	7.3	19.3	426	221	618	12.6	12.8	0.71	32.2
孔新32	不等粒砂岩		599	5.1	2641	41.5	1025	10.8	32.9	413	262	586	16.2	17.2	1	18.7
平均值			1080	9.03	2319	45.8	691	14.6	39.9	587	186.3	586.87	17.09	19.75	1.07	44.45

检测结果（×10⁻⁶）

井号	岩性	层位	Co	Ni	Rb	Cs	Th	U	Ga	B	Zr/Al	V/（V+Ni）	V/Cr	Sr/Ba	B/Ga	Th/U
孔60	含介形虫灰质砂岩	Es$_{1x}^{1}$（板2）	10.8	22.3	85.4	7.3	8.04	5.18	19.6	97.4	0.04	0.83	2.57	1.00	4.97	1.55
孔新32	伊利石泥岩	Es$_{1x}^{2}$（板3）	12.5	29.2	96.5	8.12	8.08	5.96	21.3	130	0.03	0.74	0.98	2.13	6.10	1.36
孔新32	砂质有孔虫灰岩		6.44	20.8	52.4	2.72	6.16	7.26	12.2	43.4	0.05	0.62	0.49	1.12	3.56	0.85
孔新32	含介屑泥岩	Es$_{1x}^{3}$（板4）	9.49	20.4	86.1	4.69	8.21	4.25	17.8	65.4	0.05	0.75	1.28	0.60	3.67	1.93
孔新32	砂质含云灰岩		2.82	8.44	28.8	1.44	6	3.32	7.3	23.9	0.07	0.77	0.50	1.12	3.27	1.81

井号	岩性	层位	检测结果（×10⁻⁶）													
			P	Sc	Ti	V	Mn	Cu	Zn	Sr	Zr	Ba	Pb	Li	Be	Cr
孔新32	砂质含云灰岩		3.81	11.4	20	0.73	3.65	3.15	6.2	25.5	0.08	0.71	0.70	1.24	4.11	1.16
孔新32	含生物砂质灰岩	Es_{kx}^3（板4）	2.47	7.52	32.6	0.9	3.7	2.26	8.2	35.8	0.10	0.68	1.06	1.13	4.37	1.64
孔新32	砂质介屑灰岩		8.98	20.7	54.9	3.69	6.35	2.51	13.5	18	0.04	0.71	1.46	1.33	1.33	2.53
孔新32	含生屑岩屑砂岩		10.6	27.8	67.9	3.02	6.36	2.01	15.7	40.3	0.06	0.68	0.86	0.78	2.57	3.16
孔新32	灰质岩屑砂岩		7.29	15.4	54.6	2.31	6.64	2.82	12.7	18.5	0.06	0.68	0.99	0.77	1.46	2.36
孔新32	灰质岩屑砂岩		3.71	10.3	49.5	2.16	2.37	2.2	12.2	44.8	0.07	0.77	1.22	0.84	3.67	1.08
孔新32	砂质屑灰岩	Es_{kx}^4（滨1）	5.08	14.8	50.9	2.51	5.82	1.78	12.2	42.4	0.05	0.75	0.79	0.91	3.48	3.27
孔新32	岩屑砂岩		11.9	23.6	65.9	1.77	6.88	3.32	14.1	19.3	0.10	0.61	0.94	0.45	1.37	2.07
孔新32	灰质岩屑砂岩		7.16	18.1	43.5	1.28	4.93	2.99	10.3	66.8	0.09	0.60	0.86	0.69	6.49	1.65
孔新32	不等粒砂岩		4.95	9.07	69	2.54	5.71	2.42	14.9	7.2	0.07	0.82	2.22	0.70	0.48	2.36
	平均值		7.2	17.3	57.2	3.01	5.93	3.43	13.2	45.2	0.06	0.71	1.13	0.99	3.39	1.92

表5-2 齐家务地区微量元素分析结果表

检测结果（×10⁻⁶）

井号	岩性	层位	Cu	Pb	Zn	Cr	Ni	Ga	Sr	Ba	B	Mn	Sr/Ba	B/Ga
旺35	砂质泥晶灰岩	Es_{1x}^2（板3）	21.4	45.8	76.8	34.4	440	12.6	699	86.4	65.4	585	8.09	5.19
旺35	生物鲕粒云质灰岩		25.1	49.2	58.4	13.7	44.1	1.56	1049	51.6	<1.0	276	20.33	
旺36	含介形虫泥岩		20.9	40.4	46.4	40.3	32	11.8	779	201	30.8	1053	3.88	2.61
旺36	泥—亮晶砂屑云质灰岩		11.1	32.2	27.2	11	29.2	1.4	1270	98.2	<1.0	281	12.93	
旺36	泥微晶生物含云质灰岩		16.8	39.7	32.9	36.1	32.5	4.54	1517	91.8	<1.0	396	16.53	
旺22	角砾状泥晶灰质白云岩		67.8	79.1	307	35.8	266	3.09	271	31.8	<1.0	769	8.52	
旺22	泥晶灰质白云岩	Es_{1x}^3（板4）	79.5	43	266	46.8	180	6.63	338	45.5	18.9	620	7.43	2.85
旺35	泥灰岩		54.8	366	840	50.8	51.1	17	1336	127	69.9	353	10.52	4.11
旺38	灰质油页岩		25.6	31.8	57.8	48.4	39.3	13.1	1340	171	19.2	859	7.84	1.47
旺1104	泥灰岩		14.9	36	31.6	37.3	30.8	15	478	208	47.2	434	2.30	3.15
旺1104	细晶鲕粒灰岩		27.3	64.9	65.9	20.7	52.8	3.41	847	107	<1.0	463	7.92	
旺1105	云质泥灰岩		21.1	44	68.2	77.6	35	6.4	803	84.1	9.64	647	9.55	1.51
旺1105	泥质灰岩		28.5	44.4	61.3	43.6	41	16.2	1054	182	35	496	5.79	2.16

井号	岩性	层位	检测结果（×10⁻⁶）											
			Cu	Pb	Zn	Cr	Ni	Ga	Sr	Ba	B	Mn	Sr/Ba	B/Ga
旺30	介屑泥晶砂质灰岩		22.3	38.9	88.4	37.8	49	14.8	829	218	24.6	435	3.80	1.66
旺38	泥微晶介屑含云灰岩		10.9	43.9	20.2	17.7	26	3.05	1568	104	<1.0	538	15.08	
旺38	含砂灰质伊利石泥岩		25.3	33.8	84.8	91.9	48.5	20.9	1273	188	92.8	427	6.77	4.44
旺38	亮晶鲕粒灰岩	Es_{1x}^4（滨1）	37.6	62.5	78	27.1	34.1	6.59	1079	70.5	7.85	543	15.30	1.19
旺38	含生物灰质泥岩		37.4	43.1	102	54.5	46.8	19.4	852	127	63.3	266	6.71	3.26
旺1102	粉砂质伊利石泥岩		49.2	21.5	75	162	50.1	24.3	280	250	122	187	1.12	5.02
旺1104	灰质长石砂岩		28.2	48.4	84.6	39	41.3	14.1	638	154	28.4	336	4.14	2.01
旺1105	泥晶含云灰岩		42.7	774	1962	28.4	41.3	5.71	1441	42.4	7.55	314	33.99	1.32
平均值			31.8	94.4	211	45.5	76.7	10.6	940	126	42.8	489	9.93	2.80

表 5-3　歧南地区沙一下亚段微量元素分析结果表

井号	岩性	层位	检测结果（×10⁻⁶）								
			V	Ni	V/（V+Ni）	Sr	Ba	Sr/Ba	Th	U	Th/U
旺 31	云质泥岩	Es_{1x}^1（板2）	30	14.66	0.67	941.3	661.7	1.42	9.63	3.46	2.78
军 8	泥岩		54	100.1	0.35	2343	1287	1.82	7.28	3.03	2.40
滨 22	泥岩	Es_{1x}^2（板3）	83	58.22	0.59	707.1	829.4	0.85	9.33	3.03	3.08
房 29	云质泥岩	Es_{1x}^3（板4）	122	30.3	0.80	954	623	1.53	3.48	2.01	1.73
房 10	白云岩		51.3	7.2	0.88	1395	593	2.35	0.695	0.547	1.27
房 10	灰质云岩		92.3	33.6	0.73	1315	665	1.98	1.1	0.591	1.86
滨 22	白云岩		12	9.45	0.56	1617	1157	1.40	1.79	0.609	2.94
埋 54×1	白云岩		14	11.66	0.55	1318	1167	1.13	1.02	0.787	1.30
埋 54×1	泥质云岩		54	40.86	0.57	765.8	350.9	2.18	1.47	1.63	0.90
埋 54×1	泥岩		65	35.66	0.65	910	638.1	1.43	2.48	1.47	1.69
房 10	泥岩		48	31.47	0.60	2978	1059	2.81	2.36	0.885	2.67
房 29	泥岩		73	40.27	0.64	904.7	773.7	1.17	1.239	0.448	2.77
扣 42	灰质泥岩	Es_{1x}^4（滨1）	75.3	17.7	0.81	1825	730	2.50	1.843	0.62	2.97
扣 42	鲕灰岩		13.8	3.82	0.78	2824	570	4.95	5.492	1.602	3.43
扣 42	白云岩		31.6	6.05	0.84	1628	574	2.84	2.036	0.608	3.35
扣 42	白云岩		16.5	5.24	0.76	2574	611	4.21	10.78	4.298	2.51
扣 42	螺灰岩		13.1	8.46	0.61	1429	445	3.21	9.736	3.822	2.55
扣 42	生物灰岩		13	7.62	0.63	510	634	0.80	8.863	3.753	2.36
庄 64	云质灰岩		22.3	11	0.67	2850	769	3.71	12.33	3.914	3.15
滨 22	白云岩		18	9.93	0.64	1719	705.1	2.44	8.305	3.237	2.57
埋 54×1	白云岩		15	10.6	0.59	1609	923.8	1.74	9.888	4.051	2.44
滨 22	泥岩		63	40.97	0.61	2119	1117	1.90	13.04	3.407	3.83
埋 54×1	泥岩		71	43.3	0.62	823.7	401.6	2.05	3.398	2.326	1.46
埋 54×1	泥岩		86	34.25	0.72	591.7	707	0.84	8.613	3.517	2.45
平均值			47.38	25.52	0.66	1527.1375	749.68	2.14	5.67	2.24	2.44

表 5-4　碳酸盐岩中微量元素含量的克拉克值

元素	Si	Al	Fe	P	Th	U	V	Zn	Mn	Ti	Zr	Ga	Pb	Cu	Cr	Ni	B	Na	Sr	Ba
克拉克值（×10⁻⁶）	40000	13000	13000	400	1.7	2.2	20	20	1300	400	17	3	27	6	11	20	28	600	438	770

从表5-1～表5-3可以看出，黄骅断陷湖盆碳酸盐微量元素的含量及分布，不仅在不同区带差异明显，而且在不同岩类中所检测的元素丰度也变化较大，但Sr、Ba、V、Mn、Th、U等元素的含量在各区较为接近，而Ni、Pb、Zn等元素的含量由齐家务向孔店—羊三木一带趋于减少（图5-1）。多数元素的含量都超过碳酸盐岩克拉克值（表5-4）。其原因与湖盆不同阶段不同区带水介质的物理—化学条件密切相关。Demaison等认为，水循环受限，使湖底水体处于停滞缺氧状态，是导致还原环境的主要原因。在沉积过程中，Cu、Co、Pb、Zn、Cr、Ni、V等一组关联性很强的亲疏元素及铁元素，它们具有共同消长的变化规律，并明显受区域地球化学控制。这些元素的富集，往往距母源较远，并与还原介质有关，还原性越强，金属元素含量越高（范德廉等，1990；吴胜和等，1994；Alberdi–Genolet等，1999）。黄骅断陷湖盆碳酸盐岩中P、Cu、Co、Pb、Zn、Cr、Ni、V等微量元素，在齐家务地区沙一下亚段各层不同岩类的含量普遍高于歧南与孔店—羊三木地区，其原因在于齐家务一带湖盆环境相对闭塞，水循环受限，还原性较强外，还与该区震裂塌陷，沉积物中的陆源基性组分与湖底深部沿断裂上升的热流体作用有关。一般在海相沉积物中P、Cu、Pb、Zn、Cr、Ni、V等微量元素普遍高于陆相沉积物。其中Ni的变化以40×10^{-6}为界，齐家务地区21个样品，低于40×10^{-6}的仅有8个样品，并以介壳泥晶灰岩与灰质油页岩为主，而大多数样品则以Ni平均含量高达76.7×10^{-6}为特征；而孔店—羊三木地区15个样品中的Ni含量普遍低于40×10^{-6}，而P、Cu、Pb、Zn、Cr、V等元素也相应低于齐家务地区；歧南地区24个样品中的Ni含量高于40×10^{-6}的样品仅有4个，并且以泥岩为主，碳酸盐岩样品的Ni含量普遍低于40×10^{-6}。P、Cu、Pb、Zn、Cr、Ni、V等微量元素在湖盆泥质岩中的富集，往往与湖底热流体活动具有直接关系，特别是元素P含量的不断增高，指示了较强的湖低热流体活动。湖底热流体不但为生物提供了生命活动所需要的P、N、K、S等元素，而且还能为生物的生命活动提供能量。而微生物又能使湖底热流体中P、Cu、Pb、Zn、Cr、Ni、V等微量元素相对富集。因而齐家务地区在沙一下亚段沉积期的还原条件及沿深部断裂上升的热流体影响较孔店—羊三木和歧南地区强烈。X射线衍射分析结果，齐家务地区部分白云岩样品中的铁白云石含量高达70%～87%，显然与埋藏期热流体作用有关（图5-1）。

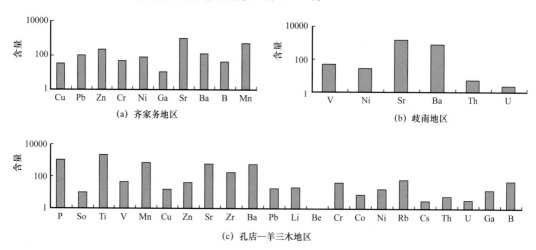

图5-1 黄骅断陷不同区带碳酸盐岩微量元素含量直方图

Ga、Sr、Ba、B、Mn 等亲碱性元素的变化，受古气候影响较大。因而 Ga、Sr、Ba、B、Mn 等元素是表征湖盆水体环境变化的参数，如盐度、水深、温度、Eh 值及 pH 值等。特别是 Sr、Ba 元素随岩石中的 Ca 含量高低而变化，当岩石中钙含量高时，往往会引起 Sr 富集而 Ba 降低。黄骅断陷沙一下亚段碳酸盐岩及部分灰质泥岩，其 Sr 含量大都高于 1000×10^{-6}，而以含砂较高的碳酸盐岩，其 Sr 含量大都低于 1000×10^{-6}；伊利石泥岩的 Ga、Sr、Ba、B 等亲碱性元素含量相对较低，但随钙含量的增加，Sr 含量也达到 1000×10^{-6} 以上。B 元素在环境分析中应用较广，水体中 B 元素含量与盐度呈线性关系。海水中 B 含量变化为（$20 \sim 980$）$\times 10^{-6}$，淡水中为（$0.15 \sim 1$）$\times 10^{-6}$。一般海相沉积物中 B 元素含量大于 100×10^{-6}，陆相淡水沉积物小于 100×10^{-6}（王英华，1991）。黄骅断陷湖盆各类碳酸盐岩在齐家务一带 B 元素含量低于 1×10^{-6} 的有 6 个样品，大于 100×10^{-6} 的也只有 1 个样品，其他样品 B 元素含量变化在（$7.55 \sim 92.8$）$\times 10^{-6}$ 之间，平均 42.8×10^{-6}；孔店—羊三木地区 B 元素含量大于 100×10^{-6} 的也只有 1 个样品，其他样品 B 元素含量变化在（$7.2 \sim 97.4$）$\times 10^{-6}$ 之间，平均为 45.21×10^{-6}，反映出湖盆水体在沙一下亚段沉积期均具有咸化与淡化的交替过程。Ba 元素也是指示沉积环境的灵敏剂，海相环境中 Ba 元素含量为（$10 \sim 30$）$\times 10^{-6}$，一般不超过 200×10^{-6}。黄骅断陷湖盆各类碳酸盐岩中 Ba 元素含量，在齐家务地区 Ba 元素含量为（$31.8 \sim 250$）$\times 10^{-6}$，平均为 126×10^{-6}，仅有 4 个样品超过 200×10^{-6}，而孔店—羊三木地区 Ba 元素含量变化在（$361 \sim 778$）$\times 10^{-6}$，平均为 586.87×10^{-6}，普遍超过了 200×10^{-6}；歧南地区 Ba 元素含量变化在（$401.6 \sim 1267$）$\times 10^{-6}$，平均高达 749.68×10^{-6}，可见歧南、孔店—羊三木地区沙一下亚段沉积期受海水或蒸发作用的影响，明显低于齐家务地区（图 5-1）。

微量元素中 Ti、Zr、Rb、Sc 是典型的亲陆性元素，以机械迁移为主，沉积于滨、浅湖中，常作为分析物源区远近的指标，越远离物源区，其含量越低。孔店—羊三木地区沙一下亚段各类样品中的 Ti 含量，变化在（$946 \sim 3495$）$\times 10^{-6}$ 之间，平均值为 2319×10^{-6}，显示近物源的特点。而 Zr 在滨、浅湖中含量明显高于半深湖或深湖沉积物中的含量，并且可作为寻找古湖岸线的标志（刘昭蜀，2002）。由于 Zr 主要以锆石等稳定矿物形式存在，密度较大，不易随黏土等细粒物质远距离迁移，故经黏土的主要组分（Al_2O_3）标准化后的 Zr 含量（即 Zr/Al 值）更能反映陆源组分搬运距离及水体深度。孔店—羊三木地区 15 个样品经过 Al_2O_3 标准化后的 Zr 含量变化，在含砂生物灰岩和伊利石泥岩中含量较低，一般变化在（$0.03 \sim 0.05$）$\times 10^{-6}$，而在含砂较高的云质灰岩及钙质岩屑砂岩中含量变化在（$0.04 \sim 0.1$）$\times 10^{-6}$，可见含砂较高的云质灰岩及钙质岩屑砂岩沉积水体相对较浅，且近临湖岸线（图 5-2）。

（二）元素含量比值及其标型意义

碳酸盐岩沉积物中成对元素含量的比值，往往受形成条件的制约。因此，人们常应用这些成对元素含量的比值，作为推断不同岩类在沉积成岩过程中的物理化学条件，同时也是分析沉积成岩环境的重要标志。

1. Sr、Ba 元素与 Sr/Ba 值

通常认为，海水为介质的沉积物中 Ca、Sr 含量高而 Ba 含量低。对陆相沉积的泥岩来

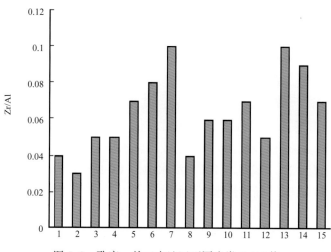

图 5-2　孔店—羊三木地区不同岩类 Zr/Al 值

1—含介形虫灰质砂岩；2—伊利石泥岩；3—砂质有孔虫灰岩；4—含介屑泥岩；5—砂质含云灰岩；6—砂质含云灰岩；
7—含生物砂质灰岩；8—砂质介屑灰岩；9—含生屑岩屑砂岩；10—灰质岩屑砂岩；11—灰质岩屑砂岩；12—砂质灰岩；
13—岩屑砂岩；14—灰质岩屑砂岩；15—不等粒砂岩

说，Sr/Ba<1，而海相沉积则 Sr/Ba>1。黄骅断陷沙一下亚段的 18 个泥岩样品中 Sr/Ba 值大于 1 的为 15 个，主要分布在 1～7.84，仅有 3 个样品小于 1，主要分布在 0.6～0.85；在 34 个碳酸盐岩样品中，除 1 个样品外，23 个样品的 Sr/Ba 值均大于 1，主要分布在 1.1～33.99，最高为 33.99；8 个灰质砂岩样品的 Sr/Ba 值均小于 1，主要分布在 0.45～1.00（表 5-1～表 5-3）。由此可见，无论是泥质岩还是碳酸盐岩，Sr/Ba 值高是因 Sr 以类质同象置换水体中 Ca 的结果，而砂质岩普遍低，显然与其来自陆源有关。总体上，黄骅地区由齐家务向歧南及孔店—羊三木地区，Sr/Ba 值普遍由高降低，这不仅反映了陆源物质的不断增多，而且与水介质盐度的降低密切相关（图 5-3）。在 Sr、Ba 判识图上，样品点在海相与陆相及过渡相区均有分布，歧南地区 24 个样品点落入海相区的约占 45.8%，过渡区的约占 29.16%，陆相区为 25%；齐家务地区 21 个样品，除 1 个样品点落入过渡区外，其余样品点全在海相区；而孔店—羊三木 15 样品点均落在陆相与过渡区。可见 Sr、Ba 元素的这种相关特征，与其他元素所反映的环境指标基本一致。说明该区沙一下亚期碳酸盐岩沉积水体经历了咸化与淡化的交替或事件性海侵的过程（图 5-4）。

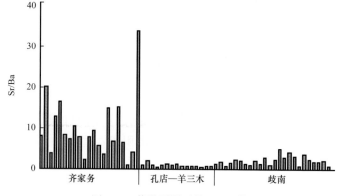

图 5-3　黄骅不同区带 Sr/Ba 值

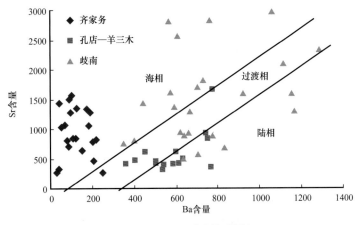

图 5-4 Sr、Ba 元素关系图解

2. B/Ga 值

前已述及，B 元素在海相泥岩中含量在 100×10^{-6} 以上，而 Ga 元素在陆相泥岩中含量较高，因此 B/Ga 值常作为测定古盐度的标志。在以往的研究中，利用 B/Ga 值判识沉积环境，研究沉积物中古盐度已有不少成果，从国外对现代和古代沉积物和国内对海相和湖相沉积物中 B、Ga 元素含量及 B/Ga 值见表 5-5 和表 5-6。从表中不难看出海相沉积物的 B/Ga 值均大于 4.5，而陆相沉积物 B/Ga 值均普遍小于 3.3（王益友等，1979；张国栋等，1987）。黄骅断陷湖盆碳酸盐岩中不同岩类的 B/Ga 值，在检测的 46 个样品中，B/Ga>4.5 的样品为 5 个，B/Ga<3.3 的样品为 16 个，其余样品介于 3.3～4.5 之间，这部分样品约占总样品的 55%。根据 Degens（1957）等所作的美国宾夕法尼亚州西部石炭纪泥岩 B、Ga 含量关系图中的海陆分界线为底图，将黄骅地区的齐家务和孔店—羊三木 36 个样品点投影在图上，结果大部分样品点落在陆相及分界线附近，显示出由淡水向半咸化过渡的特征（图 5-5）。根据狄更斯等（1958）B、Ga、Rb 元素含量三角图解，将孔店—羊三木区块 15 个 B、Ga、Rb 元素样品含量投点在图上，显示出大部分样品点落入淡水区，而过渡带仅有两个样品点。这与 B、Ga 含量关系图解中孔店—羊三木区块的样品点，所反映的环境特征具有一致性（图 5-6）。

表 5-5　古代和现代沉积物中 B、Ga 平均含量和 B/Ga 值（据王益友等，1979）

样品	分析项目	含量（$\times 10^{-6}$）		B/Ga
		B	Ga	
美国 20 个古代海相沉积物		123	12.5	9.8
美国 13 个古代淡水相沉积物		39	16	2.4
美国 14 个现代海相沉积物		89.6	20	4.5
美国 19 个现代淡水相沉积物		45.6	13.7	3.3
美国宾夕法尼亚州 15 个古代海相沉积物		115	8	14.4
美国宾夕法尼亚州 15 个古代陆相沉积物		44	17	2.6

表 5-6　现代海和湖沉积物中 B、Ga 含量和 B/Ga 值（据张国栋，1987）

样品　　　　　　　　　分析项目	含量（×10⁻⁶）		B/Ga
	B	Ga	
中国 20 个现代海底沉积物	80～125　（20）	18～30　（10）	3.5～5　（8）
中国 9 个现代湖底沉积物	30～60　（5）	10～30　（9）	2～3　（5）

注：表中数据均系所分析样品的一段值；括号内数字为样品数量。

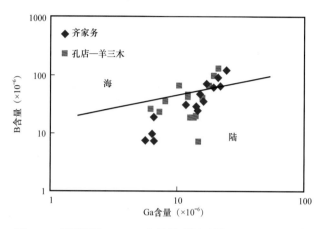

图 5-5　黄骅断陷 B、Ga 含量关系图（据 Degens，1957）

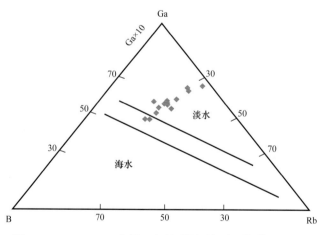

图 5-6　B、Ga、Rb 含量三角关系图（据狄更斯等，1958）

3. V/（V+Ni）与 V/Cr 值

通常认为 V/（V+Ni）≥0.46、V/Cr≥2 代表还原环境，其中 V/（V+Ni）≥0.54，V/Cr≥4.25 为强还原环境（Hatch et al.，1992；Jones，1994）。范廉（1990）、颜佳新（1998）、吴朝东（1999）等应用上述指标成功的解释了中国南方地区部分黑色泥岩的氧化—还原条件。黄骅断陷沙一下亚段无论是碳酸盐岩还是碎屑岩，其 V/（V+Ni）值变化在 0.35～0.88 之间，大于 0.54 的样品约占 99%，显示出强还原环境的特点；而 V/Cr 值则变化在 0.49～2.57 之间，所反映的环境指标与 V/（V+Ni）值不同，其原因是 Cr 与 Ni 一样，主要集中在基性岩石与热流体中，而沉积区多处见有基性岩的侵入与热流体的活动，从而导致Cr在沉积物中以类质同象置换的方式而富集，从而改变了V与Cr的比值关系。V/（V+Ni）与P的相关分析结果，随着P含量的增加，表现出明显的强还原特征。而V/（V+Ni）与Zr的相关分析结果，基本上平行分布，说明黄骅断陷湖盆碳酸盐岩沉积期，湖盆的水体深度及氧化—还原条件处于相对稳定的状态（图5-7）。

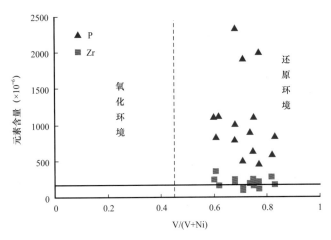

图5-7　元素P、Zr与V/（V+Ni）关系图解

4. Th/U值

Th和U的分布与沉积环境关系密切。一般而言，海相沉积物中U元素的丰度较高，而陆相沉积物中较低，Th则相反。据此可利用Th/U值作为判断沉积环境的标志。通常认为在海相暗色页岩与碳酸盐岩中最低，Th/U<2；在陆相页岩中最高，Th/U>6；海相灰绿色页岩介于二者之间，Th/U为2～6（亚当斯，1965）。黄骅断陷湖盆碳酸盐岩中共检测了39个样品。其中泥岩样品13个，碳酸盐岩样品19个，灰质砂岩样品7个。泥岩样品的Th/U值变化在1.36～3.83之间，平均2.58；碳酸盐样品（石灰岩和白云岩）Th/U值变化在0.85～3.43之间，平均2.2；灰质砂岩样品的Th/U值变化在1.08～3.16之间，平均2.03。总体上39个样品中，低于2的样品约占41%，低于3的样品约占87%。由此显示出黄骅断陷湖盆碳酸盐岩虽受陆源混入物影响较大，但Th/U值较低，说明沉积环境处于还原环境，湖盆水体盐度较高或受到了入侵海水的影响（图5-8）。

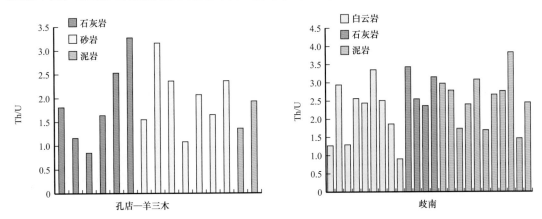

图5-8　黄骅地区不同岩类Th/U值直方图

第二节　稀土元素

稀土元素（REE），通常是指门氏元素周期表中第六周期、第三副族原子序数为57～71的一组元素，包括镧（La）、铈（Ce）、镨（Pr）、钕（Nd）、钷（Pm）、钐（Sm）、铕（Eu）、钆（Gd）、铽（Tb）、镝（Dr）、钬（Ho）、铒（Er）、铥（Tm）、镱（Yi）、镥（Lu）等。这15个镧族元素群体在门代周期表上处于同一位置，其原子的电子构型一般为 $1S^2 2S^2 2P^6 3S^2 3P^6 d^{10} 4S^2 4P^6 4d^{10} 4f^{0-14} 5S^2 5P^6 5d^{10} 6S^2$，随着原子序数增加，所增加的电子主要排布在4f亚层上，而其他层的结构基本保持不变。特别是最外两个壳层的电子结构相同，决定了镧系元素的离子形式的一致。在自然界与其他元素作用时，稀土元素最容易失去结合较弱的最外两个壳层上的电子，而呈3价离子形式。这是稀土元素具有共同地球化学行为的主要原因。但是各个稀土元素之间因电子构型存在差异，虽然差异是十分微弱的，而这种差异仍将导致其晶体化学性质、元素电价的差别及其碱性强弱，以及影响到对其形成络合物或被吸附的能力大小等差异，于是在自然界发生分馏。它们不仅具有化学行为的一致性，同时又有相互分馏的特点，而成为当代地球化学研究的重要手段及示踪剂，也是岩石成因分析的重要证据之一。因而在海洋沉积物研究中，稀土元素的地球化学行为一直受到高度关注。通过现代大洋海水及海底沉积物和古代沉积岩的研究，已经建立了海洋沉积物和沉积岩的稀土分布模式，并用于判断海水化学性质及恢复古海洋环境（Piper，1974；Holser，1995）；也有不少研究者将稀土元素引入碳酸盐岩储集层成因研究，并利用稀土元素的运移聚集规律，作为判别碳酸盐岩次生孔隙储集层形成的岩溶环境的标志（郑聪斌等，1993；郑荣才等，1997；程昌茹等，2008）。而断陷湖盆碳酸盐岩，一直被认为是通过湖水直接化学沉淀或因生物沉积作用形成的，与海相碳酸盐岩基本类似，其稀土元素分布特征可直接反映湖盆水化学性质及碳酸盐岩的成因（伊海生等，1995）。然而有关断陷湖盆水化学性质及沉积物稀土元素的分布及其在沉积物之间的分馏效应和示踪环境指标的研究，在国内外仍处于薄弱环节。因此，系统分析断陷湖盆碳酸盐岩中稀土元素的分馏与富集特征，对于恢复断陷湖盆碳酸盐岩形成环境和储集层孔隙演化规律具有重要意义。

一、稀土元素总量

稀土元素总量，是指15个镧（La）族元素含量之和。它们在沉积岩中的组成是非常相似的，其稀土元素总量（ΣREE）可以代表上地壳中的稀土元素丰度。而上地壳中的沉积岩，通常是由泥—页岩、砂岩和碳酸盐岩组成，这些岩类在沉积壳层中所占的比例是不同的。Herrmann（1970）根据泥—页岩、砂岩和碳酸盐岩所占的比例（77:15:8）计算出沉积岩的稀土元素平均值约为 230×10^{-6}，这与火成岩中稀土元素平均值 241×10^{-6} 较为接近。而郭成基（1986）的计算结果为：沉积岩的稀土元素平均值为 184.63×10^{-6}，泥—页岩平均值为 165.6×10^{-6}，砂岩平均值为 $(84～310) \times 10^{-6}$，石灰岩平均值为 25×10^{-6}。二者计算的沉积岩的稀土元素平均值相差 46×10^{-6}，可能与他们计算的方法不同有关。但对断陷湖盆而言，由于分布面积较小，水介质及物源复杂，不同岩类的稀土元素丰度与沉积岩中相应岩类的平均值则有较大变化。特别是湖盆碳酸盐岩沉积的纯度普遍较低，所含不溶细粒碎屑物、黏土矿物及重矿物，一般都高于海相碳酸盐岩，从而使稀土元素总量在湖盆碳酸盐岩中随着泥质含量的增加而升高，并在湖盆的不同区带不同层位不同岩类中表现出较大的差异。

（一）不同岩类稀土元素丰度对比

根据核工业 203 所 Thermo Flsher 制造的 XSERIES2 型电感耦合等离子体质谱仪对黄骅断陷沙一下亚段 38 块碳酸盐岩、混积岩和少量泥—页岩样品的检测、复核结果，各岩类的稀土元素丰度见表 5-7。从表 5-7 可以看出黄骅断陷湖盆各类碳酸盐岩与混积岩中稀土元素总量变化在（$19.92 \sim 193.18$）$\times 10^{-6}$ 之间，平均值为 87.93×10^{-6}。其中 6 个泥晶灰岩样品的稀土元素含量变化在（$19.97 \sim 73.68$）$\times 10^{-6}$ 之间，平均值为 47.4×10^{-6}；9 个白云岩样品的稀土元素含量变化在（$25.31 \sim 168.97$）$\times 10^{-6}$ 之间，平均值为 67.77×10^{-6}；3 个砂质含生屑泥晶灰岩样品的稀土元素含量变化在（$103.08 \sim 127.90$）$\times 10^{-6}$ 之间，平均值为 112.74×10^{-6}；3 个砂质含云灰岩样品的稀土元素含量变化在（$63.90 \sim 67.09$）$\times 10^{-6}$ 之间，平均值为 65.76×10^{-6}；7 个灰质砂岩样品的稀土元素含量变化在（$93.85 \sim 173.21$）$\times 10^{-6}$ 之间，平均为 125.66×10^{-6}；2 个泥质云岩样品的稀土元素含量（REE）变化在（$78.26 \sim 85.93$）$\times 10^{-6}$ 之间，平均为 82.1×10^{-6}。由此显示出湖盆碳酸盐岩稀土元素总量，普遍低于混积岩稀土元素总量。说明断陷湖盆碳酸盐岩稀土元素丰度与所含泥质有关，较纯的碳酸盐岩稀土元素丰度最低，而混积碳酸盐岩随着泥质含量的增加，其稀土元素丰度明显高于较纯的碳酸盐岩。此外，所测 8 个泥—页岩样品的稀土元素（总量）变化在（$146.99 \sim 250.30$）$\times 10^{-6}$ 之间，平均值为 198.61×10^{-6}。与所测碳酸盐岩样品的 ΣREE 平均值对比则高出 $3 \sim 4$ 倍；与混积岩样品的 ΣREE 平均值对比则高出 $1 \sim 2$ 倍；并且也略高于北美地台页岩组合样的稀土元素丰度值（173.41×10^{-6}）。由此显示出断陷湖盆泥—页岩稀土元素的富集，与其处于强还原环境和富含有机质密切相关。而碳酸盐岩与混积岩稀土元素（总量）平均值与沉积岩中相应岩类的稀土元素平均值基本接近。

（二）不同湖盆及海相碳酸盐岩稀土元素丰度对比

不同湖盆及海相碳酸盐岩稀土元素丰度对比，因水介质与物源不同有较大变化。根据伊海生（2008）对西藏高原沱沱河渐新世—中新世湖盆碳酸盐岩稀土元素检测结果表明：12 个石灰岩样品的 ΣREE 变化在（$36.23 \sim 84.82$）$\times 10^{-6}$ 之间，平均值为 66×10^{-6}；3 个砂质灰岩的 ΣREE 变化在（$48.8 \sim 118.1$）$\times 10^{-6}$ 之间，平均值为 74.22×10^{-6}；4 个泥质灰岩的 ΣREE 变化在（$62.49 \sim 85.62$）$\times 10^{-6}$ 之间，平均值为 73.82×10^{-6}；2 个泥质白云岩 ΣREE 变化在（$58.2 \sim 91.45$）$\times 10^{-6}$ 之间，平均值为 74.30×10^{-6}。此外，52 个泥岩的 ΣREE 变化在（$92.27 \sim 189.64$）$\times 10^{-6}$ 之间，平均值为 154.45×10^{-6}。而黄骅断陷湖盆碳酸盐岩中石灰岩的 ΣREE 平均值则为 47.4×10^{-6}；砂质灰岩的 ΣREE 的平均值为 112.74×10^{-6}；泥质白云岩的 ΣREE 的平均值为 82.1×10^{-6}。泥—页岩的 ΣREE 平均值为 198.61×10^{-6}。除石灰岩较低外，其他岩类均高于西藏高原沱沱河盆地渐新世湖盆沉积的相应岩类 ΣREE 的平均值（表 5-8）。而与千米桥古潜山奥陶系台地相泥晶灰岩对比，则高出 3 倍；与泥粉晶白云岩对比，则高出 2 倍。湖盆泥—页岩与海相泥岩 ΣREE 的平均值对比，也高出1.5 倍（表 5-8）。可见在沉积岩中，湖相碳酸盐岩稀土元素丰度一般较低，但海相碳酸盐岩稀土元素丰度更低，特别是台地相碳酸盐岩沉积水体较浅，抬升后又长期受到了风化剥蚀和大气淡水的淋滤，导致稀土元素受到了强烈亏损。

表5-7 黄骅断陷湖盆沙一下亚段不同岩类稀土元素含量检测成果表

样号	岩性	检测结果（×10⁻⁶）														ΣREE
		La	Ce	Pr	Nd	Sm	Eu	Gd	Tb	Dy	Ho	Er	Tm	Yb	Lu	
A1	鲕粒泥晶灰岩	3.89	8.48	0.83	3.35	0.64	0.19	0.66	0.11	0.68	0.13	0.41	0.06	0.43	0.07	19.92
A2	含螺泥晶灰岩	9.46	18.50	1.92	7.68	1.34	0.37	1.15	0.18	1.01	0.18	0.56	0.08	0.46	0.06	42.95
A3	生物泥晶灰岩	11.70	22.70	2.31	9.37	1.57	0.42	1.34	0.21	1.08	0.19	0.60	0.08	0.48	0.08	52.12
A4	生物泥晶灰岩	8.82	19.70	1.93	8.11	1.64	0.48	1.75	0.31	1.82	0.35	1.07	0.15	0.94	0.14	47.21
A5	云质灰岩	14.40	32.10	2.96	12.30	2.42	0.59	2.44	0.41	2.46	0.46	1.41	0.21	1.33	0.20	73.68
A6	云质灰岩	10.00	21.00	2.10	8.39	1.61	0.40	1.45	0.25	1.40	0.25	0.74	0.11	0.71	0.11	48.52
B1	灰色泥晶白云岩	8.46	17.90	1.76	6.89	1.16	0.29	1.10	0.17	0.98	0.18	0.52	0.07	0.46	0.07	40.01
B2	灰色泥晶白云岩	6.90	14.70	1.45	5.85	1.10	0.26	0.99	0.16	0.92	0.18	0.51	0.08	0.48	0.08	33.66
B3	灰色泥晶白云岩	13.00	25.40	2.59	10.10	1.74	0.41	1.51	0.23	1.35	0.24	0.72	0.11	0.71	0.11	58.22
B4	灰色粉晶白云岩	5.59	10.17	1.29	4.70	0.81	0.46	0.76	0.10	0.56	0.11	0.31	0.05	0.34	0.06	25.31
B5	灰色粉晶白云岩	9.39	17.19	2.13	7.78	1.35	0.49	1.31	0.20	1.06	0.20	0.60	0.09	0.62	0.10	42.52
B6	灰色粉晶白云岩	10.08	18.34	2.33	8.72	1.52	0.63	1.41	0.19	1.06	0.20	0.57	0.08	0.54	0.09	45.76
B7	灰色粉晶白云岩	8.07	15.03	1.85	6.84	1.18	0.51	1.11	0.16	0.92	0.18	0.53	0.08	0.54	0.10	37.10
B8	深灰色粉晶白云岩	35.60	66.40	7.49	29.30	4.91	1.05	4.14	0.68	3.74	0.65	1.97	0.30	1.87	0.27	158.36
B9	深灰色粉晶白云岩	38.10	68.70	7.60	30.20	5.80	1.21	5.45	0.90	4.81	0.84	5.56	0.34	2.14	0.31	168.97
C1	砂质有孔虫灰岩	22.10	43.60	4.79	18.80	3.57	0.75	3.33	0.37	2.37	0.46	1.35	0.20	1.21	0.18	103.08
C2	砂质有孔虫灰岩	23.20	45.70	5.07	20.90	3.26	0.83	2.90	0.41	1.98	0.41	1.21	0.19	1.00	0.18	107.24
C3	砂质有孔虫灰岩	27.40	54.60	5.82	24.00	4.18	0.89	3.76	0.49	2.77	0.58	1.46	0.21	1.52	0.22	127.90

检测结果（×10^{-6}）

样号	岩性	La	Ce	Pr	Nd	Sm	Eu	Gd	Tb	Dy	Ho	Er	Tm	Yb	Lu	ΣREE
C4	砂质含云灰岩	15.40	28.70	3.05	12.20	1.78	0.44	1.82	0.23	1.45	0.28	0.86	0.12	0.66	0.10	67.09
C5	砂质含云灰岩	13.50	27.60	3.01	12.10	1.96	0.42	1.83	0.20	1.33	0.28	0.72	0.10	0.86	0.10	63.90
C6	砂质含云灰岩	14.50	28.80	3.06	12.90	1.72	0.48	1.75	0.23	1.22	0.23	0.67	0.09	0.55	0.09	66.29
D1	含生屑灰质砂岩	36.80	75.00	7.99	32.80	5.37	1.05	4.66	0.62	3.61	0.67	2.18	0.29	1.87	0.30	173.21
D2	含生屑灰质砂岩	31.90	63.10	6.86	28.70	4.39	1.03	3.68	0.47	2.81	0.57	1.59	0.24	1.44	0.25	147.03
D3	灰质岩屑砂岩	26.90	54.80	5.84	23.70	3.93	0.86	3.36	0.46	2.42	0.48	1.44	0.20	1.41	0.21	126.01
D4	灰质岩屑砂岩	21.80	44.50	4.75	19.50	3.11	0.75	2.78	0.36	2.07	0.41	1.21	0.17	1.15	0.14	102.70
D5	灰质岩屑砂岩	27.20	53.70	5.70	23.50	3.66	0.81	3.27	0.43	2.34	0.43	1.39	0.19	1.29	0.19	124.10
D6	灰质岩屑砂岩	19.30	38.60	4.43	18.60	3.00	0.77	3.07	0.42	2.38	0.51	1.33	0.18	1.11	0.15	93.85
D7	灰质岩屑砂岩	23.60	47.10	5.12	21.00	3.40	0.87	3.32	0.52	3.02	0.61	1.76	0.31	1.83	0.28	112.74
E1	泥质云岩	18.36	34.83	4.33	16.26	2.97	0.68	2.63	0.40	2.21	0.43	1.26	0.18	1.19	0.19	85.93
E2	泥质云岩	18.03	31.56	3.94	14.50	2.49	0.65	2.26	0.33	1.78	0.35	1.02	0.16	1.03	0.17	78.26
F1	灰质泥岩	30.00	63.90	6.44	26.10	4.57	1.05	4.40	0.69	3.96	0.78	2.30	0.34	2.16	0.31	146.99
F2	灰质泥岩	38.90	89.90	8.54	34.40	5.48	1.20	5.17	0.68	3.50	0.74	2.18	0.31	1.89	0.29	193.18
F3	泥岩	44.90	88.60	9.46	38.80	6.30	1.22	5.83	0.69	4.27	0.83	2.45	0.33	2.37	0.34	206.39
F4	泥岩	41.81	76.39	9.66	35.85	5.84	1.41	5.19	0.72	3.78	0.72	2.08	0.31	2.07	0.33	186.15
F5	泥岩	39.64	76.11	9.63	36.58	6.32	1.45	5.76	0.85	4.53	0.84	2.35	0.32	2.05	0.32	186.76
F6	泥岩	37.44	71.92	8.70	32.13	5.49	1.35	5.15	0.71	3.83	0.75	2.22	0.33	2.20	0.35	172.56
G1	油页岩	55.01	102.70	12.55	46.51	7.91	1.70	6.94	0.99	5.19	0.96	2.74	0.39	2.54	0.39	246.52

检测结果（×10⁻⁶）

样号	岩性	La	Ce	Pr	Nd	Sm	Eu	Gd	Tb	Dy	Ho	Er	Tm	Yb	Lu	ΣREE
G2	油页岩	54.53	106.10	12.84	46.97	8.09	1.75	6.95	0.94	4.95	0.93	2.75	0.40	2.67	0.43	250.30
	6个石灰岩样品平均值	9.71	20.41	2.01	8.20	1.54	0.41	1.46	0.25	1.41	0.26	0.80	0.11	0.72	0.11	47.40
	9个白云岩样品平均值	15.02	28.20	3.17	12.26	2.17	0.59	1.98	0.31	1.71	0.31	0.92	0.13	0.86	0.13	67.77
	3个砂质有孔虫灰岩样品平均值	24.23	47.97	5.23	21.23	3.67	0.82	3.33	0.42	2.37	0.48	1.34	0.20	1.24	0.19	112.74
	3个砂质含云灰岩样品平均值	14.47	28.37	3.04	12.40	1.82	0.45	1.80	0.22	1.33	0.26	0.75	0.10	0.65	0.10	65.76
	7个砂岩样品平均值	26.79	53.83	5.81	23.97	3.84	0.88	3.45	0.47	2.66	0.53	1.56	0.23	1.44	0.22	125.66
	2个泥质云岩样品平均值	18.20	33.20	4.13	15.38	2.73	0.67	2.44	0.36	1.99	0.39	1.14	0.17	1.11	0.18	82.10
	8个泥—页岩样品平均值	42.78	84.45	9.73	37.17	6.25	1.39	5.67	0.78	4.25	0.82	2.38	0.34	2.24	0.34	198.61
	北美页岩组合样（NMSC）	32.00	73.00	7.90	33.00	5.70	1.24	5.20	0.85	5.80	1.04	3.40	0.50	3.10	0.48	173.21

表 5-8 不同湖盆碳酸盐岩与海相碳酸盐岩稀土元素平均值对比

地区	地层	样号、岩性	稀土元素平均值（×10⁻⁶）														稀土元素总量平均值
			La	Ce	Pr	Nd	Sm	Eu	Gd	Tb	Dy	Ho	Er	Tm	Yb	Lu	
黄骅断陷	古近系	6个石灰岩样品	9.71	20.41	2.01	8.20	1.54	0.41	1.46	0.25	1.41	0.26	0.80	0.11	0.72	0.11	47.40
		9个白云岩样品	15.02	28.20	3.17	12.26	2.17	0.59	1.98	0.31	1.71	0.31	0.92	0.13	0.86	0.13	67.77
		3个砂质生屑灰岩样品	24.23	47.97	5.23	21.23	3.67	0.82	3.33	0.42	2.37	0.48	1.34	0.20	1.24	0.19	112.74
		3个砂质含云泥晶灰岩样品	14.47	28.37	3.04	12.40	1.82	0.45	1.80	0.22	1.33	0.26	0.75	0.10	0.65	0.10	65.76
		7个砂岩样品	26.79	53.83	5.81	23.97	3.84	0.88	3.45	0.47	2.66	0.53	1.56	0.23	1.44	0.22	125.66
		2个泥质云岩样品	18.20	33.20	4.13	15.38	2.73	0.67	2.44	0.36	1.99	0.39	1.14	0.17	1.11	0.18	82.10
		8个泥—页岩样品	42.78	84.45	9.73	37.17	6.25	1.39	5.67	0.78	4.25	0.82	2.38	0.34	2.24	0.34	198.61
西藏沱沱河盆地	渐新统—中新统	12个石灰岩样品*	14.17	24.37	3.25	12.34	2.81	1.26	2.69	0.55	1.82	0.34	1.09	0.15	1.03	0.13	66
		3个砂质灰岩样品*	15.6	27.4	3.79	14.44	3.11	0.86	3.18	0.62	1.99	0.38	1.27	0.18	1.26	0.16	74.22
		4个泥质灰岩样品*	14.95	26.9	3.7	14.08	3.21	1.84	3.1	0.63	2.12	0.4	1.3	0.19	1.25	0.17	73.82
		2个泥质白云岩样品*	14.9	27.9	3.77	14.6	3.29	0.91	2.95	0.63	2.34	0.44	1.36	0.2	1.38	0.19	74.3
		52个泥岩样品*	32.95	60.59	8.07	29.14	5.81	1.22	5.53	1.08	3.8	0.73	2.4	0.36	2.46	0.33	154.45
千米桥潜山	奥陶系	4个石灰岩样品	1.73	6.00	0.45	3.00	0.37	0.13	0.47	0.09	0.50	0.17	0.18	0.08	0.17	0.08	13.32
		9个白云岩样品	4.42	13.85	1.13	4.82	0.81	0.16	0.93	0.16	0.78	0.17	0.36	0.09	0.30	0.10	28.08
		4个泥岩样品	27.73	55.00	5.57	20.88	3.59	0.70	3.12	0.70	3.04	0.85	1.71	0.30	1.57	0.24	125.00

* 数据引自伊海生等，2008。

二、稀土分布模式

稀土元素分布模式，在海相碳酸盐岩的研究中应用较多。而在断陷湖盆碳酸盐岩研究方面，已有学者进行了初步应用（伊海生等，1995；郑聪斌等，2010）。沉积岩中稀土元素的分布特点为，通常在实测元素中凡偶数元素的丰度均比相邻的奇数元素丰度值高。在以原子序数为横坐标、元素丰度为纵坐标的图上绘出的稀土元素分布曲线，常常呈现出锯齿状，这种现象叫稀土元素的奇偶效应（图5-9）。因此对于实际检测的稀土元素数据，在用于岩石成因与沉积环境分析之前，对原始检测数据常采用样品测量值与北美地台黏土页岩或球粒陨石样品中对应元素丰度值进行标准化或归一化处理，即用所测各个元素丰度值除以北美地台黏土页岩或球粒陨石样品中对应元素丰度值，通过消除奇偶数的影响后，常采用数值法和图解法来反映所测稀土元素的亏损与富集。一般而言，球粒陨石的稀土元素丰度代表地球原始组成的REE含量，多用于火成岩的研究，而北美地台黏土页岩的REE含量（NASC）或后太古宇页岩（PAAS）则反映上地壳的REE的平均含量。因此常采用NASC或PAAS标准分析沉积物或沉积岩的REE分布型式（刘文均，1990；强子同等，2007）。根据黄骅断陷湖盆碳酸盐岩实测稀土元素丰度值，经球粒陨石或北美地台黏土页岩对应元素丰度值标准化后，在图解法中以原子序数为横坐标，标准化后的丰度值为纵坐标（刻度以对数或几何值标定）进行投影，表示出各元素之间的变化关系，即通常所称的稀土元素分布模式图。将不同岩类的稀土元素分配模式图进行对比，则可发现不同岩类稀土元素分布的差异。

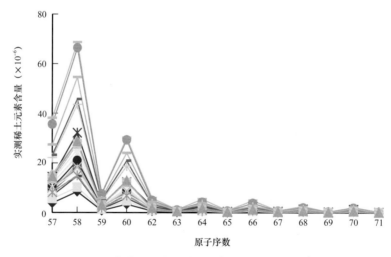

图 5-9　黄骅地区实测稀土元素含量奇偶效应图解

（一）碳酸盐岩稀土元素分布模式

根据黄骅断陷湖盆碳酸盐岩的检测样品，生物泥晶灰岩、鲕粒泥晶灰岩和亮—泥晶白云岩的稀土元素分布模式具有如下特征：

（1）经球粒陨石标准化后的生物泥晶灰岩与含螺泥晶灰岩稀土元素分布特征为：在模式图上具有从左向右呈现出下倾型，轻稀土（LREE）含量普遍高于重稀土元素（HREE）

含量，并按原子排序递变明显；而重稀土元素按原子排序递变平缓，3块样品的 Ce、Eu 元素均未见明显异常。其中有 1 块生物泥晶灰岩重稀土元素相对富集，而另两块相对较低，但分布形态类似（图 5-10）。说明同一岩性，其重稀土元素含量的不同，显然与受基性组分影响的强弱有关。一般认为，沉积壳层中受玄武岩影响的沉积物或沉积岩，常常表现出重稀土元素相对富集的特点。这类生物泥晶灰岩的分布与近临黄骅断陷沙一下亚段沉积期玄武岩侵入区相吻合。

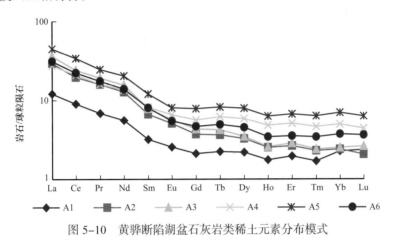

图 5-10　黄骅断陷湖盆石灰岩类稀土元素分布模式

（2）经球粒陨石标准化后的鲕粒泥晶灰岩稀土元素分布模式，也与生物泥晶灰岩稀土元素分配特征一样，在模式图上表现出轻稀土元素含量高于重稀土元素含量的下倾型，并按原子序数递变明显；Ce、Eu 元素未见明显异常。但鲕粒泥晶灰岩 ΣREE 均低于其他石灰岩，分布线均低于其他石灰岩分布线，说明鲕粒泥晶灰岩形成于水体盐度较低的成岩环境（图 5-10）；而 Yb 与 Lu 元素相对富集，并与其他石灰岩 Yb 与 Lu 元素含量接近，表现出轻稀土元素随着原子序数的增加而富集程度降低，而重稀土元素则随着原子序数的增加而增加的趋势，但分布模式较为稳定，这只能用重稀土元素的有机和无机络合物的稳定性高于轻稀土元素来解释（Golderg et al.，1963）。

（3）经球粒陨石标准化后的两块云质泥晶灰岩稀土元素分布模式，与生物泥晶灰岩稀土元素分布具有类似的特征。其中一块云质泥晶灰岩 ΣREE 与模式分布线均高于其他石灰岩，表现出稀土元素相对富集；而另一块云质泥晶灰岩 ΣREE 的模式分布线则与其他石灰岩一致，说明分布线较高的云质灰岩在埋藏环境中经历了有机酸性流体的改造，表现出富稀土的特征，而另一块云质泥晶灰岩未受有机酸性流体的改造，其分布线与其他石灰岩分布线相一致（图 5-10）。

（4）经球粒陨石标准化后的亮—泥晶白云岩的稀土元素分布模式，在按原子序数递变下倾的背景上，表现出两组不同的分配特征：其中分布线向富稀土偏移的一组，因受埋藏期酸性有机流体的改造，稀土元素相对富集；而另一组稀土元素含量相对偏低，分布线也较集中；但在该组分布线中，部分白云岩表现出明显的正铕异常特征（图 5-11）。这与伊海生等（2008）所报道的西藏高原沱沱河盆地渐新世—中新世部分湖相灰色藻灰岩稀土元素分配模式中出现的正铕（Eu）异常相类似（图 5-12）。近年来，不少研究者对现代海底热流体的调查表明，全球范围内海底高温热流体普遍具有轻稀土富集，Eu呈现高的正异常（Mills et al.，1995；丁振举等，2000；Hannigan et al.，2001）。Olivier（2006）认为虽然热水流体之间的稀土元素浓度差别很大，但相互之间具有非常类似的稀土元素分布模式，即LREE富集、HREE亏损、高的正Eu异常明显，并在海底热流体喷口附近的沉积物也具有正Eu异常特征（图5-13）。黄骅断陷湖盆沉积期，部分白云岩稀土元素分布模式中出现的正Eu异常，显然与多期次类玄武岩的侵入所导致的湖底热流体活动有关。而与海相碳酸盐岩稀土元素分布模式对比，大多数海相碳酸盐岩都具有Ce、Eu明显亏损的特点。但与千米桥奥陶系古潜山碳酸盐岩中，部分石灰岩稀土元素分布模式中同样出现正Eu异常。查看这些石灰岩的分布区，也与古潜山形成期玄武岩的侵入所导致的湖底热流体活动有关（图5-14）。而断陷湖盆碳酸盐岩稀土元素分布模式则很少出现Ce、Eu的强烈亏损，这不仅与Ce、Eu的特殊性质和化学环境有关，而且由于断陷湖盆碳酸盐岩的纯度普遍低于海相碳酸盐岩，从而随着泥质及不溶残积物的增加，使Ce、Eu的亏损逐渐消失，有时还会出现正的异常。

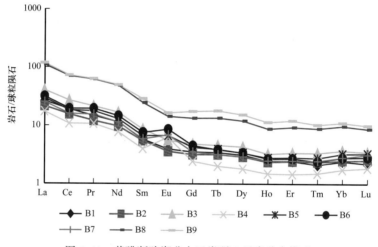

图 5-11　黄骅断陷湖盆白云类稀土元素分布模式

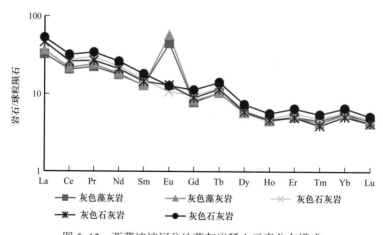

图 5-12　西藏沱沱河盆地藻灰岩稀土元素分布模式

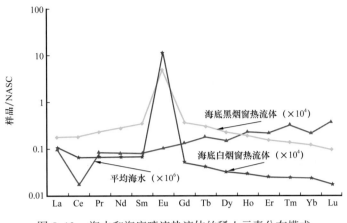

图 5-13　海水和海底喷流热流体的稀土元素分布模式

（据 Mills et al.，1995；Hannigan et al.，2001）

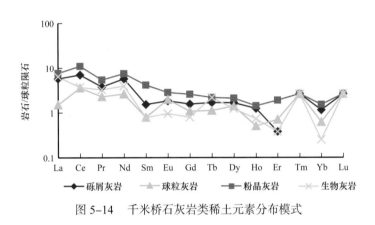

图 5-14　千米桥石灰岩类稀土元素分布模式

（二）混积岩与泥页岩稀土元素分布模式

黄骅断陷湖盆混积岩的检测样品，主要有砂质有孔虫灰岩、砂质含云灰岩及泥质云岩、含生屑灰质砂岩和灰质岩屑砂岩等五类。这五类混积岩经球粒陨石标准化后的稀土元素分布模式，均具有轻稀土元素相对富集的特征；分布线均较集中，并随原子序数增加而含量呈现出逐渐降低的下倾型趋势（图 5-15）。与西藏高原沱沱河盆地渐新世—中新世部分湖相混积岩稀土元素分布模式对比，则可发现二者的分布形态基本一致，但后者的部分泥质灰岩、泥灰岩和灰质泥岩的 Eu 相对富集，表现出高的 Eu 正异常（图 5-16）。说明西藏高原沱沱河盆地渐新世—中新世湖盆碳酸盐岩沉积期，湖底热流体活动较黄骅断陷普遍。而黄骅断陷泥—页岩稀土元素分布形态与各类混积岩和碳酸盐岩基本类似，但分布线集中，并趋向富稀土。说明这些泥—页岩均形成于缺氧的强还原环境（图 5-17）。但与北美页岩、杂砂岩及石灰岩稀土元素（球粒陨石标准化后）的分布模式对比，黄骅断陷湖盆碳酸盐岩、混积岩及泥—页岩稀土元素分布模式中，除部分白云岩 Eu 显示正异常外，其他岩类 Eu 的亏损普遍较弱，而北美页岩、杂砂岩及石灰岩中 Eu 的亏损则很明显（图 5-18）。说明黄骅断陷各岩类沉积的还原条件强于北美地台页岩、杂砂岩及石灰岩形成的环境。

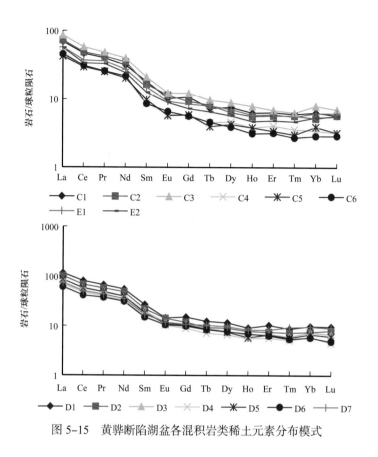

图 5-15 黄骅断陷湖盆各混积岩类稀土元素分布模式

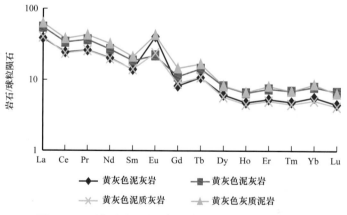

图 5-16 西藏沱沱河盆地泥石灰岩稀土元素分布模式

三、轻稀土与重稀土

在分析稀土元素特征时，常把稀土元素分为两个亚级：从镧（La）到铕（Eu），原子序数较小，称为轻稀土元素，将钆（Gd）到镥（Lu），原子序数较大，称为重稀土元素。有时根据研究的需要也将稀土元素分为三个亚级，即 La—Nd 为轻稀土元素、Sm—Dy 为中稀土元素、Ho—Lu 为重稀土元素。

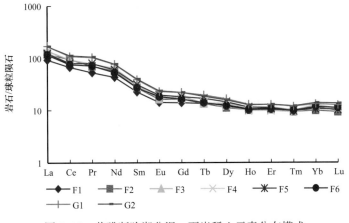

图 5-17　黄骅断陷湖盆泥—页岩稀土元素分布模式

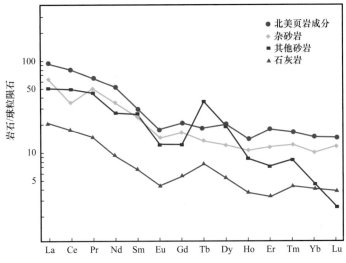

图 5-18　北美页岩、杂砂岩和石灰岩经标准化得 REE 平均丰度

（据 Haskin，1966，1968；Wakita，1971）

由于稀土元素的原子构造特征，在自然界趋于共生一起，并具有一定的分布规律。从轻稀土元素到重稀土元素的相对丰度显示，无论是海相碳酸盐岩还是断陷湖盆碳酸盐岩，大都具有 LREE＞HREE 的规律。黄骅断陷湖盆碳酸盐岩的轻、重稀土元素丰度也同样呈现出类似的规律。不同岩类的轻、重稀土元素相关分析结果如图 5-19 所示。从图中不难看出，黄骅断陷湖盆碳酸盐岩中各类石灰岩、白云岩与混积岩及砂、泥岩轻、重稀土元素含量变化具有明显的不同。对于石灰岩、白云岩重稀土元素含量的增加，轻稀土元素含量也有增加，但增加的幅度远小于混积岩及砂、泥岩。其中石灰岩类的轻、重稀土元素变化范围为：LREE 变化在（39.4～109.13）×10^{-6} 之间，HREE 变化在（16.58～41.57）×10^{-6}之间；灰色泥—粉晶白云岩的轻、重稀土元素变化范围基本与石灰岩类接近，LREE 变化在（57.21～91.82）×10^{-6} 之间，HREE 变化在（14.43～26.61）×10^{-6} 之间；但深灰色粉晶白云岩的轻、重稀土元素变化范围较大，LREE 变化在（101.16～351.39）×10^{-6} 之间，HREE 变化在（23.28～106.51）×10^{-6} 之间。这是由于深灰色粉晶白云岩形成及其在

成岩过程中经历了富含有机质的酸性压释水及深部热流体作用的结果。混积岩中的砂质有孔虫灰岩、泥质云岩和灰质岩屑砂岩的轻、重稀土元素变化范围普遍高于石灰岩类及灰色泥、粉晶白云岩，而泥—页岩 LREE 变化在（365.52～532.98）×10⁻⁶ 之间，HREE 变化在（90.78～123.12）×10⁻⁶ 之间，在检测样品轻、重稀土元素含量最高，变化范围明显高于各类碳酸盐岩与混积岩。并且在相关图上，各岩类大体可分为三个区：Ⅰ区相对贫稀土，主要由石灰岩类与灰色泥—粉晶白云岩及少量云质灰岩组成，这部分碳酸盐岩在准同生期经历了大气淡水改造，使轻、重稀土元素受到了不同程度的分馏；Ⅲ区富稀土，主要由泥—页岩与深灰色粉晶白云岩组成，特别是油页岩，其轻、重稀土分布范围最高，这些泥—页岩多形成于湖湾及半深湖—深湖等富含有机质的强还原环境，因而有利于稀土元素的富集，而深灰色粉晶白云岩在中深埋藏期受富含有机质的酸性压释水改造，从而导致了轻、重稀土元素的富集；Ⅱ区以混积岩为主，这些混积岩形成于滩缘或水下扇前缘沉积区，多由灰质岩屑砂岩与砂质有孔虫灰岩组成，其砂质来源于陆源，经风化、搬运而来，稀土元素则赋存于砂质碎屑颗粒结晶矿物中，而泥质云岩类含有较多泥质，稀土元素的赋存方式以黏土矿物的表面吸附为主，因吸附量大而富集稀土。因此混积岩轻、重稀土元素明显高于相对贫稀土的石灰岩类与灰色泥—粉晶白云岩，而低于泥—页岩与富含有机质的深灰色粉晶白云岩。

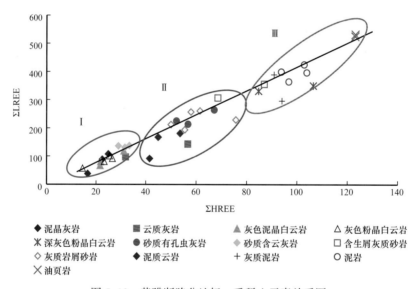

图 5-19 黄骅断陷盆地轻、重稀土元素关系图

四、δCe 与 δEu

稀土元素中除呈三价的离子形式以外，还可呈四价或二价。根据以往研究 Ce、Pr、Tb 可形成四价离子；Sm、En、Yb 可形成二价离子。四价离子的特点是离子半径小，离子电位高，具两性特征；二价离子，离子半径大，离子电位低，具较强碱性。通常认为 Ce 和 Eu 的变价现象是最为突出的，分别形成四价和二价离子，于是它们在化学作用过程

中易于与三价的稀土元素相分离，发生分馏，并成为稀土元素地球化学研究的重要对象。为了衡量 Ce 和 Eu 在稀土元素中发生分馏的程度，引入了两个异常系数（指数），即 δCe 与 δEu，是将所检测的 REE 分析值经球粒陨石或北美页岩组合样标准化后，按下式计算得出：

$$\delta Eu = \omega(Eu)_N/\omega(Eu^*) = \omega(Eu)_N/\{[\omega(Sm)_N+\omega(Gd)_N]/2\}$$

式中，$\omega(Eu)_N$、$\omega(Sm)_N$ 和 $\omega(Gd)_N$ 均为球粒陨石标准化值，Eu^* 为理想值，通过相邻二元素的实测值，由内插法求得。当 $\delta Eu>1$ 为正异常，$\delta Eu<1$ 为负异常，$\delta Eu=1$ 为无异常；同理可求得 δCe。依据这一原理，即可分析不同湖盆碳酸盐岩 δEu 与 δCe 的变化及其指示的地球化学环境。

在稀土元素研究中，δEu 被认为是唯一一个可以从三价态 δEu^{3+} 还原为二价态 δEu^{2+} 的元素。Brookins（1989）认为，在 25℃和 1bar 的条件下，只有在中性—碱性水体且为极端还原状态时，三价 Eu^{3+} 才能还原成二价 Eu^{2+}。随着温度的升高，溶液中 Eu^{2+} 稳定性增加，只有在温度高于 250℃，Eu^{2+} 才能稳定存在。因此 Eu 在还原性热流体中可以发生富集，这可能是海底热液系统中沉淀的石膏和陆地重晶石常显示正铕异常的一个重要原因。

黄骅断陷湖盆碳酸盐岩、混积岩及泥—页岩的 δEu，通过检测数据的计算结果，4 块灰色粉晶白云岩的 $\delta Eu>1$，主要集中在 1.23～1.95，平均为 1.515，明显是正异常。观察这 4 块灰色粉晶白云岩样品均为富铁白云岩（X 射线衍射分析铁白云石达 53%～78%），其分布的区带及层位，均近临沙一下亚段玄武岩侵入区，这显然与玄武岩侵入及其所产生的热流体活动有关。通常认为火成岩中的 Eu 极易从 Eu^{3+} 还原 Eu^{2+}，在沉积作用的体系中 Eu^{2+} 比其他稀土元素更容易被热水溶液带走，而进入白云岩的晶格中，从而使早期或同期形成的白云岩呈现出富 Eu 的正异常特征。其他岩类的 $\delta Eu<1$，主要集中在 0.66～0.98，平均为 0.83。在 δEu 与 δCe 相关分析图上分布相对稳定（图 5-20）。而稀土元素中的 Ce 在海水中，常由三价态 Ce^{3+} 被氧化成四价态 Ce^{4+} 而进入海相沉积物和有机组分中，所以一般海水常显示 Ce 为负异常。海相碳酸盐岩的稀土元素分布反映海水特点，通常都为负的 Ce 异常。因此 Ce 异常是分析古海洋氧化—还原条件的重要指标。典型海水的 δCe，分布在 0.1～0.4，通常都出现 δCe 负异常，如侏罗纪海相礁灰岩的 δCe 低至 0.14，白垩纪海相灰岩 δCe 为 0.45。而黄骅断陷湖盆碳酸盐岩、混积岩及泥—页岩的 $\delta Ce<1$，主要集中在 0.77～0.98，平均为 0.85，也均为负异常。但变化范围狭窄，显示出黄骅断陷湖盆沙一下亚段沉积成岩期，各岩类 δCe 的分馏现象均较弱。导致这一现象的原因，显然与黏土含量及岩性无关，而受地球化学环境制约。原因是处于酸性还原环境的稀土元素发生迁移的缘故。据研究，在溶液中三价稀土离子不能同 CO_3^{2-}、I^-、NO_3^- 和 SO_4^{2-} 等组成离子对，但可形成碳酸盐、氯化物和氟化物型络合物发生迁移，特别是 HREE 在富 CO_2 的溶液中活动性很强。Ce^{4+} 因具有两性特征化学性质，不仅易于形成络合物发生迁移，同时在富 CO_2 的环境更为活跃。这可能是富 CO_2 的湖盆泥、页岩中 Ce 发生迁移、分馏的主要原因。

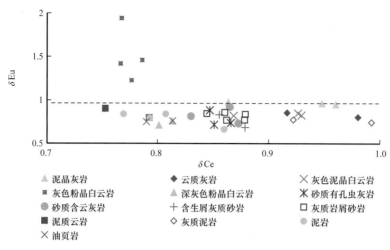

图 5-20 黄骅断陷湖盆 δEu 与 δCe 关系图

δEu、δCe 与 ΣREE 的关系如图 5-21、图 5-22 所示，从图 5-21 可以看出，各岩类 δEu 与 ΣREE 的关系大体可分为三个区：Ⅰ区为贫稀土，基本以碳酸盐岩为主，δEu 正异常明显，大体以 ΣREE 约 200×10^{-6} 为界；Ⅲ区为富稀土，主要为泥—页岩和富含有机质的深灰色粉晶白云岩，大体以 ΣREE 约为 380×10^{-6} 为界；Ⅱ区基本为混积岩区，ΣREE 约在 $(200 \sim 380) \times 10^{-6}$ 之间。总体上，随着 ΣREE 的增加，样品点从石灰岩类与浅灰色泥、粉晶白云岩及少量云质灰岩过渡为混积岩及富含有机质的深灰色粉晶白云岩与泥—页岩。这一变化规律与轻、重稀土元素相关分析图解相吻合。而图 5-22 所反映的 δCe 与 ΣREE 的关系变化，均在 $\delta Ce < 1$ 的负异常范围内，主要集中在 $0.75 \sim 0.98$。不同岩类样品点的分布，随着 δCe 的增加变化较大，但随 ΣREE 的变化也与轻、重稀土元素相关分析图解的变化规律基本一致。

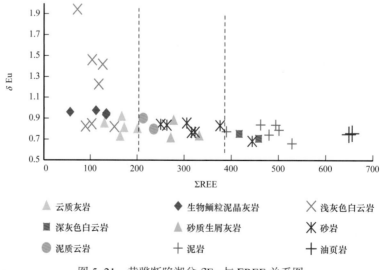

图 5-21 黄骅断陷湖盆 δEu 与 ΣREE 关系图

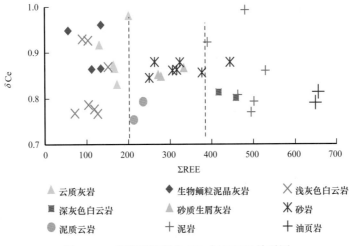

图 5-22　黄骅断陷湖盆 δCe 与 ΣREE 关系图

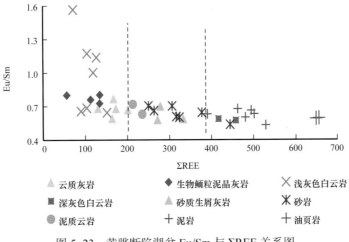

图 5-23　黄骅断陷湖盆 Eu/Sm 与 ΣREE 关系图

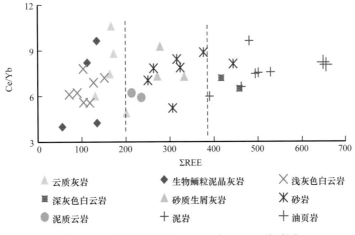

图 5-24　黄骅断陷湖盆 Ce/Yb 与 ΣREE 关系图

Eu/Sm、Ce/Yb 与 ΣREE 的关系如图 5-23、图 5-24 所示，从图 5-23 可以看出 Eu/Sm 的变化，在受玄武岩侵入影响的浅灰色白云岩中呈现出富集的特征，分布范围在 1.0～1.56 之间，平均为 1.235；其他石岩类则略有亏损，分布范围在 0.53～0.80，平均为 0.65。Eu/Sm 值随 ΣREE 增加，Eu/Sm 与 ΣREE 的相关变化和 δEu 与 ΣREE 的关系一致。各类碳酸盐岩、混积岩及富含有机质的深灰色白云岩与泥—页岩也同样呈现出与 δEu 与 ΣREE 的关系相同的三个区带。图 5-24 表明，Ce/Yb 的变化，主要集中在 3.99～10.58，平均为 7.18；Ce/Yb 与 ΣREE 的变化关系也相应地和 δCe 与 ΣREE 的变化关系相一致，只是各岩类 Ce/Yb 值与 δCe 值略有差异。但随 ΣREE 的增加，各类碳酸盐岩、混积岩及富含有机质的深灰色白云岩与泥—页岩也同样呈现出与 δCe 和 ΣREE 关系相同的三个区带。由此反映出黄骅断陷湖盆沙一下亚段沉积期，在局部受玄武岩侵入影响外，总体上，湖盆的水化学性质和沉积环境是相对稳定的。从南大西洋古近纪—第四纪沉积物的研究表明，古近纪开始的古新世（650Ma）洋底处于水系停滞的缺氧环境，其形成的石灰岩 Ce 含量正常，而在其后的古新世末期至第四纪碳酸盐软泥中 Ce 含量强烈亏损，转为氧化环境。可见稀土元素中 Ce 含量亏损较弱或富集时，则指示了还原环境的存在（刘岫峰等，1991）。

第三节　碳、氧、锶同位素

在化学周期表中，原子由原子核和核外的电子构成，而原子核由一定数量的中子和质子组成，也称核素。在原子核内质子数相同的核素称为元素；而质子数相同中子数不同的核素称为同位素。两类核素的质子数相同，又具有相同的核外电子排列结构和非常相似的化学性质，在周期表中又占据同一位置，这也就是命名为同位素的原因。同位素属于同一个元素，一个元素通常由一种或几种同位素组成。如氧同位素由三种组成，中子数分别为 8、9、10，原子的质量数分别为 16、17、18，各同位素的标记为 ^{18}O、^{17}O、^{16}O。自然界中的同位素，根据原子核的稳定性，将同位素分为放射性同位素和稳定同位素等两大类。其中放射性同位素的原子核是不稳定的，它们以一定方式自发地衰变成其他核素的同位素。稳定同位素的原子核是稳定的。通常认为原子核稳定存在的时间大于 1017a 的就称为稳定同位素，反之则称为放射性同位素。目前已发现的天然同位素约有 340 种，其中放射性同位素 67 种，稳定同位 273 种。这两类同位素在原子序数和质量上差别明显，凡是原子序数大于 83、质量数大于 209 的同位素都是放射性同位素；凡是原子序数小于 83、质量数小于 209 的同位素中，^{14}C、^{40}K、^{87}Rb 具放射性外，其余都是稳定同位素（魏菊英等，1987）。稳定同位素，通常又分为轻稳定同位素和重稳定同位素。轻稳定同位素，一般原子质量小，同一元素的各同位素之间的相对质量差异较大。其组成变化的原因主要在于分馏作用及反应的可逆性。而重稳定同位素，一是质量大，同一元素各同位素之间的相对质量差异小，环境的物理化学条件的变化一般不导致其组成的变化；二是同位素组成的变化主要由放射性同位素衰变造成，在地质历史中的演变是不可逆的（韩吟文等，2003）。因此在自然界中，重稳定同位素组成的变化，因放射性同位素衰变，使母体同位素的数量随时间的推移逐渐减少，子体同位素的数量就不断得到增加。如地质体的时代越老，其母体放射性同位素的丰度越高，放射性同位素成因稳定同位素组成丰度也就越高。因此放射性同位素成因稳定同位素组成的变化，常常用来研究地壳演化、成岩、成矿过程等地质作用的一个重要参数。这一参数，常常通过 $^{87}Sr/^{86}Sr$、$^{143}Nd/^{144}Nd$、$^{206}Pb/^{204}Pb$、$^{207}Pb/^{204}Pb$、$^{208}Pb/^{204}Pb$ 来表示样品的锶、钕、铅同位素组成。而轻稳定同位素组成的变化，是由各种物理和化学过程引起分馏的结果。如氧、碳、氢、硫等同位素组成的变化，主要由同位素的分馏所导致的。引起同位素分馏的因素，主要有物理、动力、平衡和生物化学等。其中物理分馏，也称质量分馏，是指同位素之间由质量引起的一系列物理性质上的差别，如密度、熔点、沸点等，使同位素在蒸发、凝聚、扩散等物理过程中发生轻重同位素分异。动力分馏，是指含有两种同位素的两类分子时，由于质量不同而导致参加化学反应的活性出现差异。质量不同的同位素具有不同的化学键和分子振荡频率。一般轻同位素反应速率高，化学键比重同位素化学键易于破裂，在平衡共存相中产生微弱分馏，并更富集轻同位素。平衡分馏，是指在化学反应中，反应物和生成物之间由于物态、相态、价态及化学键性质的变化，导致轻同位素分别富集在不同分子中而产生的分异，也称同位素交换反应。达到同位素交换平衡时，共存相间同位素相对丰度比值为一常数，称为分馏系数 a，如：

$$1/3CaC^{16}O_3 + H_2^{18}O \Longleftrightarrow 1/3CaC^{18}O_3 + H_2^{16}O$$

在25℃时同位素交换平衡分馏系数 $a=1.0310$。

生物化学分馏，是指生物活动和有机反应时所产生的同位素分馏效应。植物的光合作用可以导致 ^{12}C 赋存于生物合成的有机化合物中。如自然界中生物成因的煤、石油、天然气和沥青等均具有很高的 $\delta^{13}C$ 值。由此可见，各种同位素分馏效应是引起同位素丰度发生变化的主要原因。所以应用这些同位素效应对地质体反应的敏感性，来研究地表和地壳的各种地质作用，具有良好的应用效果。

目前研究最多、应用最广的同位素是氢、氧、碳、硫、锶、钕和铅等7种元素的同位素。其中氢、氧、碳、硫同位素常称为轻稳定同位素，而锶、钕和铅为放射性成因的重稳定同位素。这两类稳定同位素在形成的机理和同位素组成的变化机理方面存在着差异，因而在地质应用上也有许多不同之处。但在研究沉积岩的成岩作用和油气成藏的过程中，又彼此是相互联系的。经过多年的发展，同位素地球化学研究已逐渐成为地质学领域中的一个分支学科。这一学科的研究内容，主要体现在两个方面：一是利用其生物中的同位素分馏值计算生成温度；二是利用自然界物质中稳定同位素组成的特征值作为标记物质追踪物质的来源和研究地质演化过程中环境的物理化学条件等。同位素地球化学在海相碳酸盐岩成因、成岩作用及生、储油层研究中积累了大量资料和丰富的成果。近年来，在断陷湖盆碳酸盐岩成岩作用和储集层孔隙演化研究中也得到了应用。但研究的深度和广度，还远不如海相碳酸盐岩。因此，下面将重点讨论断陷湖盆碳酸盐岩氧、碳、锶同位素组成及其地球化学特征。

一、稳定碳、氧同位素

断陷湖盆碳酸盐岩稳定氧、碳同位素组成及其变化规律的研究，随着油气藏勘探开发的不断深入，越来越受到人们的重视。特别在定量判识断陷湖盆碳酸盐形成时的古水温和古盐度，分析其沉积—成岩过程中不同流体作用的强度和湖盆白云岩的成因机制研究中取得了可喜的进展，同时在查明湖盆碳酸盐岩沉积介质性质及划分和区别沉积环境方面已成为重要标志。

自然界中氧是分布最广的元素，因此氧同位素研究在地球化学上具有重要意义。因此，碳酸盐矿物的氧同位素组成在决定碳酸盐成岩作用过程中流体性质和成岩温度方面具有不可替代的作用。氧由 3 个同位素组成，即 ^{16}O、^{17}O、^{18}O，它们在自然界的丰度分别为 99.756%、0.039%、0.205%，由于 ^{17}O 在 3 种氧同位素中丰度最低，而 ^{16}O 和 ^{18}O 不仅丰度高，而且质量差别明显，所以通常用 $^{18}O/^{16}O$ 值来研究沉积物中氧同位素组成的变化。氧同位素 $^{18}O/^{16}O$ 的差值常用 δ 表示，定义为 $\delta^{18}O$。由于 δ 值的变化范围较小，通常用‰表示。氧同位素的分析标准为 SMOW（即标准大洋水），$^{18}O/^{16}O$（SMOW）=（2005.2 ± 0.43）× 10^{-6}。当 $\delta^{18}O$ 为正值时表示样品相对于海水富 ^{18}O，$\delta^{18}O$ 为负值时表示样品相对于海水富 ^{16}O。而在实际应用中常采用 PDB 表示，PDB 为美国南卡罗来纳州白垩系中的美洲拟箭石，由芝加哥大学 Ureg 等制备，$^{18}O/^{16}O$（PDB）= 2067.1 × 10^{-6}。PDB 标准的 $\delta^{18}O$ 值与 SMOW 标准的 $\delta^{18}O$ 值的换算公式为：

$$\delta^{18}O（PDB）= 0.97006\delta^{18}O（SMOW）-29.94$$

$$\delta^{18}O（SMOW）= 1.03086\delta^{18}O（PDB）+30.86$$

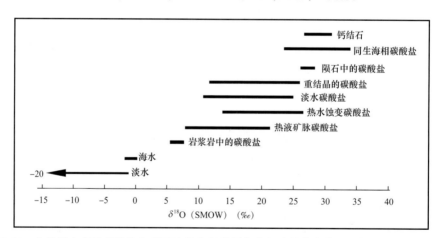

图 5-25　自然界中各种碳酸盐和重要流体中氧的同位素组成的分布范围（据张瑞锡等，1981）

氧同位素的分馏，通常由氧同位素交换反应、生物作用和蒸发作用等三种机理引起。在自然界中，氧同位素变化范围（$^{18}O/^{16}O$）可达 10‰（图 5-25）。海水中 $\delta^{18}O$ 值很稳定，一般为 0 左右，不超过 1‰（PDB）。但在大气降水（雨水、湖盆淡水及河水）成因的淡水中 $\delta^{18}O$ 值一般低于零，最低可达 -50‰。与碳酸盐岩关系密切的氧同位素分馏机理是同位素广泛发生交换反应和蒸发作用造成的。前者是利用矿物氧同位素组成研究成岩温度的基础，后者是研究流体盐度的关键。实际上，矿物氧同位素组成同时也是流体盐度和温度的函数。据 Keith 等（1964）统计，白垩系淡水碳酸盐 $\delta^{18}O$ 值为 -14.34‰～-7.59‰

（PDB）；海相碳酸盐却为 –2.76‰～–6.62‰（PDB）。而中国正常湖盆碳酸盐 $\delta^{18}O$ 值则在 –4‰～–8‰（PDB）之间（王大锐，2000）。碳也和氧一样，在自然界中分布最多。碳同位素组成在分析成岩作用和碳酸盐矿物成因方面具有不可替代的作用。碳在自然界中，有两种稳定同位素（^{12}C 和 ^{13}C），它们在自然界中的丰度分别为 98.89% 和 1.11%。碳同位素的变化范围与氧同位素一样，也超过了 10%。在自然界中的分馏也有三种机理，即植物光合作用过程中的动力效应、化学平衡交换反应和碳循环作用，如碳氧化合物的热裂解过程等。碳同位素组成的表示方法与氧同位素组成一样，也用 δ 表示，定义为 $\delta^{13}C$。常用的分析标准为 PDB，$^{13}C/^{12}C = （11237.2 \pm 90）\times 10^{-6}$（黄思静，2010）。现代大洋碳的 $\delta^{13}C$ 值为 –1‰～2‰（PDB），大气淡水中 $\delta^{13}C$ 值则为 –5‰～–11‰（PDB）。由氧化形成的二氧化碳（–7‰）和海洋碳酸盐的碳（0‰～4‰）来说，有机碳的 $\delta^{13}C$ 是相对较低的。典型湖盆原生碳酸盐的 $\delta^{13}C$ 值则分布在 –2‰～6‰（PDB）之间（Kelts，1990）。$\delta^{13}C$ 值的大小通常涉及甲烷的产生，它们既可以在近地表通过生物的发酵方式下产生，也可以在大于 100℃ 温度的地下通过有机质的热裂解来产生（Hudson，1977；Anderson et al.，1983）。从发酵作用中产生的甲烷会生产很低的 $\delta^{13}C$ 值（–80‰），但是残余有机质显示出高的 $\delta^{13}C$ 值（Robert et al.，1975）。来自热化学方式的甲烷不能直接导致会有很低的 $\delta^{13}C$ 值的地下胶结物的沉淀（Anderson et al.，1983；Sessen et al.，1987；Heydari et al.，1988）。海洋石灰岩和沉淀物的溶解作用有关的碳酸盐矿物的稳定性及其在渗流带和浅的潜流带方解石胶结物的沉淀通常将造成含有中等—低 $\delta^{13}C$ 值成分的胶结物或碳酸盐岩（图 5-26）。

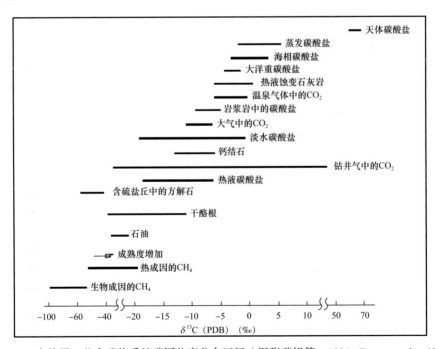

图 5-26　自然界一些含碳物质的碳同位素分布区间（据张瑞锡等，1981；Emery et al.，1993）

黄骅断陷湖盆沙一下亚段碳酸盐岩、混积岩和泥—页岩等 81 块样品的碳、氧同位素测定结果，见表 5-9～表 5-11。首先从表 5-9 可以看出，所检测的碳酸盐岩样品中各类石灰岩类样品 35 块，其碳同位素 $\delta^{13}C$ 值变化在 −5.8‰～9.9‰（PDB）之间，平均为 1.93‰（PDB），氧同位素 $\delta^{18}O$ 值变化在 −11.18‰～−1.1‰（PDB）之间，平均为 −6.69‰（PDB）。表 5-10 中各类白云岩样品 19 块，其碳同位素 $\delta^{13}C$ 值变化在 −0.84‰～19.89‰（PDB）之间，平均为 10.49‰（PDB），氧同位素 $\delta^{18}O$ 值变化在 −10.95‰～−0.97‰（PDB）之间，平均为 −3.78‰（PDB）。表 5-11 中的各类混积岩样品 16 块，其碳同位素 $\delta^{13}C$ 值变化在 −4.12‰～7.71‰（PDB）之间，平均为 1.95‰（PDB）；氧同位素 $\delta^{18}O$ 值变化在 −9.97‰～−2.9‰（PDB）之间、平均为 −7.17‰（PDB）。表 5-11 中的各类湖相泥—页岩样品 11 块，其碳同位素 $\delta^{13}C$ 值变化在 −6.28‰～15.15‰（PDB）之间，平均为 2.89‰（PDB）；氧同位素 $\delta^{18}O$ 值变化在 −9.7‰～−0.08‰（PDB）之间，平均为 −6.16‰（PDB）。由此可见黄骅断陷湖盆碳酸盐岩、混积岩和泥—页岩的碳、氧同位素 $\delta^{13}C$ 值与 $\delta^{18}O$ 值的变化范围均较大。不仅碳同位素 $\delta^{13}C$ 值远大于典型湖盆原生碳酸盐岩，而且氧同位素 $\delta^{18}O$ 值也超过了中国正常湖盆碳酸盐岩与白垩纪淡水碳酸盐和海相碳酸盐 $\delta^{18}O$ 值的变化范围。与其他古近纪断陷断湖盆碳酸盐岩、混积岩和泥—页岩的碳、氧同位素对比，也显现出较大的正、负漂移特征。如内蒙古临河断陷湖盆碳酸盐的 $\delta^{13}C$ 值变化在 −8.07‰～3.52‰之间，而 $\delta^{18}O$ 值变化在 −7.36‰～3.52‰（PDB）之间；河南泌阳断陷湖盆白云岩的 $\delta^{13}C$ 值变化在 0.22‰～2.37‰（PDB）之间，$\delta^{18}O$ 值变化在 −6.08‰～−3.84‰（PDB）之间；柴达木西部（南翼山）山间断陷湖盆碳酸盐的 $\delta^{13}C$ 值变化在 −9.13‰～4.14‰（PDB）之间，$\delta^{18}O$ 值则变化在 −7.86‰～4.32‰（PDB）之间（潘立银等，2009）。可见黄骅断陷湖盆碳酸盐岩—混积岩和泥—页岩的 $\delta^{18}O$ 值与上述各湖盆 $\delta^{18}O$ 值对比，略具有偏轻的趋势，而 $\delta^{13}C$ 值则比上述各湖盆碳酸盐岩的 $\delta^{13}C$ 值明显偏重。由此说明黄骅断陷湖盆碳酸盐岩、混积岩和泥—页岩的碳同位素 $\delta^{13}C$ 值趋向偏重的原因，除受湖盆的古气候和蒸发作用的影响外，显然与沉积成岩期深部玄武岩的侵入所导致的热流体活动使湖底沉积介质的盐度和温度不断升高有关。

表 5-9　黄骅断陷沙一下亚段石灰岩碳氧同位素分析结果表

井名	岩性	层位	$\delta^{13}C$（‰）	$\delta^{18}O$（‰）	Z
歧 434	泥晶灰岩	Es_{1x}^3（板 4）	−3.95	−7.91	115.3
歧 100	泥晶灰岩	Es_{1x}^3（板 4）	−1.68	−6.16	119.8
歧北 6	泥晶灰岩	Es_{1x}^3（板 4）	1.32	−8.67	123.7
歧北 7	泥晶灰岩	Es_{1x}^3（板 4）	−2.71	−6.44	118.5
孔 77	生物灰岩	Es_{1x}^4（滨 1）	2.62	−4.21	130.56
扣 42	生物灰岩	Es_{1x}^4（滨 1）	3.8	−10	130
旺 38	生物灰岩	Es_{1x}^4（滨 1）	−5.8	−8.5	111
滨 22	生物灰岩	Es_{1x}^4（滨 1）	2.04	−5.44	129

井名	岩性	层位	$\delta^{13}C$（‰）	$\delta^{18}O$（‰）	Z
孔 77	含泥生物灰岩	Es_{1x}^4（滨 1）	2.52	−7.19	128.88
旺 36	泥晶灰岩	Es_{1x}^2（板 3）	4.19	−4.82	133.48
旺 35	生物泥晶灰岩	Es_{1x}^2（板 3）	−1.7	−7.35	120.15
旺 35	生物泥晶灰岩	Es_{1x}^2（板 3）	−0.08	−7.14	123.58
旺 36	介壳泥晶灰岩	Es_{1x}^2（板 3）	−0.81	−5.04	123.13
扣 42	鲕粒泥晶灰岩	Es_{1x}^4（滨 1）	8.8	−4.1	143
旺 38	鲕粒生屑泥晶灰岩	Es_{1x}^4（滨 1）	−2.39	−7.76	118.54
旺 1104	细晶鲕粒灰岩	Es_{1x}^3（板 4）	2.96	−6.75	130
旺 38	亮晶鲕粒灰岩	Es_{1x}^4（滨 1）	4.51	−5.64	133.72
歧北 11-3	亮晶颗粒灰岩	Es_{1x}^4（滨 1）	−0.02	−9.03	122.8
旺 36	泥晶球粒灰岩	Es_{1x}^2（板 3）	4.29	−4.73	133.73
旺 36	亮泥晶砂屑灰岩	Es_{1x}^2（板 3）	3.13	−6.34	130.55
扣 42	泥晶螺灰岩	Es_{1x}^4（滨 1）	9.9	−1.1	147
扣 16-4	泥晶螺灰岩	Es_{1x}^3（板 4）	2.44	−7.16	128.7
扣 16-1	含云螺灰岩	Es_{1x}^3（板 4）	2.72	−11.18	127.3
旺 1105	泥晶含云灰岩	Es_{1x}^4（滨 1）	4.64	−7.56	133.03
旺 36	泥微晶生物含云灰岩	Es_{1x}^2（板 3）	−1.67	−5.49	121.14
旺 38	泥微晶介屑含云灰岩	Es_{1x}^4（滨 1）	5.85	−7.34	135.62
旺 38	云质灰岩	Es_{1x}^3（板 4）	4.3	−8.4	132
旺 38	云质灰岩	Es_{1x}^3（板 4）	1.6	−8	127
庄 64	云质灰岩	Es_{1x}^3（板 4）	9.5	−2.7	145
歧北 11-1	白云质生物灰岩	Es_{1x}^4（滨 1）	−0.75	−7.15	122.2
歧北 11-2	白云质鲕粒灰岩	Es_{1x}^4（滨 1）	−0.07	−10.29	122.1
歧北 11-4	含白云质生屑灰岩	Es_{1x}^4（滨 1）	0.53	−5.83	125.5
旺 36	泥 - 亮晶砂屑云质灰岩	Es_{1x}^2（板 3）	2.87	−4.52	130.92
旺 35	生物鲕粒云质灰岩	Es_{1x}^2（板 3）	3	−6.06	130.42
扣 17-1	纹层状含泥泥晶灰岩	Es_{1x}^3（板 4）	1.8	−8.29	126.9
最小值			−5.8	−11.18	111
最大值			9.9	−1.1	147
平均值			1.93	−6.59	128.26

表 5-10　黄骅断陷沙一下亚段白云岩碳氧同位素分析结果表

井名	岩性	层位	$\delta^{13}C$（‰）	$\delta^{18}O$（‰）	Z
埕 54×1	泥晶白云岩	Es_{1x}^2（板 3）	13.57	−2.12	154
滨 22	泥晶白云岩	Es_{1x}^2（板 3）	17.26	−0.08	163
旺 38	泥晶白云岩	Es_{1x}^3（板 4）	1.7	−8.9	126
房 10	泥晶白云岩	Es_{1x}^3（板 4）	19.19	0.59	167
埕 54×1	泥晶白云岩	Es_{1x}^3（板 4）	16.58	0.69	162
埕 54×1	泥晶白云岩	Es_{1x}^3（板 4）	−0.84	−10.95	120
埕 54×1	泥晶白云岩	Es_{1x}^3（板 4）	17.86	−1.12	163
滨 22	泥晶白云岩	Es_{1x}^3（板 4）	12.3	−3.46	151
滨 22	泥晶白云岩	Es_{1x}^3（板 4）	19.89	0.97	169
扣 42	泥晶白云岩	Es_{1x}^4（滨 1）	12	−2.8	150
扣 42	泥晶白云岩	Es_{1x}^4（滨 1）	13.9	−2	155
房 10	泥晶白云岩	Es_{1x}^4（滨 1）	3.7	−6.4	132
埕 54×1	泥晶白云岩	Es_{1x}^4（滨 1）	6.45	−3.31	139
埕 54×1	泥晶白云岩	Es_{1x}^4（滨 1）	8.8	−4.46	143
埕 54×1	泥晶白云岩	Es_{1x}^4（滨 1）	12.01	−4.71	150
滨 22	泥晶白云岩	Es_{1x}^4（滨 1）	9.73	−2.09	146
旺 22	泥晶灰质白云岩	Es_{1x}^4（板 4）	6	−6.15	136.52
旺 35	角砾状灰质白云岩	ES_{1x}^2（板 3）	3.11	−5.99	130.68
旺 22	角砾状泥晶灰质白云岩	Es_{1x}^3（板 4）	6.19	−9.46	135.26
最小值			−0.84	−10.95	120
最大值			19.89	0.97	169
平均值			10.49	−3.78	146.97

表 5-11　黄骅断陷沙一下亚段混积岩与泥岩碳氧同位素分析结果表

井名	岩性	层位	$\delta^{13}C$（‰）	$\delta^{18}O$（‰）	Z
孔新 32	砂质含云灰岩	Es_{1x}^3（板 4）	4.54	−2.9	135.1
孔新 32	砂质介屑灰岩	Es_{1x}^3（板 4）	−0.89	−6.89	122
旺 35	砂质泥晶灰岩	Es_{1x}^2（板 3）	3.28	−5.78	131.13
孔新 32	砂质有孔虫灰岩	Es_{1x}^3（板 4）	−2.88	−8.46	117.1
旺 30	介屑泥晶砂质灰岩	Es_{1x}^4（滨 1）	−0.26	−7.21	123.17

井名	岩性	层位	$\delta^{13}C$（‰）	$\delta^{18}O$（‰）	Z
扣 16-2	含砂泥晶灰岩	Es$_{1x}^3$（板 4）	2.49	−6.86	129
旺 1105	泥质灰岩	Es$_{1x}^3$（板 4）	1.74	−8.91	126.42
扣 42-4	泥质灰岩	Es$_{1x}^3$（板 4）	3.24	−9.97	128.9
孔 74-3	含泥质泥晶灰岩	Es$_{1x}^3$（板 4）	5.89	−7.54	125.8
旺 1104	泥灰岩	Es$_{1x}^3$（板 4）	−0.73	−6.22	122.7
旺 35	泥灰岩	Es$_{1x}^3$（板 4）	3.77	−5.48	132.29
旺 1105	云质泥灰岩	Es$_{1x}^3$（板 4）	7.71	−5.56	140.32
旺 1104	灰质长石砂岩	Es$_{1x}^4$（滨 1）	3.05	−9.54	128.79
孔新 32	灰质岩屑砂岩	Es$_{1x}^4$（滨 1）	−2.32	−9.47	118.01
孔新 32	灰质岩屑砂岩	Es$_{1x}^4$（滨 1）	−4.12	−8.25	114.75
孔 60	含介形虫灰质砂岩	Es$_{1x}^1$（板 2）	6.67	−5.75	138.09
最小值			−4.12	−10.29	114.75
最大值			7.71	−2.9	140.32
平均值			1.63	−7.27	126.49
旺 38	泥岩	Es$_{1x}^3$（板 4）	15.15	−0.08	158
旺 1105	灰质泥岩	Es$_{1x}^2$（板 3）	2.7	−8.33	128.68
扣 42	灰质泥岩	Es$_{1x}^4$（滨 1）	13.1	−2.7	153
房 29	云质泥岩	Es$_{1x}^3$（板 4）	1.1	−9.7	125
旺 38	含生物灰质泥岩	Es$_{1x}^4$（滨 1）	−5.18	−6.01	113.69
旺 36	含介形虫泥岩	Es$_{1x}^2$（板 3）	3.59	−5.66	131.83
孔新 32	含介屑泥岩	Es$_{1x}^3$（板 4）	−6.28	−8.14	110.37
孔新 32	伊利石泥岩	Es$_{1x}^2$（板 3）	5.33	−5.26	136.1
孔 60	伊利石泥岩	Es$_{1x}^1$（板 2）	2.43	−5.52	129.52
旺 1102	粉砂质伊利石泥岩	Es$_{1x}^4$（滨 1）	−1.81	−7.01	120.1
旺 38	油页岩	Es$_{1x}^3$（板 4）	1.62	−9.38	125.94
最小值			−6.28	−9.7	110.37
最大值			15.15	−0.08	158
平均值			2.89	−6.16	130.2

在碳酸盐岩沉积与成岩作用研究中，Veizer 等（1976）通过对太古宙到古近—新近纪碳、氧同位素的 $\delta^{13}C$ 与 $\delta^{18}O$ 值的分布特征研究，认为碳酸盐岩的碳同位素的 $\delta^{13}C$ 值并不随地质年代的变化而明显改变，其分馏范围仅在 3‰~5‰（PDB）；与氧同位素

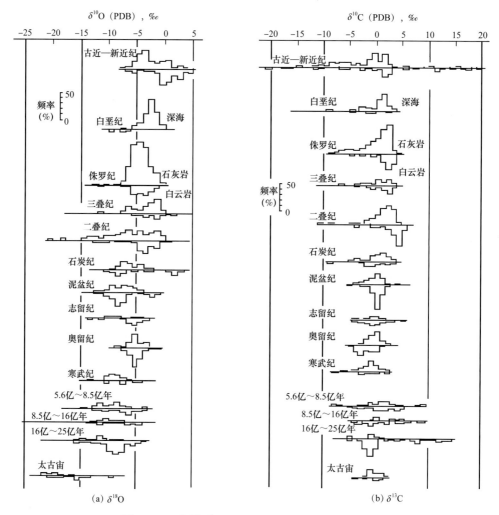

图 5-27　不同年代的组成（据 Veizer et al., 1976）

的 $\delta^{18}O$ 值相比，碳同位素的 $\delta^{13}C$ 值是相对稳定的（图 5-27）。然而，碳、氧同位素成分是彼此相互作用的，通常采用交会图来确定二者的关系和变化趋势。Hudson（1977）从大气淡水、海水和地下水等三个主要成岩流体出发，以大气淡水 $\delta^{18}O$ 值为基础，编制了不同介质沉积物 $\delta^{13}C$ 与 $\delta^{18}O$ 值的交会图解，用来区别与特殊胶结物有关的成岩环境（图 5-28）。在强蒸发条件下，无论是盐池还是萨布哈，海水能显示相当高的 $\delta^{18}O$ 值，而大气淡水相对是低的。地下流体的 $\delta^{18}O$ 值则具有从 $-20‰\sim12‰$（SMOW）的变化范围（Land et al., 1981），这是由于其含有许多与油气有关的盐水（Hudson，1977）。这些盐水作为胶结物沉淀的碳酸盐，通常将反映沉淀流体的同位素和温度，它们是受液体—矿物之间的与温度有关的同位素分馏方式所控制（强子同，1998）。通过现代不同类型湖泊中碳酸盐碳、氧稳定同位素的大量测试发现：在开放淡水湖泊中，原生碳酸盐 $\delta^{13}C$ 和 $\delta^{18}O$ 之间相关性很差，而且 $\delta^{13}C$ 和 $\delta^{18}O$ 均以负值为主。如美国亨德森湖（Henderson）、瑞士格赖芬湖（Greifensee）和以色列 Huleh 湖；而在封闭型的咸水—半咸水湖泊中，$\delta^{13}C$ 和 $\delta^{18}O$ 之间具明显的正相关关系，说明湖盆水体越封闭，其碳、氧同位素值相关系数

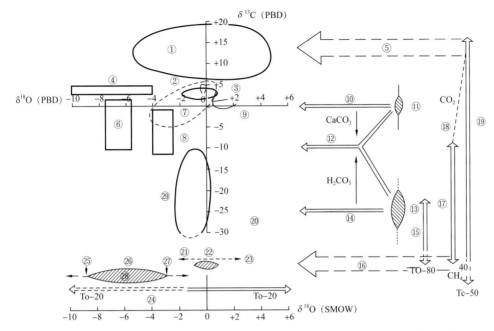

图 5-28 碳酸盐沉积物、胶结物以及石灰岩的碳、氧同位素分布和它们的控制因素

（据 Hudson，1977；Moore，1985；Saller，1984；Matthews，1974；Jame 和 Choqtle，1983）

① 与发酵有关的胶结物；② 巴哈马缅粒；③ 海洋胶结物；④ 上侏罗统埋藏胶结物；⑤ 甲烷或生物甲烷残余的重碳同位素平衡；⑥ 埃内威特克大气水胶结物；⑦ 现代沉积物；⑧ 巴巴多斯大气水胶结物；⑨ 海洋软泥；⑩ 溶解—沉淀；⑪ 海洋有机质；⑫ 土壤风化作用；⑬ 沉积有机质；⑭（土壤，海洋厌氧）不平衡氧化；⑮ 生物化学 CH_4；⑯ 甲烷轻碳氧化；⑰ 高温；⑱ 低温；⑲ 天然气中的热化学 CH_4—CO_2 平衡作用；⑳ 甲烷成因胶结物；㉑ 稀释；㉒ 海水；㉓ 蒸发；㉔ 地下水（地层水），通常随温度升高和浓缩作用重同位素增加；㉕ 哥本哈根；㉖ 雨水；㉗ 北慕大 ㉘ 纬度关系；㉙ 早期结核

就越大，$\delta^{18}O$ 正负均有，$\delta^{13}C$ 则基本为正值，样品点呈较规则的线状分布。如图尔卡纳（Turkala）湖、美国大盐湖（Great Salt Lake）、纳特龙—马加迪湖（Natuon-Magadi）对比我国部分断陷湖盆碳酸盐岩的 $\delta^{13}C$ 与 $\delta^{18}O$ 交会图解（图 5-29～图 5-31）。从中不难看出：黄骅断陷湖盆碳酸盐样品的 $\delta^{18}O$ 值大都分布在负值范畴，而 $\delta^{13}C$ 值在正值背景上的大幅度变重趋势。反映了湖盆的封闭作用良好，水介质盐度较高。在 $\delta^{13}C$ 与 $\delta^{18}O$ 交会图上可区别出咸水、半咸水和大气淡水等三个主要成岩区。但大气淡水成岩区，样品点较少，说明大气淡水作用对沉积物的影响相对微弱；而内蒙古临河断陷湖盆碳酸盐的 $\delta^{18}O$ 值主要集中在埋藏酸性压释水改造成岩区，其次为半咸水成岩区，但也有少量样品点分布在大气淡水和强蒸发（膏化）盐水成岩区；柴达木西部（南翼山）山间断陷湖盆碳酸盐样品点在 $\delta^{13}C$ 与 $\delta^{18}O$ 交会图上的分异性较大，氧同位素 $\delta^{18}O$ 值明显偏离正常湖盆 $-4‰～-8‰$（PDB）的范畴。这是由于淡水注入量少，强烈的蒸发作用带走了大量 ^{16}O，而使湖水中 ^{18}O 的浓度增加，从而使部分岩类的 $\delta^{18}O$ 值在交会图上显示出明显的正漂移趋势。因此，根据碳酸盐样品点的分布，可区别出咸水、半咸水、强蒸发盐水、大气淡水和埋藏酸性水等 5 个沉积物成岩区。可见，上述三个湖盆 $\delta^{13}C$ 与 $\delta^{18}O$ 交会图的样品分布特点表明，开放湖盆，水体进入和流出交换频繁，具有相同水化学特征的水体在湖盆中停留时间短，湖盆内碳、氧稳定同位素更多地反映了注入水的同位素特征。而封闭湖盆，由于湖盆水体只进不出，使得水体在局部洼陷停留时间较长。随着蒸发作用的增强，较轻的 ^{16}O 和富含

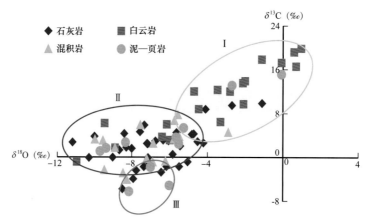

图 5-29 黄骅断陷碳、氧同位素分布图

Ⅰ—咸水成岩区；Ⅱ—半咸水成岩区；Ⅲ—淡水成岩区

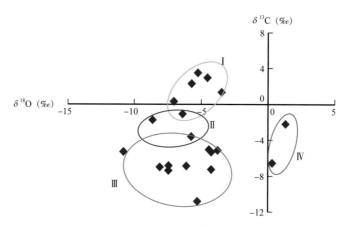

图 5-30 内蒙古临河断陷碳、氧同位素分布图

Ⅰ—半咸水成岩区；Ⅱ—淡水成岩区；Ⅲ—埋藏水成岩区；Ⅳ—强蒸发盐水（膏化）成岩区

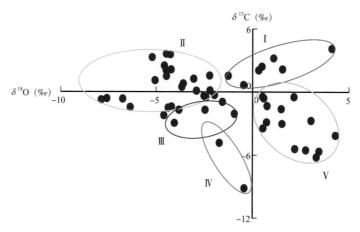

图 5-31 柴达木西部断陷碳、氧同位素分布图

Ⅰ—咸水成岩区；Ⅱ—半咸水成岩区；Ⅲ—淡水成岩区；Ⅳ—埋藏水成岩区；
Ⅴ—强蒸发盐水（膏化）成岩区

^{12}C 的 CO_2 优先从湖水表面逸出，造成湖水中 ^{18}O 和 ^{13}C 含量增加，从而使湖水的 δ^{18}O 和 δ^{13}C 较注入水明显偏正（刘传联等，2001）。水体停留时间越长，蒸发作用越强，这种影响越显著。

由于氧同位素的分馏与蒸发作用密切相关，蒸发作用优先分馏轻氧（^{16}O）。因而主要来源于大气降水的淡水应比海水更富轻氧，而蒸发残留的海水则相对富含重氧（^{18}O）。而且蒸发作用越强，残留海水的盐度越高，其 δ^{18}O 值也越高。因此，在断陷湖盆碳酸盐岩研究中，可以利用氧同位素 δ^{18}O 值分析和区别海相与陆相沉积物，以及判断沉积环境中海水的盐度。Epstein 和 Mayeda（1959）根据氧同位素的 δ^{18}O 值在平衡沉淀时与介质盐度所呈现的线性函数关系，建立了用碳、氧同位素来表示古盐度的基本原理。认为海水的 δ^{13}C 和 δ^{18}O 值随盐度增加而增加。Keith 与 Weber（1964）应用这一原理来区分海水成岩环境和淡水成岩环境，且与古生物和其他证据得出了一致的结论。由此表明无论是海相碳酸盐岩还是陆相湖盆碳酸盐岩，其碳、氧同位素 δ^{13}C 与 δ^{18}O 值的变化，都是与介质盐度有关。其变化趋势不仅随介质盐度的增加而升高，并且在海相碳酸盐岩与陆相湖盆碳酸盐岩中的差别是明显的。所以 Keith 和 Weber（1964）将 δ^{13}C 与 δ^{18}O 结合起来，提出了划分海相碳酸盐岩和陆相淡水碳酸盐岩的经验公式：

$$Z = a\,(\delta^{13}C+50) + b\,(\delta^{13}O+50)$$

式中，δ^{13}C 与 δ^{18}O 值均为 PDB 标准，a=0.048，b=0.489；$Z \geqslant 120$ 为海相（咸水），$Z \leqslant 120$ 为陆相（淡水）。以此公式计算黄骅断陷湖盆碳酸盐岩、混积岩和部分泥—页岩样品的 Z 值，其结果在 81 块样品中低于 120 的样品仅有 10 块，而大于 120 的样品有 71 块，占总样品的 87.6%（表 5-9～表 5-11）。其中 35 块石灰岩样品的 Z 值分布在 111～147 之间，平均为 128.26；19 块白云岩样品的 Z 值分布在 120～169 之间，平均为 146.97；16 块混积岩样品的 Z 值分布在 114.75～140.32 之间，平均为 126.49；11 块泥—页岩样品的 Z 值分布在 110.37～158 之间，平均为 130.2。在 δ^{13}C 与 Z 值的相关图上，各岩类样品点大都落入 δ^{13}C 的正值区，并随 δ^{13}C 值的逐渐升高而呈现出明显的线性分布。由此反映出黄骅断陷湖盆碳酸盐岩沉积—成岩介质环境，主体为咸水—半咸水环境，而大气淡水的影响微弱。说明这类封闭良好的咸化湖盆，其碳、氧同位素的同步共变趋势，不仅受古气候和蒸发作用影响，而且与残留的海水有关（图 5-32）。与内蒙古临河断陷湖盆碳酸盐岩和柴达木西部（南翼山）山间断陷湖盆碳酸盐岩样品的 δ^{13}C 与 Z 值相关图对比，二者的样品点在 δ^{13}C 与 Z 值相关图上的分布规律基本一致，但后者的环境分区较前者明显（图 5-33、图 34）。由此显现出内蒙古临河断陷湖盆碳酸盐岩和柴达木西部（南翼山）山间断陷湖盆碳酸盐的沉积和分布，主要受古气候和强蒸发作用的控制；而黄骅断陷湖盆碳酸盐的形成，除古气候和蒸发作用外，可能与湖盆开放与封闭程度及残留海水的存在或不定期介入密切相关。需要指出的是，在陆相蒸发湖盆碳酸盐岩中，其碳、氧同位素 δ^{13}C 与 δ^{18}O 的 Z 值大都超过 120。因此 Z 值仅是一个介质盐度的系数，要严格区别海、陆环境，还得参考其他因素。

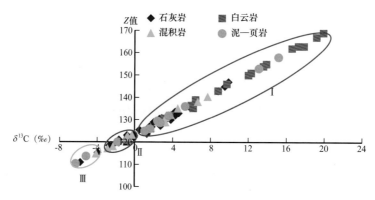

图 5-32　黄骅断陷 $\delta^{13}C$—Z 值与成岩环境的关系

Ⅰ—咸水成岩环境；Ⅱ—混合水成岩环境；Ⅲ—大气淡水成岩环境

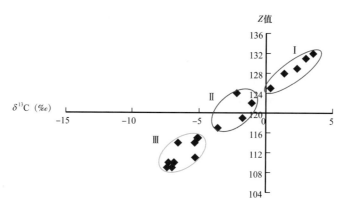

图 5-33　内蒙古临断陷区 $\delta^{13}C$—Z 值与成岩环境的关系

Ⅰ—咸水成岩环境；Ⅱ—混合水成岩环境；Ⅲ—大气淡水成岩环境

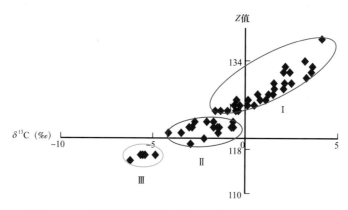

图 5-34　一柴达木西部断陷 $\delta^{13}C$—Z 值与成岩环境的关系

Ⅰ—咸水成岩环境；Ⅱ—混合水成岩环境；Ⅲ—大气淡水成岩环境

　　碳酸盐岩中的氧同位素 $\delta^{13}O$ 值，常常用于分析古温度的指示剂，在成岩作用的研究中得到广泛应用。当沉积介质盐度稳定时，$\delta^{18}O$ 值则与介质温度保持线性函数关系。$\delta^{18}O$ 值越低，介质的温度越高；$\delta^{18}O$ 值越高，介质的温度则越低。因此，Urey（1947）根据平衡条件下碳酸钙从水中沉淀时，碳酸钙和水的氧同位素组成不同而提出确定古海水的温度。由于海水的量远远大于与其平衡的碳酸钙的量，因而碳酸钙的沉淀不会影响海水的同位素组成。与水平衡的碳酸钙的 $\delta^{18}O$ 值与温度的关系为：

$$T=16.9-4.2（\delta^{18}O_C-\delta^{18}O_W）+0.13（\delta^{18}O_C-\delta^{18}O_W）^2$$

式中，$\delta^{18}O_C$ 表示生物残骸中碳酸钙的氧同位素组成，它是碳酸钙和 100% 的磷酸在 25℃ 反应时释放出的 CO_2 气体的 $\delta^{18}O$ 值；$\delta^{18}O_W$ 表示生物生长的水的氧同位素组成，它是指 25℃ 时与水平衡的 CO_2 气体的 $\delta^{18}O$ 值。

测定的 $\delta^{18}O_C$ 和 $\delta^{18}O_W$ 值为 PDB 标准。只要能够测定碳酸钙（方解石）和水的氧同位素组成，就可根据该公式测定任何碳酸钙—水体系的同位素平衡温度。廖静等（2008）通过对黄骅断陷湖盆沙一下亚段碳酸盐沉积—成岩阶段的湖盆水体古温度的计算结果见表 5-12。从表中可以看出，黄骅断陷湖盆沙一下亚段在准同生成岩期，白云石化作用发生时的温度变化介于 21.8～36.1℃ 之间，平均为 28.5℃；同属于较炎热的古气候类型。表 5-12 中白云质砂岩取样井位于孔店凸起边缘，计算温度为 36.1℃，显然与滨湖区暴露、炎热的浅水蒸发环境有关。

表 5-12　黄骅断陷湖盆各类碳酸盐岩表生成岩阶段古温度计算表（据廖静等，2008）

岩性	温度（℃）
白云质生物灰岩	26.4
白云质鲕粒灰岩	33.2
白云质砂岩	36.1
含灰质泥晶白云岩	24.6
含砂含灰质鲕粒白云岩	21.8
砂质泥晶白云岩	29.0
平均值	28.5

二、锶同位素

锶在元素周期表中与 K、Ca 元素相邻，Sr、K 离子半径比值为 0.85，Sr、Ca 离子半径比值为 1.14，所以 Sr 常以分散状态出现在含 Ca、K 的盐类矿物中，如碳酸盐、硫酸盐、斜长石和磷灰石等（刘秀明等，2000）。Sr 有 ^{84}Sr、^{86}Sr、^{87}Sr 和 ^{88}Sr 四种稳定同位素，其中 ^{87}Sr 具有放射性，它可以由 ^{87}Rb 经 β 衰变而来。自然界中，Sr 的丰度不是恒定的，它取决于含 Sr 样品的 Rb/Sr 值及其与铷伴生的时间，^{87}Sr 的丰度用 $^{87}Sr/^{86}Sr$ 表示。Sr 在碳酸盐矿物中是取代钙的主要离子之一，也是碳酸盐流体中最重要的元素。在碳酸盐沉积环境中 $^{87}Sr/^{86}Sr$ 值的变化主要是不同来源 Sr 的混合造成的（Douglas et al.，1995）。由于碳酸盐矿物中 ^{87}Rb 的含量极低，且半衰期长达 48.8Ga，故一般情况下可以不考虑 ^{87}Rb 的衰变对 ^{87}Sr 的贡献（邓清禄等，1997）。Sr 通常在海水中的滞留时间可达 10^6 年，而海水的混合时间只有 10^3 年。因此，可以认为 Sr 在海水中的分布不受纬度、洋盆和水深的影响，同一时代全球范围内海水 Sr 同位素组成是均一的，从而使地质历史中海水的 $^{87}Sr/^{86}Sr$ 值成为时间的函数（Hodell et al., 1990；蓝先洪等，2001；黄思静等，2002）。同时在化学和生物化学作用过程中也不会产生同位素分馏，而成为研究物质迁移和变化过程中的示踪剂。虽然蒸发等地质作用可以改变 Sr 同位素的浓度，但同一地质时期、同一水域组分的 $^{87}Sr/^{86}Sr$ 值几乎不变（黄思静等，2002）。与较轻的碳、氧同位素（$\delta^{13}C$、$\delta^{18}O$）对比，它也不受相分离、化学状态、蒸发作用或生物作用等这些过程的分馏，因此在沉积环境中的 $^{87}Sr/^{86}Sr$ 值仅有的变化将是由于不同来源 Sr 的混合造成的（Douglas et al., 1995）。基于这一特性，可以通过其比值的差异来研究沉积—成岩作用的变化及其对环境的反映。

通常认为海水中 Sr 的输入，主要有河流、热液和沉积碳酸盐的海底溶解等 3 种途径。其中全球河流输入的平均 $^{87}Sr/^{86}Sr$ 值为 0.7119，较现代海水（0.7092）要高；热液输入的 $^{87}Sr/^{86}Sr$ 平均值为 0.7036（Hess et al., 1982；Palmer et al., 1985）；而海底碳酸盐溶解进入海水的 $^{87}Sr/^{86}Sr$ 值为 0.7087，基本与现代海水中的 $^{87}Sr/^{86}Sr$ 值接近（Elderfield et al., 1982）。地史时期，海水 Sr 同位素的变化被归结为以上 3 种 Sr 来源的相互作用，从而反映了有关物质来源的重要信息。Burke 等（1982）在分析了 786 个海相成因样品、DSDP 岩心样品的基础上，绘制了最具综合性的"Burke"曲线（图 5-35）。这一研究成果显示出自寒武纪到现代海水 $^{87}Sr/^{86}Sr$ 值变化在 0.7092～0.7068 之间，从寒武纪到白垩纪 $^{87}Sr/^{86}Sr$ 值缓慢减少，并且有很大的波动，从白垩纪到现在是一个快速增加趋势，100Ma 以来海水中 $^{87}Sr/^{86}Sr$ 值随时间的变化总体上是快速增加，其中 100～65Ma 期间 $^{87}Sr/^{86}Sr$ 值呈中等速度上升；65～43Ma，$^{87}Sr/^{86}Sr$ 值缓慢下降；43～14Ma，$^{87}Sr/^{86}Sr$ 值升高最快；14Ma 至现在，$^{87}Sr/^{86}Sr$ 值由稳定至后期（5Ma 以后）快速增加（向芳等，2001）。但由于河、湖水中的 Sr 与海水中的 Sr 来源物质的不同，造成河、湖水的 $^{87}Sr/^{86}Sr$ 值明显高于海水，如海水的 $^{87}Sr/^{86}Sr$ 值平均值为 0.709164（DePaolo 和 Ingram，1985），现代河流 $^{87}Sr/^{86}Sr$ 值的全球最佳平均值在 0.712 左右（Goldstein et al., 1987；Palmer et al., 1989）。黄骅断陷湖盆沙一下亚段 20 块碳酸盐 Sr 同位素检测结果见表 5-13。从表中可以看出碳酸盐 Sr 同位素 $^{87}Sr/^{86}Sr$ 值分布于 0.70953～0.721574，平均值为 0.71114。而该期海水的 $^{87}Sr/^{86}Sr$ 值为 0.7076～0.7099。相比之下，黄骅断陷沙一下亚段湖盆碳酸盐大部分样品的 $^{87}Sr/^{86}Sr$ 值略高于同期海水的 $^{87}Sr/^{86}Sr$ 值。其原因是 $^{87}Sr/^{86}Sr$ 值受同期海水和壳源的硅铝质岩石的共同控制。根据赫尔利（1960，1967，1968）、Bast（1967）、Faure 等（1972）资料：世界上大部分硅酸盐岩地区补给的河水和湖水的 $^{87}Sr/^{86}Sr$ 值比海水的更高（表 5-14）。河水和湖水的 $^{87}Sr/^{86}Sr$ 值不仅高于地幔源玄武质岩石的 $^{87}Sr/^{86}Sr$ 值，而且变化范围大都在 0.712～0.726 之间。而黄骅断陷沙一下亚段湖盆灰质页岩样品的 $^{87}Sr/^{86}Sr$ 值为 0.721574；云质泥岩样品的 $^{87}Sr/^{86}Sr$ 值为 0.713632；碳酸盐岩样品的 $^{87}Sr/^{86}Sr$ 值为 0.70953～0.71095。显现出泥—页岩样品的 $^{87}Sr/^{86}Sr$ 值与正常河、湖水的 $^{87}Sr/^{86}Sr$ 值一致，而碳酸盐岩样品的 $^{87}Sr/^{86}Sr$ 值较该期海水 $^{87}Sr/^{86}Sr$ 比值（0.7076～0.7099）略高，但却较正常河、湖水 $^{87}Sr/^{86}Sr$ 值明显偏低很多。如果黄骅断陷湖盆沙一下亚段碳酸钙矿物发育的环境与海有某种联系的话，那么上述锶同位素 $^{87}Sr/^{86}Sr$ 值变化的特点，显然是海水与淡水混合的结果。因此在断陷湖盆碳酸盐岩成岩作用研究中，可应用 Sr 同位素资料进行物质平衡计算及相对的定量示踪。黄思静（2010）

在《碳酸盐岩成岩作用》一书中详细地论述了由 Faure 等推导完成的混合流体中 Sr 同位素比值 $(^{87}Sr/^{86}Sr)_M$ 与 Sr 含量（Sr_M）之间的相关方程。该方程是一个由 $(^{87}Sr/^{86}Sr)_M$ 和（Sr_M）为坐标的双曲线方程，它的形式为：

$$(^{87}Sr/^{86}Sr)_M=a/Sr_M+b$$

式中 a 和 b 是常数，它们由两种不同来源 Sr 的浓度和 $^{87}Sr/^{86}Sr$ 决定。通过 $(^{87}Sr/^{86}Sr)_M$ 对 $1/Sr_M$ 作图，可以使混合曲线方程变成直线。这是一个非常有用的特性，因为它能使我们对于以 $^{87}Sr/^{86}Sr$ 和 $1/Sr$ 为坐标的数据点拟合一条直线，从而由两种组分混合所形成的一套地质样品的这些参数的测量导出这种混合方程。这些数据点对一条直线拟合的好坏是对混合假说的一种检验，也可根据曲线观察混合过程中 Sr 浓度和 $^{87}Sr/^{86}Sr$ 的变化关系。

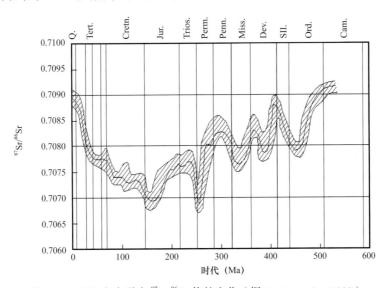

图 5-35　显生宙大洋中 $^{87}Sr/^{86}Sr$ 值的变化（据 Burke et al.，1982）

表 5-13　黄骅断陷沙一下亚段碳酸盐岩锶同位素分析测试结果表

井位	深度（m）	层位	样品名称	$^{87}Sr/^{86}Sr$	绝对误差（2σ）
埕 54×1	3165	Es_{1x}^2（板 3）	泥晶白云岩	0.71078	0.00005
滨 22	2570.4		泥晶白云岩	0.71095	0.00003
旺 35	1782.1		灰质页岩	0.721574	0.000009
旺 35	1790.18		云质生物灰岩	0.710786	0.000007
旺 36	1584.25		介壳泥晶灰岩	0.710672	0.000008
埕 54×1	3180	Es_{1x}^3（板 4）	泥晶白云岩	0.71077	0.00004
埕 54×1	3196.4		泥晶白云岩	0.71048	0.00002
埕 54×1	3208.6		泥晶白云岩	0.71013	0.00008
旺 22	2545.12		泥晶白云岩	0.71058	0.00002

井位	深度（m）	层位	样品名称	$^{87}Sr/^{86}Sr$	绝对误差（2σ）
旺 22	2545.2		云质泥岩	0.713632	0.000008
旺 38	1973.4		泥晶白云岩	0.7107	0.00005
房 10	2793.7	Es_{1x}^3（板 4）	泥晶白云岩	0.71029	0.00005
滨 22	2599.4		泥晶白云岩	0.71052	0.00005
埕 54×1	3227.7		生屑白云岩	0.70953	0.00004
埕 54×1	3228.3		生屑白云岩	0.7097	0.00004
滨 22	2623.3		泥晶白云岩	0.71021	0.00005
滨 22	2629.5	Es_{1x}^4（滨 1）	生屑灰岩	0.71011	0.00006
扣 42	2289		泥晶白云岩	0.71042	0.00006
旺 38	1986.6		生屑灰岩	0.70992	0.00001
旺 1105	2026.71		含云灰岩	0.710947	0.00001
最小值				0.70953	
最大值				0.721574	
平均值				0.71114	

表 5-14　主要由硅酸盐岩石构成补给区的湖泊水及河流的 $^{87}Sr/^{86}Sr$

锶的来源	$^{87}Sr/^{86}Sr$	资料来源
加拿大前寒武纪地盾，河水和湖水	0.712～0.726	Adams et al.，1960
北美苏比利尔湖	0.718	赫尔利，1968
南极维多利亚地区罩格特谷地范达湖	0.7149	赫尔利，1968
南极泰勒谷地邦尼湖	0.7136	P.W.Bast，1967
加拿大安大略基拉尔尼附近乔治湖	0.7184	福尔等，1972
美国犹他州大盐湖	0.7174	福尔等，1972

在碳酸盐成岩作用研究中，经常涉及混合水成岩作用，如近地表条件下海水与淡水混合成岩环境。这里的混合水是指海水与淡水的混合。对于黄骅断陷湖盆沉积环境来说，如果认为碳酸盐岩中 Sr 含量和 Sr 同位素组成是来源于河水和海水等两种流体，那么通过实测不同岩类 Sr 含量和 Sr 同位素组成，并引入上述方程进行计算，即可得到两种流体 Sr 的混合曲线（图 5-36）；并认为这是淡水（河水）和海水 Sr 的混合曲线，其中图 5-36a 是由 $^{87}Sr/^{86}Sr$ 值和 Sr 含量做出的混合曲线，图 5-36b 是由 $^{87}Sr/^{86}Sr$ 值和 Sr 含量倒数做出的混合曲线，前者为双曲线函数，后者为直线函数。然而，混合可能是多元的，其计算过程相对复杂。因此，在这里主要从二元模式进行讨论，并将混合物的化学组成和同位素组

成通过一个简单的混合模式而相互联系起来，并认为混合发生以后所产生的混合物组成并没有受到各种反应的改变及同位素产生的分馏也是次要的，那么这些限制条件使问题的数学处理就可以简化，但不会对计算结果的地质意义产生实质性的影响。所以根据黄思静（2010）对两种成分混合时给出的混合比例方程：

$$F = W_A / (W_A + W_B)$$

式中，W_A 与 W_B 分别表示某一给定混合物中两种成分的质量。那么，任意一种元素在这种混合物中的浓度为：

$$X_M = X_A F + X_B (1-F)$$

式中，X_A 与 X_B 分别为 X 元素在 A 组分和 B 组分中的浓度。那么，在 A 和 B 以不同的比例混合而成的任何一套样品中，X_A 与 X_B 是我们事先知道的，因而为常数，所以 X_M 是 F 的线性函数：

$$X_M = F (X_A - X_B) + X_B$$

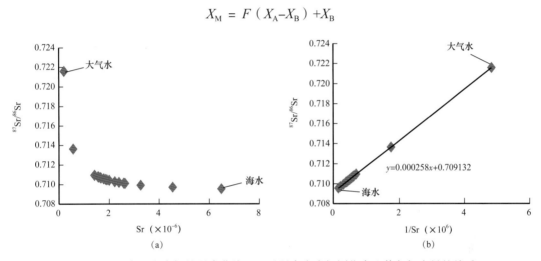

图 5-36　河水和海水锶的混合曲线，显示混合水中锶同位素比值与锶含量的关系
（a）由 $^{87}Sr/^{86}Sr$ 值和锶含量做出的混合曲线；（b）由 $^{87}Sr/^{86}Sr$ 值和锶含量倒数做出的混合曲线

因此，混合参数（或混合比例）F 的值，可以由任何一种元素 X 在二元混合物中的浓度计算出来，其条件是该元素在端元组分中的浓度（X_A，X_B）是已知的。由于大多数的地质流体都是混合流体，完全单一来源的流体是相对较少的，因而这种函数关系在地质流体的示踪研究中具有显而易见的意义。根据黄骅断陷湖盆沙一下亚段沉积期不同岩类的 Sr 含量与 $^{87}Sr/^{86}Sr$ 值，用上式来计算不同介质流体的混合比例，其结果如图 5-37 所示。从图中不难看出，海水与淡水（河水）混合比例 F 随 Sr 同位素组成及 $^{87}Sr/^{86}Sr$ 值的不同而变化；当 Sr 含量为海水的端元组成（6.48×10^{-6}）时，其 $^{87}Sr/^{86}Sr$ 值为 0.70953。海水的混合比例约为 96%，而淡水（河水）仅占 4%；当 Sr 含量为淡水的端元组成（0.21×10^{-6}）时，$^{87}Sr/^{86}Sr$ 值为 0.721574。其海水的混合比例约为 3%，而淡水（河水）所占比例约为 97%。在白云岩化过程中，泥晶灰岩与泥晶白云岩的 Sr 含量变化在（$1.42 \sim 2.64$）$\times 10^{-6}$ 之间，$^{87}Sr/^{86}Sr$ 值为 0.710947~0.71011，其海水的混合比例约为 21%~39%；而生屑白云岩与生屑灰岩的 Sr 含量变化在（$3.27 \sim 6.48$）$\times 10^{-6}$，$^{87}Sr/^{86}Sr$ 值为 0.70953~0.70992，

其海水的混合比例约为49%～96%。泥页岩的 Sr 含量变化在0.207，$^{87}Sr/^{86}Sr$ 值为0.713632～0.721574，其海水的混合比例约为3.1%～8.57%；相反，淡水（河水）的混合比则高达91.43%以上。结合不同岩类所分布的层位分析，黄骅断陷湖盆沙一下亚段 $Es_{1x}{}^4$（滨1）—$Es_{1x}{}^3$（板4）沉积早期，湖盆介质流体以海水为主，古气候干燥、水介质盐度较高，碳酸盐沉积发育；而 $Es_{1x}{}^3$（板4）沉积晚期到 $Es_{1x}{}^2$ 与 $Es_{1x}{}^1$（板3+2）沉积期，随着古气候渐暖湿润，雨量增多，大量河水的进入使湖盆硅铝酸盐类沉积物增多，水介质盐度降低，不仅导致了湖盆介质 Sr 同位素组成及 $^{87}Sr/^{86}Sr$ 值的不断变化，而且使早期以海水为主的碳酸盐岩沉积序列渐变为大气淡水（河水）为主的砂—泥岩沉积组合。

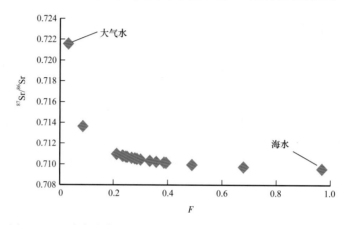

图 5-37　河水与海水锶混合时混合比例 F 和锶同位素组成的关系

第六章 断陷湖盆碳酸盐岩沉积相及沉积模式

断陷湖盆碳酸盐岩的沉积类型与岩石学特征与海洋碳酸盐岩虽较类似，但其形成条件不仅是一个复杂多变的动力系统，而且在水介质能量、深度、动力学特征、沉积界面地形、气候的波动、生物作用及陆源物质的供给等方面均与海洋碳酸盐岩沉积具有较大的差异。并且在陆相的背景上，因构造和古地理不同，其沉积环境也表现出各种各样（王英华等，1993）。特别是中国东部古近纪断陷湖盆碳酸盐岩沉积环境的研究，早在1953年，著名地质学家谢家荣就在《中国的产油区和可能的含油区》一文中提出了华北、松辽平原的古近—新近系可能存在海相沉积的推论。之后，随着古近纪断陷湖盆碳酸盐岩油气勘探开发的不断深入，对于这套湖盆碳酸盐岩的生物化石组合与沉积相（环境）也展开了广泛研究，并且在有关"海侵"的问题上讨论的文章甚多，认识也颇有争议。这种争议不仅有利于相关学科的发展，而且在理论上对深化断陷湖盆碳酸盐岩沉积环境的认识拓展了思路。

第一节　断陷湖盆碳酸盐岩沉积环境

一、生物化石组合及生物相

生物与环境是相互依存、相互制约又相互作用的整体。在湖相沉积环境中也自然存在着相应的生物组合。因此分析生物组合与沉积环境之间的关系及其分布是生物相研究的主要内容。在判断沉积环境方面，生物相分析有许多独特之处，不仅是区别海相与陆相的重要标志，而且是判识湖盆水介质性质、划分对比地层、分析沉积环境、恢复和再造岩相古地理面貌的重要依据。由于中国东部诸多断陷湖盆沉积，尚无地表出露剖面，生物相分析主要依据钻井取心资料进行，其内容包括岩心遗迹组构、微古动、植物化石分析等方面。其中岩心遗迹组构是近年来国际上油田钻井岩心生物相分析的重要手段之一，它使得生物活动信息得到充分利用，克服了传统遗迹相研究没有区分生物遗迹活动先后顺序和世代关系的不足，其工作特色是注重岩心系统的精细观察描述及识别岩心中遗迹组构的类型及垂向演化关系，从而使环境解释更为精确。遗迹组构的划分首选要选取不同类型的代表样品，在室内进行抛光制样和鉴定岩心中形态清楚的遗迹化石类型和形态不清的生物扰动构造，然后根据遗迹活动的先后顺序和世代关系特征，建立遗迹组构的环境模式；而微古动、植物化石分析则是针对岩心中的动植物化石及化石碎片进行详细的分析鉴定，确定其类型、含量、分异度、属种变化及形成环境。

（一）生物遗迹组构

生物遗迹组构分析是岩心生物沉积构造研究的重要技术。大港油田研究院（2010）运用这一枝术，对黄骅断陷古近纪湖盆沉积的生物遗迹组构，进行了系统研究，并根据东营组沉积期和沙河街组沉积期碳酸盐岩与碎屑岩中生物遗迹组构的属种及分布特点，归纳出6种遗迹组构类型（表6-1、图6-1）。

表6-1 黄骅断陷古近系东营组—沙河街组遗迹组构类型（据大港油田，2010）

名称	特点	主要遗迹化石	环境解释类型
Scoyenia 遗迹组构	个体较大，具回填构造的觅食潜穴为主	*Scoyenia*；*Muensteria*；*Ancorichnus*	泛滥平原
Skolithos 遗迹组构	垂直管状居住迹十分发育为特点	*Skolithos*；*Cylindricum*；其他生物扰动	较高能、浅水或半固化砂质基底环境
Palaeophycus 遗迹组构	无回填构造的觅食潜穴为主	*Palaeophycus*；*Planolites*；*Ancorichnus*	浅湖及浅湖三角洲河口坝沉积环境
Arenicolites 遗迹组构	个体相对较小，分异度高的各种潜穴组成	*Arenicolites*；*Polykladichnus*；*Ancorichnus*	浅湖上部、浅水小型三角洲河口坝沉积环境
Planolites 遗迹组构	个体小，无回填构造的觅食迹占绝对优势	*Planolites*（小）	浅湖较深部位或封闭的湖湾等贫氧环境
强生物扰动组构	沉积物全部被生物扰动	遗迹形态结构不清	浅湖等三角洲环境

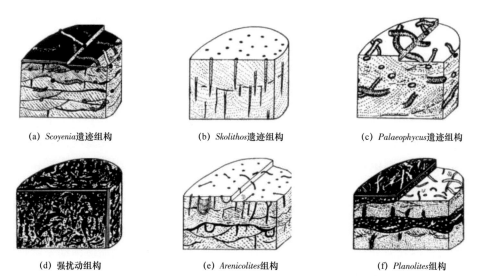

(a) *Scoyenia* 遗迹组构　　　　(b) *Skolithos* 遗迹组构　　　　(c) *Palaeophycus* 遗迹组构

(d) 强扰动组构　　　　(e) *Arenicolites* 组构　　　　(f) *Planolites* 组构

图6-1 黄骅断陷古近系岩心上的遗迹组构素描图（据大港油田，2010）

1. *Scoyenia* 遗迹组构

遗迹个体相对较大，以具回填构造的觅食潜穴为主（表6-1、图6-1a）。化石属主要有斯柯菌迹 *Scoyenia*，明斯特迹 *Muensteria*，少量锚形迹 *Ancorichnus*，石针迹 *Skolithos* 等，在岩心剖面上，该组构多见于粒度向上变细的河流沉积序列或三角洲平原沉积序列的决口扇细砂岩和粉砂岩中，在河流沙坝所夹的薄泥质沉积中也常有分布，因此该遗迹组构代表陆地上常被水淹的低能环境，与 Frey 等（1984）限定的 *Scoyenia* 遗迹相代表的环境含义基本相同，在泛滥平原部位最为常见。

2. *Skolithos* 遗迹组构

以垂直管状居住迹十分发育为特点，管状居住迹相互平行排列，围岩主要为具交错层理的细砂岩和中砂岩（表 6-1、图 6-1b）。遗迹属为石针迹 *Skolithos* 以及柱形迹 *Cylindricum*。在岩心中常见于湖滨高能带、三角洲水下分流河道、河流水道边部的沉积序列中，因而代表水流能量较高的砂质环境。

3. *Palaeophycus* 遗迹组构

以个体较大的觅食迹十分发育为特点（表 6-1、图 6-1c），与 *Scoyenia* 遗迹组构的区别主要表现在该组构觅食潜穴均无回填构造，由高丰度的古藻迹 *Palaeophycus* 组成。同时也含有一些大个体漫游迹 *Planolites* 及生物扰动构造等。这些化石表现了生物在沉积物内快速进食的特点，在岩心剖面上常位于向上变细的水下分流河道序列的顶部，围岩为泥质细砂岩和粉砂岩，代表了一种浅湖、水流能量不强，但沉积速率较快的环境。

4. *Arenicolites* 遗迹组构

主要由不同形态、分异度较高个体相对较小的各种潜穴组成，遗迹化石包括有 "U" 形潜穴 *Arenicolites*、"Y" 形潜穴 *Polykladichnus*、"I" 形潜穴 Skolithos 以及觅食潜穴 *Ancorichnus* 等（表 6-1、图 6-1e）。该组构中遗迹化石的组成面貌与 Bromley 等（1979）建立的代表浅湖环境的遗迹组合类似。在岩心中，该组构常分布于粒度向上变粗的浅水小型三角洲沉积序列下部河口坝沉积中，岩性为具有小型交错层理的细砂岩、粉砂岩，遗迹在岩心中常密集分布，上、下层位有时发育较强的砂泥互层生物扰动构造。表明该遗迹组构的环境为水体氧化条件好，但水能量较低或中等。主要分布在浅湖上部，湖湾等沉积环境。

5. *Planolites* 遗迹组构

以小个体类型的漫游迹 *Planolites* 遗迹占绝对优势为特点（表 6-1、图 6-1f）。遗迹个体直径一般小于 2mm，遗迹生态特征表现为生物在沉积物内快速穿过而无回填纹，在海相沉积中常将漫游迹 *Planolites* 的大量出现作为缺氧层的依据之一。该遗迹主要分布于黑色泥岩层，在泥岩所夹的薄层砂岩中常发育与漫游迹 *Planolites* 相关联的逃逸迹，该组构遗迹个体小，水平觅食迹为主，在岩心沉积序列中主要分布在三角洲、扇三角洲前缘远端的泥岩为主夹薄砂岩互层的岩性组合中，反映该组构分布有利相带为浅湖较深部位或封闭的湖湾。

6. 强扰动组构

以沉积物全部被生物扰动为特征，遗迹形态不清楚，围岩常为灰色或灰绿色泥质粉砂岩（表 6-1、图 6-1d），主要为浅湖区有机质丰富的泥质环境。

上述生物遗迹组构在断陷湖盆边缘及浅湖、半深湖至深湖区均可见及，并以陆相遗迹组构为主，同时在浅湖区还见有边缘海相遗迹组构，如 *Arenicolites*、*Teichichnus* sp. 等。此类遗迹组构在中国东部其他古近纪断陷湖盆中也有发现，如李应暹等（1997）在辽河断陷沙河街湖相地层中见有 *Teichichnus* sp. 型的海相遗迹组构分布；吴贤涛等（1999）则在东濮断陷沙河街组各段识别出了属于边缘海相（marginal marine）的潮道、滨岸和临滨常见的三类生物痕迹，产有 *Arenicolites*、*Thalassinoides* sp.、*Ophiomorpha nodesa*、*Teichichnus* sp. 等海相痕迹组构。

（二）微古动、植物化石

微古动、植物化石及其化石碎片是断陷湖盆沉积中的重要结构组分。常见的微古动、植物化石及其化石碎片，主要有孢粉、藻类、疑源类、介形类、腹足类、瓣鳃类、有孔虫、鱼类化石等。这些生物化石及其组合，对揭示断陷湖盆碳酸盐岩的形成环境具有重要的指示作用。

1.微古植物化石

在断陷湖泊沉积中常见的微古植物化石主要为孢粉与藻类，尽管孢粉在环境分析中常用于古气候和恢复古植被研究，但一些孢粉母体植物的生态习性，能够较好地反映沉积相特征。

1）孢粉化石

根据童林芬等（1985）与大港油田资料（2010），黄骅断陷古近纪湖盆沉积中常见的孢粉化石约106个属种：主要分子有 *Texodiaceae*（杉科）、*Ulmipollemites*（榆粉属）、*Quercus*（栎粉属）、*Patamogeton*、*Polypodiaceaesporites*（水龙骨单缝孢属）、*Cyathidites*（桫椤孢属）、*Lygodiumsporites*（海金砂孢属）、*Sphagnumsporites*（水藓孢属）、*Pinus*（松科）、*Abietineaepollenites*（单束松粉属）、*Pinuspollenites*（双束松粉属）、*Ephedripites*（麻黄粉属）、*Retitricolpites*（网面三沟粉属）、*Caryapollenites*（山核桃粉属）、*Juglanspollenites*（胡桃粉属）、*Quercoidites microhenrici*（小亨氏栎粉）、*Ulmipollenites minor*（小榆粉）、*Liquidambarpollenites*（枫香粉属）、*Momipites*（拟榛粉属）、*Labitricolpites*（唇形三沟粉属）、*Alnipollenites*（桤木粉属）、*Cupuliferoipollenites*（栗粉属）、*Rutaceoipollenites*（芸香粉属）、*Ulmoideipites*（脊榆粉属）、*Ulmipollenites undulosus*（波形榆粉）、*Podocarpidites*（罗汉松粉属）等。其中 *Taxodiaceae* 为常绿或落叶乔木，适于湖泊边缘积水低凹或沼泽地生长；*Ulmus*、*Quercus* 多为温带的落叶乔木；*Patamogeton*、*Sparganium* 为水生草本植物，适于浅湖、池沼的静水环境；*Polypodiaceaesporites* 与凤尾蕨科有亲缘关系，分布于热带、亚热带，多生长于湿热的气候环境（表6-2）。

表6-2 古植被、古气候综合表（据童林芬等，1985）

地层		孢粉组合及亚组合名称		古植被		古气候
东营组	一段	榆粉属高含量组合	胡桃粉属—椴粉属亚组合	落叶阔叶为主	温带为主	温湿
	二到三段		波形榆粉—云杉粉属亚组合			干凉
沙河街组	一段	栎粉属高含量组合	栎粉属—双束松粉—云杉粉属亚组合	落叶阔叶常绿针叶混交林	亚热带—暖温带	较湿
	二段		麻黄粉属—唇形三沟粉属亚组合			干湿
	三段		小亨氏栎粉—榆粉属亚组合			较温
孔店组	一段	杉科高含量组合	麻黄粉属—三孔脊榆粉—规则三角孢亚组合		亚热带	干湿
	二段		小刺鹰粉—桦科—三角孢属亚组合			湿热

2）藻类化石

藻类化石能较好地指示水介质性质及沉积相类型，断陷湖盆沉积中含有丰富的藻类，但属种较为单一。黄骅断陷古近纪湖盆沉积中常见的藻类化石主要有绿藻类、沟鞭藻类、颗石藻、疑源类等（图6-2）。这些藻类在古近纪沙河街组与东营组沉积期的分布、类型及形成环境则具有如下特征。

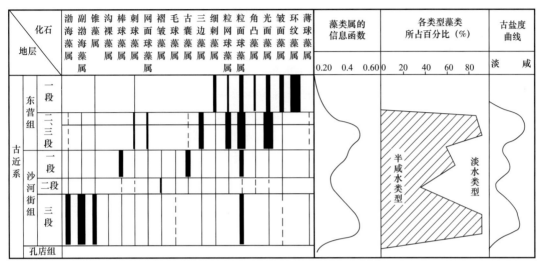

图6-2　黄骅断陷古近纪湖盆藻类化石分布图（据郝诒纯等，1981；童林芬等，1985）

（1）绿藻类。

绿藻化石在黄骅断陷湖盆的沙河街组—东营组分布较多，并且在纵向上主要富集在沙河街组的三段与一段，其主要属种有 *Campania*（褶皱藻）、*Hungarodiscus*（穴面球藻）、*Pediastrum*（盘星藻）等，它们是内陆湖生藻类的代表。*Campenia*（褶皱藻）等是湖泊藻类中对水质适应能力较强的类群，水体盐度的剧烈变化只在其丰富程度上构成一定影响。*Pediastrum*（盘星藻）属是世界性广布的藻类，国内外不少学者认为盘星藻是淡水藻类，可以把它作为淡水湖相的指示物，同时它的个别分子可以在现代微咸水体（含盐度低于0.5%）生活。它生活的水深一般很少超过15m。

（2）沟鞭藻类。

沟鞭藻类属于甲藻门 *Pyrhophyta* 的横裂甲藻纲 *Dinophyceae*。现代甲藻是仅次于硅藻类的海洋浮游生物，十分繁盛，但也有少数属种见于淡水沟渠、池塘和湖泊。海相沟鞭藻类中，具甲近岸类型多，并多以河口、海湾的有机质为生；远洋类型数量较少，且裸而无甲。从季节来讲，甲藻的数量以春秋二季虽多。从水温来讲，寒冷海洋中个体数量多，但种类少；而在暖海洋中，则种类丰富。据对现代甲藻的研究，海相种不能在淡水环境中生长，而淡水种在海洋中也十分稀少。因此陆相属种的个体一般较小，结构也较简单、分异度较低；海相属种的个体则较大，且结构复杂。黄骅断陷湖盆沙一下亚段碳酸盐岩沉积中所见的沟鞭藻类，多为半咸水介质中发育的 *Bohaidina*（渤海藻）、*Parabohaidina*（副渤海藻）和 *Deflandrea*（德弗兰藻）。这些沟鞭藻类一般分布在海陆过渡带，繁盛于浅湖至半深湖环境中。此外，管球藻属在湖盆的局部层位中也较发育，反映水介质较平静的浅水至半深水环境。

（3）颗石藻类。

颗石藻属于金藻门的颗石藻目（*Coccolithiales*），为单细胞藻的浮游生物，多数为海生鞭毛类，也有小数生活在淡水与半咸水环境。黄骅断陷湖盆沉积中所见颗石藻属种主要 *Reticulofenesta* sp.、*Hilieopontophaera* sp.、*Coronocgelus* sp.、*Coccolithus* sp. 等钙质超微化石。多见于沙一下亚段半深湖—深湖及湖湾沉积的泥岩、泥灰岩与页岩组成的韵律层中，分异度低、属种较少、成分单调，同时又缺乏共生的底栖生物，但个体丰度较高并在局部富集（郝诒纯等，1981）。

（4）疑源类。

疑源类是指分类位置不明，靠化石外部形态、结构作非正式实用分类的化石单元。黄骅断陷湖盆沉积中常见的疑源类主要有 *Sphaeromorphitae* 球形亚类的 *Leiosphaeridia*（光面球藻）、*Granodiscus*（粒面球藻）、*Rugasphaera*（皱面球藻）以及 *Herkomorphitae* 网面亚类 *Dictyotidium*（网面球藻）、*Granoreticella*（粒网球藻）、*Reticulofenesta* sp.、*Hilieopontophaera* sp.、*Coronocgelus* sp. 等。这些疑源类，无论在沙三段、东三段、东二段的碎屑岩还是沙一段碳酸盐岩中均较繁盛，多生活在淡水至半咸水体的滨浅湖环境。此外，在湖盆南部还可见少量疏管藻、中国枝管藻、德弗蓝藻及副渤海藻与其他陆相化石，如轮藻、介形类共生。

3. 微古动物化石

黄骅断陷湖盆沉积中的微古动物化石，主要以介形类和腹足类为主，同时还含有一定数量的有孔虫及瓣鳃类、鱼类化石等。介形类、腹足类和有孔虫分布层位以沙三段、沙一段和东三、二段沉积层中含量丰富，属种也较多（郝诒纯，1981）。

1）介形类

介形类主要包括 *Candona*（玻璃介）、*Candoniella*（小玻璃介）、*Pseudocandona*（假玻璃介）、*Fusocandona*（纺锤玻璃介）、*Chinocythere*（华花介）、*Huabeinia obscura*（隐瘤华北介）、*Phacocypris*（小豆介）、*Dongyingia*（东营介）、*Ilyocypris*（土星介）、*Cypris*（金星介）、*Eucypris*（真星介）、*Cyprinotus*（美星介）等，大多以壳形单一、壳壁薄、表面光滑的类型为主，表现了典型的非海相淡水介形类面貌。但是，内陆湖盆水质盐度变化对金星介科、湖花介科分子并未构成太大影响，一些种类在半咸水中仍可维持生存（图6-3）。主要种属特征如下：

Candona：营底栖爬行生态，喜钻泥、怕高温、近三角形或不规则四边形类型；但在贝加尔湖等深水断陷湖盆中，生活的种多具近梯形、左瓣强烈覆盖于右瓣的壳形，它们生活的水生为1.5～75m，但又以10～50m水深且具泥质粉砂底质的环境最为繁盛。

Cyprinotus：世界上广泛分布的陆相淡水介形类，能自由游泳。现生种多生活于淡水里，有部分可以生存在0.5‰～16.5‰ 盐度的环境中。

Limnocythere：分布于世界各地。化石见于各陆相地层。常生活在光线透射好的淡水水域，岸边尤为丰富，但也有少数属种生活于微咸—半咸水以至盐湖中。

Ilyocypris：世界广泛的属种。现生属种大多数生活于阳光透射好的淡水水域的岸边，尤以湖泊近岸区较为普遍，偶见于微咸至半咸水中。喜栖静水泥底，营爬行或掘泥穴居，有些种能游泳，是典型的局限浅水介形类。

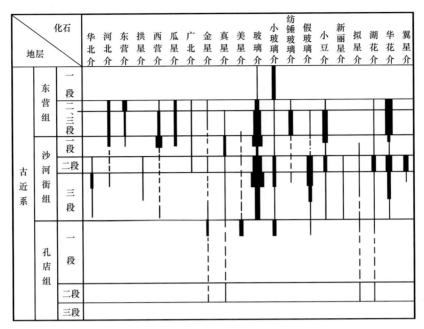

图 6-3　黄骅断陷古近纪介形虫属种分布图（据郝诒纯等，1981；大港油田，2010）

Candoniella：现生属种大量存在于盐度小于 1‰ 的浅湖或小型水体中，但大部分属种在盐度为 0.6‰～10.9‰ 的淡水至中性盐水中也能生存。由此可见介形类对环境，特别是对盐度和温度的变化极其敏感。因此，介形类可作为古盐度、古温度、古深度及古水位等古水化学和古水文参数的标志，从而提供重要的环境变化信息。

2）腹足类

腹足类在湖盆南部的碳酸盐沉积区含量较多，常与瓣鳃类、鱼类共生，个体大小不一，并可形成腹足类（云）灰岩，以淡水—半咸水属种为主，如 *Amnicola*、*Lipasrna*、*Bithynia*、*Valuata* 等；湖盆北部碎屑岩中则以小个体的狭口螺、底脊螺、恒河螺和渤海螺为主，以具脐脊、底脊为特征。湖盆中南部属于微咸水—半咸水环境的属种相对较多，其代表有 *Stenothyra parities*、*S.obesa*、*Gangetia vulgaris* 等。东营组三段的腹足类化石较沙一段显著减少，个体增大，田螺类大量繁盛，且出现壳面具有瘤饰的天津螺、狭口螺等具有脐脊和底脊的类群（图 6-4）。

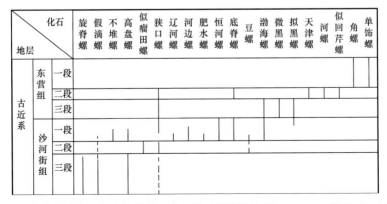

图 6-4　黄骅断陷古近纪腹足类化石分布图（据郝诒纯等，1981；大港油田，2010）

3）有孔虫类

有孔虫类在湖盆南部的齐家务、周清庄和扣村一带的沙一下亚段滩相（云）灰岩中分布较广，其属种与渤海湾其他断陷湖盆发现的有孔虫类似，均为广盐性，个体小仅 0.1mm 左右，变异性强，畸形个体较多，常与介形类、腹足类共生，代表性属种主要有圆盘相灰虫 *Discrbis* sp.、卷转虫 *Ammonia*、诺宁虫 *Nonin*、三玦虫 *Triloculina* 等。

（三）生物相模式

研究表明，在断陷湖盆沉积中，随着湖盆地理区带（地形、水深、水温、盐度、能量）不同，其生物群的属种及组合也有差异。大港油田（2010）通过黄骅断陷发育期的生物遗迹组构、微古动、植物化石及其组合关系的研究，并结合湖盆古地理及各类生物化石的时空分布特征，将古近纪湖盆古生态面貌划分出 A、B、C、D、E、F 等 6 个生物组合带，并构建了相应的生物相模式（图 6-5）。对于黄骅断陷沙一下亚段碳酸盐岩而言，也同样具有 6 个完整的生物组合带，各带在沙一下亚段沉积期 Es_{1x}^4 到 Es_{1x}^3（滨 1+ 板 4）时与 Es_{1x}^2 到 Es_{1x}^1（板 3+ 板 2）时的分布则表现出不同的特征。

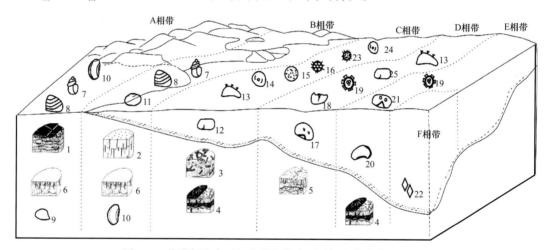

图 6-5　黄骅断陷古近纪生物相模式图（据焦养泉等，2010）

1. A 带——陆上冲积平原生物带

该带主要沿沧县隆起一线和埕宁隆起一线发育，在沙一下亚段沉积期的 Es_{1x}^4 到 Es_{1x}^3（滨 1+ 板 4）时，其分布范围逐渐增大，在于 1 井、塘 8 井、塘 27 井、板 31 井、板深 72 井、庄 51 井、女 58 井相对应的岩心中发现了 *Scoyenia* 遗迹组构、丰富的 *Polypodiaceaesporites*（水龙骨单缝孢）和 *Pinus*（松科），反映了其冲积平原的沉积环境（图 6-6）。而在 Es_{1x}^2 到 Es_{1x}^1（板 3+ 板 2）时则退缩到塘 27 井与大中旺的东北部（图 6-7）。

2. B 带——滨湖沼泽生物带

该带以 *Skolithos* 遗迹组构和 *Rhizoliths*（根迹）发育为特点，介形类和藻类化石极少，且属种单调，主要有 *Candoniella*（小玻璃介）、*Ilycocypris*（土星介）、*Cypris*（金星介）、*Comasphaeridium*（毛球藻）和 *Pediastrum*（盘星藻），同时还伴有一定数量的腹足和双壳类出现，代表河流或三角洲及滨湖环境。该带可建立 *Scoyenia* 遗迹组构、*Rhizolith*（根

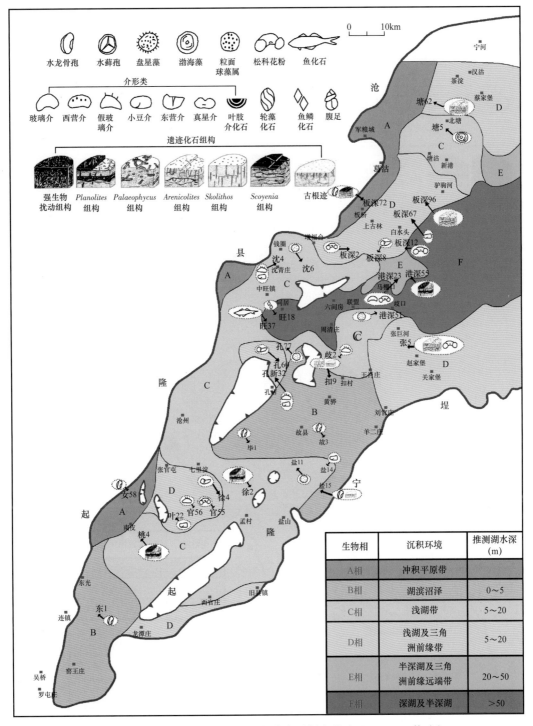

图 6-6　Es_{1x}^4—Es_{1x}^3 沉积期生物相分布（据大港油田，2010，修改）

迹）—*Polypodiaceaesporites*（水龙骨单缝孢）、*Candoniella*（小玻璃介）—腹足、双壳生态组合。在沙一下亚段沉积期 Es_{1x}^4 到 Es_{1x}^3（滨 1+ 板 4）时，主要分布于孔店地区的毕 1 井、故 3 井、盐 15 井和扣村的扣 9 井一带；Es_{1x}^2 到 Es_{1x}^1（板 3+ 板 2）时，则分布于板桥断陷的西侧小古地区，埕宁隆起西侧盐 15 井一带和南部东古 1 井与窑王庄地区（图 6-6、图 6-7）。

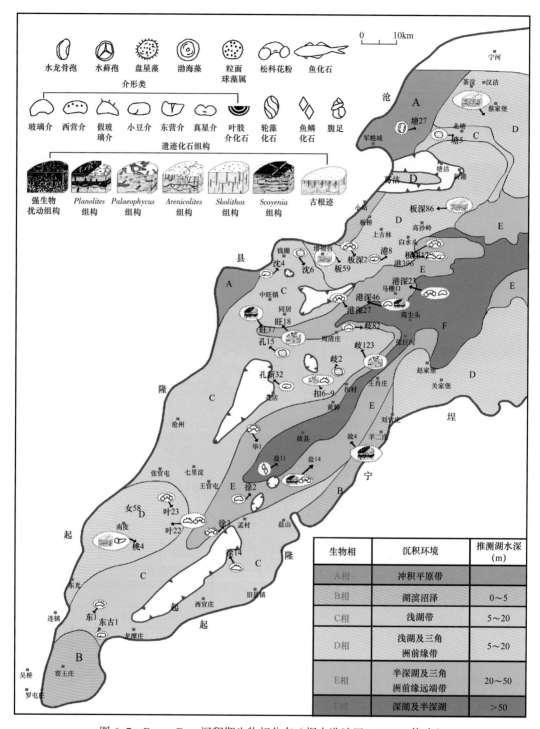

图 6-7　Es_{1x}^2—Es_{1x}^1 沉积期生物相分布（据大港油田，2010，修改）

3. C 带——浅湖生物带

该带在沙一下亚段沉积期 Es_{1x}^4 到 Es_{1x}^3（滨 1+ 板 4）时，主要分布于北塘地区的塘5 井区，中旺镇的沈 4、沈 6 井和齐家务的旺 18 井、旺 9 井和旺 11 井区及其以南的沧州与孔店凸起之间，王徐庄的港深 51 井、歧 2 井区和孔店以南的盐 14 井—徐 2 井、徐

4 井与龙潭庄北部；沙一下亚段沉积期 $Es_{1x}2$ 到 $Es_{1x}1$（板 3+ 板 2）时，则分布于中旺镇的沈 4、沈 6 井及其以南的齐家务地区和周清庄一带的歧 82 井区—孔南的张官屯一带和南部的西官庄地区。可以看出，在沙一下亚段沉积期，浅湖相的区域是逐渐加大的。在该区塘 5 井、沈 4 井、沈 6 井、歧 2 井、歧 82 井、港深 51 井、旺 11 井、孔 15 井与扣 6-9 井和南部徐 14 井、东古 1 井的岩心中均发现大量的 *Granodiscus*（粒面球藻）、*Phacocypris*（小豆介）、*Pseudocandona*（假玻璃介）、*Candona*（玻璃介）、*Pinus*（松科）、*Xiyinggia*（西营介）、*Dongyingia*（东营介）、*Pediastrum*（盘星藻）、*Bohaidina*（渤海藻）、*Granodiscus*（粒面球藻）、*Dictyotidium*（网面球藻）、*Pediastrum*（盘星藻）、*Campania*（褶皱藻）、*P.huiminensis*（惠民小豆介）较繁盛。可建立 *Palaeophycus* 遗迹组构—*Phacocypris*（小豆介）、*Pseudocandona*（假玻璃介）—*Bohaidina*（渤海藻）、*Pediastrum*（盘星藻）、*Alnipollenites*（桤木粉）、*Granodiscus*（粒面球藻）、*Dictyotidium*（网面球藻）及有孔虫和腹足类生态组合。由此显现出化石种类繁多，数量丰富，其特征指示了适于生物聚集的浅湖滩坝及湖湾环境（图 6-6、图 6-7）。

4. D 带——浅湖及三角洲前缘生物带

该带在沙一下亚段沉积期的 $Es_{1x}4$ 到 $Es_{1x}3$（滨 1+ 板 4）时，广泛发育在盆缘区的蔡家堡、增福台、驴驹河、赵家堡和南部的官 66 井、叶 22 井及龙潭庄一带；沙一下亚段沉积期的 $Es_{1x}2$ 到 $Es_{1x}1$（板 3+ 板 2）时，则分布在蔡家堡、新港—增福台和赵家堡—关家堡地区及南部的南皮一带。从上述地区的汉 1 井、塘 62 井、板 7 井、板深 2 井、板深 59 井、板深 86 井、板深 8 井、白 6 井、港 8 井、港 396 井、港深 18-1 井、港深 51 井、张 5 井和扣 42 井的沙一下亚段各小层的岩心中发育有丰富的化石，其属种主要有 *Huabeinia*（华北介）、*Dongyingia*（东营介）、*Phacocypris*（小豆介）、*Pseudocandona*（假玻璃介），同时还发育有 *Arenicolites* 和 *Skolithos* 等分异度相对较高的遗迹组构（图 6-6）。

5. E 带——半深湖生物带

该带分布区域相对较小，常夹于 C、D 带和 F 带之间，沙一下亚段沉积期 $Es_{1x}4$ 到 $Es_{1x}3$（滨 1+ 板 4）时，主要位于马棚口地区的港深 23 井、港深 46 井、港深 47 井、港深 50 井、港深 55 井一带（图 6-6）；$Es_{1x}2$ 到 $Es_{1x}1$（板 3+ 板 2）时，由马棚口地区延伸到齐家务地区的旺 29 井和旺 37 井一带，南部则经毕 1 井、故 4 井、盐 14 井、徐 2 井直至徐 3 井附近。发育较为丰富的 *Planolites* 遗迹组构，并伴有 *Chinocythere*（窄华花介）和 *Pinus*（松科）化石等，清晰地反映了半深湖环境（图 6-7）。

6. F 带——深湖生物带

该带在沙一下亚段沉积期是逐渐扩大的，沙一下亚段沉积期 $Es_{1x}4$ 到 $Es_{1x}3$（滨 1+ 板 4）时，主要分布在高尘头及其以东的广大区域和齐家务地区的旺 37 井、旺 18 井一带；沙一下亚段沉积期 $Es_{1x}2$ 到 $Es_{1x}1$（板 3+ 板 2）时，则由高尘头一带延伸到盐 11 井地区。由于该带相对狭窄，各井中的化石属种稀少，丰度极低，仅在旺 18 井、旺 37 井、滨海 7 井、盐 11 井中的页岩中发现稀少的鱼骨、*Candona*（玻璃介）及胶磷质等，明确地反映了这些区带的深水环境。然而综观上述各生物带在沙一下亚段沉积期 $Es_{1x}4$ 到 $Es_{1x}3$（滨 1+ 板 4）

时与 Es_{1x^2} 到 Es_{1x^1}（板 3+ 板 2）时的分布，虽略有不同，但所对应的沉积环境则是一致的，即从陆地到湖盆中心可区别出冲积平原生物带、滨湖生物带、浅湖生物带、浅湖及湖泊三角洲前缘生物带、半深湖、深湖生物带等。并且依据这些生物带证据可推测相应的古湖岸线及滨浅湖、半深湖、深湖区的分布界限（图 6-6、图 6-7）。

二、"海侵"问题的讨论

上述古生物组合及生物相特征表明，黄骅断陷湖盆碳酸盐岩发育期以陆相淡水生物属种为主，同时有半咸水的海源生物属种共生。这一特殊的微古生物组合及生物相，在中国东部古近纪诸多断陷湖盆碳酸盐岩中的分布基本类似。因而，对其形成环境的研究，早在 20 世纪 70 年代，就受到了古生物学家与沉积学家的高度关注。至今 30 多年过去了，随着资料的不断积累，研究工作的不断深入，有关断陷湖盆碳酸盐岩沉积环境的报道及发表的论文也甚多。但在是否受到"海侵"影响的问题上，始终存在着两种不同的观点。

（一）海侵论或海陆过渡环境的依据及认识

在包括黄骅断陷在内的中国东部古近纪断陷湖盆碳酸盐岩沉积环境的研究中，最早提出"海侵"的是从古生物学界开始的，很快就扩展到沉积学界，以至于整个地质界。其依据及认识，主要反映在动植化石、指相矿物和元素地球化学等方面。

从 20 世纪 70 年代以来，许多古生物学家首先在中国东部古近纪断陷湖盆碳酸盐岩中发现了半咸水有孔虫、介形虫、多毛纲龙介类栖管、鱼类及中国枝管藻、颗石藻等海生动、植物化石与大量陆生淡水介形类、腹足类、轮藻和孢粉等化石共生。由此引起众多学者对中国东部古近纪断陷湖盆碳酸盐岩沉积环境的研究和探讨，先后提出了"海侵说"（汪品先等，1974；张弥曼等，1978；朱浩然，1979；严钦尚等，1979；陈木、吴宝铃，1979；裴松余等，1980；梁名胜，1982）、"海泛说"（汪品先等，1975；魏魁生，1993）、"海啸说"（张玉宾，1997）等，并用来解释这套断陷湖盆碳酸盐岩的成因。1987年，张国栋等在《中国东部早第三纪海侵和沉积环境》一书中，以苏北断陷湖盆为例，系统阐述了古近纪海侵的古生物证据。认为海、陆相生物壳体的共生，是古近纪断陷湖盆生物组合的基本面貌。其特征既不属于单纯的陆相，又非真正的海相，而是一种海陆过渡性环境。与此同时，杜韫华（1990）也在渤海湾地区诸多断陷湖盆碳酸盐岩沉积环境演化史的研究中，以济阳断陷为例，系统分析了古近纪古气候、古盐度及古生物组合的纵向演变趋势和不同阶段陆相生物与海源生物的属种对比，将与海水有关的生物化石，归纳为 6 个门类：以德弗蓝藻属为代表的沟鞭藻和疑源类；以颗石藻为主的广海相钙质超微化石；以中国枝管藻为代表的广海绿藻门；以山东龙介虫为代表的海相多毛龙介类；以盘旋虫为主的有孔虫类；以鲱形目为特征的鱼类化石等。认为渤海湾地区古近纪沙四段、沙三段和沙一段沉积期均有海侵影响（图 6-8、表 6-3）。在后来的研究中，与海水有关的生物化石也得到了不少学者的认可（任来义等，2002；葛瑞全等，2003；王冠民等，2005；袁文芳等，2006）。

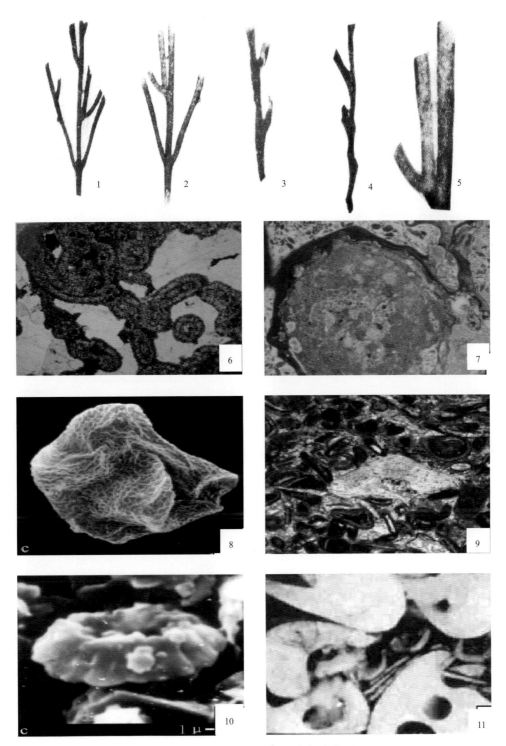

图 6-8　渤海湾盆地部分海侵标志化石

1、2—中国枝管藻 Cladosiphonia 植物体一段的主轴和分枝，×100（据杜韫华，1990）；3、4—山东枝管藻 Cladosiphonia shandongensis 原植体上的扭曲分枝，×150（据杜韫华，1990）；5—中国枝管藻分枝，有球形孢子囊，×250（据杜韫华，1990）；6—义深 4 井，中国枝管藻，横切面，单偏光，×25；7—滨西 3-12 井龙介虫栖管，绿色铸体 ×15；8—渤海藻电子显微特征（据袁文芳等，2006）；9—鲕粒灰岩中的胶磷矿；10—黄骅断陷沙一下亚段颗石藻电子显微特征；11—海百合茎，蓝色激光 ×63

表 6-3 渤海湾古近系湖相碳酸盐岩沉积期环境演化表（据杜韫华，1990）

地质时代		地层		剖面	碳酸盐岩厚度(m)	沉积环境	古气候	古盐度(%)	当量(ppm)	Sr/Ba	古生物化石 陆相	古生物化石 源于海水
第四纪		平原组										
新近纪	上新世	明化镇组（Nm）				河流组	热旱					
古近纪	中新世	馆陶组（Ng）	上段			河流组	热旱				*Viviparus lungheensis* 黄河田螺	
			下段								*Comasphaeridium minutum* 微刺藻	
古近纪	渐新世 晚期	东营组（Ed）	一段			湖相河流组	热旱	6.8~7.6	113~134		*Dongvingia* 东营介	
			二段					6.8~9.0	100~130		*Dictyotiditum* 网面球藻屑	
			三段									
	渐新世 早期	沙河街组（Es）	一段 上部		一般 5~20 (最厚 134)	微咸水湖泊组	湿热	7.8~12.2	113~183		*Phacocypris Lutimineasis* 惠民小豆介	*Wangia yihezluuangensis* 义和庄王氏鱼
			一段 中部					10.5~13.5	167~217		*Sentusidnium* 多刺甲藻	*Cladosiphonia* 枝管藻
			一段 下部					11.2~17.3	217~343			*Reticulofenestra bohaiensis* 渤海网窗石藻
	始新世 晚中期		二段 上部			河流及三角洲相	干旱	4.8~11.2	67~225		*Chariles longa* 伸长似沦藻	
			二段 下部					6.1~10.5	100~150		*Tulotomoides terrassa* 阶状似瘤田螺	
			三段 上部		1~10 (最厚 61)	微咸水湖泊组	湿热	5.0~13.2	100~243		*Hulotomoides terrassa* 中国华北介	
			三段 中部					2.2~8.5	40~250		*Bohaidina–Parabohaidina* 渤海藻—副渤海藻	
			三段 下部					20~26	229~347	0.8	*Valvata（C.）applanata* 扁平高盘螺	
			四段 上部		1~40 (最厚 170)	咸水湖泊相	湿热	28.0~32.2	360~400		*Austvocypris levis* 光滑南星介	*Deflandrea* 德弗兰藻 *Cladosiphonia* 枝管藻
			四段 中部			稳定盐湖相	热旱				*Hydrobia Liugiroensis* 柳桥水螺	*Ammonia* sp. 卷转出 *Triloculina* sp. 三块虫
			四段 下部			间歇式盐湖相	热旱				*Gyrogona giarjiangica* 潜江扁球轮藻	*Sphenotithas* sp. 颗石藻楔石属
	早期 古新世	孔店组（Ek）	一段			冲积相	热旱					*Diptomystus hengliensis* 双棱鲱
			二段			浅湖相					*Encypris wutuensis* 五图真星介	*Serpula shandon sinensis* 山东龙介形
			三段									
中生代 白垩纪		王氏组										

沉积矿物在沉积环境研究中，虽然具有多解性，但与相应的生物标志综合分析，既可反映其形成时的物理、化学条件，又可作为判识沉积环境的辅助标志。

（1）海绿石和胶磷矿等是海相沉积中常见的特征性自生矿物，常作为海相标志。因此在断陷湖盆沉积中，海绿石和胶磷矿等的不断出现，被认为是发生过海侵的岩石学证据（陈瑞君，1980；张乃娴，1981）。何镜宇等（1982）曾对黄骅断陷沙河街组海绿石进行了系统研究，按其光性将沙三段—沙一段海绿石可划分为显微粒状型、细鳞片型和过渡型等3种类型。其中细鳞片型海绿石与震旦系浅海相海绿石的光性特征比较接近。经能谱图、电子探针及扫描电镜分析，黄骅断陷沙一段海绿石可与唐山附近的震旦系浅海相海绿石能谱图对比，二者的 Si 峰值均为2000，其元素组分中黄骅坳陷古近系海绿石 Al、K、Fe含量略低于震旦系海绿石。可能与该井海绿石多属较成熟甚至不成熟（过渡型）海绿石有关（图6-9、图6-10、图6-11，表6-4）。由此表明自生海绿石在古近纪断陷湖盆沉积中的形成与分布，显然是受海侵影响的结果（张国栋等，1987）。葛瑞全（2004）通过大量的薄片鉴定资料表明，济阳断陷新生界中含有海绿石矿物，并且均为原生海绿石。尽管其沉积时代不同，但分布范围相对集中，即主要分布于古近系沙四段上部—沙一段的底部。结合古生物化石的分析，认为济阳断陷在陆相湖盆沉积的大背景下，曾遭受过小规模的海侵，对当时的沉积环境产生了一定影响，由此在一定程度上产生了生物的变异和海绿石的沉积。

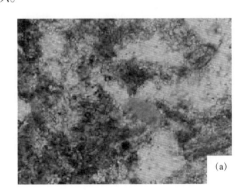

图6-9　罗30井与纯11井海绿石（×200）

（a）罗30井，1669m；（b）纯11井，3212m

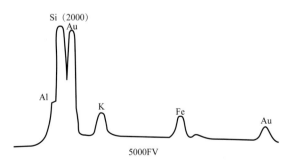

图6-10　震旦系海绿石的电子能谱图（据何镜宇等，1982）

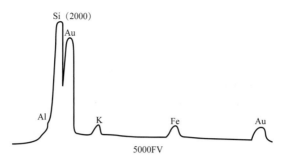

图 6-11 黄骅坳陷古近系海绿石电子能谱图（据何镜宇等，1982）

表 6-4 古近系海绿石与震旦系海绿石成分对比

峰的位置	1482	1740	3350	640	海绿石的产地
成分	Al	Si	K	Fe	
峰值	350	2000	265	249	板 802 井
	738	2000	463	443	唐山震旦系
积分	369	12358	949	1073	板 803 井
	1199	11560	2736	3715	唐山震旦系

（2）除海绿石和胶磷矿等自生矿物外，白云石、方解石和黏土矿物等，其结晶习性和形成条件也有助于对环境的判识。Folk 和 Land（1975）在研究了原生白云石在不同盐度的水介质中的形成机理后指出：在 Mg^{2+}/Ca^{2+} 值较高的条件下，低盐度的水介质反而有利于白云石的形成。这是由于 $Mg^{2+}/Ca^{2+}>1$ 时，水中杂质减少，对的白云石形成干扰效应降低，有利于白云石的缓慢晶出。这样的条件多出现在海水与淡水（地表径流或大气淡水）经常交替的变盐度环境。而黄骅断陷湖盆碳酸盐岩中，白云石含量普遍较高，并以白云岩和灰质白云岩产出，结构主要以泥晶基质为主，Mg^{2+}/Ca^{2+} 值普遍较高而盐度和有序度偏低。与其他断陷湖盆白云岩相比，岩石学特征基本类似。近年来的研究表明，断陷湖盆白云岩在黄骅断陷沙河街组沙一下亚段、济阳断陷沙河街组沙四段、沙一段和苏北断陷阜宁群二段、群四段及辽东湾沙河街组均有产出。其形成条件及物质来源，不少学者都认为与海水入侵有关：其中田景春等（1998）通过东营凹陷沙河街组湖相白云岩的岩石学特征研究，认为东营凹陷古近系沙河街组白云岩的产出层位与海侵期次具有明显的对应关系，海侵为白云石形成提供了物质（Mg^{2+}）条件和环境；孙钰等（2007）对惠民凹陷沙一下亚段白云岩研究后，认为海侵作用、古气候条件和火山活动均为惠民凹陷沙一下亚段白云岩的形成创造了条件；陈世悦等（2012）则通过黄骅断陷沙一下亚段白云岩形成条件的研究，认为沙一下亚段为湖盆扩张期，蒸发作用对白云岩的形成作用相对有限，而海侵作用是沙一下亚段湖盆咸化的主要影响因素。海侵不仅为近海湖盆白云岩的形成提供了部分 Mg^{2+}，更重要的是改变了湖盆水体性质，不仅促进了白云化作用，同时由于介质中镁离子的含量也直接影响着方解石的结晶习性。故在镁离子相对较高的海水环境中，方解石多

呈复三方偏三角面体或纤维状集合体，而在镁离子较少的淡水中，则多呈菱面体出现（图6-12）。根据黄骅断陷湖盆碳酸盐岩生物壳早期胶结物中的放射状纤维构造，经镜下观察均是晶纹细长的方解石组成（图6-13）。而这种纤维状方解石，应是纤维状文石经新生变形后遗留下的原生晶形轮廓（Assereto et al.，1980）。而导致这种原生或准同生期纤维状文石形成的环境，大都与含镁较高的海水相联系（张国栋，1987）。

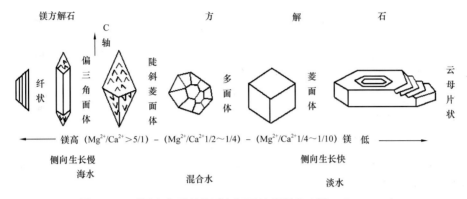

图 6-12　不同水介质条件下方解石结晶形态（据 Folk，1974）

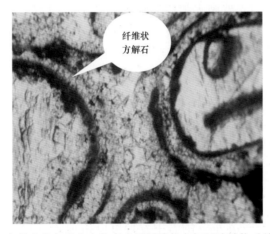

图 6-13　亮晶生物灰岩中生物壳表层纤维状方解石胶结物（歧北 11 井）

元素地球化学研究，在判识沉积环境时虽具有多解性和局限性，但与古生物、水介质性质及沉积特征等综合应用，还是有一定的指相意义。张国栋等（1987）在苏北阜宁群湖相元素地球化学研究中，根据 Keith 等（1959）和 Potter 等（1963）的资料，并以现代样品进行检验对比后，选择了硼镓比（B/Ga）、锶钡比（Sr/Ba）和硼、镓、铷三角图解法判识了阜宁群湖相碳酸盐岩的沉积环境。从 600 个样品的分析中得出，苏北阜宁群二段、群四段的古盐度比正常海相的含盐度低，但比淡水陆相的含盐度高，显示海陆过渡相特征。任来义等（2000）通过对石盐中的溴（Br^-）及溴氯系数（$Br^- \times 10^{-3}/Cl^-$）、碳酸盐岩中碳、氧同位素（$\delta^{18}O$，$\delta^{13}C$）值和泥岩中的 Th/U 等地球化学资料的分析研究，认为东濮凹陷古近系沙河街组沙三段和沙一段沉积时期曾发生过海侵事件。王冠民等（2005）通过对济阳断陷沙二上—沙一中亚段古盐度的横向对比发现惠民凹陷、东营凹陷的 B/Ga 比值较低（3.01～4.16）；车镇凹陷较高（4.08～8.26）；沾化凹陷大致为 6～6.95，车镇凹陷东部一沾化凹陷是济阳断陷此期古盐度最大的区域，很可能代表沙一段沉积期的海侵通道。不少研究者通过断陷湖盆碳酸盐岩微量元素中 B、Ga、Sr、Ba 含量与比值、稳定碳、氧同位素组成及 Z 值的研究结果，普遍接近海相，高于陆相，都认为与海侵影响有关（汪品先等，1974；张弥曼等，1978；王英华等，1993）。本书在第五章详细阐述了黄骅断陷湖盆碳酸盐岩的化学组分，微量元素（含稀土元素）含量及典型元素比值和碳、氧同位素组成所得的 Z 值等，普遍反映了咸化水体特征。特别是不同岩类的锶同位素组成及 $^{87}Sr/^{86}Sr$ 测定结果显示：在黄骅断陷古近系沙一下亚段沉积的早期，即 Es_{1x^4} 到 Es_{1x^3}（滨 1+ 板 4）时，部分生物灰岩与泥晶白云岩的 $^{87}Sr/^{86}Sr$ 值分布在 0.70953～0.70992，反映在海水锶同位素 $^{87}Sr/^{86}Sr$ 值的范畴；但到 Es_{1x^2} 与 Es_{1x^1}（板 3+2）时，随着气候的变化、湖盆的扩张、大气淡水的不断进入，海水混合的比例降低，$^{87}Sr/^{86}Sr$ 值由 0.71011 逐渐升高至 0.721574，显示了陆相沉积的 $^{87}Sr/^{86}Sr$ 值特征，岩性也以灰质泥岩、页岩和油页岩的互层为主，纯碳酸盐岩甚少。由此可见古近系沙一下亚段沉积的早期，确有海水和淡水混合的特征。正如李钟模（1987）在分析了不同学者的观点后，指出中国东部古近纪沉积盆地确属陆相，但其多次受到海水影响也是客观实际。

随着层序地层学理论在中国陆相中—新生代盆地分析中的应用，不少学者认为渤海湾、苏北、江汉地区的海（或湖）平面变化曲线与 Vail（1977）的曲线通过对比，认为在节奏上是合拍的。并将 Hag 等（1988）新生代海岸上超和全球海平面升降旋回曲线与中国东部一些湖盆的湖平面升降旋回曲线相比较，得出中国东部古近纪有两次重要海侵的结论（徐怀大，1991；裴松余等，1994）。其中第一期发生在古新世至早始新世，它来自古东海且主要影响中国东南沿海一带；第二期发生在晚始新世至早渐新世，海水也主要是来自古东海，海水侵进渤海湾及江汉裂谷盆地（图 3-1）。陈世悦等（2005）从以下四方面来论证济阳坳陷古近纪沙河街组沉积期曾经受到过海水波及或短时期与海连通：（1）盐类矿物演化序列的海相性特征，海相蒸发岩与陆相盐湖卤水形成的蒸发岩是不一样的，最明显的区别在于陆相卤水蒸发早期形成大量的钙芒硝 $Na_2Ca(SO_4)_4$，而受海水影响的蒸发岩则会产生杂卤石；（2）在济阳坳陷识别出应分布在海相地层中的遗迹化石 Paleodictyon；（3）Paleodictuon 围岩中发现可以指示海侵发生的甲藻甾烷分子化石；（4）有海侵证据的沙河街组沉积时期的湖进基本与全球范围的海侵相吻合。张国栋和李钟模等（1987）根据半咸水生物群的分布格局及海水带入（济阳断陷）的珊瑚化石等，分别对中国东部古近纪断陷湖盆的海水通道和方向进行了预测，而吴贤涛等（2004）通过对海相生物实体化石、海相痕迹化石、海相生物碎屑以及海相自生矿物等证据的罗列，认为在辽河至长江间的"第二沉降带"这一南北向区间，在孔店—沙河街组沉积期存在一条类似于北美的白垩纪海路（Cretaceous seaway）那样的海水通道，通道内海水水体浅，且停留时间短，只在高位期出现，此时海域宽 120～340km，可从下辽河延伸到江汉一带。李钟模通过野外观察，并重点研究了苏、鲁、豫、皖诸省沉积盆地后，推测海水的泛入受古构造、古地形和断裂制约，并以通道形式注入各有关内陆湖盆（图 6-14）。认为海水是古近纪成盐物质的主要来源。

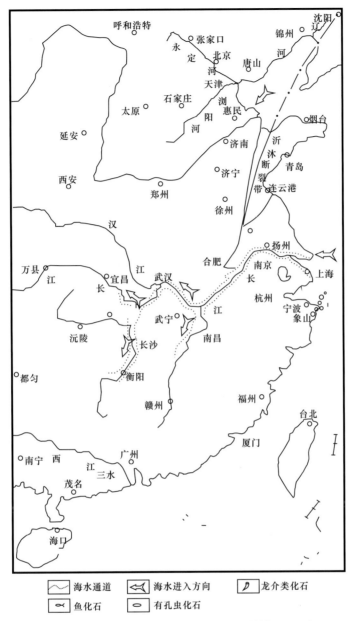

图6-14 推测早渐新世海水通道（据李钟模，1987）

（二）质疑海侵观点的依据及认识

上述众多学者虽然依据矿物学、岩石学、古生态学以及地球化学等诸方面的证据，论证了中国东部古近纪的沉积曾数度受到海水的影响。但随着海源有孔虫及颗石藻等超微化石在第四系和现代陆相沉积中的不断发现，一些学者对古近纪海侵的推论提出了质疑（童晓光，1985；吴乃琴，1993；孙镇城等，1997），其依据及认识主要反映在古近纪古生物群的总体面貌、断陷湖盆区域沉积背景、海水通道等三个方面：

1. 古生物群的总体面貌

古生物群的总体面貌，是判识沉积环境的重要标志。提出古近纪存在海侵或海泛推论的证据，首先从古生物研究开始的，因此常被认为源于海相的有孔虫、颗石藻等。近年来，在青海、甘肃、内蒙古及西藏等古近纪、新近纪、第四纪和现代咸化陆相湖泊沉积中不断被发现，并有相应的论文发表（孙镇城等，1992，1997；吴乃琴等，1993；钟石兰，1996；赵达同，1988；杨革联等，2001）。这表明少量广盐性有孔虫及颗石藻等钙质超微化石能在陆相半咸水水体中存在，其特点是属种分异度低，数量稀少，个体多畸形，常与陆相喜盐水生生物共生。李守军等（1997）通过对中国东部古近系各断陷湖盆的盐度地球化学指标分析后指出：有孔虫化石仅出现于高盐度沉积时期，而不出现于最大水进期。这些特征都说明古近纪有孔虫不是海侵的产物，而是陆相咸水湖泊的产物。在颗石藻等钙质超微化石的研究中，郝诒纯等（1993）也发现约有9个种可生活于淡水环境。Brasien（1980）也认为少数颗石藻等海相钙质超微藻类属种既能适应淡水也能适应于半咸水。在陆相断陷湖盆碳酸盐岩沉积中发现的钙质超微化石有 *Coccolithus*、*Reticulofenestra*、*Cyclicargolithus*、*Quadrum*、*Discoaster*、*Gephyrocapsa*、*Calcidiscus*、*Umbilicasphaera*、*Cotonocyclus*、*Watznaueria* 等，多数为原地沉积，也有一部分属于再沉积来源。如青海柴达木盆地七个泉构造的七心1井上始新统下干柴沟组上段岩心中，发现 *Reticulofenestra bisecta*。这是始新世—渐新世海相沉积中的标志化石。由此可见，不能笼统地把所有的有孔虫与钙质超微化石都当作海相或海侵的证据。

2. 断陷湖盆区域沉积背景

中国东部古近纪断陷湖盆沉积中虽存在与海水有关的化石，但与陆相化石相比，无论是数量还是属种门类都甚为稀少。古近纪断陷湖盆中最常见的一类化石应属介形类，除个别湖盆中发现少量新单角介外，其他古近纪断陷湖盆的介形类属种均为陆相化石。如渤海湾诸断陷湖盆见有37个属414个种，而地方性属种就占了22属406个种（童晓光，1985）。单怀广等（1982）曾系统研究了济阳断陷沙四段中与有孔虫、多毛纲虫管和德弗蓝藻化石共生的介形类化石的古生态，认为全部都是陆相的，从未发现过一个海相或海陆过渡相的介形虫化石。如果发生过海侵为什么不带入海相介形类呢？即使含有孔虫化石最多的江汉盆地，介形类化石也全部是陆相的。腹足类化石的分布也十分广泛，在渤海湾诸湖盆就达273个种和亚种，但从未发现过海相腹足类。轮藻化石也很普遍，特别是江汉断陷湖盆，但也未见海相化石。渤海湾盆地的沟鞭藻和疑源类达46属223种，仅德弗蓝藻属可能与海水有关外，其他全部是陆相化石。所谓海相化石也不形成单独的层次，而与大量的陆相化石共生。这一特征意味着不是由于海侵而使湖盆的环境发生变化后发育海相生物，而是由于海相生物通过某种途径进入湖盆，以自身的变异适应湖盆的生活环境。

3. 海水通道

地质历史上海水的 $^{87}Sr/^{86}Sr$ 值在不断变化，但任一时期全球海水的 $^{87}Sr/^{86}Sr$ 值是均一的。因此在锶同位素地球化学研究中，常被用于区分海水与淡水的重要标志。刘传联等（1998）通过东营凹陷和惠民凹陷沙河街组不同井不同层位的10个钙质超微化石进行了锶同位素分析，发现沙一中—下亚段（渐新世）钙质超微化石的 $^{87}Sr/^{86}Sr$ 值为 0.71121～0.171168，平均为 0.71146，沙四上亚段（始新世）钙质超微化石的 $^{87}Sr/^{86}Sr$ 值为 0.71118～0.171184，平均为 0.71151，明显高于 Koepnick 等（1988）所做的新生代海水 $^{87}Sr/^{86}Sr$ 曲线上渐新世的值（0.17076～0.17084）和始新世的值（0.7076～0.7099），认为生物碳酸盐骨骼中 $^{87}Sr/^{86}Sr$ 与其生活的海水是保持平衡的，说明东营凹陷和惠民凹陷沙河街组钙质超微化石生活的环境没有受到海水影响，也就不存在海侵问题。

以往的研究表明，古近纪的海岸线在中国台湾、日本海峡沿岸以西，与渤海湾盆地和苏北—南黄海盆地之间相隔燕山期形成的福建—岭南隆起带与胶东隆起（张文佑等，1982；王鸿祯等，1983；田在艺等，1994）。因此，童晓光（1985）认为海水要侵入渤海湾诸湖盆和苏北—南黄海诸湖盆，就必须有横穿两个隆起区的狭谷或深大断裂。但根据现有的区域地质构造、重力、磁力、电法、地震和遥感资料等都难以证实此种深断裂和残存狭谷的存在。如果存在海侵，必然有大陆内侧的湖盆向着古海方向具有海相沉积和化石特征的渐增现象，实际上并不存在。如渤海湾盆地济阳断陷沙四段和黄骅断陷沙一段具有海相特点的化石最多，有孔虫就有 6 属 7 种；而在其东南侧的苏北断陷湖盆仅在 4 口井中发现几颗有孔虫化石，南黄海断陷湖盆和长河断陷湖盆还没有发现有孔虫化石（严钦尚等，1979）。江汉断陷湖盆与古东海之间，也尚未发现海相性增强现象。据江汉诸断陷湖盆 40 多口井岩心观察，在始新统—渐新统中发现了较多的有孔虫。但作为江汉断陷湖盆与古东海之间唯一可能的通道是古长江，但长江沿岸的古近系均为典型的陆相地层，在江汉断陷湖盆以东的湖北省境内的古近—新近系全是红色碎屑岩，连化石都很稀少，更没有发现海相化石（李道琪，1984）。安徽含比较丰富的陆相化石，未见任何海相化石（陈烈祖等，1981），苏北断陷湖盆渐新统比较发育，但也都含陆相化石。实际上，中国东部古近纪断陷湖盆，大都发育在裂谷盆地，四周多被群山环绕，湖盆多具封闭性质，物源来自四周山系及湖内凸起，完全不同于一边高一边低的单向物源区的潟湖或近海湖盆。因此，不能认为在陆相湖盆生物中共生少量海源生物或化石，就产生过海侵或海泛。如早已报道的贝加尔湖的海豹、坦噶尼喀湖的栉水母、苏联中亚巴尔什湖的有孔虫，海拔 2000 多米的美国新墨西哥州艾斯坦西亚谷地的第四纪有孔虫化石群及与海相毫无联系的四川盆地白垩系中与陆相介形虫共生的有孔虫（九字虫）等。如果把这些海相生物和化石都作为海侵的标志，那么世界上的海侵就会广泛得令人难以置信（童晓光，1985）。

（三）今后研究重点及方向

从上述两种不同观点和认识可以看出，中国东部古近纪有无远距离海水入侵，断陷湖盆碳酸盐岩是否为海陆过渡相成因，这一直接关系到古近纪区域地质演化历史的重要问题，仅仅依靠海相世系化石或一些反映盐度的地球化学指标来判断是不够的。尚须从白垩纪以来的区域地质演化历史入手，通过古构造、古地理、古气候、古生物以及某些能够判别海相和陆相咸化湖泊的地球化学标志等方面的综合研究，才能得以正确解决（王英华等，1993）。根据冯晓杰（1999）与袁文芳等（2005）的研究，在研究陆相湖盆是否经历海侵时，应注意以下几个方面的研究：

（1）了解区域古地理特点，研究湖盆与当时海岸线的距离、通道的分布以及通道上其他湖盆是否也存在海侵证据，推断海侵通道存在的可能性。

（2）综合研究各门类化石，尤其是海相指相化石的丰度、分异度，进一步确定已有的海相标志的准确性；根据湖盆内的古生物地理分布，分析其在海侵方向上的变化趋势。

（3）研究区域构造运动对湖盆最大可容纳空间的控制作用与古气候对湖盆蒸发量和湖水供给量的影响，分析海侵在时间上与湖盆最大沉降期的关系。

（4）寻求新的、唯一的能区分海、陆相成因的证据与国外相关层位及类似湖盆进行对比并探索其成因。

（5）进一步加强能够区分咸化湖泊和海水地球化学指标的研究，如相关层段沉积成岩期包体水锶、氧同位素组成及 $^{87}Sr/^{86}Sr$ 值的系统研究，建立 $^{87}Sr/^{86}Sr$ 的综合剖面，并与同时代海水锶同位素组成及 $^{87}Sr/^{86}Sr$ 值对比；查明湖盆不同沉积阶段水体性质及其来源。

第二节　断陷湖盆碳酸盐岩沉积相类型及其展布

一、断陷湖盆碳酸盐岩测井相分析

断陷湖盆碳酸盐岩沉积相研究，是从详细观察描述沉积标志开始的。断陷湖盆碳酸盐岩的矿物组分、沉积结构、地球化学和古生物面貌等，这些标志的综合应用，无疑是正确沉积环境和划分沉积相类型的重要依据。本书在第四章、第五章和第六章第一节已详细描述。但对于缺乏地表露头剖面的黄骅断陷古近纪湖盆碳酸盐岩而言，充分应用地球物理测井资料，则是确定断陷湖盆碳酸盐岩沉积（环境）相的重要标志。

以往的研究表明，地球物理测井资料在地层划分对比、岩性剖面分析、储集层物性参数及流体性质的确定等方面应用甚广。尤其在钻井取心较少的情况下，应用地球物理测井资料进行油气储集层及沉积相研究已成为重要手段。这是由于在钻井过程中所获得的测井资料，不仅具有连续性，而且在区域上可广泛对比。因此，根据不同的需要可选择一种或几种测井曲线做分析。在陆相或海相地层中经常采用的测井曲线，主要有自然伽马或自然伽马能谱测井、密度测井、PE测井、补偿中子测井、长源距声波或补偿声波测井、双侧向—微球形聚焦测井、双井径测井、地层倾角测井和井下电视等。

在断陷湖盆碳酸盐岩沉积相研究中，分析自然电位、自然伽马、视电阻率及声速时差测井曲线的幅度、形态、顶底接触关系，光滑度及曲线形态的组合特征等基本要素，可直接确定未取心井段的垂向岩性变化。各要素的形态、名称及特征如图6-15所示。将其与地质标志结合即可用以判断沉积环境与沉积微相类型和空间分布规律（图6-16）。从图6-16可以看出，常用于碎屑岩的自然电位、自然伽马曲线形态组合，也同样适应断陷湖盆碳酸盐岩不同沉积微相的测井响应特征。如浅滩亚相中的颗粒物（云）灰岩的自然电位和自然伽马曲线，在滩脊部位常呈钟形、箱形、漏斗形，在滩翼部位常呈钟形与单指或双指形。曲线光滑或微齿状，上部渐变、下部突变或下部渐变、上部突变等形态。浅湖—半深湖中的页状灰岩及薄层含泥白云岩的自然电位和自然伽马曲线常呈中—低值背景上的指状形态，而视电阻率曲线在中值背景上常有小的波动；洼地或湖坪微相中的泥晶灰岩、云质灰岩、泥晶白云岩及灰质云岩多以薄层出现，其自然电位和自然伽马曲线多呈指形或钟形中—低值，视电阻率曲线则往往在高值背景上呈小的尖峰状（图6-17）。黄骅断陷沙一下亚段各类碳酸盐岩的主要测井参数见表6-5。

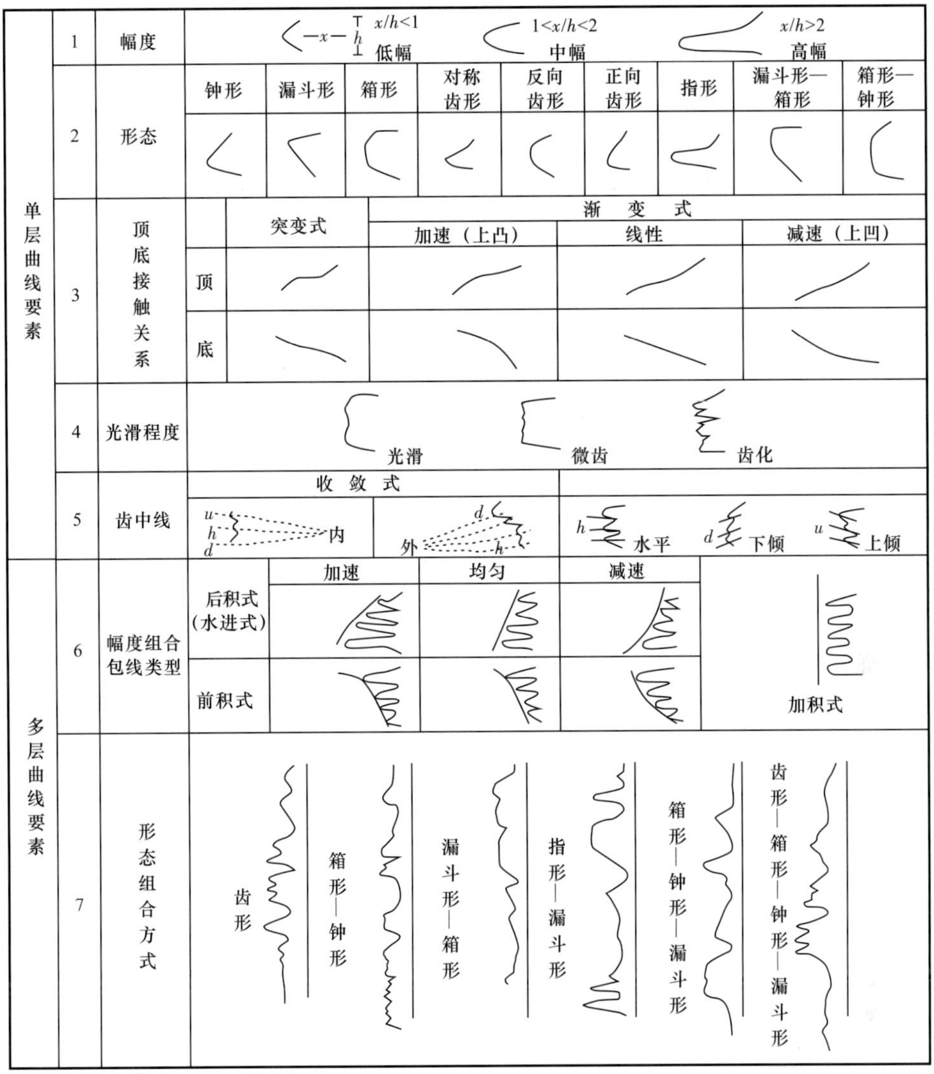

单层曲线要素	1	幅度	$x/h<1$ 低幅		$1<x/h<2$ 中幅		$x/h>2$ 高幅				
	2	形态	钟形	漏斗形	箱形	对称齿形	反向齿形	正向齿形	指形	漏斗形—箱形	箱形—钟形
	3	顶底接触关系	突变式		渐变式						
					加速（上凸）		线性		减速（上凹）		
			顶								
			底								
	4	光滑程度	光滑		微齿		齿化				
	5	齿中线	收敛式（内 / 外）			水平		下倾		上倾	
多层曲线要素	6	幅度组合包线类型	后积式（水进式）	加速	均匀	减速				加积式	
			前积式								
	7	形态组合方式	齿形	箱形—钟形	漏斗形—箱形	指形—漏斗形	箱形—钟形—漏斗形	齿形—箱形—钟形—漏斗形			

图 6-15 自然电位曲线要素图（引自石油研究院，1994）

需要指出的是，断陷湖盆中较纯碳酸盐岩的测井骨架值与碎屑岩不同，但随碳酸盐岩中泥质含量与孔隙流体性质的变化，其测井参数与形态的变化也基本与碎屑岩类似。如各类碳酸盐岩的自然伽马特征，主要取决于黏土矿物的含量。由于沉积岩放射性的强弱是其黏土矿物含量多少的反映。断陷湖盆碳酸盐岩中，黏土矿物的含量是湖平面变化、古气候、古地理及古构造以及陆源物质输入量变化等因素的函数。从图 6-15 和表 6-5 可以看出，各类碳酸盐岩的自然伽马曲线，在形态和量值上具有较明显的差异。生物—颗粒灰岩及泥晶白云岩的自然伽马值变化于 37～50°API 之间，含泥质灰岩的自然伽马值变化于 70～81°API 之间。总体来看，黄骅断陷沙一下亚段各类碳酸盐岩的电性特征，在纵向上变化规律稳定。Es_{1x}^4（滨 1）小层与 Es_{1x}^3（板 4）小层由两个高电阻带组成，而 Es_{1x}^2 和 Es_{1x}^1（板 3+2）小层则过渡为两个相对较低的电性旋回，并在各井均易识别。

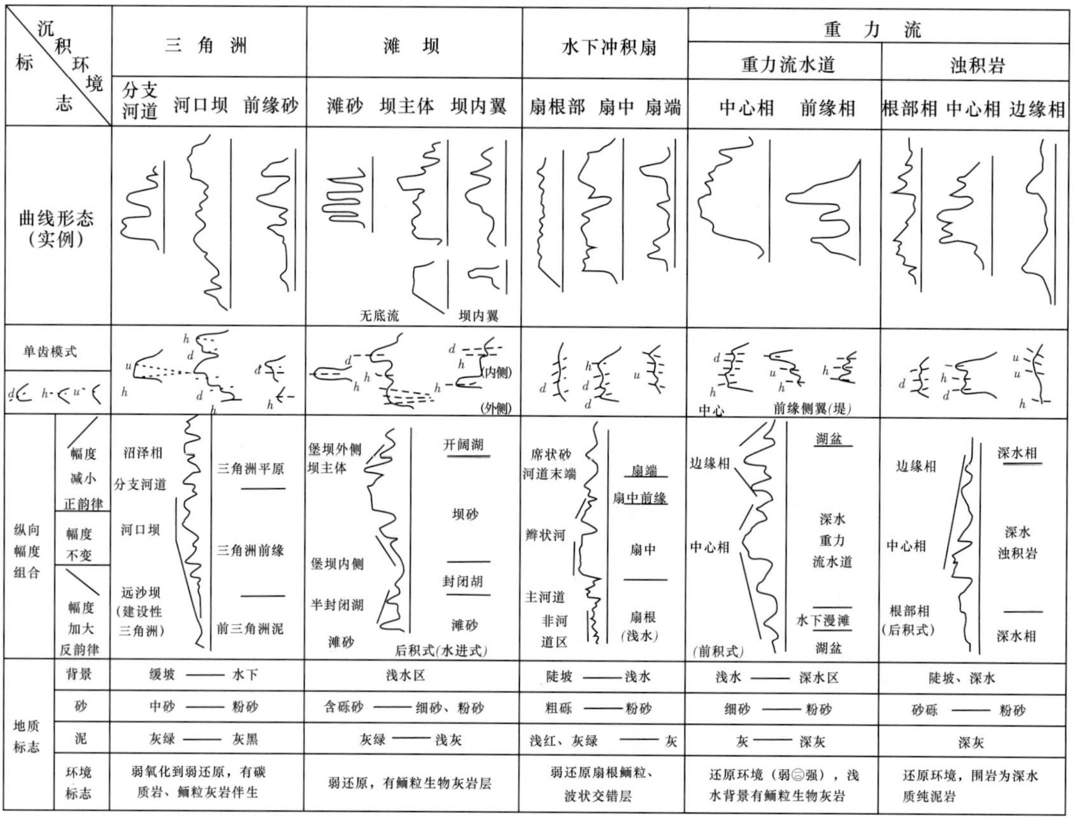

图 6-16　各种沉积环境的自然电位测井曲线形态组合图（引自石油研究院，1994）

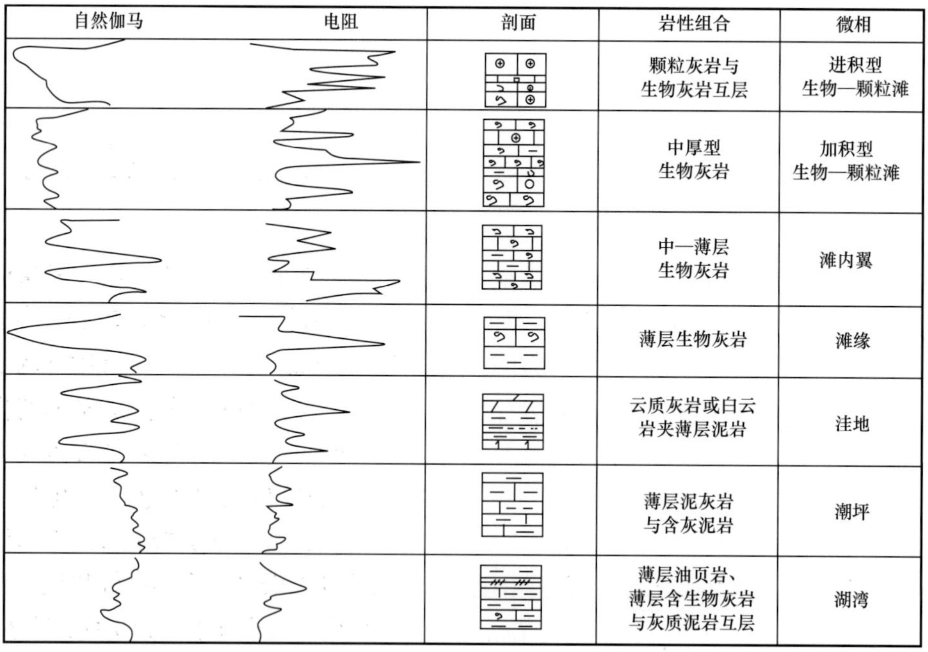

沉积标志 ＼ 沉积环境	三角洲			滩坝			水下冲积扇			重力流				
										重力流水道		浊积岩		
	分支河道	河口坝	前缘砂	滩砂	坝主体	坝内翼	扇根部	扇中	扇端	中心相	前缘相	根部相	中心相	边缘相
曲线形态（实例）														
单齿模式														
纵向幅度组合														
地质标志 背景	缓坡——水下			浅水区			陡坡——浅水			浅水——深水区		陡坡、深水		
地质标志 砂	中砂——粉砂			含砾砂——细砂、粉砂			粗砾——粉砂			细砂——粉砂		砂砾——粉砂		
地质标志 泥	灰绿——灰黑			灰绿——浅灰			浅红、灰绿——灰			灰——深灰		深灰		
地质标志 环境标志	弱氧化到弱还原，有碳质岩、鲕粒灰岩伴生			弱还原，有鲕粒生物灰岩层			弱还原局部鲕粒、波状交错层			还原环境（弱→强），浅水背景有鲕粒生物灰岩		还原环境，围岩为深水质纯泥岩		

图 6-17　黄骅断陷沙一下亚段各类碳酸盐岩微相测井曲线形态

自然伽马	电阻	剖面	岩性组合	微相
			颗粒灰岩与生物灰岩互层	进积型生物—颗粒滩
			中厚型生物灰岩	加积型生物—颗粒滩
			中—薄层生物灰岩	滩内翼
			薄层生物灰岩	滩缘
			云质灰岩或白云岩夹薄层泥岩	洼地
			薄层泥灰岩与含灰泥岩	潮坪
			薄层油页岩、薄层含生物灰岩与灰质泥岩互层	湖湾

表 6-5　不同类型碳酸盐岩与泥质岩类的测井参数

岩性	GR （°API）	AC （μs/m）	RT （Ω·m）	DEN （g/cm³）	微电阻	形态
生物颗粒灰岩	37～50	170～280	3～45	2.3～2.5	高值，正差异	箱形、钟形、指状
泥晶灰岩白云质灰岩	40～60	200～290	3.5～14	2.4～2.7	高值，锯齿状	指状、齿形
泥晶白云岩	39～50	200～380	4～15	2.5～2.8	高值，锯齿状	指状、尖峰状
泥质（云）灰岩	70～81	220～300	3.3～5	2.5～2.8	高值，锯齿状	指状、尖峰状
灰质泥岩	>85	300～400	2.5～3	2.3～2.5	低，微齿状	齿形
泥页岩	69～110	330～430	1.5～4	2.2～2.3	低值，平直状	微齿状

二、断陷湖盆碳酸盐岩沉积相类型及其展布

（一）沉积微相类型划分及特征

中国东部诸多古近纪断陷湖盆，虽所处构造与古地理背景不同，但碳酸盐岩的沉积发育主要分布在浅水滩地上。由于断裂构造持续活动，基底分割性强，沉降中心偏移，沉积物类型多样，相带窄而变化快。但在某一时间范围内的演化往往又有规律可循，这是由陆相断陷湖盆特有的断陷作用方式所决定的。断陷湖盆碳酸盐岩沉积环境与生物关系密切，生物活动受沉积区地形、气候、水体盐度、温度和深度的控制。以黄骅断陷湖盆碳酸盐岩而言，其发育阶段在时间上主要集中在沙一下亚段沉积早期的稳定沉降与持续湖进的过程中，空间上则主要分布于水下隆起与凸起周围的斜坡带。沙一下亚段总厚度为 40～60m，而碳酸盐岩的累计厚度大都在 35m 以内，一般为 10～25m 左右，其含量也在 3%～80% 变化。根据以往研究，断陷湖盆碳酸盐岩沉积相类型，通常可以湖盆水介质条件划分为滨湖相、浅湖相和半深湖—深湖相及若干亚相和微相等（表 6-6），各不同相带沉积的岩性、生物化石组合与生物相的分带及埋深特征等都有较大差异（王英华等，1993）。

表 6-6　沉积相类型划分表

相	亚相	微相
滨湖	滨岸	碎屑滩，砂泥坪，泥炭沼
浅湖	浅滩	生物滩，鲕粒滩，藻屑（礁）滩，粒屑滩，混合滩
	浅水洼地	云质洼地，云灰质洼地，灰泥质洼地，砂泥质洼地，云质膏岩洼地
	湖湾	云灰质湖湾，砂泥质湖湾，油泥质湖湾
半深湖—深湖	湖坪	云泥坪，砂泥坪，泥灰坪
	深水洼地	灰泥质洼地，油泥质洼地，砂泥质洼地
	重力流	浊积扇，重力流水道，水道侧翼

1. 滨湖相

滨湖相，通常是指最高湖泛面到最低湖水面之间的地带。沉积物因湖岸的陡缓而具有明显的粗细差异。在断陷湖盆的陡带一侧，往往受断裂影响，缺失滨湖相，由岸缘直接进入浅湖或半深湖、深湖相区。但在缓带一侧，由于紧邻陆缘而易遭受陆源碎屑物质的影响，泥砂含量高，水体浅而混浊，生物不易生长，随湖泛而常具有弱间歇能量（王英华等，1993）。因而在湖盆近岸区，常常形成滨岸亚相。按湖缘地形及沉积物常可分为滨岸碎屑滩、滨岸砂泥坪及滨岸泥炭沼泽微相等（图 6-18）：

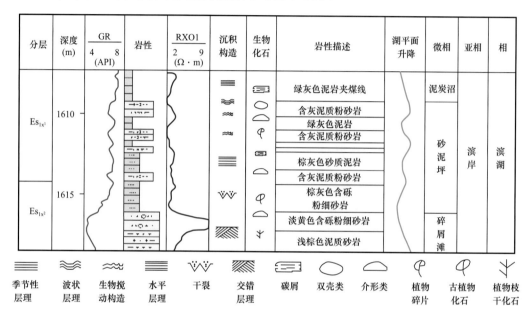

图 6-18 滨岸沉积微相序列

（1）滨岸碎屑滩微相，一般分布于湖岸边缘，其分布范围受湖岸的陡缓控制，沉积物主要为风化残积物与泥质砂砾岩，常沿湖岸及滨湖区分布，含少量植物化石与水生介壳动物壳体，保存不完整，多已破碎，常呈杂乱堆积。随着湖平面的上升，往往发育成碎屑滩沉积。

（2）滨岸砂泥坪微相，常形成于湖岸平缓带，沉积物主要为含泥含灰质粉砂岩与粉砂质泥岩，并环岸发育少量不连续的薄层碳酸盐岩；生物化石以淡水型动植物化石为主，也可有淡水—半咸水型生物化石组合，常见孔虫、介形类、腹足类及藻类化石，有时伴生两栖类及少量鱼骨化石。

（3）滨岸泥炭沼泽微相，常分布于湖岸平缓带的低洼区，发育根迹化石和腹足、双壳类，介形类和藻类化石极少，且属种单调；沉积物以粉砂岩、腐泥质及黏土岩为主。

2. 浅湖相

浅湖相位于滨湖环境内侧最低湖面之下至浪基面以上的地带，其前缘向半深湖过渡；水体比滨湖深，湖浪与湖流作用较强而具一定能量，适于碳酸盐岩沉积发育，也有利于底栖生物与藻类繁衍生长。由于受湖底古地形与物源影响，常发育浅滩、洼地、湖湾及席状砂和三角洲前缘等亚相。该亚相以底栖生物为主的浅滩为生物滩、以鲕粒为主的浅滩为鲕粒滩、以砂质为主的浅滩为碎屑滩，以生物颗粒与碎屑混合沉积的浅滩为混合滩；如果生物或砂屑等碳酸盐颗粒的含量占绝对优势时为粒屑滩；生物滩常以螺类、介形类和藻类为主，少量有孔虫和瓣鳃类，主要分布在沙一下亚段 Es_{1x}^4—Es_{1x}^3 小段的水下隆起或水体较浅的凸起边缘断阶带和缓坡带（图 6-19）。另外，由陆缘搬入浅湖区的砂质碎屑，因受湖水的阻挡，常在缓坡一侧形成席状砂，而在陡坡一侧形成近岸扇，这两种微相在湖盆的陡缓岸缘或湖区内的凸起周缘也较为常见，但规模很小。由河流形成的三角洲前缘，常常发育河口沙坝、水下分流河道及间湾微相，主要集中在湖盆北部的板桥与歧口凹陷一带的瓣状河发育区，而碳酸盐岩分布区相对少见，仅在孔店、羊三木和张巨河一带沙一下亚段见小规模辫状河三角洲前缘发育的河口坝分布其上常过渡为混合滩沉积（图 6-20）。需要指出的是，这类辫状河三角洲的水上部分，因凸起面积小而不甚发育。

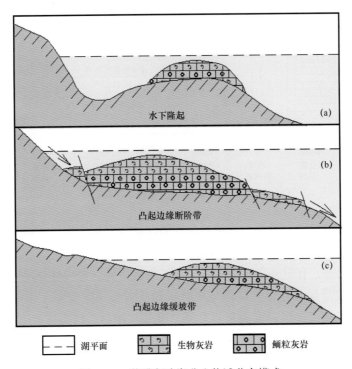

图 6-19　黄骅断陷湖盆生物滩分布模式

1）浅滩亚相

据不少学者研究，浅滩环境的水体较浅、光合作用强而有利于藻类繁殖。在水动力条件控制下，可形成藻屑灰岩、锥状或柱状叠层石灰岩和核形石灰岩。伴生颗粒多较复杂，除同心鲕、放射鲕、表鲕和复鲕外，砂屑、砾屑、球粒、藻屑、钙藻化石碎屑等较为常见。鲕粒间多为亮晶充填，有时含数量不等的石英砂屑。同时在一些断陷湖盆还发育生物礁，如济阳和苏北等断陷湖盆浅滩亚相中均见有中国枝管藻、直管藻和龙介虫栖管组成的生物礁体（杜韫华，1990；王英华等，1993；董兆雄等，2004）。但在黄骅断陷湖盆浅滩亚相中所见的中国枝管藻、直管藻和龙介虫栖管等造礁生物，目前还较少。常见的微相类型主要由生物滩、鲕粒滩和混合滩组成。

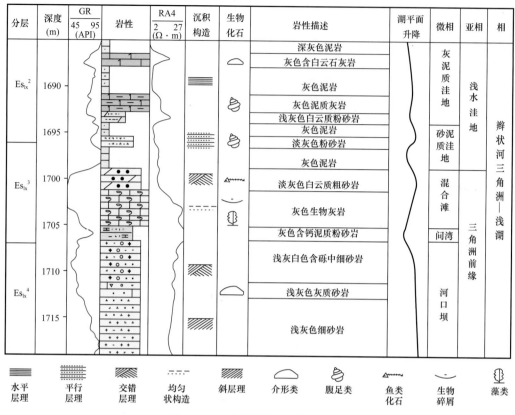

分层	深度 (m)	GR 45　95 (API)	岩性	RA4 2　27 (Ω·m)	沉积 构造	生物 化石	岩性描述	湖平面 升降	微相	亚相	相
Es_{lx}^2	1690						深灰色泥岩		灰泥质洼地	浅水洼地	
							灰色含白云石灰岩				
							灰色泥岩				
							灰色泥质灰岩				
	1695						浅灰色白云质粉砂岩		砂泥质洼地		
							灰色泥岩				辫状河三角洲—浅湖
							淡灰色粉砂岩				
Es_{lx}^3	1700						灰色泥岩				
							淡灰色白云质粗砂岩		混合滩	三角洲前缘	
							灰色生物灰岩				
	1705						灰色含钙泥质粉砂岩		间湾		
							浅灰白色含砾中细砂岩				
Es_{lx}^4	1710						浅灰色灰质砂岩		河口坝		
	1715						浅灰色细砂岩				

≡≡	∷∷	▨▨	---	▨	⌒	◒	⤳	‿	✿
水平 层理	平行 层理	交错 层理	均匀 状构造	斜层理	介形类	腹足类	鱼类 化石	生物 碎屑	藻类

图 6-20　三角洲前缘亚相沉积序列

（1）生物滩（风暴滩）微相。该微相是断陷湖盆浅湖相中常见的微相之一。岩性主要为灰色—浅灰色亮晶生物灰岩与泥、亮晶生物灰岩。生屑多为腹足类、介形类及少量有孔虫、瓣鳃类及砂屑等，有时夹杂生物灰岩与鲕粒灰岩角砾，世代性亮晶方解石或灰泥（云泥）胶结，发育粒序层理、包卷层理与块状层理。岩心观察表明，在生物滩的纵向序列中，常见生物灰岩与泥—页岩或泥灰岩直接"突变"接触，说明这类沉积由事件性湖侵、湖退导致浅水沉积物因湖侵速度快而直接与深水沉积的泥—页岩接触，最终缺失了过渡型岩类的沉积（图 6-21）。

（2）鲕粒滩微相。该微相在黄骅断陷齐家务与孔店地区的孔 13 井、孔 14 井、孔 77 井、旺 1104 井、旺 1102 井、旺 35 井、旺 16 井与歧南及扣村地区的歧 409 井、歧 430 井、扣 17 井、扣 42 井、扣 50 井等均有分布，岩性多为白云质亮晶鲕粒灰岩，部分为亮晶鲕粒白云岩，但厚度较薄，除歧 430 井累计厚度可达 9m 外，一般多为薄层夹于生屑灰岩中，局部呈角砾产出。中厚层鲕粒（云）灰岩不发育。鲕粒含量一般 30%～40%，以薄皮鲕为主，鲕圈一般 2～4 圈，变形明显，大小 0.1～0.5mm，鲕核多为生屑，少量陆源砂。鲕粒的形成，主要为生物化学成因，水动力成因少见，具有块状与丘状层理，有时岩心中可见到微冲刷面（图 6-22）。

（3）混合滩微相。该微相是指在邻近孔店凸起、港西凸起、徐黑凸起及埕西隆起的滨浅湖区，有不等量（30%～60%）陆源碎屑物混入的浅滩。岩心观察，混合滩微相主要由砂质生物灰岩、白云质砂岩、灰质砂岩及含生屑云质砂岩组成。纵向上一般分布在生屑滩

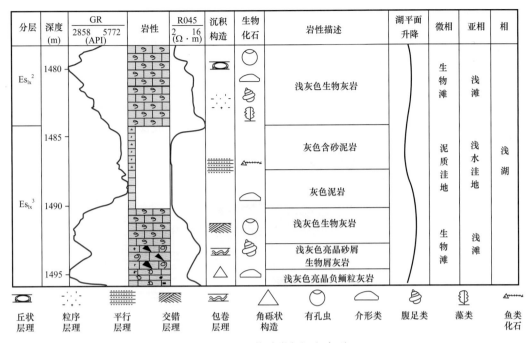

图 6-21　生物滩微相沉积序列

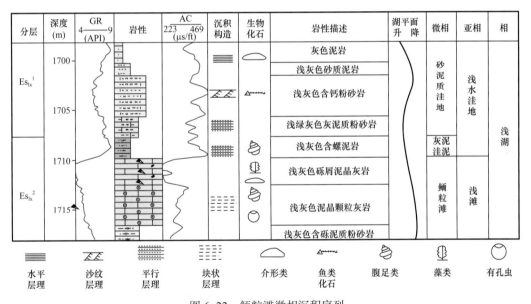

图 6-22　鲕粒滩微相沉积序列

的下部，主要为滩相发育初期的产物；但也有分布在生物灰岩之上，形成反粒序结构，如旺 13 井沙一下亚段 Es_{1x}^3 小层等，可能与同生断裂与间歇性湖退有关（图 6-20）。需要指出的是在上述微相研究的基础上，不可忽视的是生物颗粒滩的发育，大都与事件性风暴作用有关。类似于鲍马序列的粒序层理及丘状层理，即是风暴作用的结果。该区湖相碳酸盐岩中，所形成的风暴岩既有近源风暴岩，又有远源风暴岩。其中近源风暴岩，是指沉积厚度较大，并以生物壳及各种大小不等的砾屑混杂堆积为特征（Haycs，1967；Curray，

1969）。纵向上常见粒序层理及丘状层理，平面上受风暴的影响，由近滨或浅滩区向较深的滨外底部逐渐减弱，杂乱堆积的生物屑及砾屑也迅速变小、厚度减薄；远源风暴岩，是指远离湖盆滨岸，沉积物以泥质为主，因风暴作用常夹薄层细粒生物屑及细砾沉积物，与近源风暴岩常呈渐变关系，一个较厚的近源层，可渐变为许多较薄的远源层。无论是近源还是远源风暴岩，其分布受水体深度和古地形所控制。T. 艾格内尔通过深入研究，将这两类风暴岩归纳为一个较为理想的沉积模式，以反映风暴岩的形成及分布（图 6-23）。

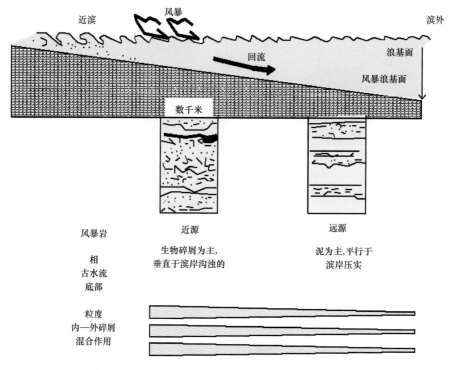

图 6-23　断陷湖盆风暴岩沉积模式示意图（据 T. 艾格内尔，1982 修改）

2）浅水洼地亚相

浅水洼地亚相一般发育在浅湖区的浅滩之间或湖湾与缓坡区地势相对低洼区，并且分布范围局限。该亚相长期处于正常浪基面之下，一般不受波浪作用的影响。黄骅断陷沙一下亚段碳酸盐岩发育区的浅水洼地亚相主要包括云质洼地、云灰洼地、灰泥质洼地、砂泥质洼地及云质膏岩洼地等五类微相（图 6-24）。

云质洼地微相：主要见于齐家务、六间房、王徐庄、沧州、王家屯及赵家堡一带的 Es_{1x}^4—Es_{1x}^3（滨 1—板 4）沉积期，以纹层状白云岩、含泥白云岩为主，常与云质泥岩、泥岩及云质粉砂岩互层产出，含少量介形虫、螺及其他藻类化石。

云灰洼地微相：主要为薄层状—中层状泥晶含云灰岩与灰质泥岩、泥灰泥互层，发育水平纹层及块状构造，生物化石以介形虫为主，有时也见有少量螺化石及颗石藻等超微生物化石。云灰洼地微相在黄骅断陷湖盆发育区，主要分布在齐家务、周清庄、赵家堡、旧城等地区的沙一下亚段 Es_{1x}^3（板 4）小段，其他井区也有不同程度分布，但厚度相对较薄。

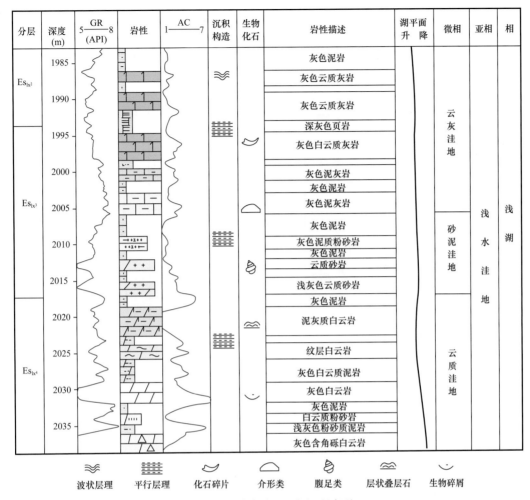

分层	深度 (m)	GR (API) 5——8	岩性	AC 1——7	沉积构造	生物化石	岩性描述	湖平面升降	微相	亚相	相
Es$_{1x}^2$	1985				≋		灰色泥岩		云灰洼地		
							灰色云质灰岩				
	1990						灰色云质灰岩				
Es$_{1x}^3$	1995				▦	◜	深灰色页岩				
							灰色白云质灰岩			浅水洼地	浅湖
	2000						灰色泥灰岩				
						◠	灰色泥岩				
	2005					◠	灰色泥灰岩				
					▦		灰色泥岩		砂泥质洼地		
	2010						灰色泥质粉砂岩				
						◓	灰色泥岩				
							云质砂岩				
	2015						浅灰色云质砂岩				
							灰色泥岩				
	2020				≋		泥灰质白云岩		云质洼地		
Es$_{1x}^4$	2025				▦		纹层白云岩				
							灰色白云质泥岩				
	2030					◡	灰色白云岩				
							灰色泥岩				
	2035						白云质粉砂岩				
							浅灰色粉砂质泥岩				
							灰色含角砾白云岩				

≋ 波状层理　　▦ 平行层理　　◜ 化石碎片　　◠ 介形类　　◓ 腹足类　　≋ 层状叠层石　　◡ 生物碎屑

图 6-24　浅水洼地亚相沉积序列

灰泥质洼地与砂泥质洼地微相：一般分布在近岸斜坡区或滩坝分布区的周围，岩性主要为薄层状—中层状泥灰岩与灰质泥岩互层或薄层粉砂岩、泥质粉砂岩与中层状灰质泥岩、泥岩互层，含介形虫、小型腹足类化石，有时也可见鱼类化石。

云质膏岩洼地微相：主要为浅灰白色薄层状—中层状及结核状含石膏云岩、白云岩、泥岩及粉细砂岩组成。见于齐家务地区的旺 4 井、旺 7 井、旺 9 井、旺 11 井、旺 14 井、旺 22 井等井区的 Es$_{1x}^4$ 小段（滨 1）的下部。这一地区的云质膏岩洼地的形成可能与长期处于闭塞裂陷洼地与 Es$_{1x}^4$ 沉积早期干热的古气候环境有关（图 6-25）。

3）湖湾亚相

该亚相是指湖泊近岸地区因受陆缘古地形或坝体阻碍，导致湖水交流不畅而形成半封闭式水体的区带。湖湾内水体浅而清澈，环境安静。沉积物主要为暗色粉砂质泥、页岩，有时夹油页岩或薄层泥晶灰岩、含颗粒泥晶灰（云）岩及泥灰岩等，常含陆源砂屑、球粒、介壳类、腹足类、瓣鳃类、轮藻、植物化石，有时可在不同颜色的钙质泥岩、泥灰岩与油页岩组成的季节性韵律层中见有颗石藻等超微化石，水平纹理发育。在湖湾亚相中常见的微相主要有油泥质湖湾、砂泥质湖湾、云灰质湖湾等（图 6-26）。

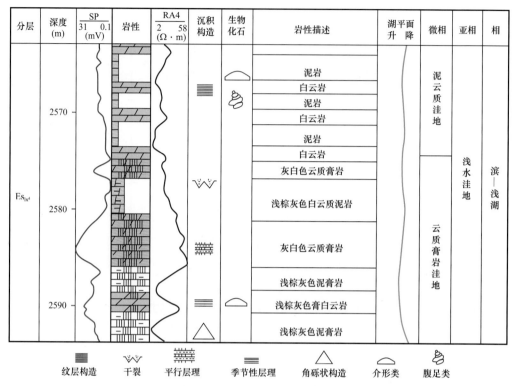

图 6-25　云质膏岩微相沉积序列

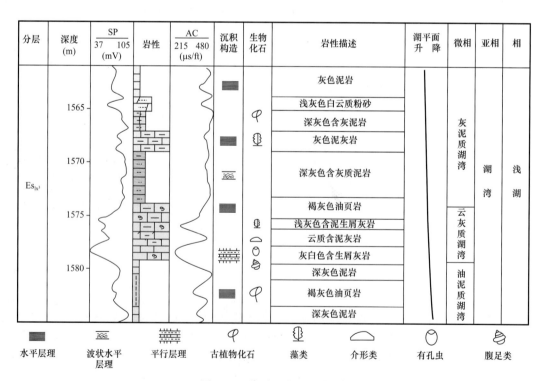

图 6-26　湖湾亚相沉积序列

油泥质湖湾微相：岩性主要为灰—深灰色纹层状油页岩与浅灰色薄层状含生屑含泥灰岩不等厚互层，局部过渡为纹层状泥岩，含介形虫及颗石藻等超微化石，一般不含或仅含少量小体薄壳的腹足类、瓣鳃类化石及化石碎片。

砂泥质湖湾微相：岩性主要为薄层含灰泥岩，灰质泥岩常夹薄层的云质粉砂岩或含灰泥质粉砂岩等。发育水平层理，层面常见植物碎片，含小体腹足类、瓣鳃类及少量介形虫等浮游生物及轮藻等，多保存完整。

云灰质湖湾微相：岩性以含生物白云质泥晶灰岩为主，常夹薄层的粉砂岩或泥质粉砂岩和泥岩等。含小体腹足类、少量介形虫等浮游生物，有植物碎片及轮藻等，多保存完整。在测井响应上，其曲线形态与云灰洼地基本类似。

3. 半深湖—深湖相

半深湖相，是指位于浪基面之下，氧化作用面之上的沉积区，常常是浅滩与深湖的过渡类型；而深湖相，是指氧化作用面以下的深水区，湖底开阔平坦，波浪作用较弱，难以形成有规模的颗粒碳酸盐岩沉积。由于裂陷湖盆的构造环境变化频繁，半深湖与深湖区常常难以区分。在黄骅断陷沙一下亚段沉积早期，该相区分布较为局限，主要分布在歧口与歧南凹陷中心一带；而中晚期随着湖侵规模的不断增强，半深湖—深湖相带在湖盆内分布面积也不断扩大，除港西凸起、孔店凸起、徐黑凸起及埕宁隆起周围外，黄骅各凹陷中心大都处于半深湖—深湖相区。根据现有资料，半深湖—深湖相发育的亚相主要有湖坪、深水洼地及重力流等。

1）湖坪亚相

湖坪亚相，主要发育在 Es_{1x}^3、Es_{1x}^{2+3}（板 4、板 3+2）沉积期，随湖平面的升降变化而分布于深湖与浅湖区之间，横向上可过渡为深水洼地或泥质半深湖。湖坪亚相常可分为泥灰坪、砂泥坪、云泥坪等微相（图 6-27）。

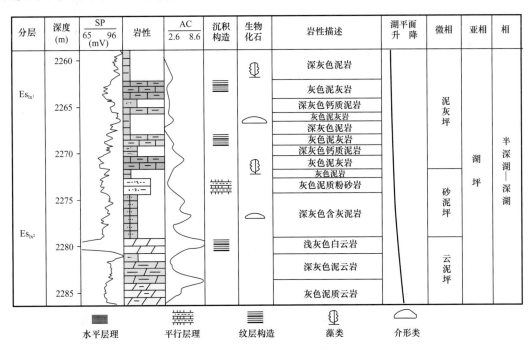

图 6-27 湖坪亚相沉积序列

泥灰坪微相：在气候较温暖时期，湖水中生物成因的碳酸盐（如腹足类、介形虫、颗石藻等）和直接化学成因的碳酸盐都较丰富，加之陆源碎屑物输入量稀少，则有利于方解石类（泥晶方解石、文石等，也称灰泥）沉积物的形成；若陆源碎屑物（主要是泥质）输入量增多，则抑制碳酸盐沉积物生成，从而发育泥质沉积；若二者韵律性的交替发生则发展成为泥灰坪。岩性以含云泥质泥晶灰岩与白云质泥晶灰岩为主，常与泥岩呈互层产出。含少量藻类及介形类生物化石及化石碎片与粉—砂屑等。

砂泥坪微相：分布于靠湖岸附近的浅湖—半深湖区，由于陆上物质来源丰富，沉积物以砂—泥岩与灰质泥岩为主，夹少量泥灰岩或泥晶灰岩薄层，其他特征与泥灰坪微相基本类似。

云泥坪微相：沉积环境与云灰坪基本类似，所不同的是灰泥类沉积之后因环境局限或遭遇了较干热的气候条件，导致湖水受限，湖水中的 Mg/Ca 离子比值升高，造成早些时候沉积的部分灰泥发生白云化。其岩性主要为纹层状泥晶白云岩与白云质灰岩的互层或薄—中层状灰质含泥白云岩。

2）重力流亚相

重力流亚相，多发育在断陷湖盆的陡岸一侧，由于多期断裂塌陷，常在陡岸一侧的半深水—深水区形成近岸浊积扇或重力碎屑流沉积。岩性以滑塌角砾与含砾砂岩、粗砂岩为主，混杂碳酸盐岩滑塌角砾及泥页岩撕裂后形成的泥砾等，填隙物多为泥、砂。化石多分布于碳酸盐岩与泥岩的角砾中，砂岩中的化石主要由滨浅湖区搬运而来，如瓣鳃类、似瘤状螺及介形类等，大都具磨蚀或破碎成不规则片状。重力流亚相在沉积序列上、正、反粒序均有，沉积构造以变形层理、火焰构造和撕裂构造多见；微相类型可进一步分为浊积扇、重力流水道及水道侧翼等三类（图 6-28）。

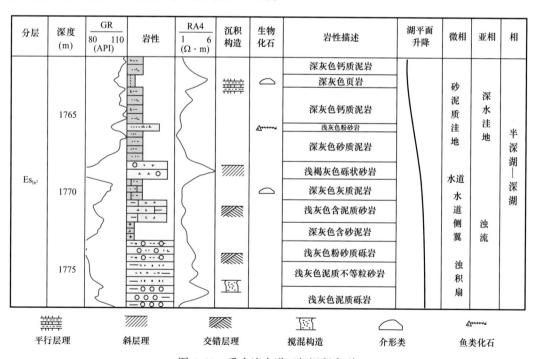

图 6-28　重力流水道亚相沉积序列

3）深水洼地亚相

深水洼地亚相，是指氧化还原界面上下的深水沉积区。水体稳定，透光性差，固定底栖生物少，属种单一，半深湖区见 *Planolites* 遗迹组构，并伴有 *Chinocythere*（华花介）和 *Pinus*（松科）化石等，而深湖区因 H_2S 含量高，底栖生物近于灭绝，井下岩心中仅见稀少的鱼骨、*Candona*（玻璃介）及胶磷质等。该亚相包括灰泥质洼地、砂泥质洼地、油泥质洼地等三个微相（图 6-29）。

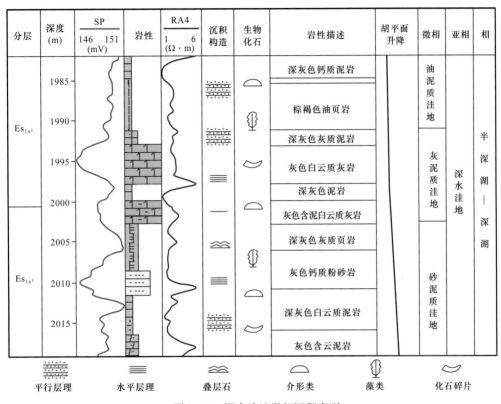

图 6-29　深水洼地微相沉积序列

灰泥质洼地微相：在湖盆中南部的半深湖—深湖区分布较广。由于灰泥质洼地微相中的绝大部分实际上是纹层状碳酸盐岩与泥质岩的互层产出。但为突出灰质形成的特定环境，此类微相的划分仍以灰质为标志。半深湖—深湖中的灰泥质洼地，主要分布在本区 Es_{1x}^2 与 Es_{1x}^1（板 3 与板 2）沉积期，岩性以薄层泥晶灰岩、中层泥灰岩与泥岩互层为主，局部常夹泥质粉砂岩；灰泥质洼地常被湖坪所围，水体稳定，环境较局限，不利于生物发育，通常仅见少量介形虫及鱼骨和胶磷质等生物化石，纵向上常与油泥质洼地或砂泥质洼地微相过渡。

砂泥质洼地微相：半深湖—深湖环境中的砂泥质洼地主要分布在歧口凹陷和歧南凹陷的 Es_{1x}^3 与 Es_{1x}^2（板 4 与板 3）沉积期，岩性主要为浅灰色薄—中层状灰质粉砂岩或含泥质粉砂岩与灰质泥岩互层，生物化石主要以介形类为主，有时可见鱼类化石及胶磷矿。

油泥质洼地微相：主要分布在歧口凹陷和歧南凹陷的 Es_{1x}^2 与 Es_{1x}^1（板 3 与板 2）期，

重点在于突出油页岩形成的环境，实际上油页岩所占比例有限，但分布面积较广，并间夹与泥质或灰质为主的半深湖—深湖环境。差异在于水体相对平静，有机质丰度远高于灰泥质深水洼地沉积的半深湖—深湖区。

需要指出的是，上述沉积微相类型中，云灰坪、云灰质湖湾与云灰洼地微相三者都是以白云质泥晶灰岩为主，其区别见表6-7。从表中可以看出，云灰洼地环境四周为湖坪或浅滩所围，水循环差，较局限，不利于生物发育。通常仅有少量介形虫等能适应局限环境的生物，纵向上常与泥质洼地或云质洼地或半深湖环境过渡；云灰坪虽也处于浪基面之下，但水流通畅，含少量腹足类、瓣鳃类等化石，纵向上也常与生物滩或半深湖过渡；云灰质湖湾则水循环较差、环境相对闭塞，生物与云灰坪中的生物类似，但可常见较多植物化石碎片等。

表6-7 云灰洼地、云灰坪、云灰质湖湾微相特征对比表（据董兆雄，2007修改）

	云灰洼地微相	云灰坪微相	云灰质湖湾
岩性	白云质泥晶灰岩	（含生物）白云质泥晶灰岩	（含生物）白云质泥晶灰岩，常夹薄层的粉砂岩或泥质粉砂岩和泥岩等
古生物化石	保存较好的介形虫等浮游生物	小体腹足类、瓣鳃类，少量介形虫等浮游生物，多数保存完整个别破碎	小体腹足类、瓣鳃类，少量介形虫等浮游生物，有植物碎片及轮藻等，多保存完整
沉积相序	泥质洼地—云灰洼地/云质洼地	浅滩—云灰坪（浅滩）—半深湖/深湖	泥质湖湾—云灰质湖湾—半深湖
地貌及湖水条件	浪基面之下，四周为浅滩或湖坪，湖底低洼，湖水静而局限	浪基面之下，较宽阔平缓，较大风浪可及，湖水可交换	湖岸凹进，前缘可能有滩坝发育，湖水较静，交换不畅，可有陆源物影响

（二）碳酸盐岩沉积微相组合及展布

通常认为，沉积相的纵向展布规律反映的是沉积环境随时间的演变，沉积相的横向展布规律又是再现沉积环境的有效途径。因此，沉积相的横向展布，大都根据不同沉积微相或某一特定沉积微相地层（如粒屑滩、云灰坪、云质洼地微相等）在某一段地层中所占的比例（厚度），并将按这一比例所确定的分布范围叠加组合而成。本书为了突出各类碳酸盐岩沉积，特将某一段地层中颗粒碳酸盐岩、白云岩、云质灰岩的厚度达到2m左右的地区定义为相应的沉积微相区，如当生物灰岩的厚度达到2m以上则定义为生物滩微相（董兆雄，2006）。由此综合沙一下亚段沉积期不同时段各沉积微相的平面分布及生物相的分带特征，即可反映不同时段的岩相古地理面貌。

1. 沙一下亚段沉积期 Es_{1x}^4（滨1）时沉积微相组合及展布

Es_{1x}^4（滨1）沉积时期，是渐新世又一次湖进的开始时期，随着湖盆逐渐扩张，在马棚口西南的滨浅湖区形成了以碳酸盐岩为主体的沉积发育区（图6-30、图6-31）。从图中可以看出，生物—粒屑滩微相被限制在滨—浅湖斜坡"坡折"以上的港西凸起南部边缘和孔店—羊三木凸起的围缘区域。由旺11井—扣47井沉积相横剖面集中展示了生物—粒屑滩微相的展布特征。这一分布特征，反映了自东向西的波浪与湖流作用，决定了生物—粒屑滩微相的渐进式发育；而在大中旺以北地区因陆源物质丰富，水体浅，形成了滨岸碎屑滩沉积。齐家务地区旺4、7、11、14、22等井区处于沧东洼陷，因环境局限而形成云质膏岩洼地微相沉积，并沿孔店凸起与沧州隆起的狭窄地带形成云质洼地微相发育区。东部张海36—60井至张海15井区，因近临歧口半深湖区，相应以云质洼地和云灰洼地微相发育为特征。埕宁隆起边缘尚有小型辫状河三角洲与砂岩、生物灰岩互层组成的混积滩微相分布。在孔店凸起以南至徐黑凸起一带，处于滨湖向浅湖过渡区，水体相对较浅，除碎屑滩和混积滩发育外，以鲕粒灰岩与生物粒屑（云）灰岩组成的粒屑滩在桃4井、徐2井、徐4井、官55井、官56井、官55井等井区相继发育。

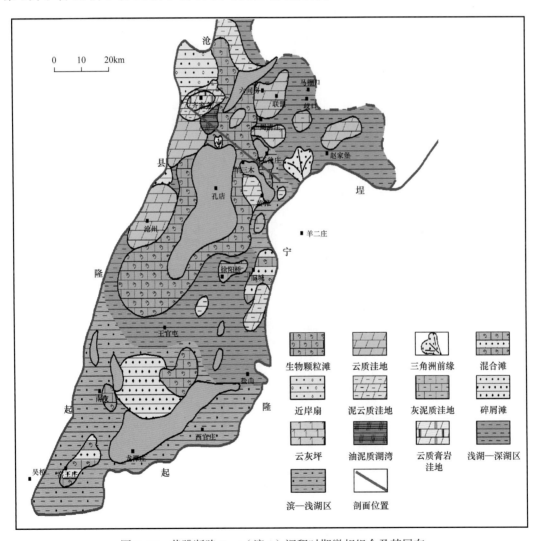

图 6-30　黄骅断陷 $Es_{1x}{}^4$（滨1）沉积时期微相组合及其展布

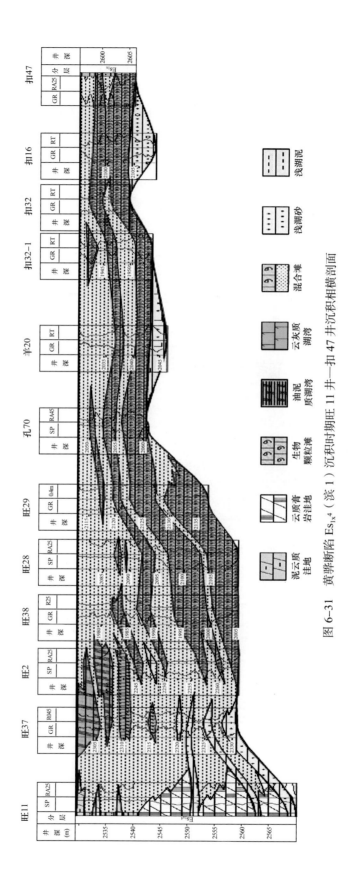

图 6-31 黄骅断陷 Es_{1x}^4（滨 1）沉积时期旺 11 井—扣 47 井沉积相横剖面

2. 沙一下亚段沉积期 Es$_{1x}$³（板4）时沉积微相组合及展布

Es$_{1x}$³（板4）沉积时期，全区湖进已达到一定程度，湖盆扩大、湖水加深，致使原来的凸起和隆起缩小、分割，其至全部沉没。同时由于湖进速度大于沉积物沉积的速度，导致了浅滩向凸起或隆起高部位退积或迁移，并使原来连片的浅滩被"分割"成一些独立的小滩。在这些退积的浅滩中，以港西凸起周围尤为突出。大中旺—北桃杏—港西凸起西缘的较大区域，由 Es$_{1x}$⁴（滨1）沉积时期的云质膏岩洼地微相与云泥洼地微相区，到 Es$_{1x}$³（板4）沉积时期演化成为云灰坪；而原先的生物—粒屑滩微相区也基本演变为云灰坪微相区；滩海地区除隆起边缘仍为小型辫状河三角洲外，尚有小型生物滩分布；孔店与羊三木凸起因湖进而大面积缩小，并沿其北缘与南缘仍可见退积的生物—颗粒滩与岸缘砂分布；相应在南部徐阳桥—窑王庄一带，沿徐黑凸起周围仍有生物滩与混合滩分布，但分布面积较前期明显缩小，且向凸起与水下隆起高部位迁移。整个湖盆的半深湖—深湖相区较前期（Es$_{1x}$⁴沉积时期）扩大，油页岩的沉积也相应发育（图6-32、图6-33）。

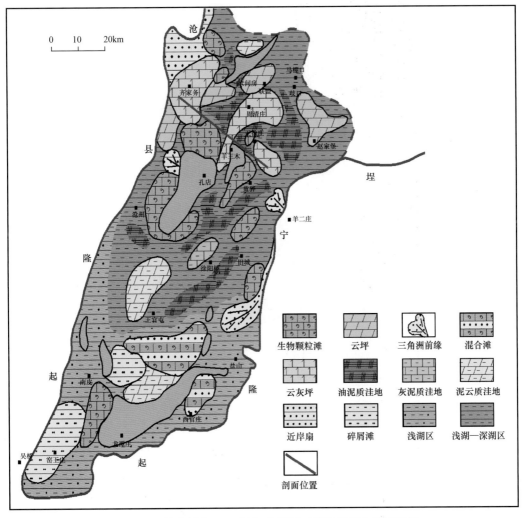

图6-32　黄骅断陷 Es$_{1x}$³（板4）沉积时期微相组合及其展布

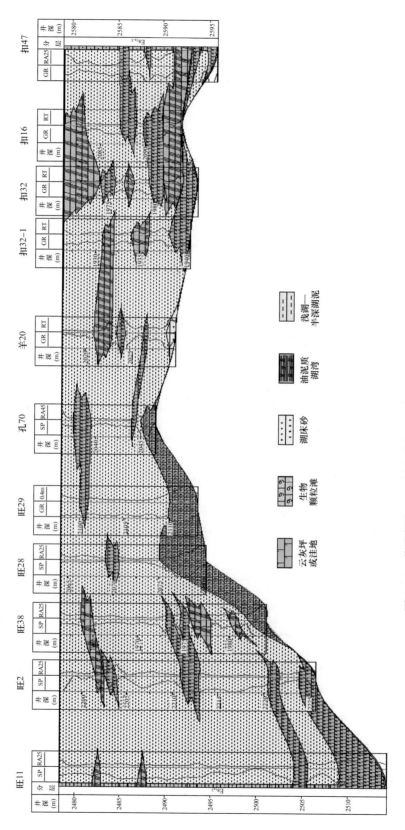

图 6-33　黄骅断陷 Es_{1x}^3（板 4）沉积时期旺 11 井—扣 47 井沉积相横剖面

3. 沙一下亚段沉积期 Es_{1x}^{1+2}（板2+3）时沉积微相组合及展布

Es_{1x}^{1+2}（板2+3）沉积时期，是区域上最大湖进期，先期的浅滩、湖坪等多数都已不复存在，仅在滩海区的原云质洼地区继承性地发育了一些小的云质洼地。中东部半深湖—深湖区及埕宁隆起边缘基本继承了板4时期的展布特征。而整个湖经历了 Es_{1x}^4（滨1）至 Es_{1x}^3（板4）的持续湖进与湖盆四周的隆起和湖盆内凸起的趋于移平，湖平面也因之升高，湖盆也随之扩大。相应输入湖盆的陆源碎屑物，特别是粗结构的陆源碎屑物也随着减少；又因准平原化，来自古生界碳酸盐岩的溶解物质也相应减少。这两大类入湖物质的减少，直接导致了 Es_{1x}^{1+2}（板2+3）时碳酸盐岩沉积和湖盆边缘以及湖盆内粗结构的重力流沉积物减少，而代之以半深湖—深湖泥岩、"油页岩"间夹云灰坪广泛分布为特色。唯孔店凸起与南部徐黑凸起西侧仍有小型生物滩和混积滩分布（图6-34、图6-35）。

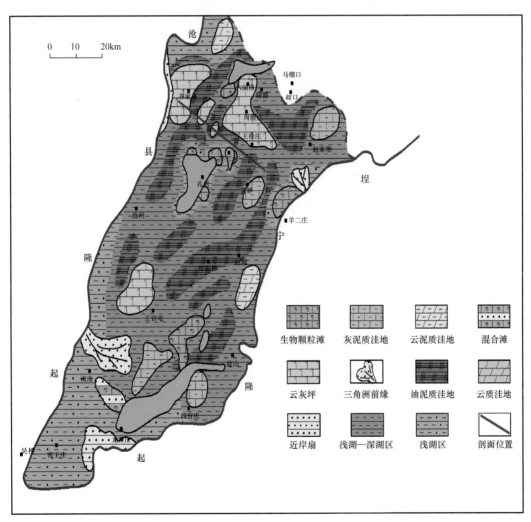

图6-34　黄骅断陷 Es_{1x}^{1+2}（板2+3）沉积时期微相组合及其展布

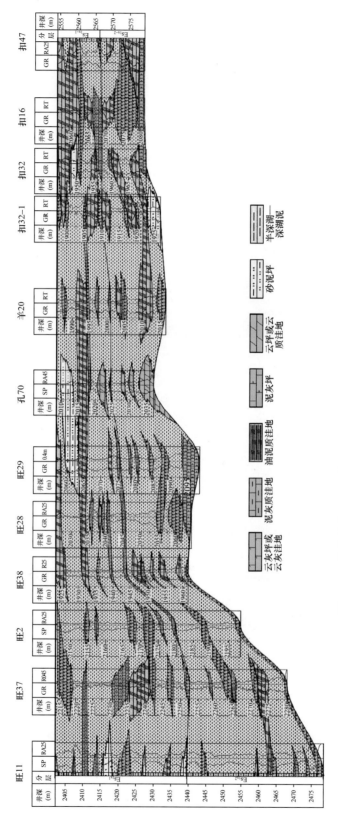

图 6-35　黄骅断陷 Es_{1x}^{1+2}（板 2+3）沉积时期旺 11 井—扣 47 井沉积相横剖面

第三节　断陷湖盆碳酸盐岩沉积演化及沉积模式

一、沉积演化特征

黄骅断陷与渤海湾其他断陷一样，普遍发育半地堑式的湖盆地貌格架（箕状断陷）。一般沉积、沉降中心均位于生长断层下降盘。在中生界沉积之后，经历了古新世的沉积间断。自始新世开始再度接受沉积，分别在始新世、渐新世接受了孔店组、沙河街组和东营组沉积。由于始新世是断陷初动期，且气候炎热干旱，所以孔店组的分布范围十分有限。渐新世早期，即沙河街组沉积期，气候转为亚热带气候，大气降水增多，导致孔店组沉积期形成的分散小湖逐渐扩大统一为近北东向展布的湖盆体系，总体表现为西浅东深、南缓北陡面貌。沙三段沉积期为湖盆扩张期，在黄骅断陷形成了巨厚的陆源碎屑沉积。渐新世中期，经过沙二段沉积晚期短暂回返后，湖盆再次进入稳定沉降期。由于受湖盆地貌及古气候变化的影响，致使湖盆中南部处于较为局限的环境，从而在大中旺地区一度形成膏岩洼地，其他局部低洼区造成湖水分层而导致了白云化的发生。但随着湖水振荡性的逐渐开放，沙一下亚段沉积期 Es_{1x}^4（滨 1）时，湖盆中南部以滨—浅湖生物—颗粒滩微相沉积为主体；Es_{1x}^3（板 4）时，随着区域拉张应力的增强，湖进规模扩大，水体加深，湖盆中南部由 Es_{1x}^4（滨 1）沉积时期的滨—浅湖生物—颗粒滩微相沉积逐渐演变为浅湖—半深湖云质洼地与云灰坪微相为主体的碳酸盐岩沉积；Es_{1x}^{1+2}（板 2+3）沉积时期湖进达到最大期，整个湖盆被半深湖—深湖区所覆盖。并自下而上形成了三套明显的旋回韵律组合及向上变细的沉积序列（图 6-36）。

其中沙一下亚段沉积期 Es_{1x}^4（滨 1）时，以滩相生物碎屑（云）灰岩、鲕粒（云）灰岩与含生屑灰质砂岩沉积为主，局部低洼区则过渡为云质灰岩、泥灰岩与（云）灰质泥、页岩沉积，并富产腹足类及微体生物化石。

进入 Es_{1x}^3（板 4）时，滩相沉积的生物碎屑（云）灰岩、鲕粒（云）灰岩，随着持续湖进，而向凸起及隆起高部位退积，原先滩相发育区带则被浅湖—半深湖洼地或湖坪薄层白云岩、云质灰岩或泥灰岩沉积所代替，尤其是颗石藻类的"勃发"对该阶段有着重要的意义。

Es_{1x}^{1+2}（板 2+3）时，湖盆扩张达到了最大范围，港西凸起、孔店凸起、埕宁隆起及徐黑凸起进一步缩小，除这 4 个凸起近缘及南皮—窑王庄一带水体相对较浅外，湖盆中南部基本被半深湖—深湖区所覆盖。由于气候湿润，湖水盐度降低，使碳酸盐岩沉积相对欠发育，而代之以泥—页岩与油页岩广泛发育为特征。

二、沉积（环境）模式

沉积模式就其形式而言，既有二维模式，如 Wilson（1975）的海相碳酸盐岩沉积模式和国内众多的断陷湖盆碳酸盐沉积模式，也有三维模式，如 Fouch（1983）的湖相碳酸盐沉积模式和董艳蕾等（2011）的湖相碳酸盐混合沉积模式。二维模式简单明了，但往往不能反映平面上的分布状况。而三维模式到目前为止所能反映的都仅仅是湖盆沉积的粗略面貌。所以部分学者认为，模式既要反映碳酸盐岩沉积的成因特征，又要表达其空间分布。

因此，以二维模式和三维模式相结合，加必要的说明来构成湖相碳酸盐岩沉积的三维分布概念更为合适（杜韫华，1990）。在以往的研究中，国内外学者已建立了多种断陷湖盆碳酸盐岩沉积相（环境）的典型模式。这些模式虽因湖盆形成背景及水文条件不同而在建立的标准及其原则上具有一定的差异。但对变化复杂的断陷湖盆碳酸盐岩而言，则提供了参考的实例。

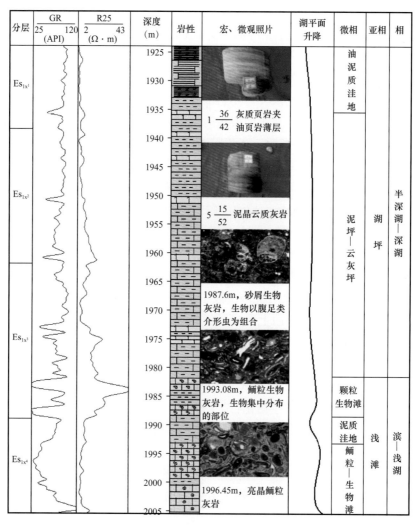

图 6-36　黄骅断陷沙一下亚段沉积相综合剖面

（一）平邑断陷湖盆碳酸盐岩沉积模式

管守锐等（1985）在研究了山东平邑断陷古近纪官庄组中段碳酸盐岩沉积规律后，根据断陷湖盆发育的阶段性提出了三种不同类型的碳酸盐岩沉积模式，即早期的内源和外源混合沉积模式、中期的藻滩沉积模式和晚期的浅水蒸发台地沉积模式（图 6-37）。这三种沉积模式，从断陷湖盆形成的大地构造背景和湖盆发育历史出发，将断陷湖盆所经历的早期裂陷、中期稳定发展和晚期蒸发收缩等三个发展阶段概括为不同的沉积模式。对于同类断陷湖盆碳酸盐岩而言，显然具有一定的参考意义。

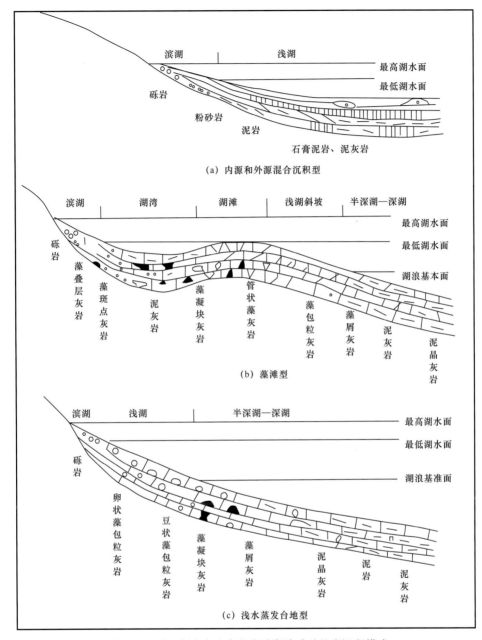

图 6-37　平邑断陷官庄中段内陆湖泊碳酸盐岩沉积模式

（二）苏北断陷湖盆碳酸盐岩沉积模式

张国栋等（1987）根据苏北断陷阜宁群二段沉积特征及控制因素，将湖盆碳酸盐岩沉积模式划分为具岸外浅滩、不具岸外浅滩和玄武岩台坪等三种沉积模式（图 6-38）：

（1）具岸外浅滩沉积模式的岸坡较缓或有微弱的水下隆起，在波浪自岸外半深水及浅水区向岸推进过程中，由于受底部摩擦作用影响，在离岸一定距离，波浪作用加强，以致出现波浪带，堆积了内碎屑、鲕粒，还有多毛纲蠕虫与藻类生物化石，从而形成岸外浅滩。再向岸去，为余波形成的滩内浅水及滨岸区。

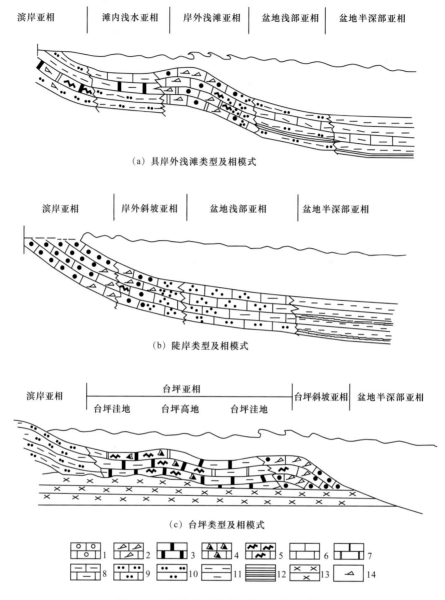

（a）具岸外浅滩类型及相模式

（b）陡岸类型及相模式

（c）台坪类型及相模式

图6-38 苏北碳酸盐岩相类型和沉积模式

1—鲕粒（云）灰岩；2—虫管灰（云）岩；3—球粒灰（云）岩；4—核形石灰（云）岩；5—叠层石灰（云）岩；6—灰岩；7—泥晶灰岩；8—泥灰岩；9—灰质粉砂岩；10—粉砂岩；11—泥岩；12—页岩；13—玄武岩；14—姜状结核

（2）不具岸外浅滩沉积模式的岸坡较陡，破浪带可直抵滨岸区，不出现岸外浅滩。自岸向外能量递减，从滨岸相的亮晶鲕粒灰岩逐渐过渡为岸外斜坡的表鲕、球粒灰岩，以及浅水、半深水的球粒泥晶灰岩、泥灰岩等。

（3）玄武岩台坪沉积模式，是指碳酸盐岩发育在与陆源水系有一定程度沟通的近岸玄武岩台坪上。在台坪边缘斜坡上可受到高能量带的影响，堆积内碎屑、鲕粒及多毛纲虫管屑化石；而在台坪上地势平坦，层位及层厚均十分稳定，岩性单一，以堆积凝块石、藻团粒及发育不良的藻核形石为主，在低洼处形成泥晶白云岩沉积。

这三种沉积模式，重点突出了古地形对碳酸盐岩沉积环境的控制作用。

（三）国外断陷湖盆碳酸盐岩典型沉积模式

Wright（1989）根据湖盆发育的水文地质条件，将湖盆碳酸盐岩沉积模式划分为水文开口湖与水文封闭湖等两种沉积模式。其中水文开口湖沉积，是指具有出水口的湖盆碳酸盐岩沉积环境，岸线相对稳定，湖盆水体通过河流的流入及沉积来平衡蒸发和外泄量。碳酸盐岩沉积物的主要矿物，通常以低镁方解石为主。Wright 将其主要相带划分为湖盆相和湖盆边缘相等两类，并在此基础上，根据湖底地貌及湖盆水动力条件、沉积条件和沉积体的特征，将湖盆边缘相又进一步细分为四个亚相：低能陡坡阶地边缘亚相；波浪影响强烈的高能陡坡阶地边缘亚相；缓坡低能斜坡边缘亚相；缓坡高能斜坡边缘亚相（图 6-39）。

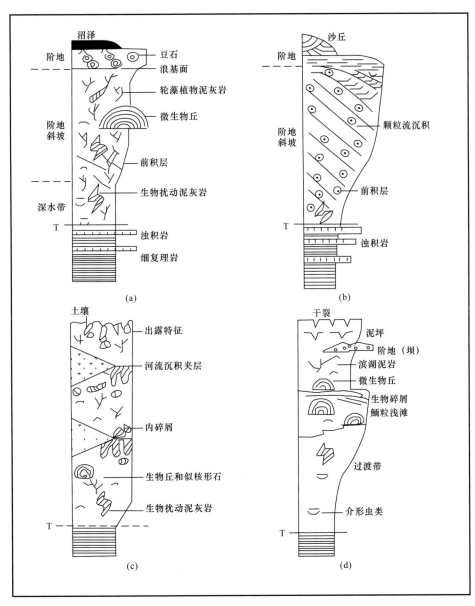

图 6-39　水文开口长久分层碳酸盐岩湖相模式示意图（据 Wright，1989）

（a）温带泥灰湖阶地边缘低能进积层序；（b）强浪影响的阶地边缘进积层序；

（c）缓坡低能层序；（d）波浪受阻浪成进积层序

这类湖盆碳酸盐岩沉积环境，在犹他州东北部尤因他湖盆绿河层滨线碳酸盐岩区尤为突出，Williamson 和 Picard（1974）从绿河层中分辨出了一个更为复杂的体系，它包含了沙坝、湖岸、潟湖、沙脊和离岸沉积区等（图 6-40）。而水文封闭湖沉积，是指蒸发量超过流入量且没有外流的湖盆碳酸盐岩沉积环境。这类湖盆沉积具有两个特征：一是湖面的快速变化是由降雨量和流失量的变化引起的；二是水中溶质含量特别是 Mg^{2+}/Ca^{2+} 值的不断增高是由早期沉积作用引起的。如在东非裂谷体系的 Tanganyika 湖和 Kivi 湖晚更新世—全新世沉积物中，可清楚地看到后一种趋势（Stoffors 和 Hecky，1978）。随着时间的流逝，交替的构造或气候变化会使这种封闭湖演变成间歇湖或水文开口湖沉积。许多古代湖盆碳酸盐岩沉积物都揭示了这种水文变化的规律。开口湖和封闭湖的主要相组成是相似的。湖水分层作用可能是化学梯度的结果。在高盐度湖盆沉积中，如石膏之类的蒸发盐矿物可以从表层水中析出，沉淀到湖底带形成纹层。湖岸沉积物也可反映盐度并可形成蒸发盐泥坪。在古代层序集中的地方，动植物群的组合面貌，特别是介形类是个可靠的依据。在超盐度环境中，也可有大量的微生物，结果就出现了特别富含有机质的沉积物（Bavld，1981）。微生物也是这种湖盆沉积的滨湖带和远滨带的一个重要特征（Halley，1976）。在以往富含碳酸盐湖盆的实例中，记载最完整的还是尤因他盆地绿河地层中始新世 Wilkins 层。Eugster 和 Halley（1976）从该层分辨出七种岩相，即砾屑碳酸盐岩相、颗粒灰岩相、白云质泥岩相、油页岩相、膏盐岩相、碎屑岩相和凝灰岩相等（图 6-41）。这些岩相在黄骅断陷古近纪湖盆及中国东部其他断陷湖盆都是普遍存在的。

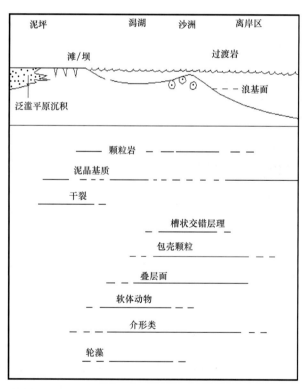

图 6-40　尤因他盆地绿河层滨线碳酸盐岩相模式示意图
（据 Williamson 和 Picard，1974）

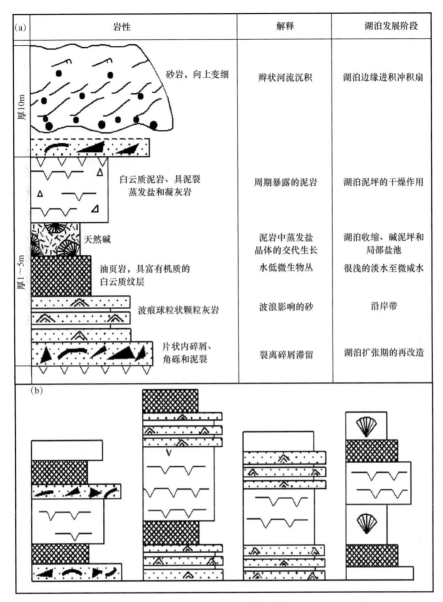

图 6-41　Wilkins peak 层的岩相序列（据 Wright，1989）

（a）Wilkins peak 层的岩性和解释；（b）Wilkins peak 层的相序类型

（四）济阳断陷纯化镇组碳酸盐岩沉积模式

陈淑珠（1980）、周自立等（1986）根据济阳断陷纯化镇组碳酸盐岩的沉积结构、生物化石组合及其所含陆源碎屑岩的成分，并结合湖水的深浅、水动力条件和自然地理位置，将断陷湖盆碳酸盐岩沉积相（环境）划分为滨湖、浅湖、半深湖及深湖等四个相带和若干亚相和微相，建立了相应的沉积模式（图 6-42）。尔后，杜韫华（1990）在上述模式基础上，通过渤海湾地区古近系断陷湖盆碳酸盐岩油气储集层沉积特征研究，提出了综合性的湖相碳酸盐岩沉积模式（图 6-43）。该模式既反映了碳酸盐岩体的成因特征，又表达了其空间分布，并且对预测岩体的分布具有重要的指导作用。

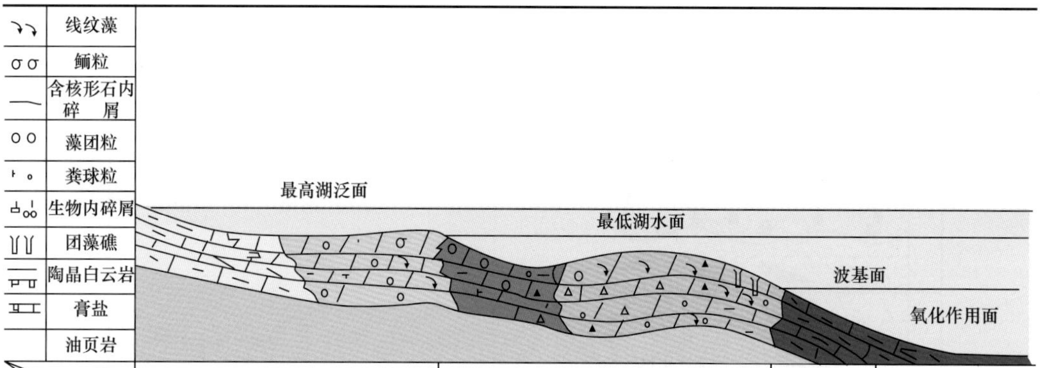

特征 \ 相带	滨湖		浅湖			半深湖	深湖
亚相	泥坪—藻坪	岸滩	湖湾	浅滩			
岩性	隐晶白云岩（含粉砂）含颗粒隐晶白云岩、线纹藻藻团粒白云岩、含白云质砂屑泥灰岩	鲕粒白云岩，含核形石砂屑白云岩，藻团粒白云岩（有的含砂），灰屑岩，生物内碎屑白云岩	隐晶白云岩，含颗粒隐晶白云岩、粪球粒白云岩，页状泥灰岩，油页岩	生物内碎屑白云岩、藻团粒白云岩		含颗粒隐晶白云岩，隐晶白云岩	页状泥质白云岩、泥灰岩、隐晶白云岩、离含灰质油页、硬石膏岩、盐岩
颜色	浅灰、浅灰黄	浅灰	灰—深灰	浅灰		灰、褐灰	褐灰、深灰、黑
层理构造	纹层理、干裂缝、鸟裂	块状、交错层理、水平层理	水平层理、搅动层理	块状斜层理	无层理	水平层理	微波水平层理，季节纹层理
非碳酸盐成分	呈微斑条带状的细粉砂及泥质	各种成分的砂粒多见	粉砂及泥较多	偶见粉砂	没有砂泥	粉砂、泥质及有机质	泥质量多，有机质、黄铁矿较多，有硬石膏、天青石等盐类矿物
生物化石	偶见生物碎片（介形虫）、轮藻	介形虫及厚壳螺碎片	偶见薄壳介形虫碎片	介形虫、腹足类发育，偶见有孔虫壳、海松	中团楼管藻和蠕虫管、介形虫比生	生物碎片多见介形虫、有孔虫、轮藻	薄壳介形虫碎片极少
含油气情况	有良好的粒间孔隙、粒内孔隙	有良好的粒间孔隙	有粒间孔隙	有良好的粒间孔隙、粒内孔隙	有良好的母架孔隙	有裂隙性储集岩及良好生油岩	

图 6–42　济阳断陷湖盆碳酸盐岩沉积模式（据陈淑珠，1980；周自立，1985）

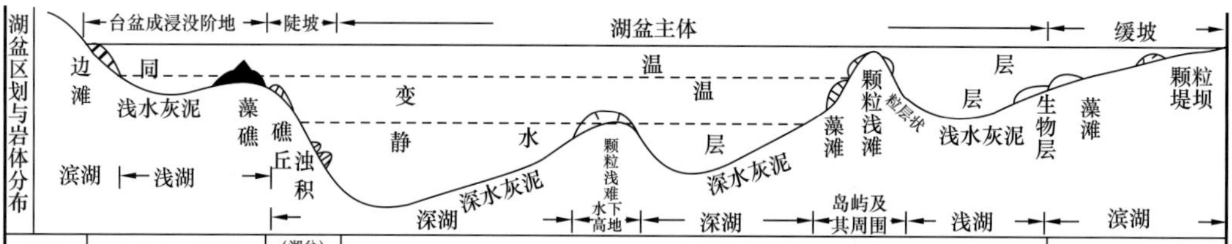

相区	盆缘合坪相区			（湖盆）陡坡相区		湖盆主体相区						（湖盆）缓坡相区	
碳酸盐岩体类型	颗粒滩、基泥滩	浅水灰泥型	生物礁型	藻丘型	浊积型	深水纹泥型	颗粒浅滩型	深水纹泥型	岛屿颗粒滩及藻滩型	浅水灰泥型	生物层及共生藻滩型	灰泥滩型	颗粒堤坝型
组分构造特征	含表鲕、含砂颗粒灰及泥灰岩有干缩缝	纹层状、薄层状泥晶灰岩，含颗粒及生物碎片	枝节藻及龙介虫栖管组成骨架组分粘结各种颗粒具砾屑结壳构造，具生物生长层理	以颗粒泥品灰云岩为主，局部具生物骨架组分及砾屑结构		泥晶碳酸盐岩为主要组分，可含大量颗石藻类粗糙化石及生物碎片，具纹层状季候层理	原地堆积的介形虫化石为主含亮晶胶结物	泥晶碳酸盐岩为主要组分，可含化石碎片及粉砂，纹层状季候层理	各种颗粒灰云岩，亮晶胶结物发育	泥晶碳酸盐岩为主要组分	薄层状管藻白云岩有生长层理	以泥晶碳酸岩为主要级分，含砂	介形虫化石及碎片为主要组分，亮晶胶结物发育

图 6–43　断陷湖盆碳酸盐岩沉积相模式（据杜韫华，1990）

对于上述各类断陷湖盆碳酸盐岩的典型沉积模式，王英华等（1993）通过深入研究后，在《中国湖相碳酸盐岩》一书中系统概括了湖相碳酸盐岩沉积模式的不同划分方案及原则。但是在他看来，截至 20 世纪 90 年代，还几乎没有理想的可靠标志能正确、严格地将湖盆的沉积环境（相）确切地区分开来。在辨别湖相沉积物时，依据沉积层的结构特征效果并不明显。而利用生物标志虽具有一定准确性，但对咸化湖盆或盐湖沉积则又要受到一定局限。因此，王英华认为从发展演化的观点出发，深入研究急剧相变的特征应是湖泊沉积相研究的重要方法和关键。

（五）黄骅断陷湖盆碳酸盐岩沉积（环境）模式

根据断陷湖盆碳酸盐岩沉积环境及其影响碳酸盐岩沉积作用的各种因素，结合上述不同学者对断陷湖盆碳酸盐岩沉积（环境）模式的研究实例，董兆雄（2006）、郑聪斌（2009）等研究了黄骅断陷沙一下亚段沉积期碳酸盐岩沉积和分布的规律后认为，断陷湖盆沉积作用往往受制于大地构造背景和气候条件等因素。黄骅断陷沙一下亚段沉积早期的沉积在很大程度上受制于基底的沉降和气候由干热向温湿的振荡性转化。当基底沉降加快、陆源沉积物供应减少、气候干热时，以碳酸盐岩沉积为主；若陆源物质增加、气候温湿时，发育泥质沉积为主。随着湖盆基底及水动力变化，碳酸盐岩沉积在时空上则表现出特定的分布规律。他们依据黄骅断陷沙一下亚段沉积期区域构造背景、湖底基岩结构、湖盆水介质条件，结合碳酸盐岩沉积演化特征，自下而上建立了 3 期碳酸盐岩沉积相（环境）模式。

1. Es_{1x^4}（滨 1）沉积时期沉积模式

Es_{1x^4}（滨 1）沉积时期的湖盆中南部，是在渐新世早期沙三、沙二段沉积时期（少数地方缺失沙二段）的基础上演化发展而来的，这时期为大规模湖进开始。中南部地区以发育滨—浅湖为主，半深湖环境的分布较为局限。图 6-44 和图 6-45 分别从沉积背景、平面分布和横向递变规律方面展示了湖盆碳酸盐岩在 Es_{1x^4}（滨 1）沉积时期的沉积格局及环境特征。从图中可以看出，在 Es_{1x^4}（滨 1）沉积时期湖进的开始阶段，湖水总体较浅、分布也较开阔，除一些局限的低洼外，适于生物生长，普遍发育生物—颗粒浅滩，特别是港西凸起、孔店—羊三木凸起和徐黑凸起周缘，由于处于箕状湖盆的生长断层一侧，在湖进的过程中能较长时间地位于浪基面之上，所以生物—颗粒浅滩发育的时间长，生物灰岩的厚度也大，如歧北 21 井和房 16 井的生物灰岩厚度分别达到 40m 和 39.5m。西部沧东一带，地势低洼水体局限，加之 Es_{1x^4}（滨 1）时气候还未完全转化为温湿，所以在旺 14 井—旺 11 井和旺 9 井一带封闭的低洼区发育了云质石膏岩沉积。东部滩海区，由于受埕宁隆起的影响，不时地有陆源物质输入，不利于碳酸盐浅滩发育，再则湖底地势相对低一些，所以在 Es_{1x^4}（滨 1）时期的湖进过程中多数时候是半深湖环境。但由于气候干热，盆内低洼区可有白云质洼地发育。南部盐山、南皮凹陷及徐黑凸起周围水体较浅，来自陆源的物质相对丰富，碎屑滩及混合滩沉积相对发育。

2. Es_{1x^3}（板 4）沉积时期沉积模式

Es_{1x^3}（板 4）沉积时期，在湖盆中南部广泛反映为湖进。随着湖水不断加深，Es_{1x^4}（滨 1）沉积时期还处于浪基面之上或附近的浅湖地区变成了半深湖—深湖区，致使原有的凸

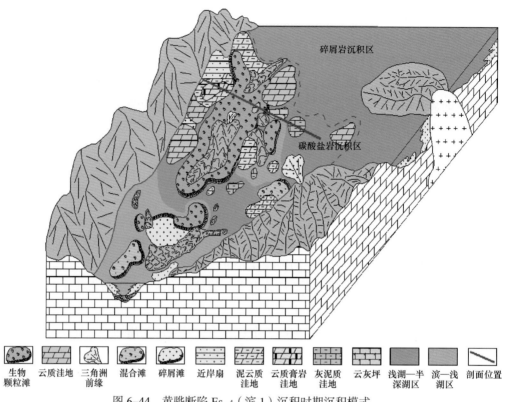

图 6-44　黄骅断陷 Es_{1x}^4（滨 1）沉积时期沉积模式

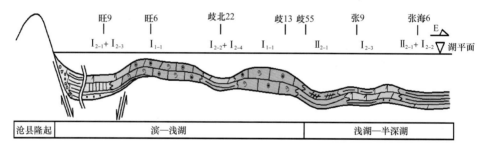

图 6-45　黄骅断陷 Es_{1x}^4（滨 1）沉积时期东西向沉积模式

Ⅰ—滨浅湖：Ⅰ$_1$—浅滩：Ⅰ$_{1-1}$—生物—颗粒滩；Ⅰ$_2$—洼地：Ⅰ$_{2-1}$—膏泥洼地，Ⅰ$_{2-2}$—云质洼地，Ⅰ$_{2-3}$—云灰洼地，
Ⅰ$_{2-4}$—泥质洼地；Ⅱ—半深湖—深湖：Ⅱ$_1$—湖坪：Ⅱ$_{2-1}$—云灰坪；Ⅱ$_2$—半深湖—深湖；
Ⅱ$_{2-1}$—泥质—油泥质半深湖—深湖；Ⅱ$_{2-2}$—云质洼地

起和水下隆起区萎缩，浅滩消失或迁移。但在 Es_{1x}^4（滨 1）沉积时期的一些暴露区或滨湖—浅湖过渡区，随着湖进而成为浅湖区，发育生物滩；如孔店、羊三木和徐黑凸起的局部区带及埕宁隆起西侧的庄 92 井 Es_{1x}^3（板 4）的生物灰岩厚度达 17m，从而形成了浅滩向凸起及水下隆起高部位迁移的趋势。与之相应在 Es_{1x}^4（滨 1）沉积时期的浅滩区这时转化为云灰坪；洼地区可因后期沉积充填作用被填平，也可继承性地进一步形成云灰洼地甚至云质洼地；最终大部分地区由滨浅湖演化为半深湖—深湖环境。滩海区随着湖盆扩大，三角洲沉积也随湖进而向埕宁隆起方向退积。三角洲外侧与半深湖—深湖交会的一些洼地，在气候相对干热、湖平面相对下降的时期，由于地势低洼的汇水作用，使得重盐水在此汇集，最终导致白云石化作用发生，形成规模不等的云坪及云泥质洼地。图 6-46 与图 6-47 从湖盆中南部各类碳酸盐岩微相的平面组合及横向展布，反映了碳酸盐岩在 Es_{1x}^3（板 4）沉积时期的沉积特征。

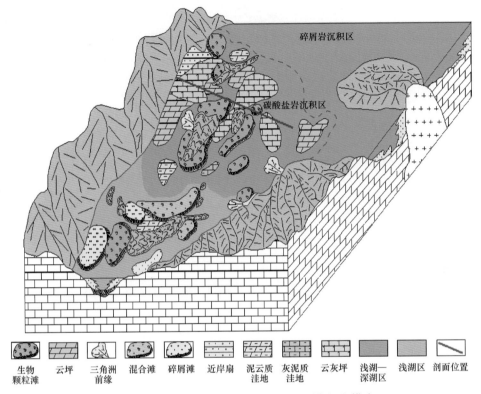

图 6-46　黄骅断陷 Es_{1x}^3（板 4）沉积时期沉积模式

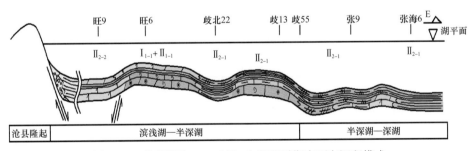

图 6-47　黄骅断陷 Es_{1x}^3（板 4）沉积时期东西向沉积模式

Ⅰ—滨浅湖：Ⅰ₁—浅滩：Ⅰ₁₋₁—生物—颗粒滩；Ⅰ₂—洼地：Ⅰ₂₋₁—膏泥洼地，Ⅰ₂₋₂—云质洼地，Ⅰ₂₋₃—云灰洼地，
Ⅰ₂₋₄—泥质洼地；Ⅱ—半深湖—深湖：Ⅱ₁—湖坪：Ⅱ₁₋₁—云灰坪；Ⅱ₂—半深湖—深湖；
Ⅱ₂₋₁—泥质—油泥质半深湖—深湖；Ⅱ₂₋₂—云质洼地

3. Es_{1x}^{1+2}（板 2+3）沉积时期沉积模式

区域上为湖进最大时期，除少数地方继承性地发育云质洼地、云灰洼地或云灰坪外，广大地区均为半深湖—深湖环境，主要发育泥岩、"油页岩"沉积。埕宁隆起边缘和沧州隆起南部仍不同程度发育三角洲环境，孔店凸起、徐黑凸起虽大面积萎缩，但其周边仍有小型生物滩和混积滩残存（图 6-48、图 6-49）。

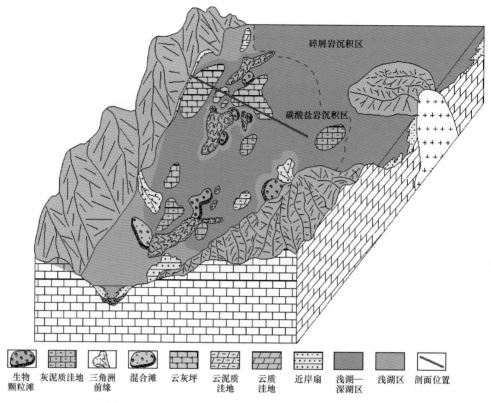

生物
颗粒滩　灰泥质洼地　三角洲
前缘　混合滩　云灰坪　云泥质
洼地　云质
洼地　近岸扇　浅湖—
深湖区　浅湖区　剖面位置

图 6-48　黄骅断陷 Es_{1x}^{1+2}（板 2+3）沉积时期沉积模式

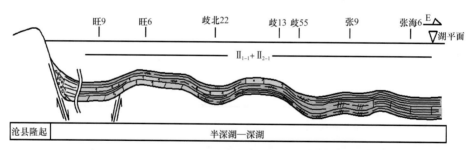

图 6-49　黄骅断陷 Es_{1x}^{1+2}（板 2+3）沉积时期东西向沉积模式

Ⅰ—滨浅湖：Ⅰ$_1$—浅滩；Ⅰ$_{1-1}$—生物—颗粒滩；Ⅰ$_2$—洼地：Ⅰ$_{2-1}$—膏泥洼地，Ⅰ$_{2-2}$—云质洼地，Ⅰ$_{2-3}$—云灰洼地，

Ⅰ$_{2-4}$—泥质洼地；Ⅱ—半深湖—深湖；Ⅱ$_1$—湖坪：Ⅱ$_{2-1}$—云灰坪；Ⅱ$_2$—半深湖—深湖；

Ⅱ$_{2-1}$—泥质—油泥质半深湖—深湖；Ⅱ$_{2-2}$—云质洼地

第七章　断陷湖盆碳酸盐岩成岩作用

Güembel（1868）将成岩作用定义为沉积物形成之后所发生的包括变质作用在内的各种变化，而 Walther（1893）剔除了变质作用，将成岩作用进行了重新修订。现代成岩作用的定义指的是沉积物形成后直至固结成岩，但未发生变质作用之前的一切物理、化学以及生物等作用。实际上是沉积作用以后到沉积岩的风化作用和变质作用以前这一演化过程中的所有作用。因此，断陷湖盆碳酸盐岩成岩作用的研究，在油气勘探、开发和资源评价中占有重要地位。这不仅是断陷湖盆碳酸盐岩的成岩作用既受控于沉积—成岩环境中的各种地质因素与沉积物自身的物质成分，同时它又直接控制了储集空间的形成、演化和展布，甚至决定了生、储、盖等条件的配置关系及成岩圈闭的形成。

第一节　碳酸盐岩成岩作用的研究现状及进展

一、碳酸盐岩成岩作用的重要性

在碳酸盐岩成岩作用的研究中，无论是海相碳酸盐岩还是湖相碳酸盐岩，其主要化学成分均为 CO_3^{2-} 与 Ca^{2+} 组成的矿物集合体，物理、化学特性与其化学成分有着密切联系。成岩过程的变化体现的是外部成岩条件的改变，至于是海相成因的还是湖相成因的碳酸盐岩对于成岩作用本身并未表现出各自的敏感性。只是海相与湖相碳酸盐岩在规模上和成岩环境的复杂性方面存在较大的差异。但与陆源碎屑岩相比，至少在四个方面明显不同：一是颗粒的成因环境；二是对生物的依赖性；三是在湖盆中沉积发育条件和过程；四是对成岩作用的敏感性等（黄思静，2010）。对断陷湖盆碳酸盐岩而言，成岩作用的重要性还不仅如此，湖相白云岩成因与白云化作用也是一个极为重要的方面。由于断陷湖盆，构造复杂、环境多变，不同成因的白云岩及白云化作用甚为普遍。在断陷湖盆碳酸盐岩成岩作用研究中，白云岩成因及白云岩化作用也是断陷湖盆沉积学研究中的热点之一，与之有关的理论问题在基础研究中的意义自然是不言而喻的。在断陷湖盆储集层综合评价和目标预测研究中，湖相碳酸盐岩对成岩作用的强烈敏感性也不亚于海相碳酸盐岩，特别是与各种成岩机制有关的次生孔隙常常是构成断陷湖盆碳酸盐岩储集空间的主体；有时甚至会出现孔隙颠倒的现象，如黄骅断陷孔 77 井沙一下亚段 Es_{1x}^4（滨 1）生物灰岩沉积的各类骨屑与孔新 32 井 Es_{1x}^2（板 3）页状灰岩中的介形虫等全被溶蚀成孔，而沉积时被流体占据的粒间孔隙则成为胶结物（图 7–1）。中国其他断陷湖盆碳酸盐岩储集层中也有类似现象，其储集空间主要以溶蚀作用形成的次生孔隙为主体。但不同断陷湖盆碳酸盐岩的沉积发育及沉积后埋藏演化历史不同，导致储集层成岩作用既受沉积—成岩环境中的各种地质因素与沉积物自身的物质成分控制，同时又受粒间水的动力条件和埋藏温度、压力及构造应力的影响，使各类成岩作用的发育程度及其对储集层形成和孔隙演化的控制作用也有差异。因此，正确识别和解释成岩作用，是正确恢复沉积环境和古地理再造的重要环节（王英华等，1993）。在断陷湖盆碳酸盐岩成岩作用的研究中，深入研究成岩作用的控制因素、成岩作用类型及其孔隙演化特征，对于正确认识断陷湖盆碳酸盐岩储集层及其与油气成藏的关系具有十分重要的意义。

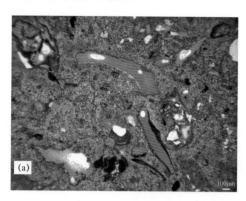

图 7-1　黄骅断陷湖盆碳酸盐岩中的孔隙构成（以次生孔隙为主体）

（a）孔 77 井 Es_{1x}^4（滨 1）生物灰岩中骨屑，沉积后被溶成孔，胶结占据粒间孔隙；（b）孔新 32 井 Es_{1x}^2（板 3）泥晶灰岩岩心中的介形虫，沉积后被溶成孔，粒间孔被胶结物占据，这种孔隙构成在沙一下亚段碳酸盐岩中屡见不鲜

二、断陷湖盆碳酸盐岩成岩作用的研究现状及进展

随着岩石学研究方法与手段的发展，断陷湖盆碳酸盐岩成岩作用的研究在方法和技术上已日趋成熟，电子显微镜分析、电子探针、阴极发光、包体测温、扫描电镜、微量元素以及同位素分析等技术的广泛应用，使断陷湖盆碳酸盐岩的成岩作用研究在成岩类型、成岩阶段以及成岩序列研究的基础上，已经向成岩环境、成岩相以及与之相关的孔隙演化等关键问题开展研究。虽然断陷湖盆碳酸盐岩的分布不像海相碳酸盐岩那么广泛，成岩作用研究的程度也相对较弱，但在国内外断陷湖盆碳酸盐岩油气资源勘探与开发中已经得到了广泛的应用与推广。

近年来，成岩作用的研究在海相碳酸盐岩领域进展很快，不仅取得了令人瞩目的成果，而且直接影响了人们对碳酸盐岩油气储集层形成机制和成岩圈闭油气藏形成机制的理解。黄思静（2010）在《碳酸盐岩的成岩作用》一书中将碳酸盐岩成岩作用研究中取得的突出成果归纳为六个方面。一是低温条件下人工合成了白云石，这一成果是由 Wright 和 Wacey（2004）在地表条件下模拟含有白云石的库隆湖水，在低温常压下通过实验沉淀出了存在有序反射的白云石，从而结束了近百年来人工合成白云石的实验。二是白云化作用数值模拟的开展与计算机的应用，使越来越多的研究为白云化作用的概念模式提供了定量的框架。白云化作用的数值模拟包括从简单的质量预算到对简单边界条件下流体流动的数值模拟，再到复杂的流体流动模式和反应—传输模式。这些研究既包括对传统台地内流体流动和白云化作用的成因模拟，同时还包括对小规模的现代点礁、生物滩和陆表海缓坡及台地的模拟。随着数值分析和计算机应用的巨大进步，使已有白云化模式也得到了修正、完善和新模式的确立。三是过去常用的渗透回流模式、蒸发泵模式、混合水模式、调整白云化模式等，这些作为白云化作用的主流模式已被人们所熟知，并且在白云岩成因及白云岩储集层研究中发挥了重要作用。但随着研究的不断深入及数值模拟与计算机的应用，不仅促进了对上述各模式的进一步修正和完善，同时也提出了一些新的白云化模式：如准同生白云化的微生物/有机质模式，强调了硫酸盐还原和甲烷的形成在白云化中的作用；中深埋藏期多种流体驱动的白云化模式及热液白云化模式等。四是由 Badiozmani（1973）提出的混合水白云化模式，以解释威斯康弯隆 Sinnipee 群厚层碳酸盐的白云化作用。经Luczaj（2006）重新研究后，对 Badiozmani 的经典混合水白云化模式提出了完全不同的意见，并从流体包裹体、阴极发光、稳定同位素及有机质成熟度的数据得出了威斯康弯隆厚层碳酸盐的白云化是与温度升高有关的浓卤水导致的。从而使混合水白云化模式受到了质疑。五是由 Longman（1980）建立的近地表条件下碳酸盐成岩模式对碳酸盐成岩作用及其储集空间演化关系的研究产生了非常深远的影响，该模式将近地表条件下碳酸盐成岩作用划分为沉积—海水潜流—淡水潜流—淡水渗流等七个阶段，这对于解释准同生—早成岩过程中碳酸盐的胶结作用和次生孔隙的形成机制具有非常重要的意义。Longman（1980）模式的核心内容是：（1）海水对碳酸盐矿物（方解石或文石）是过饱和的，因而没有碳酸盐矿物的溶解作用，主要的成岩作用是颗粒的泥晶化、高镁方解石或文石的胶结作用等；（2）文石或高镁方解石的新生变形作用在淡水环境中发生，或者说淡水环境中才能形成成熟的石灰岩；（3）淡水对碳酸盐矿物（方解石或文石）可以是不饱和的，因而碳酸盐的溶解作用主要发生在淡水成岩环境。但由 Melim 等（2002，2004）对更新世低水位滩体顶部岩心的检测研究显示并没有发生大气水成岩作用，而具有活性的大气水透镜体仅延伸至地表下 10m 处。因此，只用大气水成岩作用来追踪海平面的变化，则可能会错过一些大规模的海平面变化事件。海水的埋藏成岩作用的组构与大气水成岩作用具有一定的相似性。已有氧同位素数据表明，许多被认为是大气水成岩作用的组构在海水埋藏环境中也可以存在，如海水浅埋环境中文石被选择溶解、铸模孔、新生变形等。可见原来被认为大气水成岩环境的部分成岩机制，在新近的研究中受到了质疑和挑战。随着锶同位素分析技术和精度的提高及人们对海水锶同位素组成在碳酸盐岩中的保存条件和相应成岩作用的理解，使锶同位素研究在海相碳酸盐岩成岩作用中得到了广泛应用。由于锶同位素不像氧、碳同位素那样因温度、压力和微生物作用而分馏（Machel，2004），锶在海水中的滞留时间（$\approx 10^6$a）大大长于海水的混合时间（$\approx 10^3$a），矿物可直接反映流体的同位素组成。因而任一时代全球范围内海相锶元素在同位素组成上是均一的（McArthur et al.，1992），这造成了地质历史中海水的锶同位素组成具有独特的长期变化趋势（McArthur et al.，2001；Veizer 等，1999），为人们进行沉积期后流体的示踪提供了一个非常有意义的背景值。

国内在古近纪各断陷湖盆碳酸盐岩油气储集层的研究中，均已就成岩阶段、成岩作用类型及其与储集层孔隙形成的关系进行了不同深度的研究。同时在成岩相及大气淡水与中深埋藏期有机质成熟所产生的酸性水溶蚀作用形成的次生孔隙方面进行了卓有成效的探索。但与海相碳酸盐岩成岩作用的研究相比，无论在广度上还是深度上均存在着不少薄弱环节。因此，充分了解近期碳酸盐岩成岩作用研究的新成果、新进展，对深化断陷湖盆碳酸盐岩成岩作用的研究具有重要的推动作用。特别是不同成岩模式的更新、完善及锶同位素分析技术的应用，不仅深化了对成岩环境的认识，而且在研究成岩作用类型、成岩阶段、成岩序列的基础上，使成岩机理和成岩强度的研究更加精细化。目前，在湖相碳酸盐岩成岩作用研究中的一个新的趋向是定量化研究，从定性到定量化所关注的焦点主要集中在胶结作用和压实、压溶作用上，并且已经取得了一定的进展。定量化的研究方法较多，主要是根据岩石薄片进行定量分析，如肉眼估计法、数点法和图像分析法。在薄片鉴定中多采用肉眼估计法，但由于鉴定人的主观因素，这种方法一般误差较大。数点法是一种相对较精确的分析方法，但工作量较大（Heydari，2000，2003），每张薄片统计400个点以上才能对含量为10%的矿物成分统计误差缩小到2%以内（VanderPas，1965），超过1000点/薄片才能将误差控制到更小。图像分析法是利用图像分析软件对薄片中结构和组分等进行的一种定量分析方法，在精确程度上与数点法相当，但大大减少了工作量。Ralf、Weger（2009）将碳酸盐岩孔隙结构对声波速度的影响及渗透率的定量化研究，试图建立孔隙类型与声波速度的联系。Heydari（2000，2003）则对美国密西西比州上侏罗统Smackover组鲕粒灰岩的压实、胶结等成岩作用与孔隙演化进行了定量化的探索。Ehrenberg（2006）将缝合面的发育、黏土层的比例以及硬石膏的胶结与孔隙演化进行了定量化分析。Brigaud（2009）识别出6期方解石和2期白云石胶结，两期大气淡水形成的方解石胶结，使得原始孔隙度由40%下降至10%，其他各期方解石、白云石胶结充填孔隙的5%。

压实作用是沉积物紧密堆积、固结成岩的过程，而压溶作用是在压实过程中温压达到一定程度时发生的化学溶解作用。缝合线是压溶作用的产物，形成深度从埋深500m（1640ft）开始出现（Fabricius.，2000），830m（2723ft）深度缝合线最发育（Lind.，1993）。Safaricz and Davison（2005）发现碳酸盐岩储集层中的缝合线（stylolites and seams）可达15cm（0.5ft）延伸800m（2625ft）远，可作为流体的封隔层（Ehrenberg.，2006）。

成岩相也是成岩作用研究的一个新的尝试，成岩相是在一定的成岩环境控制下，各种成岩作用综合的物质表现，是多种成岩作用叠加的共同结果。形同的沉积相可能具有不同的成岩相，不同的沉积相也可能具有相同的成岩相。成岩相的形成过程与最终定型取决于成岩作用与成岩环境（邹才能等，2008）。成岩相在陆相沉积、成岩研究中也有一定的应用（赵澄林等，1993；应凤祥等，2004），湖相碳酸盐岩与海相碳酸盐岩成岩相类似，可划分为大气淡水成岩相、混合水成岩相、咸水成岩相和埋藏成岩相等（表7-1）。

表7-1 常见碳酸盐岩成岩相类型（据王英华等，1991）

相	大气淡水成岩相	混合水成岩相	咸水成岩相	埋藏成岩相
亚相	淡水溶解亚相	混合水白云化亚相	咸水渗流胶结亚相	压实压溶亚相
	淡水渗流胶结亚相	混合水胶结亚相	咸水潜流胶结亚相	胶结亚相
	淡水潜流胶结亚相	混合水溶蚀亚相	咸水白云化亚相	重结晶亚相
			石膏化亚相	白云化亚相

白云岩化是碳酸盐岩成岩作用研究中，一个非常重要也是最为复杂的问题。白云岩在断陷湖盆碳酸盐岩中分布广泛，而且是埋藏条件下的最重要的储集类型。断陷湖盆的滩相

储集层虽然具有强烈的原生成因，但孔隙较为发育的生物—粒屑滩储集层，大都经历或叠加了白云化作用的改造；相反，没有经历或叠加白云化作用改造的生物—粒屑滩储集层，其物性普遍较差。由此可见，白云化作用对断陷湖盆碳酸盐岩储集层的形成具有重要的意义。然而有关断陷湖盆白云岩成因及白云化作用，尽管在海相碳酸盐岩成岩作用研究的成果中已有所涉及，但重点针对断陷湖盆白云岩成因及白云化作用的系统研究，在近年来才逐渐展开。如田景春等（1998）通过对东营凹陷古近系沙河街组白云岩储集层研究，提出了断陷湖盆白云岩成因是海侵作用的结果，认为海水的侵入，使得断陷湖盆环境内所具备的条件有利于白云石排除动力学和热力学的障碍而形成白云岩。黄杏珍等（2001）通过对泌阳凹陷古近系湖相白云岩的研究，认为湖盆古气候、古盐度、水化学类型及生物化学作用是湖相白云岩形成的主要条件。戴朝成等（2008）通过对辽东湾断陷湖盆古近系沙河街组产于深凹陷内的一套深湖相白云岩的研究后发现，其产出位置明显受辽中凹陷西界的北北东向基底断裂控制。通过系统的沉积学、岩石学、矿物学和地球化学特征分析，认为该套深湖相白云岩的形成是火山作用导致的热液白云化的产物等。诸如此类的论文，还在不断地发表。但对断陷湖盆白云化作用相关问题较为一致的看法：一是湖相白云岩以次生交代作用形成为主；二是动力学（温度、浓度、压力以及催化剂）条件制约着白云石的直接沉淀；三是富 Mg 流体的来源及其量的大小控制着次生交代白云岩形成的结晶程度和分布规模。这些看法，对深化断陷湖盆白云岩成因及白云化作用的研究具有重要的促进作用。

第二节　断陷湖盆碳酸盐岩成岩作用的控制因素

前已述及，断陷湖盆碳酸盐岩沉积环境多变，其成岩作用与海相碳酸盐岩成岩作用比较相对复杂，并且影响因素较多。湖泊深度、湖水温度、湖水性质以及湖底地貌形态的差异都影响着碳酸盐岩的成岩作用。但归纳起来，直接控制湖相碳酸盐岩成岩作用的因素主要有沉积组构、沉积速率、埋藏深度、介质物化性质等，同时还受到湖底古地形及成岩作用过程中的构造活动的影响。

一、沉积组构的控制作用

受沉积相控制的沉积组构直接控制着成岩作用的类型和强度。成岩早期，颗粒碳酸盐岩因粒间孔隙发育有利于成岩介质运动，因此在准同生或早期成岩阶段，容易被胶结、溶解或白云石化、硅化及膏质交代作用。而灰泥碳酸盐则饱含粒间水、易被压实、脱水及固结成岩。其原因在于灰泥原始沉积颗粒细小、表面积过大、温度效应明显，并在埋藏初期即可使灰泥质点发生新生变形或白云石化等作用。随埋深加大、古地温升高，使微小晶粒发生重结晶作用，形成粉晶甚至细晶灰（云）岩。

颗粒碳酸盐岩多为水下隆起或湖盆边缘的浅水沉积物。随古气候、湖水的径流补给等古地理条件的变化及湖面的升降，使沉积物在沉积成岩早期暴露而遭受大气淡水的淋溶，容易形成溶蚀孔、洞、缝等有利的储集空间；但在干旱气候影响下，随湖水盐度的升高，成岩介质可导致沉积物发生准同生白云石化、石膏化作用。断陷湖盆中常见的泥晶白云岩、泥质白云岩、白云质鲕粒灰岩和白云质灰岩，就是在咸化湖水向下伏沉积物渗透而产生白云石化作用的结果。

二、沉积速率与埋藏深度的控制作用

沉积速率和埋藏深度是控制湖相沉积成岩作用的重要因素之一。沉积速率的大小、埋藏深度与埋藏温度密切相关（王英华等，1993）。与海洋的匀速沉积作用不同，湖泊沉积速率常因湖泊类型的不同而具较大变化，即使同一湖盆，其早期和晚期的沉积速率也常有很大差别。断陷湖盆的水体深度较大、水域稳定，发育过程冗长，在多物源和大陆比降等因素控制下，不利于碳酸盐岩沉积发育（王英华等，1993）。但在快速沉积条件下，滨湖和浅湖分布区仍可在局部形成碳酸盐岩沉积，尽管矿物与孔隙水之间不易达到平衡，一些不稳定的矿物也可转化为次稳定或稳定矿物。当其快速进入埋藏环境时，仍主要遭受以温度、压力控制的各类埋藏成岩作用。中国云南滇池、洱海等湖泊水的常年温度保持在$10\sim13℃$，如果埋深达1000m的埋藏温度也应至少大于30℃。由此可见，沉积速率大、埋藏快、温度高，可导致沉积物与孔隙水之间的平衡不断受到破坏，并迅速向稳定态转化或重结晶。沉积速率高的湖盆有机质含量丰富，气体水化物也随之出现。此外，取决于浓度梯度的Ca、Mg、Sr、Na、K等离子的扩散作用也与沉积速度密切相关，并直接决定着孔隙水的地球化学性质及成岩作用特征。

三、介质物化性质的控制作用

成岩环境的温度、压力等物理条件和成岩介质（主要指孔隙流体）的化学性质（如pH值及化学成分等）直接控制着成岩作用的化学演化和强度（张服民，1981）。成岩作用总是在有孔隙流体参与下进行的，孔隙水在成岩作用中作为溶解物质的主要搬运介质，可沉淀胶结物也可改变原生组构的成分。矿化度过饱和的粒间水，可导致方解石的快速胶结而使原生粒间孔隙全部消失。早期胶结物可因粒间水Mg/Ca比或pH值的变化被白云石或其他矿物所交代。断陷湖盆碳酸盐岩沉积中常见的胶磷质及黄铁矿，即是这种成岩的产物。

在近湖底成岩环境中的粒间水与底水相通，其pH<7左右，沉积物因氧化作用，Fe、Mn等元素均以3价形式组成各类氧化物。但厚度有限，一般仅为数厘米，甚至数毫米。随埋深增大，好氧带逐渐转化为仅有厌氧细菌生活的厌氧带。此带中有机质的氧化主要依靠硫酸盐分解析出的氧气进行，因此在这一浅埋藏带又称为硫酸盐还原带，沉积物多具还原色。岩石中的高价Fe、Mn全部转变为低价Fe、Mn，并与硫酸盐分解时产生的S形成水硫铁矿、胶黄铁矿等非晶质单硫矿物，并随重结晶作用的加强变为莓球状或结核状黄铁矿等成岩矿物。好氧带和厌氧带有机质分解的结果，均可形成CO_2，同时在浅埋藏带下部因压力较高而溶于粒间溶液，并提高介质酸度而形成碳酸盐。当埋藏温度达65℃时，大量繁殖的甲烷细菌开始分解碳酸盐，甲烷也随之形成，成岩环境转化为深埋环境。当埋藏温度达80℃时，即可发生脱羧基作用，有机质则演化为热裂解阶段，并形成具有重要储集意义的埋藏次生孔隙。但甲烷的形成使介质中的氢（H）大量消耗而使pH值也随之升高，并引起碳酸盐矿物沉淀。在浅埋藏环境中，碳同位素的分馏并不明显，$\delta^{13}C$平均值一般在$-4.93‰\sim2.75‰$（Keith et al.，1964），但在大气淡水影响下，最低可达$-15‰$，而在深埋藏热裂解形成甲烷时，因C^{12}进入甲烷，C^{13}进入碳酸盐，最终导致$\delta^{13}C$高达15‰以上。

四、物源及突发事件的影响

湖盆物源及同生断层的发育，对湖盆沉积物成岩作用的影响，虽不是直接的，但也不容忽视。湖盆的物源复杂，不同区带或相同区带不同层段的物源供给不同，水动力条件不同，其成岩作用的环境也有较大差异。因此不少研究者常利用 Sr 同位素的变化，研究物源对沉积成岩作用的影响。通常认为 Sr 在海洋中的分布是均一的，所以海洋储库的 $^{87}Sr/^{86}Sr$ 值与经度、海洋盆地或水深无关（Hodell et al.，1990）。$^{87}Sr/^{86}Sr$ 值与较轻同位素（$\delta^{13}C$、$\delta^{18}O$）不一样，不受相分离、化学状态、蒸发作用或生物作用等这些过程的分馏，因此在沉积环境中的 $^{87}Sr/^{86}Sr$ 值仅有的变化将是由于不同来源 Sr 的混合造成的（Douglas et al.，1995）。基于 $^{87}Sr/^{86}Sr$ 值的这一特性，可以通过其比值的差异来研究沉积成岩作用的变化。Palmer 等（1985）确定出海洋中 Sr 的输入主要有河流、热液和沉积碳酸盐的海底溶解等 3 种途径。其中全球河流输入的平均 $^{87}Sr/^{86}Sr$ 值为 0.7119，较现代海水的（0.7092）要高；热液输入的 $^{87}Sr/^{86}Sr$ 平均值为 0.7036（Hess et al.，1982；Palmer et al.，1985）；而海底碳酸盐溶解进入海洋的 Sr 值为 0.7087，与现代海水中的值相似（Elderfield et al.，1982）。地史时期海洋锶同位素的变化被归结为以上 3 种 Sr 来源的相互作用，从而反映了有关物质来源的重要信息。黄骅断陷沙一下亚段碳酸盐岩的锶同位素分析结果，表现出 $^{87}Sr/^{86}Sr$ 值具有从浅湖向深湖环境逐渐增高的趋势，并依次呈现出浅滩→洼地→半深湖沉积的生物灰岩→泥质白云岩→灰质页岩 $^{87}Sr/^{86}Sr$ 值的逐渐升高（图 7-2）。这一特点说明黄骅断陷沙一下亚段的早期与晚期的 Sr 来源不同。特别是突发性构造事件的产生，不仅容易引起震裂岩的形成及生长断层的发育，并且导致不同来源 Sr 的混合及 Sr 同位素值的改变（图 7-3）。

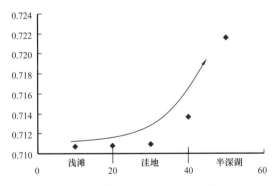

图 7-2　黄骅断陷沙一下亚段不同环境锶
同位素变化特征

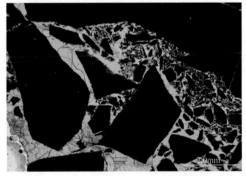

图 7-3　黄骅断陷沙一下亚段
震裂角砾状白云岩

第三节　断陷湖盆碳酸盐岩成岩作用类型及成岩相

成岩作用决定着碳酸盐岩的最终结构特征；不同成岩阶段发生着不同的成岩作用，相同的成岩作用在不同的成岩阶段表现的特征也不尽相同。断陷湖盆碳酸盐岩与海相碳酸盐岩一样，成岩作用类型主要有新生变形作用、压实和压溶作用、胶结作用、溶解作用、重结晶作用及白云石化作用等，同时也形成相应的成岩相。

一、成岩作用类型及特征

（一）新生变形作用

新生变形作用一词是 Folk 于 1965 年提出的，在碳酸盐岩成岩作用研究中得到广泛采用。新生变形作用是指碳酸盐岩沉积物或碳酸盐岩在成岩过程中矿物成分可发生变化，也可不发生变化，而晶体结构发生变化的成岩作用或同质多象体之间的转变。由于碳酸盐岩组构确实是受原地变化的影响，所有新生变形作用在碳酸盐成岩作用研究中，要确切地说明这种转变过程是矿物转变还是重结晶或是两者都有是十分困难的。因而用于描述成岩作用时常采用退变新生变形和进变新生变形这两个术语来分别概括这两种现象（强子同，2007）。

1. 退变新生变形作用（泥晶化作用）

在沉积作用之后，一般碳酸盐颗粒常常要发生一种组成颗粒的矿物晶体变小的转变，这就是退变新生变形作用（Scoffin，1986），也称泥晶化作用（Shearman，1973）。这种早期成岩现象，是由颗粒外部向内进行的，既有无建设性，又有破坏性。在生物骨骼和非生物的文石质颗粒中较为常见，其结果使碳酸盐颗粒（鲕粒、生屑及其他颗粒）部分或全部转变成微晶（泥晶）结构。引起这种转变的原因是由于微孔生物（藻和真菌）在颗粒上钻孔，文石或镁方解石泥晶在显微钻孔中沉淀而发生。泥晶化作用不很强烈时，常在颗粒表层形成连续的"泥晶套"。当泥晶化作用十分彻底时，颗粒的原生结晶结构全部被破坏，只能根据形状来推测这些颗粒的成因。泥晶化作用的标志就是泥晶套（泥晶化边），特别是那些明亮的方解石质（晶质）的生物碎屑颗粒，在发生泥晶化之后，其颗粒表面就会有一层昏暗的灰泥壳，当整个颗粒都被泥晶化后，则成为类似砂屑的泥晶组构的颗粒（图 7-4）。泥晶套是湖底成岩环境的标志。对一些泥晶套的碳同位素分析发现，这些泥晶富含 ^{13}C。这表明微钻孔生物选择性吸收 ^{12}C，造成一个富 ^{13}C 的微环境，因而沉淀的泥晶富含 ^{13}C。

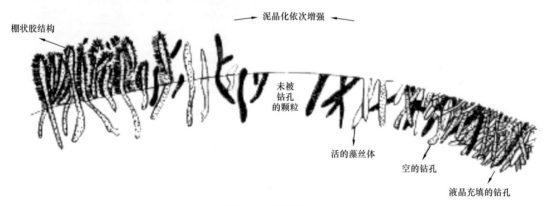

图 7-4　泥晶化边

左边为建设性泥晶化，右边为破坏性泥晶化

2. 进变新生变形作用

这种作用是指组成灰泥或颗粒的原始文石、镁方解石晶体，由于矿物学上的不稳定性而向低镁方解石转化，转化过程中常有晶体粒度的增大现象叫进变新生变形作用。这种作用可以在沉积早期发生。水体中沉淀的非生物成因文石或镁方解石多是在淡水背景下发生的，因为它们的沉淀流体是海水，在海洋条件下要完成向低镁方解石的转化一般不大可能。所以许多骨骼碳酸盐（生物成因文石和镁方解石）是在同有机质流体平衡条件下沉淀的。在水体咸化的断陷湖盆中生物死亡和软体腐烂时，这种转化也会发生。

（二）压实和压溶作用

压实作用是沉积物成岩的主要方式之一。对断陷湖盆碳酸盐岩而言，通常包括机械压实与化学压实作用，二者贯穿于沉积后埋藏阶段的全过程，并且以成岩早期最为显著。不少学者通过实验证明：埋藏深度达 100m 时，碳酸盐沉积物可以压实到其原始厚度的 1/2，使粒间水脱出，沉积物孔隙度减少近 70%（Choquette.，1987；王英华等，1993）。现代浅海相碳酸盐沉积物的观察研究表明，碳酸盐沉积物埋藏深度不到 6m 就固结成岩，其初始孔隙度高达 80%；一般埋藏深达 100m 时，孔隙度则达 40%～70%（表 7-2）。因此压实作用是沉积物厚度减小，孔隙度和渗透率降低的主要原因。断陷湖盆碳酸盐岩储集层发生机械压实作用，主要表现为一些塑性或半塑性颗粒的弯曲变形、颗粒的破裂等。但在黄骅断陷沙一下亚段 Es_{1x}^4（滨 1）生物—粒屑滩沉积中的鲕粒以同心圆状与冬瓜状、长条状、弯曲状混合分布，说明除机械压实外，与生物化学作用也有关（图 7-5a、b）。

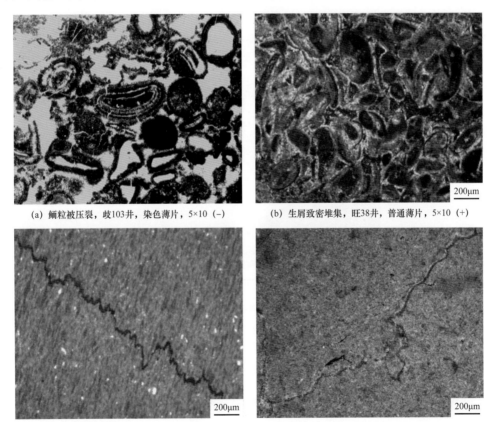

(a) 鲕粒被压裂，岐103井，染色薄片，5×10（-）　　(b) 生屑致密堆集，旺38井，普通薄片，5×10（+）

(c) 缝合线沥青充填，埕54×1井，5×10（-）　　(d) 缝合线充填含铁方解石，埕54×1井，5×10（-）

图 7-5　压实和压溶作用特征

表 7-2 现代碳酸盐沉积物的一般的孔隙度范围

沉积物类型	孔隙度（%）
灰泥岩（泥晶灰岩）	60～70
灰泥质颗粒碳酸盐（泥晶颗粒灰岩）	50～60
干净的碳酸盐颗粒（亮晶颗粒灰岩）	40～50

压溶作用是一种化学压实，当地层压力达到一定数值时，碳酸盐岩就会开始产生溶解。溶解的碳酸盐岩随孔隙流体一同运移到其他地层，当流体环境发生改变，溶解的碳酸盐岩再重新沉淀。压溶作用的特征主要表现为缝合线的形成。Safaricz 等（2005）对北海地区白垩系—古新统储集层中的缝合线研究中发现，缝合线可达 15cm（0.5ft）延伸 800m（2625ft）远。而黄骅断陷沙一下亚段碳酸盐岩的岩心与薄片资料中所见压溶缝合线幅度较小，说明该区碳酸盐岩储集层的压实作用主要以机械压实为主，化学压实作用相对较弱。但随埋藏深度的增加，压力增大，化学压实作用则会逐渐增强，缝合线的幅度也相应增大（图 7-5c、d）。浅滩沉积的颗粒碳酸盐岩因机械压实可使原先 35%～40% 的孔隙度锐减 15%；快速沉积的灰泥，因压实而使孔隙度迅速消失，新生变形作用或许使微晶晶粒的表面张力作用形成晶粒支撑而保存部分显微孔隙，但不经次生溶蚀改造，其连通性一般甚差（图 7-6）。可见压实作用，对储集层孔隙的保存影响甚大。

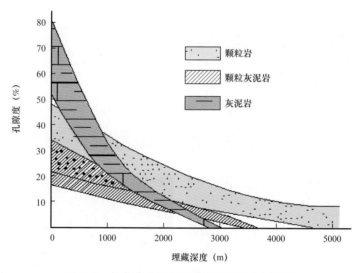

图 7-6 各类碳酸盐岩孔隙度与压实作用关系

（三）胶结作用

胶结作用发生在颗粒支撑的碳酸盐岩，颗粒之间流体沉淀析出的矿物重新附着在颗粒表面形成胶结物。胶结作用一般发育多期，在准同生成岩阶段的胶结可能为咸水或半咸水胶结，也可能为淡水胶结。咸水或半咸水环境下的等厚环边纤（柱）状胶结、粒状胶结都可见到；淡水渗流环境下的重力型胶结、触点新月形胶结以及渗滤砂等均较发育。淡水潜流环境的胶结物特征主要为等轴粒状胶结、叶片状等厚环边胶结以及共轴增生胶结等。这些胶结作用，在断陷湖盆碳酸盐岩成岩作用中极为普遍。但因湖盆水动力不足，分选作用远不如海相碳酸盐岩那么强烈。如遭受强水流冲刷的生物礁向风边缘和陡的前斜坡上，胶结作用最为广泛，而在湖盆生物礁向风一侧的斜坡上的胶结作用相对很弱。湖相碳酸盐岩的胶结物，因介质成分的复杂而常常具有多样性。但较为常见的仍然以无世代的粒状方解石或白云石胶结与早期纤状方解石环边及叶片状方解石环边胶结，晚期则为粒状的二世代方解石胶结或三世代等轴粒状方解石胶结及埋藏条件下的铁方解石铁白云石胶结等。黄骅断陷湖盆碳酸盐岩的胶结作用，主要发生在能量相对较高的生物浅滩沉积的亮晶和泥晶生物（云）灰岩、鲕粒（云）灰岩或生物粒屑（云）灰岩等颗粒岩中。这些浅滩型颗粒岩在沉积时却具有大量粒间孔，经测定孔隙度可达45%以上，孔径大小一般为0.01～0.5mm，最大可达1mm。这些孔隙在黄骅地区的沙一下亚段生物—鲕粒灰岩中经多期亮晶和泥晶白云石胶结后降到了13%～18%。可见，除压实作用外，胶结作用是导致滩相储集层原生孔隙难于保存下来的主要原因。根据胶结物与颗粒或粒间孔隙的关系以及胶结物自身的产状结构，生物—颗粒滩沉积中的世代胶结作用具有如下特征（表7-3，图7-7，图7-8）。

表7-3　黄骅断陷沙一下亚段生物（云）灰岩中胶结物特征及成岩环境

成岩环境	结构类型	胶结物世代	主要特征
湖底	杂乱的微晶方解石（文石）针胶结	第一世代	生物碎屑或鲕粒表面与叶片状方解石胶结物之间还有一层杂乱的微晶方解石针
混合水	纤状环边胶结	第二世代	纤状方解石呈环边胶结，环边层数一般1～2层，充填原生粒间孔隙的10%～45%，最高达90%
	叶片状环边胶结		自形—半自形粉晶叶片状或马牙状方解石呈单环边胶结，充填原生粒间孔隙的5%～15%
大气淡水	粒状粉—细晶胶结	第三世代	粉—细晶方解石呈近等轴粒状，他形—半自形，具充填结构，充填大部分剩余的原生孔隙

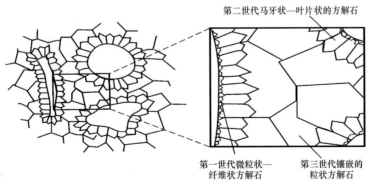

图7-7　三个世代方解石胶结物生长模式图（据董兆雄等，2003）

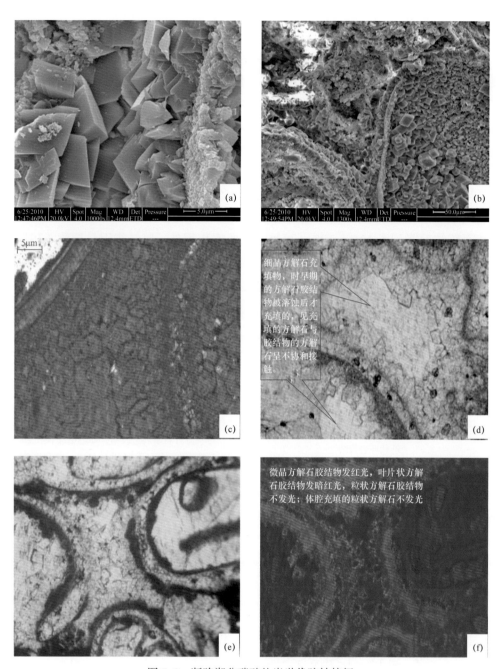

图 7-8　断陷湖盆碳酸盐岩世代胶结特征

（a）（b）旺 36 井鲕粒云岩在扫描电镜下的世代胶结特征，×10；（c）歧北 11 井 Es_{1x}^4（滨 1），含白云质亮晶生物灰岩，
三个世代亮晶方解石胶结，第一世代为微晶方解石，第二世代为叶片状或刃状方解石，第三世代为细粒状方解石，茜
素红染色，单偏光；（d）歧北 11 井 Es_{1x}^3（板 4），含白云质亮晶生物灰岩，三个世代亮晶方解石胶结，以及细晶方解
石充填，可见细晶方解石充填物与三个世代的亮晶方解石胶结物呈不规则接触关系；（e）（f）歧北 11 井 Es_{1x}^3（板 4）
含白云质亮晶生物灰岩，三个世代亮晶方解石胶结，第一、二世代方解石胶结物发暗红光，第三世代方解石胶结物不
发光，微晶结构的生物屑发红光，生物体腔充填的粗晶方解石不发光；（e）为单偏光，（f）为阴极发光，×100

1. 第一世代胶结作用

世代胶结作用在湖相碳酸盐中的普遍发育，是由于溶入粒间胶结组分的浓度、pH 值、温度及 CO_2 分压等变化的结果。其中第一世代胶结，主要发生在湖底，其典型胶结物为杂乱针状微晶方解石（文石）形成的不连续"环边"。常围绕颗粒表面生长，厚度一般约 $3\sim5\mu m$ 左右，多呈不规则状—放射状分布。国外一些地质学家在研究现代文石胶结物时发现，鲕粒表面与叶片状文石胶结物之间还有一层杂乱的微晶文石针（图 7-7，图 7-8，表 7-3）。这类胶结作用是在沉积物沉积后不久在湖底发生的。由于后期成岩作用的改造，这一期方解石胶结物远不如第二世叶片状或刃状方解石胶结物清晰，因此常难辨认。从图 7-7、图 7-8 可以看出，第一世代的微晶方解石在生物碎屑表面形成一个大约厚 0.002mm 的环边，其上为第二世代的叶片状或刃状亮晶方解石胶结物。电子探针分析显示 Na、Ba、Fe、Mn 等微量元素的含量相对较高，而 Sr 较低（表 7-4），Fe/Mn 达到 1.02。较高的微量元素含量可能与碳酸盐沉积形成时湖水的盐度有关。高 Fe/Mn 说明早期胶结作用发生时湖底是还原—弱还原环境。

表 7-4 电子探针分析结果统计表

井号	块号	矿物	测点	Na$_2$O	MgO	SrO	K$_2$O	CaO	BaO	MnO	FeO	Fe/Mn
旺 36 井	3 15/22	早期纤状方解石（一世代）	1	0.037	0.032	0.14	0.003	53.12	0.009	0.008	0.019	
			2	0.043	0.091	0.122	0.007	54.3	0.011	0.017	0.023	
			3	0.211	0.354	0.342	0.014	57.28	0.214	0.101	0.067	
			平均	0.097	0.152	0.149	0.008	54.9	0.078	0.042	0.043	1.02
旺 35 井	3 33/34	生物体腔充填物（二世代）	1	0.002	0.053	0.103	0.004	54.9	0.216	0.023	0.146	
			2	0.004	0.211	0.385	0.012	55.5	0.702	0.031	0.316	
			平均	0.003	0.132	0.244	0.008	55.2	0.459	0.027	0.231	8.55
旺 36 井	3 17/22	早期刃状方解石	1	0.13	0.217	0.029	0.014	55.3	0.063	0.04	0.115	
			2	0.31	0.613	0.097	0.062	57.1	1.021	0.31	0.583	
			平均	0.22	0.415	0.063	0.038	56.2	0.542	0.17	0.349	2.05
旺 1104 井	5 10/12	鲕粒（白云石）	1	0.027	21.67	0.004	0.004	32.26	0.009	0.052	0.079	
			2	0.054	21.13	0.012	0.008	33.38	0.033	0.074	0.36	
			平均	0.04	21.4	0.008	0.006	32.81	0.021	0.063	0.218	3.46
旺 38 井	7 14/30	溶孔充填方解石（三世代）	1	0.582	0.411	0.152	0.047	54.78	0	0.116	0.929	8

2. 第二世代胶结作用

在湖底碳酸盐胶结作用过程中，随着早期胶结物的部分溶解，继之形成第二世代胶结物沉淀，说明成岩介质的 pH 值是随成岩环境的转变而变化的。第二世代胶结为纤状、叶片状或刃状方解石环边胶结为特征，主要发生在同生成岩阶段的湖底—混合水环境。对于海洋环境而言，纤维状、叶片状或刃状等厚环边方解石被认为是海底早期胶结物，形成于孔隙水为正常海水的海底潜流带中（Moore，1979；Longman，1980）。也有学者认为，海底胶结物的纤状习性与正常海水中的高 Mg^{2+}/Ca^{2+} 值有关，孔隙水介质中的高镁含量可选择性地抑制晶体的横向生长，在 Mg^{2+}/Ca^{2+} 值超过 2：1～10：1 或更高的孔隙水介质中，有利于纤状、叶片状或刃状高镁方解石或文石的形成（Folk，1984）。黄骅断陷沙一下亚段碳酸盐岩的第二世代纤状、叶片状或刃状方解石胶结物，广泛见于各类生物—颗粒灰岩中。纤状、叶片状方解石多围绕第一世代胶结物或颗粒边缘呈单环带生长或与第一世代方解石胶结物共轴生长。晶体以自形—半自形粉晶常见，大小一般为 0.03～0.05mm，较为干净明亮，环边前缘具尖菱形，呈明显的偏三角面体形态（图 7-7，图 7-8）。电子探针分析显示 Na、Ba、Fe、Mn 等微量元素的含量高于早期的微晶方解石胶结物而 Sr 却低于前者，其 Fe/Mn 值为 8.55，低于前者（表 7-4）。由此可见，大气淡水已显示出对碳酸盐沉积物的胶结作用产生了影响。说明黄骅断陷沙一下亚段分布于生物灰岩和鲕粒灰岩粒间孔隙中的第二期纤状、叶片状方解石胶结物形成于湖底潜流带混合水成岩环境，而作用于其中的大气淡水主要来自各凸起及隆起带。该期胶结物可使颗粒灰岩中的原生粒间孔缩小40%～50%。不过，对于胶结程度较低的颗粒灰岩来说，由于其渗透性和孔隙度较高，易于各种流体活动，使部分残余粒间孔和粒内孔保留下来，并被尔后埋藏流体溶蚀改造，形成较好的储集空间。

3. 第三世代胶结作用

通常认为，第三世代胶结作用主要发生于准同生成岩阶段的大气水成岩环境和晚成岩阶段的中深埋藏环境。鲕粒灰岩和生物灰岩的阴极发光分析结果表明，沉积颗粒因水介质微量元素的变化及不同期次的胶结作用而显示出不同的发光特征（图 7-7，图 7-8）。胶结物主要为粉晶—细晶方解石，常充填于剩余的粒间孔或溶蚀孔隙及裂缝中，并且以粒状常由孔隙边缘向中心依次生长，形成粉晶、细晶近等轴镶嵌接触，表现出明显的充填组构特征。晶体一般干净明亮，他形或半自形，晶粒大小一般为 0.05～0.1mm。第三世代亮晶方解石胶结物的电子探针分析结果，Na、Fe 微量元素的含量不稳定并高于早期的微晶方解石胶结物，而 Sr 含量相对较 Ba、Mn 高（表 7-4），显然与胶结物沉淀时的湖水盐度、温度和 pH 值有关。随着埋深加大，温度、压力和 pH 值升高，黏土中的 Fe^{2+} 随之析出，进入方解石或白云石的晶格，导致铁方解石或铁白云石形成。所以含铁胶结物，有时因被溶解下渗使 pH 升高，也可促进碳酸钙沉淀；而深埋条件下随着温度升高，使 CO_2 分压降低，则有利于胶结物沉淀。由此可见，随成岩环境中成岩介质、物化性质的变化，湖相碳酸盐岩的胶结物及类型也有所不同。但无论是淡水胶结物还是咸化水胶结物、渗流胶结物还是潜流胶结物、浅埋藏胶结物还是深埋藏胶结物，对碳酸盐岩孔隙而言，都具有一定的破坏作用，但也有研究表明，胶结物的存在可以对粒间孔形成支撑作用，从而保护孔隙在压实过程中的损失。

（四）溶解作用

溶解作用是指可溶性矿物或岩石与未饱和溶液相互作用的过程及结果。湖相碳酸盐岩可溶性非常强，对溶解作用特别敏感。在断陷湖盆碳酸盐岩的成岩历史中，溶解作用可以在三个成岩阶段发生，即早表生成岩阶段、埋藏成岩阶段和晚表生成岩阶段等（图7-9）。但对黄骅断陷及其中国东部诸多古近—新近纪断陷湖盆而言，因沉积成岩晚期抬升暴露短暂，晚表生成岩阶段的溶解作用不发育。因此，黄骅断陷湖盆碳酸盐岩的溶解作用主要发生在早表生成岩阶段与埋藏成岩阶段。但无论哪一期成岩阶段，只要孔隙流体对碳酸盐岩是不饱和的，溶解作用就随之发生，并且形成次生孔隙及相应的充填、交代产物。

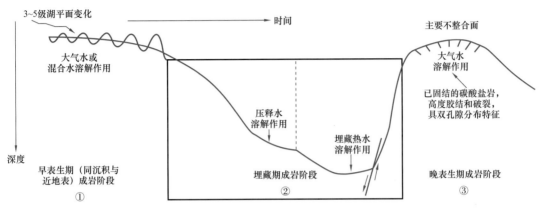

图7-9　碳酸盐岩成岩历史示意图

1. 早表生成岩阶段的溶解作用

该阶段的溶解作用，一般包括同生沉积溶解作用和近地表溶解作用。这两种溶解作用都是由湖平面变化引起大气淡水或大气淡水和湖水的混合水与还没有固结成岩的碳酸盐沉积物相互作用产生的。虽然有岩溶作用的影响，但沉积层还是连续的，并被沉积学家称为"微岩溶"或水文学家常说的"层间岩溶"；由于这两种溶解作用，常常沿沉积层发育，并且可旋回产出，其原因与沉积层的不间断暴露有关，如断陷湖盆沉积中的浅滩环境及活动断块边缘的抬升暴露等，都可导致碳酸盐沉积物产生溶解作用。早表生成岩阶段的大气淡水溶解作用对碳酸盐岩沉积物的溶解程度取决于大气水中 CO_2 和有机酸的含量，盐度、温度以及 pH 值等。James 等（1990）认为大气淡水中的化学成分十分复杂，将两种矿物呈饱和状态的溶液进行混合，形成的混合溶液可表现为未饱和—过饱和状态。如果混合后溶液呈未饱和状态，就将继续发生溶解作用。这种混合可以是渗流带和潜流带中溶液的混合，也可以是潜流带底部淡水与湖水的混合。黄骅断陷沙一下亚段碳酸盐岩，与中国东部其他断陷湖盆碳酸盐岩一样，不仅发育在大规模湖进阶段，同时又处在生长断层活跃期。因此在早表生成岩阶段，经常因构造作用及古地形的差异而暴露于大气淡水作用带，受到了大气淡水的不定期改造。特别在浅滩环境中，往往在沉积层中自上而下形成大气淡水渗流带、大气淡水潜流带、大气淡水与湖水的混合带及深部潜流带等四个带（图7-10）。其中前两个带有利于溶解作用的形成和发育，在颗粒碳酸盐岩中形成了丰富的孔隙。大气淡水溶解作用具有一定的选择性，形成铸模孔、粒内溶孔、粒间溶孔以及晶间溶孔等；在泥粉晶白云岩中，因石膏、盐岩等易溶矿物的溶解而形成膏模孔、盐模孔等。渗流带和潜流带的成岩环境和溶解特征也存在着一定的差异，大气淡水渗流带 CO_2 含量高，动力条件好，pH 值低，一般会形成垂直的溶蚀孔洞，胶结物可形成重力或新月状方解石胶结；大气淡水潜流带中流体流动不畅，沉淀和交代作用快，pH值一般在7左右，多形成一些水平的溶孔。而进入混合水带，因流体pH值的不断升高，使溶蚀作用降弱，并且在生物体腔或不规则溶孔中形成部分渗流砂的充填。同时随着地壳的稳定沉降，沉积物的渐进式埋藏，孔隙水浓缩，使同生成岩期形成的部分溶蚀孔隙，往往被后期的碳酸盐胶结物及次生矿物所充填。但由于断陷湖盆中淡水与湖水的频繁交替，使沉积层中孔隙水盐度变化较大，从而导致部分残余粒间孔与部分溶蚀孔因孔内流体不饱和而保留下来（图7-11a、b）。

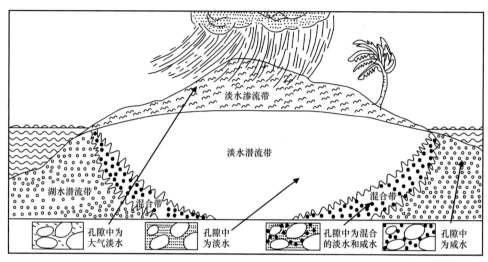

图7-10　生物—颗粒滩近地表成岩环境分布示意图（据Longman，1980，修改）

2. 埋藏成岩阶段的溶解作用

埋藏成岩阶段的溶解作用，一般包括中—深埋藏成岩期压释水溶解作用与深埋藏期热液溶解作用。其中中—深埋藏成岩期压释水溶解作用，是由有机质成熟而产生的酸性有机流体与碳酸盐岩相互作用而产生的。这种溶解作用往往形成非组构选择性溶孔、溶洞（图7-11c—f）。一些学者称之为深部溶解作用（叶德胜，1994），中成岩期溶解作用（Mazzullo，1992）或中—深埋藏期岩溶（郑聪斌，1993）等。埋藏成岩阶段，碳酸盐岩次生孔隙的发现，是20世纪80年代以来碳酸盐岩成岩作用研究的突出进展之一，它为碳酸盐岩深部油气勘探开发拓宽了前景。以往的研究表明，中—深埋藏成岩期溶解作用的形成和发育，主要取决于富含有机酸、CO_2及H_2S的压释水，埋藏溶解动力条件和溶解介质性质及其空间变化等因素。

1）酸性有机流体的来源及形成机理

随着沉积层的厚度增大，温度增高，泥质沉积物所含的孔隙水和结晶水因压实而不断释出。根据孙世雄（1991）对不同学者泥岩脱水曲线的阶段划分（图7-12），沉积早期原始泥质沉积物中被水充填的孔隙空间约占总体积的80%或者更多一些，当沉积物增厚达数百米时，伴随着压实及水力驱动（游离水为主），使孔隙度减小到30%（Hedbery，1964）。原始颗粒碳酸盐岩的孔隙度为40%～50%，压实作用比泥质沉积物小，在浅埋藏条件下（0～1000m）经压实其孔隙度可下降到20%～30%。由于泥质沉积层压实作用所产生的压力接近于地静压力，孔隙水不泄漏时带有全荷重力；当水被挤出时，则压力将下降到静水压力，而向压力较小的颗粒碳酸盐岩层空间转移，绝大部分释出水向湖盆边缘或向上运移排泄。在浅埋藏条件下，温度较低（低于60℃），细菌活动对有机酸的形成起主要作用。在有氧环境下，有机酸可作为微生物的营养物而被消耗，当有机酸的产酸作用强于微生物消耗作用时，部分有机酸将残留于孔隙水中，甚至在30～80m的浅埋条件下，沉积物中有机质的发酵作用也生成有机酸（McMahon et al.，1992）。在厌氧的耗氧环境下，微生物介入的反应为N、Fe、S的还原和甲烷化作用，导致单环芳香烃的降解（Major et al.，1988；Lovley et al.，1989；Haag et al.，1991），如：

$$烃类 + SO_4^{2-} \xrightarrow{\text{还原}} 沥青 + H_2S + HCO_3^- + 有机酸$$

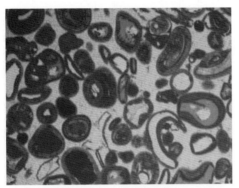

(a) 亮晶鲕粒灰岩，粒内溶孔和铸模孔发育。歧123井，2871.33m，×2.5，铸体薄片

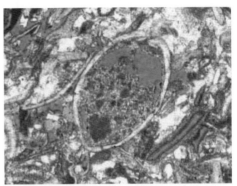

(b) 生屑灰岩，生物体腔孔发育，扣42井，滨1，2306.89m，普通薄片，4×10(+)，铸体薄片

(c) 白云岩，粒间溶孔发育，房14井，2718.51m，单偏光，铸体薄片

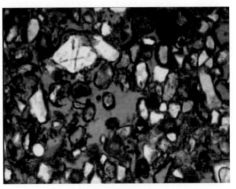

(d) 白云岩，粒间溶孔发育，歧100井，2896.05m，单偏光，铸体薄片

(e) 泥晶白云岩中的晶间孔和晶间溶孔，zc1-4井，2974.43m，×3000，扫描电镜

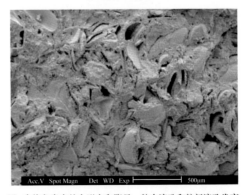

(f) 生物灰岩中的介形虫和腹足，粒内溶孔和粒间溶孔发育，歧123井，2878.34m，×50，扫描电镜

图 7-11　碳酸盐岩次生溶孔特征

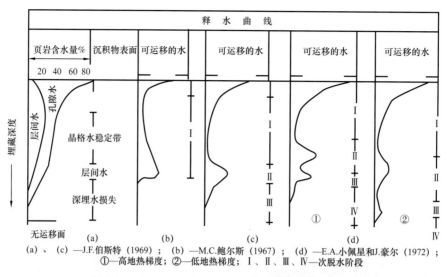

图 7-12　黏土岩脱水阶段的划分（据孙世雄，1991）

（a）、（c）—J.F.伯斯特（1969）；（b）—M.C.鲍尔斯（1967）；（d）—E.A.小佩星和J.豪尔（1972）；①—高地热梯度；②—低地热梯度；Ⅰ、Ⅱ、Ⅲ、Ⅳ—次脱水阶段

在较低温度条件下，由于细菌的消耗和有机酸生成率较低，浅埋藏环境孔隙水中的有机酸浓度较低，多低于100mg/L（Kharaks et al.，1983）。因 H_2S 的离解常数远大于铁等金属硫化物的溶度积常数，压释水呈面状向孔隙发育的滩相颗粒灰岩渗流时，伴随泥质充填，容易在局部形成黄铁矿化。当沉积物厚度达 1500～2500m 时，温度增高到 60～90℃，沉积物中干酪根处于低成熟阶段，在有水的分解作用下，有机酸产生率增高。湖盆泥岩干酪根有水热解试验表明：当 R_o 为 0.57% 时，泥岩干酪根转化为有机酸的产率为 1.8mg/g。在此埋藏深度条件下，有机酸产率增大的同时，受较高静地压力作用，沉积物颗粒的束缚水和部分黏土矿物结构水释出，沉积物的孔隙度自 30% 下降到 20% 左右。释出水中的有机酸含量明显高于浅埋阶段。从塔里木盆地和黄骅坳陷油田水有机酸含量与温度和深度关系来看，其浓度一般低于 1000mg/L，多为 100～500mg/L（图 7-13）。当埋深增至 2500m 时，上覆地层已形成湖盆的整体封闭，绝大部分压释水具有向上运移排泄的趋势。在滩相颗粒碳酸盐岩接触的部位，压释水向颗粒碳酸盐岩含水层渗流、溶解扩大原有孔隙，同时，因有机酸含量较低，易被碳酸盐矿物的溶解所消耗，在水流滞缓部位，形成次生矿物沉淀。

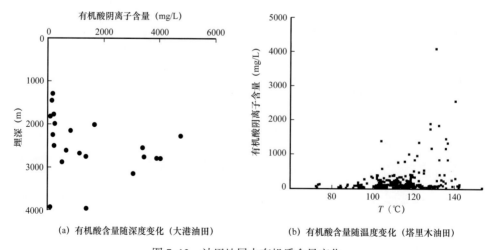

（a）有机酸含量随深度变化（大港油田）　　（b）有机酸含量随温度变化（塔里木油田）

图 7-13　油田地层水有机质含量变化

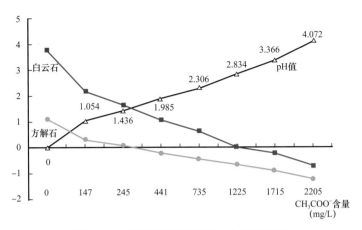

图 7-14　湖相碳酸盐岩溶蚀能力模拟曲线

2）溶解作用的特征

大量的溶解实验表明，以碳酸为化学动力的溶解作用多发生于 pH 值为 4~6 的量值区间，而有机酸的溶解过程主要在 pH 值＜5 的酸性环境，pH 值为 2.8~4 的区间溶解速度较快。可见，有机酸的介入成为埋藏溶解作用的主要地球化学动力因子。黄思静等（1992）用乙酸作为动力因子，对白云岩溶解模拟实验结果为：白云岩的溶解速率和溶解量均大于碳酸的溶解过程。夏日元（2001）根据此结果对黄骅断陷古近系酸性压释水溶解动力特征模拟计算结果表明（图 7-14）：当乙酸浓度达到 100~350mg/L 时，方解石开始变为不稳定而趋于溶解，当乙酸浓度达到 1220 mg/L 时，白云石趋于溶解。但在深埋藏条件下，白云岩的溶解程度比石灰岩强，碳酸盐地层水对有机酸有一定的缓冲能力，表现为方解石对有机酸性水介入的初始反应较快，在乙酸含量较低时，即变为不饱和，但随后降幅变小；而白云石的反应持续性强，随乙酸浓度增大，保持较大的斜率下降。可见，在埋藏较浅，烃源岩有机质低成熟—成熟早期，产生的酸性压释水对方解石溶解较强；随埋深加大，有机质成熟期酸性压释水中有机酸含量增高，补给比例增大，对白云岩的溶解能力显著增强。由于酸性压释水起源于矿物结晶水，其化学组分主要从砂泥岩中溶滤获得。因沙泥岩不含膏盐等易溶组分，故矿化度低，应属淡水。而有机质是最强的还原剂，有机质分解过程中可产生 CO_2，加上直接携带的烃类和酸性物质，赋予了压释水的酸性还原特征。当酸性压释水进入碳酸盐岩含水层与孔隙水混合时，两种地球化学性质不同、组分各异的地下水在碳酸盐岩储集层相遇，不仅改变了水化学平衡状态，而且势必产生反应，同时引起与围岩的相互作用。如果地层水量多，补给酸性压释水量少，压释水流对围岩的改造作用必然显得微弱，反之则异常强烈。因此，结合黄骅断陷湖盆碳酸盐岩沉积成岩史与有机质热演化史分析，该区在中—深埋藏成岩阶段，沙一下亚段埋深已达 1900~2200m，局部地区可达 2600m 以上，具有中—深埋藏期溶解作用的条件。但从泥晶灰岩、生物—颗粒灰岩及溶孔充填物样品的碳、氧同位素分析表明，泥晶灰岩样品分布在Ⅰ区、生物—颗粒灰岩分布在Ⅱ区、溶孔充填方解石分布在Ⅲ区、裂缝充填铁白云石分布在Ⅳ区。由此可见，大部分泥晶灰岩、生物—颗粒灰岩样品点落在早期大气淡水成岩区范畴，唯有部分充填方解石显示出有机酸性水改造而轻化的分馏特征（图 7-15）。其原因是该区有机质大都处于低成熟阶段（R_o 为 0.2%～0.93%），所产生的酸性水量相对较少，溶解作用则相对有限。但由于同生断裂活动频繁，侵入岩与喷发岩活跃，从而导致深部热流体沿断裂上升，进入碳酸盐岩储集层而促进了溶解作用的持续发育。特别是生物—颗粒灰岩储集层先期孔隙保存较好，选择性溶解作用较强，所形成的溶孔、晶间溶孔和部分溶缝，其总量约 3%～20% 不等，孔径大小为 0.1～0.6mm，一般为 0.2～0.4mm。这些溶解孔隙的发育，几乎与烃类的侵位相同步，因而对油气运聚成藏具有重要意义。

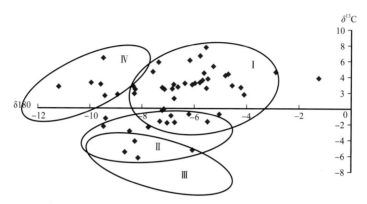

图 7-15　黄骅断陷沙一下亚段基质与孔洞充填物碳、氧同位素相关图解

Ⅰ—泥晶灰岩；Ⅱ—生物—颗粒灰岩；Ⅲ—充填方解石；Ⅳ—充填铁白云石

　　需要指出的是，沙一下亚段除湖相碳酸盐岩外，还有部分灰质砂岩及砂质（云）灰岩组成的混积岩。这部分混积岩，（云）灰质含量高，成岩作用特点与碳酸盐岩有些接近，只是黏土矿物的混层比高达 78%～90%，平均 84%，远高于湖相碳酸盐岩，说明其成岩作用强度明显低于湖相碳酸盐岩。在成岩初始阶段，砂岩中绿泥石薄膜胶结作用已经开始，但由于部分砂岩含有同沉积的火山物质（扣 38-16 井，1571.99m），在初始阶段还要发生火山物质的水解作用、水合作用和碳酸盐化作用。进入成岩早期，砂质沉积物具有一定的埋藏深度，压实作用日趋强烈，孔隙水浓缩，部分方解石、高岭石形成，少量二氧化硅也开始沉淀。有机物质虽然没有完全成熟，但是生化作用却十分强烈，并导致砂岩中长石等硅酸盐矿物溶蚀；进入中成岩阶段，溶解作用更为强烈。并随着有机质热演化的增强，来自有机酸性水的作用，使砂岩孔隙中的黏土及不稳定的矿物遭受溶解，而形成部分次生孔隙（图 7-16）。无论是碎屑岩还是碳酸盐岩，随溶解作用的进行，相应产生新生矿物的析出充填，二者相互制约，相互依存，不仅对储集层原有孔隙进行了调整，而且增强了溶解孔隙的有效性，但对储集层孔隙度的总量并未发生大的变化。不少专家将这种孔隙调整机制，称为孔隙度的转换。

图 7-16　扣 38-16 井灰质砂岩中的岩屑溶孔

被溶物为长石及火山物质，×20

（五）交代作用

交代作用是指一种矿物被新生的另一种矿物所取代的作用。通常这是一种化学作用过程，交代前后，矿物成分、化学成分和岩石体积都要发生根本变化。因此研究交代作用性质、过程，对了解碳酸盐岩孔隙演化具有重要意义。交代作用是断陷湖碳酸盐岩中最重要的成岩作用之一。常见的交代作用有白云化作用、去白云化作用、重结晶作用、黏土矿物转化作用、膏化与去膏化作用等。

1. 白云化作用

白云化作用在断陷湖盆碳酸盐岩中比其他交代作用更为普遍，这是由于断陷湖盆地形复杂、湖水运移方式多变及相应的气候条件所决定的。但白云化作用，无论在海相还是湖相沉积中都是个极为复杂的问题，关于白云石的成因有许多种，多数仍属假说阶段。目前，对断陷湖盆碳酸盐岩白云化作用而言，比较成熟的是蒸发浓缩白云化（蒸发泵机理的准同生白云化）、渗透回流白云化和埋藏白云化等。这些白云化作用是近年来讨论的重点。其他白云石化，如混合水白云化，已受到不少研究者的质疑；调整白云石化，其作用规模局限，没多大实用价值；淡水白云化，实际上与混合水有某种联系（强子同，2007）。

1）蒸发浓缩白云化

蒸发浓缩白云化（蒸发泵机理的准同生白云化），是断陷湖盆沉积物在干旱气候环境中最常见的成岩作用之一。在中国古近纪断陷湖盆沉积中均可见到此类白云岩分布。蒸发浓缩白云化形成的流体是沉积流体，对应的环境是近地表成岩环境，作用机制以交代灰泥为特征。岩石具有泥晶结构，由小于 0.01mm 的他形粒状白云石组成，发育微细水平层理，单层厚 0.3~1mm，普含陆源砂、泥，常见少量生物碎屑。X 射线衍射分析获得的白云石有序度普遍较低，最低的为 0.415，最高也仅 0.679（表 7–5）。其中约有 36% 的样品有序度小于 0.5，约 28% 为 0.5~0.6，大于 0.6 的约 36%。再则，这些白云石的镁钙比一般也偏低，最低者仅 0.66 左右，最高也仅 0.88。这种低有序度、低镁钙比的白云石，与库龙潟湖和美国加州深泉湖原白云石特征类似，应属同生—准同生白云石化的产物。白云质灰岩的灰质部分与白云质部分的碳—氧同位素对比发现，不同微相环境的同一个样品的碳、氧同位素值，其白云石明显高于方解石（表 7–6）。由此说明黄骅断陷沙一下亚段的白云岩主要为同生—准同生白云石化的产物，形成环境主要为云灰坪和云质洼地。董兆雄（2002）通过薄片观察，发现白云石很少交代硅质沉积物，这是由于白云石的生成需要大量的 Ca^{2+}，而硅质沉积物远不能提供白云石生成所需的 Ca^{2+}，只有灰质沉积物才具有这样的可能。灰质沉积物沉积之后，当气候转为相对干热时，湖水由于蒸发量增大补给量减少，表层湖水则因蒸发而浓缩，势必导致湖水盐度升高，形成浓缩的高盐度（富 Mg^{2+}）流体，下沉到湖底与先期灰泥中的 Ca^{2+} 产生交代作用。从表 7–6 就可以看出，白云质灰岩中方解石组分（即石灰岩部分）的碳氧同位素 $\delta^{13}C$ 和 $\delta^{18}O$ 值与其中的白云石的 $\delta^{13}C$ 和 $\delta^{18}O$ 值均具有明显的差异；其中白云石组分的 $\delta^{13}C$ 和 $\delta^{18}O$ 平均值分别高于方解石组分 2‰和 5‰以上，并且云质洼地微相白云岩的碳、氧同位素值大大高于颗粒滩微相云质灰岩。由此说明湖底白云化作用发生时湖水的盐度是较高的，特别是洼地微相更高。不管是白云岩还是白云质灰岩，它们中的白云石都是泥—微晶白云石，并且含有少量石膏及钙芒硝（图4-43、图4-52）。阴极发光下，泥—微晶白云岩，常呈暗红色与橘黄色，并且多数白云石发光较亮，发光性与雾心亮边结构一致。如旺22井、扣42井、旺38井区泥—微晶白云岩发暗褐色—橘黄色；其中旺22井白云岩发光颜色较为复杂，暗褐色—橘黄均有分布，但主要以暗褐色为主（图7-17）。X衍射全岩分析结果，泥晶白云岩的矿物组分中白云石含量高达50%～70%，方解石和石英含量相对较低（图7-18），能谱分析显示：晶体结构未发生明显变化，其主要化学组分由Mg、Ca、Si组成，这些泥—微晶白云岩显然是蒸发环境或非常局限环境的湖底快速白云化的产物（图7-19）。由此可见，湖面蒸发浓缩的浓盐水不仅有利于白云化作用的发生，同时还可伴随湖水盐度的进一步增高而产生膏化或盐化。黄骅断陷齐家务沙一下亚段早期膏岩洼地的形成，即是白云化与膏化的结果。因此，湖底地势相对较低的洼地分布区，不仅有利于周缘浓缩的重盐水汇集，同时往往又是风浪所不及的相对封闭区，重盐水能在此从容交代先期的碳酸钙沉积物，使之白云化，甚至膏化；而在湖坪分布区，由于湖底地势相对平坦，重盐水不能在此久留，导致白云石化作用不彻底，从而多生成白云质灰岩。

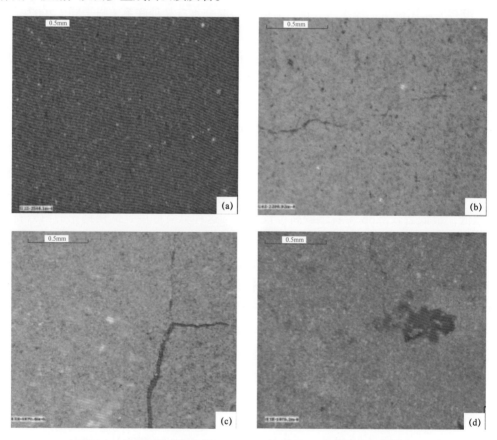

（a）旺22井，白云岩阴极发光显暗褐色，10×10；　（b）扣42井，白云岩阴极发光显橘黄色，10×10；
（c）旺38井，白云岩阴极发光显橘黄色，10×10；　（d）旺38井，白云岩阴极发光显棕黄色，10×10

图7-17　泥—微晶白云岩阴极发光特征（据李聪，2011）

表 7–5　白云岩中白云石有序度及镁／钙比特征表（据董兆雄，2002；郑聪斌，2008）

序号	样品编号	小层	岩性	有序度	Ca 含量（%）	Mg 含量（%）	Mg/Ca
1	孔 74–1	Es_{1x}^2	白云质砂岩	0.619048	58.44696	41.55304	0.711
2	歧北 11–1	Es_{1x}^3	白云质生物灰岩	0.644828	57.08031	42.91969	0.751
3	歧北 11–2	Es_{1x}^3	白云质鲕粒灰岩	0.679612	60.39694	39.60306	0.655
4	扣 42–1	Es_{1x}^2	含砂含灰质鲕粒白云岩	0.419858	57.50364	42.49636	0.739
5	扣 42–2	Es_{1x}^2	含灰质泥晶白云岩	0.520085	55.35366	44.64634	0.8066
6	扣 42–3	Es_{1x}^2	灰质白云岩	0.587671	53.56035	46.43965	0.8671
7	扣 42–5	Es_{1x}^2	泥晶白云岩	0.662928	55.87366	44.12634	0.7898
8	庄 64–1	Es_{1x}^2	含泥质泥晶白云岩	0.428571	53.15702	46.84298	0.8812
9	庄 64–2	Es_{1x}^2	泥—粉晶白云岩	0.529891	55.44366	44.55634	0.8036
10	张参 1–4–5	Es_{1x}^2	泥晶白云岩	0.430647	53.10035	46.89965	0.883227
11	张参 1–4–1	Es_{1x}^3	泥晶白云岩	0.484501	54.837	45.163	0.823586
12	房 10–4	Es_{1x}^2	泥晶白云岩	0.415484	53.97034	46.02966	0.85287
13	房 29–1	Es_{1x}^2	细粉晶—泥晶白云岩	0.517456	54.66033	45.33967	0.82948
平均值				0.544299	55.69747	44.30253	0.798793

表 7–6　不同微相环境的白云石与方解石碳、氧同位素值（据董兆雄，2002）

井号	分析组分	岩性	沉积微相	层位	$\delta^{13}C_{PDB}$（‰）	$\delta^{18}O_{PDB}$（‰）
歧北 11–1	方解石	白云质生物灰岩	颗粒滩	Es_{1x}^4	−0.75	−7.15
歧北 11–2		白云质鲕粒灰岩		Es_{1x}^4	−0.07	−10.29
歧北 11–4		含白云质生屑灰岩		Es_{1x}^4	0.53	−5.83
扣 16–1		含白云质螺灰岩		Es_{1x}^3	2.72	−11.18
扣 42–1		含砂含灰质鲕粒白云岩		Es_{1x}^3	8.88	−11.86
扣 42–3		含灰质泥晶白云岩	云质洼地	Es_{1x}^3	8.67	−12.22
庄 48		灰质泥晶白云岩		Es_{1x}^2	1.15	−7.45
平均值					3.02	−9.43
歧北 11–1	白云石	白云质生物灰岩	颗粒滩	Es_{1x}^4	2.88	−2.44
歧北 11–2		白云质鲕粒灰岩		Es_{1x}^4	2.14	−3.72
歧北 11–4		含白云质生屑灰岩		Es_{1x}^4	−0.03	−6.69
扣 16–1		含白云质螺灰岩		Es_{1x}^3	4.98	−4.37

井号	分析组分	岩性	沉积微相	层位	$\delta^{13}C_{PDB}$（‰）	$\delta^{18}O_{PDB}$（‰）
扣42-1	白云石	含砂含灰质鲕粒白云岩	颗粒滩	Es_{1x}^3	11.81	-1.18
扣42-3		灰质泥晶白云岩	云质洼地	Es_{1x}^3	11.27	-0.73
张海7		泥晶白云岩		Es_{1x}^3	3.40	-7.54
旺22		泥晶白云岩		Es_{1x}^3	6.61	-3.99
庄64-1		含泥质泥晶白云岩		Es_{1x}^3	10.22	-1.39
庄48		灰质泥晶白云岩		Es_{1x}^2	4.08	-5.92
平均值					5.23	-3.74

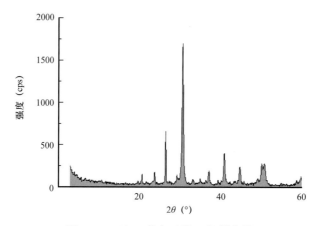

图7-18 旺22井白云岩X衍射曲线

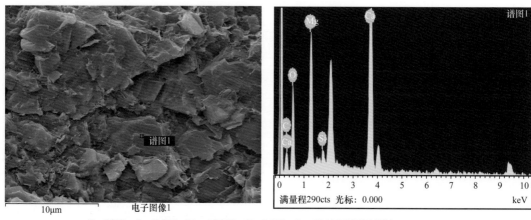

C: 0.96%，O: 69.81%，Mg: 13.95%，Si: 1.45%，Ca: 13.84%(原子百分比)

图7-19 黄骅断陷旺22井泥晶白云岩扫描电镜及能谱分析

2）渗透回流白云化

渗透回流云白化形成于准同生后，多属湖盆水体不断咸化的产物，在中国东西部古近纪断陷湖盆中均可见。黄骅断陷沙一下亚段也有此类白云岩分布，岩性较纯，结构较粗，多具粗粉晶—细晶结构，他形—半自形、近等粒或不等粒镶嵌结构，晶体多具雾心亮边或环带构造，阴极发光下多为玫瑰红色，岩石中 Fe、Mn 含量偏高，Sr 含量偏低（表 7-4），如黄骅断陷旺 114 井滩相沉积被选择性白云化的细晶鲕粒白云岩及白云质生物灰岩即是渗透回流白云化作用的结果（图 4-40）。准同生后的白云化，常发育滩后浅湖或湖湾及半深湖区。在古气候影响下，重盐水下渗引起的白云化作用可长时间、大范围进行，并形成区域性分布的白云岩或白云质灰岩，黄骅断陷齐家务地区沙一下亚段 Es_{1x}^3（板 4）—Es_{1x}^2（板 3）白云岩与白云质灰岩，多数为渗透回流白云化作用的产物。

3）埋藏白云化

埋藏白云化主要发生在沉积后的埋藏成岩阶段，形成深度一般在 2000～3000m，甚至更深，Mg^{2+}/Ca^{2+} 值为 4～10 之间。由于 Mg^{2+} 半径小于 Ca^{2+} 半径，在高温、高压条件下，Mg^{2+} 更容易取代 Ca^{2+}，当 Mg^{2+}/Ca^{2+} 值为 4 时即可发生白云石化。也有人认为埋藏白云石化是早期形成的白云石的后期调整和加强（Land，1985），埋藏作用下形成的白云岩有序度一般都较高，$\delta^{18}O$ 一般为负值，Sr 和 Na 的含量也比较低。埋藏白云石化常与裂缝和缝合线的发育密切相关，临近缝合线的白云石化作用较强，向周围逐渐减弱（张永生，2000；陈辉等，2008），埋藏白云石化和热液活动也有一定的联系。Wierzbicki（2006）在对加拿大新斯科合上侏罗统 Abenaki 地台碳酸盐岩 Deep Panuke 储集层白云石化的研究中认为，该地区的储集层白云岩就是在埋藏环境下形成的。埋藏白云石化发生在岩石固结以后，形成的白云岩同样属于成岩白云岩。根据白云石化的流体动力学机制，埋藏白云石化多发生在具有一定孔隙度和渗透率的石灰岩地层，所形成的白云岩多为颗粒白云岩和粉—粗晶白云岩。由于埋藏白云石化通常发生在较深的地层中，温度和压力都较高，有利于白云石化反应的进行。但同样由于埋藏较深，Mg^{2+} 的来源以及流体动力学机制也是很难解决的问题。从黄骅断陷沙一下亚段白云岩扫描电镜与能谱分析可以看出，经埋藏白云石化改造后，晶体结构增大，其化学组分中除 Mg、Ca、Si 外，还含有 Fe、Ge、Zr、Sb 等金属元素（图 7-20）。X 衍射全岩分析结果表明，经埋藏白云化改造后的细晶白云岩的矿

 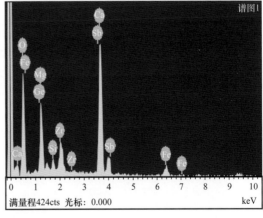

O: 72.38%; Mg: 8.51%; Si: 1.08%; Ca: 12.3%; Fe: 1.51%; Ge: 0.46; Zr: 1.77%; Sb: 2.01%(原子百分比)

图 7-20　黄骅断陷旺 38 井细晶白云岩扫描电镜及能谱分析

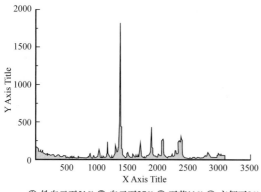

① 铁白云石51% ② 白云石27% ③ 石英11% ④ 方解石9%

图 7-21　旺 38 井细晶白云岩 X 衍射曲线

物组成，除白云石（27%）、方解石（9%）、石英（11%）外，铁白云石含量则高达51%～54%。说明黄骅断陷沙一下亚段埋藏白云石化作用与深部上升的热液活动密切相关（图 7-21）。对于这类白云岩的鉴别，阴极发光是比较有效的研究手段。由于白云石阴极发光特征的变化主要归因于 Fe^{2+}、Mn^{2+} 含量比率的变化，Mn^{2+} 是发光激活剂，而 Fe^{2+} 则是主要的发光淬灭剂。据 Pierson 的研究，白云石中铁、锰含量都是随地层埋深的增加而增加的，具明显的正相关关系。但是两者含量的多少对阴极发光的影响是不一致的。极少量的锰（10^{-4}）即可使样品强烈发光。但阴极发光的强度主要取决于铁，当铁的含量达到 10^{-1} 时便开始淬灭阴极发光，超过 10^{-2} 时，发光迅速减弱；当铁的含量超过 $1.5×10^{-2}$ 时，不论锰的含量是多少，样品完全不发光。Richter 和 Zinkernagel 的研究结果也与之类似。由于二价铁离子才对阴极发光有影响，也只有在还原环境中才有大量 Fe^{2+} 存在。随着埋深的增大，Fe^{2+}（主要是 $FeCO_3$ 形成）含量的增加，白云石的阴极发光颜色从橘红、暗红褐色到黑褐色甚至不发光。黄骅断陷周清庄、赵家堡地区房 10 井、房 29 井、埕 54×1 井沙一下亚段白云岩，在阴极发光下呈暗褐色—褐色（李聪，2011），说明这些白云岩均为埋藏白云石化作用的结果（图 7-22）。

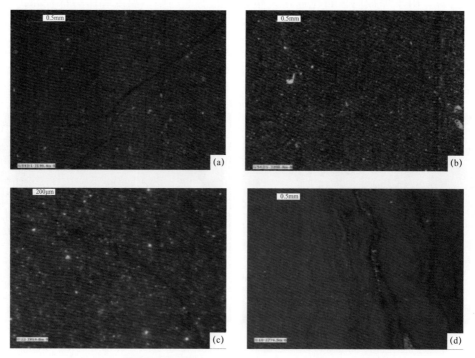

（a）埕54×1井白云岩阴极发光呈暗褐色，10×10；　（b）埕54×1井白云岩阴极发光呈褐色，10×10；
（c）滨22井白云岩阴极发光呈暗褐色，10×10；　（d）房10井白云岩阴极发光呈暗褐色，10×10

图 7-22　埋藏白云岩阴极发光特征

4）白云岩成因及白云化作用的模式

白云化作用的模式是基于现代与古代白云岩形成机制、化学热力学及动力学研究，以及相关的实验模拟和数值模拟得出的用以解释白云岩形成过程的一种模型。这种模型，大都是根据海相碳酸盐岩近地表和浅埋藏成岩环境水化学作用建立的，如蒸发泵模式、渗透回流模式、混合水模式等。然而在埋藏成岩环境中，与水文地质有关的机制则显得更为重要。但如何界定"埋藏白云化"的深度，是大于3000m还是几百米到几千米埋藏区间的更大范围，在国际上却存在着较大争议。Machel（1999）根据矿物学、地球化学、石油及水文地质学方面的标志，将浅埋藏成岩环境深度的下限值定为600～1000m，中深埋藏成岩环境的深度介于600～1000m到2000～3000m，并列出了相应的白云化模式（图7-23）。这些白云化模式，包括了对已有模式的修正和完善，同时也提出了新的模式。但对白云岩形成机制而言，黄思静（2010）认为最为重要的：一是被白云化的岩石是否具有渗透性（岩石的渗透率）；二是白云化流体是否具有足够的Mg（Mg/Ca值）；三是是否存在足够高的温度（如大于50℃）或其他克服白云石形成动力学屏障的条件；四是合理的水文学机制（流体的驱动机制）是否存在等。这四点不仅仅是针对海相白云岩形成机制提出的，而对断陷湖盆白云岩成因及白云化作用的形成机制也同样是最为重要的。李聪等（2010）在黄骅断陷沙一下亚段白云岩形成机理的研究中，通过镜下鉴定、扫描电镜及阴极发光分析、地球化学测试、生物化石、Sr/Ba、V/Ni及Th/U和$^{87}Sr/^{86}Sr$值的研究，提出了准同生白云化和浅—中埋藏白云化作用是黄骅断陷沙一下亚段白云岩的主要成因。他认为在准同生成岩阶段断陷湖盆的局限洼地是局部重盐水汇聚的地方，间歇性海侵为湖盆白云岩的形成提供了部分Mg^{2+}，更重要的是改变了湖盆水体性质，并导致盐源在密度分异作用下，使湖盆洼地内水循环变差，盐度提高。当钙离子浓度达到饱和时，就首先以文石、高镁方解石及石膏、石盐、钙芒硝等形式沉积下来，钙的消耗使镁离子不断富集，Mg/Ca值升高，形成富镁的重盐水，在浓度和密度差的驱使下沿水底向下运动，当流经碳酸钙沉积物时，镁离子便取代其中部分钙离子使之白云石化。而浅—中埋藏条件下，上覆地层不断压实，使富镁流体通过裂缝、断层和节理进入石灰岩地层中，并随着埋藏温度的升高，Mg^{2+}对Ca^{2+}的交代作用也相应增强，从而导致微晶白云岩形成；但随着埋藏温度由下而上的降低，白云岩化作用也越来越弱，使原始沉积的高镁方解石在富镁流体作用下形成了一些过渡类的灰质白云岩或白云质灰岩。据此，李聪（2010）在上述认识的基础上建立了准同生—埋藏白云化模式（图7-24）。该模式的建立，虽然还不能全面反映断陷湖盆白云岩的成因，但对断陷湖盆白云岩的深入研究拓宽了思路。

2. 去白云化作用

去白云化作用是指白云石被方解石交代的作用，也可叫方解石化作用。一般来说，硫酸根离子的存在有助于这种作用进行。硫酸根离子的来源主要是地表附近的膏盐在炎热气候下，受大气淡水溶解。另外含黄铁矿白云岩出露地表，黄铁矿氧化产生硫酸根离子，也可引起局部去白云石化。实验表明，去白云石化作用需要高Ca^{2+}/Mg^{2+}溶液，较低温度（50～100℃）及中等盐度（7.86%～8.55%）的富含有机质的咸水流体。去白云石化作用常导致原生粒间孔堵塞，并使晶间孔非均质性增强，对储集层的形成具有破坏作用。镜下特征表现为方解石晶体中含有未交代完的白云石残余，方解石晶体形状常呈白云石菱面体假象或白云石幻影。常见去白云化作用的主要化学反应是：

白云化模式	Mg²⁺的来源	Mg²⁺的供给机制	水文模式	预测的白云岩分布样式
A.回流白云化	海水	风暴补给 蒸发泵 密度—驱动流	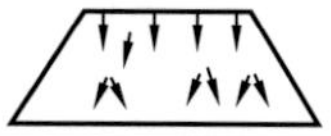	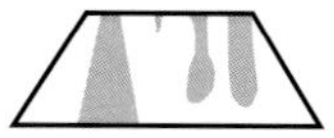
B.混合带白云化	海水	潮汐泵		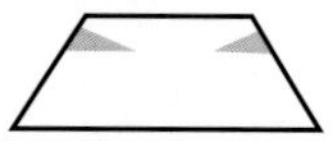
C1.海水白云化	正常海水	斜坡对流 $(K_V>K_R)$	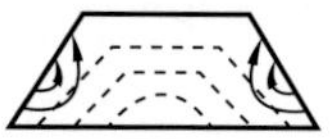	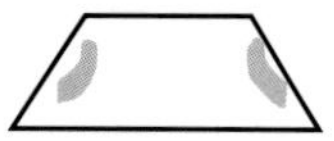
C2.海水白云化	正常海水	斜坡对流 $(K_R>K_V)$	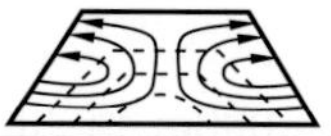	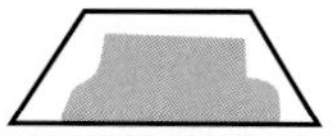
D1.埋藏白云化 （局部尺度）	盆地页岩	压实驱动流	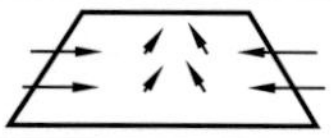	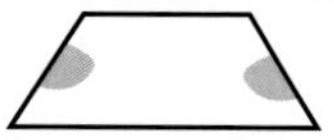
D2.埋藏白云化 （区域尺度）	不同地下流体	构造驱动 地形驱动的流体	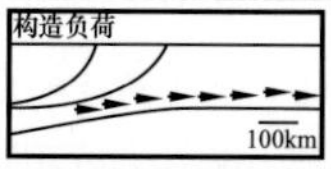	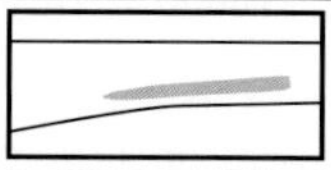
D3.埋藏白云化 （区域尺度）	不同地下流体	热—密度对流	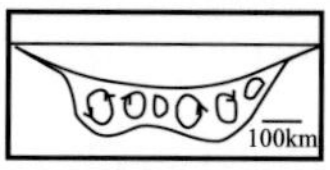	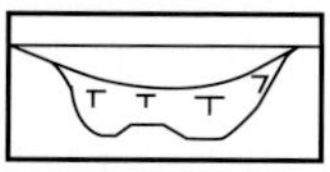
D4.埋藏白云化 （局部和区域尺度）	不同地下流体	断层的构造 再激活（地震泵）	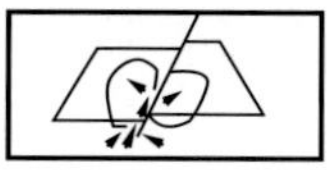	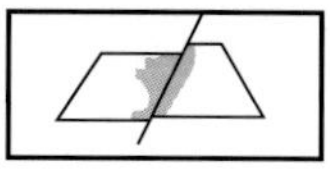

图 7-23　精选的白云化模式（据 Machel，2004）

图解为地下水流动体系和预测的白云岩分布样式；实例是不完全白云化的碳酸盐台地或生物礁，它们代表了早期的白云化阶段；箭头指示流动方向；虚线表示等温线；阴影部分代表预测的白云岩分面的样式；模式 A—D1 和 D4 为千米尺度；模式 D2 和 D3 为盆地尺度

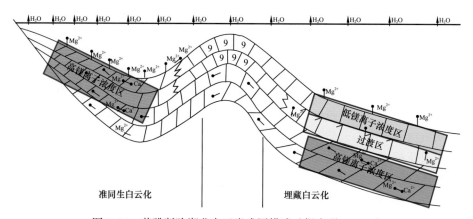

图 7-24　黄骅断陷湖盆白云岩成因模式（据李聪，2010）

$$Ca^{2+}+CaMg（CO_3）_2 \!=\!=\!= 2CaCO_3（S）+Mg^{2+}（去白云化）$$

$$CaMg（CO_3）_2+CO_2+H_2O \!=\!=\!= CaCO_3+Mg^{2+}+2CO_3（选择性去白云化）$$

$$CaMg（CO_3）_2+CaSO_4（H_2O）\!=\!=\!= 2CaCO_3+Mg^{2+}+SO_4^{2-}（膏溶条件下的去白云化）$$

3.重结晶作用

重结晶是埋藏成岩环境常见的成岩作用类型，通常是指矿物成分不变，矿物在高温、

高压条件下，由细粒重新结晶为粗粒的过程。这种过程在断陷湖盆埋藏成岩环境的碳酸盐岩中普遍见及，其强度与原生结构保存的程度，取决于埋藏深度及温度、压力条件。黄骅断陷沙一下亚段碳酸盐岩中有时见中—细晶白云石出现，这些白云石常分布在孔隙与裂缝的周围，显然是准同生泥晶白云岩重结晶作用的结果（图 7-25）。重结晶作用，一般不利于各种孔隙的保存，晶体化的晶间孔隙也很少发育。但晶体固化或高岭石、蒙皂石等黏土矿物重结晶为伊利石、绿泥石时易产生晶间收缩的孔隙。对于重结晶作用的发生及分布，没有具体的深度。所以对于重结晶作用应该是成岩阶段的作用还是成岩后的改造，目前并无明确的认识。

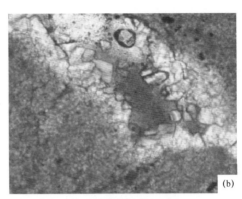

(a) 滨22井，白云石局部重结晶，SEM，×5000　　　　(b) 滨22井，裂缝周缘白云石重结晶，10×10(-)

图 7-25　重结晶作用（据李聪，2010）

4. 黏土矿物转化作用

无论在海相还是陆相沉积中，黏土矿物的转化作用常可作为判断成岩阶段和有机质成熟度的重要指标。由于断陷湖盆碳酸盐岩中含有混合型黏土组分，如泥灰岩、含泥（云）灰岩等，在沉积成岩过程中，随着埋深加大，温度、压力升高，碳酸盐岩的黏土矿物中高岭石数量锐减，蒙皂石则转化为伊利石及绿泥石。但在黄骅断陷湖盆碳酸盐岩中黏土矿物的转化程度远低于其他断陷湖盆，从 X 射线衍射分析表明，碳酸盐岩的黏土矿物中高岭石相对含量为 23.33%～65.86%，伊/蒙混层比多在 10～61 之间，而伊利石相对含量为 29.27%～58.68%；绿泥石仅在两口井见及，相对含量仅为 8.27%～12.79%（图 7-26，表 7-7）。由此显示该区碳酸盐岩黏土矿物的转化率仅处在早成岩晚期—中成岩阶段。

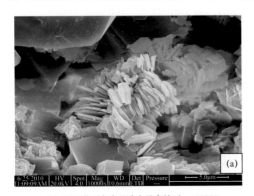

(a) 旺38井石灰岩孔隙中的高岭石，×10000　　　　(b) 孔新32井白云岩孔隙充填物的伊利石化，×4000

图 7-26　黄骅断陷湖盆碳酸盐岩孔隙中充填的黏土矿物

表 7-7 黄骅断陷湖盆碳酸盐岩 X 射线衍射分析的黏土矿物数据

样号	井号	深度（m）	岩性	矿物相对含量（%）				伊/蒙混层比
				伊利石	伊/蒙混层	高岭石	绿泥石	
1	旺 22	2544	含泥云质灰岩	52.55	20.68	26.77		48
2	旺 30	2192.9	白云质灰岩	38.7	12.98	48.32		25
3	旺 35	1784.5	泥灰岩	48.08	14.71	37.21		61
4	旺 35	1790.2	含砾鲕粒灰岩	50.51	2.09	47.4		<10
5	旺 36	1588	含鲕粒生物灰岩	57.09	3.58	39.33		<10
6	旺 38	1975.3	泥质云岩	36.22	12.48	51.3		25
7	旺 38	1988.9	含砾云质岩	46.36	4.22	49.42		<10
8	旺 38	1996.5	生物灰岩	42.28	3.79	53.93		<10
9	旺 38	1999.2	灰质白云岩	29.27	4.87	65.86		25
10	旺 1102	1968.4	含陆屑泥灰岩	58.68	20.69	12.35	8.27	<10
11	旺 1104	2001.8	云质灰岩	46.56	17.32	23.33	12.79	30
12	旺 1104	2011	含生物泥灰岩	53.54	2.03	44.43		<10
13	旺 1105	2036.7	含鲕粒云质灰岩	50.43	9.57	40		25
14	孔新 32	1489.60	亮晶有孔虫灰岩	55.011	1.66	43.32		64
15	孔新 32	1493.50	含砂含泥灰岩	24.36	9.27	66.35		70
16	孔新 32	1494.20	砂质生物灰岩	11.2	4.25	84.53		75
17	孔新 32	1504.82	含泥灰岩	28.91	48.43	22.65		74
18	孔 77	1789.2	生物灰岩	42.5	2.43	55.05		80
19	孔 60	1502.8	含砂介形虫灰岩	44.17	8.37	47.45		74

5. 膏化与去膏化作用

膏化作用是石膏或硬石膏交代碳酸盐矿物或组分作用。该作用的发生可能与含硫酸盐的孔隙水活动有关。常表现出矿物或颗粒假象及幻影构造；石膏或硬石膏被碳酸盐矿物交代叫去膏化作用。其特点是粒状方解石、白云石聚晶集合体具有舌状、柱状、放射状石膏假象。在地表，这种作用与大气淡水有关。在地下则多与细菌作用有关。还原硫细菌与硫酸盐发生下列反应：

$$6CaSO_4 + 4H_2O + 6CO_2 \longrightarrow 6CaCO_3 + 4H_2S + 2S$$

即硫酸盐被细菌还原时，产生硫化氢和硫，同时伴随方解石交代石膏或硬石膏。

二、成岩相及其特征

成岩相是指在一定成岩环境控制下，岩石中与各种成岩过程有关组分（结构组分、矿物组分等）或成岩过程中形成的特定岩石类型，并具有一定的几何形态、特定的成岩组构和成岩矿物组合。不同性质的沉积物，在相似的成岩环境中，通过成岩作用可形成相似的成岩组构和成岩矿物组合，但成岩强度可能有所不同。如细晶白云岩、粗晶白云岩或结晶灰岩等。成岩相不同于沉积相，它是多种成岩环境和多种成岩作用的产物，而沉积相通常是一种沉积环境中沉积作用的结果。成岩相能通过成岩强度全面反映岩体的地质演化史，并可结合其演化确定成岩阶段和期次。成岩相在空间上的组合，是确定成岩圈闭的直接而有效的方法。不同成岩相的孔隙演化史不同，因此，成岩相分析是研究孔隙演化史的重要途径。

（一）主要成岩相类型及特征

1. 压实相

压实相伴随着沉积物逐渐被埋藏而形成，包括物理压实和化学压实两个亚相。物理压实作用使沉积物—岩石孔隙减少、部分颗粒变形，变得更加致密结实，形成物理压实亚相。区内所有岩石都发育物理压实亚相。化学压实作用是在物理压实的基础上，随着压力进一步增大使已固结的沉积物（岩石）局部发生压溶。化学压实亚相主要发育于鲕粒灰岩和某些泥晶灰岩中，产生缝合线和未缝合缝。化学压实亚相对储集层的储集性能有一定的改善。

2. 方解石胶结相

亮晶颗粒灰岩属方解石胶结相。根据亮晶生屑灰岩、亮晶鲕粒灰岩和亮晶粒屑灰岩中胶结物和胶结作用的关系，可将方解石胶结相分为三个胶结亚相：第一期的针状、微粒状方解石胶结亚相；第二期的叶片状、马牙状方解石环边胶结亚相；第三期的细粒状方解石胶结亚相。这三个胶结亚相都属同一特定的岩石类型，与高能浅滩的沉积环境有关。它们影响储集层的共同特点就是破坏储集层的储集空间和渗滤通道。方解石胶结相大都分布于 Es_{1x}^4（滨 1）和 Es_{1x}^3（板 4）的亮晶生物灰岩、鲕粒灰岩和粒屑灰岩中（图 7-27）。

 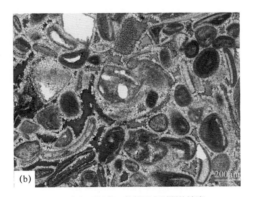

(a) 旺36井，软体生物为主，部分有孔虫　　　　　　(b) 旺38井，粒间及个别颗粒被溶

图 7-27　Es_{1x}^4（滨 1）亮晶方解石胶结的生物灰岩与鲕粒灰岩

3. 溶蚀相

溶蚀相包括第一期的胶结物溶蚀亚相、第二期的选择性的鲕核溶蚀亚相及第三期的缝合线、构造缝溶蚀亚相。

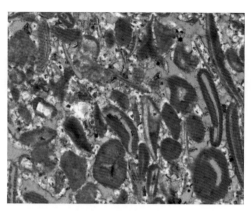

图7-28 旺29井亮晶生物—鲕粒灰岩
（见亮晶方解石胶结物与生屑及生屑形成的鲕核被溶）

胶结物溶蚀亚相：亮晶鲕粒灰岩属胶结物溶蚀亚相，主要与浅滩沉积环境有关。三个世代的亮晶方解石胶结物被不同程度的溶蚀。其中溶蚀最强的是第三世代的细粒状亮晶方解石胶结物。据薄片研究，胶结物溶蚀亚相仅见于Es_{1x}^4（滨1）和Es_{1x}^3（板4）的亮晶鲕粒灰岩中。这类溶蚀显然与成岩早期大气淡水作用有关。电子探针测定结果，胶结物组分中Mn、Fe^{2+}含量很低，Fe^{2+}/Mn值仅在1.02～2.05，碳、氧同位素组成中，$\delta^{13}C$为 –0.75‰～–3‰（PDB），$\delta^{18}O$在 –4.5‰～–8.4‰（PDB）（图7-28）。

生物—鲕核溶蚀亚相：亮晶生物、鲕粒灰岩属这个溶蚀亚相，选择性的溶蚀部分晶粒结构的腹足类、瓣鳃类生屑和由这类生屑形成的鲕核（图7-28）。据观察，被溶蚀的鲕核多是腹足类等的介壳经波浪打碎并磨圆而成。这些瓣鳃类介壳不稳定容易被溶解。鲕核溶蚀亚相是黄骅断陷湖盆碳酸盐岩储集岩中十分重要的成岩相。

4. 准同生白云岩相

准同生白云岩，主要形成于相对氧化的蒸发环境，电子探针分析结果Na、Ba、Mn、Fe含量变化较大，而Mn含量相对较低；这是由于Mn难以二价式进入白云石晶格，Fe^{2+}/Mn值为2.4～3.32，碳、氧同位素组成中，$\delta^{13}C$为 –4.983‰～–0.03‰（PDB），$\delta^{18}O$在 –2.24‰～–4.37‰（PDB），有序度平均为0.544，Mg/Ca值平均为0.799。可见，淡水溶解作用造成的碳同位素交换是相对有限的。

5. 亮晶方解石充填相

亮晶方解石充填相是破坏储集层的主要成岩相之一，其产出基本与溶蚀相相同。依其发育的阶段可进一步分为胶结物溶蚀孔隙充填亚相和缝隙充填亚相。胶结物溶蚀孔隙充填亚相，亮晶颗粒灰岩属这个亚相，充填物为细—粗亮晶方解石，呈镶嵌结构，几乎充满全部的第一期的溶蚀孔隙。该亚相形成于中—深埋藏环境的较早期，持续时间不长（图7-29）。

6. 缝隙充填亚相

缝隙充填亚相主要指充填构造缝等缝隙。充填物为细—巨晶铁方解石、铁白云石，呈透明或白色；阴极发光下，铁方解石呈暗棕色，铁白云石不发光；岩心上见有的风化后略显黄色，说明普遍含铁（图7-30）。碳、氧同位素组成中，方解石$\delta^{13}C$为8.67‰～8.88‰（PDB）、$\delta^{18}O$为 –11.86‰～–12.22‰（PDB）；白云石$\delta^{13}C$为10.22‰～11.81‰（PDB）、$\delta^{18}O$在 –0.73‰～–1.39‰（PDB）；这两种充填物碳同位素均偏重，而氧同位素的轻化程度不同，显然与埋藏期不同性质的热流体改造有关。特别是地下侵入岩携带的熟流体改造形成的碳酸盐岩充填物，则具有$\delta^{13}C$变重而$\delta^{18}O$轻化的分馏特征。在缝中一般呈多晶充填，有时沿缝壁对称生长。

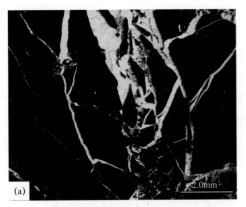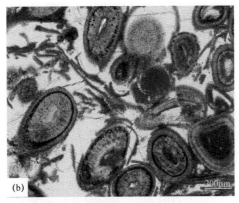

(a) 旺22井，原岩为泥晶云岩，构造断裂，破碎形成角砾结构，角砾间粗—中晶方解石充填

(b) 旺1104井，细晶鲕粒灰岩，含部分生屑，鲕粒，片状亮晶方解石胶结充填（单偏光）

图 7-29　亮晶方解石充填相特征

(a) 滨 22 井，2586.4m，裂缝中充填含铁方解石

(b) 滨 22 井，2570.8m，裂缝中充填铁白云石

图 7-30　裂缝充填相阴极发光特征

三、成岩相的分布

根据黄骅断陷沙一下亚段碳酸盐岩成岩相类型及特征可以看出，它们的形成主要与断陷湖盆沉积相和构造作用有关。沉积相为成岩相提供物质基础，构造作用则为成岩相的形成创造了条件。所以成岩相的分布往往与沉积相和构造形迹相联系。

（1）各类岩石都发育压实相。压实相是一个特别广泛的成岩相，几乎存在于一切岩石类型中，特别是物理压实亚相发育于所有岩石类型。

（2）胶结相的分布与生物—粒屑滩分布相同。胶结相是伴随着浅滩相沉积而发生的，由于浅滩颗粒碳酸盐沉积具有发育的粒间孔，为方解石胶结相的发育提供了空间和物质条件。胶结相在黄骅断陷沙一下亚段 Es_{1x}^4（滨 1）沉积时期主要分布于港西凸起—埕宁隆起之间与孔店—徐黑凸起之间的滩相区；Es_{1x}^3（板 4）沉积时期，则西移于孔店凸起北、西和埕宁隆起西缘。

（3）溶蚀相的分布，以生物—鲕粒滩区和构造断裂发育区为主。生物—鲕核溶蚀亚相一方面受溶蚀强度的控制（大气淡水的下渗）；另一方面还与地下构造（主要是裂缝）有关，构造缝作为地下成岩流体的运移通道，酸性的成岩流体沿裂缝运移溶蚀方解石为主的碳酸盐组分，形成溶蚀相。生物—鲕核溶蚀亚相多沿凸起边缘与水下隆起区延伸分布；裂缝溶蚀亚相主要与不同溶蚀流体作用期的相应构造形迹有关，其展布则比较复杂，需通过构造断裂期的研究才可确定。

（4）方解石充填相。第一期的方解石充填亚相与第一期方解石胶结物溶蚀亚相的分布相同，仅见于黄骅断陷沙一下亚段的浅滩亚相分布区。第二期充填作用主要与裂缝发育和第二期溶蚀作用形成的溶蚀孔洞有关，所以，第二期方解石充填亚相的分布多与地下构造裂缝发育部位相一致。

第四节　断陷湖盆碳酸盐岩成岩阶段及孔隙演化

碳酸盐岩成岩阶段的划分，早在 20 世纪 90 年代，国家能源局颁布了相关规范。该规范将碳酸盐岩成岩阶段划分为同生表生、早成岩、晚成岩和表生成岩四个阶段，与之相对应的成岩环境则划分为近地表同生成岩环境、浅埋藏 / 深埋藏成岩环境和表生成岩环境等。由于断陷湖盆构造复杂，沉积环境多变，既是同一湖盆，因不同凹陷的埋藏深度、温度、压力、介质性质、黏土矿物转化及有机质热演化程度不同，所经历的成岩环境、成岩阶段、成岩序列及孔隙演化特征也有差异。因此，在成岩阶段的研究中，对不同断陷湖盆碳酸盐岩成岩阶段的划分，要突出各自的特色。

一、成岩阶段划分及成岩序列

（一）成岩阶段划分依据

（1）岩石学标志，包括碳酸盐自生矿物的分布、组构特征及生成顺序，非碳酸盐自生矿物分布、组构特征及生成顺序。

（2）古温度，根据碳酸盐自生矿物中包裹体均一温度、镜质体或沥青反射率（R_o）与古温度的经验公式计算。

（3）镜质组或沥青反射率（R_o）。

（4）有机质成熟度。

（二）成岩阶段划分标志

根据国家能源局 1992 年颁发的《碳酸盐岩成岩阶段划分规范》，断陷湖盆碳酸盐岩成岩阶段划分标志的描述，重点突出不同成岩阶段及成岩环境中，方解石胶结物的晶体形态、组构和成分；新生变形作用的过程及产物；白云石胶结物或交代白云石的晶体形态、组构和成分；交代作用的矿化特征及溶解孔隙类型、裂隙和渗流构造等。这些标志是正确划分断陷湖盆碳酸盐岩成岩不同阶段的重要基础。

（三）成岩阶段划分方案

如前所述，不同断陷湖盆碳酸盐岩埋藏深度、温度、压力、介质性质、黏土矿物转化及有机质热演化程度不同，其成岩阶段的划分也各不相同。王英华等（1991）通过对中国不同湖盆碳酸盐岩成岩作用的系统研究，提出了湖相碳酸盐岩成岩阶段及成岩序列的综合划分方案（图7-31）。但由于不同湖盆碳酸盐岩成岩环境及成岩阶段，因埋深及温、压条件和成岩热演化程度不同，其成岩阶段的划分及成岩序列也有差异。就黄骅断陷沙一下亚段碳酸盐岩成岩阶段及相应的成岩序列而言，该区古近系的干酪根镜质组反射率测定结果，R_o值介于 0.28%～1.30% 之间。其中歧口深凹陷沙一下亚段，R_o 为 0.35%～1.3%，平均 0.99%；齐家务地区沙一下亚段，R_o 仅介于 0.2%～0.92% 之间，平均 0.49%；孔店—羊三木及扣村地区沙一下亚段，R_o 仅介于 0.28%～0.59% 之间，平均 0.48%。可见同一层段的镜质组反射率所反映的成熟度具有较大的差异（表7-8）。X 射线衍射分析表明，沙一下亚段混层黏土的含量介于 1.66%～48.43%，平均 22.09%，间层比介于 63%～91% 之间，平均高达 76.18%，大部分混层成分主要为蒙皂石。显示出碳酸盐岩成岩热演化程度，由湖盆西南的孔店、羊三木、扣村及齐家务一带向东部的歧口凹陷，具有逐渐增强的趋势；但在碳酸盐岩分布的齐家务、孔店以南地区还停留在早成岩阶段，最高也只能是进入中成岩的门限。沉积物经历了一系列成岩作用的改造后，无论是矿物成分还是孔隙结构、物性等方面均发生了物理化学变化。沉积物在埋藏过程中，先后经历了压实作用、自生矿物析出及其所起的胶结作用、溶解作用和次生孔隙形成等阶段。前两个阶段是原生粒间孔隙受破坏阶段，后者是形成次生孔隙发育时期。但与其他断陷湖盆或同一湖盆不同凹陷碳酸盐岩成岩阶段对比，岩石的孔渗性，虽然同由溶解和白云石化作用所控制，但所经历的成岩阶段与成岩序列则不相同，如黄骅断陷沙一下亚段碳酸盐岩成岩阶段在湖盆西南各浅凹区与东部歧口深凹区就存在差异（表7-8）。因此，黄骅断陷沙一下亚段碳酸盐岩成岩阶段的划分，在依据上述成岩阶段划分依据及标志的同时，结合王英华等（1993）湖相碳酸盐岩成岩阶段划化意见，将黄骅断陷沙一下亚段碳酸盐岩成岩过程划分为三个阶段，即准同生成岩阶段、早成岩阶段和中成岩阶段。

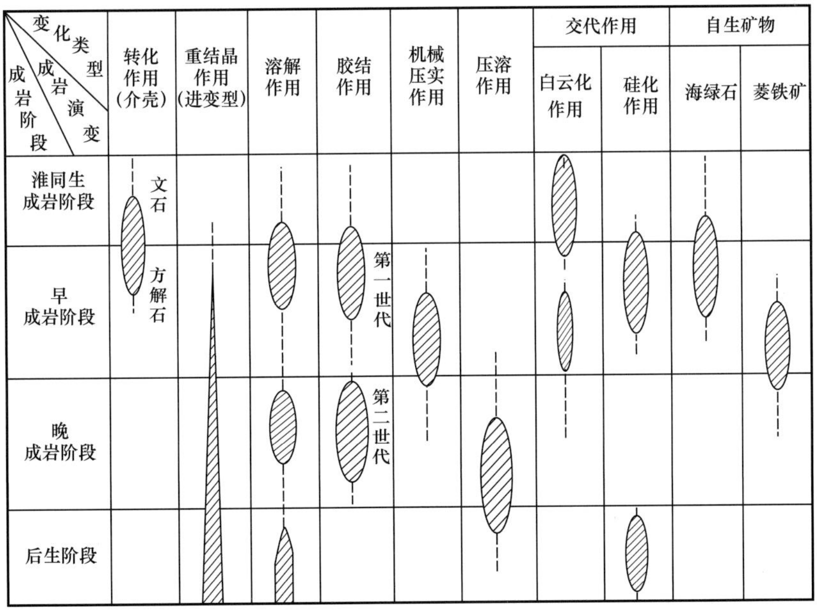

变化类型／成岩演变／成岩阶段	转化作用（介壳）	重结晶作用（进变型）	溶解作用	胶结作用	机械压实作用	压溶作用	交代作用		自生矿物	
							白云化作用	硅化作用	海绿石	菱铁矿
准同生成岩阶段	文石									
早成岩阶段	方解石			第一世代						
晚成岩阶段				第二世代						
后生阶段										

图 7-31　湖相碳酸盐岩不同成岩阶段的成岩作用演化

表 7-8　黄骅断陷沙一下亚段镜质组反射率鉴定结果

地层	歧口凹陷 R_o (%)	齐家务—扣村油田 R_o (%)	
沙一下亚段	0.35～1.3（平均 0.99）	旺 37 井，2289m	0.49
		扣 6-8 井，1700.0m	0.28
		扣 34 井，2180.9m	0.59

1. 准同生成岩阶段

准同生成岩阶段包括湖底、混合水和大气淡水等三种环境。沉积物沉积之后在沉积界面附近，因古地形差异及古气候的变化，大体可呈现出三种不同的成岩环境：一是古地形高部位的生物—颗粒滩环境，常出现大气淡水淋滤及三世代胶结作用；二是在湖坪及洼地环境，生物碎屑颗粒和鲕粒被蓝藻作用发生泥晶化；三是气候干热、湖水局限时，灰泥及部分颗粒发生白云石化，甚至膏化。其中白云石化通常都是组构交代，其交代产物主要以泥晶白云石为主。

2. 早成岩阶段

早成岩阶段是随着上覆沉积物不断增加，先成沉积物进入浅埋藏环境的一个阶段，埋深小于 2000m。通常在这个阶段主要发生方解石的充填、重结晶和溶解作用。该区 Es_{1x}^4、Es_{1x}^3 段（滨 1、板 4）储集层在这一阶段主要发生的是第一期的溶解作用。

3. 中成岩阶段

中成岩阶段即中—深埋藏期，埋深约在 2000～2600m。先成沉积物经过前两个成岩阶段后已基本固结成岩，当其被继续埋藏则进入中—深埋藏环境。一般情况下，在中—深埋藏环境，主要的成岩作用与早成岩阶段（浅埋藏环境）基本相同。所不同的是充填的方解石晶体粗大，可有含铁方解石和含铁白云石及次生石英及黄铁矿形成，并随玄武岩的入侵喷发及热流体的作用和压力的增加，可有铁方解石、铁白云石产生和微裂缝及微缝合线在岩石中形成。该区 Es_{1x}^4、Es_{1x}^3 段（滨 1、板 4）储集层在这一阶段，主要发生的是第二期的溶解作用。

（四）成岩序列

成岩阶段制约着成岩序列，不同断陷湖盆所经历的成岩阶段不同，其成岩序列也各具特色。如黄骅断陷湖盆碳酸盐岩在不同成岩阶段所经历的成岩序列和基本特征如图 7-32 所示。由图中可以看出，该区碳酸盐岩主要成岩作用的先后次序大致为：准同生成岩阶段的胶结作用→白云石化作用→早成岩阶段的溶蚀作用→中成岩阶段的溶蚀作用和微压溶及构造成缝作用、充填作用等。压实作用则从早到晚都不同程度地影响储集层，早期使原生孔隙迅速减少，后期则产生微压溶缝合线及微裂缝等为储集层流体运移提供通道。并在中深埋藏期，伴随有机质热演化所产生的酸性压释水的进入，而产生了第二期溶解作用，形成了 2%～25% 不等的溶蚀孔隙。需要指出的是，该区沙一下亚段碳酸盐岩储集层的成岩阶段，不少研究者已划为晚成岩阶段，但从埋藏深度、有机质热演化（R_o）特征与成岩标志分析，仍处在早成岩晚期—中成岩阶段。在以往的研究中，有些研究者将黄骅断陷湖盆碳酸盐岩成岩阶段与湖盆东部深凹陷区碎屑岩一起划分至晚成岩阶段，这对东部碎屑岩或许是可行的，但对西南部埋藏较浅、有机质热演化程度较低的碳酸盐岩而言，显然是不适用的。

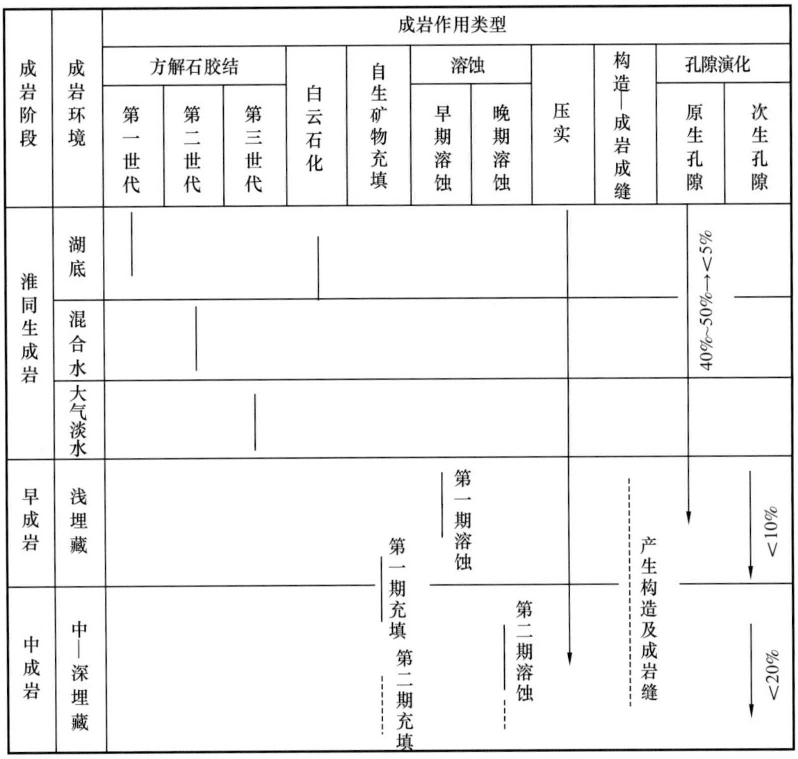

成岩阶段	成岩环境	成岩作用类型										
		方解石胶结			白云石化	自生矿物充填	溶蚀		压实	构造-成岩成缝	孔隙演化	
		第一世代	第二世代	第三世代			早期溶蚀	晚期溶蚀			原生孔隙	次生孔隙
准同生成岩	湖底										40%~50%→<5%	
	混合水											
	大气淡水											
早成岩	浅埋藏				第一期充填		第一期溶蚀			产生构造及成岩缝		<10%
中成岩	中—深埋藏				第二期充填			第二期溶蚀				<20%

图 7-32　碳酸盐岩成岩阶段划分与成岩序列

二、成岩作用与孔隙演化

　　断陷湖盆碳酸盐岩沉积物在沉积之后，成岩作用即可随之发生，并成为影响碳酸盐岩孔隙发育的主要因素。然而成岩作用的进行还受到埋藏深度、埋藏速率、沉积组构、成岩环境及水介质条件等诸多因素的制约。实际上是这些因素共同影响着碳酸盐岩孔隙的发育、形成和演化。以黄骅断陷湖盆碳酸盐岩为例，从中不难看出，其成岩作用过程及孔隙演化具有以下特征（图 7-33 ）。

　　通常情况下颗粒碳酸盐岩的原始孔隙度在 40%～50% 之间（Choquette，1987），经过早—中期的压实作用可使孔隙度减少 20% 左右，即剩余孔隙度约为 20%～30%，而胶结作用至少也使粒间孔隙度减少 40% 左右。由于湖相碳酸盐岩较海相碳酸盐岩的成岩作用复杂，在准同生成岩阶段早期，伴随地壳的稳定沉降，湖底无世代胶结与早期第一世代纤状及刃状方解石胶结作用就随之发生，并围绕颗粒碳酸盐岩形成极薄的环边。经扫描电镜与铸体薄片观察，这期胶结物甚少，对原始粒间孔隙的充填程度较低，一般在 1%～2% 左右。随着沉积物的不断埋深及温度、压力的变化，孔隙流体 pH 值的升高，第二世代胶结作用也随之进行，方解石胶结物呈叶片状环边充填粒间孔隙，使孔隙度再次减少 10% 左右。进入准同生成岩晚期—早成岩阶段早期，随着温度、压力的不断升高，第三世代粒状方解石，以镶嵌状充填剩余粒间孔隙；并经压实和胶结作用，导致湖相碳酸盐岩原生孔隙度降到了最低，使所能见及的残余粒间孔隙约在5%～10%之间。其他断陷湖盆碳酸盐岩沉积的研究也表明，原生孔隙的大量消失发生在沉积物的早期成岩过程中，此时埋藏较浅，压实和胶结作用是原生孔隙消失的主要原因。Longman（1980）认为碳酸盐岩的最终孔隙度是早成岩阶段的溶解和胶结作用造成的，其后变化很少。这种观点得到部分人的赞成。然而埋藏白云化及深部有机流体及热液流体的溶蚀作用导致碳酸盐岩次生孔隙的发育及调整作用却被忽视。图7-29大致反映了断陷湖盆碳酸盐岩孔隙的形成和充填胶结破坏的演化过程。

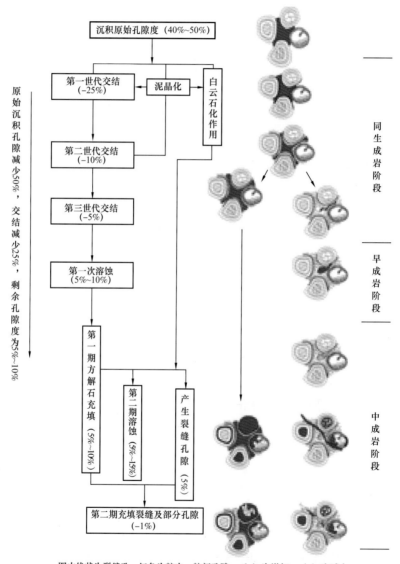

图中线状为裂缝孔，红色为粒内、粒间孔隙，（+）为增加，（-）为减少

图 7-33　碳酸盐岩成岩作用序列及孔隙演化（据董兆雄，2003，修改）

从图7-28的孔隙演化过程可以看出，黄骅断陷湖盆碳酸盐岩在沉积成岩过程中，先后经历了两期溶蚀作用的改造，第一期的溶蚀作用发生于早成岩阶段的早期，主要是三

个世代方解石胶结物被部分地溶蚀，其中以第三期亮晶方解石胶结物的溶蚀较强，产生约 5%～10% 的溶蚀孔隙。这一期溶蚀作用的发生主要与大气淡水渗流带的分布有关，近邻或处于大气淡水渗流带，溶蚀作用较强，溶蚀孔隙亦较发育；而远离此带，溶蚀作用则较弱或不发育。相反，方解石充填作用则较强。第二期溶蚀作用与油气关系密切，主要发生于中成岩阶段的中—深埋藏成岩期。这一期溶蚀作用的意义，也不亚于第一期与大气淡水有关的溶蚀作用。由于这期溶蚀作用所形成的次生孔隙与有机质成热度的紧密配制，更加显现出对油气储集的有效性。正如王英华等（1993）所指出的，长期以来，岩石学和石油地质学家们一直认为碳酸盐岩的次生孔隙仅形成于早期和表生成岩阶段大气淡水成岩环境中。但自从 20 世纪 70 年代以来在深埋藏砂体中发现了大量与有机质转化有关的次生孔隙后，即确立了埋藏环境也存在着大量溶蚀作用的概念，并相继在碳酸盐岩中开展了埋藏溶蚀作用的研究，并陆续在国内找到了埋藏次生孔隙的油藏，从而为深部油气勘探开拓了新的领域。埋藏环境地热场温度较高、压力较大。前者促使 CO_2 分解、逸出，增大成岩介质的 pH 值，有利于碳酸盐沉淀；后者则使 CO_2 压力升高，导致碳酸盐受到溶蚀。在这一相互矛盾、相互制约的复杂成岩环境中，导致碳酸盐溶蚀作用发生的主要因素是有机质的分解和转化。在地热场中，有机质随温度不断升高而裂解、脱羟并最终形成甲烷。有机质的这一转化过程即是为埋藏溶蚀作用提供酸性流体的过程。对于黄骅断陷湖盆碳酸盐岩在埋藏成岩阶段的第二期溶蚀作用，不少研究者认为，可能发生在明下段沉积期末与明上段沉积之前，由于区域性抬升，使得已固结成岩的先期沉积产生更多裂缝，特别是在凸起边缘地区这些裂缝有利于成岩流体（包括大气淡水、来自烃类转化过程中产生的有机酸、CO_2 溶液等）运移，导致选择性溶蚀了亮晶鲕粒灰岩中的鲕核、生屑和泥晶介壳灰岩中的介壳，形成了 10%～20% 不等的粒内溶蚀孔隙（薛叔浩，2002；董兆雄，2003）。同时粗晶方解石、自生石英、铁方解石、铁白云石及少量黄铁矿的充填作用也在进行，造成部分构造缝及扩溶缝被充填。但溶蚀作用与充填作用是一对孪生子，有溶蚀就必有充填，二者相互制约，相互依存，最终因油气的进入或水岩作用的平衡而定型（图 7-29）。需要指出的是，断陷湖盆碳酸盐岩孔隙的发展与演化，在沉积成岩过程中，不论其原始沉积结构如何，经过溶解作用、白云化作用、角砾化作用及裂缝作用，都有可能成为储集岩或储集层。因此，详细了解断陷湖盆碳酸盐岩的沉积背景、成岩作用过程及孔隙演化特征是十分重要的。

第八章 断陷湖盆碳酸盐岩储集层特征及评价

地壳中凡是具有使流体储存和渗滤能力的岩石称之为储集岩。储集岩只是强调了岩石的储集与流体渗滤的能力，并不意味着其中就一定储存了油气。由储集岩构成的地层称为储集层。储集层可有多种成因，其岩性特征也各不相同。但最基本的条件是，必须具备储存流体的孔隙性和允许流体流动的渗透性。

第一节 断陷湖盆碳酸盐岩的储集性及储集岩

一、概述

多年来的理论研究与油气勘探开发实践表明，断陷湖盆碳酸盐岩与海相碳酸盐岩一样，所经历的沉积、成岩环境不同，其储集性能变化较大，影响的因素众多。而在诸多影响的因素中，地质因素是最基本最重要的。其中表现在宏观上，主要包括储集岩与非储集岩的厚度、分布、相组合及层内流体运移的压力梯度等；而表现在微观上，主要包括储集岩的矿物组成、孔隙结构、形态及所含黏土矿物类型等（强子同，2007）。这些地质因素，源于沉积和成岩作用。而沉积控制岩相的分布和岩石结构，同时也影响成岩作用的变化。因此，Ebanks（1987）通过相分布概念模式的应用及其对这些岩相模式成岩改造的理解来识别和预测不同储集岩的岩石类型及其分布。从而对油气储集层的研究，做出了重要贡献。

据不完全统计（2005），碳酸盐岩所构成的储集岩，在沉积岩中所占比例还不到20%，但所探明的油气田约占探明油气田总数的35.7%。特别是储量规模大、产量高的油气藏，大都赋存在碳酸盐岩的储集岩中。如中东地区油气田的储集岩，三分之二是碳酸盐岩；以碎屑岩为主的北美，三分之一的油气田也赋存在碳酸盐岩的储集岩中。中国碳酸盐岩的分布约占沉积岩面积的55%，探明的油气储量，分别仅占总储量的28%和33%。可见，碳酸盐岩所构成的储集岩在中国还有极大的勘探潜力。对于断陷湖盆碳酸盐岩的储集岩而言，虽不如海相碳酸盐岩储集岩的分布广泛，但也是碳酸盐岩储集岩的一个重要分支。并且在非洲、南北美洲及中国早白垩纪和古近纪探明了多个油气藏，由此说明断陷湖盆碳酸盐岩的储集岩也同样具有较大的经济意义。

断陷湖盆碳酸盐岩的储集岩与海相碳酸盐岩储集岩相比，规模小，厚度薄，陆源物质含量高，分布局限，横向变化大；与碎屑岩储集岩相比，因沉积环境和成岩后生作用对原生组构的强烈改造，而使储渗特征和非均质性相应复杂，且变化频繁；从浅滩区的粗粒或富生物骨屑的中厚层状到滩缘的不连续薄层状、从岸缘浅水区的混积到深水区的塌积、从水下隆起区的颗粒到洼地或湖坪中的薄层晶屑，几乎各种环境沉积的碳酸盐岩都有可能成为储集岩。储集岩的储渗性、岩类及岩石结构，虽不及碎屑储集岩明显，但也有其特定的分布规律。

二、储集岩与沉积环境

断陷湖盆碳酸盐岩储集岩的几何形态和连续性受沉积相控制，沉积和成岩特征共同决定的不同储集岩类型，其特征也各不相同。虽然各种湖盆环境中沉积的碳酸盐岩都可因沉积和成岩作用的影响而成为储集岩，但不同相的碳酸盐岩成为储集岩的潜力则不相同，其孔隙及渗滤能力也不一样。Jardine 和 Wilshart（1987）从海相碳酸盐岩沉积物及伴生的其他沉积物、可能的储集层形态、颗粒大小及相对含量、主要孔隙类型及相对丰度等方面概括了储集岩与沉积环境的关系。这种关系在断陷湖盆碳酸盐岩储集岩与沉积环境方面也同样具有类似的特征。只是发育规模小，分布相对局限（图8-1）。

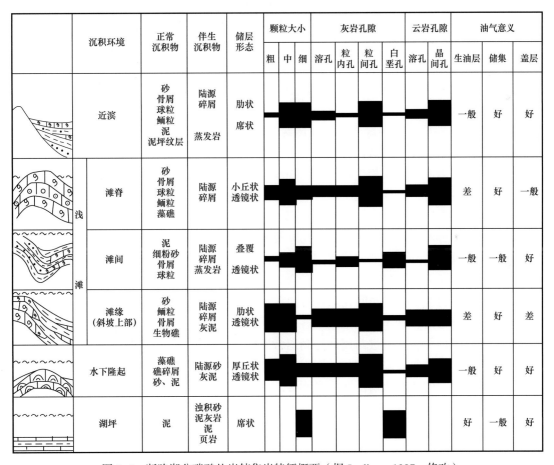

图 8-1　断陷湖盆碳酸盐岩储集岩特征概要（据 Jardine，1987，修改）

（一）近滨

近滨处于湖岸边缘，陆源砂、泥常沿滨线形成灰质碎屑滩，在向陆一侧也可见风化残积物及泥质砂砾岩；干热气候条件下，发育夹有薄层碳酸盐岩的灰质砂泥坪。储集岩以砂质岩或混积岩为主，生物（云）灰岩或泥灰岩常呈断续状薄层夹于碎屑岩之中。储集层的几何形态沿滨线呈带状延伸，粒度中—细，发育粒间孔及粒间溶蚀孔，被溶多为灰质或云质胶结物和充填的杂基，也有少量生物骨屑，孔径0.01～0.5mm，常形成良好的混积岩储集层；陡岸带，滨线窄，有时见砾质碎屑沉积，但分布局限。

（二）浅滩

浅滩沉积物以高能、搅动环境形成的生物骨屑、鲕粒、球粒、藻屑及灰质砂滩为特征，常围绕湖盆中的凸起及岸缘分布，是断陷湖盆碳酸盐岩储集岩发育的主体。并按不同颗粒含量，进一步分为生物骨屑滩、鲕粒滩、混积滩及它们的过渡类型等。其中生物骨屑滩，以各种介形类、腹足类及有孔虫等生物骨屑为主，常含少量鲕粒、球粒、藻屑和陆源石英；鲕粒滩则以不同成因的鲕粒为主，含少量生物骨屑、球粒、藻屑及陆源石英。在生物—鲕粒滩的向风一侧，常可见中国枝管藻等造礁生物生长，但在黄骅断陷数量甚少。混积滩，主要以陆源砂为主，常在河口坝或砂质碎屑滩基础上，演变成不同粒度的灰质砂岩与薄层生物—鲕粒（云）灰岩相互叠覆，频繁交替，形成混合滩沉积。根据浅滩的几何形态，可将浅滩内部分为滩脊、滩缘及滩间洼地等三部分：

（1）滩脊。沉积厚度大，常见块状及交错状层理构造及风暴层，富含粒间、粒内及铸模孔隙；经白云化及埋藏成岩改造后，选择性溶蚀孔隙与非选择性溶蚀均较发育，并由孔、洞、缝构成连通性好的孔隙网络。

（2）滩缘。一般分为内缘和外缘，内缘向滨岸区延伸，并随着湖退，滩相生物—粒屑泥晶（云）灰岩厚度逐渐减薄，并向陆源砂质岩或泥质岩渐变过渡，储集岩的孔隙及物性变差；相应随着湖进，滩相生物—粒屑泥晶（云）灰岩厚度逐渐增厚并向陆迁移，储集岩的孔隙及物性变好。外缘常处于向湖盆中心一侧的斜坡区，因湖水的逐渐加深，能量降低，导致滩相生物—粒屑（云）灰岩厚度逐渐减薄，并向泥晶（云）灰岩及泥灰岩过渡；所形成的储集岩，不仅厚度减薄，各类孔隙及物性也相应变差。

（3）滩间洼地。介于丘状滩体之间，属于不同滩体或同一浅滩不同丘状体之间的过渡区，生物—粒屑（云）灰岩厚度薄，并与含泥泥晶（云）灰岩及泥岩互层叠置，生物碎屑含量较少，泥质含量较高，粒间孔隙及溶蚀孔隙发育较差，储集岩的非均质性强。

浅滩的几何形态，在不同断陷湖盆各不相同，但在横向上连续性延伸较差，受湖盆地形控制明显，纵向上随着湖进与周期性湖退常发生进积性或退积性迁移，形成相互叠置的透镜状储集体。如黄骅断陷齐家务、周青庄、扣村沙一下亚段碳酸盐岩的储集岩均属浅滩沉积。该类储集岩的物性普遍良好（图8-2）。

（三）水下隆起与凸起斜坡

在断陷湖盆碳酸盐岩沉积中，水下隆起或凸起斜坡的上部，其储集意义在于这些部位常常有利于藻类及生物礁发育。在国外最典型的实例是德国莱茵河谷断陷中新世及美国犹他州断陷绿河组中由绿藻类组成的骨架岩，分布仅有数平方千米面积。但生物礁组成的储集岩，其孔隙及物性都非常优越（格林等，1967）。国内最典型的则见于东营凹陷平方王地区的水下隆起区及其斜坡带上部的生物礁组成的储集岩。由于该部位具有藻礁碳酸盐岩发育的有利条件：一是近临下古生界海相石灰岩出露的滨县凸起，无大规模陆源碎屑进入，可为盆地提供高矿化度的水介质；二是湖盆处于稳定发展期，水体浅而清澈，循环较

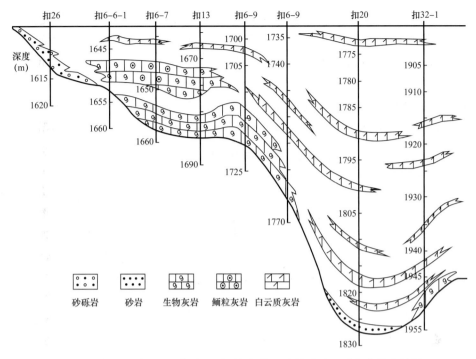

图 8-2　扣 26—扣 32-1 井沙一下亚段鲕粒—生物滩及云质灰岩分布特征

好，有利于碳酸盐沉积；三是形成于咸水湖泊的淡化阶段，水体咸度适中，阳光充足，适宜淡水生物和咸水生物繁盛共存，特别是更利于中国枝管藻、山东枝管藻及多毛纲山东龙介虫等造礁生物的繁衍。藻类礁体形成的微环境常可分为礁核、礁前、礁缘、礁后等（图 8-3、表 8-1）。其中礁后以泥晶白云岩为主，含部分管藻屑、生物碎片及核形石等。反映礁后部位由于受到礁核微相的障壁，水动力较弱；礁前以亮晶藻砾屑白云岩、亮晶螺灰岩为主，螺壳较厚，个体完整，该相带水体活跃，适宜在迎风坡繁殖的腹足类生活；由于坡度大，易滑塌，碳酸盐颗粒大小混杂。礁缘以泥晶粒屑灰岩及含粒屑

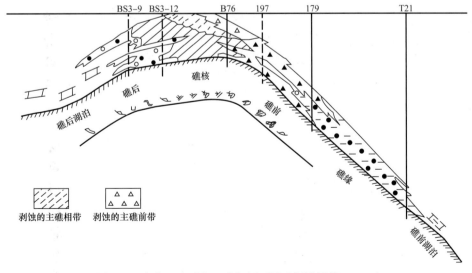

图 8-3　东营凹陷平方王礁相剖面图（据钱凯等，1980）

泥晶灰岩夹泥岩薄层为特征。礁体的几何形态在纵向上变化明显，单体规模小，相邻的礁丘叠加重复频繁，也可见礁丘与泥丘的过渡型，并多呈扁平的透镜体，沿陡坡发育（图 8-4）。生物礁的储集性一般很好，以礁核物性最好，平均孔隙度为 37.9%，最高达 42.5%。主要孔隙除生物体腔孔及骨架孔外，还有粒内孔及粒间孔、溶孔等，渗透率为 8～100mD、最高 687mD。礁前的储集性仅次于礁核，孔隙度平均为 36.7%，渗透率为 10～100mD。即使储集性相对较差的礁后带孔隙度也达 20%，渗透率达 5～8mD。

表 8-1　平方王礁体微相特征综合表

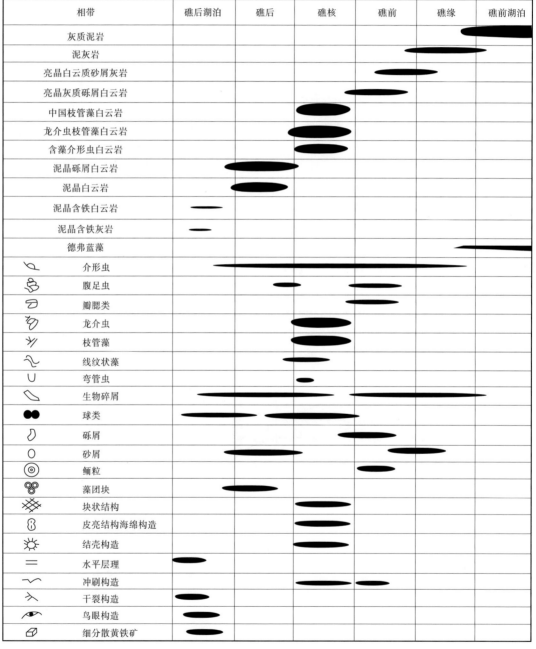

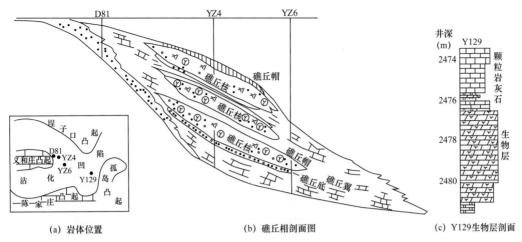

(a) 岩体位置　　　　(b) 礁丘相剖面图　　　(c) Y129生物层剖面

图 8-4　沾化凹陷礁丘相及 Y129 生物层沉积环境

（四）湖坪及洼地

在断陷湖盆中，湖坪沉积常发育在地势相对平坦开阔的浅湖—半深湖、深湖区，而洼地在浅湖—半深湖区均较发育。无论是湖坪还是洼地环境，沉积物均以细粒灰质泥岩、页岩及薄层泥灰岩，云质泥晶灰岩及泥晶白云岩为主；一般不能成为储集岩，而是良好的生油岩。但在干热蒸发作用强烈的闭塞洼地发育膏、盐岩沉积，可形成封闭盖层。特殊情况下，湖坪或洼地中的白垩沉积可成为储集岩，发育较好的原生孔隙，但经埋藏压实，孔隙保存一般很差。唯有呈薄层状分布的泥晶灰岩，厚度一般为 0.5～2mm，经埋藏白云化及有机质脱羧基作用产生的酸性压释水及深部富含 CO_2 的热液改造后，其晶间孔、晶间溶孔及微裂缝发育，可形成储集岩。这类储集岩，近临烃源岩，有利于油气的运移聚集。黄骅断陷齐家务、扣村地区沙一下亚段薄油气层的储集岩，即是湖坪与洼地沉积的云质灰岩及白云岩（图 8-2）。

三、储集岩类型及特征

断陷湖盆碳酸盐岩储集岩的储集性和渗滤性，既来自原生沉积类型，又与各种成岩作用过程相联系。因而受沉积和成岩史控制，断陷湖盆碳酸盐岩储集岩的形成演化是极为复杂的。但根据沉积特征及成岩作用的影响，并以黄骅断陷湖盆沙一下亚段为例，将断陷湖盆碳酸盐岩储集岩归纳为如下几类。

（一）生物灰岩储集岩

这类储集岩主要包括亮晶生物灰岩、（泥）亮晶生物灰岩、白云质生物灰岩及少量藻屑灰岩等（图 8-5）。这些生物灰岩一般多呈薄—中厚层状，灰泥填隙或三个世代亮晶方解石胶结。生物灰岩是生物壳体、骨骼等生屑组分堆积形成的一类岩石，生屑含量大于50%，简称生屑灰岩，包括亮晶生屑灰岩及泥晶生屑灰岩，生物碎屑组分主要为腹足类化石，在岩心观察中可见较多完整的螺化石，直径为 1～5mm，平均直径为 3mm，最大可达1cm 左右，螺化石颗粒易脱落，岩心表面可见凹坑。介壳多为腹足类，其次为瓣鳃类、介形虫，也有少数其他生屑。主要发育生屑、体腔和基块溶蚀孔隙，孔径可达 10～300μm

（图 8-5）。需要指出的是，在黄骅断陷各生物—粒屑滩及凸起斜坡上部还未见到像东营凹陷平方王那样的礁体及骨架生物层分布，但少量中国枝管藻、龙介虫枝管藻等个体藻屑在齐家务与扣村的斜坡区尚可见及。

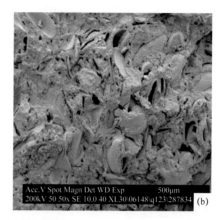

图 8-5　生物灰岩储集岩特征

（a）生物灰岩中的溶洞和粒内溶孔，扣 16 井，2099.00m，岩心；
（b）生物灰岩中的介形虫和腹足，粒内孔隙和粒间孔隙发育，歧 123 井，2878.34 m，×50，扫描电镜

（二）鲕粒（云）灰岩储集岩

这类储集岩，主要包括亮晶鲕粒灰岩、泥晶鲕粒灰岩、亮晶鲕粒白云岩等。其中亮晶鲕粒灰岩与前述生物灰岩类基本相同，而亮晶鲕粒白云岩实际包括了亮晶鲕粒白云岩和灰质亮晶鲕粒白云岩（图 8-6）。颜色为灰、褐灰色，中—薄层状，块状层理常见，局部白云石化为鲕粒云岩。岩石中鲕粒多大于 50%，大部分为表皮鲕和正常鲕，少量为变形鲕，偶见复鲕。鲕粒常与生物颗粒伴生，粒径 0.2～1mm，形态呈圆形、椭圆形、弧形等（依鲕核形态而定），鲕核多为腹足、瓣腮、介形虫和陆源石英，鲕圈结构较模糊，一般 2～5 个，由灰泥和藻类等组成。颗粒的分选、磨圆中等—好，粒内溶孔、鲕模孔、鲕圈层间溶孔和粒间溶孔发育。灰质鲕粒白云岩中灰质部分主要是充填物，为粗亮晶或连晶方解石。这两类鲕粒碳酸盐岩主要发育两类孔隙，即粒间溶孔、基块溶孔和鲕核溶蚀形成的粒内溶孔。粒间溶孔多是由充填粒间孔的方解石溶蚀形成，鲕粒粒内孔由鲕核溶蚀形成。值得一提的是，鲕核除少量石英颗粒外，其余均为生屑，特别是晶粒结构的单晶生屑和多晶生屑多为腹足类、瓣鳃类的壳经风浪打碎磨圆所致，是本区亮晶鲕粒（云）灰岩中鲕粒的重要特征，它们对于鲕粒白云岩或鲕粒灰岩储集层的形成具有重要的意义。

（三）白云质泥晶灰岩储集岩

这类储集岩主要指颗粒（生屑、鲕粒、球粒等）含量小于 25% 的白云质灰岩。此类储集岩厚度普遍较薄，在断陷湖盆中常夹于灰质泥岩之中或互层分布（图 8-7）。由于这类储集岩所经历的白云化作用不彻底，导致孔隙性变化较大。据 Murray（1960）对加拿大 Midale 油田储集层研究，当白云石含量小于 50% 时，随白云化程度增加，岩石孔隙度逐渐降低；当白云石含量大于 50% 时，随白云化程度增加，孔隙度也相应增加。其原因是在成岩过程中白云石交代的灰泥太小，起支撑作用的仍是灰泥，而白云石散布在灰泥

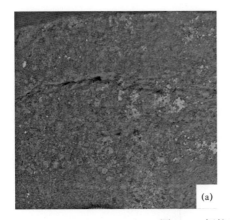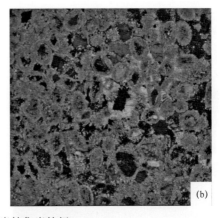

图 8-6　鲕粒灰岩储集岩特征

（a）仙 3 井，Es$_{1x}^4$（滨 1），鲕粒泥晶灰岩岩心；

（b）单偏光下鲕粒多为椭圆状、鲕核为生物骨屑及石英，见少量表皮鲕、放射鲕及溶孔，×10

中，受压实时白云石晶体占据了灰泥的粒间孔隙，岩石的孔隙随之减少；但当白云石含量大于 50% 时，则由灰泥支撑过渡为白云石支撑，阻止了压实作用的进行，随白云化程度增加，白云石之间的灰泥相应减少，孔隙度随之增加（图 8-8）。因此，白云质泥晶灰岩储集岩虽具有一定的晶间孔、窗格孔及针状溶孔，但远不如生物灰岩和鲕粒灰岩储集岩发育，并且孔喉半径很小，非均质性十分明显。据齐家务地区旺 1 井、旺 37 井、旺 38 井6 个样品测定：平均孔隙度仅为 14.28%，平均孔喉半径为 0.05～0.1μm。而孔 74 井、旺36 井、旺 38 井、旺 1102 井和扣 17 井的 20 个生物灰岩样品测定结果为：平均孔隙度为 25.6%，平均孔喉半径为 0.2～4.6μm。

（四）泥—微晶白云岩储集岩

泥—微晶白云岩储集岩，因经历的成岩环境不同，其储集性能差异较大。其中泥晶白云岩储集岩的形成与局部的云坪及洼地沉积环境有关。多由沉积早期的灰泥，经蒸发浓缩的高盐度卤水改造而成，其原岩为泥晶灰岩；晶粒结构普遍较细，岩石本身较致密，孔隙性虽较白云质灰岩略高，但纹层发育，非均质性较强。镜下泥晶白云石以他形为主，少量半自形，可见少量介形虫化石，泥晶白云石和富含泥质纹层组成微水平层理或微波状层理。而微晶白云岩储集岩，在准同生白云化的基础上，又经过埋藏期的白云化，使岩石的晶体结构由泥晶过渡为粉晶，孔隙性也随晶粒的变粗而增大（图 8-9）。黄骅断陷王徐庄油田的部分宿主岩即是微晶白云岩储集岩。扫描电镜下泥晶白云岩的晶粒偏细，仅见少量晶间孔，储集性能较差；而微晶白云岩除晶间孔外，可见晶间溶孔、晶内溶孔及溶缝，具有较好的储集性能（图 8-10）。钻井取心中常见油斑、油迹和荧光显示。

（五）混积岩类储集岩

这类储集岩，主要指含生屑长石细粒砂岩、灰质不等粒（含石英砾石）砂岩、灰质长石岩屑细砂岩与砂质（云）灰岩及砂质生物—粒屑（云）灰岩等过渡岩类。在断陷湖盆碳酸盐岩分布区常出现于滨岸及浅滩沉积环境，并与生物—粒屑（云）灰岩混合沉积或互层分布，构成了油气的重要储集层。由于陆源沉积物对生物沉积的抑制作用，在这类混积岩

(a)

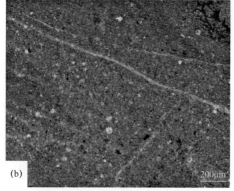

200μm

(b)

图 8-7 白云质泥晶灰岩储集岩特征

（a）旺 37 井，Es_{1x}^3（板 4），白云质灰岩岩心，沿
角砾缝见铁质充填；

（b）偏光镜下，见云、灰质混杂，白云化作用不
彻底，发育微裂缝，均被方解石充填，×20

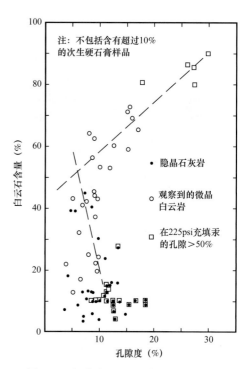

注：不包括含有超过10%
的次生硬石膏样品

隐晶石灰岩

观察到的微晶
白云岩

在225psi充填汞
的孔隙>50%

白云石含量（%）

孔隙度（%）

图 8-8　加拿大 Midale 油田 Charles 组
中部孔隙度与白云石含量的关系
（据 Murray，1960）

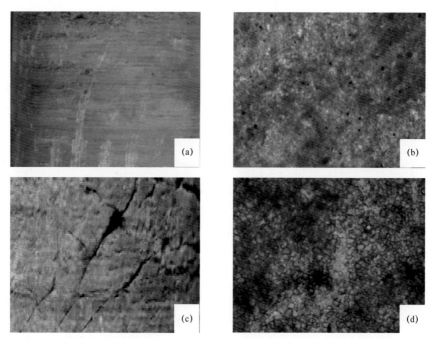

(a)

(b)

(c)

(d)

图 8-9　黄骅断陷 Es_{1x}^3（板 4）泥—微晶白云岩储集岩特征

（a）滨 22 井，泥晶云岩岩心照片；（b）滨 22 井，泥晶云岩染色薄片，20×10（－）；

（c）滨 22 井，微晶云岩岩心照片；（d）滨 22 井，微晶云岩，染色薄片，63×10（－）

图 8-10　黄骅断陷 Es_{1x}^3（板 4）白云岩储集岩电镜扫描照片

（a）旺 22 井，泥晶白云岩中微小晶间孔；（b）扣 42 井，微晶白云岩晶间孔、晶间溶孔

类储集岩中除常见异地生物碎屑外，一般缺少原地生物沉积。但常见的碳酸盐岩颗粒，如鲕粒、球粒及破碎的生物碎屑在混积岩中分布较广；因临近陆源，岩石中长石、岩屑及火山屑等不稳定组分含量偏高，成熟度较低，分选较差。胶结物主要为灰泥与泥质和凝灰质，受成岩早期及埋藏期溶蚀作用的改造，可见孔隙以粒间溶孔、杂基溶孔及微裂缝为主，偶见少量残余粒间孔。随着灰泥与灰质颗粒含量的逐渐增高而常常过渡为砂质灰岩、砂质含生屑灰岩等。黄骅断陷混积岩类储集岩与白云质泥晶灰岩及泥—微晶白云岩储集岩相比，其孔隙及储集性相对较好（图 8-11）。

图 8-11　黄骅断陷 Es_{1x}^3（板 4）混积岩类储集岩特征

（a）旺 20 井，灰质砂岩岩心；（b）旺 20 井，灰质砂岩铸体薄片，见粒间及杂基溶孔，×20；

（c）孔新 32 井，砂质生物灰岩岩心；（d）孔新 32 井，砂砾质生物灰岩铸体薄片，见生屑溶孔，×20

第二节　断陷湖盆碳酸盐岩储集层孔隙类型及影响因素

20世纪70年代，盖特（Choquette）和普瑞（Pray）基于海相碳酸盐岩沉积成岩作用及储集层孔隙的研究成果，从孔隙的地质成因及演化方向出发，提出了受组构控制和不受组构控制的碳酸盐岩孔隙的系统分类和命名原则。该分类和命名原则的主要特点，在于将碳酸盐岩的孔隙与其地质成因相联系，强调了孔隙的形成作用与形成后的演化，建立了定量化的命名方法。对海相碳酸盐岩储集层地质研究起到了重要的促进作用。其后，国内外研究者提出的碳酸盐岩孔隙分类大都不同程度地受到了该分类和命名原则的影响。中国断陷湖盆碳酸盐岩储集层的孔隙分类，也同样在参照该分类的同时，结合断陷湖盆碳酸盐岩的矿物转化和易溶及脆性较强等特点，将储集层孔隙的成因归纳为2大类14亚类（表8-2）。其中受组构控制的孔隙的形成取决于岩石结构，其分布与沉积相有关，如生物骨架孔隙，主要见于礁核相和礁丘相的藻架灰岩；各种粒间孔，主要见于浅滩相中的生物—粒屑（云）灰岩、鲕粒（云）灰岩等。非组构控制的孔隙的发育，不仅受断陷湖盆碳酸盐岩所经历的同生、潜流、淡水渗流、浅埋藏及深埋藏等多种成岩环境制约，而且与早成岩期的溶解、白云化、角砾化、裂缝化和中—晚成岩期的压溶、埋藏溶解和构造断裂等作用的大小、强弱相联系。

表 8-2　湖相碳酸盐岩储集空间类型

成因	孔隙类型	形成阶段和机理	主要岩石类型	与沉积相关系
原生	生物骨架孔	生物原地生长而成	藻（云）灰岩、礁（云）灰岩生物介壳（云）灰岩粒屑（云）、灰岩鲕粒（云）灰岩	礁核礁丘核生物层鲕滩
	粒内孔	沉积阶段由生物体腔成因		
	粒间孔	沉积阶段由生物硬体和其他颗粒相互支撑而成	鲕粒（云）灰岩、生物云灰岩、藻屑（云）灰岩、微晶白云岩、白云质灰岩	生物颗粒滩混积滩
	遮蔽孔			
	鸟眼孔	由于气泡干缩或藻席溶解形成	泥晶（云）灰岩	滨浅湖区
	收缩孔	由干裂和收缩而形成		滨湖区
次生	晶间孔	白云化作用		各相带
	溶孔	大气淡水淋滤作用和深成溶解作用	骨架碳酸盐岩、颗粒碳酸盐岩	滨浅湖区
	溶模孔			
	溶洞		各种碳酸盐岩	各相带
	角砾间孔	构造引起的角砾化或溶解垮塌		
	溶缝	溶蚀扩大的裂缝		与相带无关
	成岩缝	成岩收缩作用	纹层状泥晶碳酸盐岩	浅湖—半深湖区
	构造缝	构造应力作用	各种碳酸盐岩	与相带无关

一、断陷湖盆碳酸盐岩孔隙的基本类型

断陷湖盆碳酸盐岩是一种复杂而多成因的岩石类型，其孔隙类型也是如此。根据孔隙大小及形态，通常可分为14种基本类型，每一类型在物性或成因上都有所差异。因此，孔隙的命名和分类，可以由孔隙的大小、形状、成因及其与某特殊组分或伴生状态来确定（图8-12）。

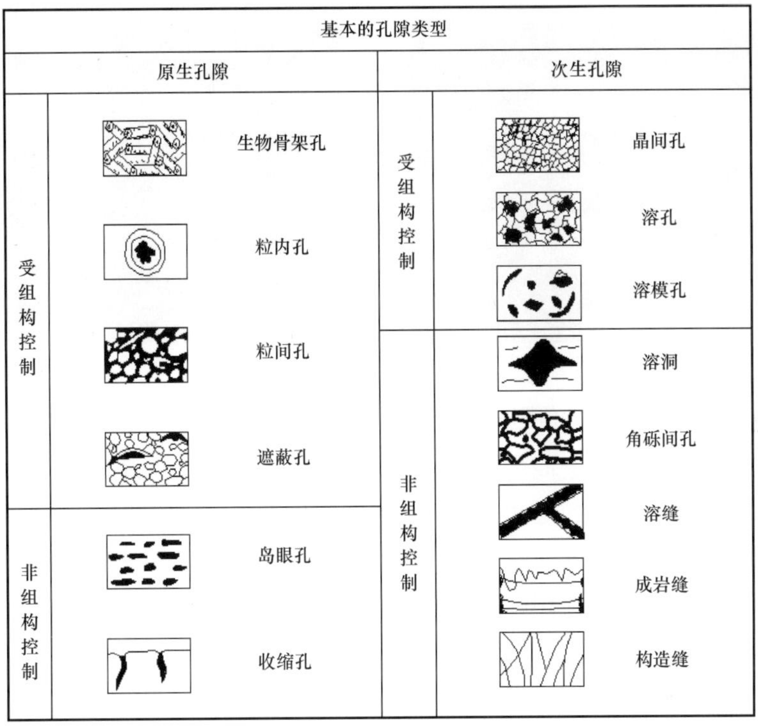

基本的孔隙类型			
原生孔隙		次生孔隙	
受组构控制	生物骨架孔	受组构控制	晶间孔
	粒内孔		溶孔
	粒间孔		溶模孔
	遮蔽孔	非组构控制	溶洞
非组构控制	岛眼孔		角砾间孔
	收缩孔		溶缝
			成岩缝
			构造缝

图 8-12　碳酸盐岩孔隙的基本类型

（一）原生孔隙

1. 受组构控制的原生孔隙

（1）生物骨架孔，是由造礁生物原地生长形成的抗浪硬体骨骼间的孔隙。在断陷湖盆中，该孔隙主要由中国枝管藻、山东枝管藻及龙介虫的栖管等藻类构成的骨架岩的原生孔隙组成。若缺乏胶结充填物时，其空间大、连通好，是极为重要的储集层孔隙。在济阳断陷沙四段和沙一段均较发育，东营平方王油田的主要产层就是由这类孔隙组成的（图8-12，图8-13）。

（2）粒内孔，多为生物体腔孔隙，是生物死亡后软体部分腐烂分解后遗留下的空

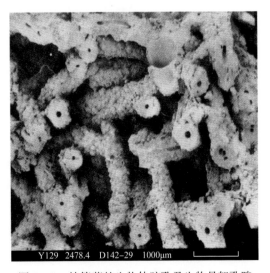

Y129　2478.4　D142-29　1000μm

图 8-13　枝管藻的生物体腔孔及生物骨架孔隙
（据杜韫华，1990）

间。这种组构性孔隙属于原生孔隙，不排除充填后重新溶蚀而复苏了原有的孔隙面貌。这类孔隙多为独立分布。如黄骅断陷齐家务、王徐庄、孔店和扣村一带的滩相泥、亮生物—粒屑（云）灰岩中较为发育，但多数已受到再溶扩大。如介形虫壳内、有孔虫、腹足类体腔及鲕核内的孔隙等；孔径一般为 $60 \sim 100\mu m$，最大可达 $500\mu m$，粒内孔的面孔率约占 $3\% \sim 45\%$ 不等。是区内碳酸盐岩储集层的主要储集空间（图 8-12，图 8-14）。

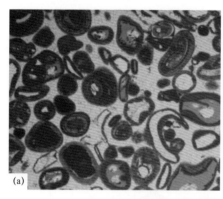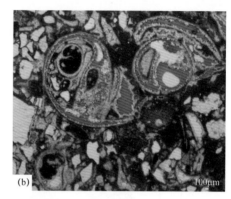

图 8-14　粒内孔隙特征

（a）q123 井，亮晶鲕粒灰岩中的粒内孔，部分已溶蚀扩大；（b）旺 38 井，生物灰岩中的生物体腔孔

（3）粒间孔，是指颗粒之间的孔隙，主要形成于颗粒支撑的岩石中，其空间未被灰泥或胶结物充填的部分。如鲕粒之间、内碎屑之间、生物骨屑之间和砂屑之间的孔隙等。这类孔隙的特征与碎屑岩的粒间孔隙相似。在断陷湖盆碳酸盐岩中保存一般较少，绝大部分已不同程度地受到后期溶解作用的改造而成为次生孔隙。黄骅断陷仅在旺 38 井、扣 17 井亮晶鲕粒灰岩、孔新 32 井介屑泥晶灰岩与旺 1104 井的含海绿石长石砂岩中见及，孔径一般为 $3 \sim 45\mu m$，最大 $120\mu m$，面孔率为 $3.5\% \sim 35\%$（图 8-12，图 8-15）。

图 8-15　黄骅断陷沙一下亚段颗粒灰岩与灰质砂岩中的粒间孔隙特征

（a）旺 35 井，扫描电镜下，颗粒灰岩中的粒间孔隙；（b）旺 1104 井，灰质砂岩中的粒间孔隙

（4）遮蔽孔，粒间孔的一个特殊类型，是由于片状、板状或壳形颗粒（如生屑、内碎屑）沉积时水平取向，阻碍了细粒沉积物对其下面空间的充填而保存下来的孔隙。这种孔隙常出现在各类碳酸盐岩中，可以与粒间孔一起出现，也可单独出现（此时其他粒间孔被细粒沉积物所充填）。通常遮蔽孔的数量有限，且彼此连通性较差，因此遮蔽孔作为一种辅助性孔隙只有与其他类型孔隙一起出现才具有经济意义（图 8-12，图 8-16）。

2. 非组构控制的原生孔隙

（1）鸟眼孔，是网格状或窗孔状孔隙的一种类型。常呈圆状、隋圆状、透镜状或不规则状，并成群出现，平行于纹层或层面分布。鸟眼构造留下的孔隙，常比粒间孔隙直径大，多发育在滨—浅湖带。在成岩后期，鸟眼孔常由气泡、干缩或藻席溶解而成，保存较差，大都被成岩后期交代充填（图8-12，图8-17）。

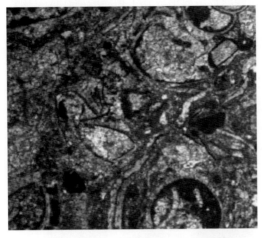

图8-16　生物灰岩中的遮蔽孔（铸体薄片）

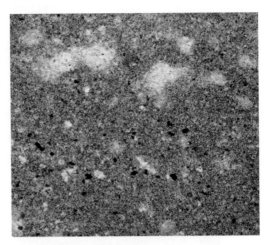

图8-17　被充填的鸟眼孔隙（单偏光）

（2）收缩孔，是指未固结的沉积物暴露地表发生干裂或失水收缩而形成的孔隙。这类孔隙缝窄而小，不易构成有效孔隙（图8-12）。

（二）次生孔隙

1. 受组构控制的次生孔隙

（1）晶间孔，是指晶体之间形成的孔隙。主要由白云化作用和重结晶作用所产生，因而孔隙比较规则。准同生期，当灰泥被白云石交代时，岩石孔隙体积要增加13%的晶间孔隙；而生物体腔被泥晶方解石充填后，充填方解石在重结晶作用下泥晶转变为亮晶过程中形成的孔隙或高岭石蚀变过程中产生的孔隙均为晶间孔隙。其形态为多面体或四面体，连通性较好。这些晶间孔隙既可以在成岩之后形成，也可以在沉积过程中发生。孔径一般为 $10\sim30\mu m$，面孔率 $1\%\sim3\%$。黄骅断陷湖盆碳酸盐岩储集层中晶间孔隙，一般占 $0.5\%\sim2\%$。最大可达 12.0%（图8-12，图8-18）。

（2）溶孔，是指沉积过程或成岩后，因溶蚀作用而形成的孔隙。由于地下水的溶蚀作用往往在沉积过程中就已发生，并延续到成岩作用结束。在这一阶段，地层中原生孔隙发育时，地下水大都比较活跃，并通过溶蚀而使孔隙进一步增加。黄陷断陷湖盆碳酸

图8-18　旺1102井泥晶云岩中的晶间孔
（扫描电镜，×2500）

盐岩大体经历了两期较大的溶蚀作用，早期的溶蚀主要发生在准同生成岩阶段，由大气淡水淋滤溶蚀作用产生；而晚期溶蚀作用，主要发生在中—深埋藏成岩阶段，受埋藏酸性压释水与深部热流体改造而成。这两期溶蚀作用，奠定了断陷湖盆碳酸盐岩储集层空间的主要特征。较为常见的溶蚀孔隙主要包括晶间溶孔、粒内溶孔、生物体腔溶孔、生物骨屑溶孔、粒间溶孔、粒间杂基溶孔及溶蚀洞穴等。其中晶间溶孔，主要由晶间孔、晶间微孔溶蚀扩大或沿晶体解理溶蚀而成；粒内溶孔，主要由鲕核中的生物碎屑被溶后形成；生物体腔溶孔或生物骨屑溶孔，主要由生物壳或体腔受到不同程度溶蚀而成；粒间溶孔，主要指不同颗粒之间的胶结物被溶形成；粒间杂基溶孔，是指颗粒之间充填的长石碎屑、火山灰等不稳定组分被溶形成的不规则孔隙等（图 8-12，图 8-19）。另外，在不同岩类的碳酸盐胶结物中也常可见到形态不规则的溶孔，但分布零散，数量较少（图 8-20）。总之，溶蚀孔隙是断陷湖盆碳酸盐岩储集层孔隙的主体，形态大小不规则，周围多呈蚕食状、港湾状，孔径一般为 3～22mm 不等，多呈分散状分布于生物泥晶灰岩、泥晶介壳灰岩、泥、亮晶砂屑灰岩、生物—鲕粒灰岩及泥晶生物云质灰岩中；孔径一般为 30～200μm 之间、最大 300μm，面孔率 12%～28%。

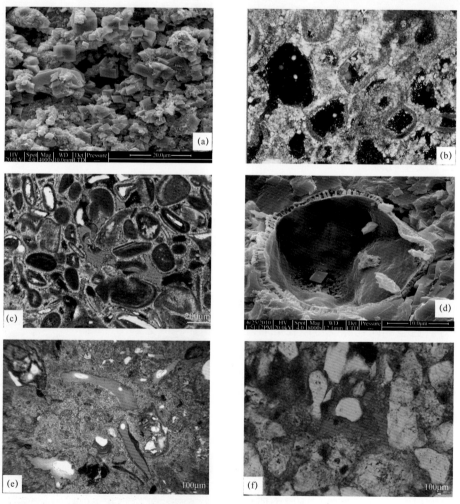

图 8-19 各类溶蚀孔隙特征

（a）晶间溶孔，扫描电镜，×4000；（b）粒内溶孔，单偏光；（c）粒间溶孔；（d）生物体腔溶孔，扫描电镜，×8000；

（e）生物骨屑溶孔，铸体薄片；（f）灰质砂岩中的杂基溶孔，铸体薄片

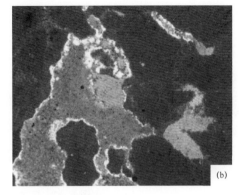

图 8-20　碳酸盐岩胶结物中的溶蚀孔隙特征

（a）旺 38 井溶缝胶结物中的溶孔，蓝色铸体，5×10；（b）滨 22 井胶结物中的溶孔，蓝色铸体，10×10

（3）溶模孔，是一种特殊的孔隙类型，常由选择性溶解颗粒或生物骨屑而形成的具有颗粒或生物骨屑外形的一类孔隙。常见的有鲕粒溶模孔、生物（腹足类、介形类、有孔虫及破碎骨屑）溶模孔及晶模孔等，这类孔隙都承袭了生物壳体、鲕粒或晶体的外形，与溶蚀形成的粒内孔有一定亲缘关系，实际上是粒内孔进一步溶蚀、发展而成的。引起这种选择性溶蚀的原因，就在于被溶组分是由不稳定的文石、植物或易溶矿物组成的。也有人认为是某些物壳体外有一层极薄的不易被溶的有机包体，当体内物质溶解时它未被溶，从而形成溶模孔隙（张万选等，1981）在断陷湖盆碳酸盐岩储集层中，这类孔隙常常与其他溶孔和裂缝伴生，构成了油气聚集的良好空间（图 8-12，图 8-21）。

图 8-21　溶模与晶模孔隙特征

（a）泥晶白云岩中的生物溶模孔；（b）泥晶白云岩中的晶模孔

2. 非组构控制的次生孔隙

（1）溶洞，一般指直径大于 1cm 以上的孔洞，与溶孔成因基本相同，只是规模不同。其大量出现，多与不整合面有关。常与溶孔伴生，多由溶孔发展而来，较大的洞穴，直径可达几十厘米至几千米，宽度可达几十厘米或更宽（图 8-12，图 8-22a）。

（2）角砾间孔，这类孔隙是由于碳酸盐岩因构造应力作用发生破碎或因岩溶作用形成溶塌角砾胶结之后被再溶蚀产生的砾间孔隙，又称为次生孔隙。由于断陷湖盆断裂与滑塌作用频繁，角砾间孔隙在各类储集层中均较发育（图 8-12，图 8-22b）。所发育的孔隙均为次生孔隙；而由风暴作用形成的砾屑（云）灰岩孔隙则为原生孔隙。但砾屑间孔隙若被胶结充填后再溶蚀形成，则为次生孔隙。

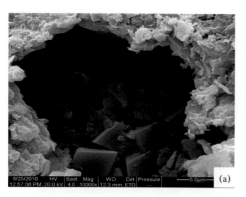

图 8-22　溶蚀孔洞与角砾间孔隙特征

（a）生物灰岩中的溶蚀孔洞，扫描电镜，×10000；（b）角砾白云岩中的砾间孔隙，蓝色铸体，5×10（-）

（3）溶缝（溶沟），通常是指微裂缝被溶蚀扩大而形成的裂隙，裂隙进一步溶蚀发展则成为溶沟，二者的区别在于发育的规模不同，均由裂缝继承发展而成。但也有人将溶沟定义为晶间隙或粒间隙溶蚀扩大后形成的沟形通道。这类溶缝或溶沟既可以在成岩缝中发育，又可在构造缝中形成，缝壁凹凸不平，缝宽大小不一，形态弯曲，并可使彼此孤立的孔隙相连，常被次生矿物半充填或全充填。其发育程度受岩性和流体介质条件控制，一般不甚发育（图 8-12，图 8-23）。

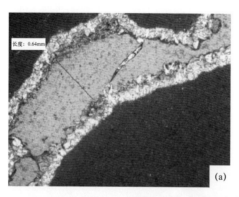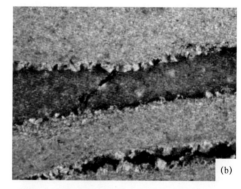

图 8-23　溶缝（溶沟）未充填—半充填特征

（a）旺 38 井灰岩中的溶缝，蓝色铸体，5×10（-）；（b）滨 22 井被铁白云石充填的溶缝，5×10，（-）

（4）裂缝，在断陷湖盆碳酸盐岩中是一种重要的孔隙类型，分布十分广泛。根据裂缝的成因及形态可进一步分为成岩缝和构造缝两类。其中成岩缝，包括晶间缝、层内收缩缝、层间缝、压溶缝和拉裂缝等。在沉积、成岩过程中，由于上覆岩层的压力和本身的失水、干裂、化学压溶或重结晶作用所形成的裂缝，皆为成岩缝，也可称为原生的非构造缝。这类成岩缝一般受层理控制，多顺层面分布延伸，形状不规则，有时有分枝现象，缝内常充填泥质或有机质（图 8-12，图 8-24）。构造缝，主要由构造应力成因，其特点是边缘平直、延伸较远，具有一定的方向和组系。如埋 54x1 井中发育的构造裂缝，垂向上为高角度裂缝，缝较宽，0.1～0.5cm，层面上为近等间隔平行微裂缝，缝宽小于 1mm。根据力学性质，可分为压性缝、张性缝、扭性缝、压扭性缝和张扭性缝等。这些构造缝在黄骅断陷沙一下亚段碳酸盐岩中普遍发育，长度不一，密度不等；但在成岩后期多被充填胶结及再次溶蚀改造。特别在白云质灰岩与微晶白云岩储集层中，微裂缝是其主要储集空间（图 8-12，图 8-25）。

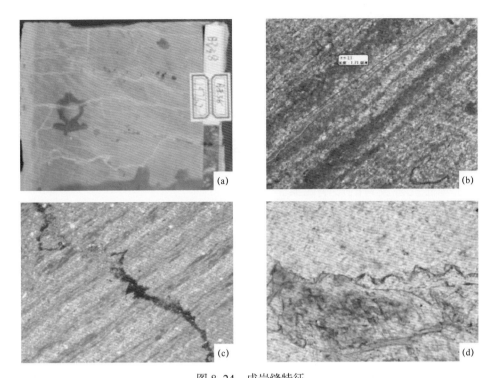

图 8-24　成岩缝特征

（a）旺 38 井，岩心中的成岩缝；（b）房 10 井，层间缝，蓝色铸体，5×10（-）；
（c）埕 54x1 井，垂直岩层被充填的缝合线，5×10（+）；（d）扣 42 井，未充填的缝合线，蓝色铸体，10×10（-）

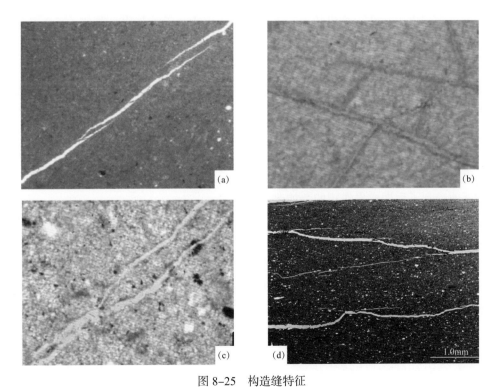

图 8-25　构造缝特征

（a）埕 54x1，雁列式构造缝，薄片，5×10（-）；（b）滨 22 井，网格型构造裂缝，蓝色铸体，10×10（-）；
（c）埕 54x1，分叉型构造裂缝，蓝色铸体，20×10（-）；（d）旺 1105 井，泥岩中的微裂缝，10×10（-）

总之，断陷湖盆碳酸盐岩的储集空间不仅有众多的原生孔隙类型，而且次生作用（如溶蚀、白云岩化、构造运动）的影响更大，这些次生作用在生成新的孔隙类型的同时，几乎对原有孔隙进行了普遍改造，从而使碳酸盐岩储集空间在形态上更为复杂、分布上极不均一。因此，上述成因分类，结合了岩石的原有结构、构造、形成阶段及孔隙的组构选择性和时间性，从而能更好地表证孔隙的发育与岩性岩相关系。

二、断陷湖盆碳酸盐岩孔隙的影响因素

（一）原生孔隙发育的影响因素

断陷湖盆碳酸盐岩原生孔隙在其所有孔隙中所占的比例远不如碎屑岩，但原生孔隙的发育，往往规定和影响着其他一些次生孔隙的发育。因而近年来，国内外对断陷湖盆碳酸盐岩原生孔隙形成的条件及其与岩相古地理环境的关系逐渐引起了重现；并强调了原岩性质、沉积相带及旋回层序等是影响原生孔隙发育的主要因素。

1. 原岩性质对原生孔隙的影响

原生孔隙的发育，直接与原岩性质有关。如最常见的粒间孔隙，发育在各种生物—颗粒（云）灰岩中，其孔隙度和渗透率的大小，与颗粒大小、分选程度关系密切，而与灰泥基质含量成反比；粒内孔隙，则与生物体腔大小、排列状况及粒内结构和含有物有关；晶间孔隙，大都与晶体大小和结构的均匀程度相联系。因此，在断陷湖盆碳酸盐岩发育区，储集层孔隙的分布在垂向剖面上具有一定的分层性，在平面上具有一定的分带性。而在地层岩性上，主要集中在结构较粗的岩石类型中，如生物（云）灰岩、藻架（云）灰岩、鲕粒（云）灰岩、球粒（云）灰岩、含生屑云质灰岩、微晶白云岩和砂质混积岩等。

2. 沉积环境对原生孔隙的影响

原生孔隙的发育，受沉积环境所制约。在断陷湖盆碳酸盐岩中，有利于原生孔隙发育的沉积环境，大多属于滨—浅湖环境的浅滩、藻丘、滨岸及水下隆起微相带。从各相带的分布可以了解到最适于孔隙发育的沉积相带分布区和尖灭地带，预测有利孔隙发育的部位。但由于断陷湖盆碳酸盐岩经历了多期次成岩作用的改造，基本形成了次生孔隙，而原生孔隙很难原样保存下来。目前，在黄骅断陷沙一下亚段碳酸盐岩储集层中所见孔隙，均不同程度地受到了后期成岩作用的叠加改造。

3. 沉积旋回对原生孔隙的影响

原生孔隙的发育，在沉积旋回上大都处于湖盆扩张的稳定阶段。从黄骅断陷沙一下亚段碳酸盐岩垂向剖面来看，储集层总是发育在湖进层序初期的粗粒旋回中。而其上湖进程序的细粒碳酸盐岩和暗色泥—页岩，则构成良好的生油层和盖层。所以详细研究断陷湖盆碳酸盐岩剖面的沉积旋回，从其多旋回性的特点，可以找到多层储集层及多套生储盖组合。

（二）次生孔隙发育的影响因素

在断陷湖盆碳酸盐岩储集层中，次生孔隙的发育很少受岩石结构组分控制，决定其形成和分布的因素，主要受成岩环境中的溶解作用、白云化作用、重结晶作用及构造作用等

因素的影响。

1. 溶解作用和胶结作用对次生孔隙的影响

溶解作用是形成次生孔隙的主要方式，同时又为胶结作用提供了重要物质。溶解与胶结，二者对次生孔隙的形成是正、反关系。断陷湖盆碳酸盐岩溶解度的大小与其 Ca/Mg 值有关。在富含 CO_2 的大气淡水及生物腐烂的有机酸性水作用下，溶解度与 Ca/Mg 值成正比关系，即石灰岩比白云岩易溶。石灰岩中矿物的易溶顺序是：高镁方解石＞文石＞低镁方解石。对石灰岩的溶蚀能力强于白云岩。大气淡水淋滤作用通常发生在断陷湖盆的浅滩或生物礁丘上，因为这两个微相带常易暴露于地表、遭受大气淡水淋滤而发育溶蚀孔隙及次生淋溶孔隙带。如大气淡水渗流带可形成垂直溶孔为主，厚度较薄的渗流溶蚀孔隙带；大气淡水潜流带可形成以水平溶孔为主，厚度相对较大的潜流溶蚀孔隙带。但在碳酸盐岩中不溶残余物（主要是黏土）的含量高时，对溶解度影响较大，二者成反比关系，即碳酸盐岩的溶解度随黏土含量的增加而减小。如黄骅断陷沙一下亚段含泥（云）灰岩，其不溶残余物含量超过 10% 时，很少见有溶蚀孔隙。而埋藏条件下的溶蚀作用，主要与地下水的性质相联系；当有机质脱羧基作用产生的酸性压释水及富含 CO_2、SO_4^{2-} 的地下热水与碳酸盐岩相互作用时，对白云岩溶解作用强于石灰岩。其溶解度的顺序是：白云岩＞灰质白云岩＞白云质灰岩＞石灰岩＞含泥石灰岩＞泥灰岩。然而埋藏条件下的溶蚀作用常沿前期孔隙带进行，在进一步扩大原有孔隙和产生新的溶蚀孔隙的同时，又导致部分孔隙受到胶结充填，从而使储集层孔隙的分布得到了调整。这种调整虽然未改变孔隙总量，但与油气的生成运聚关系密切。

2. 白云化和去白云化作用对次生孔隙的影响

白云石交代方解石，通常是按分子形式进行的，交代后的体积要缩小 12%～13%。因此石灰岩发生白云岩化后，孔隙体积会增加 12%～13%。后来有人反对这一假说，认为白云石交代方解石，是等体积交换。近来又有人主张溶解说，即当下伏岩层中有富镁岩石时，地下水经过时从中带走了较多的镁离子，往上运动到达上面石灰岩地层时，溶解方解石，沉淀出白云石。在白云石交代方解石过程中，溶解作用大于沉淀作用，产生溶蚀孔隙，并且由于晶粒增大、晶间孔径变大，都会使交代后白云岩的孔隙度和渗透率增加。去白云化作用，是指含硫酸钙的地下水经过白云岩时，将交代白云石产生次生方解石，形成去白云岩化的次生灰岩。其中方解石晶粒变粗，孔隙度增大，但分布局限，常呈树枝状或透镜状出现于白云岩中。对油气富集有建设性的晶间孔隙多形成于微晶级以上的白云岩中，这些白云岩有利于晶间孔及晶间溶孔发育。而泥晶白云岩一般不具有储集层意义，甚至可作为盖层。

3. 构造作用对次生孔隙的影响

构造沉降与抬升及多期次的构造断裂，对次生孔隙的发育具有极为重要的影响。特别对断陷湖盆碳酸盐岩储集层而言，不定期的构造抬升，可导致碳酸盐岩裸露或形成不整合面而接受大气淡水淋滤，促进次生孔隙的发育。相反，则可使碳酸盐岩储集层的原有孔隙被水下细粒沉积物胶结充填。在断陷湖盆中，多期次的构造断裂，不仅为不同流体进入碳酸盐岩储集层提供了通道，而且对改善孔隙的有效空间及连通性具有重要的建设作用。特别是张性断层发育的地区，岩体破碎，有利于角砾孔隙形成；而在断背斜及向斜的翘起端及各类褶皱的交会部位有利溶蚀孔隙的发育。另外，构造作用导致碳酸盐岩储集层的产状及组合方式不同，也对孔隙的延伸方向、排列方式及规模也具有一定影响。同时又伴随高温、高压，使岩石发生重结晶作用，产生一定的结晶孔隙，促进流体运移及岩溶作用的进行。由此可见，断陷湖盆碳酸盐岩储集层次生孔隙的形成是受成岩作用控制的，成岩相带的变化则决定着孔隙发育的层位；而构造作用的特征则影响着孔隙发育的部位及分布。因此，控制储集层次生孔隙发育的主要因素，确切地说是成岩及构造作用，而不是沉积作用。

（三）影响裂缝孔隙发育的因素

断陷湖盆碳酸盐岩裂缝孔隙的成因类型不同，影响其发育的因素也有差异。如成岩缝的发育，基本受沉积、成岩作用的控制；而构造缝的发育，既受岩性影响，裂缝往往发育在一定的层位，又受构造应力强弱的制约，裂缝常常分布在一定的构造区带及部位。因此，碳酸盐岩储集层中，裂缝发育的内因主要取决于岩石的脆性，而外因则与构造作用有关。

1. 岩性对裂缝发育的影响

构造裂缝的发育程度与岩性密切相关。岩性不同，其脆性也不一样。而影响岩石脆性的因素，主要有岩石成分、结构、厚度、组合及后生变化等。

1）岩石成分

从断陷湖盆碳酸盐岩的岩石成分来看，成分较纯的碳酸盐岩，其脆性强于成分不纯的碳酸盐岩；而不同岩类的脆性，其大小排序为白云岩—云质灰岩—石灰岩—泥灰岩。所以在其他条件相同情况下，白云岩裂缝最发育、石灰岩次之、泥灰岩类最差。如黄骅断陷旺22 井沙一下亚段取心段，微晶白云岩的裂缝密度高达 11～17 条 /m，而该层泥质白云岩中仅见 3～7 条 /m 裂缝。由此可以看出，碳酸盐岩中泥质含量增加，会降低岩石的脆性，减弱裂缝的发育。李聪等（2010）统计了歧口凹陷沙一下亚段不同碳酸盐岩的岩石成分与裂缝发育的关系，其结果是质纯性脆的碳酸盐岩裂缝相对发育，特别是微晶白云岩的裂缝发育程度显著高于其他岩类（图 8-26）。

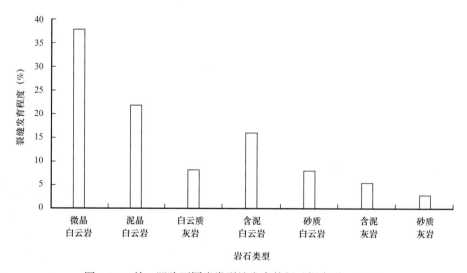

图 8-26 歧口凹陷不同岩类裂缝发育特征（据李聪，2010）

2）岩石结构

质纯粒度较粗的碳酸盐岩，脆性强，易产生裂缝，粒度较细的碳酸盐岩，脆性弱，裂缝发育的程度相对较低。如齐家务、扣村、孔店地区滩相沉积的生物—粒屑（云）灰岩的岩心中裂缝密度一般为5～13条/m，而洼地或湖坪相泥晶灰岩的岩心中仅见2～6条/m裂缝，并且延伸很短。说明裂缝发育的差异是因为组成岩石的矿物具有不同的应力释放特征，相同岩石组分、不同岩石结构也是影响岩石力学性质的又一因素。结晶粗的脆性比结晶细的大，因为碳酸盐矿物属离子型晶体，具有沿所有平面滑动的能力；且晶体内的节理面结合力弱，受力时也最易滑动，晶粒越粗，节理越清晰，粒间结合力越弱，故脆性越大，越有利于构造裂缝的发育。

3）岩层厚度及组合

断陷湖盆碳酸盐岩的沉积厚度及岩性组合与裂缝发育的程度具有一定关系。一般而言，厚层状的碳酸盐岩中裂缝的密度较小，但规模大，并且以高角度构造缝较为发育。而薄层状碳酸盐岩中，虽然裂缝的规模较少，但密度大，并以低角度裂缝为主。特别是夹于厚层中的薄层状碳酸盐岩，其裂缝发育的密度更是如此。如黄骅断陷埕54x1井沙一下（3190～3200m）取心段岩性主要为大套泥岩夹厚度分别为0.3m和0.6m的薄层白云岩。其中泥岩中基本见不到裂缝，而白云岩中裂缝却大量发育，密度高达23条/m。由此说明构造裂缝主要发育在性脆的碳酸盐岩中，特别是白云岩中最为发育。岩石力学实验表明：泥岩为塑性岩石，白云岩相对泥岩来说为脆性岩石，当二者在剖面上形成互层组合，并受到横向张应力时，泥岩多发生塑性变形，而白云岩则以产生裂缝的方式来平衡应力（图8-27）。所以薄层泥晶白云岩与泥岩互层时也容易产生裂缝，这一点在岩心观察中得到证实（图8-28）。

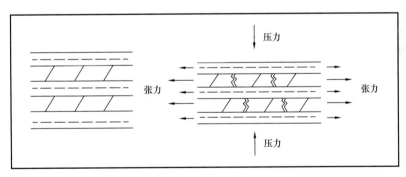

图8-27　白云岩与泥岩互层时构造裂缝产生的机理（据肖春平，2008）

箭头长短表示单个岩层实际受到的张力相对大小

2. 构造对裂缝发育的影响

构造作用对储集层裂缝发育的影响，主要与构造作用力的强弱、性质、受力次数、变形环境和变形阶段等有关。一般而言，受力强、张力大、受力次数多的构造部位裂缝发育，相反则差；同一碳酸盐岩中，在常温常压的应力环境下则发育较差；在一次受力变形的后期阶段，裂缝的密度大、组系多，前期阶段则密度小而组系少。这些条件的时空配置决定着构造裂缝的发育和分布。因此，在断陷湖盆碳酸盐岩中，由多期拉张和抬升形成的复式（地垒）构造带、向斜带和断层带是控制储集层裂缝发育和分布的主要因素。

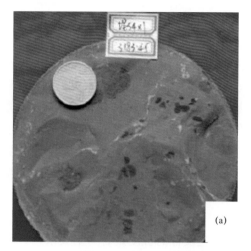

图 8-28　埕 54x1 井（3190～3200m）岩心中不同岩性裂缝发育特征

（a）泥岩，3190.2m，无裂缝发育；（b）白云岩，3196.7m，发育两组裂缝

1）复式（地垒）构造带

复式（地垒）构造带常由双向断背斜或牵引构造组成。这类构造在断陷湖盆中分布广泛，对储集层裂缝的发育具有重要的控制作用。如黄骅断陷湖盆自中生代晚期以来，与渤海湾其他断陷湖盆一样，经历的构造作用主要是拉张和抬升作用。因此，由多期拉张和抬升导致的局部复式（地垒）构造带，是碳酸盐岩储集层裂缝发育和分布的主要区带（图8-29）。从图 8-29 可以看出，在局部复式（地垒）构造带的各个断背斜或牵引背斜的高部位，裂缝沿长轴成带分布，并且以张性纵裂缝为主，同时也有张性横裂缝分布；两翼不对称者，张性横裂缝偏于缓翼，轴线扭曲处的外侧，张性横裂缝也较发育。在短轴断背斜上，裂缝常沿轴部分布，外侧以张裂缝为主，内侧以压性裂缝为主。裂缝的组系和发育程度与断背斜的产状有关，略平缓的低丘状断背斜，以共轭的斜裂缝为主，裂缝发育程度相对较差；高凸状的断背斜，既有斜裂缝，又有张性纵裂缝和横裂缝，发育程度也较高。这类断背斜被断层复杂化时，裂缝的分布也随之而变化。总之，断背斜的高点、长轴、扭曲和断层带等部位，都是裂缝发育的有利部位。因此，搞清复式（地垒）构造的形态、陡缓是查明储集层裂缝分布的关键。

2）向斜带

断陷湖盆的形态，大都由箕状凹陷组成。这种箕状凹陷向斜一侧的裂缝发育程度与断背斜的褶皱强度有关，但断背斜与向斜中应力的分布不同，裂缝的类型和性质也不一样。从剖面上看，断背斜的上部张扭性裂缝发育，下部压扭性裂缝发育；向斜则与之相反，上部压扭性裂缝发育，下部张扭性裂缝发育。所以，在向斜地带储集层下部裂缝很发育，在向斜部位钻探时，要尽可能钻穿储集层底部，揭开张扭性裂缝带。

3）断层带

实际上，断层也是断裂的一种类型，只是规模巨大，两侧的岩块已发生显著位移而与常见的裂缝相区别。在断层附近常发育低角度剪切裂缝，而在远离断层的部位多为稀疏的双向裂缝；裂缝组系受断层性质控制，并在空间上形成相互交错的裂缝网络（图8-30）。在断层发育过程中，由于位移滑动引起的应力，会促使老裂缝进一步发育，并形成一些新

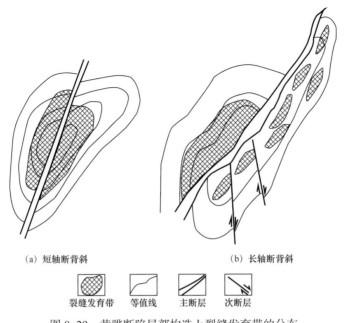

(a) 短轴断背斜　　　　　　　　　　(b) 长轴断背斜

裂缝发育带　　等值线　　主断层　　次断层

图 8-29　黄骅断陷局部构造上裂缝发育带的分布

裂缝。断层带上裂缝的发育和分布与其产状密切相关。如低角度断层引起的裂缝比高角度断层更为发育；断层组引起的裂缝比单一断层引起的发育；断层牵引褶皱的拱曲部位比断层平直部位的裂缝发育；断层消失部位，往往由于应力释放而引起的裂缝也较发育；在紧靠断层面附近，通常是角砾间裂缝发育带。该带裂缝规模的大小视断层的性质而异，张性断层一般比压扭性断层的规模大，并在角砾裂缝的外侧不仅发育羽状裂缝，同时也有张性裂缝和扭性裂缝。如处于港西断层附近的齐家务地区，岩心观察白云岩中见多条裂缝，裂缝宽度可达 6~8mm。羊二庄断阶带的庄 59 井，在 1953.9m 井段的白云岩中也见到大量裂缝。除此之外，与同生断层相伴生的牵引构造，尤其是在正断层附近的正牵引构造区内的地层受到垂直于层理的张应力作用，极易产生层间缝（图 8-31）。港西断层南侧下降盘附近的房 10、29 井区的泥岩及颗石灰岩发育层间缝，并有沥青充填。由此说明，由断层派生的裂缝对储集层孔隙的改善及油气的运聚具有重要的意义。

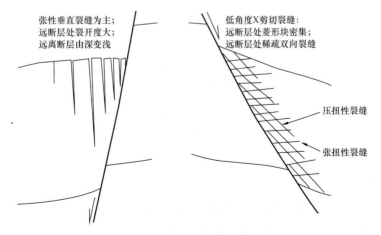

张性垂直裂缝为主；
远断层处裂开度大；
远离断层由深变浅

低角度X剪切裂缝；
远断层处菱形块密集；
远断层处稀疏双向裂缝

压扭性裂缝

张扭性裂缝

图 8-30　断层附近裂缝发育模式（据刘传虎，2006）

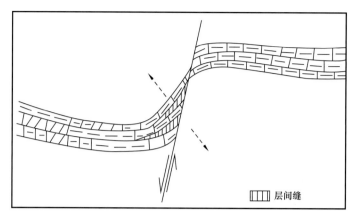

图 8-31 正断层上盘下降过程中产生的垂直于层理的张性分力导致产生层间缝

第三节 断陷湖盆碳酸盐岩储集层物性特征

一、表征储集层物性的基本参数

断陷湖盆碳酸盐岩储集层是一种多孔介质。多孔介质通常由固体、气体和液体等多相组成。其中固体相部分称为岩石骨架，非固体相部分被气相或液相所占据，被占据的骨架空间则由孔、洞、缝构成。而表征这种多孔介质的物性参数，主要有孔隙度、渗透率、饱和度和岩石的比表面积等。

（一）孔隙度

孔隙度也称孔隙率（ϕ），是储集层多孔介质的几何标量，常用百分数（%）表示。定义为多孔介质的孔隙总体积 V_p 与该岩石总体积 V_r 之比，其表达式为：

$$\phi = V_p/V_r \times 100\%$$

式中　ϕ——岩石孔隙度；

　　　　V_p——岩石总孔隙体积；

　　　　V_r——岩石总体积。

如果代表的是多孔介质中不论是否连通的总的孔隙体积，则得到的孔隙度通常称为总孔隙度或绝对孔隙度。但在油气地质研究中，只有那些相互连通的孔隙才有实际意义。因此，常用有效孔隙度 ϕ_e 来表示储集层孔隙的发育程度，即：

$$\phi_e = V_p/V_r \times 100\%$$

式中　ϕ_e——有效孔隙度；

　　　　V_p——有效孔隙体积；

　　　　V_r——岩石总体积。

裂缝也是一种孔隙（方少仙等，1998）。裂隙度（裂缝孔隙度）是指单位体积岩石中张开裂缝体积与该单位岩石体积之比，以百分数（%）表示。勘探实践表明，在断陷湖盆碳酸盐岩储集层中，裂隙度一般小于1%。如果1ft³岩石的六个面都有1mm宽的未充填裂缝，其裂隙度还不到2%。但裂隙是流体的重要通道，对油气在断陷湖盆碳酸盐岩储集层中的运移聚集，具有重要的控制作用。裂隙度的表达式为：

$$\phi_f = e/D+e \times 100\%$$

式中　ϕ_f——裂缝孔隙度；

　　　D——平行裂缝的平均间距；

　　　e——裂缝的平均有效宽度。

（二）渗透率

渗透率是描述多孔介质在一定压力差的条件下，允许流体通过的渗流能力大小的参数。1956年，达西（Darcy）通过实验证实，在均匀砂柱中水的流量Q（单位时间的体积）与不变的横切面积A及水头压差（p_1-p_2）成正比，与渗滤长度L成反比。由此提出了著名的达西定律，水的黏度μ为1cP（厘泊），其表达式为：

$$Q = KA（p_1-p_2）/\mu L$$

$$K = Q\mu L/A（p_1-p_2）$$

式中　K——多孔介质的渗透率。

多孔介质的渗透率可根据达西定律通过实验方法求出。当多孔介质为一种流体百分百地饱和时，测得的渗透率被称为绝对渗透率。绝对渗透率是表征多孔介质本身所固有的性质。这种性质只是与其本身的孔隙结构有关，而与岩石性质及通过的流体无关。渗透率的单位通常为达西（D），即粒度为1cP的流体，在一个大气压差下通过横截面积为1cm、长度为1cm的岩心，当流量为1cm³/s时，岩石渗透率为1D。实际应用中常以千分之一达西为单位，称为毫达西（mD）。

无论是海相碳酸盐岩还是断陷湖盆碳酸盐岩的渗透率及其贡献值，都不像陆源碎屑岩那样明显与岩石粒度的分选性有关。因此，中国学者罗蛰潭教授等（1981）在Dabbous和Rezenik（1976）研究的基础上，以压汞资料为依据提出了适合于碳酸盐岩总渗透率和渗透率贡献值的计算公式：

$$K=\frac{10^{11}h}{12A}\sum_{i=1}^{n}\left(\overline{W}_i\frac{\Delta S_i}{S_{\max}}\right)^3$$

$$K_i=\frac{10^{11}h}{12A}\left(\overline{W}_i\frac{\Delta S_i}{S_{\max}}\right)^3$$

$$\frac{K_i}{K}=\frac{\left(\overline{W}_i\cdot\Delta S_i\right)^3}{\sum_{i=1}^{n}\left(\overline{W}_i\cdot\Delta S_i\right)^3}\times100\%$$

式中　　A——岩样的横截面面积，cm^2；

　　　　h——裂缝高度，等于岩样直径，cm；

　　　　$\overline{W}_i$——第 i 区间的平均片状喉道宽度，$10^{-4}cm$；

　　　　ΔS_i——第 i 区间和 $i-1$ 区间汞饱和度差值，%；

　　　　S_{max}——注入水银的最大汞饱和度，%；

　　　　K、K_i——岩样的总渗透率和第 i 区间的渗透率，D；

　　　　K_i/K——第 i 区间对总渗透率的贡献值。

　　裂缝是碳酸盐岩骨架孔隙之一，在断陷湖盆碳酸盐岩储集层中尤为发育。裂缝渗透率既取决于裂缝张开的宽度，又与裂缝发育的密度有关（图 8-32）。据 CmexoB（1962）统计，85%～90% 的碳酸盐岩储集层裂缝渗透率值小于 25mD，只有 5%～8% 的为 25～50mD，大于 100mD（$98.9623 \times 10^{-3}\mu m^2$）的不足百分之一（图 8-33）。但对孔隙度较低的碳酸盐岩储集层而言，裂缝渗透率总比岩石孔隙的渗透率要高。因此，不少碳酸盐岩油气藏的高产，总是借助于储集层裂缝而获得的。Parsons（1966）的碳酸盐储集岩的裂缝渗透率计算公式为：

$$K_{fr} = K_r + \frac{W_a^3\cos^2\alpha}{12A} + \frac{W_b^3\cos^2\beta}{12B}$$

式中　　K_{fr}——总系统的渗透率；

　　　　K_r——无裂缝岩块的渗透率；

　　　　W_a、W_b——a、b 等裂缝组中裂缝的宽度；

　　　　α、β——a、b 等裂缝组之间的角度，以及整个压力梯度；

　　　　A、B——裂隙间距。

　　油气田的勘探与开发中，储集层裂隙渗透率，主要利用岩心资料来计算，其公式为：

$$K_r = 85000b^2\phi_r$$

其中　　　　　　　　　　　　　　　$\phi_r = ab/F = ba$

式中　　ϕ_r——裂隙孔隙度或裂隙性系数；

　　　　α——裂隙密度系数；

　　　　a——渗滤面积内裂隙的总长度；

　　　　b——裂隙宽度；

　　　　F——裂隙岩相的渗滤面积。

　　相渗透率是指饱和多相流体的多孔介质对其中某一相流体的渗滤能力，其量纲同绝对渗透率。对于已经确定的多孔介质，其相渗透率的变化取决于各相的饱和度、和岩石的润湿性。如水湿性岩石中油—水系统的相渗透率—饱和度关系曲线。在油与水的饱和度为 100% 时，岩石饱和单相流体，在此时的相渗透率即是岩石的绝对渗透率（图 8-34）。从图 8-34 可以看出，A、B、C 三个区中，A 区水饱和度低，只有油相渗流，水的相渗透率为零。此时水附于岩石固相表面呈被束缚状，而油相在孔隙中呈连续状渗流。水相渗透率降至零时的饱和度称为平衡饱和度或该岩石的束缚水饱和度。B 区是油、水两相在岩石中同时渗流的区间。图 8-34 中用点线表示了油、水两相渗透率之和，它较岩石的绝对渗透

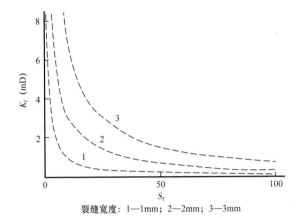

裂缝宽度：1—1mm；2—2mm；3—3mm

图 8-32　裂缝宽度和间距（S_f）对裂缝渗透率（K_f）的影响（据 Hobson，1992）

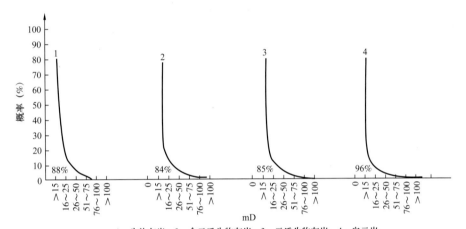

1—生物灰岩；2—含云质生物灰岩；3—云质生物灰岩；4—白云岩

图 8-33　碳酸盐岩裂缝渗透率值概率曲线（据 CmexoB，1962）

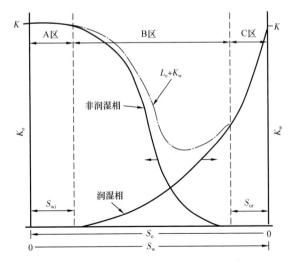

图 8-34　水湿孔隙介质中油、水的相渗透率关系图（据 Smith，1966）

S_o—油饱和度；S_w—水饱和度；S_{wi}—束缚水饱和度；S_{or}—残余油饱和度；K—绝对渗透率；K_o—油相渗透率；
K_w—水相渗透率；A 区—油相渗流区；B 区—油、水两相同渗流区；C 区—润湿相水渗流区

率低得多。C区是只有润湿相水渗流区。这时非润湿性的油相由于饱和度低在岩石的渗流孔道中呈孤岛状分布，水呈连续相渗流。岩石中油的相渗透率降至零时，油相的饱和度即是残余油饱和度。而在多孔介质中存在多相流体时，各相的相渗透率（有效渗透率）与该多孔介质的绝对渗透率的比，称为相对渗透率。各相对渗透率之和，则小于100%。

（三）饱和度

多孔介质中流体占总孔隙体积的数百分数称为流体的饱和度。在碳酸盐岩储集岩中，流体通常指的是油、气和水，这3相各自所占的储集层总孔隙体积的百分数，分别称为含油饱和度、含气饱和度和含水饱和度。地层中，储集岩最初总是饱水的。但随油、气的生成，油、气依靠与水的密度差得到的浮力逐渐驱替储集岩中被水占据的孔隙空间。如果油、气的浮力较大，便可克服储集岩中细小（喉道）的孔隙空间的阻力进入相应连通的孔隙空间；相反，油、气只能进入那些由较大喉道连通的孔隙空间。由于储集岩最初都是饱水的，所以大都具有亲水的润湿相。而在非润湿相油气驱替孔隙中润湿相的水时，孔隙中或多或少总是残留部分不流动的水，这便是束缚水。束缚水所占空间的百分数即为束缚水饱和度，它是计算油、气储量的重要参数。断陷湖盆碳酸盐岩储集层中束缚水饱和度的高低取决于碳酸盐岩的成分、结构、含泥量及孔隙空间特征。三相饱和度的表达式分别为：

$$S_o = \frac{V_o}{V_p} = \frac{V_o}{\phi V_r}$$

$$S_g = \frac{V_g}{V_p} = \frac{V_g}{\phi V_r}$$

$$S_w = \frac{V_w}{V_p} = \frac{V_w}{\phi V_r}$$

式中　V_o、V_g、V_w——岩石孔隙中油、气、水所占的体积；

S_o、S_g、S_w——含油、气、水的饱和度；

ϕ——孔隙度；

V_p——岩石孔隙体积；

V_r——岩石总体积。

（四）岩石比表面积

岩石的比表面积是度量岩石颗粒分散程度的参数，表示单位体积岩石中所有颗粒的总表面积。颗粒越细，比表面积越大，反之则越小。Kumar 和 Fatt（1969，1970）根据核磁共振法（NMR）中核磁松弛时间与孔隙度、渗透率、比表面积的相互关系，得出下列关系式，可用于计算岩石的比表面：

$$S = \left(10.7 - 1.41 \ln \frac{K}{\phi}\right) \times 10^2 \frac{\phi}{1-\phi}$$

式中　S——比表面积，cm^2/cm^3；

K——渗透率，D；

ϕ——孔隙度。

二、储集层物性特征

前已述及，储集层的物理性质（孔隙度、渗透率、饱和度和岩石比表面积）是表征储集层的基本参数。但受沉积、成岩和多期构造作用的影响，使储集层在空间的分布及内部各种属性参数都存在极不均匀的变化，并集中在储集层的四性（岩性、物性、含油性、电性）关系中表现出来。因此，系统研究不同储集岩类的物性特征，分布规律及其与沉积相序的纵向递变和平面展布的关系，则是储集层研究及评价的重要基础。

（一）岩心实测物性

利用钻井取心样品实测岩石物性参数，是获取不同储集岩物性资料的重要方法。根据黄骅断陷沙一下亚段碳酸盐岩储集层的岩心资料，其取心层位大都集中在生物灰岩段，而对白云质灰岩与白云岩储集层段取心较少。就目前的取心资料来看，全区统计实测孔隙度157个数据，最大值为45.4%，最小值为1.2%，平均值为25.58%，一般变化在2.22%～42.8%之间，大于20%的数据约占65%；孔隙度值的分布频率显示为双峰型，主频分别位于5%～10%与25%～45%（图8-35）。而渗透率数据157个，最高值为2170mD，最低值为0.02mD，平均值为90.89mD，一般变化在0.02～645mD之间，大于1mD的数值约占73%；渗透率值的分布频率显示为单峰型，主频分布在10～100mD（图8-35）。无论是孔隙度还是渗透率，其最大值普遍分布在Es_{1x}^4（滨1）和Es_{1x}^3（板4）储集层的生物灰岩发育段。通过对孔隙度与渗透率关系分析，由于受次生孔隙与构造裂缝的影响，二者的相关性没有陆源碎屑岩那么明显（图8-36）。这种正比关系随着断陷湖盆碳酸盐岩成岩后生作用的改造，而常常在不同岩类表现出较大的差别（表8-3）。

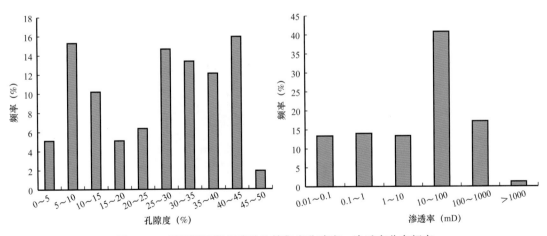

图8-35 黄骅断陷湖盆碳酸盐储集岩孔隙度、渗透率分布频率

1. 生物灰岩储集层物性特征

生物灰岩储集层多分布在断陷湖盆的浅滩与水下隆起区，受大气淡水淋滤及埋藏期不同流体的叠加改造，物性好、厚度大、分布广，是断陷湖盆碳酸盐岩储集层的主体。岩心

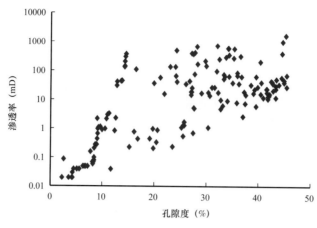

图 8-36　孔隙度与渗透率相关分析图

表 8-3　黄骅断陷湖盆碳酸盐岩储集层孔隙度分布特征

储集岩类型	样品数	孔隙度范围（%）	孔隙度平均值（%）
生物灰岩	22	3.54～45.4	32.43
亮（泥）晶鲕粒灰岩	17	2.2～34.6	15.81
白云质灰岩	21	2.2～21.3	10.28
白云岩	13	1.7～14.7	7.22

实测孔隙度变化于 3.54%～45.4%，平均 32.43%（表 8-3）；实测渗透率在 0.05～617mD 之间，最大可达 2170mD。孔隙度大于 20% 的样品约占测定样品的 33%（图 8-37）。生物灰岩类储集层中的裂缝，无论从岩心与薄片观察，还是从测井资料分析，其发育程度相对低于其他岩类。

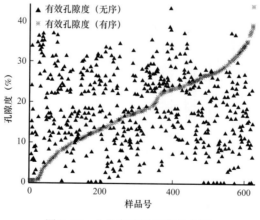

图 8-37　生物灰岩孔隙度分布图

2. 鲕粒（云）灰岩储集层物性特征

鲕粒（云）灰岩储集层，与生物灰岩分布相带类似，但厚度较薄，主要以亮—泥晶鲕粒（云）灰岩为主，部分为生物—鲕粒灰岩。岩心实测孔隙度一般可达到30.7%，渗透率达1508mD；旺36井1588.05m的含生物—鲕粒灰岩的孔隙度最高达到了34.6%，渗透率31mD。其粒间孔径可达80～300μm，孔隙度综合资料显示，亮晶鲕粒灰岩或亮晶鲕粒白云岩的孔隙性略低于生物灰岩类，其孔隙度变化于2.2%～34.6%之间，平均15.81%，其中孔隙度大于20%的样品约占测定样品的30%（图8-38、表8-3）。岩心中裂缝的发育略高于生物灰岩。

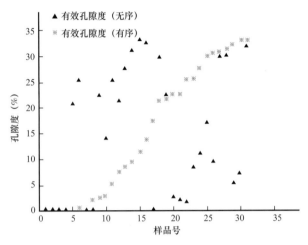

图 8-38　鲕粒（云）灰岩孔隙度分布图

3. 白云质灰岩储集层物性特征

白云质灰岩储集层，多分布于浅滩边缘及湖坪区，厚度普遍较薄，一般多在0.3～2m之间。岩心实测孔隙度变化于2.2%～27.3%，平均14.28%，其中孔隙度大于20%的样品约占测定样品的35%。渗透率一般为0.05～180.79mD，个别样品可达490.79mD。白云质灰岩的储集层裂缝较为发育，导致渗透率值变化较大（图8-39、表8-3）。

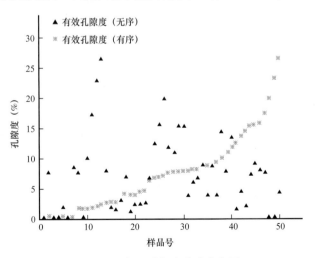

图 8-39　白云质灰岩孔隙分布图

4. 微晶白云岩储集层物性特征

白云岩储集层以微晶白云岩为主，部分为泥晶白云岩。储集层厚度一般较薄，多分布于齐家务、六间房、周青庄等地的云坪相带。根据实测物性，这类储集层的孔隙度分主要分布于2%～14.7%之间。孔隙度小于5%的样品占测定样品的50%，孔隙度5%～10%的样品约占测定样品的39%，大于10%的样品约占测定样品的12%。而渗透率的分布则集中在20～50mD之间的样品占测定样品的70%。大于90mD的样品占测定样品约20%。由此反映出微晶白云岩储集层的物性特征普遍差于生物灰岩与鲕粒（云）灰岩储集层，而与白云质灰岩储集层的物性特征基本类似（表8-3、图8-40）。

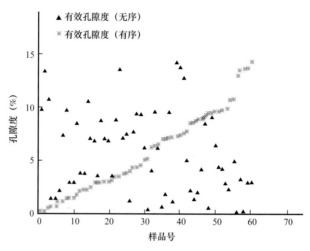

图8-40　微晶白云岩孔隙分布图

5. 混积岩储集层物性特征

混积岩储集层，其岩石组合主要以灰质岩屑砂岩、灰质长石砂岩和砂质泥晶（云）灰岩组成，储集层物性一般优于微晶白云岩与白云质灰岩储集层。据部分岩心实测物性资料，这类储集层的孔隙度一般为6%～16.8%，平均为11.2%，面孔率3%～13.5%；渗透率为0.44～1.7mD，最高18mD。孔店—羊三木地区，孔隙度一般为16.82%～28.2%，平均为19.2%；面孔率2%～19%，孔径20～100μm，以微孔为主，局部见晶间孔及粒间溶孔。

（二）电测计算物性

在钻井取心较少的情况下，利用地球物理测井资料就成为获取储集层物性参数的重要手段。但对碳酸盐岩储集层而言，储集层物性的计算目前不如碎屑岩成熟，其原因主要是碳酸盐岩储集层具有多介质性质，孔隙类型较碎屑岩复杂。在目前的测井系列中，一般用中子和密度测井计算效果较好，因为密度测井直接反映地层的电子密度，中子测井则是反映中子在地层中衰减成为热中子的分布密度，从而可较好地反映储集层物性的参数。但不同地区测井系列不同，应用的测井资料也应有所选择；黄骅断陷沙一下亚段碳酸盐岩储集层主要以声波测井、自然电位测井、自然伽马测井和电阻率测井为主，缺少中子和密度测井资料。因此，长江大学与采油六厂在齐家务地区应用多元回归方法得不到满意结果时，采用了神经网络技术求取储集层物性取得了理想的效果（图8-41、图8-42）。并在此基础上，从测井解释的渗透率与孔隙度之间的对应关系得到了它们之间的经验方程 $y=0.073e^{0.436x}$（图8-43）。并运用这一公式，得出相应的渗透率值，从而为分析储集层物性的纵向变化与平面分布规律奠定了基础。

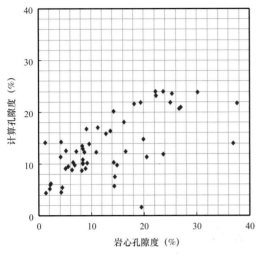

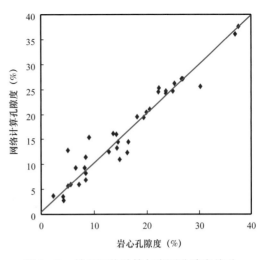

图 8-41　多元回归计算与实测孔隙度关系　　　　图 8-42　神经网络计算与实测孔隙度关系

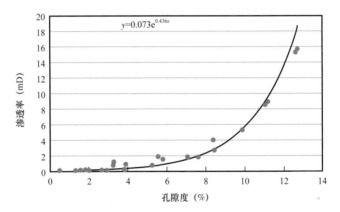

图 8-43　测井解释孔隙度与渗透率之间的关系（据李聪，2010）

三、储集层物性的分布规律

断陷湖盆碳酸盐岩储集层物性的分布，虽然与物源及湖盆地貌有关，但更重要的是在剖面上受储集岩发育层位与微相递变序列制约，平面上则与沉积微相的展布相联系。如黄骅断陷齐家务区块沙一下亚段碳酸盐岩储集层，通过各井实测物性与电测计算物性的标定、整理及统计，其物性在纵向与平面的分布具有如下规律。

（一）储集层物性的纵向变化

沉积微相研究表明，黄骅断陷湖盆碳酸盐岩沉积早期，水体浅，盐度高，储集岩主要由浅滩微相沉积的生物—鲕粒（云）灰岩、生物灰岩组成；随着湖侵规模的增强，水体的加深，储集岩逐渐过渡为湖坪沉积的白云质灰岩或白云岩，并呈薄层间夹于湖相泥质岩之间。显现出储集层物性伴随沉积微相序列的递变，孔隙度、渗透率在纵向上的变化严搭受储集岩类型及发育层位的制约（图 8-44）。但随埋藏深度的增加，压实作用的增强，孔隙度、渗透率通常应随深度增加而呈线性降低趋势。但据李聪（2010）对该区沙一下亚段储集层的研究，其孔隙度并没有随深度增加而呈现明显的下降趋势，反而在 2500～2700m 之间出现异常高值（图 8-45）。这种异常高值，显然与埋藏白云化及深部有机酸性流体和热液流体对储集层的改造有关。埋藏白云化后形成的微晶白云岩，晶粒较粗，脆性较大，不仅富含晶间孔、晶间溶孔，而且微裂缝也较其他储集岩发育。因此，在中—深埋藏阶段，随有机质脱羧基作用产生的酸性压释水及深部上升热液的叠加改造，促进了次生孔隙的持续发育。从而使储集层孔隙度并没有因埋藏深度的增大而降低。

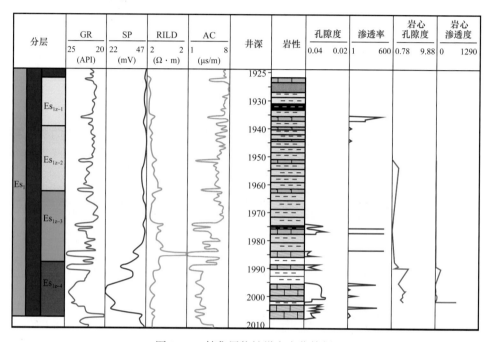

图 8-44　储集层物性纵向变化特征

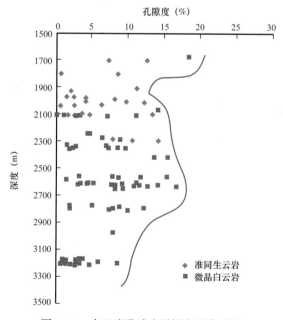

图 8-45　白云岩孔隙度随深度变化关系

（二）储集层物性的平面分布

储集层物性在平面上的变化是反映储集层平面非均质性的重要参数，特别是渗透率的高低对流体运动和水驱油效率影响最为突出。由于受沉积微相展布特征的控制，不同微相、不同层段的储集层，其物性的平面分布也具有不同的特征。

1. Es_{1x}^4（滨1）储集层

该区 Es_{1x}^4（滨1）储集层因处于沙一下亚段沉积早期，湖侵规模较小，水体较浅，主要储集岩以生物灰岩、生物—鲕粒（云）灰岩为主，平均孔隙度高值区主要围绕齐家务断隆带周围的浅滩发育区分布，其中孔隙度平均值大于15%的区带主要集中在旺17井—旺1104井—旺12井—旺1106井—旺13井区与旺37井—旺2井—旺6井—旺28井区；旺9井、旺30井区次之，其他井区则相对较低（图8-46）。而渗透率平均值高于100mD的区带主要分布于港西凸起带前缘的旺21井—旺9井—旺4井—旺12井—旺1106井—旺13井区与旺2井—旺6井—齐古1井—旺28井—旺29井—旺30井区，其他井区则相对较低（图8-47）。

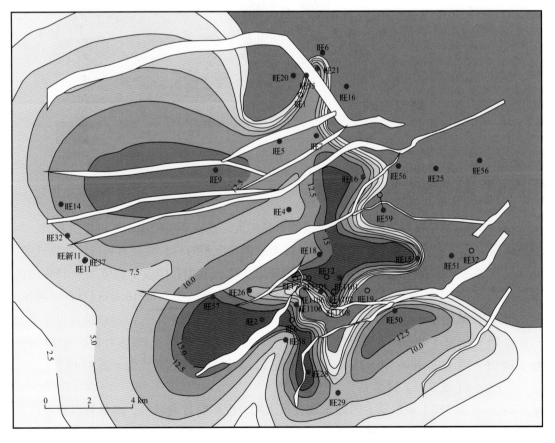

图 8-46　齐家务地区 Es_{1x}^4（滨1）段储集层孔隙度等值图

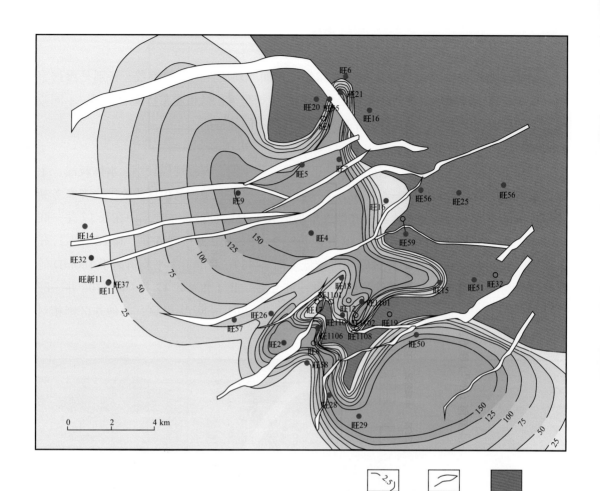

图 8-47　齐家务地区 Es_{1x^4}（滨 1）段储集层渗透率等值图

2. Es_{1x^3}（板 4）储集层

Es_{1x^3}（板 4）储集层，随着湖侵规模的不断扩大，浅滩环境的退积，以生物灰岩、生物—鲕粒（云）灰岩为主的滩相储集岩，逐渐被湖坪沉积的白云质灰岩和白云岩所代替，孔隙度与渗透率高值区的分布范围也较前期略有扩大。其中孔隙度平均值大于 15% 的区带主要分布在旺 1 井—旺 3 井—旺 1101 井—旺 13 井—旺 21 井—旺 16 井区，旺 30 井区、旺 14 井区，其他井区则相对较低（图 8-48）。而渗透率平均值高于 100mD 的区带主要分布在旺 21 井—旺 1 井—旺 4 井—旺 1101 井—旺 13 井—旺 23 井—旺 16 井区，旺 17 井—旺 1105 井—旺 1106 井区与旺 28 井—旺 29 井区，其他井区则相对较低（图 8-49）。

3. $Es_{1x^{2+1}}$（板 3+2）储集层

$Es_{1x^{2+1}}$（板 3+2）储集层，因处于湖侵最大期，沉积物普遍较细；储集岩以湖坪沉积的白云质灰岩为主，厚度普遍较薄，平均孔隙度大于 15% 的区带主要分布在旺 36 井区、旺 4 井区与旺 1106 井区，其余井区则相对较低（图 8-50）。平均渗透率值高于 100mD 的区带主要分布在旺 23 井—旺 35 井区、旺 4 井区、旺 1106 井—齐古 1 井—旺 28 井区和旺 32 井区，其余井区则普遍较低（图 8-51）。

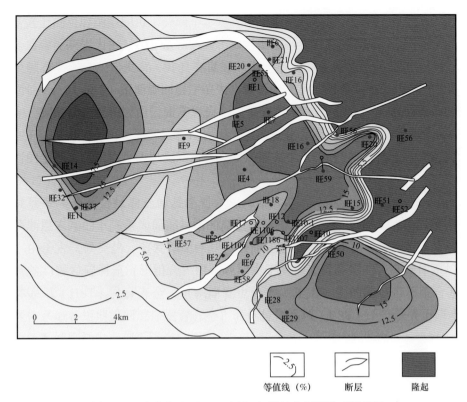

图 8-48 齐家务地区 Es_{1x}^3（板 4）段储集层孔隙度等值图

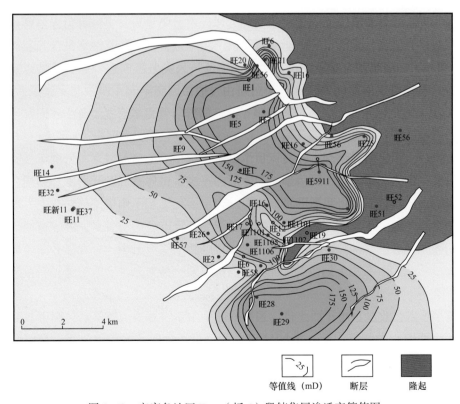

图 8-49 齐家务地区 Es_{1x}^3（板 4）段储集层渗透率等值图

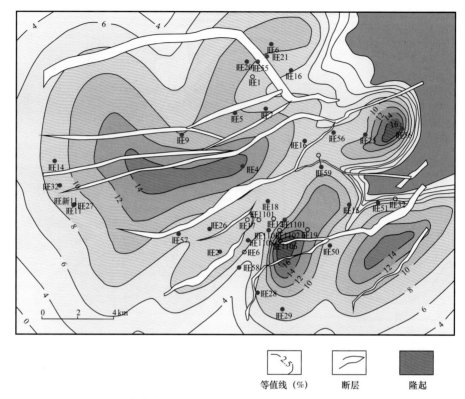

图 8-50 齐家务地区 Es_{1x}^{2+1}（板 3+2）段储集层孔隙度等值图

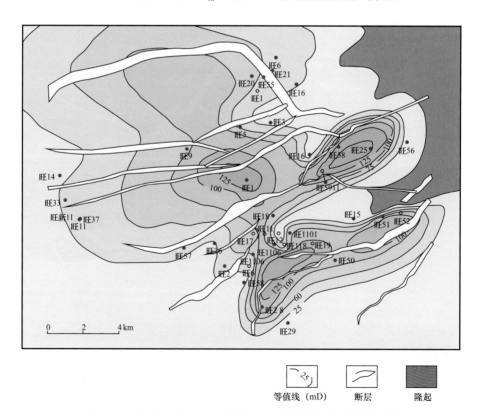

图 8-51 齐家务地区 Es_{1x}^{2+1}（板 3+2）段储集层渗透率等值图

第四节 断陷湖盆碳酸盐岩储集层孔隙结构及评价

一、孔隙结构的概念

断陷湖盆碳酸盐岩与海相碳酸盐岩一样，其储集层的储集空间都是由孔、洞、缝组成。而连接孔、洞、缝的狭窄空间或微小孔隙，通常称为喉道。二者的组合类型及其相互关系，对储集层的储渗性能影响较大。特别在储集层中存在多相流体的情况下，仅从孔隙度、渗透率、饱和度等物性参数来了解是远远不够的。要掌握各相流体在储集层中的赋存特征及运动规律，就要认识影响储集层储渗性能的孔隙和喉道的几何形态、大小及其相互连通和配置关系，而这些因素正是孔隙结构的基本含义。Jodry（1972）认为控制碳酸盐岩的生产能力不是孔隙度和渗透率，而是碳酸盐岩孔隙的几何形态。他同时也指出，碳酸盐岩孔隙、喉道的几何形态可能是生产油气的关键。换句话说，碳酸盐岩能否产出油气主要取决于孔隙的连通性。Hrbaugh（1967）指出，碳酸盐岩储集层的性能在相当大程度上取决于孔隙的大小、形状和排列。由此可见，孔隙结构研究是认识碳酸盐岩储集层的储渗特性的重要途径。

二、孔隙结构研究的常用方法

储集层孔隙结构研究的方法很多，主要有毛细管压力法、铸体薄片法、扫描电镜法、CT扫描法和图像分析法等。但对碳酸盐岩储集层孔隙结构而言，最有效的方法是毛细管压力法，这种方法可将各种复杂形状的喉道横截面都用一个等效的圆面来代替。这样就将每一支喉道都看作一根毛细管，并通过测定毛细管压力来确定各种喉道所连通的孔隙体积占总孔隙体积的百分数。而测定毛细管压力的方法有半渗透隔板法、离心机法、动力毛细管压力法、水银注入法等，但最常用的是水银注入法，又称压汞法。这种方法所用仪器简单、操作方便、快速准确，在油气勘探开发中应用广泛。因此，将水银注入法的基本原理及毛细管压力曲线的解释应用重点介绍如下。

（一）水银注入法测定毛细管压力的基本原理

利用水银的非润湿性，注入被抽空的储集岩样品孔隙中去，必然在注入时要克服岩石孔隙系统中的毛细管压力，也就是说水银注入的过程就是测量毛细管压力的过程。将逐渐加压注入的水银量换算成汞饱和度对应于所施加的压力，并将若干施加的压力点的压力值作为纵坐标，再将测得各点的汞饱和度值作为横坐标；连接各点压力与注入汞饱和度值，便得到水银注入的毛细管压力—汞饱和度曲线（图8-52）。因此，储集岩样品中连通各种孔隙的喉道大小可通过毛细管压力求得。其公式为：

$$p_c = 2\delta \cos\theta / r$$

式中　p_c——毛细管压力，dyn/cm^2（$1dyn/cm^2 = 0.1Pa$）；

　　　δ——表面张力，dyn/cm^2；

θ——接触角，（°）；

r——毛细管半径，cm。

但当水银作用非润湿相加压挤入储集岩样品时，压力与水银进入的毛细管（喉道）半径之间的关系为：

$$p_c = 7.5 / r$$

式中　p_c——注入压力，kg/cm^2；

r——喉道半径，μm。

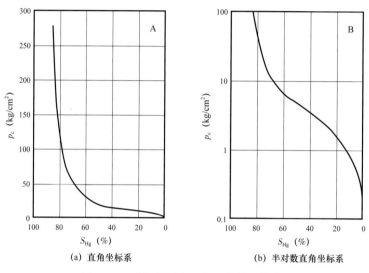

（a）直角坐标系　　　　　　　　（b）半对数直角坐标系

图 8-52　毛细管压力—饱和度关系曲线

（二）毛细管压力曲线的解释及应用

毛细管压力—饱和度曲线，实质上是从粗喉道到细喉道所控制的孔隙空间体积的累计曲线。曲线的形态受孔喉的分选性和分布的歪度控制，常呈单一台阶、多台阶或不规则倾斜型。其中孔喉的分选性是指孔喉大小分布的均匀程度。进汞曲线上若出现平台型，则表示孔喉的分选好，大小分布集中。反之，进汞曲线出现倾斜型，则说明孔喉的分选差，大小分布较分散。而歪度是指孔喉大小分布趋向于粗喉道还是趋向于细喉道的标量（图8-53）。在实际应用时，不仅要注意曲线的形态，而且对毛细管压力曲线的坐标系统要采用半对数直角坐标，其特点是将储集岩样品的粗孔喉部分放宽，细孔喉部分缩小，这样就便于确定毛细管压力的各种定量参数。如黄骅断陷沙一下亚段碳酸盐岩储集层，经样品测定大体可归纳为两类毛细管压力曲线及孔喉体系（图8-54）：一类是以孔喉相对集中，曲线平台类似，孔隙结构递变与晶间与粒内、粒间孔隙的大小、分布特征密切相关，结构类型从差到好，反映晶间与粒间孔隙不均到均匀分布，物性由差变好；另一类则是孔喉分布范围较宽，岩性较杂，孔隙类型有溶孔、晶间孔、微孔、微裂缝等，毛细管压力呈斜坡型，主要受裂缝发育程度、大小、分布特征及连通情况等因素控制。总体上孔隙结构从差到好，孔隙数量从少到多，孔径从小到大，反映了毛细管压力曲线及孔喉体系的不同特征。

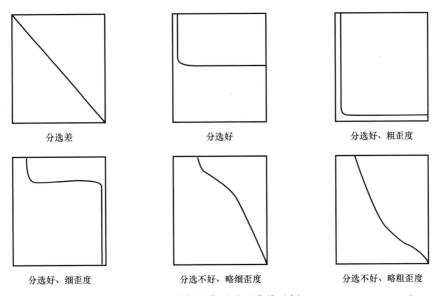

图 8-53 具不同分选和歪度分布的典型进汞曲线（据 Chilinger et al., 1972）

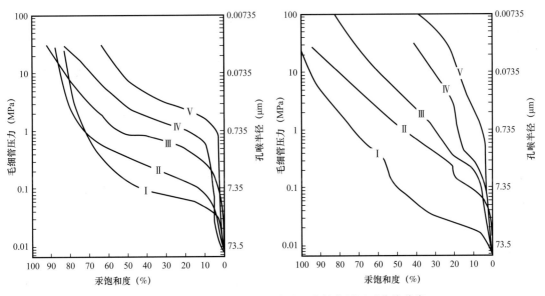

图 8-54 黄骅断陷沙一下亚段碳酸盐岩储集层压汞曲线分类

1. 排驱压力

排驱压力是指孔隙系统中最大的连通孔喉的毛细管压力。在不同的文献中又称为门槛压力、入口压力及进入压力等。在数值上等于沿毛细管压力曲线的平坦部分作切线与纵轴相交的压力值即为该压力（图 8-55），与该压力值相对应的是最大连通孔隙喉道半径（r_d）。对于白云岩储集层而言，排驱压力主要与结晶大小和均一性等因素有关。晶体越大，喉道和孔隙越大，则排驱压力越小。在毛细管压力曲线研究中，排驱压力是判断储集性能的重要指标之一，它与孔隙度和渗透率有密切关系。凡是孔隙度高、渗透率好的储油气层，排驱压力就低；而孔隙度高、渗透率低的储集层，排驱压力就较高；低孔隙度、低渗透率的储集层其排驱压力就更高。

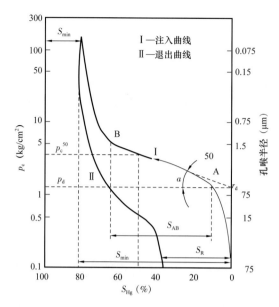

图 8-55　毛细管压力曲线（据罗蛰潭等，1986）

在研究排驱压力的同时，还必须注意与排驱压力相应的曲线平坦部分所占饱和度的百分数，S_{AB} 的大小（A 和 B 点对应曲线平坦部分的起点和终点）以及曲线的斜度（a）。a 越小，S_{AB} 的大小一般受胶结物含量的影响，当颗粒不均一时，容易产生孔隙—喉道的不均一。当孔隙中充填不同程度的胶结物时，曲线的 a 变大，S_{AB} 变小。当白云岩的原生孔隙中具有不同程度的重结晶或者外源矿物的结晶晶体时，孔隙喉道变化很大，此时 a 也会变大。

2. 饱和度中值压力

饱和度中值压力（p_c^{50}）是指在饱和度为 50% 时所对应的注入曲线的毛细管压力（图 8-55），这个数值表示二相流体各占一半时的特定条件。在孔隙中充满油、水二相时，可以用 p_c^{50} 的值来衡量油的产能大小。p_c^{50} 越大则表明储集层岩石致密程度越高（细偏态），虽能产出纯油，但生产能力小。p_c^{50} 值越小则储集层的渗透性能就越好。

在实际工作中，由实验室的水银注入曲线上确定 p_c^{50} 与 Hg 值之后，应将它换算到油层条件：

$$\left(p_c^{50}\right)\text{Hg} \xrightarrow{\ \div \text{换算因子}\ } \left(p_c^{50}\right)\text{油层条件} = \frac{A_d h_{50}}{10}$$

式中　h_{50}——相应于 p_c^{50} 油层条件的液柱高度。

根据 Brown（1983）的研究，换算因子（A_d）一般范围为 5.4～8.3，石灰岩为 6.4。h_{50} 值是相应于 p_c^{50} 地层条件下储集层能产纯油所要求的闭合高度。该计算值与实际油藏的闭合高度相比较：

（1）h_{50} 大于实际油藏的闭合高度时，只出水，不出油；

（2）h_{50} 等于实际油藏的闭合高度时，油水同产，水多油少；

（3）h_{50} 小于实际油藏的闭合高度时，有较大的生产能力；

（4）h_{50} 远小于实际油藏的闭合高度时，纯油生产能力很大。

因此，在缺乏油水相对渗透率的情况下，用 p_c^{50} 值来估计油藏石油产能的大小，虽然与实际情况有些出入，但仍具有较大的现实意义。对于气与水系统，这种估算方法仍然适用。气—水的相对渗透率曲线仍然具有油—气系统相对渗透率曲线的特征。

3. 最小非饱和的孔隙体积百分数（S_{min}）

S_{min} 是指注入水银的压力达到仪器最高压力时，没有被水银侵入的孔隙体积百分数。该值表示仪器最高压力所对应的孔隙喉道半径（包括比它更小的）占整岩样孔隙体积的百分数，S_{min} 越大则表示这种小孔隙越多。这个值实际上反映岩石颗粒大小、均一程度、胶结物类型、孔隙度、渗透率等一系列性质的综合指标。如黄骅断陷生物灰岩的粒间与晶间孔隙未被胶结物充满时，孔隙度为 24.2%～30.3%，渗透率为 136～645mD，则 S_{min} 为7%～15%。可见储集岩性质及孔渗条件不同，其 S_{min} 可在较大范围变化。在使用水银注入法时，往往所得的毛细管压力曲线的尾部不平行于压力轴，仪器的最高压力越高，曲线越偏向纵轴。在这种情况下，把它作为束缚水饱和度会引起错误，特别是对于低孔隙度、含晶洞的样品，其误差更大。当岩石是水湿时，按润湿的流体分布规律，水将占据细小的孔喉。因此可以认为某一孔喉半径以下的孔隙都被水所占据。当毛细管压力曲线的尾部与压力轴平行时，S_{min} 就是束缚水饱和度，而当实际资料属于不平行时，则先要确定孔隙喉道的储油下限，再来确定 S_{min}；当岩石是油湿时，油将占据细小的孔隙喉道，这部分将是不能采出的残余石油，束缚水饱和度则不能在毛细管压力曲线上确定（马永生等，1999）。

（三）根据毛细管压力曲线确定孔喉大小的分布

根据毛细管压力曲线，通过作图法可以进一步确定每一个不同等级的孔隙喉道体积所占孔隙体积的百分数，从而可以确切地评价储集岩的孔隙结构对储油气和渗滤能力的贡献。

1. 孔隙喉道频率直方分布图

该图的做法是沿着毛细管压力曲线作横的平行线，并且以此横线作为所取间隔的大小，横线与毛细管压力曲线相交处的饱和度减去前一条横线与毛细管压力曲线相交处的饱和度，即为该两条横线间相应间隔的孔隙喉道体积占总孔隙体积的百分数（图 8-56a、b）。这种孔隙喉道频率直方分布图具有直观、便于对比的优点。如果将每一间隔的渗透率同时绘在图中，可以很快地判别不同等级的孔隙喉道在渗滤中的作用。

2. 孔隙喉道的频率分布曲线及累计频率分布曲线

这类图件以上述直方图为基础，用柱状中心点联成平滑的曲线，它被称为孔隙喉道的频率分布曲线图。累计频率分布曲线只是将前面间隔的孔隙喉道体积叠加起来（图 8-56c）。

3. 孔隙喉道的体积分布函数曲线

Burdine 等（1950）提出的分布函数曲线，如图 8-57 所示。从该图可以看出孔隙喉道的体积分布函数取决于 $D(r_i)$，表达式为：

$$dv = D(r_i)dr$$

式中　dv——从半径 r_i 到 r_i-dr 的全部孔隙的总体积。

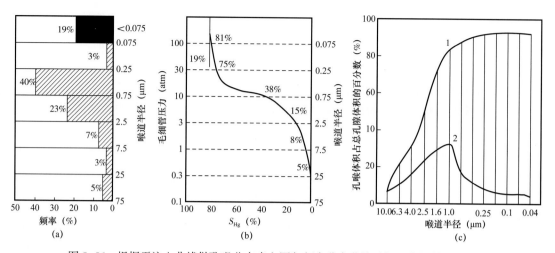

图 8-56　根据汞注入曲线做孔喉分布直方图与频率分布曲线（据罗蛰潭等，1986）

（b）图横坐标为各等级孔喉体积占总孔喉体积的百分数；（c）曲线 1 为累积频率分布曲线，曲线 2 为间隔频率分布曲线

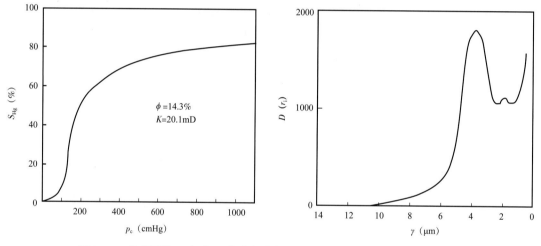

图 8-57　分布函数 $D(r_i)$ —孔隙喉道大小分布图（据 Burdine et al.，1950）

$D(r_i)$ 的值可以由水银注入法所获得的毛细管压力资料 p_{ci} 来确定。利用下面两个公式：

$$p_{ci}r_i = 2\sigma\cos\theta$$

$$D(r_i) = \frac{p_{ci}}{r_i} = \frac{\mathrm{d}S_{\mathrm{Hg}}}{\mathrm{d}p_c}$$

可以由相应饱和度值的毛细管压力和累计曲线图解确定分布函数 $D(r_i)$。首先在图 8-57 上取若干间隔确定 $\Delta S_{\mathrm{Hg}}(\%)/\Delta P_C$，再代入上式，求出 $D(r_i)$，然后再做出 $D(r_i)$—充填水银的等值孔隙半径关系图。

在图 8-57 分布曲线上任意确定一个等值孔喉半径时，在这个半径值所相交的 $D(r_i)$ 分布曲线以下的面积就等于在这一半径之前的所有孔隙空间体积。同时，再用分布函数对各种岩样进行对比，以便于大量资料的统计处理。

三、孔隙结构研究的定量参数

碳酸盐岩储集层孔隙结构的研究，通常以水银注入法测定毛细管压力为基础，结合铸体薄片及图像分析，重点选择以下 3 个方面的参数。

（一）表征喉道大小的参数

（1）最大连通孔喉半径（r_d），是指孔隙系统中与排驱压力相对应的连通孔喉半径。

（2）孔喉中值（D_{50}），是累计频率分布图上相应于 50% 的喉道值。

（3）孔喉平均值（r），是指孔喉大小的平均数，用矩法计算的表达式为：

$$r = \sum_{i=1}^{n} \Delta S_i r_i / 100$$

式中　r_i——某一区间喉道半径，μm；

　　　S_i——对应的某一喉道区间的非润湿相饱和度，%。

（4）峰值喉道半径，是指孔喉分布频率图上最大百分数值的喉道半径。

（5）最大非流动喉道半径，是指渗透率贡献值趋近于零时所对应的喉道半径。

（二）反映喉道分选程度的参数

（1）标准差（σ），是描述以均值为中心的散布程度，说明孔隙大小的分选性，分选越好，分选系数越小。其表达式为：

$$\sigma = \sqrt{\frac{\sum_{i=1}^{n} (r_i - r)^2 \Delta S_i}{100}}$$

（2）变异系数（C_s），是反映喉道大小分布的均匀程度，是孔喉标准差对平均值之比，其表达式为：

$$C_s = \sigma / r$$

（3）均值系数（a），是指储集岩孔隙系统中每一个喉道半径（r_i）与最大连通喉道半径（r_d）偏离程度的总值。其表达式为：

$$a = \sum_{i=1}^{n} \frac{r_i \Delta S_i}{r_d} / \sum_{i=1}^{n} \Delta S_i$$

a 值变化范围为 0～1，a 值越接近 1，喉道分布越均匀，孔隙结构越均匀。均值系数与驱油气效果成线性关系。

（4）喉道分布偏态（S_k），是表示喉道分布相对于平均值来说是偏于大喉（粗喉）还是偏于小喉（细喉）。其表达式为：

$$S_k = \frac{1}{100} \sigma^{-3} \sum_{i=1}^{n} (r_i - r)^3 \Delta S_i$$

式中　S_k 值一般分布范围为 $-2\sim2$。

（5）喉道分布峰态（K_p），是表示喉道分布频率曲线陡峭程度的参数。其表达式为：

$$K_p = \frac{1}{100}\sigma^{-4}\sum_{i=1}^{n}(r_i-r)^4\Delta S_i$$

$K_p=1$ 为正态分布曲线，$K_p>1$ 为高尖峰曲线，$K_p<1$ 为缓峰或双峰曲线。

（三）反映孔喉连通性及控制流体运动特征的参数

（1）孔喉配位数。连接孔喉的平均喉道数量称为孔喉配位数，一般在铸体薄片中统计后求出。

（2）孔喉比。样品中平均孔隙直径与平均喉道直径的比值称为孔喉比，可通过铸体薄片统计计算得出。

（3）平均孔喉体积比（VPT）。注入曲线反映喉道及其连通的孔隙的总体积，而退出曲线仅反映喉道的体积，两条曲线的差值即为孔隙体积。平均孔喉体积比的表达式为：

$$\mathrm{VPT} = \frac{S_{max}-(S_{max}-S_R)}{S_{max}-S_R} = \frac{S_R}{S_{max}-S_R}$$

式中　S_{max}——最大进汞饱和度；

　　　　S_R——退汞后残余汞饱和度。

（4）退汞效率。在压汞仪的额定压力范围内，从最大注入压力降到最小压力时储集岩样品中退出汞的体积与压降前注入汞总体积之比。即：

$$W_C = \frac{S_{max}-S_R}{S_{max}}\times100\%$$

式中　W_C——退汞效率，%；

　　　　S_{max}——最大进汞饱和度，%；

　　　　S_R——退汞后残余汞饱和度。

研究表明，退汞效率与岩样的孔隙度、喉道中值常呈正相关关系，而与样品的孔喉比常呈负相关关系。沃德洛（1976）为了研究孔隙结构对退汞效率的影响，进行了相应的模型试验。该试验是在玻璃蚀成孔喉系统中进行的。试验的结果表明，当孔喉比高时，压力降低后只有喉道中的汞退出，孔隙中的汞呈孤立状，因而退汞效率低；而当孔喉比低时，压力降低后不仅喉道中的汞退出，孔隙中的汞也有相当部分退出，因而退汞效率高（图8-58）。

需要指出的是，上述定量参数在实际应用时，首先要利用一元回归方法计算出结构参数与常规物性的相关性，然后确定出反映储集性能的实用参数，并在 Q 型群分析的基础上进行分类；有条件的可用二级模糊数学评判拟合分类结果。这样就赋予孔隙结构参数更为普遍的意义，又给常规物性添加了新的使用价值。

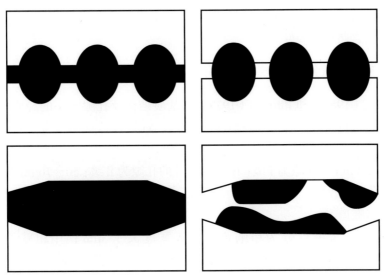

图 8-58　退汞模型实验（据沃德洛，1976）

左：模型抽空后饱和汞；右：降压后汞退出情况；上：高孔喉比模型；下：低孔喉比模型

四、孔隙喉道类型与孔隙结构特征

（一）孔隙喉道类型

孔隙喉道是孔隙结构的关键因素。孔隙喉道的大小直接控制着储集层的储集性能。根据罗蛰潭（1979）研究，孔隙喉道主要有 3 种类型（图 8-59）：

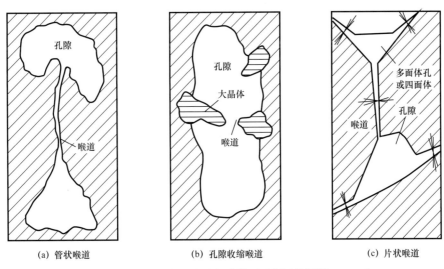

（a）管状喉道　　　　　　（b）孔隙收缩喉道　　　　　　（c）片状喉道

图 8-59　碳酸盐岩基块的喉道类型（据罗蛰潭等，1979）

（1）管状喉道。孔隙与喉道之间无明显界限，孔隙狭窄部分为喉道，扩大部分为孔隙，是一种横断面近圆形的不规则延伸的管状喉道。

（2）孔隙收缩喉道，孔隙缩小部分为喉道，缩小部分常因充填或晶体生长造成，一般在颗粒碳酸盐岩储集层中常见。

（3）片状喉道，是指连接晶粒之间的多面体或四面体狭窄孔隙。常发育在结晶碳酸盐岩中，尤以白云岩储集层多见。

（二）孔隙和喉道分级

根据 Arehie（1952）和 Pittman（1979）按基质结构及孔隙大小的经典分类，对孔隙与喉道的大小可进行分级。如黄骅断陷沙一下亚段碳酸盐岩储集层，按孔隙和喉道的配置关系，大小可分为 5 级：

（1）大于 100μm 的孔隙为 I 级；100～50μm 的孔隙为 II 级；50～10μm 的孔隙为 III 级；10～0.5μm 的孔隙为 IV 级；小于 0.5μm 为 V 级。而连通孔隙的喉道，主要有裂缝、孔隙收缩和晶间的片状喉道。

（2）喉道按其宽度可分为粗喉道，一般宽度大于 3μm；中粗喉道，一般宽度 3～1μm；中细喉道，一般宽度 1～0.5μm；细喉道，一般宽度 0.5～0.2μm；微喉道小于 0.2μm（表 8-4）。

表 8-4　孔隙和喉道分级标准

孔隙分级	平均孔径（μm）	喉道分级	平均喉径（μm）
大孔隙	>100	粗喉道	>3.0
中孔隙	100～50	中粗喉道	3.0～1.0
中小孔隙	50～10	中细喉道	1.0～0.5
小孔隙	10～0.5	细喉道	0.5～0.2
微小孔隙	<0.5	微喉道	<0.2

（三）孔隙结构类型及特征

1. 孔隙结构分类

Tedorov（1943）根据孔隙大小、形态及相互连通关系，曾经将碳酸盐岩储集层的孔隙结构划分了 6 种类型（图 8-60）。这 6 种类型在断陷湖盆碳酸盐岩储集层中也较为普遍。其中第 1 类由孔隙空间与相对孤立而狭窄的连通喉道组成；第 2 类由孔隙空间的缩小部分为连通喉道，喉道变宽即为孔隙；第 3 类为孔隙空间由微细连通带组成；第 4 类孔隙空间以菱面体孔隙及片状连通喉道组成；第 5 类孔隙空间由裂缝组成；第 6 类由两种以上的复合孔隙空间类型组成。由此可见，碳酸盐岩储集层的孔隙结构具有多种类型，只是不同盆地则具有不同的特点。因此，孔隙结构类型的划分，必须根据不同断陷湖盆碳酸盐岩储集层孔隙结构的综合特征确定类型及其与储集性能的关系。

对于断陷湖盆碳酸盐岩储集层而言，目前还没有一个统一的标准及完善而广泛的方案，研究者都是根据自己研究的对象及不同断陷湖盆碳酸盐岩储集层孔隙结构的特点提出相应的方案。如王学敏（2009）根据黄骅断陷齐家务、扣村沙一下亚段碳酸盐岩储集层的孔喉组合关系及毛细管压力参数，将孔隙结构类型划分为如下 5 类（表 8-5）：

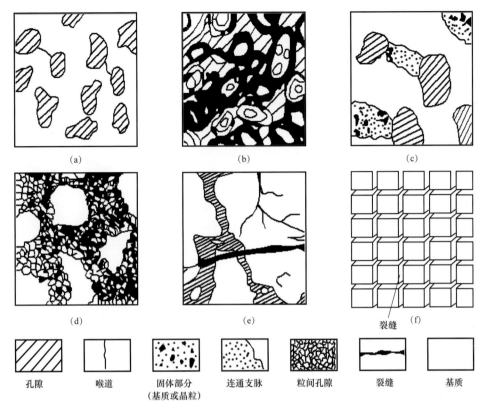

| 孔隙 | 喉道 | 固体部分
(基质或晶粒) | 连通支脉 | 粒间孔隙 | 裂缝 | 基质 |

图 8-60 孔喉结构示意图（据 Tedorov，1943）

Ⅰ类为大孔粗喉型：多为亮、泥晶生物—鲕粒（云）灰岩，储集空间主要以粒间溶孔、粒内孔及生物体腔孔为主体，孔喉相对集中、连通好，毛细管压力曲线平台宽缓，歪度粗，排驱压力与饱和度中值压力低，退汞效率高。

Ⅱ类为中孔中粗喉型：主要为泥晶生物灰岩、砂屑（云）灰岩，储集空间以晶间溶孔、粒间溶孔为主，毛细管压力曲线较平缓，歪度略粗，退汞效率较高。

Ⅲ类为中小孔中细喉型：主要以生物（云）灰岩及微晶白云岩为主，储集空间以粒间溶孔、铸模孔及晶间孔、晶间溶孔为主，毛细管压力曲线形态与Ⅱ类接近，歪度略细，退汞效率中等。

Ⅳ类为小孔细喉型：主要以泥晶白云质灰岩与泥晶白云岩为主，储集空间以细孔、晶间孔为主，有少量不规则溶孔及微裂缝伴生，排驱压力高，毛细管压力曲线平台窄，歪度细，退汞效率差。

Ⅴ类为微小孔微喉型：以致密泥晶（云）灰岩及泥灰岩为主，储集空间以微裂缝为主，少量微孔，孔隙度一般很低，但渗透率变化较大。

2. 孔隙结构特征

从上述孔隙结构的分类参数可以看出，黄骅断陷齐家务、扣村沙一下亚段碳酸盐岩储集层的孔隙结构存在 4 种不同的特征。

1）储集层存在两种不同的孔喉体系

从典型毛细管压力曲线（图 8-54）可以看出，黄骅断陷齐家务、扣村沙一下亚段碳

表 8-5　扣村油田沙一下亚段储集层孔隙结构参数分类表

储集层类别	孔喉组合名称	物性 孔隙度(%)	物性 渗透率(mD)	喉道大小及分选特征值 $P_d\dfrac{10^{-1}-1MPa}{\mu}$	$P_{50}\dfrac{10^{-1}-1MPa}{\mu}$	$\overline{X}\dfrac{\phi}{\mu}$	δ_ϕ	$\delta_\phi\big/\overline{X_\phi}$	孔喉连通流体运动特征值 We(%)	Vb	铸体孔隙大小特征值 L(μ)	L_{max}(μ)	M_2(%)	δ	Lu/Lμ
I	大孔粗喉	36.94 ~ 27.7	645.0 ~ 136.0	0.059~0.093 / 128.0~80.7	0.088~1.423 / 84.8~6.3	7.758~9.798 / 4.6~1.1	7.742 ~ 3.956	0.99~0.40	5.15 (27.61)	21.44 (3.63)			45 ~ 28		
II	中孔中粗喉	30.3 ~ 24.2	148.0 ~ 91.0	0.061~0.227 / 123.4~33.1	0.332~1.460 / 22.6~6.1	8.525~10.690 / 2.7~0.6	4.771 ~ 2.120	0.56~0.20	8.41 (72.18)	10.23 (0.39)	15		20 ~ 18		10.5 ~ 3.3
III	中小孔中细喉	24.3 ~ 11.5	227.0 ~ 58.0	0.267~0.478 / 35.8~27.0	1.460~2.433 / 6.1~3.0	10.690~11.102 / 0.6~0.4	2.778 ~ 2.436	0.26~2.19	8.1 (67.59)	11.35 (0.48)	1.9 ~ 0.65		15 ~ 10		4.4 ~ 150
IV	小孔细喉	15.5 ~ 10.4	58.0 ~ 1.1	/ 31.9~15.7	2.414~3.760 / 3.0~2.0	10.102~11.522 / 0.5~0.3	2.566 ~ 2.204	0.24~0.19	(34.44)	1.91 (6.43)	0.8 ~ 0.65		8 ~ 5		32.5 ~ 7.5
V	微小孔微喉	11.5 ~ 7.9	1.2 ~ 0.5	0.389~1.363 / 19.3~6.5	3.723~8.754 / 2.0~0.19	11.505~12.429 / 0.3~0.2	2.204 ~ 1.972	0.19~0.16	(39.42)	2.25 (2.05)	0.44 ~ 0.15		5 ~ 1.5		

注：（ ）括号内为生物碎屑灰岩储集层。

酸盐岩储集层存在两种孔喉体系。一是以晶间片状喉道为渗流通道，以晶间孔、晶间溶孔和粒间溶孔为储集空间的孔隙型孔喉体系。该体系的特点是喉道相对集中，对渗透率贡献最大的是分布集中的主喉道，岩性和物性对结构类型的变化有明显的控制作用。而另一个孔喉体系是以微裂缝为渗流通道，以溶蚀孔洞、粒间溶孔、溶模孔、溶缝和裂缝为储集空间的裂缝—溶蚀孔洞型孔喉体系。该体系特点是孔喉分布范围宽，岩性较杂，孔隙结构的变化受溶蚀孔洞的发育程度、分布特征，以及裂缝的发育程度和孔缝连通条件所决定。

2）储集层渗透率随喉道分选系数增大而变好

喉道分选系数（δ_ϕ）是描述储集层喉道均一程度的数字型特征向量。δ_ϕ 值越高、喉道分选越差、喉道变细（值高）、渗透率也相应变差（图 8-61）。成岩初期的自生矿物差异析出并较均匀地充填孔隙而缩小孔隙和喉道空间时，喉道缩小的比例比孔隙缩小的比例要大得多。而成岩早期的溶解作用，既可以在孔隙中发生，又可以在喉道中溶解。但由溶解作用增大的溶蚀空间在压实作用下，孔隙和喉道的变化都不一样。孔隙处溶蚀空间（包括粒内溶蚀）由于颗粒骨架支撑而易于保留，而喉道处趋于缩小或消失，最后并不能导致孔隙度增大和喉道明显扩大。因此一旦出现较多的剩余粒间孔或次生孔隙，就会大大地改善储集层的渗透性能，毕竟这类孔隙在总孔隙中只占少数，形成分选差、孔喉比增大、渗透率降低的地质规律。由此可以推断该区油气采收率主要来自高渗透层或高渗透区块。

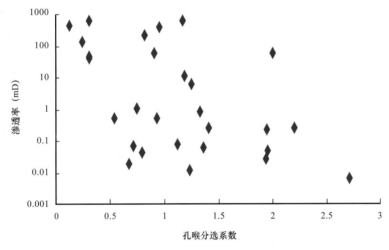

图 8-61　储集层渗透率与孔喉分选系数的关系

3）储集层主要为弱亲水到中亲水的润湿类型

所谓润湿性系，指液体在表面分子力的作用下在固体表面的弥散现象。由于固体对不同流体吸引力的差异，产生某种流体优先润湿固体的现象，称为选择性润湿。就其实质来说，润湿性主要取决于原油中基性组分的含量和储集岩石矿物组成及其表面性质。同一油层不同区块、同一油藏不同油层或是不同油藏，其储集层润湿性也有差别（表 8-6）。除岩石矿物成分及其表面性质外，储集层孔隙结构对润湿性也有一定的影响。凡是储集层物性增大，含油比较丰满、喉道半径增大时，储集层自吸水量降低而亲水性减弱。这是该区古近系沙一下亚段碳酸盐岩储集层中亲水（半亲水半亲油）润湿性的主要原因。所以研究润湿性的实际意义，在于了解储集层的毛细管力的性质和油水分布，以便提高油气层的采收率。

表 8-6　扣村油田储集层润湿性测定表

地层	模型号	取样井深（m）	孔隙度（%）	渗透率（mD）	$V_水/V_孔$（%）	$V_油/V_孔$（%）	润湿性	平均$V_水/V_孔$	综合判别
扣131井沙一下亚段	1	1795.35	24.0	138.0	20.2	0	中亲水	22.3	中亲水
	2	1795.35	24.0	138.0	17.6	0	弱亲水		
	3	1795.8	34.2	604.0	22.5	0	中亲水		
	4	1795.8	34.2	604.0	21.2	0	中亲水		
	5	1796.16	34.3	355.0	30.6	0	中亲水		
	6	1796.16	34.3	355.0	32.9	0	中亲水		
	7	1797.72	35.2	278.0	16.9	0	弱亲水		
	8	1797.72	35.2	278.0	14.7	0	弱亲水		

4）储集层具有气、油、水三者共存的特征

根据该区沙一下亚段碳酸盐岩储集层油气共产的规律，说明气、油、水三者共存是一大特点。如图 8-62 所示，从中可以看出三者共存时，由于各相饱和度不同，可以产生单向流动、两相流动和三相流动。而发生三相流动的区域是很小的，故可视为油—水、气—水和油—气两相流动。当岩石亲水、气相饱和度比较低时，可把气相归入油相饱和度中，视为油—水两相（图 8-63）。从图 8-63 中可以看出以下特点：

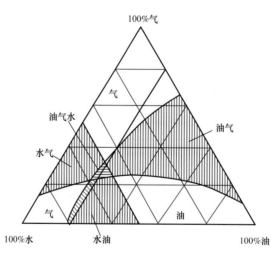

图 8-62　三相存在时流动状态与饱和度关系图（据 Leverett et al.，1941）

（1）无论水相还是油（气）相发生流动时都有一个最低的饱和度。当流体饱和度小于最低饱和度时，不发生流动。只有流体饱和度大于最低饱和度时才发生流动，而且水相饱和度是大于油（气）相饱和度。

（2）无论是水相或油（气）相，随着饱和度增加，相渗透率增加；但水相相对渗透率随饱和度增加的速度比油（气）相饱和度增加的速度要快得多。

（3）当油（气）相饱和度未达到 100% 时，其相对渗透率就已达到 1，但水相相对渗

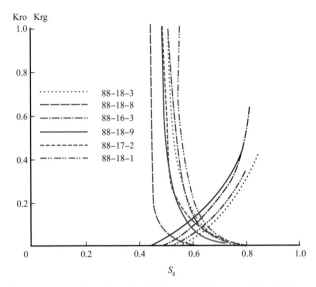

图 8-63　扣村沙一下亚段碳酸盐储集层油、水相渗透率特征

透率就很难达到 1。

（4）随着水相饱和度增加、油（气）相饱和度减少、油（气）相渗透率下降，但此时油（气）相渗透率仍大于水相渗透率。随着饱和度增加，油（气）相渗透率下降快于水相渗透率。而影响油水两相体系相对渗透率的因素还有孔喉大小、润湿性、饱和次序或饱和历程、驱动相与被驱动相黏度比、毛细管压力等。

五、储集层分类评价

（一）分类评价方法

在碳酸盐岩储集层研究中，国内外不同学者根据各自研究的目的，从不同地区不同角度提出了不少碳酸盐岩储集层的分类方案和评价方法（Stout，1964；Jodry，1972；罗蛰潭等，1981）。这些分类方案和评价方法，虽然都是针对海相碳酸盐岩储集层提出的，而涉及断陷湖盆碳酸盐岩储集层的分类方案和评价方法相对较少。但对影响和控制储集层发育和分布因素很多的断陷湖盆碳酸盐岩而言，则具有重要的指导意义。因此，这里只介绍 3 种具有代表性的范例，仅供不同研究者在断陷湖盆碳酸盐岩储集层评价中参考。

1. 运用"有效孔隙度"进行分类评价的方法

Stout（1964）基于 Williston 盆地 200 块碳酸盐岩样品的研究，划分了 7 类具有不同物性的储集岩类；并认为储集岩的储集空间是由孔隙和喉道组成的，评价储集层时要区别储集岩的总孔隙度和可能为油气进入的"有效孔隙度"。而岩心分析的孔隙度则代表该储集岩的总孔隙度。图 8-64 是 Stout 表示的储集岩总孔隙度和有效孔隙度与油气饱和度的关系图解。其中图 8-64（a）表示储集岩总孔隙度，它百分之百地被间隙水所饱和，虽然这块储集岩具有大约 3m 的连续油程高度，但因为没有超过临界高度而不能侵入到储集岩。而图 8-64B 表示当储集岩外部的石油已经累积到 20m 油柱高度，石油可以侵入 5%～10% 的总孔隙度。但除非这些空隙是连通的，否则不会明显地流进储集岩孔隙。一直要达到油柱的临界高度超过排驱压力（图 8-64c 中 p_d 点），此时，石油才连续地进入储集岩的有效孔隙空间。当外部油柱继续增加，使储集岩内的间隙水达到不可降低的水饱和度时，侵入石油的体积占总孔隙体积的百分数即为该储集岩的有效孔隙度。Stout 在分类评价中，重点强调了运用有效孔隙度的概念。而在以往的油气勘探开发中，更多的是采用孔隙度或渗透率参数对储集岩进行单独分类评价。由此可见这种方法，具有简便和实用的特点（表 8-7）。

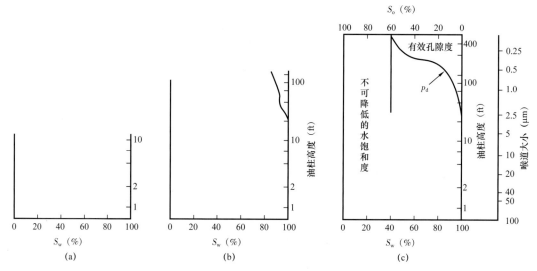

图 8-64　总孔隙度和有效孔隙度（据 Stout，1964）

（a）、（b）、（c）图分别代表不同的条件，说明见正文；1ft=0.3048m；S_w 表示孔隙水饱和度（%）；S_o 表示油饱和度（%）

表 8-7　依据孔隙度、渗透率对储集岩（层）进行分级（据包茨，1988）

孔隙度（%）					
Levosen（1967）		AbuycHHD 等（1943）		孔金祥等（1981）	
25～20	极好	>20	大容积	>12	好
20～15	好	20～15	大容积	>12	好
15～10	中等	15～10	中容积	12～6	较好
10～5	不好	10～5	中容积	6～2	中等
5～0	无价值	<5	小容积	<2	差
渗透率（%）					
Levosen（1967）		KαπHHKO 等（1943）		TeouopoBH4 等（1944）	
1000～100	很好	>1000	极好	>1000	极好
1000～100	很好	1000～500	好	1000～100	好
1000～100	很好	500～100	中等	1000～100	好
100～10	好	100～10	不重要	100～10	中等
10～1	中等	10～1	差	10～1	差
		1～0.1	可能的	<1	非渗透性的
		0.1～0.01	非生产的	<1	非渗透性的

2. 利用储集岩表面结构及毛细管压力进行分类评价的方法

这一方法是由 Robinson（1966）提出的。他根据碳酸盐岩储集岩的致密程度、岩石光泽、晶粒大小、白云化强弱及有无晶洞等表面结构和相应的毛细管压力特征，将储集岩划分为部分白云化灰岩、砂糖状白云岩（中—细晶白云岩）、生物碎屑灰岩（包括鲕粒灰岩、藻灰岩、细粒—基质灰岩）、致密碳酸盐岩等四种类型。这四种类型的毛细管压力曲线如图 8-65 所示，其中类型 I 为图 8-65a、b；类型 II 为图 8-65c、d；类型 III 为图 8-65e、f；类型 IV 为图 8-65g。根据这些毛细管压力曲线的定量参数及各类型具有代表性的典型岩样，综合进行了分类评价（表 8-8、表 8-9）。需要注意的是，在前 III 类中，Robinson 将目测特征与储集性质从优劣两个方面分别提出了较为详细的评价标准。

表 8-8　与图 8-65 相对应的各类储集岩典型样品物性参数（据 Robinson，1966）

类型	图的编号	岩性	典型样品的物性参数				
			P_d/P_c	$S_m/\%$	C	K (mD)	$\varphi/\%$
I	a_1	石灰岩部分白云石化（针孔状）	120	26	0.9	0.8	8.8
	a_2	同上（有较多较大的孔隙空间）	30	9	0.7	3.1	13.7
II	b_1	砂粒状白云岩	35	1	0.4	52.3	33.6
	b_2	粗粒白云岩	9	11	0.5	109.3	18.7
III	c_1	石灰岩（致密基质和晶洞孔隙）	1.5	24	1.5	82	5.7
	c_2	生物碎屑石灰岩（小晶洞多）	1.5	14	0.7 和 0.9	6.1	13.8
IV	d	致密石灰岩和硬石膏	460	52	很大	0.1	2.4

表 8-9　碳酸盐岩储集岩的分类评价表（据 Robinson，1966）

类型	目测特征		储集性质			评价
	主要的	次要的	孔隙大小分布	孔隙度	渗透率	
I 石灰岩部分白云石化	致密	少数针状孔表面有光泽	$C=P$，$p_d=H$ $S_m=H$	$\phi=F$	$K=L$	储集性差溶解性差
	较不致密	较多针状孔光泽减低	$C=M$，$p_d=H-M$ $S_m=M$	$\phi=M$	$K=F$	溶解能扩大和增加孔隙空间

类型		目测特征		储集性质			评价
		主要的	次要的	孔隙大小分布	孔隙度	渗透率	
II	白云岩	砂糖状的（微粒）	砂糖状一般呈棕色、褐色	$C=G$, $p_d=M$ $S_m=L$	$\phi=E$	$K=G$	能构成较好的储集层
		颗粒状的	致密有可见的孔隙空间	$C=G$, $p_d=M$ $S_m=L$	$\phi=G$	$K=G-E$	同上
III	生物碎屑灰岩；鲕粒灰岩；藻灰岩；细粒灰岩—基质（石灰岩）	少数大晶洞	致密岩石骨架	$C=G$, $p_d=L$ $S_m=M-L$	$\phi=L$	$K=L-E$	从钻屑和小岩心难于评价渗透率
		许多小的可见孔隙空间	岩石基质破裂	$C=P$, $p_d=VL$ $S_m=M-H$	$\phi=F$	$K=F-G$	有较多、较小的孔隙空间，一般有较高孔隙度
III	石灰岩和白云岩（致密）	光滑，致密	无可见的孔隙空间伴有方解石及硬石膏结晶	$C=P$, $p_d=H$ $S_m=H$	$\phi=L$	$K=L$	十分致密，可作盖层

注：表中从毛细管压力曲线所取资料的符号意义为：C 为反映毛细管压力几何形态的系数；p_d 为排驱压力；S_m 为最小非饱和孔隙体积；ϕ 为孔隙度；K 为空气渗透率。

3. 应用岩石学特征和毛细管压力参数进行分类评价的方法

该方法是由中国学者罗蛰潭等（1978）在对四川盆地碳酸盐岩储集岩的研究中提出的。首先通过铸体薄片的详细观察，确定储集岩的矿物成分、颗粒大小、形状、胶结物及胶结类型、孔隙及喉道类型，连通情况、裂缝、面孔率等岩石学特征。利用树脂铸体的电子扫描显微照片定量统计孔隙喉道的数量及三维空间的配位数，分析岩性与毛细管压力的关系，定量解释毛细管压力参数。并在此基础上，根据不同岩类的特点，将毛细管压力参数分成 4 组，对待不同的情况采用不同的参数组对储集岩进行分类和评价（表 8-10）。但对 4 组参数并不需要同时使用，一般情况下，在应用孔隙度和渗透率参数的同时，只需选择其中较适宜的 1 组就能描述储集层的特征。在四川盆地二叠系和三叠系碳酸盐岩储集层的研究中发现，孔隙度高的岩类，其毛细管压力曲线也接近粗歪度。于是运用上述分类原则对四川盆地二叠系和三叠系碳酸盐岩储集层进行了分类评价。其分类评价标准见表 8-11。

表 8-10　毛细管压力曲线参数的分组表（据罗蛰潭等，1981）

第一组 毛细管压力曲线 常规参数	第二组 孔喉大小分布 百分数	第三组 正态概率分布 曲线参数	第四组 地质混合经验 分布参数
S_{min} 为最小非饱和的孔隙体积，% P_d 为排驱压力，atm P_c50 为饱和度中值毛细管压力，atm $\overline{p}_c$ 为平均毛细管压力，atm d_m 为峰值，μm	>1μm 的孔喉百分数 >0.5μm 的孔喉百分数 >0.25μm 的孔喉百分数 >0.125μm 的孔喉百分数	D_m 为孔喉均值 S_ϕ 为孔喉分选系数 S_{Kp} 为歪度 K_p 为峰度	$\overline{X}$ 为孔喉均值 σ 为孔喉分选系数 c 为变异系数 S_{kp} 为歪度

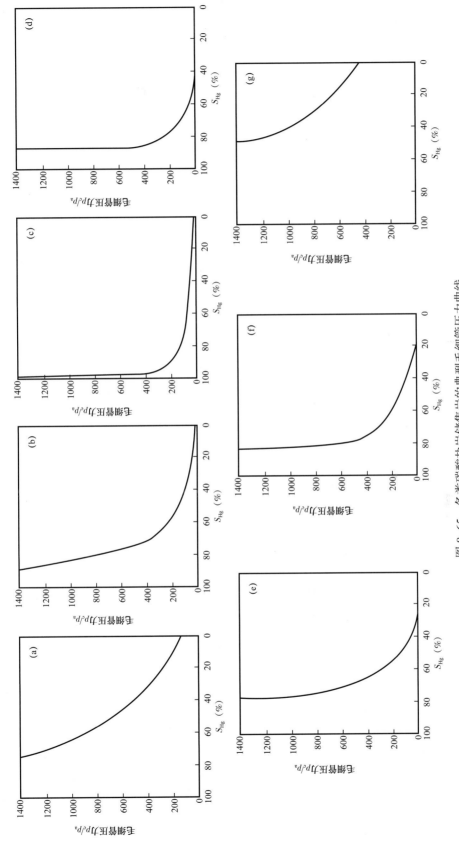

图 8-65　各类碳酸盐岩储集岩的典型毛细管压力曲线

图中 S_{Hg} 为水银饱和度，p_c 为各岩样的毛细管压力值；各分图分别代表不同的岩样与上述各图对应的典型样品的物性参数，见表 8-8

表 8-11　四川盆地三叠系、二叠系部分碳酸盐岩样品的岩性及毛细管压力特征（据罗蛰潭等，1981）

类型	I 好的储集岩	II 中等产能储集岩	III 小产能储集岩	IV 很差的储集岩	V 非储集岩
岩性及孔隙	重结晶针孔状（溶孔）云岩 溶孔粉—细晶含灰质（化）云岩 溶孔淀晶（亮晶）生物砂屑云岩 粒内溶孔藻屑、藻团白云岩 该类主要是地表露头样品 三叠系有少量岩心有这种类型	溶孔细晶介屑灰岩 溶孔淀晶（亮晶）介屑云岩 溶孔泥晶介屑含灰质云岩 粒内溶孔淀晶介屑白云岩 溶孔藻屑白云岩 粒内溶孔淀晶负鲕灰岩 粒内溶孔淀日介质灰岩 淀晶砾屑灰岩（溶孔及粒间孔）	淀晶（亮晶）介屑负鲕灰岩 生物细粉晶灰质云岩 细粉晶含泥质云岩 溶孔藻屑白云岩 孔隙为部分溶孔较大的晶间孔和负鲕孔	泥晶藻介灰质白云化细粉晶云岩 似蜓虫状细粉晶含云质灰岩 淀晶（亮晶）砂砾屑、介屑灰岩 线纹藻细粉晶天青石（化灰岩） 淀晶（亮晶）介屑鲕粒灰岩 淀晶（亮晶）鲕粒灰岩 泥晶豆粒灰岩 以上全部为晶间孔、少数溶孔	泥晶藻介屑灰质云岩 生物灰岩 亮晶红藻灰岩 亮晶介屑灰岩 微晶白云岩 泥晶或微晶灰岩（细结构占75%以上）
产能	自然产能大	自然产能中等，增产措施后产能很大	自然产能低，增产措施后有中等产能	无自然产能，增产措施后有低产能	
毛细管曲线参数	$\phi=8\%\sim11\%$ $K=1\sim5\text{mD}$ $S_{min}<20\%$ $p_d>2\text{atm}$ $p_c<12\text{atm}$ $D_m=7\sim9\,(\phi)$	$\phi=6\%\sim10\%$ $K<1\text{mD}$ $S_{min}=20\%\sim40\%$ $p_d=2\sim10\text{atm}$ $p_c=12\sim40\text{atm}$ $D_m=9\sim11\,(\phi)$	$\phi=4\%\sim10\%$ $K<0.1\text{mD}$ $S_{min}=20\%\sim40\%$ $p_d=10\sim50\text{atm}$ $p_c=40\sim80\text{atm}$ $D_m>11\,(\phi)$	$\phi=1.5\%\sim4\%$ $K<0.1\text{mD}$ $S_{min}=40\%\sim70\%$ p_d 很高 $p_c=80\text{atm}$ $D_m>12\,(\phi)$	$\phi<2\%$ $K<0.1\text{mD}$ $S_{min}>70\%$ p_d 很高 p_c 很高 D_m 很大
特征 毛细管曲线参数					

（二）断陷湖盆碳酸盐岩储集层的分类评价

由于碳酸盐岩储集层本身的复杂性，不同学者分类评价方法都具有一定的"地方色彩"，至今尚未见到一个统一的分类评价方案。因此，断陷湖盆碳酸盐岩储集层的分类评价，在参照不同分类原则的同时，必须考虑到古近纪断陷湖盆碳酸盐岩与古代海相碳酸盐岩在沉积成岩环境方面的差异，并从断陷湖盆的勘探开发实际出发，依据断陷湖盆碳酸盐岩储集层的岩石学特征、物性参数、毛细管压力资料、孔隙结构类型及油气井产能等进行综合性分类及评价。如杜韫华等（1990）应用孔隙度、渗透率参数，结合沉积微相及岩性组合，对渤海湾地区古近系断陷湖盆碳酸盐岩储集层进行了分类评价研究。而大港油田采油六厂（2011）在王振奇（1994）、金振奎（2002）、董兆雄（2007）等对黄骅断陷不同区块碳酸盐岩储集层的分类评价基础上，将该区沙一下亚段碳酸盐岩储集层归纳为以下 4 类（表 8-12）：

表 8-12　黄骅断陷湖盆碳酸盐岩储集层分类评价

类型	I	II	III	IV
岩性	生物（生屑）灰岩 鲕粒（云）灰岩	生物生屑灰岩 鲕粒（云）灰岩 砂质生屑灰岩	含生屑灰岩 球粒（云）灰岩 微晶白云岩 白云质灰岩	泥晶白云岩 白云质灰岩 含颗石藻泥灰岩
储集空间	粒间孔 溶孔 生物体腔孔 溶缝	粒内溶孔 粒间溶孔 溶缝	晶间孔 晶内溶孔 微裂缝	少量晶间孔 少量角砾孔 裂缝
产能	自然产能大	自然产能中等	自然产能低	无产能 增产措施后有低产
毛细管曲线参数	$\phi>20\%$ $K>50\text{mD}$ $p_d<0.3\text{MPa}$ $p_c<1\text{MPa}$ $\overline{X}>3$ $\delta_\varphi/\overline{X}_\varphi=1\sim1.5$	$\phi=12\%\sim20\%$ $K=10\sim50\text{mD}$ $p_d=0.3\sim0.6\text{MPa}$ $p_{cso}=1\sim5\text{MPa}$ $\overline{X}=1\sim3$ $\delta_\varphi/\overline{X}_\varphi=0.5\sim1$	$\phi=4\%\sim12\%$ $K=1\sim10\text{mD}$ $p_d=0.6\sim1\text{MPa}$ $p_{cso}=5\sim10\text{MPa}$ $\overline{X}=0.5\sim1$ $\delta_\varphi/\overline{X}_\varphi=0.3\sim0.5$	$\phi<4\%$ $K<1\text{mD}$ $p_d=1\text{MPa}$ $p_{cso}>10\text{MPa}$ $\overline{X}=0.2\sim0.5$ $\delta_\varphi/\overline{X}_\varphi<0.3$
毛细管压力曲线				
评价	好储集层	中等储集层	差储集层	非有效储集层

（1）类型 I 为好的储集层：储集岩主要为滩脊沉积的中厚层状生物（生屑）灰岩与亮、泥晶鲕粒（云）灰岩，孔隙类型为粒内孔、粒间溶孔、生物体腔孔、鲕粒及介壳溶模孔和溶缝等。孔隙度多数大于 20%，水平渗透率多数大于 50mD，平均孔喉半径大于 3.0μm，排驱压力小于 0.3MPa、歪度较粗，变异系数 1～1.5，饱和度中值毛细管压力小于 1.0MPa，含油饱和度可达 80% 以上，储集类型以孔隙型为主。钻于这类储集层，可获得

高产油气流。

（2）类型Ⅱ为中等储集层：储集岩主要为滩缘沉积的生物碎屑灰岩、部分鲕粒（云）灰岩和云坪沉积的微晶白云岩，发育少量裂缝；孔隙类型为粒间溶孔、粒内孔、部分介壳溶模孔和溶缝，孔隙度为 12%～20%，水平渗透率为 10～50mD，平均孔喉半径为 1.0～3.0μm，歪度中等—略偏粗，排驱压力在 0.3～0.6MPa，饱和度中值毛细管压力为 1～5MPa，含油饱和度可达 75% 以上，储集类型以裂缝—孔隙型为主。钻这类储集层，一般可获得中等产能。

（3）类型Ⅲ为差储集层：储集岩主要为部分含生屑灰岩、泥晶白云岩和白云质灰岩，孔隙类型有少量粒间溶孔、晶间孔、晶间溶孔和裂缝，孔隙度一般 4%～12%，水平渗透率一般 1～10mD，孔喉平均半径为 0.5～1.0μm，排驱压力 0.6～1MPa，饱和度中值毛细管压力 5～10MPa，含油饱和度可达 60%，储集类型具有孔隙—裂缝型为主。这类储集层的自然产能一般较低，改造后可获得一定产能。

（4）类型Ⅳ为非有效储集层：储集岩主要为致密的泥晶白云岩、白云质灰岩和部分颗石藻页状含泥灰岩，孔隙类型有晶间孔、孤立溶孔和微裂缝，孔隙度小于 4.0%，水平渗透率小于 1mD，平均孔喉半径 0.2～0.5μm，排驱压力大于 1MPa，饱和度中值毛细管压力大于 10MPa。

第九章　断陷湖盆碳酸盐岩与油气成藏

半个世纪以来，碳酸盐岩的生烃问题，一直受到人们关注。它不仅具有重要的理论意义，而且拥有重大的勘探价值。目前，海相碳酸盐岩的生烃潜力已得到国内外石油地质界的普遍公认。而对于断陷湖盆碳酸盐岩的生烃，在中国尽管专门的研究起步较晚，但伴随着断陷湖盆油气勘探的发展，也逐渐受到人们的重视。由于断陷湖盆碳酸盐岩烃源岩，既不同于典型的海相碳酸盐岩烃源岩，又不同于典型的陆源碎屑岩烃源岩，而是介于二者之间的一种过渡类型。这种过渡类型是由化学成因与机械成因交替形成的一种混积烃源体系。其形成环境、岩石矿物组成、有机质丰度、有机地球化学及热演化特征，与碳酸盐岩和碎屑岩烃源岩有许多相同与不同之处。

第一节　断陷湖盆碳酸盐岩烃源岩

一、烃源岩的生成环境及岩石学组合

（一）沉积成岩环境与烃源母质

如第二章生物相所述，中国古近纪断陷湖盆的沉积发育，大都处于亚热带—暖温带。良好的古气候条件，不仅适宜多种生物的生长发育，而且随着湖盆水体的稳定扩张，汇聚了大量陆源有机物质，增强了湖体养分，促进了生物的繁衍。根据黄骅断陷湖盆碳酸盐岩地层的微古生物属种的不完全统计，已发现的腹足类 40 余属 70 多种，介形类 40 余属近400 种，兰绿藻和红藻门 16 属 14 种。这些水生生物群既有大量的淡水生物，又有部分半咸水生物，如沟鞭藻、中国技管藻、龙介虫栖管和颗石藻等。它们的富集，构成了断陷湖盆碳酸盐岩烃源岩的主要生源母质。但从藻类与孢粉的比例来看，陆生孢粉占绝对优势，反映了内陆断陷湖盆的生态特征；而藻类化石的低分异度，更反映了水体的相对稳定。古生态研究表明，古近纪水体主要为微咸水—咸水，是水生生物繁殖的有利场所（郝冶纯等，1984）。现代滦河调查资料表明，每年携带有机质总量为 2.51×10^4t，折算成有机碳为 1.37×10^4t，按此携带量推算渐新世时期，1200 万年中共携带有机物质约 3×10^{12}t。渐新世时，黄骅断陷湖盆周围的水系发育，携带的有机物质是非常可观的。中国科学院兰州地质研究所通过青海湖的调查并结合国内外其他湖泊资料指出，现代湖泊有机质堆积在水深19～20m 以下的湖底，其沉积物以黑色淤泥与粉砂质淤泥为主，藻类、介形类和微生物丰盛，有机碳含量为 0.94%～2.2%。由此说明水深 20m 左右便处于还原环境，保存了较丰富的有机质。对于古近纪断陷湖盆碳酸盐岩而言，气候的干热，水体的半咸化—咸化，更有利于还原环境的形成及有机质的保存。

（二）岩石矿物组合特征

断陷湖盆在形成和发育过程中，由于边界断裂的不均衡活动，造成了湖盆环境的不稳定性，使湖盆沉积物的组成，常常受到古气候及湖盆水介质条件和入湖水系的影响。因此，断陷湖盆碳酸盐岩烃源岩几乎都是不纯的。组成烃源岩的岩石类型，既有薄层状泥晶灰岩、含泥灰岩、泥灰岩、含泥白云岩，又有泥岩、（云）灰质泥岩、页岩及油页岩等。这些岩类普遍含石英粉砂及有机质，并组成薄互层或纹层状分布于浅湖—半深湖、深湖区。如美国尤因他盆地中部的绿河组"油页岩"实际上是一套白云质泥灰岩，主要矿物成分由方解石、白云石、细粒石英、黏土以及有机质组成。我国古近纪断陷湖盆，大都经历了咸化、半咸化和淡水湖相的沉积演变过程，具备了形成碳酸盐岩烃源岩的条件。如柴达木盆地西部古近—新近系湖相碳酸盐岩烃源岩，形成于炎热干旱气候条件下的半咸水—咸水环境，是一套由泥岩、灰岩、灰质泥岩、泥灰岩、云质泥岩及泥质白云岩组成的互层沉积，主要矿物成分由方解石、白云石、细粒石英、黏土以及有机质组成，其酸溶物含量变化在43%～82%之间（表9-1）。这套富含碳酸盐岩的地层平均厚度约1200m，最大厚度在2400m以上；泌阳凹陷古近系核桃园组湖相碳酸盐岩烃源岩主要由白云岩、泥质白云岩及粉砂岩及钙质泥岩组成，主要矿物成分由方解石、白云石、细粒石英、长石、黏土以及有机质组成；其酸溶物含量变化在33%～87%之间。这套烃源岩地层累计厚达2211m，碳酸盐岩最大单层厚度为8.2m，一般厚1～2m。东濮凹陷古近系湖相碳酸盐岩烃源岩则主要以泥灰岩和灰质泥岩为主，在整个古近系烃源岩中，碳酸盐岩烃源岩约占26%；位于渤海湾盆地南缘的济阳断陷中部的渤南洼陷，在闭塞环境中形成的富含有机质的碳酸盐岩烃源岩，厚度达30～40m；X射线衍射分析结果，样品中碳酸盐岩含量为27%～85%，主要岩性为泥质灰岩、泥灰岩和泥质白云岩为主，矿物成分为方解石、白云石、细粒石英、黄铁矿、黏土等。黄骅断陷沙一下亚段碳酸盐岩烃源岩，与上述其他断陷湖盆碳酸盐岩烃源岩一样，也是由薄层状泥晶灰岩、含泥灰岩、泥灰岩、含泥白云岩与泥岩、（云）灰质泥岩、页岩及油页岩组成，厚度为40～200m。主要矿物成分为方解石、白云石、细粒石英、长石、黄铁矿、黏土以及有机质；X射线衍射分析结果，酸溶物含量在52%～91%之间，由此可见，泥质岩与碳酸盐岩的混合沉积是断陷湖盆碳酸盐岩烃源岩的重要特征。

表 9-1　各类岩石酸不溶物和碳酸盐含量表

岩石	泥岩	泥晶云岩	泥晶云岩	泥岩	泥晶云岩	粉砂岩	泥晶云岩	泥晶云岩
井深（m）	3997	4031	4033	4039	4041	4046	4066	4069
酸不溶物含量（%）	49.44	56.78	40.74	43.32	53.76	50.92	23.38	18.04
CO_3^{2-} 含量（%）	15.56	7.69	14.57	11.78	11.13	4.75	22.48	28
换算成 $CaCO_3$ 含量（%）	25.93	12.81	24.28	28.63	18.55	7.91	37.46	46.66

二、烃源岩生烃潜力

一般而言，烃源岩的有机碳丰度，氯仿沥青"A"含量，干酪根类型、烃转化率和成熟度是反映成烃潜力的重要指标。根据黄骅断陷、渤南凹陷、泌阳凹陷及柴达木盆地西部古近—新近系断陷湖盆的碳酸盐岩烃源岩有机地球化学资料，其生烃潜力因不同湖盆或不同凹陷所处的沉积环境及发育深度不同，其碳酸盐岩烃源岩的成烃潜力也存在差异。

根据黄骅断陷齐家务、扣村及孔店地区部分探井沙一下亚段碳酸盐岩烃源岩样品分析：烃源岩所含硫化亚铁最高 3.03%、最低 0.51%、平均 1.78%，还原硫最高 1.35%、最低 0.42%、平均 0.8%，有机碳最高 5.52%、最低 0.45%、平均 2.43%。沥青族组分检测结果表明：氯仿沥青"A"含量为 0.058%～1.279%，沥青质为 5.79%～10.98%，饱和烃为 21.3%～51.85%，芳香烃为 10.73%～27.81%，非烃组分 15.5%～52.24%（表 9-2）；总烃（812～1376）×10^{-6}，产烃潜力 S_1+S_2 为 3%～10%；有机质向可溶沥青和烃类的转化率为 7.32%～14.15%；干酪根显微组分中主要以类质组占绝对优势，含量高达 60%～98%，壳质组为 0.3%～40%，镜质组为 1%～12%，惰质组含量很低为 0.7%～4.3%，类型指数为 72～96.7；干酪根类型以腐泥Ⅰ型为主，少量腐泥Ⅱ$_1$型（表 9-3）。其中Ⅰ型干酪根氯仿沥青"A"有机元素 H/C 为 1.41～1.62，O/C 为 0.05～0.1；Ⅱ$_1$型干酪根氯仿沥青"A"有机元素 H/C 为 1.11～1.38，O/C 为 0.11～0.15。根据盆地模拟资料，黄骅断陷沙一下亚段碳酸盐烃源岩的最大氢指数为 574mg/g，主要集中在港西凸起的西、南及孔店凸起与埕宁隆起之间的凹陷带，同时也是生烃潜力较大的地区（图 9-1）。

表 9-2　黄骅断陷中南部碳酸盐烃源岩有机碳及沥青族组分统计表

井名	岩性	井段（m）	氯仿沥青"A"含量（%）	沥青质含量（%）	饱和烃含量（%）	芳香烃含量（%）	非烃含量（%）
旺 5	泥岩	1805	0.1415	5.79	28.57	16.99	48.65
	泥质云岩	1842.82	0.058	9.88	24.07	19.14	46.91
旺 19	灰质页岩	2113	1.2799	8.89	51.85	18.52	15.56
				0.58	21.3	27.81	34.32
旺 29	油页岩	2113.2	0.399	3.51	38.95	8.77	48.42
			0.8291	4.75	36.75	17.5	39.75
	泥质薄灰岩	2114.19	0.2914	4.48	28.06	16.42	52.24
旺 37	灰质泥岩	2289.78	0.357	9.57	33.66	10.89	40.59
旺 1104	含泥云岩	1989.41	0.359	9.51	27	16.73	40.76
孔 74	灰质泥岩	1689.12	0.5102	7.78	25.85	15.69	41.85
孔 77	泥灰岩	1789	0.1357	10.98	33.53	21.71	26.71

表 9-3　黄骅断陷部分探井沙一下亚段碳酸盐烃源岩干酪根镜鉴结果表

井号	深度（m）	岩性	类质组	壳质组	镜质组	惰质组	类型	类型指数
旺 29	2113	泥灰岩	98	0.3	1	0.7	Ⅰ	96.7
旺 29	2113.8	油页岩	86	11.3	2.7		Ⅰ	89.7
旺 30	2157.35	泥质灰岩	60	40			Ⅰ	80
旺 38	2289.78	泥岩	62.7	30	6.7	0.7	Ⅱ₁	72
旺 5	1816	灰质泥岩	82	1	12.7	4.3	Ⅱ₁	68.7
孔 74	1689.12	泥灰岩	93.3	3.3	2.7	0.7	Ⅰ	92.3

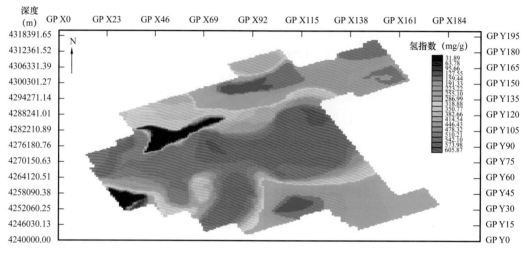

图 9-1　黄骅断陷沙一下亚段碳酸盐岩氢指数分布图

　　济阳断陷渤南凹陷的碳酸盐岩烃源岩的全岩和干酸根显微组分的观察和分析表明，所有样品的有机质组成均以矿物沥青基质和沥青质体为主，腐泥组含量均在 97% 以上，为Ⅰ型干酪根，生烃母质好。样品的有机碳含量（TOC）一般均在 0.5% 以上，大于 1.0% 的样品（TOC）约占 80%，大于 2% 以上样品约占 30%；氯仿沥青 "A" 含量为 0.086%～2.177%，大于 0.5% 样品约占 60%；S_1+S_2 多为 3～30mg/g，大于 9mg/g 以上的样品约占 36%，为 10.5%～22.5%，最高达 40.92%；成烃母质为Ⅰ型（表 9-4）。可见，有机碳含量与烃转化率较高，生烃潜力大（王广利等，2007）。

表 9-4　渤南洼陷碳酸盐岩烃源岩有机质丰度及干酪根类型（据胜利油田，1993）

样品号	井号	井段（m）	TOC（%）	S_1+S_2（mg/g）	氯仿沥青 "A" 含量（%）	R_o（%）	腐泥组含量（%）	类型
1	新义深 9	3376.1	3.8	22.02	1.7646	0.7	98.3	Ⅰ
2	新义深 9	3377.2	5.32	30.45	2.177	0.71	99.3	Ⅰ
3	新义深 9	3413	2.49	12.01	1.068	0.77	99.3	Ⅰ

样品号	井号	井段（m）	TOC（%）	S_1+S_2（mg/g）	氯仿沥青"A"含量（%）	R_o（%）	腐泥组含量（%）	类型
4	新渤深1	3298	2.57	9.39	0.5786	0.73	98.7	I
5	新渤深1	3414.5	0.56	0.36	0.1236	0.93	98.7	I
6	新渤深1	3492	0.82	0.48	0.0861			
7	罗4	3160.38	1.18	3.82	0.491			
8	罗11	3169.5	1.34	1.12	0.2295	0.82	99.3	I
9	罗3	2827	1.83	11.14	1.0749	0.51	97.3	I
10	罗3	2854.53	1.44	4.37	0.5096	0.57	98.3	I

柴达木盆地西部古近—新近系断陷湖盆碳酸盐岩烃源岩与渤南凹陷的碳酸盐岩烃源岩相比，其有机碳含量（TOC）普遍偏低，平均值一般低于0.4%，氯仿沥青"A"含量一般在0.007%～0.012%，总烃含量为（400～700）×10^{-6}（表9-5）。有机质向可溶沥青和烃类的转化率达到7%～13%，最高可达20.6%，虽略低于渤南洼陷，但高于一般泥—页岩烃转化率平均值（妥进才等，1995）。

表9-5　柴达木盆地西部古近—新近系有机质丰度统计表

层位	南区			中区			北区			全区统计			HC/C（%）
	C（%）	氯仿沥青"A"（%）	HC（×10^{-6}）	C（%）	氯仿沥青"A"（%）	HC（×10^{-6}）	C（%）	氯仿沥青"A"（%）	HC（×10^{-6}）	C（%）	氯仿沥青"A"（%）	HC（×10^{-6}）	
N_2	0.18（48）	0.073（17）	342（10）	0.332（168）	0.048（50）	236（31）	0.276（409）	0.068（93）	427（76）	0.283（625）	0.062（160）	369（117）	13.04
N_1	0.287（236）	0.143（42）	690（34）	0.393（148）	0.117（32）	502（24）	0.277（149）	0.071（35）	416（28）	0.313（533）	0.112（109）	549（86）	17.54
E_3	0.425（384）	0.106（78）	460（56）	0.315（195）	0.117（32）	345（23）	0.272（260）	0.044（54）	289（40）	0.352（839）	0.087（169）	380（119）	10.79

注：括号内为样品数。

泌阳凹陷古近系核桃园组碳酸盐岩烃源岩的有机碳（TOC）含量为1.09%～3.58%，氯仿沥青"A"平均含量为0.254%，烃含量为0.133%，有机质向可溶沥青和烃类的转化率9.39%～20.45%，与渤南凹陷基本一致；干酪根显微组分中类脂组为38%～92%，多数达70%，且与烃类转化率相对应；镜质组为5%～56%，平均26.6%，壳质组含量很低，为0%～8.7%，惰质组更低，只有0%～4%，成烃母质为I、II型。

上述断陷湖盆碳酸盐岩烃源岩，除柴达木盆地古近—新近系断陷湖盆碳酸盐岩烃源岩的有机碳含量偏低外，其平均沥青"A"含量和有机质向可溶沥青和烃类的转化率（"A"/TOC 和 HC/TOC）均远远高于世界范围内 18 个含油气盆地泥页岩烃源岩平均值（8.1% 和 4.3%），也比国内外海相碳酸盐岩烃源岩平均沥青"A"含量和有机质向可溶沥青和烃类的转化率值（11.6% 和 5%）高出许多（Palacas，1984）。按照中国东部含油气盆地烃源岩生烃潜力评价标准（表 9-6），应属中等—好的烃源岩。

表 9-6　中国东部含油气盆地烃源岩评价标准

等级	TOC（%）	氯仿沥青"A"含量（%）	总烃含量（×10^{-6}）
非烃源岩	<0.5	<0.01	<100
差烃源岩	0.5～1.0	0.01～0.05	100～250
中等烃源岩	1.0～2.0	0.05～0.1	250～500
好烃源岩	>2.0	>0.1	>500

三、烃源岩生物标志化合物特征

生物标志化合物（Biomarkers）是指沉积有机质或矿物燃料（如原油和煤）中那些来源于活的生物体，在有机质的演化过程中具有一定的稳性、基本保存了原始化学组分的碳架特征、没有或较少发生变化，记录了原始生物母质的特殊分子结构信息的有机化合物，具有特殊的标志性意义。由于断陷湖盆碳酸盐烃源岩属于混积岩类，其生物标志化合物与泥质岩和碳酸盐岩烃源岩，既具有相似的特征，又有其独具的特色。特别是与高等植物输入有关的 C_{29} 甾烷、二环倍半萜烷及四环二萜烷等化合物。强烈的植烷优势、丰富的类异戊二烯化合物、完整的五环萜烷系列、延伸藿烷系列及正构烷烃的偶数碳优势等，这些典型的生物标志，反映了断陷湖盆碳酸盐烃源岩的重要特征。

（一）正构烷烃特征

断陷湖盆碳酸盐烃源岩抽提物中正构烷烃系列是饱和烃分馏的主要成分，其偶碳优势是断陷湖盆碳酸盐岩烃源岩的典型特征之一，但由于碳酸盐岩含量和成熟度的不同，偶碳优势的强弱也存在差异。如黄骅断陷齐家务地区沙一下亚段碳酸盐岩烃源岩，在未成熟—低成熟阶段，碳酸盐岩含量较高的旺 12—2 井 1990.8m、旺 29—4 井 2113.9m、旺 29—5 井 2113.99m、旺 1102 井—2 井 1964m 和旺 37—1 井 2289.78m 的碳数分布范围在 nC_{12}～nC_{33} 与 nC_{14}～nC_{35}，偶碳优势明显，OEP 为 0.49～0.79，而碳酸盐岩含量较低的旺 29—1 井 2112.83m、旺 29—2 井 2113m、旺 29—6 井 2142.75m、旺 29—7 井 2146.75m、旺 17 井 2005.8m 的色谱分析样品，偶碳优势明显降低，OEP 为 1.04～1.54，且碳数范围变为 nC_{14}～nC_{33} 与 nC_{15}～nC_{36}（表 9-7）。从峰型来看，既有单峰态分布，如旺 22 井、旺 31 井和歧南 3 井样品的主峰碳分别为 nC_{21}、nC_{23} 或 nC_{18}；也有双峰态或多峰态分布，如旺 1102 井、旺 1104 井、旺 1105 井和军 8 井的样品的前主峰碳主要为 nC_{18} 或 nC_{21}，后主峰碳为 nC_{21} 或 nC_{23}（图 9-2）。大部分样品的轻重组分比：C_{21-}/C_{22+} 小于 1，而旺 37—1 井、旺 37—4 井、旺 1102—1 井和旺 1105 井样品的 C_{21-}/C_{22+} 大于 1，（$C_{21}+C_{22}$）/（$C_{28}+C_{29}$）的值多数大于 1，唯旺 12—1 井、旺 29—4 井、旺 29—6 井和旺 1104 井则小于 1，反映在绝大多数样品的正构烷烃组成中轻组分比较多。可见呈偶碳优势分布的正烷烃可以是脂肪酸或醇、酯加氢还原的结果，也可以是以碳酸盐岩作为脱羧的催化剂发生 B 断裂形成的（Shimoyama，Johs，1972），而膏盐洼地相中某些嗜盐菌可以直接提供丰富的呈偶碳优势分布的正烷烃（朱扬明等，2003）。区内有机显微组分的分析结果，样品中以低等水生生物为主，少见高等植物；孢粉分析表明，样品中少见藻类化石。因此，嗜盐细菌应是齐家务地区沙一下亚段碳酸盐岩烃源岩呈偶碳优势分布的正烷烃的最主要生源。在类异戊二烯化合物中，齐家务地区的旺 37—1 井、旺 37—2 井、旺 37—3 井、旺 37—4 井与旺 29 井、旺 17 井、旺 12—1 井、旺 12—2、旺 1102 井、旺 1104 井、旺 1105 井等的样品具有明显的植烷优势，体现在 Pr/Ph 值上均小 1，介于 0.17～0.82 之间，反映出沉积环境具有强还原特征。而采自沙三段样品的类异戊二烯烃，Pr/Ph 值大于 1，则具有较强的姥鲛烷优势，表明沙三段沉积环境与沙一段截然不同，属于弱氧化弱还原的沉积环境。

表 9-7　齐家务地区原油及烃源岩色谱分析统计表

井号	井深（m）	层位	主峰碳	Pr	Pr/nC_{17}	$C_{21}+C_{22}$/$C_{28}+C_{29}$	数据范围	Ph	Ph/nC_{18}	C_{21-}/C_{22+}	OEP	Pr/Ph	CPT
旺 12—1	1970	Es_{1x}	nC_{23}	0.81	0.87	0.98	$C_{15\sim36}$	4.76	1.46	0.46	1.53	0.17	
旺 12—2	1990.8	Es_{1x}	nC_{18}	0.86	0.8	1.63	$C_{12\sim33}$	2.86	1.61	0.7	0.71	0.3	
旺 17	1987～2005.6	Es_{1x}	nC_{23}	1.3	0.91	2.02	$C_{15\sim31}$	5.35	2.8	0.59	1.43	0.24	
旺 29—1	2112.83	Es_{1x}	nC_{23}	0.41	0.72	1.35	$C_{15\sim34}$	1.63	1.44	0.55	1.3	0.25	1.73
旺 29—2	2113	Es_{1x}	nC_{23}	2.32	0.71	1.32	$C_{15\sim36}$	6.26	1.13	0.54	1.14	0.37	
旺 29—4	2113.9	Es_{1x}	nC_{18}	1.61	0.83	0.81	$C_{14\sim33}$	7.11	2.03	0.81	0.55	0.23	
旺 29—5	2113.99	Es_{1x}	nC_{18}	0.83	0.66	1.26	$C_{14\sim34}$	3.11	1.5	0.64	0.68	0.27	
旺 29—6	2133.99	Es_{1x}	nC_{25}	13.7	0.69	0.94	$C_{15\sim34}$	6.13	1.79	0.45	1.54	0.22	1.54
旺 29—7	2142.75	Es_{1x}	nC_{19}	14.24	045	1.71	$C_{14\sim34}$	17.38	0.55	0.94	1.04	0.82	
旺 37—1	2289.78	Es_{1x}	nC_{18}	4.46	063	1.81	$C_{14\sim35}$	7.79	0.7	1.14	0.79	0.57	
旺 37—2	2291.68～2293.58	Es_{1x}	nC_{18}			3.28	$C_{11\sim35}$		1.12	1.26		0.33	1.72
旺 37—3	2297.28～2297.38	Es_{1x}	nC_{18}			3.45	$C_{11\sim35}$		1.53	1.38		0.3	2.06
旺 37—4	2301.08～2303.00	Es_{1x}	nC_{18}			1.63	$C_{11\sim35}$		1.87	1.08		0.26	1.43

井号	井深（m）	层位	主峰碳	Pr	Pr/nC_{17}	$C_{21}+C_{22}$/$C_{28}+C_{29}$	数据范围	Ph	Ph/nC_{18}	C_{21-}/C_{22+}	OEP	Pr/Ph	CPT
旺37—5	2435.09 ~ 2436.99	Es_3	nC_{25}			1.5	$C_{11~35}$		1.65	0.74		1.15	1.74
旺 1102—1	1946.50 ~ 1948.50	Es_{1x}	nC_{18}			3.13	$C_{11~35}$		1.23	1.41		0.28	3.02
旺 1102—2	1940 ~ 1964	Es_{1x}	nC_{18}	0.47	0.85	1.84	$C_{14~33}$	1.28	1.11	0.65	0.49	0.37	
旺 1104	1989.83 ~ 1991.83	Es_{1x}	nC_{18}			0.94	$C_{11~35}$		0.64	0.97		0.34	0.99
旺 1105	1990 ~ 1992	Es_{1x}	nC_{18}			2.51	$C_{11~35}$		7	1.49		0.14	3.74

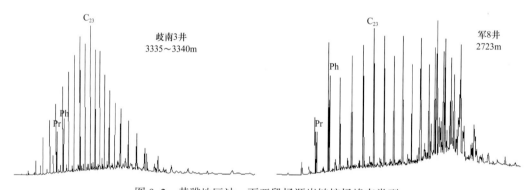

图 9-2　黄骅地区沙一下亚段烃源岩链烷烃峰态类型

（二）甾烷化合物特征

　　断陷湖盆碳酸盐烃源岩抽提物中的甾烷化合物，不仅反映了藻类在生油母质中的贡献，而且也提供了烃源成熟度的重要信息（傅宁等，2001；陈世加等，2002；张林晔等，2003）。黄骅断陷沙一下亚段烃源岩样品中检测出的甾烷系列化合物以规则甾烷为主，重排甾烷不发育，是碳酸盐岩与泥质烃源岩的最大区别。从烃源岩规则甾烷指纹分布曲线可以看出，规则甾烷的指纹分布曲线形态在该区有 3 种不同的特征（图 9-3）。一是不对称 V 字形（$C_{27}>C_{28}<C_{29}$，图 9-3a），说明烃源岩有机质来源即有低等水生生物（藻类），也有高等陆源植物；二是斜线形（$C_{27}>C_{28}>C_{29}$，图 9-3b），反映了烃源岩有机质中低等水生生物（藻类）丰富，高等陆源植物很少；三是似 L 形（$C_{27}>C_{28}\approx C_{29}$，图 9-3c），这种特有的分布特征可能与藻类的微生物降解改造有关。总体上，这 3 种不同的曲线形态，反映出黄骅断陷沙一下亚段烃源岩抽提物中甾烷组成具有明显的 $C_{27}\alpha\alpha\alpha$ 甾烷优势。甾烷的异构化参数 $C_{29}\alpha\alpha\alpha 20S/$（$20S+20R$）值的范围为 $0.03\sim0.45$，未达到该参数演化的平衡值（$0.52\sim0.55$）；异构参数 $C_{29}\alpha\beta\beta/$（$\alpha\alpha\alpha+\alpha\beta\beta$）值介于 $0.08\sim0.37$，小于该参数热演化的平衡值（$0.67\sim0.71$）。这些参数比值表明烃源岩抽提物均处于未成熟—低成熟阶段。

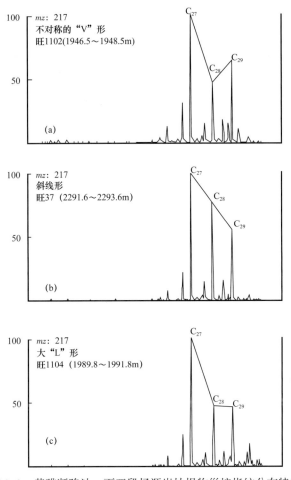

图 9-3　黄骅断陷沙一下亚段烃源岩抽提物甾烷指纹分布特征

（三）萜类化合物特征

萜类化合物对于沉积环境的变化，具有较强的敏感性。黄骅断陷沙一下亚段烃源岩抽提物与原油的饱和烃 m/z=191 质量色谱图显示，萜类化合物中以五环萜烷为主，三环、四环萜烷有一定的丰度，升藿烷系列均有分布；三环、四环萜烷系列，一般以 $C_{21}TT$ 为主峰；五环萜烷系列，HC_{30} 为主峰，$diaC_{30}$、$diaC_{29}$、$C_{29}Ts$ 丰度较低，Ts/Tm<1，普遍表现出成熟度均较低；而沙一下亚段碳酸盐烃源岩的三环萜烷不发育，三环萜 $/C_{30}$ 藿烷值在 $0.05\sim0.34$ 之间，普遍小于 0.2；五环三萜中三降藿烷含量大于三降新藿烷含量（Tm>Ts），体现在 Tm/Ts 在 $1.18\sim4.52$ 之间，均大于 1；伽马蜡烷比较发育，伽马蜡烷 $/C$ 藿烷值在 $0.29\sim2.20$ 之间，普遍都大于 0.3。而下伏沙三段泥质岩的三环萜烷很不发育，三环萜烷 $/C_{30}$ 藿烷值小于 0.1；五环三萜中三降藿烷含量大于三降新藿烷含量（Tm>Ts）；

伽马蜡烷很不发育，伽马蜡烷 /C_{30}藿烷值小于 0.1（图 9-4）。其他三萜类组成之间具有比较好的一致性，参数值普遍偏小，低于或接近未成熟—低成熟度参数热演化的平衡值，大多数样品中没检测到重排藿烷，不仅反映出成热度很低，而且随着气候转为温暖湿润，水体逐渐扩大、盐度也具有逐渐降低的特点（吴亚东等，2005）。

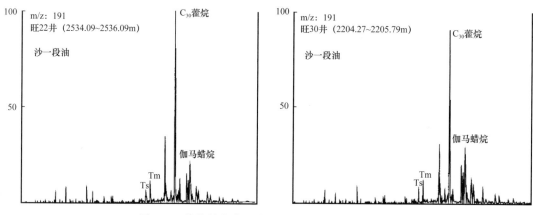

图 9-4　黄骅断陷沙一下亚段原油 m/z=191 质谱图

总之，黄骅断陷齐家务区块沙一下亚段碳酸盐烃源岩的上述生物标志化合物特征，无论在该断陷的不同区块还是其他断陷湖盆碳酸盐烃源岩中，生物标志化合物参数虽有一定差异，但总体上都是随着碳酸盐含量和成熟度的不同而变化的。如在未成熟—低成熟阶段，渤南洼陷沙河街组下部、泌阳凹陷核桃园组和柴达木西部古近—新近系碳酸盐烃源岩中，碳酸盐含量高的正构烷烃都具有较强的偶碳优势和类异戊二烯烃中的植烷优势，OEP 和 Pr/Ph 值均小于 1，表现出典型的碳酸盐烃源岩特征；但随碳酸盐含量降低和泥质含量的升高，偶碳优势和植烷优势也随之降弱，OEP 和 Pr/Ph 值也相应升高。特别是受沉积环境制约的甾烷化合物，在黄骅断陷沙一下亚段与泌阳凹陷核桃园组、渤南洼陷沙河街组下部和柴达木盆地西部古近—新近系碳酸盐岩烃源岩中也同样具有类似的变化规律（图 9-5）。

四、油气源对比

油气有机成因理论认为，石油是烃源岩中的有机质在深埋藏阶段由热解形成的。因此，烃源岩中的可溶抽提物与储集层中的油气具有亲缘关系；同一烃源岩的油气运移到不同的圈闭中，虽有较大变化，但油气性质及其与烃源母质的碳架构及生物标志参数仍具有很多的相似性，从而成为油气与烃源岩对比的基础。

（一）原油性质及油源对比

1. 原油物理性质

通常认为原油物性受烃源岩成熟度、有机质类型及成岩期次生变化等因素的影响，使原油的物理性质发生变化。特别是温度与生物降解作用，可导致原油的密度、黏度、初馏点增加，凝点、含硫量降低。黄骅断陷沙一下亚段碳酸盐岩产油层的原油相对密度在孔店地区各井平均为 0.95g/cm^{3}，黏度平均为 1012.66mPa·s，凝点平均为 −8℃，初馏点为

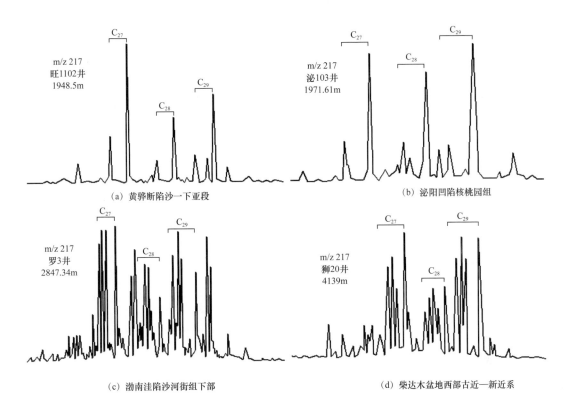

图 9-5　不同断陷湖盆碳酸盐烃源岩抽提物甾烷分布曲线特征

246℃，含蜡量平均为 3.6%，含硫量平均为 0.29%，胶质和沥青质的含量平均为 25.62%；扣村地区各井原油相对密度为 0.8521～0.9198g/cm³，平均为 0.89g/cm³，黏度为 14.78～289.8mPa·s，平均为 77.91mPa·s，凝点为 -28～50℃，平均为 26.4℃，初馏点为 106～160℃，含蜡量为 4.85%～21.03%，平均为 13.44%，含硫量为 0.7208%～0.7496%，平均为 0.7352%，胶质和沥青质的含量为 5.04%～29.75%，平均为 28.9%；齐家务地区各井原油相对密度为 0.9007～0.9779g/cm³，平均为 0.95g/cm³，黏度为 76.66～10885.4mPa·s，平均为 1711.57mPa·s，凝点为 3～52℃，平均为 24.86℃，初馏点为 119～253℃，含蜡量为 2.83%～20.65%，平均为 9.15%，含硫量为 0.17%～6.06%，平均为 3.2%，胶质和沥青质的含量为 4.76%～50.86%，平均为 34.02%；羊三木地区各井原油相对密度平均为 0.95g/cm³，黏度平均为 1151.46mPa·s，凝点平均为 -5℃，初馏点为 221℃，含蜡量平均为 5.26%，含硫量平均为 0.2912%，胶质和沥青质的含量平均为 21.18%；王徐庄地区各井原油相对密度平均为 0.90g/cm³，黏度平均为 17.03mPa·s，凝点平均为 24℃，初馏点为 109℃，含蜡量平均为 3.76%，含硫量平均为 0.1503%，胶质和沥青质的含量平均为 5.18%（表 9-8）。由此显现出沙一下亚段油质在不同区带因生烃凹陷与保存条件的不同而具有一定差异；其中齐家务地区与孔店、羊三木地区油质基本一致，均为高相对密度、高黏度、低含蜡特征；而扣村与王徐庄地区原油性质较为接近，均为中高相对密度、低黏度、低含蜡及低含硫特征。说明沙一下亚段原油性质由齐家务、孔店和羊三木向扣村和王徐庄一带原油相对密度、黏度及含蜡量趋于降低，表明随成熟度的差异，原油性质略有变化，但总体仍属于未成熟—低成熟范畴。

表 9-8　黄骅断陷沙一下亚段原油性质特征表

性质 区块	密度 （g/cm³） （20℃）	黏度 （mPa·s） （50℃）	凝固点 （℃）	含蜡量 （%）	含硫量 （%）	胶、沥 青质 （%）	R_o （%）	主要含 油层位	原油性质
孔店 地区	0.95	1012.66	7.67	8.45	0.29	35.18	0.4	Es_{1x}	为高比重、高黏度、 低含蜡未熟重质油
扣村 地区	0.89	77.91	26.4	13.44	0.7352	28.9	0.59	Es_{1x}	为低黏度、高含蜡、 中高比重低熟中质油
齐家务 地区	0.95	1711.57	24.86	9.15	3.2	34.02	0.49	Es_{1x}	为高比重、高黏度、 低含蜡未熟重质油
羊三木 地区	0.95	1151.46	−5	5.34	0.2912	22.22	0.4	Es_{1x}	为高比重、高黏度、 低含蜡未熟重质油
王徐庄 地区	0.90	17.03	19	3.76	0.1503	5.18	0.84	Es_{1x}	中高比重、低黏度、 低含蜡低熟中质油

2. 油、岩沥青族组分

烃源岩的沥青族组分，虽受温度及有机质成熟度的影响较大，但由于母质类型的制约，其氯仿沥青"A"族组分含量的变化还是具有一定的规律。如黄骅断陷沙一下亚段部分探井碳酸盐烃源岩与所产原油的氯仿沥青"A"族组分含量的分析结果：二者的饱和烃、芳香烃、非烃及沥青质含量均较为接近，显示出二者具有较好的对应关系（表9-9）。饱和烃与芳香烃的比值为1.02～2.49，与渤南洼陷碳酸盐烃源岩饱和烃与芳香烃比值0.14～2.48 基本类似。

表 9-9　黄骅断陷沙一下亚段烃源岩与原油沥青族组分对比

区块	井名	样品	层位	沥青质 （%）	饱和烃 （%）	芳香烃 （%）	非烃 （%）
扣村	扣6-7	原油		4.83	41.32	24.33	19.08
		泥灰岩		2.86	50.48	26.67	19.68
齐家务	旺1102	原油	沙一 下亚段	9.41	35.15	16.34	36.63
	旺36	白云岩		12.83	35.47	34.72	16.61
孔店	孔77	原油		12.32	25.92	10.51	43.84
		云质灰岩		7.78	25.05	15.69	41.85

3. 油、岩生物标志化合物

生物标志化合物是沉积有机质或原油中那些来源于活的生物体，在有机质演化过程中具有一定的稳定性，并且基本保存了原始有机化学组分的碳架特征、记录了原始生物母质的特殊分子结构信息的有机化合物，是油源对比的重要参数。

根据黄骅断陷沙一下亚段烃源岩样品与所产原油的气相色谱分析，齐家务地区原油样品与烃源岩抽提物中正构烷烃系列为饱和烃馏分的主要成分。两者的正构烷烃碳数分布范围主要在 $nC_{11}\sim nC_{35}$，具有特征近似的单峰型和双峰型，轻重组分对比大体一致。甾烷组成都具有明显的 $C_{27}\alpha\alpha\alpha$ 甾烷优势。两者甾烷的异构化参数值的范围近似。原油样品中三环萜烷不发育，三环萜烷 /C_{30} 藿烷值较低，五环三萜中三降藿烷含量大于三降新藿烷含量，体现在原油样品的 Tm/Ts 值普遍都大于 1。其他三萜类组成中反映成熟度的参数值普遍偏小，并低于或接近成熟度参数热演化的平衡值。反映沉积环境的伽马蜡烷比较发育，伽马蜡烷 /C_{30} 藿烷值普遍都大于 0.3；三环萜烷不发育，三环萜烷 /C_{30} 藿烷值普遍小于 0.2；五环三萜中三降藿烷含量大于三降新藿烷含量（Tm>Ts），体现在 Tm/Ts 值均大于 1；伽马蜡烷比较发育，伽马蜡 /C_{30} 藿烷值普遍大于 0.3。从伽马蜡烷 /C_{30} 藿烷与 C_{29} 降藿烷 /C_{30} 藿烷的关系图（图 9-6）可以看出：该区原油和源岩集中分布于伽马蜡烷 /C_{30} 藿烷大于 0.3，C_{29} 降藿 /C_{30} 藿烷小于 0.4 的范围内，并且与沙一下亚段的烃源岩组成一个半径很小的亲缘圈，显示出油、岩同源。而伽马蜡烷 /C_{30} 藿烷与 Pr/Ph 的关系也可以看出：点群分布虽然比较离散，但原油和源岩集中分布于伽马蜡烷 /C_{30} 藿烷大于 0.3，Pr/Ph 小于 1 的范围内，并且与同层段的部分烃源岩组成一个半径很小的亲缘圈（图 9-7）。由此可以认为该区沙一下亚段的原油来自同层的烃源岩（吴亚东等，2005）。

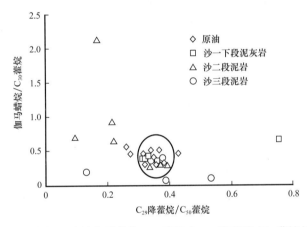

图 9-6　原油与烃源岩的伽马蜡烷 /C_{30} 藿烷和 C_{29} 降藿烷 /C_{30} 藿烷的交会图

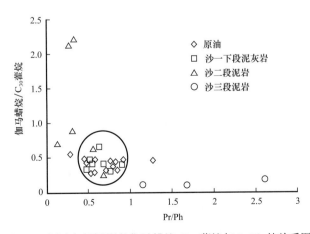

图 9-7　原油与烃源岩的伽马蜡烷 /C_{30} 藿烷与 Pr/Ph 的关系图

分布于孔店外围的沧东、乌马营等区的沙一下亚段未成熟—低成熟重质油与该层未成熟—低成熟烃源岩饱和烃色谱特征类似，正构烷烃分布呈奇偶优势，主峰碳为 C_{15}，异构烷烃呈植烷优势，Pr/Ph 都小于 1，明显具有自生自储的特征。如沧东、扣村、仙庄地区的沙一下亚段未成熟—低成熟原油与烃源岩 $C_{27}\sim C_{29}$ 甾烷组成可分为对称 V 字形、不对称 V 字形和倒 V 字形，这种差异主要存在于井区之间，而单井油、岩对比甾烷组成却非常一致，并与齐家务地区沙一下亚段碳酸盐烃源岩及所产甾烷色谱特征类似（图 9-8）。尤其是产于庄 29 井沙一下亚段生物灰岩储集层的原油与军 8 井沙一下亚段碳酸盐烃源岩饱和烃气相色谱的 OEP 值、C_{21-}/C_{22+}、C_{27+28}/C_{29+30}、Pr/Ph、Pr/nC_{17}、Ph/nC_{18} 和 Pr+Ph/$nC_{17}+nC_{18}$ 等七项参数对比，不仅基本吻合，而且表现出非常好的一致性（图 9-9）。说明产出于黄骅断陷沙一下亚段未成熟—低成熟原油与同层碳酸盐烃源岩具有成因上的联系。

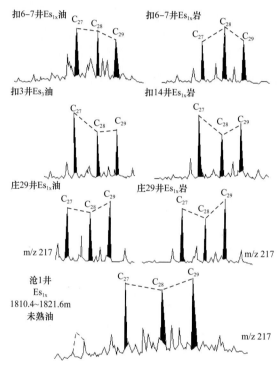

图 9-8　黄骅断陷孔店外围沙一下亚段油、岩甾烷组成特征对比

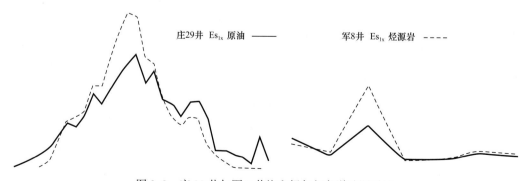

图 9-9　庄 29 井与军 8 井饱和烃气相色谱油源对比

（二）天然气组分特征及气源对比

天然气组分可分为烃类气体和非烃类气体两类。其中烃类气体主要指甲烷（C_1）气和$C_2 \sim C_4$的重烃气，而非烃类气体常见的有CO_2、N_2、H_2S、H_2和少量稀有气体He、Ar等。由于天然气成因类型多样，影响天然气组分的因素也较复杂。因此，分析天然气及同位素组成特征，对了解天然气成因，进行气源对比都是十分必要的。

1. 天然气组成特征

黄骅断陷齐家务、扣村、孔南及周清庄地区沙一下亚段碳酸盐岩中的烃类气体含量变化在1.17%～99.55%之间，绝大多数样品烃类气体含量都大于95%（表9-10）。其中甲烷（C_1）气体含量变化在1.17%～98.79%，绝大多数样品甲烷气体含量都在75%以上；$C_2 \sim C_4$的重烃气，一般含量在0.023%～17.49%，最高达20.62%。天然气的相对密度变化在0.563～0.6752。而非烃类气体主要为CO_2、N_2、H_2S，其中CO_2+H_2S含量变化在0.2%～2.49%，最高在港151井含量高达98.61%。氮气一般为0.06%～1.16%，最高为1.16%。从含气井的分布可以看出，从齐家务、孔南和扣村向翟庄子与周清庄一带烃类气体中甲烷（C_1）含量由94%以上降至86%以下，$C_2 \sim C_4$的重烃气则由4%上升到12.2%～20.52%，基本属于凝析气范畴。显示出沙一下亚段碳酸盐岩中的天然气组成在不同区带的变化规律与未成熟、低成熟—成熟油的分布特征相类似。

表9-10　黄骅断陷沙一下亚段天然气组分含量

井号	层位	气体组分（%）								
		甲烷	乙烷	甲烷	丁烷以上	烃类含量	CO_2+H_2S	氮	非烃类含量	比重
旺12	沙一下	95.00	0.023			95.023				0.563
沧1	沙一下	98.79	0.2			98.99	0.2	0.8		1
女32	沙一下	95.3	0.63	0.36	0.173	96.463	0.75	2.83	3.58	0.581
扣4-7	沙一下	95.17	1.81	1.43	0.98	99.39	0.17	0.44	0.61	0.5965
扣4-9-1	沙一下	87.09	1.45	1.24	1.58	91.36	7.42	1.23	8.65	0.6752
扣4-8	沙一下	93.79	1.89	1.48	0.53	97.69	1.31	1.03	2.34	0.6023
扣6-6-1	沙一下	94.28	2.55	1.86	0.86	99.55	0.16	0.28	0.44	0.6004
扣8-9	沙一下	94.27	2.96	1.78	0.42	99.43	0.17	0.39	0.56	
扣13	沙一下	81.44	4.97	7.47	5.05	98.93	1.03	0.06	1.09	
港151	沙一下	1.17				1.17	98.61	0.19	98.8	
歧81	沙一下	76.03	20.62			96.65	2.49	0.68	3.17	
港深7	沙一下	85.75	12.2			97.95	0.49	0.61	1.1	
歧27	沙一下	84.41	12.27			96.68	0.96	1.16	2.12	

2. 烃类气体的干燥系数与碳同位素对比

烃类气体通常根据重烃气（$C_2 \sim C_4$）含量与甲烷（C_1）组分含量的比值分为湿气和干气。所谓湿度，是指重烃气组分含量与甲烷组分含量的比值（C_{2+}/C_1）。一般把含 95% 或更多甲烷的天然气称为干气（$C_{2+}/C_1 < 5\%$），甲烷含量小于 95% 的则称为湿气（$C_{2+}/C_1 > 5\%$）。但也有学者对划分干气和湿气的标准有不同的认识：迪基认为不含可凝烃类的非伴生气称为干气，而把每立方米含有 4L 以上可凝烃类的气则命名为湿气；Кофанов 把重烃气含量从 0% ～ 5% 的称为干气，6% ～ 10% 称为半湿气，11% ～ 25% 称为湿气，大于 25% 的叫高湿气。Curtis（1968）则依据天然气含烃组分的差异，把含 $CH_4 \sim C_4H_{10}$ 的称为干气，含 $CH_4 \sim C_{10}H_{22}$ 的称为湿气，含 $CH_4 \sim C_{16}H_{34}$ 的叫凝析气。而中国在天然气地质研究中，通常将烃类气体的干燥系数定义为甲烷（C_1）与烃类气体总量的体积比（$C_1/\sum C_n$），把湿度系数定义为重烃气与烃类气体总量的体积比（$C_{2+}/\sum C_n$），因黄骅断陷沙一下亚段样品中大都含有 C_5 或 C_5 以下成分，故将重烃气碳数定为 $C_2 \sim C_5$。

烃类气体的碳同位素特征是判断气源的主要依据之一。据大港油田研究，黄骅断陷齐家务、沧东、扣村、孔南及周清庄地区沙一下亚段碳酸盐烃源岩在浅埋藏阶段因藻类的"腐泥化"作用而早在 1700m 之前就开始了烃类的产出，生成甲烷（C_1）气与未熟油，而 1700 ～ 3000m 则处于低熟生物气及低熟油伴生气阶段（高锡兴等，2004）。因此，根据烃类气体的干燥系数及其相应的碳同位素特征对比，就不难发现烃源岩母质在不同演化阶段所产油气，因成熟度不同烃类气体的系列也有差异（图 9-10、表 9-11）。从图 9-14、表 9-11 可以看出，黄骅断陷齐家务、沧东、扣村、孔南及周清庄地区沙一下亚段的烃类气体的干燥系数及同位素值因烃源岩成熟度不同而具有不同的特征：

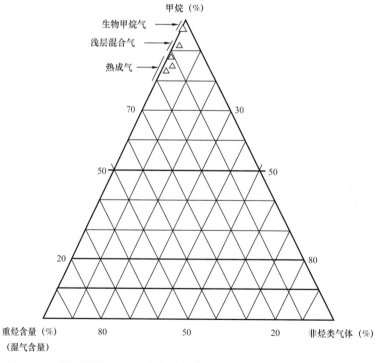

图 9-10　黄骅坳陷沙一下亚段烃类气体含量三角图解（据高锡兴，2004）

表 9-11 黄骅坳陷天然气组分及其碳同位素特征与成因类型简表

特征\分布地区	相对密度	组分（%）			C_1 / C_2+C_3	C_1 / C_1-C_5	$\delta^{13}C_{CH_4}$（‰）	$\delta^{13}C_{CO_2}$（‰）	R_o（%）	R/Ra	特征
		CH$_4$	C$_2$+C$_3$	C$_4$+C$_5$							
南水4井、沧1井	0.5578 ～ 0.5609	95.17 ～ 98.82	0.12 ～ 0.17	0.02 ～ 0.04	581.0 ～ 824.0	0.9711 ～ 0.9979	−59.89 ～ −67.50	16.45	0.34 ～ 0.50	0.37	生物甲烷气（未成熟）
沈1井、旺1106井、港4井、官3井、官87井、扣4-7井、扣4-8井、扣8-9井	0.5770 ～ 0.6556	85.13 ～ 97.36	1.33 ～ 7.34	0.05 ～ 2.50	15.0 ～ 73.0	0.9000 ～ 0.9761	−54.60 ～ −46.40	−13.37 ～ −5.04	0.50 ～ 0.70	0.14 ～ 0.96	浅层低温混合气
港深13井、港深7井、港深11井、港深352井、港深8-1井	0.6714 ～ 0.7142	78.98 ～ 85.07	9.34 ～ 17.90	2.40 ～ 4.20	5.0 ～ 14.7	0.8070 ～ 0.8790	−47.24 ～ −42.60	−9.95 ～ −3.12	0.70 ～ 1.04	0.12 ～ 0.68	热成气（成熟气）

（1）沧东与齐家务地区的旺 12 井、南水 4 井及沧 1 井沙一下亚段碳酸岩烃源岩的镜质组反射率 R_o 在 0.34%～0.5%，天然气相对密度为 0.5609～0.5578，烃类气体中甲烷含量一般为 95%～99%，重烃含量中 C_2+C_3 为 0.12%～0.17%，C_4+C_5 为 0.02%～0.04%，总量小于 1%；干燥系数 C_1/（C_2+C_3）的比值一般均大于 500，C_1/（C_1-C_5）的比值为 0.9711～0.9979；甲烷为主的碳同位素较低，$\delta^{13}C_{CH_4}$ 为 −59.89‰～−67.5‰；含微量 CO_2。其干燥系数与甲烷碳同位素主要反映为富含有机质沉积物在未成熟阶段经生物化学作用产生的生物甲烷气系。

（2）沧东、齐家务、扣村、孔南地区的沈 1 井、旺 21 井、旺 1106 井、港 4 井和庄 2 井沙一下亚段碳酸盐烃源岩的镜质组反射率 R_o 在 0.5%～0.7%，天然气相对密度为 0.5770～0.6556，烃类气体中甲烷含量一般为 85.13%～97.36%，重烃含量中 C_2+C_3 为 1.33%～7.34%，C_4+C_5 为 0.05%～2.5%，总量为 1.38%～9.84%；干燥系数 C_1/（C_2+C_3）的比值一般为 15～73，C_1/（C_1-C_5）的比值为 0.90～0.9761；甲烷碳同位素 $\delta^{13}C_{CH_4}$ 为 −54.60‰～−46.40‰；CO_2 含量为 2.59%～2.8%，碳同位素 $\delta^{13}C_{CH_4}$ 值 −13.07‰～−5.04‰。可见其干燥系数与甲烷碳同位素值与生物甲烷系列不同，已成为生物及热力双重作用下形成的低温混合气系列。

（3）周清庄地区港深 7 井、11 井、13 井、352 井与港深 8-1 井沙一下亚段烃源岩的镜质组反射率 $R_o>7%$，天然气相对密度为 0.6714～0.7142，烃类气体中甲烷含量为 78.98%～85.07%，重烃含量中 C_2+C_3 为 9.34%～17.90%，C_4+C_5 为 2.4%～4.2%，总量为 11.74%～22.10%；干燥系数 C_1/（C_2+C_3）的比值一般 5～14.7，C_1/（C_1-C_5）的比值为 0.8070～0.6790；甲烷碳同位素 $\delta^{13}C_{CH_4}$ 为 −47.24‰～−42.60‰，CO_2 碳同位素为 −9.95‰～−3.12‰。其干燥系数与甲烷碳同位素值显然不同于前二者，应属于有机质

（干酪根）热降解所形成的烃类气体，包括游离状态的气顶气、伴生气以及油溶气与部分凝析气，其特点为重烃含量较多。热成气主要分布在周清庄以东的主凹陷区。可见烃类气体干燥系数和碳同位素值的变化趋势与烃源岩及原油的成熟度分布规律基本一致。

第二节　断陷湖盆碳酸盐岩成藏地质特征

一、烃源岩埋藏史与成烃演化

断陷湖盆碳酸盐岩烃源岩与海相碳酸盐岩烃源岩的不同之处在于所含陆源矿物及泥质不同，而与碎屑岩烃源岩最大的不同之处是含有丰富的碳酸盐。因此，相对于泥质烃源岩而言，断陷湖盆碳酸盐岩烃源岩在成烃热演化过程中，不仅受埋藏史制约，同时受碳酸盐含量的影响，在不同湖盆不同区带具有一定的迟缓效应。碳酸盐含量不同，迟缓效应也有差异。

根据不同断陷湖盆碳酸盐岩烃源岩的演化特征来看，油气储量丰富的济阳渤南凹陷的碳酸盐岩烃源岩的镜质组反射率，在埋深 2900～3400m 时其 R_o 为 0.51%～0.97%，平均为 0.71%；处于低熟或进入生油窗（张林晔等，2005）。而黄骅断陷沙一下亚段碳酸盐岩烃源岩，埋深 2200～2600m，实测 R_o 为 0.2%～0.92%，平均为 0.52%，略低于渤南凹陷的碳酸盐岩烃源岩 R_o 的平均值。但也进入了低成熟或生油窗（吴亚东等，2005）。泌阳凹陷碳酸盐岩烃源岩，在埋深 1650～2120m，对应的 R_o 为 0.42%～0.58%，就进入了藻类、蜡质和生物改造"腐泥化"了的生物类脂物早期形成低熟油（未熟油）的生烃阶段。可见，在有机质埋藏较浅、热演化程度较低，未成熟—低成熟阶段生烃，是古近—新近系断陷湖盆碳酸盐岩烃源岩较为普遍的特征（邵宏舜等，2002）。

妥进才等（1995）在柴达木盆地西部古近—新近系碳酸盐岩烃源岩有机质演化特征研究中发现，岩石中 CO_3^{2-} 含量 25% 为界，当 CO_3^{2-} 含量小于 25% 时，反映有机质演化程度的成熟度参数甾烷 $C_{29}S/(S+R)$ 比值、$C_{29}\beta\beta/(\alpha\alpha+\beta\beta)$ 比值及萜烷 $C_{31}S/R$ 比值均随岩石中 CO_3^{2-} 含量的增加而增大。而当岩石中 CO_3^{2-} 含量大于 25% 以后，上述三项比值均随岩石中 CO_3^{2-} 含量的增加而减小。表明岩石中较高的碳酸盐含量对甾烷和萜烷的差向异构化反应具有迟缓效应（图 9–11）。国内外的许多研究也表明，碳酸盐岩烃源岩中，有机质的演化程度要比同层位泥质岩中有机质的演化程度低，这是由于碳酸盐矿物对有机质具有一定的保护作用（周中毅等，1991）。国外也有类似的研究结果（Price，1985），威尼斯顿盆地某井上部 R_o 值与深度呈现良好的线性关系，相关系数达 0.95，其岩性以页岩及泥岩为主，该井的下部地层以碳酸盐岩为主。它们的 R_o 值出乎意料地下降了，说明碳酸盐岩地层中有机质的成熟度比上覆地层中泥页岩的有机质成熟度还要低。由此表明，碳酸盐矿物不仅对反映有机质演化程度的甾烷和萜烷的差向异构化反应具有迟缓效应，而且对 R_o 值也具有迟缓影响。

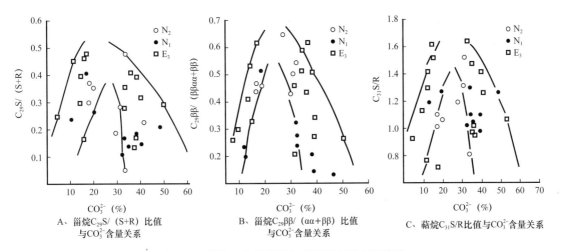

A、甾烷$C_{29}S/$（S+R）比值
与CO_3^{2-}含量关系

B、甾烷$C_{29}\beta\beta/$（$\alpha\alpha+\beta\beta$）比值
与CO_3^{2-}含量关系

C、萜烷$C_{31}S/R$比值与CO_3^{2-}含量关系

图 9-11　甾烷、萜烷参数与碳酸根离子含量关系

烃源岩中有机质的演化，通常受埋藏深度、古地温、大地热流值形成的热催化作用及生物化学作用的制约。黄骅断陷沙河街组烃源岩的研究表明，在歧口主凹陷有机质埋藏史及成烃演化历程大体经历了 4 个阶段：未成熟阶段，埋深小于 2500m，$R_o<0.4\%$；低成熟阶段，埋深 2500～3100m，$0.4\%<R_o<0.6\%$，并存在显著的低成熟产烃峰期；成熟期，埋深 3100～4000m，孢子体荧光发生强烈位移，$0.6\%<R_o<1.0\%$；高成熟热裂解成烃阶段，埋深大于 4000m，孢子体荧光趋于淬灭，$R_o>1.0\%$，进入高成熟产烃峰期（图 9-12）。但在歧口之外的次凹陷，由于埋深较浅，沙一下亚段碳酸盐烃源岩的熟演化特征则有差异（束景锐等，1997）。以歧口港深 51 井及沧东次凹的旺 4 井埋藏史及热演化史为例，从中可以看出，歧口之外的歧南、沧东、盐山等次凹陷基本为持续沉降埋藏过程。东营组沉积末的抬升剥蚀厚度为 585.73m，对热演化过程的影响不大。新生代沉积厚度达 5131m，较主凹陷的滨海 4 井浅 1500m 左右。因此，歧南、沧东、盐山等次凹陷的埋藏深度与热演化程度相对歧口主凹陷要低得多。在裂陷期，地层的 R_o 快速增加，随后 R_o 增加速度变缓，现今 R_o 即为最大 R_o。沙三段烃源岩 R_o 在东营组沉积时期开始进入生烃门限，到东营组沉积末 R_o 已到 0.75% 左右，随后 R_o 缓慢变化直至明化镇组沉积以来，随着埋深的快速增加，R_o 也进一步增加，现今 R_o 达到 0.8% 以上，处于成熟生烃阶段（图 9-13b）。但对沙一下亚段碳酸盐烃源岩而言，在黄骅断陷古近系东营组沉积末期，埋深小于 2000m，R_o 介于 0.26%～0.40% 之间，OEP>1.40，C_{29} 甾烷 20S/（20S+20R）<0.25，C_{27} 甾烷 $\beta\beta/$（$\alpha\alpha+\beta\beta$）<0.20，黏土矿物以分散蒙皂石和蒙皂石占 70% 的混层为主。此阶段未成熟烃源岩以生物化学作用为主，生成的烃类主要是生物甲烷气及未成熟油；明化镇组沉积以来，至今埋深约 2500m 左右，R_o 在 0.40%～0.55% 之间，OEP 为 1.2～1.4，C_{29} 甾烷 20S/（20S+20R）为 0.25～0.42，C_{27} 甾烷 $\beta\beta/$（$\alpha\alpha+\beta\beta$）为 0.20～0.40，黏土矿物中蒙皂石约占 50%～70%，呈现出蒙皂石向伊/蒙混层的明显转化。有机质演化以可溶有机质的成烃转化为主，间有干酪根的部分降解，是低成熟油的主要形成阶段（图 9-13a）。当有机质尚未进入大量生烃期之前，温度对有机质的早期演化不起决定性作用，而生物化学作用（如细菌改造）则不可轻视。尤其是早期在硫酸盐还原带（温度在 80℃前）中，硫酸盐还原细菌作用对液态烃很重要。虽然这种作用本身并不生油，甚至对已产的甲烷等烃类组分

的存在还具有破坏作用，但是它可以促使有机质的分解，使更多的腐泥质进入可溶沥青中，为进一步转化成烃创造了条件。苏联一些专家通过实验证实，在常温条件下，利用增压手段同样可以促使有机质大量生烃。从而改变了人们对传统干酪根热降解生油理论所认为的温度是有机质生烃的关键因素。但不是唯一的，因为在地质体中非温度因素为主的其他地质作用也同样可以促使有机质生烃（于俊利，2001）。在漫长而又复杂的地质演变中，不但在热力作用下有机质可以大量产烃，而且有机质快速埋藏，遭受强烈的生物化学改造，并在较长时期处于低温作用阶段也能促使未成熟油—低成熟油的生成。从宏观上看，尽管有好的有机质类型、很高的有机质丰度，这些都利于烃类的早期生成。但有机质中要存在易于早期演化产烃的显微组分，如丛粒藻、木质体、树脂体、细菌、可溶有机质等，这些物质的存在是产生未成熟油—低成熟油的决定性因素（宋一涛，1991）。在黄骅断陷不同地区、不同层段，这种易于早期演化的有机显微组分不尽相同，从而形成多种成因的未成熟—低成熟油气。据廖前进、于俊利等（2001）的研究，可溶沥青"A"含量与可溶烃含量（S_1）之间并不具一致的线性关系。当沥青"A"含量约为 0.10% 时，S_1 含量开始明显增加，沥青"A"含量达到 0.2%～0.3% 时，S_1 的含量发生突变性增加，其产烃的过程变得十分显著，而后随着沥青"A"含量的再度增高，产烃量（S_1）的变化又逐渐回到其线性关系上来。这说明黄骅断陷沙一下亚段未成熟—低成熟烃源岩有机质的早期生烃比较突出（图 9-14）。有机碳含量（TOC）与产烃量（S_1+S_2）的突变性变化关系同样证明了沙一下亚段碳酸盐烃源岩在演化过程中存在明显的早期产烃过程（图 9-15）。而晚期的二次产烃，则受埋藏增温及成熟度的控制。

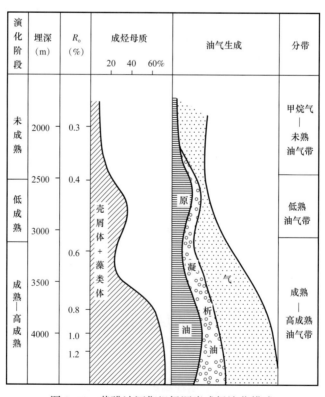

图 9-12　黄骅沙河街组烃源岩成烃演化模式

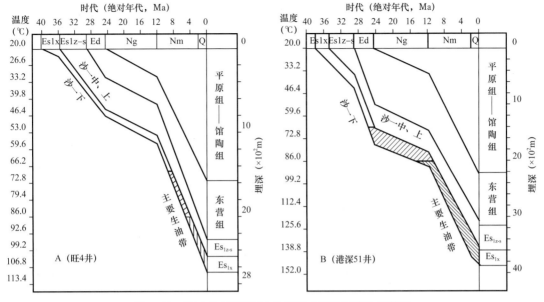

图 9-13　旺 4 井与港深 51 井埋藏史及油气演化史简图

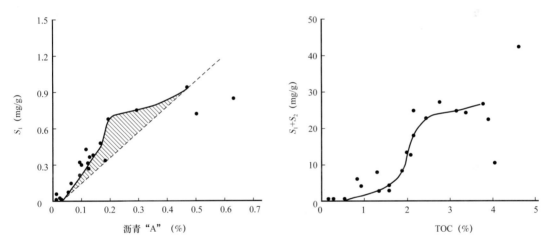

图 9-14　黄骅坳陷中南区沙一下亚段未成熟—低
成熟烃源岩沥青 "A" 与 S_1 关系图

图 9-15　黄骅坳陷中南区沙一下亚段未成熟—低
成熟烃源岩 TOC 与 S_1+S_2 关系图

根据宋一涛等（1995）对青岛海洋大学微藻研究所分别在温水与冷水海样环境培养的两种颗石藻 A（*Coccolithus neohelis*）和颗石藻 B（*Collolithus pelagicus*），通过热模拟生烃实验发现，颗石藻 A、B 虽然生长在不同的水温环境，但原样及加熟模拟产物的烃产率、沥青 "A" 族组成、气体产率及气体组成基本相同，原样的正构烷烃分布特征虽不一样，但加热后趋于一致。说明水温对颗石藻的产烃率、性质及正构烷烃组成无影响，只影响有机质成熟度；颗石藻 A、B 与葡萄藻等现代生物原样 300℃、60 小时加热后沥青 "A" 含量的比较表明，颗石藻的沥青 "A" 含量仅次于成油藻—葡萄藻，而高于浮游动物等现代生物；沥青 "A" 大量生成的温度比葡萄藻、浮游动物低。因此，颗石藻 A 的沥青 "A" 一是藻体中的不溶有机质变为可溶有机质；二是藻体中原有的和新生成的可溶有机质中的沥青质变为非烃、烃类。颗石藻可溶有机质开始大量生成的温度是 20℃，200～300℃

是沥青"A"主要生成阶段，它相当于 R_o 为 0.35%～0.5% 的含颗石藻烃源岩，此阶段含颗石藻烃源岩主要生成低成熟原油（图 9-16）。含颗石藻烃源岩干酪根经镜下鉴定大部分为 Ⅰ 型、少量为 Ⅱ$_1$ 型，它们在图 9-17 中都分布在 Ⅰ 和 Ⅱ$_1$ 区，而不含颗石藻的样品则分布在 Ⅲ 区。颗石藻残渣由于含有较多的氧元素而位于 Ⅱ$_2$ 型干酪根区，但加熟后的熟演化趋势与含颗石藻烃源岩干酪根一致。说明颗石藻中的有机质可以在远低于干酪根热降解成烃的温度下生成石油烃类（图 9-17）。因此，颗石藻的成烃演化特征与机理，对断陷湖盆碳酸盐烃源岩的低成熟油的形成具有重要贡献。张景荣等（1994）也提供了现代藻类热模拟实验的数据，从该数据的饱和烃、芳香烃与总烃含量均显示出两个生烃高峰，表明蓝藻在演化历程中具有两个生烃阶段，即早期（模拟温度 100～150℃）和晚期（模拟温度250～350℃）两个生烃高峰（图 9-18）。从而有力地论证了藻类具有早期生烃的事实。正如于俊利（2001）所指出的，在封闭—半封闭的还原环境中，厌氧微生物的改造作用，使更多的有机质表现出可溶特性，而原始沉积中直接可以早期演化产烃的组分又以原生沥青的形式进一步提高可溶有机质的含量。它们不参与干酪根的形成，而是直接在低温阶段通过脱杂原子基团键合力较低的部位断键，生成烃类。并且由于岩性的差别和有机质显微组分本身早期产烃相对难易的不同，从而形成未熟油或低熟油。而不同断陷、不同区块的特定地质条件（不同沉积环境）所具有的不同有机显微组分，决定了未成熟油—低成熟油的成因特征。

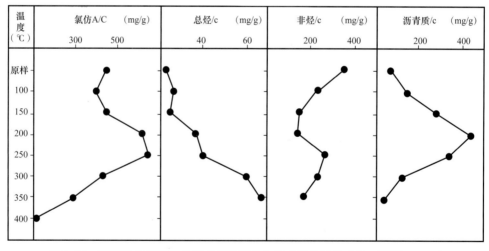

图 9-16　颗石藻 A 熟模拟的烃产率及族组分组成演化规律（宋一涛等，1995）

二、油气的运移聚集及成藏期次

（一）断裂构造与油气的运移聚集

断裂构造是多种构造类型中最常见的一种，有时它不仅控制了盆地的构造，而且还控制了盆地内沉积建造和层序发育特征，直接或间接地控制着盆地内烃源岩、储集层、圈闭的发育特征和油气的运移、聚集及油气藏的分布。只是不同级别不同性质的断裂在时空上对油气藏的形成和分布的控制作用则不相同。

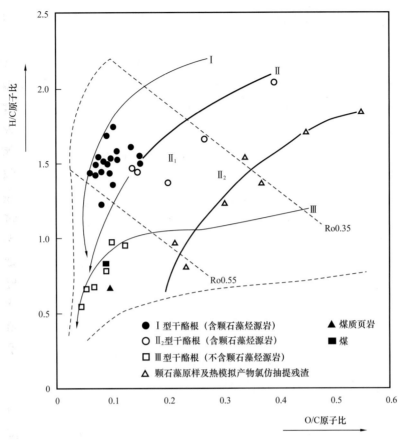

图 9-17　颗石藻样品与沾化凹陷东部干酪根的演化途径（据宋一涛，1995）

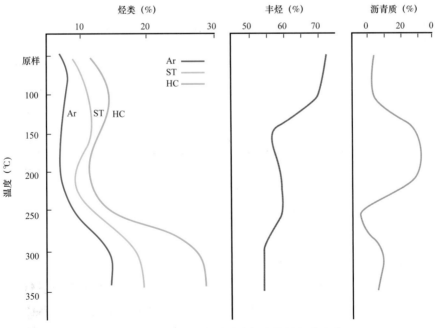

图 9-18　蓝藻热模拟实验液态烃产物族组成变化

ST—饱和烃；Ar—芳香烃；HC—总烃（数据据张景荣等，1994）

地静压力、流体密度引起的浮力、孔隙导致的毛细管压力及温度是油气运移的基本动力。但在裂谷及山间断陷盆地中，断裂构造的长期发育则是促使油气运移的重要因素。断裂构造对油气聚集带或油气藏的控制作用，主要表现在断裂对油气的运移和聚集过程及油气分布的控制。其实质是对油气运移的控制问题。特别对密度大、黏度高的重质未成熟—低成熟油气的运移和聚集成藏起着重要作用。因此，要研究断陷湖盆内断裂构造控制油气的规律，首先要研究和分析断裂在油气运聚过程中所起的作用，断裂是起通道作用，还是起封堵作用。这个问题是近十几年来国内外学者们研究的热点。含油气盆地的勘探实践证明，断裂起通道作用和断裂起封堵作用的证据都是存在的。对于中国古近系断陷湖盆而言，几乎无一例外地都受断裂构造的控制。而断裂构造在断陷湖盆油气成藏中的控油气规律的研究，目前主要集中在断裂坡折带、断裂封闭性和断裂的多期活动性三个方面。黄骅断陷对油气运移和聚集起着重要作用的主要是断裂的多期活动性和断裂的封闭性，两者之间又存在相辅相成的关系。断裂封闭性是一个动态演化的过程，断裂静止期可能处于封闭状态，但断裂活动期又处于相对开启的状态，因此研究断裂封闭性的关键要注重于对断裂活动期的厘定，断裂的多期活动性不仅控制了沉积地层的分布，同时又是输导油气运移的优势通道。根据区域地质资料，黄骅断陷进入新生代以来，发生过三次主要构造运动：第一次是在沙三段沉积末—沙一段沉积前，这次构造运动导致沙二段缺失；第二次是在东营组沉积末，导致东营组局部剥蚀，而使沙一下亚段碳酸盐岩油气储集层失去了良好的封盖条件，并在孔店—羊三木凸起区周缘直接与馆陶组接触；第三次是新构造运动，形成馆陶组和明化镇组断层，并使沙一下亚段构造复杂化。三次大的构造运动必然伴随着重要的断裂的活动，每一期断裂的活动必然引起深部岩浆与热流体的向上运移，这一点在前面所述的微量元素特征上已有明显体现，深部岩浆与热流体的活动对未成熟—低成熟油气运移和聚集具有较好的促进作用。同时，多期构造运动导致的断裂活动，都为油气运移提供了优势通道。如埕宁、羊二庄等具有多条断层所组成断阶带的条件下，顺断阶及断裂带往高部位运移进入浅层，即是断裂输导的结果（图9-19）。除断裂成油气运移的通道外，在构造带的缓翼，沿不整合面侧向运移也是重要的运移方式，如王徐庄、周清庄孔店—羊三木凸起及扣村复式构造带的油气，多由凹陷区生排烃中心沿沙一下亚段底部不整合面运移而来（图9-20）。由此表明断裂构造的多期活动及不整合面的存在，为油气运移聚集提供了重要途径。特别是断裂活动强，流体运移空间通畅，对黏度高、密度大的未成熟—低成熟油气的运移相应有利。

（二）流体包裹体显示的油气运聚信息

流体包裹体，在热液金属矿床方面早已得到广泛应用。但用于油气成藏方面的研究则始于 20 世纪 80 年代（Haszeldine et al.，1984；Haszeldine 和 Samson，1984；Horsfield 和 McLimans，1984；Burrus et al.，1985；Pagel et al.，1985；McLimans，1987；施继锡等，1987）。由于流体包裹体含有丰富的油气成藏信息。因此，从近十多年来，流体包裹体在油气成藏研究中得到了广泛应用，并且已成为当今油气成藏研究中最重要的方法之一。

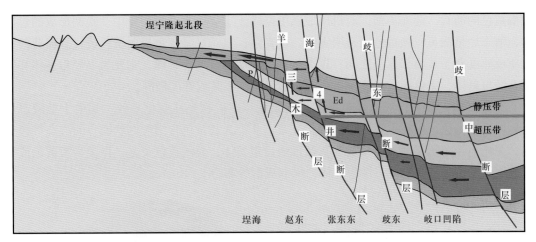

图 9-19　埕宁—张东地区断裂带油气运移示意图

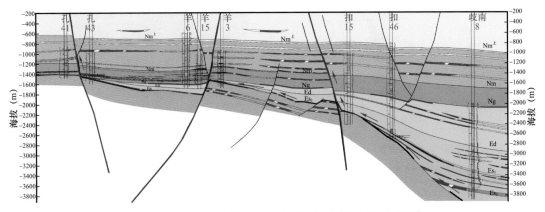

图 9-20　孔店—扣村地区地层不整合面油气运聚示意图

1.有机包裹体类型及特征

通常认为裂隙是盆地流体的重要通道，裂隙充填物及其赋存的流体包裹体为研究流体—岩石相互作用与烃类运聚成藏提供了重要信息（高玉巧等，2003；马锋等，2003；谭永强等，2004；张杰等，2005；刘小平等，2006；曲江秀等，2007；查明等，2007）。根据大港油田流体包裹体鉴定资料，黄骅断陷歧南、滩海地区的港深 67 井、港深 33 井、港深 40 井、港深 24–26 井、港深 33 井、港深 59 井、歧南 2 井、歧南 6 井、歧南 5–16 井、白 10–1 井、白 15–2–1 井、白 10–3 井和白 20–4 井沙一下亚段泥晶灰岩与灰质砂岩储集层的次生方解石和石英、长石等碎屑矿物愈合裂缝中赋存着较为丰富的有机包裹体。有机包裹体类型主要由液态烃包裹体、气液态烃包裹体和气态烃包裹体组成。其中液态烃包裹体占总有机包裹体的 27%；气液态烃包裹体约占总有机包裹体的 61%，气态烃包裹体约占总有机包裹体的 12%。这三类有机包裹体在镜下观察，其相态不同，成熟度和荧光特征也有明显差别。马锋等（2003）根据该有机质成熟度及荧光特征将有机包裹体的形成顺序分为 4 类：Ⅰ类相当于早期形成的液烃包裹体，透射光下为黑色，荧光不太强：这类包裹体捕获的多为稠油、重油，有机质成熟度低，属于未成熟或低成熟阶段捕获的有机质；Ⅱ类相当于中期形成的包裹体，主要为气液烃包裹体和气烃包裹体，颜色多为灰色、深灰色或褐黄色的沥青，荧光不强，有机质成熟度略高于Ⅰ类；Ⅲ类相当于中—晚期形成的包裹体，液态烃呈浅黄、淡黄色或透明无色、荧光强；气态烃呈灰色显弱黄色荧气。捕获的有机质成熟度介于Ⅱ类和Ⅳ类之间；Ⅳ类相当于晚期形成的包裹体。主要为气烃包裹体和气液态烃包裹体，无色或浅黄色，捕获的多为轻质油，其成熟度极高。

在正交偏光镜下，液态烃包裹体，其光性与主矿物光性变化一致。其中Ⅰ类液态烃包裹体呈黑褐色，形状不规则，呈带状分布；Ⅱ类为灰黄色含结丝网状沥青的液态烃包裹体，荧光不强（图9-21）；Ⅲ类为灰黄色液烃包裹体，显浅黄色荧光；Ⅳ类为淡黄色或无色透明，发黄色荧光的液态烃包裹体，局部成群分布。

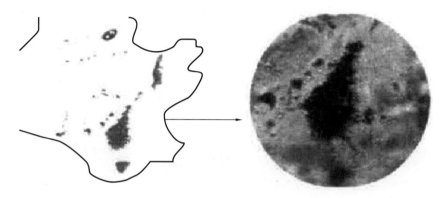

图9-21　沙一下亚段充填矿物中期结丝网状气液烃包裹体

气态烃包裹体，主要为Ⅱ、Ⅲ、Ⅳ类包裹体，常呈暗色甚至黑色，其中心处微透亮光。在正交偏光下，其光性变化一般不清晰。Ⅱ类气态烃包裹体形状不规则，表面比较干净光滑，包裹体的大小与主矿物大小比例失调，显得个体较大（图9-22）；Ⅲ类气态烃包裹体为深灰黄色，发弱褐黄色、黑褐色荧光；Ⅳ类气态烃包裹体为灰色，发浅黄色或弱黄色荧光。

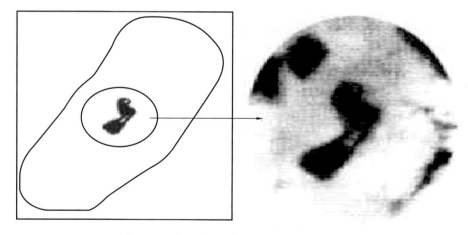

图9-22　沙一下亚段次生矿物晚期气烃包裹体

气液态烃包裹体，由Ⅱ、Ⅲ和Ⅳ类组成，在气液态包裹体中，气相一般呈圆球形气泡，与液相共存，二者界线常为环形。气液态烃包裹体中的气相物质通常不跳动。Ⅱ类气液态烃包裹体为灰黄色，含结丝网状沥青的包裹体；Ⅲ类为灰黄色—灰色，有时含斑点状或条带状沥青，显浅黄绿色荧光；Ⅳ类气液烃包裹体数目众多且分布集中，多为透明无色，显蓝色或浅黄色荧光。需要说明的是与有机包裹体同期伴生赋存的盐水包裹体，在分析样品中也分布较多。但在碎屑石英愈合裂缝中多为次生盐水包裹体，而原生盐水包裹体主要分布在方解石胶结物、次生加大石英及方解石脉中。

2. 包裹体均一温度

包裹体的均一温度，记录了油气运移充注时的古地温。这是流体包裹体方法确定成藏时间的主要依据。但在运用均一温度时，除了应注意区分所测包裹体的期次外，还应分析包裹体均一温度的再平衡。包裹体均一法测温的原理和条件是包裹体捕获的流体呈均匀的相态，而且捕获后为封闭体系，具有等容特征。但包裹体形成后，若宿主矿物受到较高的温度和压力影响时，包裹体的均一温度往往会产生再平衡，表现为包裹体的爆裂或塑性变形，引起均一温度的改变。这在碳酸盐矿物上表现得十分突出（Osbome 和 Haszeldine，1993；Burrus，1987；Goldstein，1986；Bodnar 和 Bethke，1984；Barker，1991）。黄骅断陷歧南、滩海地区部分探井沙一下亚段泥晶灰岩与灰质砂岩储集层流体包裹体均一温度区间值为 80～180℃。但与有机包裹体同期的盐水包裹体的均一温度测试表明，随着深度的增加，早、中、晚 3 期包裹体均一温度都有增加（图 9-23）：早期浅层均一温度的平均值为 88.1℃，深层达到 133℃；中期包裹体浅层均一温度为 111.9℃，深层为 125.3℃；晚期包裹体浅层均一温度为 122.7℃，深层为 140℃。表明深部流体包裹体被捕获时，同一层位包裹体的均一温度早期较低，晚期较高，显然是温压作用引起的再平衡的结果。浅层流体包裹体由 3 个峰态组成，深层流体包裹体由两个峰态组成。浅层峰态中的早期峰值的均一温度为 85～95℃、中期峰值的均一温度为 110～115℃、晚期峰值的均一温度为 120～125℃；而深层峰态中无早期峰值，中期峰值的均一温度为 125～130℃，晚峰值的均一温度为 135～140℃。由此可以看出，无论是浅层还是深层，早期包裹体均一温度显示微弱，中晚期均一温度显示强烈，并且具有明显的持续性。

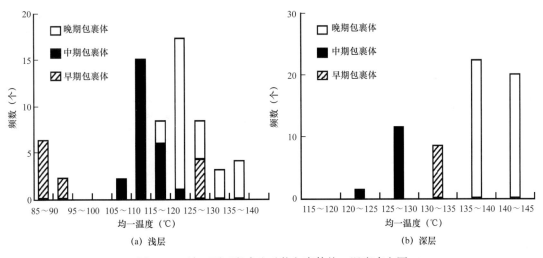

图 9-23　沙一下亚段次生矿物包裹体均一温度直方图

3. 烃类包裹体的成分

烃类包裹体的成分也是成藏史研究的一项重要信息，其与相应包裹体形成的期次、均一温度的结合及其与所研究油气藏地球化学组成的对比，可对具体油气藏的成藏年代做出更为准确的判断。目前，在包裹体成分分析方面已形成了较成熟的测试技术（李本超，1987；王莉娟，1998），如激光拉曼光谱方法、荧光、傅里叶光谱方法以及色谱—质谱技术等。据刘立等（2004）对滩海地区部分探井沙一下亚段方解石胶结物及方解石脉中烃类包裹体组分、化学成分、碳氧同位素及其与围岩关系的研究，揭示了有机包裹体与宿主矿物在形成过程中显示的油气运聚信息。

取自港深67井3923.26m的沙一下亚段泥晶灰岩裂缝中的方解石脉属于典型的纤维状脉体被认为是超压体系的富钙流体结晶作用的结果（Parnell，2000）。而赋存于方解石脉中的有机包裹体，显然是围岩超压破裂过程中被封存在泥质沉积物中的同生水连同生成的烃类一起脉动式排放，从而提供了方解石脉中所需的流体。类似的情况，也见于捷克的Barrandian盆地早古生代地层中分布的方解石脉。激光拉曼探针分析结果表明，方解石脉中有机包裹体的液相部分的有机组分体积分数为9.0%，无机组分体积分数为91.0%。有机组分主要为CH_4，其次为C_3H_8和C_4H_6；无机组分主要为H_2O，其次为SO_2。气相部分的有机组分体积分数为14.8%，无机组分体积分数为85.2%。有机组分主要为CH_4，其次为C_2H_2和C_4H_6；无机组分主要为CO_2，其次为H_2S和H_2O（表9-12）。这些显微组分特征，再现了油气运移过程中的流体相态特征。

表9-12　部分方解石脉有机包裹体激光拉曼探针数据（据刘立等、2004）

组分	有机组分 ϕ_B（%）								无机组分 ϕ_B（%）				
	CH_4	C_2H_6	C_3H_8	C_2H_4	C_4H_5	C_2H_2	C_6H_6	合计	H_2O	H_3S	CO_2	SO_2	合计
液相	5.6	0	1.7	0	0	0	1.7	9.0	87.4	0		3.6	91.0
气相	6.5	0	0	0	2.9	5.4	0	14.8	12.0	21.4	48.8		85.2

根据电子探针分析，方解石脉（第2、3点）及其钙质砂岩中方解石胶结物（第1、5点）的化学成分极为接近（表9-13）。由此表明，方解石脉的成脉物质可能来自围岩中方解石的溶解。

表9-13　方解石脉碳、氧同位素数据

序号	样品号	井深 m	围岩岩石类型	方解石脉类型	$\delta^{13}C$（‰）（PDB）	δ^{18}（‰）（PDB）	$\delta^{18}O$（‰）（SMOW）
1	港深67-6	3923.26	钙质砂岩	复合型	4.49	−12.69	17.79
2	港深67-7B	2924.33	泥晶灰岩	块状	4.36	−12.63	17.86
3	港深67-6B	3923.26	钙质砂岩	块状	5.92	−7.89	22.74
4	港深67-2B	3924.28	泥晶灰岩	块状	3.56	−13.39	17.07
5	港深67-2A	3924.28	泥晶灰岩	块状	2.69	−14.16	16.28
6	港深67-2A	3924.03	泥晶灰岩	块状	3.18	−13.33	17.13

方解石脉的 $\delta^{13}C$ 值分布范围为 2.69‰～5.92‰（PDB），见表 9-13；而围岩的 $\delta^{13}C$ 值分布范围为 2.44‰～5.85‰（PDB），二者的碳同位素 $\delta^{13}C$ 值基本一致，与东营凹陷古近系沙河街组碳酸盐岩的 $\delta^{13}C$ 值（2.9‰～9.3‰，PDB）比较，仅偏轻约 0.2‰～3.3‰。其原因是在方解石脉的形成过程中，孔隙水中含有引起 $\delta^{13}C$ 亏损的生物碳酸盐的结果，或者围岩 $CaCO_3$ 溶解—再沉淀形成方解石脉过程中同位素分馏的结果。这与方解石脉中含有有机包裹体的情况是吻合的，也与加拿大 Vancover 岛上三叠统 Peril 组中纤维状方解石脉的形成类似。所研究的方解石脉的 $\delta^{13}C$ 值与渤海湾油气区火成岩外变质带储集层中方解石脉的 $\delta^{13}C$ 值（-6.8‰～3.3‰）明显不同，该方解石脉被认为是热事件作用中高温变质水分解并携带了围岩中的烃类物质进入裂缝中沉淀形成。低的 $\delta^{13}C$ 值是较高的 ^{12}C 输入的结果，而较高的 ^{12}C 输入最有可能来自有机质成熟释放出的 CO_2。在有机质的热裂解过程中，释放出 CO_2 的 $\delta^{13}C$ 介于 15‰～30‰ 之间。研究表明，有机质约在 70℃ 进入甲烷生成带成岩环境。在该环境中，有机质被产甲烷菌通过"乙酸发酵作用"和"二氧化碳还原作用"所降解。对于乙酸发酵作用而言，早期产生的 CO_2 的碳同位素偏轻（-20‰～-30‰），但当乙酸充分转化为 CO_2 和 CH_4 时，则接近羟基的同位素组成（-5‰～-10‰）。对于二氧化碳还原作用而言，CH_4 的同位素组成介于 -25‰～-60‰ 之间，比其先质 CO_2 更轻。随着更多的 CO_2 被消耗，剩余的 CO_2 变得更富集 ^{13}C，其 $\delta^{13}C$ 最高可达 15‰，大多数 $\delta^{13}C$ 值介于 -22‰～2‰ 之间。80℃ 左右是细菌活动生命线，这时由化学过程生成 CO_2，其同位素组成为 -10‰～-20‰。所研究的方解石脉的温度条件（145～170℃）已进入由化学过程生成 CO_2 阶段，该时期沉淀的碳酸盐的 $\delta^{13}C$ 应以负值为主。然而由于其原始碳同位素的强烈影响，方解石仍然保留了其原始碳酸盐的同位素信息。此外，超压条件也为碳酸盐的原始同位素信息提供了保存条件，近年来的研究证实超压对生烃过程具有抑制作用。

方解石脉的 $\delta^{18}O$ 值 -14.16‰～-7.89‰（PDB），比围岩 $\delta^{18}O$ 值 -9.54‰～-2.9‰（PDB）偏轻 -4.62‰～4.99‰（PDB）。与东营凹陷古近系沙河街组碳酸盐岩 $\delta^{18}O$（-9.2‰～0.4‰，PDB）偏轻约 4‰～7‰（图 9-24），表明孔隙水与湖相碳酸盐沉淀时的孔隙水已截然不同。造成这种现象的原因与孔隙水温度升高及有机质降解引起的 $\delta^{18}O$ 亏损有关。与碳同位素相比，氧的同位素交换具有显著的温度敏感性，也就是说矿物的氧同位素组成往往是流体性质和温度的函数（黄思静，2010）因此，在深埋藏高温影响下，流体中的 ^{18}O 会大量消耗，导致形成的矿物 $\delta^{18}O$ 偏负。所研究方解石脉的流体包裹体均一温度范围为 145～170℃，其最高均一温度甚至高于黄骅坳陷其他地区古生界中赋存的方解石脉的均一温度，存在 $\delta^{18}O$ 偏负的温度升高条件。虽然有机质热降解所引起的 $\delta^{18}O$ 亏损对 $\delta^{18}O$ 偏负贡献不大，但与温度升高联合作用引起方解石脉 $\delta^{18}O$ 比沉积碳酸盐岩 $\delta^{18}O$ 偏负是不言而喻的。可见包裹体的成分及地球化学特征进一步揭示了方解石脉的宿主裂缝是油气运移的重要通道。

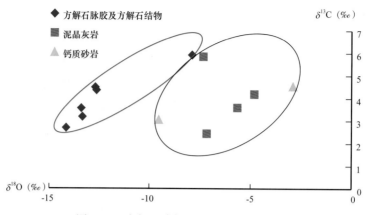

图 9-24　方解石脉与围岩碳氧同位素对比

（三）油气成藏期次的确定

上述流体包裹体岩相学的研究表明，黄骅地区沙一下亚段碳酸盐岩储集层次生矿物中发育液态烃包裹体、气液烃包裹体及气态烃包裹体等 3 种类型不同的烃类包裹体。这些烃类包裹体赋存于碎屑石英、石英加大边、碎屑长石颗粒、方解石胶结物、自生白云石胶结物及晚期方解石脉中。马锋、刘立（2003，2004）通过成岩作用中次生矿物的析出序列研究，认为歧南、滩海区成岩成藏流体的演化是在沉积封存的碱性流体浓缩的基础上开始的，油气的早期注入使流体变为酸性，引起了长石的溶蚀溶解和高岭石、次生加大石英的形成；随着蒙皂石转化，溶液中碱土金属离子的浓度不断积累，流体逐渐转为碱性，导致方解石、白云石的沉淀和钠长石化的普遍出现，并引起了碎屑石英甚至自生石英的局部溶解。随着晚期油气的大规模注入，地层水又转为酸性，并引起了钠长石和白云石的局部溶解，现今地层水表现为偏酸性。据此可得到有机包裹体主要寄主自生矿物的形成先后顺序由早到晚依次为：次生石英加大、方解石、白云石、方解石脉。结合包裹体特征及赋存矿物形成先后顺序，将沙一下亚段储集层中的包裹体划分为三期：第Ⅰ期主要为液烃包裹体，透射光下为黑色、黑褐色，形状不规则，荧光较弱，这类包裹体捕获的多为稠油、重油，有机质成熟度低，赋存于未切穿石英加大边的碎屑石英愈合裂隙中，呈带状分布，反映第Ⅰ期油气充注发生在次生石英加大之前，其丰度较低；第Ⅱ期包裹体为液烃、气液烃包裹体组合，液态烃多为褐黄色、浅黄色，荧光较强，发浅黄色荧光，表明油气成熟度较高，主要赋存于石英次生加大边内、方解石胶结物和自生白云石中；第Ⅲ期主要为气烃包裹体和气液烃包裹体组合，气液比较大，无色或浅黄色，荧光强，发蓝白色荧光，表明其捕获的多为轻质油，成熟度较高，主要赋存于晚期方解石脉中，另外在砂岩中的晚期亮晶方解石胶结物中以及穿切石英加大边的石英愈合缝中也有发育，该期包裹体发育程度高，反映了成熟—高成熟油气大规模运聚期。刘立等（2004）以港深 67 井为例，详细研究了沙一段下部方解石脉的地球化学与包裹体特征，认为方解石脉的形成与超压破裂有关。当破裂发生时，不但形成超压破裂缝，而且使封存在泥晶灰岩、灰质泥、页岩及灰质细砂岩中的同生水与油气向上一起排放，在排放过程中溶解了围岩中部分碳酸盐矿物，最终以方解石脉的形式沉淀下来，并捕获了大量气液烃包裹体。由此可证明该方解石脉的宿主裂缝曾是油气运移的优势通道之一。有机包裹体与同期的盐水包裹体均一温度测试表明：第Ⅰ期包裹体均一温度主要介于85～95℃；第Ⅱ期包裹体均一温度主要介于110～125℃；第Ⅲ期包裹体温度主要介于125～130℃。结合埋藏史、热史和成烃史分析，可以将黄骅断陷歧口主凹陷沙一下亚段碳酸盐岩油气运聚成藏阶段分为两个期次：

（1）第一期形成于东营组沉积末期、时间大约在24.5Ma左右，发生在中—深埋藏期的泥晶灰岩与灰质砂岩储集层的次生方解石和石英、长石等碎屑矿物未切过加大边的愈合裂缝中，赋存的有机包裹体呈带状分布，以液烃包裹体为主；所捕获的多为稠油、重油，说明这类烃类包裹体形成于深埋藏压实排烃过程中，代表了油气初期运移的特征（图9-25）。

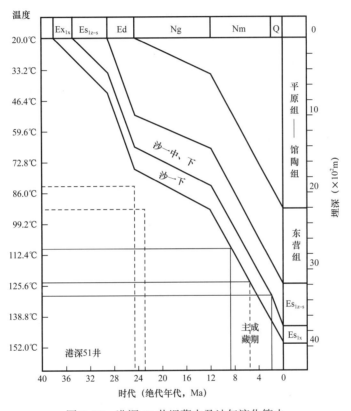

图9-25　港深51井埋藏史及油气演化简史

第二期主要集中在明化镇组沉积—第四纪，时间大约在8.2Ma以来，油气的运聚先后经历了两期连续充注的过程，其中早期充注的峰值期大约在8.2～5Ma，被捕获的包裹体多赋存在石英次生加大边和碎屑颗粒愈合裂缝中，主要为气液烃包裹体和气烃包裹体，颜色多为灰色、深灰色或褐黄色的沥青，荧光不强，成熟度较高；晚期充注的峰值期大约在5～2Ma。所捕获的气液烃包裹体数目众多且分布集中，液态烃呈浅黄、淡黄色或透明无色、荧光强；气态烃呈灰色，显弱黄色，荧气多为透明无色，显蓝色或浅黄色，显然以高成熟的轻质凝析油气为特征。实际上，第二期油气的运聚，从时间上很难将早晚两期分开。根据包裹体发育丰度，结合烃源岩生排烃演化过程，可以认为第二期油气充注具有连续幕式运聚特征，是歧口主凹陷沙一下亚段油气成藏的主要时期，但对埋藏较浅的齐家务、扣村、孔店及其以南的沙一下亚段碳酸盐岩油气运聚成藏而言，由于有机质埋藏浅，成烃演化较晚，在明化镇沉积末期（2Ma），沙一下亚段烃源岩整体进入生烃门限，是未熟—低熟油气运聚成藏的关键时期。这一认识与其他研究者的观点是一致的（于俊利等，2001；高锡兴，2004；陈善勇，2004；张杰等，2005）。黄骅断陷构造演化特征表明，东营组沉积末期的构造运动是影响该区含油气系统形成的重要因素，但东营组沉积末期的构造运动是一种区域性的平缓抬升运动，没有造成地层强烈褶皱变形和严重侵蚀作用，对油气的散失作用有限。而明化镇组沉积末期这一关键时刻直至现今。由于油气的大量生成运移、聚集、保存之后没有受到构造运动的严重破坏，才使沙一下亚段碳酸盐岩油气在齐家务、周清庄、王徐庄、扣村、张东、孔店及羊三木地区富集成藏（图9-26）。

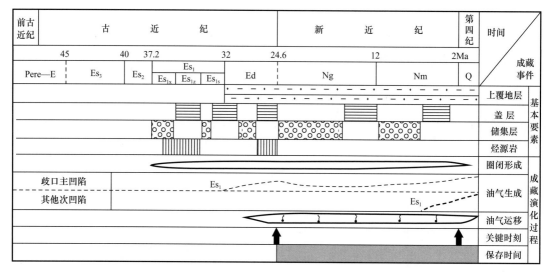

图9-26　黄骅断陷沙一下亚段碳酸盐岩含油气成藏系统图

三、成藏组合及油气藏圈闭类型

（一）封盖层特征及生储盖组合

断陷湖盆碳酸盐岩与海相碳酸盐岩一样，具备油气生成和储集的双重条件，也就是说，断陷湖盆碳酸盐岩既具有油气生成的烃源岩，又具有油气聚集的储集岩。二者的相互配置是构成断陷湖盆碳酸盐岩油气藏的重要特色。但只有烃源层和储集层还是不够的。要使烃源层中生成的油、气，运移聚集到储集层中不致逸散，还必须具备不渗透的封盖层。因此，生、储、盖的时空配置是油气藏形成的关键因素。

1.封盖层性能

自然界中，任何盖层对气态和液态烃类只有相对的隔绝性，在地层条件下的烃类聚集都具有大小不同的天然能量，它能驱使烃类向周围逸散，因而必须有良好的盖层封闭才能阻止烃类散失，使其聚集起来形成油气藏。盖层之所以具有封隔性，过去单纯认为是由于岩石致密、无裂缝、渗透性差所致，现在看来具有较高的排替压力也是一个重要原因。岩石排替压力的大小同其孔隙和喉道的大小有直接关系。赫伯特早于1953年就曾计算过不同粒级沉积物中，水排替油所需的压力值（表9-14）。尽管这个表是水排替油的压力值，但仍反映了不同粒级岩石与排替压力之间的理论关系。用压汞法测量的结果也说明泥岩具有较大的排替压力，可以成为良好的盖层。油气藏的盖层，常分为直接盖层和间接盖层。直接盖层近邻或直接与油气储集层相接，是油气藏圈闭重要组成部分，而间接盖层则为地带或区域性盖层，是保护油气聚集和成藏的外部屏障。因而油气聚集成藏的关键期应在区域盖层形成之后。常见的盖层岩性，主要有泥岩、页岩、泥灰岩、膏岩、盐岩及泥质（云）灰岩等。Klemme（1977）统计了世界上334个大油气田的盖层，页岩、泥岩盖层的大油气田占总数的65%，盖层为盐岩、石膏的占33%，致密灰岩充当盖层的占2%。裂谷盆地的沉积演化表明，黄骅断陷湖盆在区域上不仅经历了由断陷向坳陷的演化，而且受湖盆多期扩张的影响，自沙一下亚段碳酸盐岩沉积之后，先后又发育了沙一中段、东二段和明上段湖相泥质岩沉积。这3套湖相泥质岩在区域上沉积稳定、厚度大、分布广，从而构成了良好的区域性封盖层，对油气的纵向运聚和分布形成了明显的控制作用。其中沙一中段在区域上分布稳定，即是沙一下亚段碳酸盐岩油气储集层的第一套区域性盖层，岩性主要为泥岩、泥灰岩、油页岩、白云岩及钙质泥岩，厚度100～300m。该段不仅厚度大，而且普遍存在欠压实现象，具有良好的封闭性，是沙一下亚段及沙二段、沙三段油气藏得以保存的重要因素；东二段也是古近系又一套分布稳定的湖侵泥岩盖层，分布于沙一中段泥质盖层之上，泥岩的连续厚度约100～200m；明上段是新近系晚期的曲流河沉积，砂泥比较低，广泛发育沼泽相泥岩，连续厚度达400～800m，是构成封闭油气的最后一道屏障。盖层的封闭性能研究及经验数据表明：决定泥质岩物性封盖能力的主要因素，包括泥质含量、矿物成分和封盖层岩性等。泥质含量增加，比表面增大，毛细管作用增强，渗透率变差，封盖能力增强。封盖层的矿物成分与含量决定着水敏效应所产生的可塑性和膨胀性。伊利石和伊/蒙混层具较强的水敏性和膨胀性，封盖能力相应较强，高岭石次之，绿泥石含量很高时其封盖能力也不能低估（张吉森，1989）。断陷湖盆沉积的半深湖—深湖相灰质泥岩、油页岩、封盖突破压力值，油为9.0MPa、水为15MPa；滨浅湖相泥岩、泥灰岩、泥质白云岩，封盖突破压力值，一般油为8.0MPa、水为12.7MPa；而河流相泥岩其突破压力值，油为1.2MPa、水为9.8MPa。与碳酸盐岩油藏滨浅湖泥岩相比，此类封盖性能较差，但也具有一定的封盖作用（薛叔浩等，2002）。

表9-14　不同粒级沉积物中水排替油的压力（M.T.赫伯特，1953）

沉积物	颗粒直径（mm）	排替压力（MPa）	沉积物	颗粒直径（mm）	排替压力（MPa）
极细黏土	10^{-4}	40±	黏土	<1/256	>1
粉砂	1/256～1/16	1～1/16	砂	1/16～2	1/16～1/500

2. 生储盖组合特征

通常在地层剖面中，将紧密相邻的烃源层、储集层及封盖层在时空中的有规律配置，称为生储盖组合。实际上，在地层剖面中，岩性往往是过渡的，相互交替，薄厚不一。因此，生储盖组合特征，在不同盆地不同凹陷不同层段则具有不同的特色。根据黄骅断陷沙一下亚段碳酸盐岩沉积剖面中，生、储、盖三者在时空上的叠置关系，可划分出以下三类生储盖成藏组合。

1）正常式生储盖组合

正常式生储盖组合，也称下生上储式组合。这类组合在地层剖面中表现为由下而上的正常分布关系，即生油层位于组合下部，储集层位于中部，盖层位于上部。这种组合类型又根据时间上的连续或间断性细分为连续式和间断式两种。油气从生油层向储集层垂向运移为主。正常式生储盖组合是大多数油气藏最基本的组合方式。如歧口主凹陷区为长期发育的生烃凹陷，沉积厚度大，生储条件优越，沙一下亚段滩相颗粒碳酸盐岩为主的储集岩直接与沙三段、沙二段不同层位的泥质烃源岩接触，从而在沙一下亚段下部（Es_{1x}^4）形成的滩相颗粒碳酸盐岩储集层和下伏沙三段、沙二段泥质烃源岩组成下生上储组合，其上覆沙一下亚段（Es_{1x}^{2+3}）灰质泥、页岩、泥灰岩、云质泥岩则为直接盖层（图9-27）。同类组合在沧东、南皮等早期发育的凹陷区，因始新世发育，渐新世衰退，沉积厚度小，油源层单一，形成以孔二段为烃源层，其上沙一下亚段碳酸盐岩为储集层，沙一下亚段上部灰质泥、页岩为直接封盖层，纵向上构成下生上储组合。

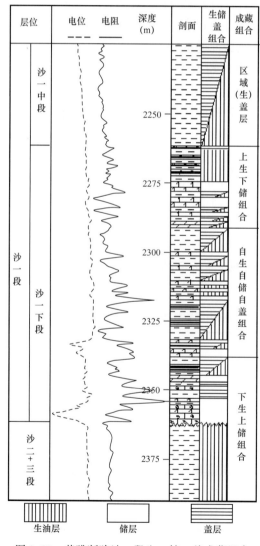

图 9-27　黄骅断陷沙一段生、储、盖成藏组合

2）自生自储自盖式生储盖组合

这种组合主要分布于沙一下亚段内部，也叫内幕式生储盖组合。这类组合的烃源岩主要由沙一下亚段中上部（$Es_{1x^{2+3}}$）的泥质碳酸盐岩、灰质泥、页岩及油页岩组成的混积岩构成，既是烃源层又是直接封盖层，而间夹于其中的薄层含生屑（云）岩、微晶白云岩、白云质灰岩则为主要储集层，三者相邻分布密切配置，构成了自生自储自盖式生储盖组合（图9-27）。

3）上生下储式生储盖组合

这类组合也称顶生式生储盖组合，生油层与盖层同属一层，而储集层位于其下，上部烃源层既是生油层又是封盖层。如超覆于基岩凸起或隆起上的沙一下亚段碳酸盐岩油气藏，均属此种组合样式（图9-27）。

4）侧变式生储盖组合

这种组合类型是由于岩性、岩相在空间上的变化而导致生储盖层在横向上发生变化而形成。其组合形式多发育在断陷内生油凹陷向凸起或隆起边缘斜坡过渡带上，由于岩性、岩相横向发生变化，使生油层和储集层同属一层为主要特征，二者以岩性的横向变化方式相接触，油气以横向的同层运移为主。这类组合黄骅断陷湖盆各凸起和隆起区较为常见。由于受区域构造背景及多凸多凹的古地形控制，在凸起周缘的浅水区形成了滩相颗粒碳酸盐岩为主的储集岩，而在滩相一侧的相对凹陷区发育泥质碳酸盐岩与灰质泥、页岩及油页岩互层沉积的混积型烃源岩。二者在横向上处于同一层段或位于储集层分布的斜坡底部；在时空上构成了侧变式生储盖组合（图9-28）。

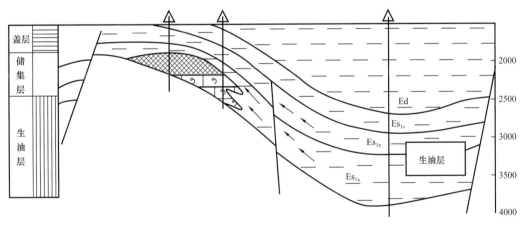

图9-28　黄骅断陷沙一下亚段侧变式生储盖组合

（二）油气藏圈闭类型

圈闭是油气聚集、保存的重要场所，也是油气藏形成的地质基础。断陷湖盆碳酸盐岩地层，受多期断裂构造的影响，油气藏属于断块构造圈闭性质。在沙一下亚段形成以断块圈闭为主，并辅以岩性及地层因素，构成复杂的构造—岩性（成岩）圈闭系统。从宏观到微观，圈闭因素的权重依次由岩性（成岩）→地层→断块构造方向增重，形成不同类型的圈闭及相应的油气藏。

1. 构造圈闭

在断陷湖盆沉积中，由于断裂构造的频繁发育，导致油气在碳酸盐岩中的聚集多以各类构造圈闭为主体。由于储集层多为不同成因的生物滩体及层状白云岩及白云质灰岩，与各类构造的相互配置组成多种类型的构造圈闭。常见的有牵引背斜圈闭、挤压背斜圈闭、披覆背斜圈闭、抬升断块圈闭、断鼻圈闭、地层超覆圈闭、断块圈闭等（图9-29、图9-30）。这些构造圈闭的形成及分布，为断陷湖盆碳酸盐岩沉积体系的油气成藏提供了良好的条件。如黄骅断陷齐家务、周清庄、扣村、孔店—羊三木地区沙一下亚段碳酸盐岩生物滩体发育区，长期受港西断裂与孔店—羊三木凸起及埕宁隆起的影响，形成多类复杂的圈闭。这些与断裂有关的典型构造圈闭受主控断裂的控制。也就是说港西断层与孔店凸起及埕宁隆起周缘的近南北向断裂体系与近东西向及东南向断裂体系的长期发育，决定了不同构造圈闭的形成及分布。其中逆牵引背斜圈闭，主要分布在同生断层的下降盘，如马西 Es_{1x}^2、Es_{1x}^3（板2、板3）油组逆牵引背斜圈闭，大张坨主断层下降盘的 Es_{1x}^2、Es_{1x}^3（板2、板3）油组逆牵引背斜圈闭等；挤压背斜圈闭，在大张坨主断层与沧东主断层之间的板桥沙一下亚段的灰质砂岩气藏即属之，齐家务构造带中沙一下碳酸盐岩油气藏中也可见及；披覆背斜圈闭，主要分布在基岩隆起区，如孔店凸起区的沙一下亚段碳酸盐岩含油气圈闭；扣村复式构造带上的扣11井披覆背斜圈闭等；断鼻圈闭，分布在主断裂下降盘，如北大港主断层下降盘的六间房、周清庄和翟庄子油气圈闭等；断块圈闭，在区内分布较广，常由不同方向的断层交叉或正向断层与反向断层组合配置形成；如齐家务构造的旺1106井断块圈闭、扣38井断块圈闭、扣村构造的扣13井断块圈闭、扣9井断块圈闭和扣32井断块圈闭等。由于沙一下亚段碳酸盐岩地层在港西凸起构造带与孔店—羊三木凸起构造带及埕宁隆起周缘都表现为生物滩相沉积，同时又与牵引背斜及断垒、断块构造相叠置，因而有利于各类构造圈闭的形成。又如饶阳凹陷大王庄断隆带，是一个被一组北东向正断层所切割的构造带。由于该带轴部发育长期活动的留3井大断层，延伸长15km，最大落差2500m。这条大断层不仅决定了大王庄断隆带的形成，而且控制了沙三段碳酸盐岩生物滩体的发育和分布，从而造就了断层上下盘上的众多逆牵引背斜、断鼻、断块等构造。这些构造与沙三段碳酸盐岩生物滩体的叠合，构成了该区多种多样的构造圈闭，形成了富集油气的良好场所。该区沙三段碳酸盐岩生物滩气藏的发现与探明即是这类圈闭油气藏的实例。

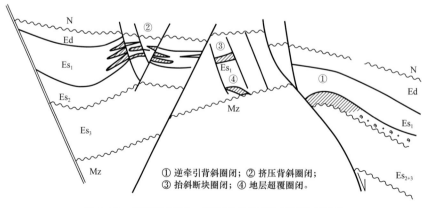

① 逆牵引背斜圈闭；② 挤压背斜圈闭；
③ 抬斜断块圈闭；④ 地层超覆圈闭。

图9-29 黄骅地区沙一下亚段构造圈闭类型示意图

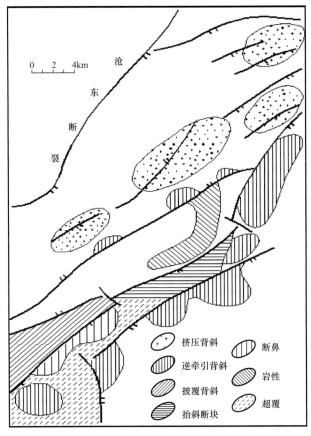

图 9-30　北大港构造带沙一下亚段油气藏圈闭类型（据高锡兴，2004）

图例：挤压背斜、逆牵引背斜、披覆背斜、抬斜断块、断鼻、岩性、超覆

2. 构造—岩性复合圈闭

这类圈闭是构造与岩性的过渡类型，二者对圈闭的形成起着同等重要的作用。在断裂构造发育区，常可见油气储集层的一侧或上倾方向由反向断层封堵而另一侧由岩性变化封堵形成断层—岩性圈闭；如旺 12 井沙一下亚段生物灰岩油气藏即属此类圈闭（图 9-31）。又如断块两侧被断层切割，断块上倾方向的顶部由生物滩体相变为泥质岩而形成岩性遮挡，从而构成断层—岩性圈闭。如扣村地区扣 13 井断块油藏圈闭即属之（图 9-32）。

3. 地层圈闭

这类圈闭多分布于不整合面附近，主要由于渗透性和非渗透性地层的相互超覆及横向变化或湖岸线的弯曲所形成的圈闭。在断陷湖盆碳酸盐油气藏圈闭中较为常见的是在湖进过程中，多由生物滩体不断向凸起方向超覆而形成。如扣 17 井沙一下亚段生物滩体油藏圈闭（图 9-33）；又如处于不整合面之上的黄骅断陷沙一下亚段底部滩相沉积的生物颗粒碳酸盐岩储集层横向上常渐变为渗透性差的云质灰岩及泥页岩；或者因抬升剥蚀后，又被上覆东营组或馆陶组不渗透地层覆盖，形成不整合地层圈闭。需要指出的是，这类圈闭的界限可以是突变的、也可以是渐变的；造成这种圈闭形成的条件是局部的，也可以是区域性的。除某些透镜体或生物礁体圈闭外，几乎所有地层圈闭都与构造因素有一定联系。如与断块差异抬升或地层区域倾斜相联系，或与原有构造条件有关。但决定地层圈闭的基本因素仍然是沉积条件的改变（张厚福，1981）。

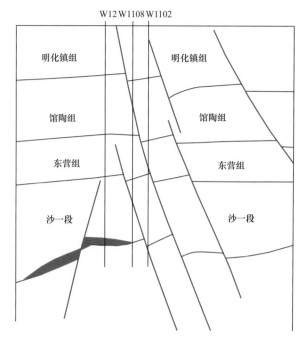

图 9-31　旺 12 井沙一下亚段断层—岩性圈闭

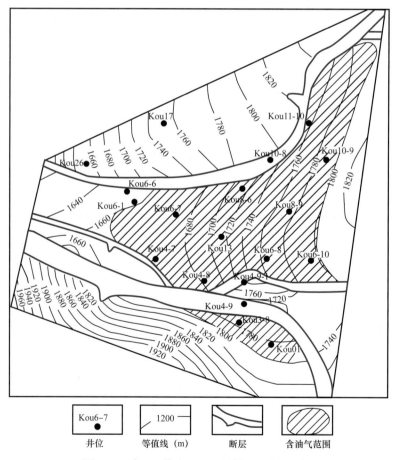

图 9-32　扣 13 井沙一下亚段断层—岩性圈闭

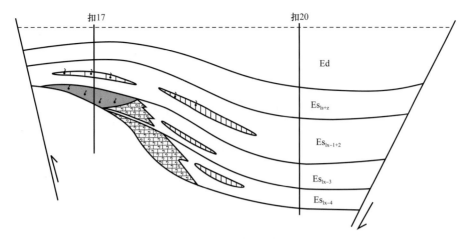

图 9-33　扣 17 井沙一下亚段地层超覆圈闭

4. 岩性（成岩）圈闭

岩性圈闭是指同一地层中由于储集层岩性及物性在空间上的变化而形成的圈闭。这类圈闭的成因与沉积、成岩作用有关，二者往往相互制约相互依存。按其成因在断陷湖盆碳酸盐岩中常可分出沉积岩性圈闭及成岩岩性圈闭两类；其中沉积岩性圈闭，按其形成条件和圈闭形态进一步分为上倾方向储集层尖灭圈闭或透镜体圈闭（图 9-34）。其储集空间多由凸起斜坡带湖坪沉积的薄层白云质灰岩及微晶白云岩组成，孔隙以微裂缝和晶间溶孔为主，常间夹于湖相泥页岩之中。成岩岩性圈闭，是指在成岩过程中因成岩作用导致储集层岩性及物性变化而形成的圈闭。由于碳酸盐岩沉积后期成岩作用强烈，形成的圈闭种类较多，如差异溶蚀充填成岩圈闭、差异白云岩化成岩圈闭、成岩裂缝圈闭等；其中差异白云岩化成岩圈闭在断陷湖盆碳酸盐中较为常见，其形成是准同生白云化不彻底导致的，后经埋藏期有机质成熟产生的富含有机酸及 CO_2 的压释水及深部上升的热流体改造，使白云岩的晶粒变粗、次生孔隙发育，相应在白云岩体外围由致密的云质泥晶灰岩构成遮挡，从而形成差异白云岩化成岩圈闭。如旺 11 井沙一下亚段碳酸盐岩油藏圈闭即属之（图 9-35）。

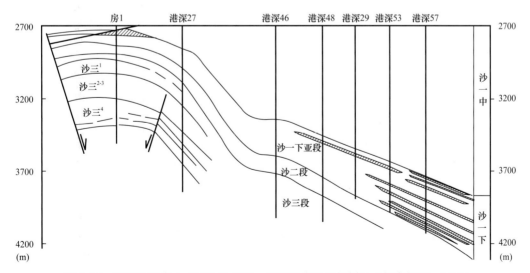

图 9-34　联盟地区房 1- 港深 57 井沙一下亚段岩性圈闭剖面（据高锡兴，2004）

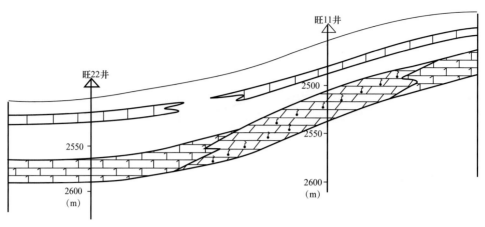

图 9-35　旺 22 井—旺 11 井沙一下亚段白云岩透镜体圈闭

第三节　断陷湖盆碳酸盐岩控藏因素及油气藏实例

一、碳酸盐岩成藏主控因素

（一）断裂构造对成藏的控制

断裂构造是含油气盆地多种构造类型中最常见的一种，它不仅控制了盆地内沉积建造和层序发育，而且还直接或间接地控制着盆地内烃源岩、储集层、圈闭发育特征和油气的运移、聚集及油气藏的分布。只是不同级别不同性质的断裂在时空上对油气藏的形成和分布的控制作用则不相同。勘探实践表明，含油气盆地内多数构造油气藏形成和分布与断裂有关。在平面上，主要含油气带都沿断裂带分布，油气沿断裂走向侧向运移至烃源区外数十千米聚集成藏。在纵向上，主要表现为断裂断开层位与油气藏的分布紧密相关，并且断裂不同部位油气的分布也存在很大差异。断裂对油气聚集带或油气藏控制作用，主要表现在断裂对油气的运移和聚集过程及油气分布的控制。

1. 断裂对于油气藏的控制作用首先体现在其对于凹陷沉积的控制

黄骅断陷在发育期，断裂活动频繁，断裂的样式具有继承性和阶段性特点，并对断陷的沉积有着明显的控制作用。据不完全统计，黄骅断陷沙一段沉积期，共发育各类断层 607 条，其中大于 10km 的断层占 55%，5～10km 的断层占 14.9%，3～5km 的断层占 17.1%，1～3km 的断层占 45.8%，小于 1km 的断层占 16.8%（图 9-36）。在这些断裂中，东西向断裂控制着沙一下亚段的沉积，如海河断层、歧东断层等，活动强烈，沉降速率大于沉积速率，其沉积等厚线走向也同断裂走向一致，呈现东西方向（图 9-37）。对于油气藏至关重要的烃源岩受到沉积分布的影响，断陷内分布的烃源岩与相应时期沉降中心和沉积中心有关，沉降速率最大的沉积凹陷发育的烃源岩较厚，油气的生成也越有利，而构造活动又控制了沉降中心和沉降速率，故构造活动控制了烃源岩的分布和演化。黄骅断陷古近系一共有 5 套烃源岩：孔二段、沙三段、沙二段、沙一段和东二段，其中孔二段烃源岩

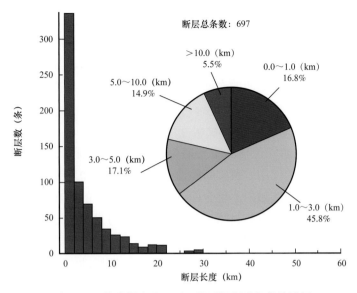

图 9-36 黄骅断陷沙一下亚段顶部断裂条数统计图

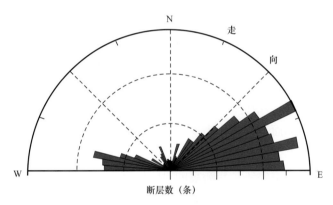

图 9-37 黄骅断陷沙一段顶构造层的断裂走向统计图

主要分布于孔店以南；沙三段、沙二段、沙一段和东二段烃源岩在区内分布广泛。对沙一下亚段碳酸盐岩储集层而言，最直接重要的是沙三段、沙二段、沙一段烃源岩。由于沙三段沉积期区内伸展活动的中心主要在板桥次凹一带，受沧东、扣村铲式断层的控制，凹陷强烈伸展，大幅度急剧深陷，发育了良好的生油岩。因而该时期形成的烃源岩分布最广、质量最好、厚度最大，其 TOC 可达到 1.48%，是黄骅断陷最重要的烃源岩；沙一段沉积期，断裂活动在沙二段沉积晚期略有回返的基础上又开始加剧，湖盆扩大，水体变深，接受均匀沉积，但沉降幅度并不太大，烃源岩厚度相对较薄，TOC 平均达到 1.54%，这两套烃源岩的形成和分布，为沙一下亚段碳酸盐岩油气成藏奠定了良好的物质基础。由于黄骅断陷南部地区生烃期较早，而且由于铲式断层引起的上盘旋转，产生滚动背斜并发生隆升剥蚀，不利于油气的聚集。因此南部油气聚集相对较少，只集中在断裂带附近。大规模的油气生成和运移都是在东营组沉积末期发生的。古近纪经历了多幕裂陷，在古近纪时地温梯度表现为凹陷区高，凸起区低，在新近纪进入热沉降期，盆地地温梯度分布形式经历了反转过程，演变为凹陷区低，凸起区高，这一特征导致歧口凹陷沙一段烃源岩出现两期生烃（东营组沉积期和新近纪），在歧口主凹陷沙一段烃源岩生烃主要发生在东营组沉积期；而在歧口主凹之外的次凹陷区，如沧东、歧南等次凹区沙一段烃源岩的生烃则在新近纪明化镇组沉积末期。因而在近临歧口主凹的周清庄、王徐庄、张东等形成了成熟度较高的油气藏及凝析油气藏，而在远离主凹的次凹区，如齐家务、扣村、孔店及徐黑一带形成未成熟—低成热油气藏。

2. 断层与不整合面对油气运移的控制

地层不整合面通常是油气运移的重要通道，具有长距离和低角度输导的特点，对于形成岩性油气藏有着重要的作用。黄骅断陷沙一下亚段碳酸盐岩底面是一个分别与孔店组和沙三段、沙二段不同层位接触的不整合面。这一不整合面的存在，为碳酸盐岩油气运聚成藏至关重要。而断层具有开启与封闭双重作用，开启时是油气运移的通道，封闭时则为油气遮挡层。黄骅断陷多发育大型断层，切割多组地层、多组烃源岩和储集层，断层的活动对于油气的运移有着重要的促进作用。一般来说，长期活动的大断层是油气运移的主要通道，断层形态不同，疏导效果也不相同，其中平面式、铲式、犁式断层在垂向上开启程度高，利于油气向浅部运移并聚集成藏，如港西、港东断层等。另外，断层对油气运移的遮挡作用，这主要取决于断层面垂向上和侧向上的封堵能力。沙一下亚段碳酸盐岩多发育正断层，而正断层对油气封堵总体不利，至少在它活动期曾经开启过。但当地层倾角与断层面倾角相反时，即屋脊正断层即反向断层，则封堵性能总体较好（图9-38）。对于犁式生长断层来说，在断层倾角由陡变缓处即处于相对挤压的应力状况，受到地层静压力及上盘下滑产生的剪切压力的相互作用，使该地区易产生碎裂和成岩胶结作用，导致断层的封堵。而这类断层在地震部面上，具体表现为近断开中生界至沙一段的断裂附近成藏的概率较大（图9-39）。而断裂断开中生界直至馆陶组以上的多期性活动的大断裂附近成藏的概率相对较小，究其原因，主要还是与断裂的封闭性有关，多期性活动的断裂更容易破坏断层的封闭性，而仅早期活动的断裂，一方面有利于断块圈闭的形成，另一方面由于后期的活动性较弱，甚至不活动，没有破坏区域盖层的封闭性，更有利于油气运聚成藏。

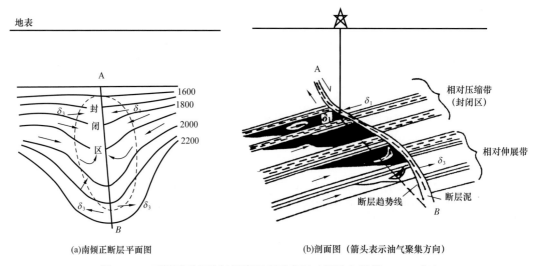

(a)南倾正断层平面图　　　　　　　　(b)剖面图（箭头表示油气聚集方向）

图9-38　正断层下盘油气封堵机理示意图（据陈布科等，1997年）

3. 断裂交会区对油气聚集的控制

断裂交会区是一个复杂的破碎带，且多数
伴生缝洞发育，对油气的聚集具有重要的控制
作用。但不同断层或同一条断层的不同部位，
由于受应力状态的不同，伴生裂缝的发育程度
也不尽相同；受挤压应力作用的断层以剪切滑
动闭合缝为主，受扭张应力作用的断层以张性
缝发育为主。通常认为：断层的末端是应力集
中和变化的地带，该带常具有末端裂缝效应，
易形成大范围的裂缝网络，是捕集油气的有利
场所。歧口凹陷西缘位于中北区北大港潜山构
造带与南大港潜山构造带末端，由港深 30、港

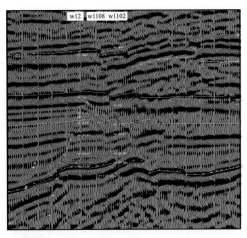

图 9-39　旺 12 井断块—岩性圈闭地震剖面

深 22、港 20、歧 81、孔 47、扣 2、庄 29 及扣 37 等井围成的环形地带内，发育 5 条主干
断层，即港西断层、南大港断层、羊北断层、黄骅断层、扣村断层，它们具有发育时期
早、发展时间长的特点。5 条断层控制着歧口凹陷西缘地层沉积和构造的形成。位于两大
断裂构造带末端的歧口凹陷西缘地区是多期应力集中及引张应力与挤压抬升应力转换集中
带，同时也是不同方向的断裂交会区，因而有利于油气在各交会区聚集。从沙一下亚段碳
酸盐岩油气显示井的分布表明，无论从平面角度还是从剖面角度来看都与断裂交会区或断
块之间存在有着紧密的联系（图 9-40）。从图中可以看出，孔店—羊三木地区的油气显示
井点，大都分布在断裂带附近，并且多数显示井都近临反向断裂带，由此反映出反向断块
圈闭有利于油气成藏，顺向断块圈闭成功的概率相对较小。一是由于顺向断块圈闭断层的
封闭性较差，并且在地质历史演化过程中，断裂经历多期的活动性，每期断裂的活动都会
导致断裂的重新开启，使油气在流体压力差的作用下，由断裂的下降盘向上升盘运移，最
终在上升盘的断块圈闭中成藏；二是油气在平面上近临大断裂的末端，并且集中分布在两
组断裂派生的次断裂的交会部位，往往油气显示井较多。如扣村地区位于歧南次凹的西南
侧，主要处于东西向与近南北向断裂交会区，形成了以断块圈闭为主的复式油气聚集带；
断块圈闭的形成时间明显早于油气大量生排烃的时间，是油气运聚的有利指向区。但对油
气最终定型起着决定作用的构造运动主要是晚于主生排烃期的构造运动，在该区也就是明
化镇组沉积末期的构造运动，只要被该期构造运动沟通油源，晚期活动相对微弱的主断裂
附近的派生断裂交会区的断块圈闭空间，油气保存条件相对较好，更有利于油气的赋存。
实际上目前已探明的油藏，大都分布在区域主断裂附近次一级断裂交会。最为直接的表现
就是大断裂提供运移通道，派生小断块提供储集空间，从而使难以在非均质储集层中运聚
的未成熟—低成熟油气"近水楼台先得月"，首先在近临主运移通道附近的小型高断块圈
闭中富集，而使大面积分布的储集层空间因油气驱替能力有限，往往被水所占据；即是同
一断块圈闭，若距主运移通道较远，也难以形成油气富集。如孔 G1 井断裂正处于油气运
移的优势通道，近临该断裂的孔 G1 井，沙一下亚段日产油 0.148t，天然气 8.2205m³；而
远离该断裂的孔 G1-1 井和孔 G2 井，均未获得油气，因此在断裂交会的构造高部位的背
景上，靠近主断裂附近孤生断裂交会区，则是控制油气富集的有利区。又如孔店—羊三木

地区以近南北向与近东西向展布的断裂为主，两组断裂的交会部位是构造应力的集中释放部位，正是油气运移聚集的有利指向区。

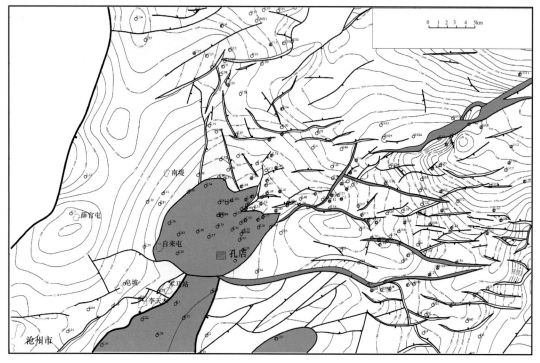

图 9-40　黄骅断陷沙一下亚段油气显示与断裂关系

（二）沉积相带对成藏的控制

沉积环境决定岩性岩相的分布，岩性岩相的分布直接影响着岩石的储集空间及烃源条件。受区域构造格局的控制，黄骅断陷东西受埕宁隆起和沧县隆起夹持，北临燕山褶皱带。沙一下亚段沉积时期，古地貌具有明显的继承性。继早期沙三段沉积时期的盆地扩张、深陷断裂活动之后，局部地区经历了短暂的抬升，构造活动进入稳定时期，总体地势平坦。但是，局部地区有孤岛和水下隆起分布其中。沙一下亚段的沉积地貌呈现"三凹三隆"的构造格局，即歧北凹陷、歧南凹陷和沧东凹陷及南大港低隆带、孔店—羊三木低隆带和徐黑低隆带，这种隆凹相间的地势导致了水体空间上的分隔及沉积特征的差异。

从沙一下亚段 Es_{1x}^4（滨 1）油组沉积早期的水进，发展到沙一下亚段 Es_{1x}^{1+2}（板 2+3）油组沉积时期，沉积物的南北分区更具明显的差异性。歧口凹陷西缘的东北部地区受边界断层活动及地势高差的影响，诱发沉积在湖盆边缘的粗碎屑物质输入湖盆。水体清浅，气候温暖，适宜各门类底栖生物的繁衍，是形成钙质碎屑物质的组成部分。与此同时，凹陷西侧的沧县隆起的大量古生界石灰岩溶解物通过地表水及地下水的溶蚀、渗透作用进入湖盆，从而为碳酸盐岩的沉积提供了充足的物质基础。通过岩心观察及单井相、剖面相、平面相等多方面的综合研究认为：以碳酸盐岩为沉积特征的歧口凹陷西南缘，发育鲕粒滩及生物—粒屑滩微相、碎屑滩微相、云坪及云质洼地微相、云灰坪及灰质洼地微相、泥坪微相、油泥质湖湾及油泥质半深湖微相等（图 9-41）。其中鲕粒滩及生物—粒屑滩微相：沿港西凸起及孔店—羊三木凸起及徐黑凸起两侧分布，主要形成于浅水条件下湖水搅动能量较高的浅滩地带。岩性主要由浅灰色、灰色鲕粒灰岩及生物—粒屑灰岩与灰质砂岩、含灰质泥岩夹薄层泥—微晶白云岩、白云质泥晶灰岩等，局部含少量角砾状生物灰岩及泥灰岩构成；碎屑滩微相，常沿滨岸分布，以灰质含生屑石英长石砂岩为主，含细砾及泥质粉砂岩及砂质泥岩薄层；云质洼地及云坪微相，分布于港东地区的房2井、房29井、歧82井区，齐家务地区的旺7井、旺4井、旺14井、旺11井、沧16井区及滩海地区，形成于能量较低的半封闭—封闭的蒸发环境，其岩性主要由深灰色泥岩及浅灰、灰黄色微晶白云岩、泥晶白云岩等；云灰坪及灰质洼地微相，分布于港西的大部分浅湖—半深湖分布地区，形成于能量中等的云灰坪或洼地沉积。其岩性主要由含云质生屑灰岩及内碎屑灰岩、云质泥晶灰岩组成；泥坪微相，以灰色泥岩、砂质泥岩为主，含少量粉砂岩，形成于能量中等的浅湖及半深湖前缘；油泥质湖湾及油泥质半深湖岩微相，分布于各凹陷的中心及陡岸一侧的深水区或水体能量较低的湖湾地带，其岩性主要由深灰色泥岩、页岩夹薄层油页岩及页状泥灰岩等。这些碳酸盐岩相带的组成及其与断块构造在时空上的叠制决定了油气藏的分布。

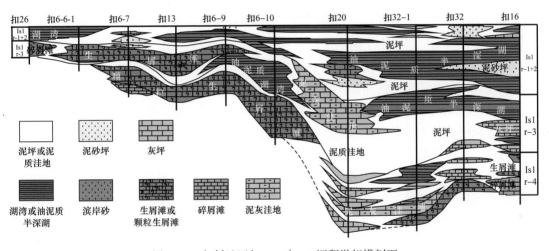

图 9-41　扣村地区扣 26—扣 16 沉积微相横剖面

（三）烃源岩对成藏的控制

如前所述，断陷湖盆因受长期发展的断块差异升降作用，使湖盆的几何形态呈现出多凸多凹的沉积格局。一个凹陷，既是一个沉积中心也是一个生烃中心，各凹陷因沉降幅度及埋藏深度不同，导致有机质来源及成烃演化在不同凹陷也呈现出较大的差异。如黄骅断陷湖盆沉积在沙一下亚段沉积期，受边界构造断裂的控制，被夹在沧东断裂与埕宁隆起之间，并由东北向西南依次形成歧口、板桥、歧南、沧东等4个沉积凹陷，相应在各凹陷之间又由港西凸起、孔店—羊三木凸起及埕宁隆起将各凹陷分隔，形成不同规模的成烃中心。其中歧口凹陷，沉降幅度大，烃源岩埋藏深，分布范围广，有机质热演化程度高，是区内的主要生排烃中心，以提供成熟油气及凝析油气为特征；而其他次凹陷，由于沉降幅度不同，烃源岩埋藏深度相对较浅，分布范围较为局限，有机质热演化程度较低。但由于这些次凹陷的有机质中，生长有丰富的丛粒藻类及木质体、树脂体、细菌等，这些物质的存在，使更多的腐泥质进入可溶沥青中，促进了有机质的分解及向烃类的转化，从而导致各个次凹陷形成早期生烃中心。所生成的油气，以未成熟—低成熟油气为标志，与歧口主凹陷成熟—高成熟油气的性质明显不同。实际上，大多数古近系断陷湖盆碳酸盐油气藏都是以未成熟—低成熟油气为特征，这是由特定环境及生物化学条件所决定的。因此，受不同生烃凹陷的控制，在歧口主凹陷周围，以分布成熟油气藏及凝析油气藏为主，而在歧南、沧东等次凹陷周围则以未成熟—低熟油气藏为特征。

二、碳酸盐岩油气藏特征及分布规律

断陷湖盆碳酸盐岩油气藏是在现今构造背景上形成的。储集层和圈闭是成藏要素中最重要的两个因素，丰富的烃源岩又是油气藏形成必不可少的条件。断陷湖盆的多期断裂活动及复杂的地质结构，为碳酸盐岩成藏造就了有利条件，而油气的富集规律，与这些成藏有利条件相联系。

（一）优越的母质类型及不同凹陷造就了成烃的多温阶多成因特征

研究表明，黄骅断陷古近纪水域广阔、生物繁茂，低等水生生物、陆生植物和孢子花粉十分丰富，分布广泛。由于断陷发育的不均衡性，导致各凹陷的生烃母质各具特色。如板桥凹陷沙一下亚段的滨湖相沉积中，含有丰富的松柏科灌木粉属孢粉化石，经色谱—质谱分析发现大量高等植物的标志化合物。其中双环倍半萜类十分丰富，干酪根镜鉴及干酪根元素（H/C、O/C）分类图均显示为腐殖型干酪根为主。歧南、沧东和歧口凹陷的浅湖—半深湖沉积中，由于具有稳定的低盐度水体，有利于水生生物的生长繁殖，使碳酸盐沉积中含有丰富的腹足类、介形类、沟鞭藻、盘星藻、轮藻、褶皱藻、颗石藻和疑源类等水生生物。这些低等水生生物在封闭的还原环境和厌氧硫酸盐还原菌改造下有利于有机质的保存和浅埋藏低湿下的早期生物催化及中深埋藏高温下的热催化作用，导致了成烃的多温阶多成因类型。既生成低温生物甲烷气、混合气及未成熟—低熟油，又形成热成气、成熟油及凝析油气，从而造就了不同性质油气藏的形成及分布。

（二）多期断裂构造奠定了碳酸盐成藏的基础

断陷湖盆的多期断裂活动及复杂的地质结构，对油气的富集和分布具有重要的控制作用。特别是主断裂两侧上倾方向是不同构造圈闭类型发育的有利部位，同时也是有利于油气运移聚集的重要场所。该场所常由构造、断层及岩性等3种因素构成。在相同岩性条件下，油气层薄厚和油气水分布无一不与构造密切相关，高部位一般油气充注厚度大、产量高，而低部位则相反。如扣村地区分布于构造高部位的扣13井沙一下亚段生物灰岩储集层厚度4.4m、获得日产油29.5t、天然气2556m³；而在构造低部位的扣15井沙一下亚段生物灰岩储集层厚度2.8m、日产油仅有5t、水4.52m³。

（三）储集层与断块构造的时空配置决定了油气的富集

勘探实践表明，断陷湖盆碳酸盐岩储集层含油气程度主要取决于储集层岩性与断块圈闭吻合的优劣。二者既可以由单个生物滩体和断块构造组成一个基本含油气单元构成的富油气块体群，又可以由断块斜坡带与单层白云质灰岩或白云岩或多层白云质灰岩或白云岩透镜状储集体构成油气富集带。它们自成系统、各具特色。特别是生物鲕粒滩储集层与断层有关的各类圈闭的理想配置决定了油气藏类型及分布。目前已探明的碳酸盐岩油气藏，均属于生物滩体及白云岩和云质灰岩储集体与断块构造在时空上密切配置的结果。现今各断陷湖盆碳酸盐岩油气藏分布现状表明，高产区块和高产井几乎无一例外地都集中在生物—粒屑滩的生物—颗粒（云）灰岩分布区。其原因在于生物—颗粒（云）灰岩沉积水体较浅，原生孔隙与次生孔隙发育，普遍具有高孔渗储集性能。如黄骅断陷齐家务、周清庄、王徐庄和扣村沙一下亚段滩相生物—颗粒（云）灰岩平均孔隙度为17.90%～25.6%，平均渗透率为69.97～409.88mD。可见优越的储集性能，是获得高产的重要因素。

总之，近源多源供烃、主断裂控运、高断块控聚、滩体与断裂交会叠制区富集是断陷湖盆碳酸盐岩油气形成及分布的主要特征。

三、典型碳酸盐岩油气藏实例

断陷湖盆碳酸盐岩油气藏，按其成因仍以构造油气藏为主，其次为构造—地层复合油气藏或构造—岩性复合油气藏。同时由于断陷湖盆碳酸盐岩在空间上多呈透镜状、薄层状展布，四周多被湖相泥质岩包围，也常常形成单一的岩性油气藏。现将黄骅断陷沙一下亚段碳酸盐岩油气藏的典型实例分述如下。

（一）齐家务油气藏

齐家务油气藏，由4个断块油气藏组成；其中旺17井断块与旺1104井—旺12井断块共同组成一个被断层复杂化了的断背斜圈闭，储集层由沙一下亚段 Es_{1x}^4（滨1）与 Es_{1x}^3（板4）生物粒屑灰岩与微晶白云岩组成，孔隙度平均为13.56%～18.89%，渗透率平均为40.54～107.92mD。由于受断层的分割及碳酸盐岩储集层的强非均质性影响，圈闭的封堵因素并非由背斜闭合高度控制，而是在闭合高度的基础上又掺杂了断层与岩性的因素。因而在整个断背斜圈闭内，没有统一的油水界面，各储油层的直接封堵及遮挡条件是断层及岩性的变化（图9-42）。而旺1106井与旺6井断块油气藏均由断层封闭遮挡构成的高陡断块构造圈闭，储集层均为沙一下亚段 Es_{1x}^4（滨1）生物粒屑灰岩与 Es_{1x}^3（板4）薄层白云岩及白云质灰岩组成（图9-43），旺1106井油气层孔隙度平均为15.13%～17.06%，渗透率平均为127.76～314.06mD。旺6层油气层孔隙度平均为11.48%～18.21%，渗透率平均为57.88～21.48mD。自1970年钻探旺1井、旺6井开始，先后钻井43口，发现工业油流井10口、低产井3口、显示井11口、出水井17口。已探明的4个含油气断块构造面积8km²。含油面积2.9km²，地质储量107×10⁴t。其中旺6含油面积0.4km²，地质储量为7×10⁴t；旺12含油面积1.1km²，地质储量为45×10⁴t；旺17含油面积0.7km²，地质储量为23×10⁴t；旺1102含油面积0.8km²，地质储量为32×10⁴t。通过投产开发，在旺12井日产油37.5t，旺1102井日产油89.5t，旺1106井日产天然气30445m³，旺6井日产油33.3t。由于受沧东次凹烃源中心制约，各油藏所采原油成熟度普遍较低、油质重，天然气以生物甲烷气为主，含量高达98%（图9-44）。

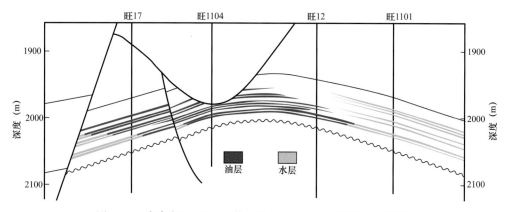

图 9-42　齐家务地区旺 17 井—旺 1101 井沙一下亚段油藏剖面

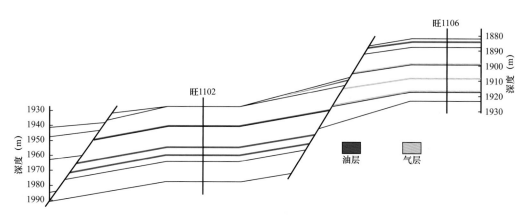

图 9-43　齐家务地区旺 1102 井—旺 1106 井沙一下亚段油气藏剖面

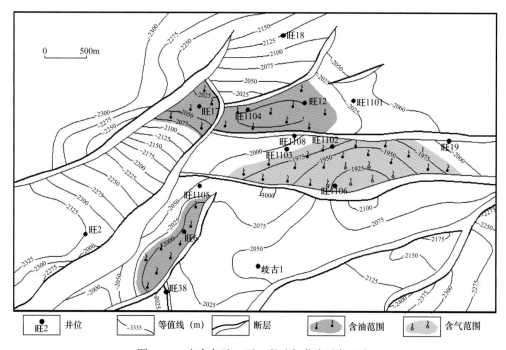

图 9-44　齐家务沙一下亚段油气藏含油气面积

（二）扣村油气藏

扣村油气藏位于歧南次凹的西斜坡，西端以羊三木南断裂为界，区内依次发育扣 13 井北断裂，扣 9 井—扣 20 井断裂、扣村断裂和扣 18 井断裂等 4 条近东西向断裂，向西与羊三木南断裂交会，相应构成扣 13 井断块、扣 9 井断块、G1 断块和扣 11 井断块等 4 个断块构造构成的断垒、断鼻或断层—岩性油气藏及地层披覆油气藏。由于受断层的切割，主要储油气层除沙一下亚段生物粒屑灰岩和部分薄层藻屑灰岩及白云质灰岩外，还有下伏的二叠系与上覆馆陶组碎屑岩储集层等多层系组成，烃源层除沙一下亚段碳酸盐岩烃源岩与沙二段、沙三段碎屑岩烃源岩，属于多层系油源与多层系储油的油气田。该油田钻探始于 20 世纪 60 年代，真正在碳酸盐岩储集层取得突破性成果是在 1987 年钻探扣 9 井之后，于沙一下亚段生物灰岩储集层获得日产油 19.31t、天然气 1450m³ 的工业油气流之后，又于 1988 年 1 月在扣 13 井沙一下亚段生物灰岩储集层获得日产油 29.5t、天然气 2556m³、不含水；扣 15 沙一下亚段生物灰岩储集层日产油 5t、水 4.52m³。尔后相继探明扣 13 断块、扣 9 井断块、扣 11 断块和 G1 井断块等 4 个断块油气藏。

1. 扣 13 井断块

扣 13 井断块（包括扣 6-7、扣 13、扣 9、G1 井等 4 个断块）为断层—岩性圈闭及断鼻圈闭油气藏，储集层为沙一下亚段生物—粒屑灰岩及白云质灰岩，储集层平均有效厚度 9.1m，平均孔隙度 21.2%～28%，平均有效渗透率 32.6～300.88mD，油藏埋深 1639.9～1769.1m，含油面积 1.8km²，地质储量 179×10⁴t。1988 年 7 月投入开发，先后钻井 21 口，其中生产 9 口、注水井 1 口、报废井 1 口、其他井 5 口（图 9-45、图 9-46）。

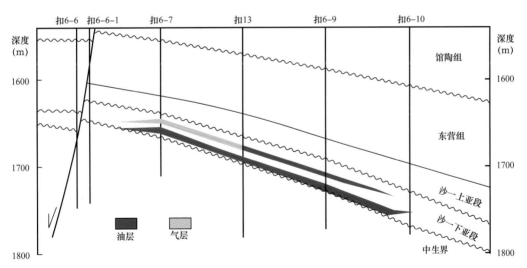

图 9-45 扣 13 断快扣 6-6—扣 6-10 井沙一下亚段油气藏剖面

2. 扣 11 井断块

扣 11 井断块处于扣村断裂与扣 18 断裂向西收敛的交会区，内部被多条派生小断层切割，形成构造—地层（古地貌）圈闭与（披覆）构造—岩性圈闭油气藏。其中沙一下亚段以（披覆）构造—岩性圈闭为特征，自 1988 年扣 11 井首获油 115t/d、天然气 4517m²/d 之后，于 1989 年钻探评价井及生产井 22 口，有 13 口井获工业油流、1 口井获工业气流。

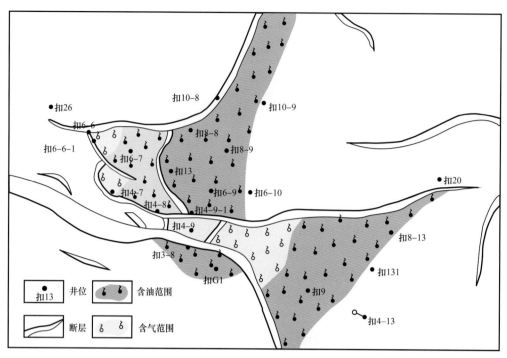

图 9-46　扣 13 断块沙一下亚段油气藏含油气面积

其中该断块有 7 口井钻于沙一下亚段油气层，即扣 38-12 井、扣 38-14 井、扣 38-16 井、扣 38-18 井、扣 39-14 井、扣 39-18 井、扣 37-16 井等，储集层为沙一下亚段 Es_{1x}^2（板 3）生物灰岩与 Es_{1x}^1（板 2）白云质灰岩，储集层有效厚度 27.8m，平均单层有效厚度 3.79m，集中分布在扣 24 井断块的上部和扣 11 井断块高部位及扣 38-12 井断块，已探明含油面 $0.3529km^2$，地质储量 $28.91 \times 10^4 t$。由于沙一下亚段碳酸盐岩地层在该断块直接披覆于二叠系石英砂岩油层之上，二者具有统一的油水界面，油水界面为 1600m 左右。如扣 38-12 井在沙一下亚段生物灰岩储集层产油，油水界面在二叠系石英砂岩油层的油水界面附近；而扣 37-16 井、扣 38-16 井、扣 38-14 井、扣 39-14 井、扣 39-18 井、扣 38-18 井沙一下亚段油气层均在二叠系剥蚀面之上（图 9-47、图 9-48）。油气来自沙一下亚段碳酸盐岩及灰质泥、页岩烃源岩，具有近油源、侧变式运聚成藏的特点。

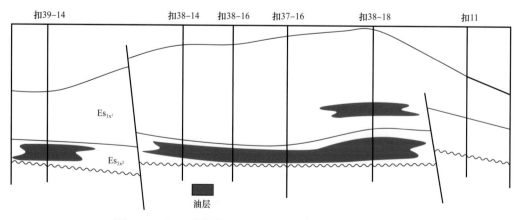

图 9-47　扣 11 断块扣 39-14—扣 11 井沙一下油气藏剖面

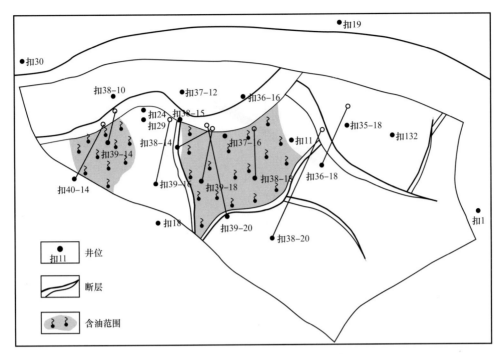

图 9-48　扣 11 断块沙一下亚段含油面积

图例：
- 扣11 ● 井位
- 断层
- 含油范围

（三）王徐庄油气藏

王徐庄油气藏，位于南大港断裂带西部，为一断背斜构造，圈闭类型以断块为主，局部为断层—岩性圈闭。其南翼被南大港主断层所切割。1965 年开始钻探，1966 年 4 月在歧 3 井沙二段、沙三段灰质砂岩油层获得日产油 181t，日产气 $21.5 \times 10^4 m^3$。同年 10 月，又在沙一下亚段生物灰岩油层获得高产油气流。1968 年 6 月进行详探，1970 年 8 月以生物灰岩为主靠弹性能量投入开发。该构造沙一下亚段油气藏，在构造高部位的歧 605 井与歧 609 井产凝析气，显示为油藏之气顶，产气层埋深 2032～2192m，属于典型的凝析油气藏（图 9-49）。这类油气藏，在平面上受生烃凹陷烃源成熟度控制，纵向上具有明显的分带性，一般在每套含油气组合中顶部凝析气，下部为轻质油。储集层为生物粒屑（云）灰岩及含生屑云质灰岩及灰质砂岩，物性普遍较好，孔隙度 18%～25%，渗透率69～207mD，探明含油面积 $30.69km^2$，平均单层有效厚度 9.7m，地质储量 $802.9 \times 10^4 t$（图9-50）；初期平均单井产量 36.5t/d，含水 27.6%；通过对生物灰岩储集层的酸化及块状砂岩储集层的压裂改造，满足了油田开发生产的需要。2001 年后，应用精细油藏描述成果进行剩余油挖潜。到 2005 年底，油田探明含油面积 $27.33km^2$，石油地质储量 $2583.22 \times 10^4 t$，动用石油地质储量 $2467.22 \times 10^4 t$，标定采收率 30.3%，累计生产原油 $620 \times 10^4 t$。

（四）周清庄油气藏

周清庄油田构造位置位于北大港断裂构造带西部港西凸起的下降盘，由 3 部分组成：北部是由大道口东断裂及六间房断层交叉切割而成的封闭鼻状构造；南部是一个向北倾斜的斜坡；中部是一个向西南收敛、向东北倾斜开放的鞍部。储集层为湖相沉积的

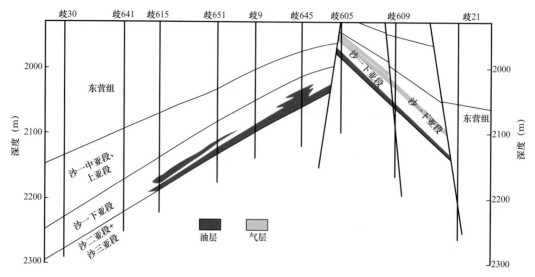

图 9-49　王徐庄歧 30—歧 21 井沙一下亚段油气藏剖面

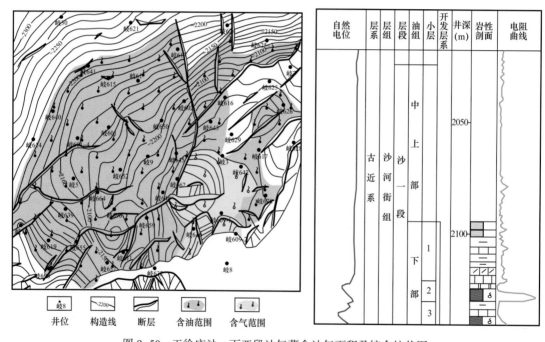

图 9-50　王徐庄沙一下亚段油气藏含油气面积及综合柱状图

沙一下亚段滩相沉积的生物灰岩和重力流水道砂岩，是一个受构造和岩性双重控制的构造—岩性圈闭油气藏（图 9-51）。1966 年 11 月在歧 26 井沙一下亚段生物灰岩油层获日产油 9.6t；1974 年投入全面开发。开采层位为古近系的沙河街组沙一下亚段生物灰岩油气层和沙三段灰质砂岩油气层。沙一下亚段生物灰岩油气层，深度 2239～3111m，孔隙度 11.6%～38.2%、平均 22%，渗透率 1.2～2570mD、平均 68mD。在沙一下亚段 6 个含油区块中，北区储集层物性总体要好于南区和西区，北区中房 16 断块孔渗物性最好，平均孔隙度 21.3%，平均渗透率 25.7mD；周三断块次之，平均孔隙度 19.5%～20.2%，平均渗透率 17.0～21.9mD；翟庄子断块和房 18-1 断块更差些，平均孔隙度 18.1%～20.1%，平均渗透率 13.1～14.5mD。油气层的原始地层压力 28.43MPa，饱和压力 17.56MPa，地饱压差 11.42MPa，地层压力系数 1.07；地层温度 99.1℃，温度梯度 3.79℃/100m。截至 2005 年底，共探明含油面积 27.46km²，地质储量 1676.38×10⁴t；动用含油面积 16.1km²，动用地质储量 979×10⁴t；可采储量 215×10⁴t（图 9–52）。

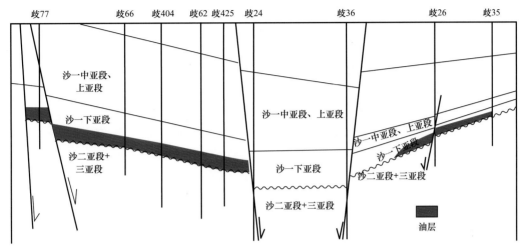

图 9–51　周清庄歧 77—歧 35 井沙一下亚段油气藏剖面

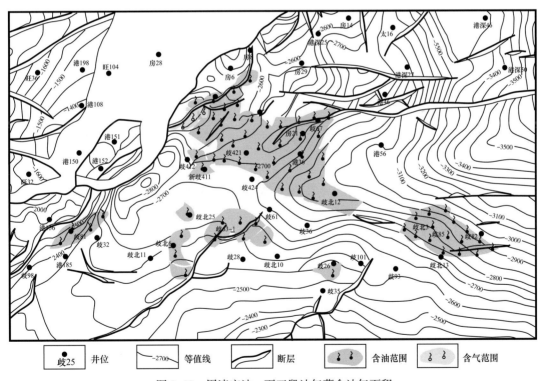

图 9–52　周清庄沙一下亚段油气藏含油气面积

参考文献

白国平.2006.世界碳酸盐岩大油气田分布特征.古地理学报,8(2).

包茨.1988.天然气地质学.北京:科学出版社.

包洪平,杨承运.1999.碳酸盐岩微相分析及其在岩相古地理研究中的意义.岩相地理,1(6).

查明,吴孔友,高长海.2007.埕北断坡区油气富集规律与资源潜力评价.中国石油大学(华东).

常丽华,等.2006.透明矿物薄片鉴定手册.北京:地质出版社.

陈布科,牟凤荣.1997.云南耿马盆地中新统地震相研究与油气远景分析.矿物岩石,(3).

陈布科,等.1997.断裂控油气规律.内刊.

陈代钊.2009.构造—热液白云岩化作用与白云岩储集层.石油与天然气地质,29(5).

陈广义.2010.柴达木盆地西部新生代湖相碳酸盐岩及沉积模式研究.成都理工大学.硕士学位论文.

陈辉,田景春,张翔.2008.川东北地区下三叠统飞仙关组鲕滩白云岩成因.天然气工业,28(1).

陈景达.1980.渤海湾裂谷系的含油性.华东石油学院学报,(1).

陈建平,等.2009.富油气凹陷烃源岩生排烃定量表征及其应用.中国石油勘探开发研究院.

陈烈祖,等.1981.安徽沿江地区早第三纪地层.地层学杂志,5(3).

陈木,吴宝铃.1979.山东济阳凹陷下第三纪多毛类虫管的发现.海洋学报,1(2).

陈瑞君.1980.我国某些地区的海绿石特征及其对环境分析的意义.地质科学,(1).

陈善勇,金之钧,刘小平.2004.黄骅坳陷第三系油气成藏体系定量评价.石油与天然气地质,25(5).

陈绍周,高兴辰,丘东洲.1982.中国早第三纪海陆过渡相.石油与天然气地质,3(4).

陈世加,付晓文,廖前进,等.2002.中分子量烃在油源对比中的应用.西南石油学院学报,24(5).

陈世悦,袁文芳,鄢继华.2003.济阳坳陷早第三纪震积岩的发现及其意义.地质科学,(3).

陈世悦,等.2012.黄骅坳陷歧口凹陷沙一下亚段湖相白云岩形成环境.地质学报,86(10).

陈世悦,李聪,杨勇强,等.2012.黄骅坳陷歧口凹陷沙一下亚段湖相白云岩形成环境.地质学报,86(10).

陈淑珠.1980.济阳坳陷纯化镇组碳酸盐岩沉积相的探讨.胜利油田勘探开发研究报告集,(8).

陈子香,等.2014.黄骅断陷湖盆碳酸盐岩稀土元素分布特征.低渗透油气田,(2).

陈铁庚.1988.岩浆碳酸盐与沉积碳酸盐岩造岩元素的鉴别特征.矿物岩石,8(2).

程昌茹,郑琳,等.2008.千米桥古潜山岩溶岩及其地球化学特征.天然气地球科学,19(6).

初广震,张矿明,柳佳期.2010.湖相碳酸盐岩油气资源分析与勘探前景.资源与产业,12(2).

戴朝成,郑荣才,文华国.2008.辽东湾盆地沙河街组湖相白云岩成因研究.成都理工大学学报,35(2).

戴金星,等.1995.中国东部无机成因气及其他气藏形成条件.北京:科学出版社.

党志,侯瑛.1995.玄武岩—水相互作用的溶解机理研究.岩石学报,11(1).

邓清禄,杨巍然.1997.地球历史的地球化学节律.地学前缘,4(3~4).

邓运华,等.1995.歧南段阶带油气聚集因素探讨.中国海上油气,(4).

丁振举,等.2000.海底热液系统高温流体的稀土元素组成及其控制因素.地球科学进展,15(3).

董艳蕾,朱筱敏,滑双君,等.2011.黄骅坳陷沙河街组一段下亚段混合沉积成因类型及演化模式.石油
    与天然气地质,32(1).

董兆雄,张有瑜,蔡正旗,等.2002.沾化凹陷东北部沙四上亚段—沙三段沉积相研究.西南石油学报,

24（6）.

杜贵嵘，赖生华．2009.南盘江坳陷晚古生代白云岩特征和形成机理.内蒙古石油化工，19.

杜韫华．1990.渤海湾地区下第三系湖相碳酸盐岩及沉积模式.石油与天然气地质，11（4）.

杜韫华．1992.中国湖相碳酸盐岩油气储集层.陆相石油地质，3（6）.

范铭涛，等.2003.青西凹陷下白垩统湖相喷流岩成因探讨及其意义.沉积学报，21（4）.

方少仙，等.1983.碳酸盐岩成岩阶段划分规范.北京：石油工业出版社.

方少仙，侯方浩，董兆雄.2003.上震旦统灯影组中非叠层石生态系兰细菌白云岩.沉积学报，21（1）.

方少仙，侯方浩，等.1998.石油天然气储集层地质学.山东：石油大学出版社.

冯晓杰，渠永宏，王洪江.1999.中国东部早第三纪海侵问题的研究.西安工程学院学报，21（3）.

冯增昭，王英华，刘焕杰.1994.中国沉积学.北京：石油工业出版社.

冯增昭．1998.碳酸盐岩岩相古地理.北京：石油工业出版社.

傅宁，李友川，汪建蓉.2001.惠州凹陷西区油源研究.中国海上油气（地质），15（5）.

高锡兴．2004.黄骅坳陷石油天然气地质.北京：石油工业出版社.

高胜利，等.2012.黄骅坳陷齐家务地区储集层地球化学特征及其相关问题讨论.地质学报，86（10）.

高先志，等.2005.黄骅坳陷大中旺地区油源及成藏影响因素分析.中国海上油气，17（5）.

高玉巧，欧光习，谭守强，等.2003.歧口凹陷西坡白水头构造沙一段下部油气成藏期次研究.岩石学报，19（2）.

葛瑞全．2004.济阳坳陷新生界海绿石的存在及其地质意义.沉积学报，22（2）.

葛瑞全，宋传春，淳萍.2003.济阳沾—车凹陷古近系沙河街组海侵的再认识.高校地质学报，9（3）.

顾家裕．1995.陆相盆地层序地层学格架概念及模式.石油勘探与开发，22（4）.

顾家裕，郭彬程，张兴阳.2005.中国陆相盆地层序地层格架及模式.石油勘探与开发，32（5）.

顾炎午，李国蓉，李宇翔.2009.塔中地区中下奥陶统白云岩特征及成因.天然气技术，3（1）.

管守锐，白光勇.1985.山东平邑盆地下第三系官庄组中段碳酸盐岩沉积特征及沉积环境.华东石油学院学报，（3）.

郭峰，郭岭.2011.柴达木盆地西部古近系湖相风暴岩.新疆地质，29（2）.

韩林．2006.白云岩成因分类的研究现状及相关发展趋势.中国西部油气地质，2（4）.

韩吟文，马振东.2003.地球化学.北京：地质出版社.

郝诒纯，李蕙生.1984.渤海沿岸及邻近地区早第三纪钙质超微化石的发现及其意义.科学通报，29（12）.

郝诒纯，等.1981.中国微体古生物研究三十年//中国微体古生物学会第一次学术会议论文选集.北京：科学出版社.

郝诒纯，茅绍智.1993.微体古生物学教程.武汉：中国地质大学出版社.

何镜宇，余素玉.1982.黄骅坳陷下第三系的海绿石.地球科学，（16）.

何莹，鲍志东，沈安江.2006.塔里木盆地牙哈—英买力地区寒武系—下奥陶统白云岩形成机理.沉积学报，24（6）.

何幼斌，冯增昭.1996.四川盆地及其周缘下二叠统细—粗晶白云岩成因探讨.江汉石油学院学报，18（4）.

赫云兰，刘波，秦善.2010.白云石化机理与白云岩成因问题研究.北大学报（自然科学版），4（6）.

胡授权，等.2001.泌阳断陷双河—赵凹地区核三上段陆相层序形成过程的计算机模拟.河南地质，19（2）.

胡永强，洪天求，贾志海 .2000.巢湖麒麟山剖面中，晚石炭世碳酸盐岩微相研究.合肥工业大学报（自然科学版），23（4）.

胡忠贵，郑荣才，文华国 .2008.川东邻水—渝北地区石炭系黄龙组白云岩成因.岩石学报，24（6）.

胡宗全，等 .1998.断陷湖盆的沉积层序特征——以辽河盆地东部凹陷为例.矿物岩石，18（增刊）.

胡作维，黄思静 .2010.四川东部华蓥山三叠系海相碳酸盐岩对海水信息的保存性评估.中国地质，37（5）.

黄开创，谢东 .2004.百色盆地上法地区中三叠统生物礁储集层特征分析.南方国土资源，7.

黄思静编 .2010.碳酸盐岩的成岩作用.北京：地质出版社 .

黄思静，Qing Hairuo，胡作维，等 .2007.封闭体系中的白云石化作用及其石油地质学和矿床学意义——以四川盆地东北部三叠系飞仙关组碳酸盐岩为例.岩石学报，23（11）.

黄思静 .1990.海相碳酸盐矿物的阴极发光性与其成岩蚀变的关系.岩相古地理，（4）.

黄思静 .1992.碳酸盐矿物的阴极发光性与其 Fe、Mn 含量的关系.矿物岩石，12（4）.

黄思静，石和，张萌，等 .2002.龙门山泥盆纪锶同位素演化曲线的全球对比及海相地层的定年.自然科学进展，12（9）.

黄杏珍，邵宏舜，顾树松，等 .1993.柴达木盆地的油气形成与寻找油气田方向.兰州：甘肃科学技术出版社 .

黄杏珍，邵宏舜，闫存凤 .2001.泌阳凹陷下第三系湖相白云岩形成条件.沉积学报，19（2）.

贾承造，刘德来，赵文智，等 .2002.层序地层学研究新进展.石油勘探与开发，29（5）.

贾丽，肖敦清，刘国全，等 .2007.黄骅坳陷歧口西斜坡带泥晶灰质白云岩油层评价方法及应用.中国石油勘探，（5）.

贾振远，郝石生 .1989.碳酸盐岩油气形成和分布.北京：石油工业出版社 .

贾志鑫，张兴亮 .2009.湖北宜昌九龙湾剖面震旦系陡山沱组盖帽碳酸盐岩微相研究.内蒙古石油化工，10.

蒋志斌，王兴志，曾德铭 .2009.川西北下二叠统栖霞组有利成岩作用与孔隙演化.中国地质，36（1）.

金胜春 .1984.板块构造学基础.上海：上海科学技术出版社 .

金振奎，冯增昭 .1999.滇东—川西下二叠统白云岩的形成机理—玄武岩淋滤白云化.沉积学报，17（3）.

金振奎，邹元荣，张响响，等 .2002.黄骅坳陷古近系沙河街组湖泊碳酸盐沉积相.古地理学报，4（3）.

金之钧，朱东亚，胡文瑄 .2006.塔里木盆地热液活动地质地球化学特征及其对储集层影响.地质学报，80（2）.

居春荣，黄杏珍，闫存凤，等 .2005.湖相碳酸盐岩在建立苏北盆地下第三系层序地层格架中的作用.沉积学报，23（1）.

兰德著，冯增昭译 .1985.白云化作用.北京：石油工业出版社 .

蓝先洪 .2001.海洋锶同位素研究进展.海洋地质动态，17（10）.

雷怀彦，朱莲芳 .1992.四川盆地震旦系白云岩成因研究.沉积学报，10（2）.

李本超 .1987.流体包裹体中的有机成分及其应用.地质地球化学，7.

李春昱 .1986.板块构造的基本问题.北京：地质出版社 .

李聪 .2011.歧口凹陷沙一下段湖相白云岩形成机理及储集层特征.中国石油大学 .

李大通，罗雁 .1983.中国碳酸盐岩分布面积测量.中国岩溶，2.

李大伟，李明诚，王晓莲 .2006. 歧口凹陷油气聚集量模拟 . 石油勘探与开发，33（2）.

李道琪 .1984. 苏北盆地古新统泰州组，阜宁组大相环境的讨论 . 地质学报，58（1）.

李德生 .1979. 渤海湾含油气盆地的构造格局 . 石油勘探与开发 .

李飞，张宁，夏文臣 .2010. 鄂西峡口地区中二叠统栖霞组碳酸盐岩微相及相序 . 地质科技情报，29（1）.

李国彪，万晓樵，其和日格 .2002. 藏南岗巴—定日地区始新世化石碳酸盐岩微相与沉积环境 . 中国地质，9（4）.

李娜，张宁，董元 .2008. 河北唐山地区中奥陶统马家沟组碳酸盐岩微相分析 . 地质科技情报，27（4）.

李任伟，等 .1991. 含蒸发岩建造湖盆生油特征及其意义——东濮凹陷油气生成地球化学研究 . 北京：石油工业出版社 .

李荣，焦养泉，吴立群 .2008. 构造热液白云石化一种国际碳酸盐岩领域的新模式 . 地质科技情报，27（3）.

李守军，吴智平，马在平 .1997. 中国东部早第三纪有孔虫的生活环境 . 石油大学学报（自然科学版），21（2）.

李祥辉，陈云华，徐宝亮 .2007. 新生代深海冷水碳酸盐泥丘成因及 IODP307 航次初步研究结果 . 地球科学进展，2（7）.

李应暹，卢宗盛，王丹，等 .1997. 辽河盆地陆相遗迹化石与沉积环境研究 . 北京：石油工业出版社 .

李振宏，杨永恒 .2005. 白云岩成因研究现状及进展 . 油气地质与采收率，12（2）.

李钟模 .1987. 中国东部早第三纪沉积环境探讨 . 华北矿藏地质，（1）.

梁名胜 .1982. 中国东部早第三纪海侵期的划分 . 海洋地质研究，2（2）.

廖静，董兆雄 .2008. 渤海湾盆地歧口凹陷沙河街组一段下亚段湖相白云岩及其与海相白云岩的差异 . 海相油气地质，13（1）.

林良彪，朱利东，朱莉娟 .2004. 重庆万盛中二叠统碳酸盐岩微相研究 . 沉积与古特提斯地质，24（1）.

刘宝珺 .1980. 沉积岩石学 . 北京：地质出版社 .

刘池洋 .1986. 古沧县—天津复向斜和其确定的依据 . 石油与天然气地质，7（4）.

刘池洋 .1988. 拉伸构造区古地质构造恢复和平衡剖面建立 . 石油实验地质，10（1）.

刘池洋 .1990. 渤海湾盆地的裂陷伸展与断块翘倾 . 华北克拉通沉积盆地形成与演化及其油气赋存 . 西北大学出版社 .

刘传虎 .2006. 潜山油气藏概论 . 北京：石油工业出版社 .

刘传联 .1998. 东营凹陷沙河街组湖相碳酸盐岩碳，氧同位素组分及其古湖泊学意义 . 沉积学报，16（3）.

刘传联，赵泉鸣，汪品先 .2001. 湖相碳酸盐氧碳同位素的相关性与生油古湖泊类型 . 地球化学，30（4）.

刘国栋 .1985. 华北平原新生代裂谷系的深部过程，现代地壳运动研究：大陆裂谷和深部过程 . 北京：地震出版社 .

考夫曼，凯勒著，刘国栋译 .1987. 大地电磁测深法 . 北京：地震出版社 .

刘立，孙晓明，董福湘，等 .2004. 大港滩海区沙一段下部方解石脉的地球化学与包裹体特征——以港深 67 井为例 . 吉林大学学报（地球科学版），34（1）.

刘伟兴，等 .2002. 歧口凹陷中浅层油气富集因素及成藏模式 . 中国海上油气（地质），16（3）.

刘文均 .1989. 湘南泥盆系碳酸盐岩中锶的分布特点及其环境意义 . 沉积学报，7（2）.

刘小平，邱楠生 .2006. 黄骅坳陷歧口凹陷隐蔽油气藏成藏期分析 . 石油天然气学报（江汉石油学院学报），28（3）.

刘秀明，王世杰，孙承兴，等.2000.（古）盐度研究的一种重要工具——锶同位素.矿物学报，20（1）.

刘岫峰.1991.沉积岩实验室研究方法.北京：地质出版社.

刘永福，桑洪，孙雄伟.2008.塔里木盆地东部震旦—寒武白云岩类型及成因.西南石油大学学报（自然科学版），30（5）.

吕炜，张宁，夏文臣.2009.山东省长清县中寒武统张夏组的微相组分，微相类型及沉积相分析.地质科技情报，28（5）.

罗群，等.2003.断陷盆地群的含油气特征.新疆石油地质，21（1）.

罗蛰潭，等.1981.我国主要碳酸盐岩油气田储集层孔隙结构的研究及进展.石油勘探与开发，（5）.

罗蛰潭，王允诚.1986.油气储集层的孔隙结构.北京：科学出版社.

马伯永，王训练，王根厚.2009.青藏高原羌塘盆地东缘贡日地区中侏罗统布曲组碳酸盐岩微相与沉积环境.地质通报，28（5）.

马锋，许怀先，顾家裕.2009.塔东寒武系白云岩成因及储集层演化特征.石油勘探与开发，36（2）.

马锋，刘立，欧光习，孙晓明.2003.大港滩海区沙河街组一段下部流体包裹体特征.吉林大学学报（地球科学版），33（4）.

马艳萍，刘立.2003.大港滩海区第三系湖相混积岩的成因与成岩作用特征.沉积学报，21（4）.

马永生，梅冥相，等.1999.碳酸盐岩储集层沉积学.北京：地质出版社.

梅冥相.2001.灰岩成因—结构分类的进展及其相关问题讨论.地质科技情报，20（4）.

梅冥相，等.1994.碳酸盐异成因复合海平面变化旋回层序.桂林冶金地质学院学报，14（2）.

梅志超.1994.沉积相与古地理重建.西安：西北大学出版社.

苗顺德，等.2008.黄骅坳陷古近系层序地层格架特征及模式研究.中国地质，35（2）.

明海会，高勇，杨明慧.2005.黄骅坳陷千米桥潜山奥陶系峰峰组—马家沟组白云岩成因.西安石油大学学报（自然科学版），20（4）.

潘立银，等.2009.柴达木盆地南翼山地区新近系湖相碳酸盐岩成岩环境初探——碳、氧同位素和流体包裹体证据.矿物岩石地球化学通报，28（1）.

潘中华，张福利.2009.湖相碳酸盐岩滩坝储集层精细划分对比的新方法.石油仪器，23（4）.

彭平安，刘大永，秦艳.2008.海相碳酸盐岩烃源岩评价的有机碳下限问题.地球化学，37（4）.

漆家福，陆克政，张一伟，等.1994.黄骅盆地孔店凸起的形成与演化.石油学报，15（增刊）.

漆家福.2004.渤海湾新生代盆地的两种构造系统及其成因解释.中国地质，31（1）.

钱建章，等.2010.断陷湖盆缓坡带岩性地层油气藏模式及勘探时间.中国石油勘探，15（2）.

钱凯，王素民，刘淑范，石华星.1980.华北东部下第三系礁灰岩的发现及其石油地质意义.科学通报，25（24）.

强子同，等.2007.碳酸盐岩储集层地质学.山东：中国石油大学出版社.

乔秀夫，宋天锐，高林志，等.1994.碳酸盐岩振动液化地震序列.地质学报，68（1）.

秦川，刘树根，张长俊.2009.四川盆地中南部雷口坡组碳酸盐岩成岩作用与孔隙演化.成都理工大学学报（自然科学版），36（3）.

裘松余，林景星.1980.我国第三纪有孔虫动物群及其与找油关系的讨论.石油与天然气地质，1（3）.

裘松余，卢兵力，陈永成.1994.中国东部晚白垩世至早第三纪海侵.海洋地质与第四纪地质，14（1）.

曲江秀，查明，等.2009.大港油田埕北断阶带油气运移，成藏期次及成藏模式.海相油气地质，14（3）.

任来义，林桂芳，赵志清，等.2000.东濮凹陷早第三纪的海侵（泛）事件.古生物学报，39（4）.

任来义，林桂芳，谈玉明，王德仁.2002.从古生物和地球化学标志看东濮凹陷早第三纪的海侵事件.西
　　安石油学院学报（自然科学版），17（1）.

沙庆安.2001.混合沉积和混积岩的讨论.古地理学报，3（3）.

邵宏舜，黄杏珍，闫存凤，等.2002.泌阳凹陷湖相碳酸盐岩未成熟石油的形成条件.地球化学，31（3）.

沈昭国，陈永武，郭建华.1995.塔里木盆地下古生界白云石化成因机理及模式探讨.新疆石油地质，16
　　（4）.

施继锡，李本超.1991.包裹体作为天然气运移判别标志的研究.石油与天然气地质，13（3）.

束景锐，王建富.1997.黄骅坳陷第三系天然气藏形成条件.勘探家，2（3）.

宋一涛.1991.丛粒藻烃类的研究.石油与天然气地质，12.

宋一涛，李树靖.1995.颗石藻生烃的热模拟实验研究.Ⅰ烃的产率，性质及烯烃，烷烃的特征.高校地质
　　学报，1（2）.

孙健，董兆雄，郑琴.2005.白云岩成因的研究现状及相关发展趋势.海相石油地质，10（3）.

孙世雄.1991.地下水成矿.成都：科技大学出版社.

孙钰，钟建华，袁向春.2007.惠民凹陷沙河街组一段白云岩特征及其成因分析.沉积与特提斯地质，27
　　（3）.

孙镇城，等.1992.关于沉积物中硼，镓含量划相指标的探讨.石油学报，13（2）.

孙镇城，杨藩，张枝焕，等.1997.中国新生代咸化湖泊沉积环境与油气生成.北京：石油工业出版社.

谭守强，刘震，孙晓明，等.2004.歧口凹陷马东东地区沙一段油气成藏期次.油气地质与采收率，11（5）.

汤朝阳，王敏，姚华舟.2006.白云石化作用及白云岩问题研究述评.东华理工学院学报，29（3）.

唐天福，薛耀松，周仰康，等.1980.广东省三水盆地下第三系土布群碳酸盐岩的特征及沉积环境分
　　析.地质学报，54（4）.

田景春，等.1998.中国东部早第三纪海侵与湖相白云岩成因之关系——以东营凹陷沙河街组为例.中国
　　海上油气（地质），12（4）.

田在艺，万仑昆.1994.中国第三系岩相古地理与油气远景.河南石油，8（1）.

童林芬，古荣高.1985.黄骅盆地下第三系生物群及环境分析.地球科学（武汉地质学院学报）.

童晓光.1985.中国东部早第三纪海侵质疑.地质评论，31（3）.

妥进才，等.1995.湖相碳酸盐岩生油岩及其有机地球化学特征——以柴达木盆地第三系为例.石油实验
　　地质，17（3）.

汪品先，林景星.1974.我国中部某盆地早第三纪半咸水有孔虫化石群的发现及其意义.地质学报，（2）.

王成，范铁成.1998.湖相碳酸盐岩储集层孔隙特征.大庆石油地质与开发，17（3）.

王大锐.2000.油气稳定同位素地球化学.北京：石油工业出版社.

王德发.1987.黄骅坳陷第三系沉积相及沉积环境.北京：地质出版社.

王冠民，等.2005.古气候变化对湖相高频旋回泥岩和页岩的沉积控制.中国科学院研究生院（广州地球
　　化学研究所）.

王广利，王铁冠，张林晔.2007.济阳坳陷渤南洼陷湖相碳酸盐岩成烃特征.石油学报，28（2）.

王洪宝，王书宝，李勇，等.2004.东辛油田下第三系沙一段湖相鲕粒灰岩的含油性.石油地质与开发，23（3）.

王鸿祯，等.2000.中国层序地层研究.广州：广东科技出版社.

王鸿祯，杨森楠，李思田.1983.中国东部及邻区中，新生代盆地发育及大陆边缘区的构造发展.地质学报，57（3）.

王莉娟.1998.流体包裹体成分分析研究.地质评论，44（5）.

王同和.1986.渤海湾盆地中，新生代应力场的演化与古潜山油气藏的形成.石油与天然气地质，（3）.

王益友，郭文莹，张国栋.1979.几种地球化学标志在金湖凹陷阜宁群沉积环境中应用.同济大学学报，（2）.

王英华，周书欣，张秀莲.1993.中国湖相碳酸盐岩.徐州：中国矿业大学出版社.

王勇.2006."白云岩问题"与"前寒武纪之谜"研究进展.地球科学进展，21（8）.

王振奇，徐龙，张昌民，等.1994.周清庄油田下第三系湖相碳酸盐岩储集条件.江汉石油学院学报，16（2）.

王振升，等.2012.歧口凹陷西南缘湖相碳酸盐岩油气聚集规律浅析.石油地质，（2）.

魏菊英，等.1987.同位素地球化学.北京：地质出版社.

魏魁生，徐怀大.1993.冀中地区早第三纪海泛特征及其层序地层学意义.现代地质，（3）.

魏喜，贾承造，孟卫工.2008.西沙群岛西琛1井碳酸盐岩白云石化特征及成因机制.吉林大学学报（地球科学版），38（2）.

沃里沃夫斯基，萨尔基索夫著，任俞译.1991.世界最大含油气盆地——无花岗岩型盆地和地球物理参数.北京：石油工业出版社.

吴崇筠，薛书浩，等.1992.中国含油气盆地沉积学.北京：石油工业出版社.

吴乃琴，等.1993.弱海相性有孔虫群的特征及其代表的沉积环境.第四纪研究，（3）.

吴奇之，王同和，等.1997.中国油气盆地构造演化与油气聚集.北京：石油工业出版社.

吴胜和，冯增昭.1994.中下扬子地区二叠纪缺氧环境研究.沉积学报，12（2）.

吴仕强，朱井泉，王国学.2008.塔里木盆地寒武—奥陶系白云岩结构构造类型及其形成机理.岩石学报，24（6）.

吴贤涛，林又玲，潘结南.1999.东濮凹陷沙河街组痕迹相及其对应的测井图型.古地理学报，1（3）.

吴贤涛，任来义.2004.渤海湾盆地古近纪海水通道与储集层探新.古生物学报，43（1）.

吴亚东，闫煜彪，唐晓川，徐永梅.2005.黄骅坳陷齐家务地区的油源对比.现代地质，19（4）.

吴因业.1997.陆相盆地层序地层学分析的方法与实践.石油勘探与开发，24（5）.

吴因业，靳久强，李永铁，等.2003.柴达木盆地西部古近系湖侵体系域及相关储集体.古地理学报，5(2).

吴元燕，付建林，周建生，等.2000.歧口凹陷含油气系统及其评价.石油学报，21（6）.

武刚，邢正岩，彭寿英，等.2004.济阳坳陷湖相碳酸盐岩储集层分布特征及综合评价.特种油气藏，11（2）.

夏日元.2001.黄骅坳陷古岩溶矿物特征.中国岩溶，1.

夏文杰.1986.青海小柴旦盐湖滩岩中原生白云石的发现及其意义.沉积学报，4（2）.

向芳，王成善 .2001. 锶同位素在沉积学中的应用新进展 . 地质地球化学，29（1）.

谢家荣 .1953. 中国的产油区和可能的含油区 . 北京：地质出版社 .

徐怀大 .1991. 层序地层学理论用于我国断陷盆地分析中的问题 . 石油与天然气地质，12（1）.

徐立恒，等 .2009. 普光气藏长兴—飞仙关组碳酸盐岩 C、O 同位素，微量元素分析及古环境意义 . 地球学报，30（1）.

徐维胜 .2009. 热液改造碳酸盐岩储集层综合研究 . 内蒙古石油化工，1.

徐永昌，王先彬，等 .1979. 天然气中稀有气体同位素 . 地球化学，（4）.

薛良清 .1990. 层序地层学在湖相盆地中的应用探讨 . 石油勘探与开发，17（6）.

薛士荣 .1994. 黄骅断块盆地下第三系重力流沉积及含油气性探讨 // 大港油田科技论文集 . 北京：石油工业出版社 .

薛叔浩，等 .2002. 湖盆沉积地质与油气勘探 . 北京：石油工业出版社 .

严钦尚，等 .1979. 苏北金湖凹陷阜宁群的海侵和沉积环境 . 地质学报，53（1）.

杨朝青，沙庆安 .1990. 云南曲靖中泥盆统曲靖组的沉积环境：一种陆源碎屑与海相碳酸盐的混合作用 . 沉积学报，8（2）.

杨池银，等 .2000. 歧口凹陷含油气系统与油气勘探 . 勘探家，5（3）.

杨革联，孙乃达，景民昌 .2001. 咸化湖相有孔虫及其在古地理学研究中的意义 . 地质论评，47（1）.

杨剑萍，等 .2004. 济阳坳陷古近系震积岩特征 . 沉积学报 .22（2）.

杨萍，杜远生，徐亚军 .2006. 黄骅坳陷古近纪地震事件沉积研究 . 地质学报，80（11）.

叶德胜 .1989. 白云石及白云石化作用研究的新进展 . 岩相古地理，（2）.

伊海生，等 .1995. 扬子东南大陆边缘晚前寒武纪古海洋演化的稀土元素记录 . 沉积学报，13（4）.

伊海生，等 .2008. 西藏高原沱沱河盆地渐新世—中新世湖相碳酸盐岩稀土元素地球化学特征与正铈异常成因初探 . 沉积学报 .26（1）.

冯增昭，等译 .1980. 石油地质学译文集（第四集）：碳酸盐岩沉积环境 . 北京：科学出版社 .

应凤祥，罗平，何东博 .2004. 中国含油气盆地碎屑岩储集层成岩作用与成岩数值模 . 北京：石油工业出版社 .

于俊利 .2001. 黄骅坳陷未成熟油—低成熟油资源潜力研究及勘探目标优选 . 成都理工大学 .

袁静 .2004. 山东惠民凹陷古近纪震积岩特征及其地质意义 . 沉积学报，22（1）.

袁静 .2006. 山东惠民凹陷古近系风暴岩沉积特征及沉积模式 . 沉积学报，24（1）.

袁静 .2005. 中国震积作用和震积岩研究进展 . 石油大学学报（自然科学版），29（1）.

袁文芳，陈世悦，曾昌民 .2006. 济阳坳陷古近系沙河街组海侵问题研究 . 石油大学学报，7（4）.

袁文芳，陈世悦，曾昌民 .2005. 渤海湾盆地古近纪海侵问题研究进展及展望 . 沉积学报，23（4）.

曾威，滑双君 .2012. 黄骅坳陷古近系沙一段层序地层格架 . 石油天然气学报，34（3）.

曾允孚，等 .1982. 我国主要碳酸盐岩油气储集岩的特征 . 成都地质学院学报，（3）.

张服民 .1981. 黄骅盆地早第三纪沉积史与环境特征 . 石油与天然气地质，2（2）.

张国栋 .1987. 王惠中 . 中国东部第三纪海侵和沉积环境——以苏北盆地为例 . 北京：地质出版社 .

张海军，王训练，夏国英 .2003. 陕西镇安西口石炭系 / 二叠系界线剖面碳酸盐岩微相特征与沉积环境的研究 . 现代地质，17（4）.

张杰，邱楠生，等 .2005.黄骅坳陷歧口凹陷热史和油气成藏史 .石油与天然气地质，26（4）.

张金亮，司学强 .2007.断陷湖盆碳酸盐与陆源碎屑混合沉积——以东营凹陷金家地区古近系沙河街组第四段上亚段为例 .地质论评，53（4）.

张景廉，曹正林，于均民 .2003.白云岩成因初探 .海相油气地质，8（1–2）.

张恺 .1993.渤海湾盆地深部壳—幔结构和大地热流场对油气分布，富集规律控制的探讨 .石油勘探与开发 .20（5）.

张林晔，蒋有录，刘华，等 .2003.东营凹陷油源特征分析 .石油勘探与开发，30（3）.

张林晔，等 .2005.东营凹陷成烃与成藏关系研究 .北京：地质出版社 .

张弥曼，周家健 .1978.我国东部中，新生代含油地层中的鱼化石及有关沉积环境的讨论 .古脊椎动物与古人类，16（4）.

张乃娴 .1981.我国一些地区海绿石的矿物学研究 .地质科学，9（4）.

张世奇，纪友亮 .1996.陆相断陷湖盆层序地层学模式探讨 .石油勘探与开发，23（5）.

张世奇，孙耀庭，等 .2005.气候变化对可容空间及层序发育的影响 .海洋地质动态，21（2）.

张世奇，纪友亮 .1997.东营凹陷早第三纪古气候变化对层序发育的控制 .石油大学学报（自然科学版），22（6）.

张婷婷，刘波，秦善 .2008.川东北二叠系—三叠系白云岩成因研究 .北京大学学报（自然科学版），44（5）.

张万选，张厚福 .1981.石油地质学 .北京：石油工业出版社 .

张文佑，张抗，等 .1982.中国东部及相邻海域中，新生代地壳演化与盆地类型 .海洋地质研究，2（1）.

张旭，张宁，杨振鸿 .2009.北京西山下苇甸中寒武统碳酸盐岩微相及沉积相研究 .地质科技情报，28（6）.

张学丰，等 .2006.白云岩成因相关问题及主要形成模式 .地质科技情报，25（5）.

张永生 .2000.鄂尔多斯地区奥陶系马家沟群中部块状白云岩的深埋藏白云石化机制 .沉积学报，18（3）.

张玉宾 .1997.济阳坳陷及其邻近地区早第三纪海侵问题之我见 .岩相古地理，17（1）.

张跃 .2008.饶阳凹陷大王庄地区沙三段碳酸盐岩储集层地质特征研究 .中国石油大学（华东）.硕士学位论文 .

赵澄林，朱筱敏 .沉积岩石学（第三版）.北京：石油工业出版社，2001.

赵澄林，刘梦惠 .1993.碎屑岩储集层砂体微相和成岩作用研究 .石油大学学报（自然科学版），17（增刊）.

赵达同 .1988.准噶尔盆地首次发现第三系有孔虫化石 .新疆石油地质，9（1）.

赵俊青，等 .2005.湖相碳酸盐岩高精度层序地层学探析 .沉积学报，23（4）.

赵秀兰，等 .1992.利用孢粉资料定量解释我国第三纪古气候 .石油学报，（2）.

赵重远，刘池洋 .1990.华北克拉通沉积盆地形成与演化及其油气赋存 .西安：西北大学出版社 .

赵重远 .1984.渤海湾盆地的构造格局及其演化 .石油学报，5（1）.

郑聪斌，等 .2001.鄂尔多斯盆地奥陶系热水岩溶特征 .沉积学报，19（4）.

郑荣才，胡忠贵，冯青平 .2007.川东北地区长兴组白云岩储集层的成因研究 .矿物岩石，27（4）.

郑荣才，陈洪德 .1997.川东黄龙组古岩溶储集层微量和稀土元素地球化学特征 .成都理工学院学报，24（4）.

钟石兰，勾韵娴，廖宁，等 .1996.甘肃玉门非海相第四系中钙质超微化石的由来 .微体古生物学报，13（4）.

周书欣，等.1982.碳酸盐鲕粒的成岩与鉴别.地质地球化学，（1）.

周中毅，等.1991.沉积盆地古地温测定方法及应用.地球科学进展，（5）.

周自立，等.1986.湖相碳酸盐岩与油气分布关系——以山东胜利油田下第三系为例.石油实验地质，8（2）.

朱浩然.1979.山东沱县下第三系沙河街组的藻类化石.古生物学报.18（4）.

朱扬明，苏爱国，梁狄刚，等.2003.柴达木盆地咸湖相生油岩正烷烃分布特征及其成因.地球化学，32（2）.

朱玉双，柳益群，周鼎武.2009.三塘湖盆地中二叠统芦草沟组白云岩成因.西北地质，42（2）.

邹海峰，等.2003.黄骅凹陷中区和南区古地温特征及其与油气运聚的关系.吉林大学学报（地球科学版），（2）.

冯增昭，等译.1978.碳酸盐岩.北京：石油工业出版社.

戴金星，等译.1986.天然气地质学.北京：石油工业出版社.

Adams J F，Rhodes M L.1960.Dolomitization by seepage refluxion.AAPG Bulletin，44.

Amthor J E，Mountjoy E W，Machel H G.1993.Subsurface dolomites in Upper Devonian Leduc Formation buildups.central part of Rimbey–Meadowbrook reef trend.Alberta.Canada. Bulletin of Canadian Petroleum Geology，41（2）.

Anderson T F，Arthur M A.1983.Stable isotopes of oxygen and carbon and their application to sedimentologic and paleoenvironmental probiems.In：M A Arthur（Ed.）.Stabie Isotopes in Sedimentary Geology.SEPM Short Coures，（10）.

Ayalon A，Longstaffe F J.1995.Stable isotope evidence for the origin of diagenetic carbonate minerals from the Lower Jurassic Inmar Formation.southern Israel.Sedimentology，42（1）.

B J Jones，A C Manning.1994.CoMParison of geochem ical indices used for the interpretation of Palaeoredox conditions in anicient mudstones.Palaeogeogr.Palaeoclim atol.Palaeoecol.111.

Badiozamani K.1973.The dorag dolomitization model–application to the Middle Ordovician of Wisconsin.Journal of Sedimentary Petrology，43（4）.

Baker P A，Kastner M.1981.Constraints on the Formation of Sedimentary Dolomite.Science.213.

Bellanca A，Masett D，Neri R.1977.Rare earth elements in limestone.marlstone couplets from the Albian–Cenomanian Cism on section（Venetian region. northem Italy）.assessing REE sensitivity to environmental changes.Chemical Geology.141.

Blatt D，Middleton G，Murray R，et al，.1972.Origin of Sedimentary Rocks.pretice–HallNew Jersey.

Bohacs K M，Carroll A R，Mankiewicz P J.2000.Lake—basintype.source potential.and hydrocarbon character：an integrated sequence—stratigraphic—geochemical framework.AAPG Studies in Geology，46.

Brookins D G.1989.Aqueous geochemistry of rare–earth elements.Lipin B R，McKay G A.eds Geochemistry and Mineralogy of Rare Earth Elements Reviews in Minerology.Minerologycal Society of America，21.

Burke W H，Denison R E，Hetherington E A，et al，.1982.Variateon of seaw^{at}er ^{87}Sr/86Sr throughout phanerozoic time.Geology，10.

Burns S J，Baker P A.1987.A geochemical study of dolomite in the Monterey Formation.California.Journal of Sedimentary Petrology，57.

Burruss R C.1987.Diagenetic palaeotem peratures from aqueous fluid inclusions : reequilibration of inclusions in carbonate cements by burial heating.Min Mag, 51.

Burrus R, Cercone K R, Harris P M.1985.Timing of hydrocarbon migration : evidenced from fluid inclusions in calcite cerments.tectonics and burial history.In : Carbonate cements(Schneidermann N,Harris P M.eds.).Soc Econ Paleontol Mineral, Tula.

Bush P.1973.Some aspects of the diagenetic history of the Sabkha in Abu Dhabi.Persian Gulf.In : Purser B H.The Persian Gulf.Holocene Carbonate Sedimentation and Diagenesis in a Shallow Epicontinental Sea.New York : Springer.

Carbllo J D, Land L S, Meiser D E.1987.Holocene dolomitization of supratidal sediments by active Tidal Pumping Sugarloaf Keg.Florida.Journal of Sedimentary Petrology, 57.

Chilingar G V, H J Bissell, R W Fairbridge.1967.Carbonate Rocks.Developments in Sedimentology, 9.

Choquette P W, James N P.1987.Diagenesis in limestone the deep burial environment.Geoscience Canada.14.

Conybeare C E B.1979.Lithostratigraphic Analysis of Sedimentary Basins.Academic Press INC.New York.

Cross T A.1994.Stratigraphic Architecture.Correlation Concepts.Volumetric Partioning.Facies Differentiation.and Reservoir CoMPartmentalization from the Perspective of High Resolutiong Sequence Stratigraphy.Research report of the genetic stratigrphy research group.DGGE.CSM.

D E Frazier.1974.Depositional episodes : their relationship to the Quaternary stratigraphic framework in the northwestern portion of the Gulf basin.The University of Texas at Austin.Bureau of Econnomic Geology Geological Circular, 74.

D Z Piper.1974.Rare earth elements in the sedimentary cycle : A summary.Chemical Geology.14 (4) .

Davies G R, Smith Jr L B.2006.Structurally controlled hydrothermal dolomites reservoir facies : an overview. AAPG Bulletin, 90 (11) .

DePaolo D J, Ingram B L.1985.High-resolution stratigraphy with strontium isotopes.Science, 227.

E T Degens, E G Williams, M L Keith.1957.Environmental studies of carboniferous sediments.Bull, Am, Ass, Petrol Geol, 41.

Ehrenberg S N.2006.Porosity destruction in carbonate platforms.Journa of Petroleum Geology, 29.

Elderfield H, Greaves M J.1982.The rare earth elements in seawater.Nature, 296.

Embry A F.1995.Sequnce boundaries and sequence hierarchies : problems and proposals [C] //Sequence Stratigraphy on the Northwest European Margin.Amsterdam.Elsevier, 1-11.

Emery D, Robinson A.1993.Inorganic geochemistry : application to petroleum geology.London.Blackwell Scientific Publications.

Folk R L.1965.Spectral subdivision of limestone types.In : W E Ham (Ed.) .Classification of Carbonate Rocks. AAPG Mem, 1.

Folk R L.1974.The natural history of crystalline calcium carbonate : Effect of magnesium content and salinity. Journal of Sedimentary Petrology, 44 (1) .

Freytet P, Verrecchia E P.2002.Lacustrine and palustrine carbonate petrogaphy : an overview.Journal of Paleolimnology, 27.

Friedman G M, Sanders J E.1967.Origin and occurrence of dolostones.In：Chilingar G V, Bissell H J.Fairbridge R W（Eds.）.Carbonate Rocks.Origin.Occurrence.and Classification.Elsevier, Amsterdam.

Fuchtbauer, Goldshmidt.1965.Beziehungen zwischen Calciumgehalt und Bildungsbedingungen der Dolomite. Geol, Rdsch, 55.

Gao G, Land L S, Folk R L.1992.Meteoric modification of early dolomite and late dolomitization by basinal fluids.upper Arbuckle Group, Slick Hills, Southwestern Oklahoma.AAPG Bulletin, 76.

Gawthorpe R.1994.L., Fraser A J, Collier RE LI.Sequence stratigraphy in active extensional basin： implications for the interpretation of ancient basin-fills.Marine and Petroleum Geology.11（6）.

German C R, Elderfield H.1990.Application of the Ceanomaly as apaleoredox indicator, the ground rules. Paleooceanography, 5.

Goldstein R H.1986.Reequilibriation of fluid inclrsion in Low-temper atuer Calcium-carbonate Cement.Gedcgy, 14.

Goldstein, Goldstein S J, Jacobsen S B.1987.The Nd and Sr isotopic systematics of river water dissolved material：Implications for the sources of Nd and Sr in seawater.Chemical Geology, 66.

Graf D L, Goldsmith J R.1956.Some Hydrothermal Syntheses of Dolomite and Protodolomite.J Geology, 64.

Green D G, Mountjoy E W.2005.Fault and conduit controlled burial dolomitization of the Devonian West-central Alberta Deep Basin, Bulletin of Canadian Petroleum Geologists, 53（2）.

Guichard F, Church T M, Truil H, et al, .1979.Rare earths in barites distribution and effects on aqueous partitioning.Geochimicaet Cosmochimica Acta, 43.

Hannigan R E, Sholkovitz E R.2001.The developm entofm iddle rare earth element enrichments in freshw aters weathering of phosphatem in erals.Chemical Geology, 175.

Hardie L A.1991.On the significance of evaporates. Annual Review of Earth and Planetary Science, 19.

Haszeldine R S, Samson I M, Cornfort C.1984.Quartz diagenesis and convective fluid movement.Beatrice Oil-field.North Sea.Clay Miner, 19.

Heezen B C, Wing E M.1952.Turbidity currents and submarineslump sand 1929 Grandbank earthquake, Americ Journal of Science, 250（12）.

Heydari E.2000.Porosity loss.fluid flow and mass transfer in limestone reservoirs：Application to the Upper Jurassic Smackover Formation. AAPG, 84.

Heydari E, Moore C H.1988.Oxygen isotope evolution of the Smackover pore waters, southeast Mississippi salt basin.Geol, Soc, Amer, Accepted Abstr, Abstrs, with program, 20.

Horsfield B, McLimans R K.1984.Geothermometry and geochemistry of aqueous and oil-bearing fluid inclusions from Fatch Field, Dubai, Org, Geochem, 6.

Hsü K J, Schneider J.1973.Progress report on dolomitization hydrology of Abu Dhabi Sabkhas, Arabian Gulf, The Persian Gulf.Springer, New York.

Hsü K J, Siegenthaler C.1969.Preliminary experiments on hydrodynamic movement induced by evaporation and bearing on the dolomite problem.Sedimentology, 1~2.

Hudson J D.1977.Stanle isotopes and limestine lithification.Jour, GeolSoc, Lindon, 133.

Hutchinson G E.1957.A treatise on limnology.Wiley N Y, 1.

Illing L V, Wells A J, Taylor J C M.1965.Penecontemporaneous dolomite in the Persian Gulf, In : Pray L C、 Murray R C (Eds,), Dolomitization and Limestone Diagenesis, Society of Economic Paleontologists and Mineralogists, Special Publication, 13.

J R Hatch, J S Leventhal.1992.Relationship between inferred redox potential of the depositional environment and geochemistry of the Upper Pennsylvanian (Missourian) Stark Shale Member of the Dennis Limestone. Wabaunsee County, Kansas, U.S.A.Chemical Geology, 99.

J Veizer, J Hoefs.1976.The natuᵉ of ^{1}8O/16O ᵃnd ^{1}3C/12C secular trends in sedimentary carbonate rocks. Geochim, Cosmochim, Acta, 40.

James K H.1990.The Venezuelan hydrocarbon habitat, Classic Petroleum Provinces.Geol, Soc, London Spec Publication, 50.

Keith M L, Degens E T.1959.Geochemical indicators of marine and fresh-water sediments.Rescarches in Geochemistry.

Keith M L, Weber J N.1964.Carbon and oxygen isotopic composition of selected limestones and fossils. Geochim, Cosmochim, Acta, 28.

Kenter J A M, Anselmetti F S, Kramer P A, et al, .2002.Acoustic properties of "young" carbonate rocks, ODP Leg 166 and Boreholer Clino and Unda, Western Great Bahama Bank.Journal of Sedimentary Research, 72.

Kharaks Y K, Carothers W W, Rosenbauer R J.1983.Thermal decarboxylation of aceticacid-implications for origin of natural gas : Geochim, Cosmochim, Acta, 47.

Koepnick R B, Denison R E, Dahl D A.1988.The Cenozoic seawᵃᵗer ^{87}Sr/86Sr curve : data review and implications for correlation of marine strata.Paleoceanography, (3).

Kuleshov V N, Bych A F.2002.Isotopic Composition and Origin of Manganese Carbonate Ores of the Usa Deposit(Kuznetskii Aiatau).Lithology and Mineral Resources, 37 (4).

Land L S.1991.Dolomitization of the Hope Gate Formation (North Jamaica) by seawater : reassessment of mixing zone dolomite.Geochemical Society Special Publication, 3.

Land L S.1985.The origin of massive dolomite.Journal of Geological Education, 33.

Land L S, Prezbindowski P R.1981.The origin and volutiou of saline south-central Texas, U.S.A.J.Hydrol, 54.

Lavoie D, Morin C.2004.Hydrothermal dolomitization in the Lower Silurian Sayabec Formation in north Gaspe-Matapedia (Quebec): Constraint on timing of porosity and regional significance for hydrocarbon reservoirs. Bulletin of Canadian Petroleum Geology, 52 (3).

Lippmann F.1973.Sedimentary Carbonate Minerals.Berlin : Springer-Verlag.

Lippmann F.1982.Stable and Metastable Solubility Diagrams for the System $CaCO_3$—$MgCO_3$—H_2O at Ordinary Temperatures.Bull, Mineral, 105.

Livingstone D A.1963.Chemical composition of rivers and lakes.Data of Geochemistry, U.S, Geol, Sur, Prof, Papers, 440G.

Longman M W.1980.Carbonate diagenetie features from neamhore diage-netic environment.AAPG Bulletin, 64.

Luczaj J A.2006.Evidence against the Dorag (mixing–zone) model for dolomitization along the Wisconsin arch—A case for hydrothermal diagenesis.AAPG Bulletin, 90 (11) .

M Alberdi–Genolet, R Tocco.1999.Trace metals and organic geochemistry of the Machiques Member (Aptian–Albian) and La Luna Formation (Cenomanian–CaMPanian) .Venezuela, Chemical Geology, 160.

M E Tucker.1991.Sequence stratigraphy of carbonate–evaporite basins : models and application to the Upper Permian (Zech stein) of northeast England and adjoining North Sea.Journal of the Geological Society, Londong, 148.

Machel H G.1999.Effects of groundwater flow in mineral diagenesis.with emphasis in carbonate aquifers, Hydrogeology Journal, 7.

Machel H G.2004.Concepts and models of dolomitization : a critical reappraisal, In : Braithwaite C J R、Rizzi G、Darke G, The Geometry and Petrogenesis of Dolomite Hydrocarbon Reservoirs.London : Geological Society, Special Publication, 235.

Mason B.1966.Principles of geochemistry, 3rd.New York : John Wiley and Sons Inc, 329.

Mattes B W, Mountjoy E W.1980.Burial dolomitization of the Upper Devonian Miette Buildup, Jasper National Park Alberta, In : Zenger D H、Dunham J B、Ethington R L, Concepts and Models of Dolomitization. Society of Economic Paleontologists and Mineralogists, Special Publication, 28.

Matthews P K.1974.A process approach to diagenesis of reefs and associated limestones,In : L F Laporte (Ed,). Reefs in Time and Space, SEPM Spec, pub, (18) .

MazzuIIo S J, Harris P M.1992.Mesogenetic dissolution : It′s role in porosity development in carbonate reservoir.AAPG Bulletin, 76 (5) .

McArthur J M,Burnett J,Hancock J M.1992.Strontium isotopes at K/T boundary.discussion.Nature,355 (6355).

McLimans R K.1987.The application of fluid inclusions to migration of oil and diagenesis in petroleum reservois. App, Geochem, (2) .

Medlin W L.1959.The preparation of synthetic dolomite.Am, Mineralogist, 44.

Melim L A, Scholle P A.2002.Dolomitization of the Capitan Formation forereef facies (Permian.West Texas and New Mexico) : Seepage reflux revisited.Sedimentology, 49 (6) .

Melim L A, Swart P K, Eberli G P.2004.Mixing–Zone Diagenesis in the Subsurface of Florida and the Bahamas.Journal of Sedimentary Research, 74 (6) .

Miall A D.1991.Stratigraphic sequences and their chronostratigraphic correlation.Journal of Sedimentary Petrology, 61.

Mills R A, Elderfield H.1995.Rare earth element geochemistry of hydrothemal deposits from the active TAG Mound, 26 N MidAtlantic Ridge Geochinicaet Cosmochimica Acta, 59.

Moore C H.1985.Upper Jurassic subsurface cements : a case history, In : P M Harris and M Schneidermann (Eds,) .Carbonate Cements, SEPM Spec pub, (36) .

Mountjoy E W, Green D, Machel H G, et al, .1999.Devonian matrix dolomites and deep burial carbonate cements : a coMParison between the Rimbey Meadowbrook reef trend and the deep basin of west–central Alberta.Bulletin of Canadian Petroleum Geologists, 47.

Murray R C.1960.Origin of porosity rocks.J Sediment.petrol, 30.

Olivarez A M, Owen R M.1991.The europium anomaly of seawater.in plieations for fluvial versus hydrothermal REE inputs to the oceans.Chemical Geology, 92.

Olivier N, Boyet M.2006.Rare earth and trace elements ofmicrobialites in Upper Jurassic coral and sponge-microbialite reefs.Chemical Geology, 230.

Osichkina R G.2006.Regularities of trace element distribution in water–salt systems as indicators of the genesis of potassium salt rocks : An example from the Upper Jurassic halogen formation of Central Asia.Geochemistry International, 44（2）.

P W Choquette, R P Steinen.1980.Mississippian non–supratidal dolomite, Ste Genevieve Limestone, Illinois basin : evidence for mixed–water dolomitization, In : D H Zenger、J B Dunham and R L Ethington（Eds,）. Concepts and Models of Dolomitization, SEPM Spec, Pub,（28）.

Palmer M R, Edmond J M.1989.The strontium isotope budget of the modern ocean.Earth Planet, Sci, Lett, 92.

Parnell J, Honghan C, Middleton D, et al, .2002.Significance of fibrous mineral veins in hydrocarbon migration : fluid inclusion studies.J.Geochem Explor, 69–70.

Payton C E.1977.Seismic stratigraphy–application of hydrocarbon exploration.AAPG Memoir, 26.

Potter P E, et al, .1963.Trace elements in marine and freshwater argillaceous sediments.Geochim.Cosmochim. Acta, 27.

R Assereto, R L Folk.1980.Diagenetic fabrics of aragonite, calcite, and dolomite in an ancient peritidal-spelean envronment : triassic Calcare Rosso.Lombardia, Italuy J, Sediment, Petrol, 50.

R L Folk, R Robles.1964.Cartonate sands of lsla perez, Alacran reef complex, Yucatan.J Geol, 72.

R L Folk.1959.Practical petrographic classification of limestones.Am, Assoc, petrol, Geol, Bull, 43.

R L Folk.1962.Spectral subdivision of limestone types, In : Ham W E, ed, Classification of Carbonate Rocks . Am, Assoc, Pet, Geol, Mem, 1.

Seilacher.1969.A Fault–graded bed interpreted as seismites.Sedimen– tology, 13（1–2）.

Ravnas R, Steel R J.1998.Architecture of marine rift–basin successions.AAPG Bulletin, 82（1）.

Roberts H H, Whelan T.1975.Methane–detrived carbonate cements in barrier and beach sands of a subtropical delta complex.Geochim, cosmochim, Aca, 39.

Saller A H.1984.Petrologic and geochemical constraints on the origin of subsurface dolomite.Enewetak Atoll : An example of dolomitization by normal seawater.Geology, 12（4）.

Shinn E A, Ginsburg R N.1965.Recent supratidal dolomite from Andros Island, Bahamas, In : Pray L C、 Murray R C（Eds,）, Dolomitization and Limestone Diagenesis.Society of Economic Paleontologists and Mineralogists, Special Publication, 13.

Sloss L L.1963.Sequences in the cratonic interior of North America.Geol, Soc, Am, Bull, 74.

Smith Jr L B.2006.Origin and reservoir characteristics of upper Ordovician Trenton–Black river hydrothermal dolomite reservoirs in New York.AAPG Bulletin, 90（11）.

Spalletta C, Vai G B.1984.Upper Devonian intraclast parabreccias interpreted as seismites.Mar Geol,（55）.

Spangenberg K.1913.Die Kunstliche darstellung des dolomits.Z Kryst, 52.

Sverjensky D A.1984.Europium redox equilibria in aqueous so lution.Earth and Planetary Science Letters, 67.

Tucher M E, Wright V P.1990.Crabonate Sedimentoloy.Oxford London : Blackwell Scientific Publications.

Usdowski E.1994.Synthesis of dolomite and geochemical implications, In : Purser B M、Zenger D E, Dolomites : A Volume in Honor of Dolomites, International Association of Sedimentologists.Special Publication, Oxford : Blackwell.

Vail P R, Mitchum R M Jr, Thompsons S.1977.Globa-lcycles of relative changes of sealevel.AAPG Memoir, 26.

Van Wagoner J C.1988.An Overview of the Fundamentals of Sequence Stratigraphy and Key Definitions.Society of Economic Paleontologists and Mineralogists Special Publication, 42（2）.

Van Tuy F M.1916.The origin of dolomite.Iowa Geol, Survey Ann, Rept, 25.

Veizer J, Ala D, Azmy K, et al, .1999.^{87}Sr/^{86}Sr. δ ^{13}C and δ ^{18}O evolution of Phanerozoic seawater.Chem, Geol, 161.

W E Galloway.1989.Genetic stratigraphic sequences in basin analysis : architecture and genesis of flooding-surface bounded depositional units.AAPG Bulletin, 73（2）.

W T Holser.1995.Geochemical events documented in inorganic carbon isotopes.Palaeogeography, Palaeoclimatology, Palaeoecology, 132（1-4）.

Warren J.2000.Dolomite : occurrence, evolution and economically important associations.Earth Science Review, 52.

Warren J K.1989.Evaporite Sedimentology : Importance in Hydrocarbon Accumulation.Prentice-Hall, Englewood Cliffs, NJ, 285.

Wheeler H G.1958.Time Stratigraphy.AAPG Bulletin, 42.

White D E.1957.Thermal waters of volcanic origin.Geological Society of America Bulletin, 68.

Wierzbicki R, Dravis J, AL-Aasm I.2006.Burial dolomitization and dissolution of upper Jurassic Abenaki platform carbonates, deep Panuke reservoir, Nova Scotia, Canada.AAPG Bulletin, 90（11）.

Wilgus C K, et al, .1988.Sea-level changes : an integrated approach.SEPM Special Publication, 42.

Williamson C R, Picard M D.1974.Petrology of Carbonate Rock of the Green River Formation（Eocene）.Jour of Sedimentary Petrology, 44（3）.

Wilson J L.1975.Carbonate Facies in Geologic History.New York : Springer Verlag.

Wright D T, Wacey D.2004.Sedimentary dolomite : A reality check, In : Braithwaite C J R、Rizzi G、Darke G,（eds,）,The geometry and petrogenesis of dolomite hydrocarbon reservoirs.Geological Society（London）. Special Publications, 235.